2023中国水利学术大会论文集

第一分册

中国水利学会 编

黄河水利出版社

内 容 提 要

本书以"强化科学技术创新，支撑国家水网建设"为主题的 2023 中国水利学术大会论文合辑，积极围绕当年水利工作热点、难点、焦点和水利科技前沿问题，重点聚焦水资源短缺、水生态损害、水环境污染和洪涝灾害频繁等新老水问题，主要分为水生态、水圈与流域水安全、重大引调水工程、水资源节约集约利用、智慧水利·数字孪生·水利信息化等板块，对促进我国水问题解决、推动水利科技创新、展示水利科技工作者才华和成果有重要意义。

本书可供广大水利科技工作者和大专院校师生交流学习和参考。

图书在版编目（CIP）数据

2023 中国水利学术大会论文集：全七册/中国水利
学会编 . —郑州：黄河水利出版社，2023.12
ISBN 978-7-5509-3793-2

Ⅰ.①2… Ⅱ.①中… Ⅲ.①水利建设-学术会议-
文集 Ⅳ.①TV-53

中国国家版本馆 CIP 数据核字（2023）第 223374 号

策划编辑：杨雯惠 电话：0371-66020903 E-mail：yangwenhui923@163.com

出 版 社：黄河水利出版社 网址：www.yrcp.com
　　　　　　地址：河南省郑州市顺河路黄委会综合楼 14 层 邮政编码：450003
发行单位：黄河水利出版社
　　　　　　发行部电话：0371-66026940、66020550、66028024、66022620（传真）
　　　　　　E-mail：hhslcbs@ 126.com
承印单位：广东虎彩云印刷有限公司
开本：889 mm×1 194 mm 1/16
印张：268.5（总）
字数：8 510 千字（总）
版次：2023 年 12 月第 1 版 印次：2023 年 12 月第 1 次印刷

定价：1 260.00 元（全七册）

前言 Preface

学术交流是学会立会之本。作为我国历史上第一个全国性水利学术团体，90多年来，中国水利学会始终秉持"联络水利工程同志、研究水利学术、促进水利建设"的初心，团结广大水利科技工作者砥砺奋进、勇攀高峰，为我国治水事业发展提供了重要科技支撑。自2000年创立年会制度以来，中国水利学会20余年如一日，始终认真贯彻党中央、国务院方针政策，落实水利部和中国科学技术协会决策部署，紧密围绕水利中心工作，针对当年水利工作热点、难点、焦点和水利科技前沿问题、工程技术难题，邀请院士、专家、代表和科技工作者展开深层次的交流研讨。中国水利学术年会已成为促进我国水问题解决、推动水利科技创新、展示水利科技工作者才华和成果的良好交流平台，为服务水利科技工作者、服务学会会员、推动水利学科建设与发展做出了积极贡献。为强化中国水利学术年会的学术引领力，自2022年起，中国水利学会学术年会更名为中国水利学术大会。

2023中国水利学术大会以习近平新时代中国特色社会主义思想为指导，认真贯彻落实党的二十大精神，紧紧围绕"节水优先、空间均衡、系统治理、两手发力"治水思路，以"强化科学技术创新，支撑国家水网建设"为主题，聚焦国家水网、智慧水利、水资源节约集约利用等问题，设置一个主会场和水圈与流域水安全、重大引调水工程、智慧水利·数字孪生、全球水安全等19个分会场。

2023中国水利学术大会论文征集通知发出后，受到广大会员和水利科技工作者的广泛关注，共收到来自有关政府部门、科研院所、大专院校和设计、施工、管理等单位科技工作者的论文共1000余篇。为保证本次大会入选论文的质量，大会积极组织相关领域的专家对稿件进行了评审，共评选出681篇主题相符、水平较高的论文入选论文集。按照大会各分会场主题，本论文集共分7

册予以出版。

本论文集的汇总工作由中国水利学会秘书处牵头，各分会场协助完成。本论文集的编辑出版也得到了黄河水利出版社的大力支持和帮助，参与评审、编辑的专家和工作人员克服了时间紧、任务重等困难，付出了辛苦和汗水，在此一并表示感谢！同时，对所有应征投稿的论文作者表示诚挚的谢意！

由于编辑出版论文集的工作量大、时间紧，且编者水平有限，错漏在所难免。不足之处，欢迎广大作者和读者批评指正。

中国水利学会

2023 年 12 月 12 日

目录 Contents

智慧水利·数字孪生·水利信息化

水 圈 与 流 域 水 安 全

基于"三湖两河"模型的南四湖100年一遇洪水安排研究

黄渝桂　王　蓓

（中水淮河规划设计研究有限公司，安徽合肥　230000）

摘　要： 南四湖是中国第六大淡水湖，由南阳湖、昭阳湖、独山湖、微山湖组成，为浅水型湖泊，湖形狭长，地形复杂，洪水易涨难降，同时具有一般湖泊调蓄功能和平原河道行洪特性。本文采用南四湖"三湖两河"洪水调洪模型，通过入湖设计洪水、滨湖来水、入湖安全泄量、糙率处理，使模型更加接近实际。基于南四湖"三湖两河"模型调洪计算成果，按照南四湖超额洪水通过扩大韩庄运河中运河下泄通道满足南四湖防洪要求，且堤防不再加高的治理原则，提出南四湖100年一遇洪水的安排和工程布局，为南四湖防洪治理提供重要技术支持，并为类似湖泊提供借鉴和参考。

关键词： 南四湖治理；"三湖两河"模型；湖东滞洪区；浅槽

1　南四湖概述

南四湖由南阳湖、昭阳湖、独山湖、微山湖4个水波相连的湖泊组成，大部分在山东省济宁市微山县境内，周边与济宁市任城区、鱼台县，枣庄市滕州市，徐州市铜山区、沛县接壤。南四湖为浅水型湖泊，湖形狭长，南北长125 km（其中上级湖67 km，下级湖58 km），东西宽5~25 km，周长311 km，湖面面积约1 300 km²，总库容60.12亿m³，流域面积31 400 km²，是我国第六大淡水湖，具有调节洪水、蓄水灌溉、发展水产、航运交通、改善生态环境等多重功能，亦是南水北调东线的调蓄湖泊[1]。南四湖湖东为山洪河道，源短流急；湖西为平原坡水河道，集流入湖缓慢。如遇长历时暴雨，入湖洪量大，持续时间长。经过70多年的治理，南四湖已形成由湖泊、堤防、控制性水闸及蓄滞洪工程等组成的防洪工程体系，现状防洪标准总体上为50年一遇。南四湖主要防洪工程有湖西大堤、湖东堤、二级坝枢纽、韩庄枢纽、蔺家坝闸及湖东滞洪区等。南四湖水系图见图1。

2　南四湖防洪体系存在的问题

2.1　防洪标准低，防洪标准与社会经济发展不适应

南四湖、韩庄运河、中运河防洪保护区现状防洪标准为50年一遇，随着保护区经济的飞速发展，保护区保护对象的重要性发生了变化，现状防洪标准与保护区的经济发展不相适应，需将防洪保护区的防洪标准提高至100年一遇。

2.2　南四湖湖内行洪通道不足

南四湖属浅水型湖泊，在正常蓄水位条件下平均水深1.5 m左右。由于南四湖地区近年来无大洪水，湖内水深较浅，富营养化严重，湖内芦苇、湖草生长茂盛，严重阻水。

2.3　支流治理加大南四湖洪水汇流

通过近期对南四湖支流治理，支流防洪标准不断提高，其入湖泄量和入汇时间不断增大，南四湖极易产生高水位。由于下泄通道不畅，高水位持续时间变长，影响滨湖地区排涝和湖内湖田内涝。

作者简介：黄渝桂（1984—），男，高级工程师，主要从事水利规划和河道整治专业领域的相关工作。

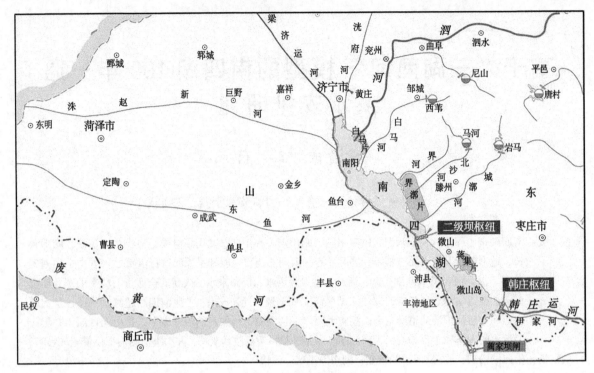

图 1　南四湖水系图

2.4　南四湖出口能力不足

南四湖的洪水要通过韩庄运河、中运河、伊家河、老运河等排入骆马湖，随着沂沭泗河洪水东调南下续建工程韩庄运河、中运河工程的实施，运河站行洪规模为 6 500 m³/s，不能满足淮河流域综合规划中中运河运河站行洪规模 7 200 m³/s 的要求。

南四湖上级湖库容占总库容的 39%，而汇入上级湖的支流有 29 条，汇水面积 26 983 km²，占全流域总面积的 85%，即上级湖以南四湖 39% 的库容承接全流域 85% 的来水；南阳湖最突出，该湖库容仅占南四湖的 13%，而集水面积却占总来水面积的 63%。汇水面积与其库容极不适应，因此洪水顺利下泄是南四湖治理的关键[2]。

3　"三湖两河"模型原理及计算方法

3.1　模型基本假定

南四湖是沂沭泗流域的重要湖泊。1959 年，在昭阳湖修建了二级坝，将南四湖拦腰截断为上、下级湖，湖内宽窄不均，地形、地貌及植物分布差异很大，所以南四湖洪水调节性能与一般湖泊水库不同。它既有湖泊蓄水调节的能力，又像平原河道一样具有河流性能，因此南四湖调洪演算将全湖分为 3 个串联湖泊，湖泊之间作为平原河道连接。

根据南四湖湖泊特性，将其概化为"三湖"和"两河"来模拟洪水过程（见图 2），用 A 湖、B 湖、C 湖分别代表南阳湖、昭阳湖和独山湖（简称独昭湖）、微山湖，A 湖（中泓线桩号 0~12K 为南阳湖）、B 湖（桩号 34K~42K 为独昭湖）统称上级湖，C 湖（桩号 94K~120K 为微山湖）统称下级湖；将三湖之间中泓里程桩号为 12K~34K、42K~94K 的窄浅段作为平原河道处理，且不考虑这两段窄浅段的河槽调蓄作用，并将其库容并入相邻湖泊计算。

3.2　模型方法

基于图解法的"三湖两河"南四湖调洪模型的核心是进行调洪演算，即水量平衡方法；湖泊之间的河道采用水力学方法，即河道恒定非均匀流进行洪水演进计算。

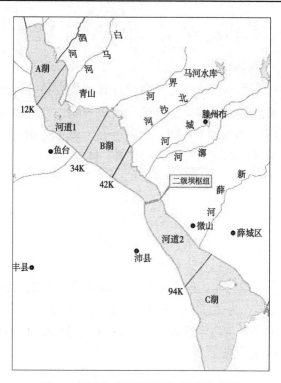

图2 南四湖"三湖两河"模型简化图

3.2.1 水量平衡方程[3-4]

$$\frac{I_1 + I_2}{2} \times t - \frac{D_1 + D_2}{2} \times t = V_2 - V_1 \tag{1}$$

式中：I_1 和 I_2 分别为时段 1 和时段 2 的进湖流量，$\mathrm{m^3/s}$；D_1 和 D_2 分别为时段 1 和时段 2 的出湖流量，$\mathrm{m^3/s}$；V_1 和 V_2 分别为时段 1 和时段 2 的湖泊容积，$\mathrm{m^3}$；t 为时间步长，s。

将水量平衡方程应用于 A 湖（南阳湖）、B 湖（独昭湖）、C 湖（微山湖）中，推导出 3 个串联湖泊的洪水调算公式。

$$\frac{I_{a1} + I_{a2}}{2} \times t - \frac{D_{a1} + D_{a2}}{2} \times t = V_{a2} - V_{a1} \tag{2}$$

$$\frac{I_{b1} + I_{b2}}{2} \times t - \frac{D_{b1} + D_{b2}}{2} \times t = V_{b2} - V_{b1} \tag{3}$$

$$\frac{I_{c1} + I_{c2}}{2} \times t - \frac{D_{c1} + D_{c2}}{2} \times t = V_{c2} - V_{c1} \tag{4}$$

式中：a、b 和 c 分别对应 A 湖（南阳湖）、B 湖（独昭湖）和 C 湖（微山湖）；I_{a1} 和 I_{a2} 分别为时段 1 和时段 2 的 A 湖进湖流量，$\mathrm{m^3/s}$；D_{a1} 和 D_{a2} 分别为时段 1 和时段 2 的 A 湖出湖流量，$\mathrm{m^3/s}$；V_{a1} 和 V_{a2} 分别为时段 1 和时段 2 的 A 湖库容，$\mathrm{m^3}$；I_{b1} 和 I_{b2} 分别为时段 1 和时段 2 的 B 湖进湖流量，$\mathrm{m^3/s}$；D_{b1} 和 D_{b2} 分别为时段 1 和时段 2 的 B 湖出湖流量，$\mathrm{m^3/s}$；V_{b1} 和 V_{b2} 分别为时段 1 和时段 2 的 B 湖库容，$\mathrm{m^3}$；I_{c1} 和 I_{c2} 分别为时段 1 和时段 2 的 C 湖进湖流量，$\mathrm{m^3/s}$；D_{c1} 和 D_{c2} 分别为时段 1 和时段 2 的 C 湖出湖流量，$\mathrm{m^3/s}$；V_{c1} 和 V_{c2} 分别为时段 1 和时段 2 的 C 湖库容，$\mathrm{m^3}$；t 为时间步长，s。

将已知项移至右端，整理后式（2）~式（4）变成为下面公式：

$$\frac{2V_{a2}}{t} + D_{a2} = I_{a1} + I_{a2} + \left(\frac{2V_{a1}}{t} + D_{a1} \right) - 2D_{a1} \tag{5}$$

$$\frac{2V_{b2}}{t} + D_{b2} = I_{b1} + I_{b2} + \left(\frac{2V_{b1}}{t} + D_{b1} \right) - 2D_{b1} \tag{6}$$

$$\frac{2V_{c2}}{t} + D_{c2} = I_{c1} + I_{c2} + \left(\frac{2V_{c1}}{t} + D_{c1}\right) - 2D_{c1} \tag{7}$$

3.2.2 作出两组 $H_{\mathrm{F}}\text{-}Q\text{-}H_{\mathrm{L}}$ 辅助曲线

$H_{\mathrm{F}}\text{-}Q\text{-}H_{\mathrm{L}}$ 辅助曲线是图解法"三湖两河"模型计算的关键核心,是湖泊与河道之间连接的手段。根据南四湖已知 12K ~ 34K、42K ~ 94K 的湖泊大断面资料,利用河道规划设计软件,假定一组 H_{F} 及泄量 Q 可求出 H_{L},即求出两组辅助曲线: $H_c\text{-}Q_b\text{-}H_b$、$H_b\text{-}Q_a\text{-}H_a$。

该辅助曲线采用明渠恒定非均匀流的计算方法计算,即

$$Z_{\mathrm{L}} = Z_{\mathrm{F}} + \Delta Z + \delta \tag{8}$$

$$\Delta Z = \frac{Q^2}{K_{\mathrm{L}} K_{\mathrm{F}}} L \tag{9}$$

$$K_{\mathrm{L}} = C \times A \times R^{1/2} \tag{10}$$

$$C = (1/n) R^{1/6} \tag{11}$$

式中: Z_{L} 为上游断面水位,m; Z_{F} 为下游断面水位,m; δ 为建筑物的壅水高度,m; ΔZ 为上、下游断面之间沿程水头损失,m; Q 为通过上、下游断面之间的流量,m³/s; L 为上、下游断面的距离,m; K_{L} 为上游断面的流量模数; C 为谢才系数,m$^{0.5}$/s; A 为过水断面面积,m²; R 为水力半径,m; n 为糙率; K_{F} 为下游断面的流量模数。

3.2.3 南四湖调洪演算

根据入湖过程线、两组辅助曲线、各湖水位与容蓄量曲线、水位与出流关系曲线,进行调洪演算,可求出南四湖出口下泄是敞泄或限泄情况下各湖的水位及泄量。

3.3 边界条件处理

3.3.1 水文分区及分区面积[5]

依据南四湖流域地形、入汇位置,将南四湖概化为 14 个水文分区。A 湖(南阳湖)有 5 个分区,湖西有梁济运河、洙赵新河、万福河,面积为 10 300 km²;湖东有洸府河、泗河,面积为 3 696 km²。B 湖(昭阳湖)有 4 个分区,湖西有东鱼河、复兴河,面积为 10 070 km²;湖东有白马河、城漷河,面积为 3 344 km²。C 湖(微山湖)有 2 个分区,湖西有丰沛地区,面积为 1 319 km²;湖东有十字河,面积为 1 264 km²。南四湖湖面有 3 个分区,即南阳湖、独昭湖和微山湖,面积为 1 280 km²。

3.3.2 南四湖入湖支流天然洪水过程线

水量平衡法是指南四湖进湖理想流量由实测出湖流量、南四湖湖内蓄水变量、各水库蓄水变量、滨湖蓄水变量、洼地蓄水变量、引黄灌溉退水、大汶河来水各部分组成。合成流量法是指将南四湖地区分成湖西、湖面及湖东 3 片,分别计算入湖洪水过程,将这 3 片的来水过程相加即为南四湖地区天然洪水过程。

南四湖湖西地区为黄泛平原,由设计暴雨推求设计洪水;湖东地区由流量直接推求设计洪水;湖面则采用降雨量扣除蒸发量的方法实现对洪量的推求。

考虑到水量平衡法中湖西地区坡降很小,河道上闸坝多,南四湖周边用水户很多,大水时低洼地易产生滞水现象,小水时闸坝拦蓄水和从湖中引提水量影响较大,缺乏必要的实测资料,难以还原。鉴于上述诸多因素,推荐采用合成流量法计算。

湖东地区按河流分成 5 个分区,即洸府河流域、泗河流域、白马河流域、城河(城漷河)流域及十字河(新薛河)流域。将各分区控制站以上水库的拦蓄量还原到控制站,得控制站以上天然流量过程线,再乘以面积和雨量修正系数,即为各分区天然入流流量过程线。

南四湖湖面面积 1 280 km²,湖面采用降雨量扣除蒸发量计算入湖洪水过程。先在南四湖周围选取六七个雨量站,用算术平均法计算出逐日平均雨量,再减去湖面蒸发量后,乘以湖面面积求得湖面逐日产流量过程线。

3.3.3 南四湖入湖支流实际过程线[6]

南四湖设计洪水以 1957 年的洪水过程为典型年,推求南四湖流域 11 条入湖支流与 3 个湖面 30 d 的入湖过程线。南四湖入湖支流 100 年一遇设计洪水入流过程线按照 1957 年典型年洪水进行放大处理得到。支流实际入湖洪水过程线需经滨湖来水、河道安全泄流削峰等处理之后,才能进行南四湖调洪计算。

南四湖滨湖洼地共有 9 片,在 50 年一遇设计洪水位 36.79 m 以下的面积 3 000.4 km²。南四湖发生洪水时,水位高于南四湖滨湖地面高程,该 9 片区域洪水无法自排入湖。南四湖滨湖洼地来水根据滨湖洼地地区排灌站现状能力及南四湖水位决定,各湖洼地最大提排流量为排水模数与各湖滨湖面积之积。提排入湖流量与湖泊水位关系密切,当水位高于 37.79 m 时,排灌站无法提排滨湖来水入湖;当水位高于 36.79 m 而低于 37.79 m 时,按最大提排流量的一半计算;而当水位低于 36.79 m 时,按实际提排流量入湖。当该时段内无法完全提排入湖,剩余部分则在随后的时段内提排入湖。

本次 100 年一遇设计洪水调洪时,河道的安全泄量根据南四湖周边入湖治理情况确定(按照实际治理后入湖规模确定),当入湖河道流量大于入湖河道安全泄量或入湖设计洪峰流量扣除滨湖洼地流量+滨湖抽排流量时,入湖洪水需做削峰处理,被削峰的流量在可以允许入湖时入湖。

3.3.4 湖泊断面糙率处理[1]

南四湖湖区内植物分布复杂,对糙率影响较大,可根据湖区植物分布资料来确定糙率。根据水生植物的阻水特性,湖内糙率分为深槽、明湖、湖草和芦苇 4 种类型,其中后 3 种类型的糙率值与水深有关。南四湖湖内断面糙率见表 1。

表 1 南四湖湖内断面糙率

糙率类型		糙率 n 与水深 H 关系
深槽		$n=0.03$
明湖	水深 $H \leqslant 4$ m	$n=0.084H^{-2/3}$
	水深 $H > 4$ m	$n=0.033$
湖草		$n=0.226H^{-2/3}$
芦苇		$n=0.796H^{-2/3}$

3.3.5 南四湖洪水传播时间

A 湖至 B 湖为 1 d,B 湖至 C 湖为 2 d。

3.3.6 湖东滞洪区口门概化

南四湖湖东有泗河至青山(白马片)、界河至城漷河(界漷片)、新薛河至郗山(蒋集片)共 3 个滞洪区,按照口门进洪能力,考虑一个时段满足进洪要求,与南四湖一起参与调洪。

4 南四湖治理原则及调度方案

4.1 南四湖治理标准及原则

2013 年国务院批复的《淮河流域综合规划》(2012—2030 年)明确提出,沂沭泗河水系南四湖、韩庄运河、中运河、骆马湖、新沂河的防洪标准逐步提高到 100 年一遇。南四湖维持 1957 年洪水设计水位(上级湖 36.99 m、下级湖 36.49 m),超额洪水通过扩大韩庄运河、中运河规模下泄,南四湖堤防不再加高。南四湖遇到 100 年一遇洪水,韩庄闸应控制下泄,使中运河运河站水位及行洪规模不超过设计值(水位 26.33 m、行洪流量 7 200 m³/s)。

4.2 南四湖洪水调度方案

根据 2012 年国家防汛抗旱总指挥部批复的《沂沭泗河洪水调度方案》中确定的原则,拟定南四湖调度运用办法为:南四湖上级湖起调水位 33.99 m,下级湖起调水位 32.29 m。

当上级湖南阳站水位达到33.99 m并继续上涨时，二级坝枢纽开闸泄洪，视水情上级湖洪水尽量下泄；当预报南阳站水位超过36.79 m时，二级坝枢纽敞泄；当南阳站水位超过36.79 m时，启用南四湖湖东滞洪区白马片和界湖片滞洪。

当下级湖微山站水位达到32.29 m并继续上涨时，韩庄枢纽开闸泄洪，视南四湖、中运河、骆马湖水情，下级湖洪水尽量下泄；如预报微山站水位不超过36.29 m，当中运河运河站水位达到26.33 m或骆马湖水位达到24.83 m时，韩庄枢纽控制下泄；当预报微山站水位超过36.29 m时，韩庄枢纽尽量泄洪，尽可能控制中运河运河站流量不超6 500 m³/s；当微山站水位超过36.29 m时，启用南四湖湖东滞洪区蒋集片滞洪，韩庄枢纽敞泄，在不影响徐州城市、工矿安全的前提下，蔺家坝闸参加泄洪（流量为500 m³/s）。

5 基于"三湖两河"南四湖调洪模型的洪水安排及成果分析

根据《淮河流域综合规划》（2012—2030年）中南四湖治理标准和治理原则[7]，南四湖防洪标准为100年一遇，堤防（湖西大堤、湖东堤）不再加高，超额洪水通过扩大韩庄运河、中运河规模下泄满足南四湖防洪要求。因此，南四湖的治理使湖内行洪通道畅通，满足100年一遇洪水下泄；加大韩庄运河、中运河行洪下泄规模，满足南四湖防洪要求。

5.1 研究湖东滞洪区启用条件

在韩庄枢纽限泄（韩庄枢纽下泄洪水受邳苍地区来水、中运河运河站行洪规模反控制，同时还受韩庄枢纽的泄流曲线限制）；南四湖上级湖起调水位33.99 m，下级湖起调水位32.29 m；韩庄出口规模按微山水位33.29 m、下泄流量2 500 m³/s，运河站行洪规模初步拟定6 500 m³/s、6 800 m³/s、7 000 m³/s、7 200 m³/s、7 400 m³/s等5个方案并考虑在湖东滞洪区是否启用条件下，对南四湖洪水进行调洪演算。湖东滞洪区启用条件对南四湖防洪水位的影响成果见表2。

表2 湖东滞洪区启用条件对南四湖防洪水位的影响成果

方案	洪水标准	运河站行洪规模/(m³/s)	最高水位/m			湖东洼地滞洪量/亿 m³			湖东洼地滞洪量/亿 m³
			A湖	B湖	C湖	A湖东（白马片）	B湖东（界湖片）	C湖东（蒋集片）	
1	南四湖为主，100年一遇，湖东滞洪区启用	6 500	37.09	37.02	36.71	1.45	1.84	0.75	4.04
2		7 000	36.97	36.94	36.52	1.35	1.72	0.72	3.80
3		7 200	36.97	36.91	36.46	1.35	1.57	0.67	3.60
4		7 400	36.97	36.85	36.42	1.35	1.55	0.65	3.56
5	南四湖为主，100年一遇，湖东滞洪区不启用	6 500	37.24	37.19	36.92				
6		7 000	37.10	37.05	36.72				
7		7 200	37.05	37.00	36.64				
8		7 400	37.03	36.97	36.59				
9		7 800	36.99	36.94	36.51				
10		8 000	36.98	36.93	36.49				

由表2可知，南四湖遭遇以南四湖为主的100年一遇洪水时，如不启用湖东滞洪区，中运河运河站规模为6 500~7 800 m³/s条件下，A湖、B湖、C湖均超设防水位，当中运河运河站规模达到8 000 m³/s时，南四湖A湖、B湖、C湖才能低于设防水位。南四湖遭遇100年一遇洪水时，为使南四湖水位不超过防御1957年洪水水位（上级湖36.99 m、下级湖36.49 m），考虑韩庄运河、中运河的安全行洪以及骆马湖防洪安全，必须启用湖东滞洪区。

5.2 南四湖湖内行洪研究

南四湖湖内芦苇、湖草生长茂盛，加上群众围湖养鱼等影响，湖内洪水下泄十分缓慢。加快湖内洪水下泄的措施有两种：一是化学灭苇；二是在湖内开挖浅槽。化学灭苇，不仅对湖内生态环境影响严重，而且灭苇不彻底，因而不可行。在湖内开挖浅槽，对环境影响是暂时的，施工结束后都能自行恢复，而且灭苇效果好，解决问题较彻底。

为加快洪水下泄速度，续建工程对浅槽进行扩挖。1999 年在湖内开挖了 3 条行洪浅槽，2004 年开挖了二级坝闸上泄洪槽。2007 年，对上述 4 条泄洪槽延长、扩挖，总长度 41 km。

浅槽 1 位于南阳岛西侧，自南阳岛西北的张庄村西至南阳岛正南方的小赵庄，与小黄河交汇，全长 8 km，可使梁济运河、洙赵新河、万福河等湖西河道来水尽快进入昭阳湖深水区。

浅槽 2 位于南阳岛以东，自南阳岛东四里湾第三缺口至独山湖白马河航道以南与深水区相接，长 6 km，可使泗河、洸府河等湖东河道的来水快速进入独山湖深水区。

浅槽 3 位于二级坝下，自一、二闸下的小卫河末端南下，穿大捐浅滩，长 14 km，可使二级坝一、二、三闸下泄的洪水快速通过大捐浅滩进入微山湖深水区。

浅槽 4 位于二级坝上，自满口南行 4 km，与三级航道相交，再南行 5 km 以弯道与一、二、三闸衔接，全长 13 km，可使独山湖、昭阳湖的洪水尽快通过二级坝，进入下级湖。

南四湖清苇及浅槽（一期）位置示意图见图 3，南四湖浅槽（续建工程）位置示意图见图 4。

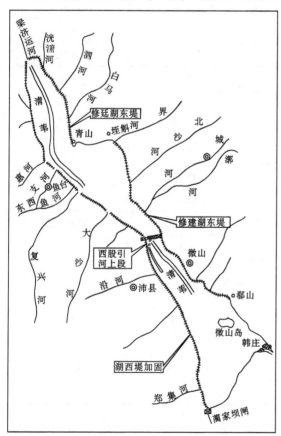

图 3　南四湖清苇及浅槽（一期）位置示意图

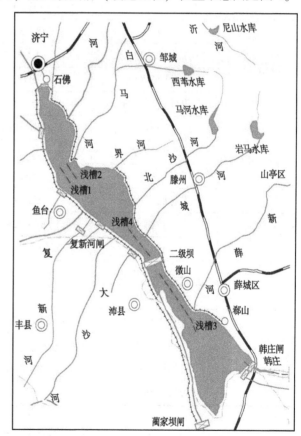

图 4　南四湖浅槽（续建工程）位置示意图

当南四湖发生 100 年一遇设计洪水时，南四湖支流入湖安全泄量采用综合现状安全泄量，南四湖调度采用 2012 年国家防汛抗旱总指挥部批复的南四湖调度，且中运河运河站行洪规模为 7 200 m³/s 和在南四湖现状防洪工程体系下，南四湖调洪演算成果见表 3。

表 3 南四湖调洪演算成果

方案	洪水标准	运河站行洪规模/（m³/s）	最高水位/m			湖东洼地滞洪演算量/亿 m³			湖东洼地滞洪量/亿 m³
			A 湖	B 湖	C 湖	A 湖东（白马片）	B 湖东（界涝片）	C 湖东（蒋集片）	
一	100 年一遇	7 200	37.06	36.94	36.49	1.45	2.14	0.70	4.29

南四湖支流治理现状，安全泄量采用综合现状安全泄量，南四湖水位不超过 1957 年洪水水位，但是泗河流量超过 1 100 m³/s 时，南四湖 A 湖就会超过设计水位 36.99 m，与韩庄出口规模无关。当南四湖入湖支流按照现状治理标准控制入湖安全泄量，A 湖水位超过 100 年一遇南四湖设防水位，因此湖内需扩大下泄通道，开挖浅槽（A 湖与 B 湖、C 湖之间）。

结合续建工程开挖方案，根据南四湖湖内实际情况，按浅槽的不同规模形成三个方案。提标工程拟在 A 湖、B 湖、C 湖内阻水严重的区域开挖浅槽。浅槽 1 位于南阳镇以西，浅槽 2 位于南阳镇以东，浅槽 3 位于二级坝闸下。南四湖 A 湖、B 湖、C 湖之间浅槽不同治理方案指标见表 4，调洪演算成果比较见表 5。

表 4 南四湖 A 湖、B 湖、C 湖之间浅槽不同治理方案指标

方案		一（续建工程）	二	三
浅槽 1	范围	24K~32K	24K~32K	24K~32K
	设计边坡	1:3	1:3	1:3
	设计底宽/m	500	700	1 000
	设计底高程/m	30.29	30.29	30.29
浅槽 2	范围	24K~30K	24K~30K	24K~30K
	设计边坡	1:3	1:3	1:3
	设计底宽/m	500	700	1 000
	设计底高程/m	30.29	30.29	30.29
浅槽 3	范围	78K~92K	78K~92K	78K~92K
	设计边坡	1:3	1:3	1:3
	设计底宽/m	500~700	550~750	600~800
	设计底高程/m	29.79	29.79	29.79
浅槽 4	范围	57K~67K	57K~67K	57K~67K
	设计边坡	1:3	1:3	1:3
	设计底宽/m	800~2 600	850~2 650	900~2 700
	设计底高程/m	30.29	30.29	30.29

表 5 南四湖调洪演算成果比较

方案	水位/m		
	A 湖	B 湖	C 湖
一	37.06	36.94	36.49
二	37.05	36.92	36.47
三	36.98	36.89	36.46

根据南四湖设计水位（A 湖水位低于 36.99 m、B 湖水位低于 36.99 m、C 湖水位低于 36.49 m）的要求及南四湖调洪演算成果，推荐采用方案三。浅槽开挖工程不涉及自然保护区核心区和缓冲区，其中浅槽 1 自小张庄至八里井长 8 km，底高程 30.29 m，底宽扩大至 1 000 m；浅槽 2 自徐庄至白山长 6 km，底高程 30.29 m，底宽扩大至 1 000 m；浅槽 3 自二级坝下小卫河末端至沿河庄台长 14 km，底高程 29.79 m，底宽扩大 100 m（底宽为 600~800 m）；浅槽 4 自二级坝上 10 km（不涉及核心区和缓冲区），底高程 30.29 m，底宽扩大 100 m。南四湖浅槽开挖位置如图 5 所示。

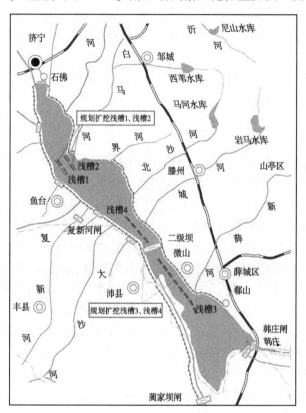

图 5　南四湖浅槽开挖位置

5.3　韩庄运河、中运河规模

按照最不利原则，在研究南四湖及其相关工程时采用"南四湖为主洪水"（南四湖发生与骆马湖同频率洪水，邳苍、沂沭泗河为相应洪水）。

根据南四湖洪水调度运用办法，韩庄枢纽泄流需按中运河运河站设计规模控制泄流，因而拟定韩庄出口规模分别按微山水位 33.29 m、下泄流量 2 500 m³/s，运河站行洪规模为 6 500 m³/s、6 800 m³/s、7 000 m³/s、7 200 m³/s、7 400 m³/s 共 5 个方案来分析韩庄枢纽不同规模对南四湖防洪演算水位的影响。南四湖调洪演算成果见表 6。

表 6　南四湖调洪演算成果

序号	洪水标准	运河站行洪规模/（m³/s）	最高水位/m			韩庄最大流量/（m³/s）	中运河运河站最大流量/（m³/s）
			A 湖	B 湖	C 湖		
1	南四湖为主，100 年一遇（2 500 m³/s，控制下泄）	6 500	37.09	37.02	36.71	5 421	6 500
2		6 800	37.01	36.97	36.60	5 485	6 800
3		7 000	36.97	36.94	36.521	5 419	7 000
4		7 200	36.97	36.905	36.46	5 401	7 200
5		7 400	36.97	36.853	36.42	5 358	7 400

从表 6 可知，中运河运河站的行洪规模扩大到 7 000 m³/s，下级湖水位超过设计水位，影响湖西

大堤、湖东堤的安全。中运河运河站的行洪规模扩大到 7 200 m³/s 即能满足南四湖防洪水位的要求，相应韩庄枢纽下泄规模为 5 500 m³/s。中运河运河站的行洪规模扩大到 7 400 m³/s，对降低微山湖水位有利，对南阳湖水位没有影响。

韩庄以下运河镇以上区间面积 6 522 km²，其中苏鲁省界以上 1 828 km²，设计条件区间入流采用"南四湖为主，100 年一遇洪水"邳苍相应来量（邳苍约 12 年一遇洪水）。据分析，邳苍地区日平均来水大于 1 700 m³/s 的共有 10 d（7 月 15—24 日），邳苍最大汇入流量为 3 362 m³/s。考虑南四湖调控作用，区间入流按 1 700 m³/s 规模预留，调算结果，韩庄枢纽下泄受控 3 d（7 月 22—24 日），受控时邳苍最大流量 2 369 m³/s，南四湖控制少泄水量 0.17 亿 m³，微山湖最高水位从 36.35 m 抬高到 36.46 m，减少中运河洪峰流量 475 m³/s。南四湖作为沂沭泗河流域重要的调蓄湖泊，在满足南四湖防洪水位要求下，应充分发挥其调蓄能力，减轻下游河道防洪压力。为此，提高防洪标准工程确定中运河运河站的行洪规模为 7 200 m³/s。

6 结论

（1）南四湖上级湖库容占总库容的 39%，但汇水面积占全流域总面积的 85%，即上级湖以南四湖 39% 的库容承接全流域 85% 的来水；南阳湖最突出，该湖库容仅占南四湖的 13%，而集水面积却占总来水面积的 63%。汇水面积与其库容极不适应，因此洪水顺利下泄是南四湖治理的关键。

（2）南四湖"三湖两河"模型的关键在于为"三湖"和"两河"概化、入湖洪水处理（设计洪水、滨湖来水、入湖支流安全泄量、洪水顶托影响、湖泊大断面糙率等方面处理），才能使模型更加接近实际，更好地服务于南四湖的规划设计工作，并为类似湖泊提供借鉴和参考。

（3）研究南四湖发生 100 年一遇洪水时湖东滞洪区是否启用，根据南四湖"三湖两河"模型调洪成果，如不启用湖东滞洪区，当中运河运河站规模至少 8 000 m³/s，南四湖才能满足防洪要求，但增加韩庄运河、中运河、骆马湖的防洪压力及新沂河的行洪规模。为使南四湖水位不超过防御 1957 年洪水水位（上级湖 36.99 m、下级湖 36.49 m），考虑韩庄运河、中运河的安全行洪以及骆马湖防洪安全，必须启用湖东滞洪区。

（4）在沂沭泗河洪水东调南下续建工程治理后，南四湖防洪标准达到 50 年一遇（湖西大堤防御 1957 年洪水标准、湖东堤 50 年一遇至防御 1957 年洪水标准）。结合南四湖存在湖内行洪能力不足、出口能力不足等问题，南四湖治理标准提高至 100 年一遇，主要是湖内浅槽扩挖和扩大韩庄运河中运河泄洪通道规模，经过南四湖"三湖两河"模型调洪成果，南四湖 4 个浅槽均需要扩挖，即浅槽 1、浅槽 2 分别扩挖 500 m，浅槽 3、浅槽 4 分别扩挖 100 m；韩庄运河中运河运河站行洪规模由现状 6 500 m³/s 提高至 7 200 m³/s，可满足南四湖 100 年一遇防洪要求。

参考文献

[1] 张友祥，等. 沂沭泗洪水东调南下二期工程可行性研究报告 [R]. 合肥：中水淮河规划设计研究有限公司，2000.

[2] 黄渝桂，等. 沂沭泗洪水东调南下提标工程规划 [R]. 合肥：中水淮河规划设计研究有限公司，2021.

[3] 王秋梅，付强，徐淑琴，等. 水库调洪计算方法的发展 [J]. 农机化研究，2006（6）：56-58.

[4] 王宗志，谢伟杰，王立辉，等. 南四湖"三湖两河"洪水演算数值模型优化 [J]. 湖泊科学，2018，30（5）：1458-1470.

[5] 李致家，包红军，孔详光，等. 水文学与水力学相结合的南四湖洪水预报模型 [J]. 湖泊科学，2005，17（4）：299-304.

[6] 郑鑫. 南四湖湖内浅槽工程一期治理效果分析及二期治理方案研究 [D]. 济南：山东大学，2010.

[7] 水利部淮河水利委员会. 淮河流域综合规划（2012—2030 年）报批稿 [R]. 蚌埠：水利部淮河水利委员会，2013.

梯级水库运行以来长江与洞庭湖江湖关系变化研究

张冬冬　王　含　李妍清　陈　玺　熊　丰　邓鹏鑫

（长江水利委员会水文局，湖北武汉　430010）

摘　要： 长江与洞庭湖形成了复杂的江湖系统，江湖关系变化调整对长江与洞庭湖防洪以及水资源管理均产生一定的影响。本文基于实测水文资料，从多个角度分析了梯级水库运行以来长江与洞庭湖江湖关系变化。结果表明：梯级水库运行以来，长江干流中下游来水量偏枯 0.3%～3.5%，来沙量减少 76%～93%；荆江三口分流量减少约 27.6%，分沙量减少 90%，分流比略有减少，分沙比基本不变；洞庭湖入出湖水量均有一定减少，出湖沙量有一定增加，洞庭湖湖区由淤转冲，长江干流螺山站河床持续冲刷，低水位流量条件下水位总体呈下降趋势。

关键词： 长江；洞庭湖；江湖关系；梯级水库

1　研究背景

洞庭湖跨湖南、湖北两省，汇集湘、资、沅、澧四水来水，承接长江荆江河段松滋、太平、藕池、调弦（1958 年冬封堵）四口分流，经调蓄后在城陵矶（距三峡大坝约 427 km）汇入长江。洞庭湖水文情势受长江干流与湖区水系支流来水的双重影响，构成了复杂的江湖关系[1]。

近年来受到以三峡水库为主的梯级水库群运行调度以及气候变化的影响，长江与洞庭湖的江湖关系发生了一定的变化[2-3]。众多学者尝试对长江中游河道来水来沙[4]、荆江三口分流分沙[5-6]、洞庭湖湖区水位[7] 以及螺山水位流量关系[8-9] 等进行研究，以此反映长江与洞庭湖江湖关系的变化。三峡工程等上游梯级水库相继建成运行，又强力驱动着江湖关系新一轮的调整，从而大大提升了"江湖关系"这一概念的关注度，也极大地拓展了江湖关系概念的内涵[10]。科学应对新形势下的江湖关系变化，对做好长江流域防洪减灾以及水资源高效利用具有重要意义。本文以最新实测的水文地形资料，从长江干流水沙、荆江三口分流分沙、洞庭湖来水来沙以及螺山水位流量关系等多角度分析梯级水库运行以来长江与洞庭湖之间的江湖关系变化，为以江湖水系重大水利工程群联合调度为核心的江湖关系优化调控准则和方法的研究提供技术支撑。

2　江湖关系变化分析

2.1　长江干流水沙变化

采用长江中下游宜昌、枝城、沙市、监利、螺山以及汉口实测水文资料，分析了 2003 年前后长江中下游干流主要水文站径流量和输沙量的变化（见表 1 和图 1）。2002 年前，长江中下游宜昌、沙市、汉口站多年平均径流量分别为 4 369 亿 m³、3 942 亿 m³、7 111 亿 m³。2003—2021 年，长江中下游各站除监利站水量由于三口分流减少，较 2002 年前偏丰 6.3% 外，其他各站水量偏枯 0.3%～3.5%（见表 1 和图 1）。从年内径流变化来看（见图 2），宜昌站汛期（6—10 月）减小 2.9%～24%，枯水期（1—3 月）增加 46%～53%；汉口站汛期（6—10 月）减小 0～20%，枯水期（1—3 月）增加 31%～37%。三峡及上游控制性水库起到蓄洪补枯的作用。

基金项目： 水库群影响下的江湖水情响应机制及适应性对策研究（水利青年人才发展资助项目）。

作者简介： 张冬冬（1986—），男，高级工程师，主要从事江湖关系演变分析研究工作。

三峡水库蓄水以来，受上游水利水电工程拦沙、降雨时空分布变化、水土保持、河道采砂等因素的综合影响[11-12]，三峡入库泥沙大幅减少，加之三峡水库的拦沙作用，进入中下游的泥沙显著减少。2002年前，长江中下游宜昌、沙市、汉口站多年平均输沙量分别为 49 200 万 t、43 400 万 t、39 800 万 t；2003—2021 年，长江中下游各站输沙量沿程减小，减小幅度在 76%~93%，且减幅沿程递减。

表 1 长江中下游主要水文站径流量和输沙量与多年平均对比

项目		宜昌	枝城	沙市	监利	螺山	汉口
径流量	2002 年前平均/亿 m³	4 369	4 450	3 942	3 580	6 460	7 111
	2003—2021 年/亿 m³	4 216	4 310	3 931	3 804	6 252	6 976
	变化率/%	−3.5	−3.1	−0.3	6.3	−3.2	−1.9
输沙量	2002 年前平均/万 t	49 200	50 000	43 400	35 800	40 900	39 800
	2003—2021 年/万 t	3 368	4 067	5 036	6 701	8 305	9 497
	变化率/%	−93	−92	−88	−81	−80	−76

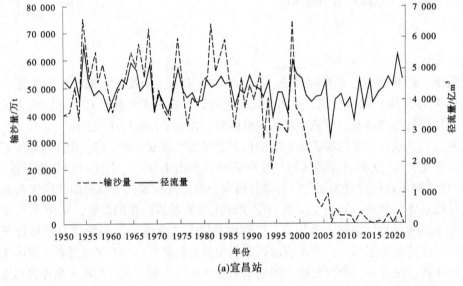

(a)宜昌站

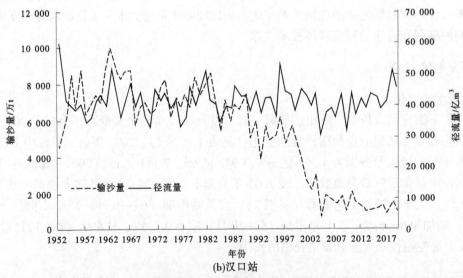

(b)汉口站

图 1 宜昌站和汉口站年径流量、年输沙量历年变化过程

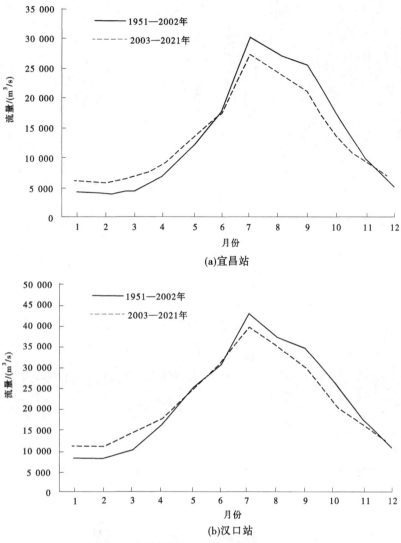

(a)宜昌站

(b)汉口站

图2　宜昌站和汉口站径流量年内分配过程

2.2　荆江三口分流分沙变化

2.2.1　荆江三口分流量变化

荆江三口分流量、分沙量与干流水位、流量有密切关系。下荆江裁弯、葛洲坝水利枢纽和三峡水库的兴建等导致荆江河床冲刷下切、同流量下水位下降，加之三口分流道河床淤积，以及三口口门段河势调整等因素影响[13]，荆江三口分流量一直处于衰减之中（见图3）。1956—1966年三口年平均分流量为1 332亿 m³；1967—1972年下荆江裁弯期间，年平均分流量为1 022亿 m³；1973—1980年为下荆江裁弯后期，年平均分流量为834亿 m³；1981—1998年葛洲坝水利枢纽修建后，年平均分流量为698亿 m³；1999—2002年三峡工程蓄水前，年平均分流量为625亿 m³；三峡工程蓄水后的2003—2021年，年平均分流量为492亿 m³，较1981—2002年均值减少幅度约为27.6%。

各站洪水期、枯水期的流量变幅极大，在长江来水较丰的7—9月各站流量较大；2003—2021年，在长江来水较少的12月至次年3月，三口五站中有新江口、沙道观及弥陀寺站通流，但通流流量较小，其中新江口站月平均流量在55.0~89.2 m³/s，沙道观站月平均流量在0.016~0.637 m³/s，弥陀寺站月平均流量在0.304~1.19 m³/s。

2.2.2　荆江三口分沙量变化

受自然演变及人类活动的影响，三口分流分沙呈减少趋势，如图4所示。1956—1966年，三口

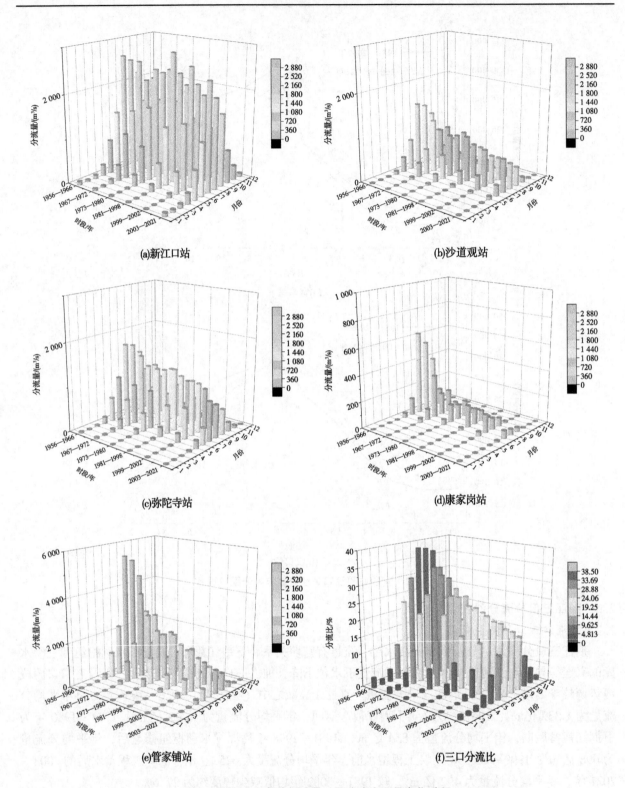

图 3 荆江三口各站径流量以及分流比逐月变化过程

年平均分沙量为 19 600 万 t；1967—1972 年下荆江裁弯期间，年平均分沙量为 14 200 万 t；1973—1980 年为下荆江裁弯后期，年平均分沙量为 11 100 万 t；1981—1998 年葛洲坝水利枢纽修建后，年平均分沙量为 9 300 万 t；1999—2002 年，年平均分沙量为 5 700 万 t；三峡工程蓄水后的 2003—2021 年，年平均分沙量为 850 万 t，与 1981—2002 年均值相比减少幅度约为 90%。

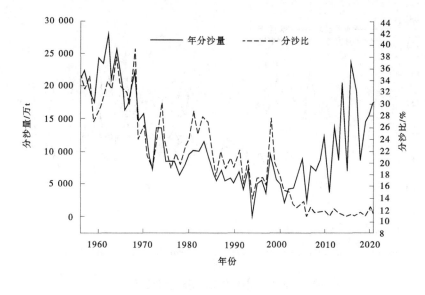

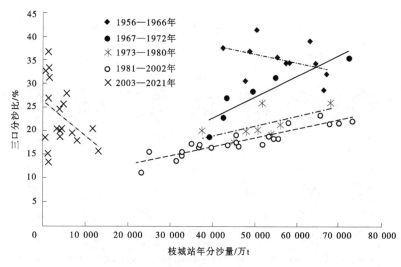

图4 荆江三口分沙量以及分沙比历年变化过程

2.2.3 荆江三口断流天数变化

随着荆江三口河道逐渐淤积萎缩，荆江三口通流水位抬高；但同期荆江河段冲刷下切，同流量水位下降。在上述两种因素作用下，荆江三口五站除新江口站不断流外（但最枯时段流量很小），其余各站年内均出现断流，且断流时间提前，断流天数增加（见图5）。相较于1981—2002年，2003—2021年沙道观、管家铺、康家岗年均断流天数分别增加6 d、19 d以及13 d，弥陀寺年均断流天数减少13 d。

2.3 洞庭湖水沙变化

洞庭湖历年入出湖水沙量变化过程见图6。洞庭湖四水、荆江三口1956—2021年多年平均入湖径流量约为2 445亿m³，出湖多年平均径流量约为2 761亿m³。其中，来自荆江三口的径流量为783亿m³，占28%；来自洞庭四水的径流量为1 662亿m³，占60%；来自未控区间的径流量为316亿m³，占12%。三峡工程蓄水运用后，洞庭四水、荆江三口2003—2021年多年平均入湖径流量约为2 132亿m³，出湖多年平均径流量约为2 482亿m³。其中，来自荆江三口的径流量为492亿m³，占20%；来自洞庭四水的径流量为1 640亿m³，占66%；未控区间的径流量为350亿m³，占14%。

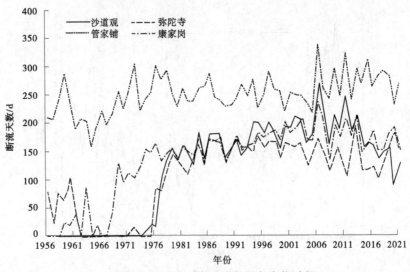

图5 荆江三口断流天数历年变化过程

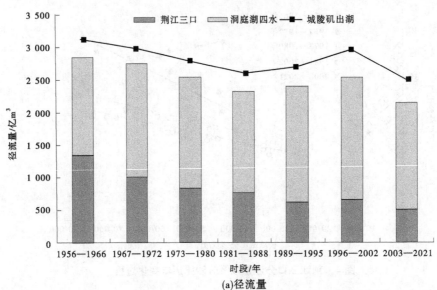

(a)径流量

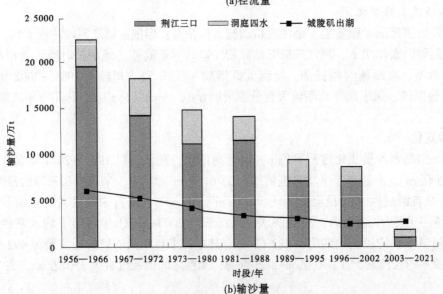

(b)输沙量

图6 洞庭湖历年入出湖水沙量变化过程

洞庭四水、荆江三口进入洞庭湖的悬移质输沙量,1956—2021 年多年平均为 11 270 万 t。其中,荆江三口来沙量 9 030 万 t,占入湖总沙量的 80%;洞庭湖四水来沙量 2 240 万 t,占 20%,经由城陵矶输出沙量为 3 570 万 t,占来沙量总量的 32%。约有 68% 的来沙沉积于湖区和三口河道内,年均淤积量达 7 700 万 t(不含区间来沙)。2002 年以后,洞庭四水、荆江三口进入洞庭湖的多年平均悬移质输沙量约为 1 650 万 t。其中,荆江三口来沙量 850 万 t,占入湖总沙量的 52%;洞庭四水来沙量 800 万 t,占 48%,经由城陵矶输出沙量为 2 450 万 t,占来沙量总量的 149%。湖区总体呈冲刷状态,多年平均冲刷量为 800 万 t。

相较 1996—2002 年,洞庭湖入出湖水量减少约 16%,洞庭湖入湖沙量减少约 81%,出湖沙量增加约 9%,洞庭湖湖区由淤转冲。

2.4 螺山水位流量关系

根据螺山站 2003—2021 年枯水期实测水位流量成果,点绘其中低水水位流量关系图(见图 7)。由图 7 可以看出,2003 年三峡水库蓄水运行以来,随着螺山河段河床的持续冲刷,螺山站枯水位有所下降。当流量为 10 000 m³/s 时,水位下降约 1.73 m;当流量为 18 000 m³/s 时,水位下降约 1.58 m。总体变化呈下降趋势。

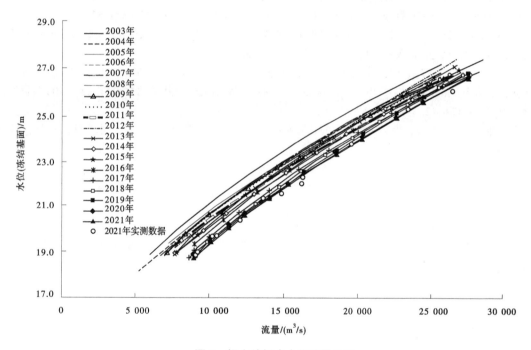

图 7 螺山站低水水位流量关系

3 结论

20 世纪 50 年代以来,江湖关系变化呈现出荆江河段冲刷、枯水位下降,三口河道淤积,三口分流比减少,洞庭湖调蓄能力降低,枯水期三口下游河道断流时间增加等特点。

梯级水库运行以来受天然径流变化、上游水库调蓄、河道冲淤、人类用水量增加等多重因素影响,江湖关系发生新变化。相较于 1981—2002 年,2003—2021 年长江干流中下游来水量偏枯 0.3% ~ 3.5%,来沙量减少 76% ~ 93%;荆江三口分流量减少约 27.6%,分沙量减少 90%,分流比略有减少,分沙比基本不变。沙道观、管家铺、康家岗年均断流天数分别增加 6 d、19 d 以及 13 d,弥陀寺年均断流天数减少 13 d。相较 1996—2002 年,洞庭湖入出湖水量减少约 16%,洞庭湖入湖沙量减少约 81%,出湖沙量增加约 9%,洞庭湖湖区由淤转冲,长江干流螺山站河床持续冲刷,低水位流量条件下水位总体呈下降趋势。

　　随着未来乌东德、白鹤滩、双江口、两河口等长江上游控制性水库陆续建成，江湖关系将会发生进一步演变。在三峡及上游控制性水库作用下，长江中下游干流河道将会发生进一步长距离冲刷，对洞庭湖水文情势进一步产生影响，应根据江湖关系调整变化规律，加强江湖工程治理研究。

参考文献

［1］卢金友，罗恒凯. 长江与洞庭湖关系变化初步分析 ［J］. 人民长江，1999（4）：25-27.

［2］万荣荣，杨桂山，王晓龙，等. 长江中游通江湖泊江湖关系研究进展 ［J］. 湖泊科学，2014，26（1）：1-8.

［3］李景保，常疆，吕殿青，等. 三峡水库调度运行初期荆江与洞庭湖区的水文效应 ［J］. 地理学报，2009，64（11）：1342-1352.

［4］许全喜，李思璇，袁晶，等. 三峡水库蓄水运用以来长江中下游沙量平衡分析 ［J］. 湖泊科学，2021，33（3）：806-818.

［5］徐长江，刘冬英，张冬冬，等. 2020 年荆江三口分流分沙变化研究 ［J］. 人民长江，2020，51（12）：203-209.

［6］朱玲玲，许全喜，戴明龙. 荆江三口分流变化及三峡水库蓄水影响 ［J］. 水科学进展，2016，27（6）：822-831.

［7］王鸿翔，查胡飞，李越，等. 三峡水库对洞庭湖水文情势影响评估 ［J］. 水力发电，2019，45（11）：14-18.

［8］李世强，邹红梅. 长江中游螺山站水位流量关系分析 ［J］. 人民长江，2011，42（6）：87-89.

［9］郭希望，陈剑池，邹宁，等. 长江中下游主要水文站水位流量关系研究 ［J］. 人民长江，2006（9）：68-71.

［10］仲志余，胡维忠. 试论江湖关系 ［J］. 人民长江，2008，39（1）：20-22.

［11］胡春宏，王延贵. 三峡工程运行后泥沙问题与江湖关系变化 ［J］. 长江科学院院报，2014，31（5）：107-116.

［12］胡光伟，毛德华，李正最，等. 荆江三口 60 a 来入湖水沙变化规律及其驱动力分析 ［J］. 自然资源学报，2014，29（1）：129-142.

［13］郭小虎，韩向东，朱勇辉，等. 三峡水库的调蓄作用对荆江三口分流的影响 ［J］. 水电能源科学，2010，28（11）：48-51.

西江与粤西诸河径流遭遇分析研究

王 占 海　何　梁　刘　成

（中水珠江规划勘测设计有限公司，广东广州　510610）

摘　要：为分析研究西江与粤西诸河径流丰枯遭遇规律，通过 Copula 函数和贝叶斯网络模型建立了西江和粤西诸河全年、汛期、枯期径流联合分布模型，提出不同流域径流遭遇组合概率，研究结果表明，基于 Copula 函数和贝叶斯网络相关理论研究，径流遭遇规律是可行的，可计算不同分期径流遭遇组合的发生概率及条件概率。经分析研究，西江与粤西诸河丰枯异步有利于工程调水，枯期枯枯不利组合需配合调蓄工程建设以应对工程不利条件下供水风险，汛期丰丰组合可为调入区的生态环境相机补水创造条件。研究成果对调水工程设计及合理确定工程调度运行规则具有十分重要的意义。

关键词：引调水工程；Copula 函数；贝叶斯网络模型；径流遭遇分析

1　引言

不同流域径流丰枯遭遇分析是跨流域、跨区域长距离引调水工程设计及水资源分配、调度的基础和依据。Copula 函数因概念明确、计算简便、成果较为合理，在降水、径流等水文遭遇分析中有广泛应用，闫宝伟等[1] 运用 Copula 函数方法对南水北调中线水源区与受水区降水丰枯遭遇进行研究，赵伟东等[2] 采用数理统计法及 Copula 函数研究分期径流丰枯遭遇对大伙房水库引水条件的影响，石卫等[3-4] 通过 Copula 联合分布模型，研究了三峡工程与两湖河川径流及南水北调中线受水区与海河受水区丰枯遭遇规律。已有研究成果因受资料所限，多以公开的气象降雨资料间接分析径流遭遇规律，多以水文分析为主，较少结合工程设计和供水风险进行综合研究，且尚无专门分析研究西江与粤西诸河径流遭遇的规律。本文在已有成果的基础上，收集整理不同流域长系列实测径流资料，基于 Copula 函数建立西江和粤西诸河径流多变量模型，分析研究调出区和调入区不同分期的径流遭遇规律，结合贝叶斯网络模型，分析了工程的供水风险，根据研究成果对调水工程沿线调蓄工程提出初步建议，为长距离调水工程的规划设计和运行调度提供科学依据。

2　研究范围和丰枯组合标准

2.1　研究概况和范围

环北部湾广东水资源配置工程为全国骨干水网工程的重要组成部分，是长远解决广东粤西地区水资源承载能力与经济社会发展布局不匹配问题的重大引调水工程。工程自西江干流引调水至茂名、阳江、湛江、云浮 4 市，工程任务以城乡生活和工业供水为主，兼顾农业灌溉，为改善水生态环境创造条件。工程远期西江引水量为 20.41 亿 m³，取水头部设计流量 110 m³/s，工程线路总长约 477 km。工程调出区、调入区分属不同流域，调出区西江取水口以上集水面积为 34.3 万 km²，调入区粤西诸河等流域涉及面积为 4.04 万 km²。

调出区取水断面为西江干流云浮市地心村，跨流域调入区涉及粤西诸河的鉴江、漠阳江、九洲江，这 3 条河流均为独流入海河流，具有源短、流急的特点，水资源承载能力有限。水文代表站选择

作者简介：王占海（1983—），男，高级工程师，主要从事水文水资源及水利规划设计方面的工作。

西江高要站、鉴江化州站、漠阳江双捷站、九洲江缸瓦窑站共 4 个国家基本水文站，采用 1956 年 5 月至 2019 年 4 月共 63 水文年天然长系列资料，河流水系和水文代表站分布如图 1 所示。

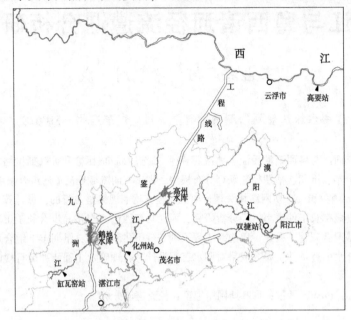

图 1　研究范围主要河流水系和水文代表站分布

2.2　径流特性

根据西江和粤西诸河流域气候、水文特性，一般 5—10 月为汛期，11 月至翌年 4 月为枯期，流域径流年内年际分布不均，年内汛期来水占比在 75% 左右，枯期来水仅占 25% 左右（见表 1）；年际分布相差也较大，最大年来水量是最小年来水量的 3（高要站）~5 倍（缸瓦窑站）。西江高要站径流大，多年平均流量 7 270 m³/s（径流量 2 292 亿 m³），而粤西诸河径流相对较少，化州、双捷、缸瓦窑站多年平均流量分别为 202 m³/s（径流量 64 亿 m³）、195 m³/s（径流量 61 亿 m³）、92 m³/s（径流量 29 亿 m³），尤其是枯水期粤西诸河的供需矛盾更为突出。

表 1　西江和粤西诸河多年平均径流分配统计 %

河流	水文站	5 月	6 月	7 月	8 月	9 月	10 月	11 月	12 月	翌年 1 月	翌年 2 月	翌年 3 月	翌年 4 月	汛期	枯期
西江	高要	10.9	16.7	17.2	15.2	10.4	6.5	4.7	3.1	2.6	2.7	3.6	6.4	76.9	23.1
鉴江	化州	10.5	13.8	14.7	15.5	11.9	8.2	4.8	2.7	3.0	3.3	4.1	7.5	74.6	25.4
漠阳江	双捷	11.4	16.7	15.6	15.4	12.1	7.7	4.5	2.8	2.5	2.4	2.6	6.3	78.9	21.1
九洲江	缸瓦窑	9.2	13.3	16.2	18.3	12.9	7.9	4.2	2.4	2.5	2.5	3.7	6.9	77.8	22.2

2.3　丰枯组合

以频率 $p_x = 37.5\%$、$p_k = 62.5\%$ [5] 作为划分丰枯的标准，共有 9 种丰枯遭遇组合，分别为：调出区丰调入区丰型：$P(X \geqslant x_{px},\ Y \geqslant y_{px})$；调出区丰调入区平型：$P(X \geqslant x_{px},\ y_{pk} \leqslant Y \leqslant y_{px})$；调出区丰

调入区枯型：$P(X \geqslant x_{px}, Y \leqslant y_{pk})$；调出区平调入区丰型：$P(x_{pk} \leqslant X \leqslant x_{px}, Y \geqslant y_{px})$；调出区平调入区平型：$P(x_{pk} \leqslant X \leqslant x_{px}, y_{pk} \leqslant Y \leqslant y_{px})$；调出区平调入区枯型：$P(x_{pk} \leqslant X \leqslant x_{px}, Y \leqslant y_{pk})$；调出区枯调入区丰型：$P(X \leqslant x_{pk}, Y \geqslant y_{px})$；调出区枯调入区平型：$P(X \leqslant x_{pk}, y_{pk} \leqslant Y \leqslant y_{px})$；调出区枯调入区枯型：$P(X \leqslant x_{pk}, Y \leqslant y_{pk})$。

3 径流遭遇模型建立

3.1 水文常用 Copula 函数

由 Sklar 所提出的 Copula 函数理论[6-7]将多个随机变量的连续多元分布函数转换为边缘分布与 Copula 函数两部分，在具有较好的灵活性和便捷性的同时，可较为全面地反映随机变量之间的关系。因水文变量具有偏态性特点，多采用 Archimedean Copulas 类函数[8]，常用的有 Gumbel-Hougaard Copula（简称 GH Copula）、Clayton Copula、Frank Copula，可通过计算 Kendall 秩相关系数 τ，再根据 τ 与参数 θ 的关系式计算 Copula 函数的参数[5]（见表2）。

表2 常用 Copula 函数及参数估算统计

Copula 函数	Copula 分布函数 $C(u, v)$	参数范围	τ 与 θ 关系
GH Copula	$\exp\{-[(-\ln u)^{\theta} + (-\ln v)^{\theta}]^{1/\theta}\}$	$\theta \in [1, \infty)$	$\tau = 1 - \dfrac{1}{\theta}$
Clayton Copula	$(u^{-\theta} + v^{-\theta} - 1)^{-1/\theta}$	$\theta \in (0, \infty)$	$\tau = \dfrac{\theta}{2 + \theta}$
Frank Copula	$-\dfrac{1}{\theta}\ln\left[1 + \dfrac{(e^{-\theta u} - 1)(e^{-\theta v} - 1)}{e^{-\theta} - 1}\right]$	$\theta \in (0, \infty)$	$\tau = 1 + \dfrac{4}{\theta}\left[\dfrac{1}{\theta}\int_{0}^{\theta}\dfrac{t}{\exp(t) - 1}\mathrm{d}t - 1\right]$

3.2 边缘分布

结合流域水文特性并参考水文水利计算规范[9-10]，不同分期径流的边缘分布采用 P-Ⅲ型曲线，经验频率采用数学期望公式计算，以线性矩法初估均值、C_v、C_s，再通过适线法调整参数，并经流域地区综合后确定各水文代表站的参数值（见表3和图2）。

表3 不同分期水文代表站径流参数计算成果

分期	西江高要站 均值/ (m³/s)	C_v	C_s/C_v	鉴江化州站 均值/ (m³/s)	C_v	C_s/C_v	漠阳江双捷站 均值/ (m³/s)	C_v	C_s/C_v	九洲江缸瓦窑站 均值/ (m³/s)	C_v	C_s/C_v
全年	7 270	0.18	2.0	202	0.32	2.0	195	0.30	2.0	92	0.31	2.0
汛期	11 100	0.22	2.5	300	0.38	2.5	306	0.31	2.5	143	0.38	2.5
枯期	3 340	0.26	3.0	102	0.40	3.0	81.7	0.46	3.0	40.7	0.43	3.0

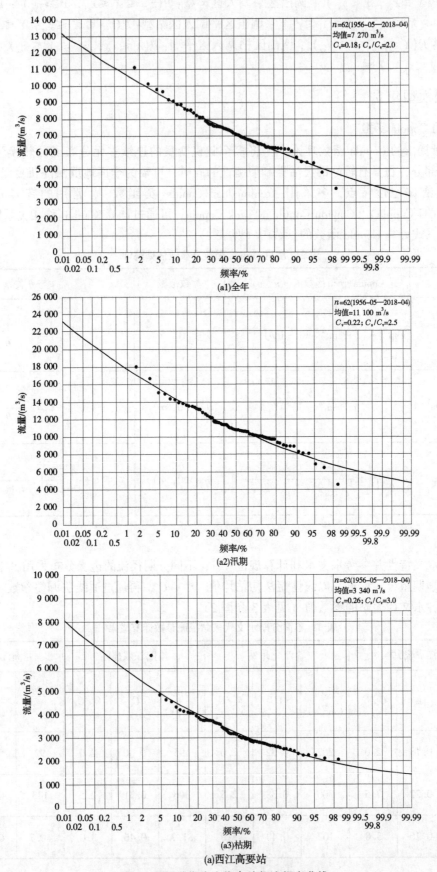

图 2　不同分期水文代表站径流频率曲线

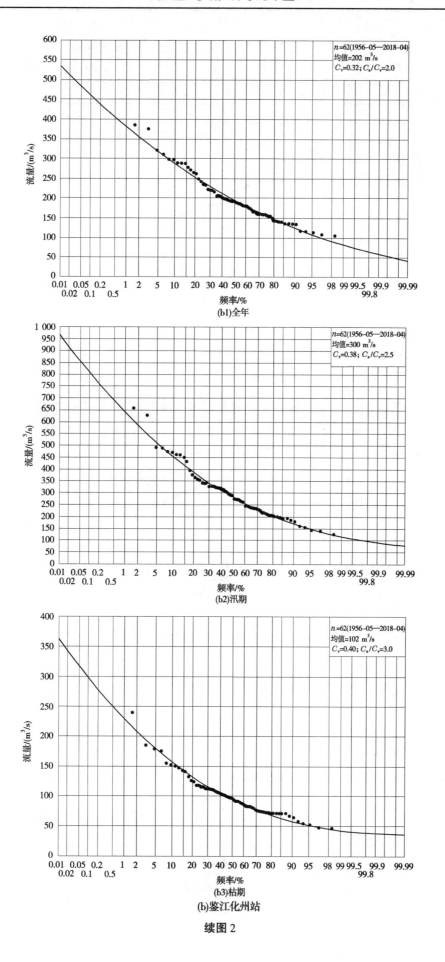

(b1)全年

(b2)汛期

(b3)枯期

(b)鉴江化州站

续图2

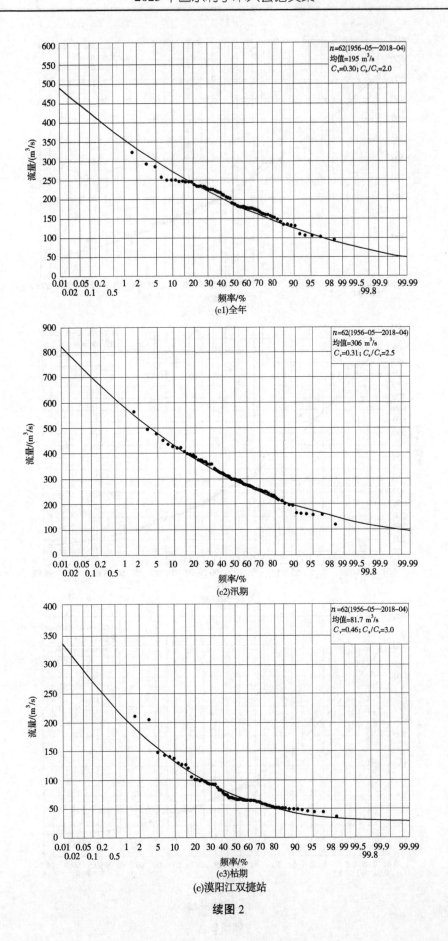

(c1)全年

(c2)汛期

(c3)枯期

(c)漠阳江双捷站

续图 2

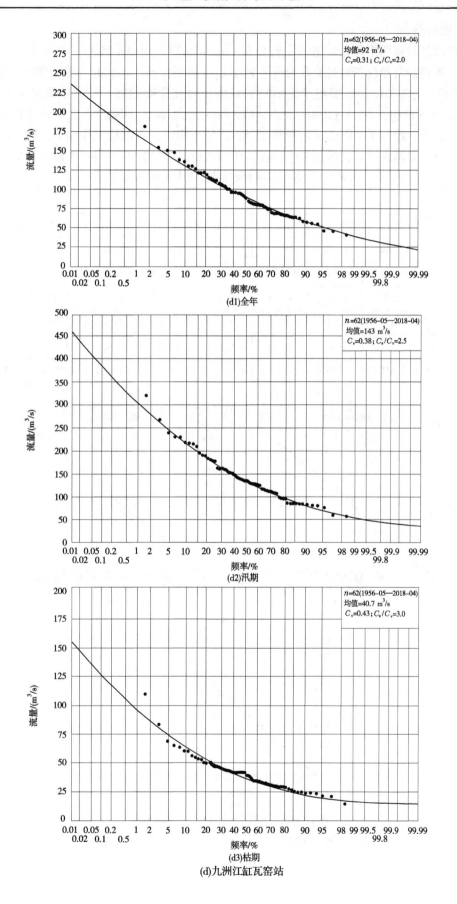

(d1)全年

(d2)汛期

(d3)枯期

(d)九洲江缸瓦窑站

续图2

3.3 联合函数构造

不同分期西江与粤西诸河径流遭遇联合分布 Copula 函数采用最小离差平方和法[11-12]进行优选，即根据西江、粤西诸河径流资料计算联合分布概率 C_e，再根据不同 Copula 函数计算理论联合分布 C_t，C_e 和 C_t 的离差平方和 OLS，该值越小说明选择函数拟合优化度越好，计算结果见表4。可见，GH Copula 函数的 OLS 最小，Frank Copula 次之，Clayton Copula 较大，因此本次径流遭遇分析采用 GH Copula 函数。此外，绘制了 GH Copula 函数 C_t 和 C_e 分布曲线，若对应点距落在45°对角线越多，说明拟合程度越好，如图3所示，采用 GH Copula 函数可以较好反映西江与粤西诸河径流的相关关系。

表4 不同 Copula 函数参数评价指标计算结果

项目	参数	全年			汛期			枯期		
		GH	Clayton	Frank	GH	Clayton	Frank	GH	Clayton	Frank
西江与鉴江	θ	1.44	0.88	0.03	1.38	0.76	2.66	1.86	1.72	5.10
	OLS	0.022 9	0.034 5	0.025 0	0.021 6	0.036 1	0.028 5	0.031 5	0.054 6	0.038 6
西江与漠阳江	θ	1.41	0.82	0.03	1.41	0.82	2.82	1.71	1.42	4.37
	OLS	0.027 5	0.041 3	0.033 5	0.026 3	0.044 1	0.034 6	0.099 4	0.105 3	0.104 2
西江与九洲江	θ	1.71	1.43	4.39	1.50	1.00	3.31	1.55	1.10	3.56
	OLS	0.021 5	0.033 9	0.022 0	0.022 4	0.041 7	0.030 1	0.044 4	0.066 6	0.053 6

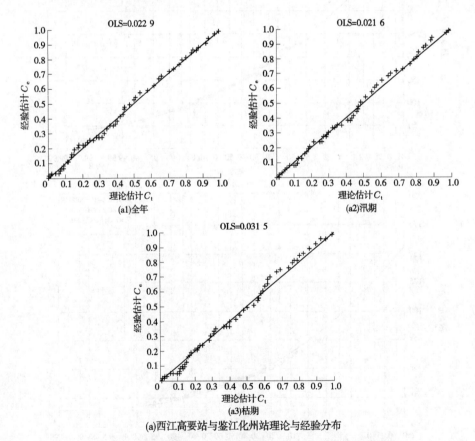

(a)西江高要站与鉴江化州站理论与经验分布

图3 不同分期 Copula 函数理论分布与经验分布示意图

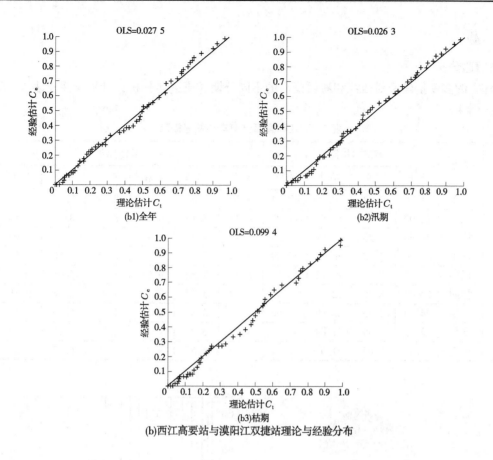

(b1)全年

(b2)汛期

(b3)枯期

(b)西江高要站与漠阳江双捷站理论与经验分布

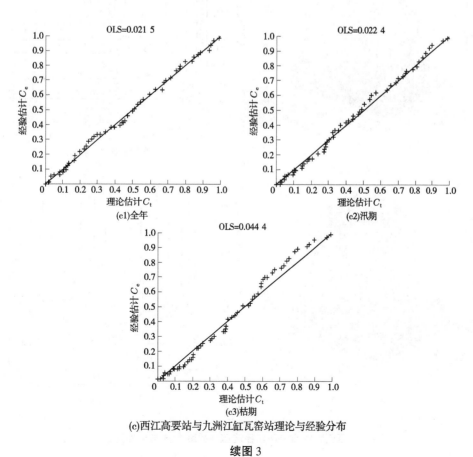

(c1)全年

(c2)汛期

(c3)枯期

(c)西江高要站与九洲江缸瓦窑站理论与经验分布

续图3

4 结果分析

4.1 丰枯遭遇分析

通过建立的多变量模型对西江和粤西诸河的不同分期径流遭遇分析，计算结果见表 5，联合分布和等值线见图 4。

表 5 西江和粤西诸河丰枯遭遇概率　　　　　　　　　　　　　　　　　%

遭遇组合	类型	丰枯同步概率				丰枯异步概率						
		丰丰	平平	枯枯	小计	丰平	丰枯	平枯	平丰	枯丰	枯平	小计
西江与鉴江	全年	21.76	7.32	20.46	49.54	8.20	7.55	9.49	8.19	7.55	9.48	50.46
	汛期	21.02	7.15	19.80	47.97	8.32	8.16	9.54	8.31	8.16	9.54	52.03
	枯期	25.56	8.59	24.09	58.24	7.47	4.47	8.94	7.47	4.47	8.94	41.76
西江与漠阳江	全年	21.36	7.22	20.11	48.69	8.26	7.88	9.52	8.26	7.88	9.51	51.31
	汛期	21.39	7.23	20.13	48.75	8.26	7.86	9.51	8.26	7.85	9.51	51.25
	枯期	24.41	8.12	22.96	55.49	7.72	5.37	9.16	7.72	5.38	9.16	44.51
西江与九洲江	全年	24.44	8.13	22.99	55.56	7.71	5.35	9.16	7.71	5.35	9.16	44.44
	汛期	22.43	7.49	21.09	51.01	8.08	6.99	9.43	8.07	6.99	9.43	48.99
	枯期	22.93	7.63	21.55	52.11	8.00	6.57	9.37	8.00	6.57	9.38	47.89

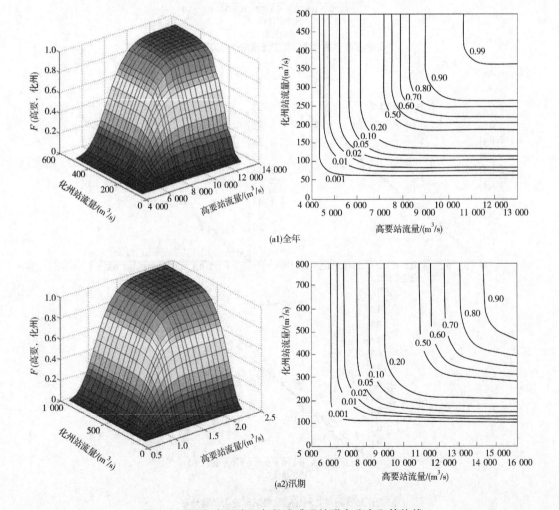

(a1)全年

(a2)汛期

图 4　西江和粤西诸河年径流遭遇的联合分布和等值线

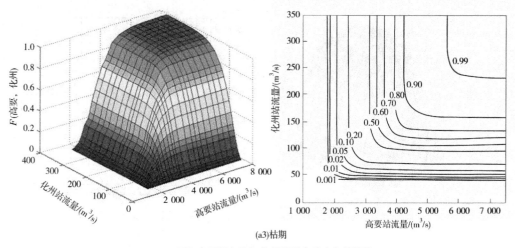

(a3)枯期

(a)西江高要站与鉴江化州站联合分布与等值线

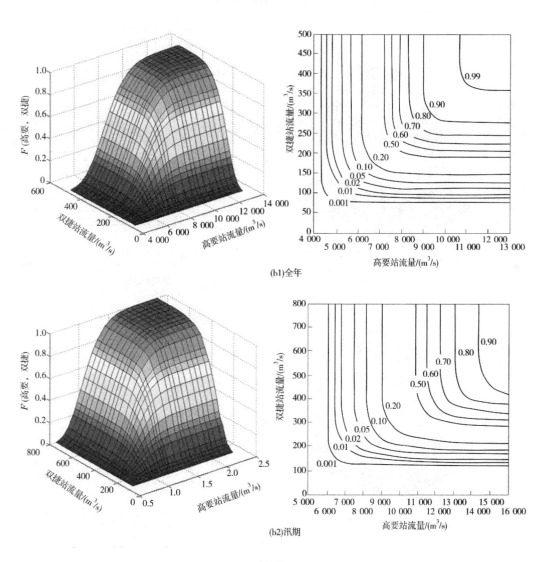

(b1)全年

(b2)汛期

续图4

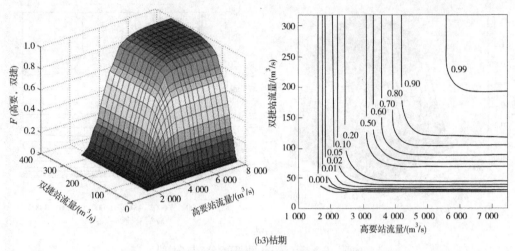

(b3)枯期

(b)西江高要站与漠阳江双捷站联合分布与等值线

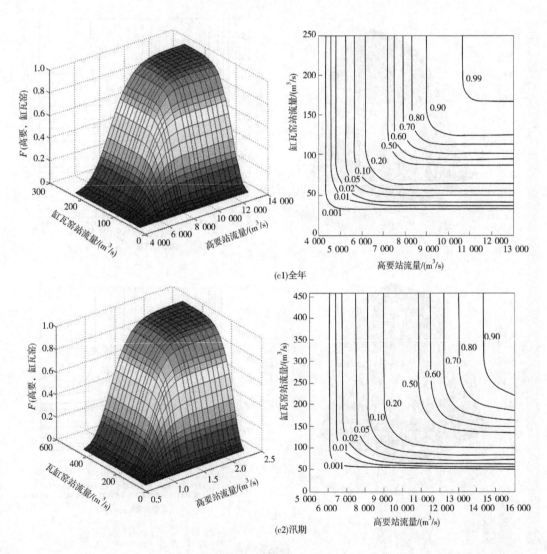

(c1)全年

(c2)汛期

续图4

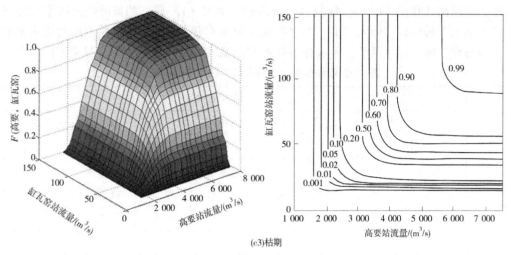

(c3)枯期

(c)西江高要站与九洲江缸瓦窑站联合分布与等值线

续图4

（1）从丰枯同异步上来看，调出区西江与调入区粤西诸河丰枯同步的概率在48.0%~58.3%，丰枯异步的概率在41.8%~52.0%。丰枯异步越大越有利于调水，整体上西江与粤西诸河鉴江、九洲江、漠阳江径流丰枯异步概率相差不大，其中西江与鉴江年径流丰枯异步概率略高，西江与九洲江汛期径流同频的概率略低。由于西江来水量较大，年均径流是粤西诸河的35~79倍，且调出区与调入区50%左右概率为丰枯异步，在调出区径流量和与调入区丰枯遭遇异步概率方面，保证了调水可能性。

（2）从不同分期上来看，西江与鉴江、漠阳江径流年丰枯同步概率略低，在48.7%~49.5%，枯期径流丰枯同步概率略高，在55.5%~58.3%；而西江与漠阳江枯期径流丰枯同步概率略低，为52.1%，年径流丰枯同步概率略高，为55.6%。因鉴江、漠阳江与西江距离较近，与西江的径流遭遇分布规律也较为类似，而九洲江与西江距离较远，且集水面积最小，同鉴江、漠阳江与西江径流遭遇分布规律略有差异。

（3）从最不利时段上来看，调出区和调入区枯期的枯枯遭遇组合情况对调水工程规模影响最大，发生概率在21.6%~24.1%。西江地心取水断面以下河段有供水、生态、航运、压咸等要求，经分析，西江下游思贤滘断面小于2 700 m³/s时工程不取水，如1992年特枯水年不能取水时段约178 d，因此，为保证调入区粤西诸河供水要求，在工程沿线将高州大型水库作为茂名市、阳江市的调蓄工程，鹤地大型水库作为湛江市的调蓄工程，在西江可引水时段，调蓄水库提前充库以应对枯水期西江不能取水时段的用水需求。

（4）从汛期同丰遭遇概率上来看，调出区和调入区汛期丰丰遭遇组合概率在21.0%~22.4%，说明丰水期西江取水断面仍有一定概率的富余水量，一方面可为工程调蓄水库充库，另一方面粤西诸河水资源承载能力有限，现状已出现水生态环境恶化，地下水超采导致的地下漏斗、地面沉降等生态问题，具备向粤西诸河相机生态补水条件。

4.2 条件分布概率

为进一步研究供水风险，采用贝叶斯网络模型分析调入区、调出区条件概率，即在调出区发生丰、平、枯水的条件下，调入区发生丰、平、枯水的条件概率。根据贝叶斯理论[13-14]：

$$P(B_{i,j} \mid A_i) = \frac{P(A_i B_{i,j})}{P(A_i)} \qquad (1)$$

式中：A_i为调出区西江的来水状态，$i=1\sim3$，分别代表丰、平、枯水状态；$B_{i,j}$为j个调出区i来水状态，$j=1\sim3$，分别代表调入区鉴江、漠阳江、九洲江。

通过建立的调出区和调入区 Copula 联合分布函数，由式（1）建立的贝叶斯网络模型进行条件概率分析。对于调水工程而言，调入区平、丰水期缺水问题不突出，而枯水年枯水期对供水量和保证率要求更高，为研究工程的供水风险，重点分析枯水期水源区不同的条件概率（见表6）。

表6　西江和粤西诸河枯水期丰枯遭遇条件概率　　　　　　　　　　　　　　　　　　　%

西江调出区状态	调入区状态								
	鉴江			漠阳江			九洲江		
	丰	平	枯	丰	平	枯	丰	平	枯
丰	68.16	19.92	11.92	65.09	20.59	14.32	61.15	21.33	17.52
平	29.88	34.36	35.76	30.88	32.48	36.64	32.00	30.52	37.48
枯	11.92	23.84	64.24	14.32	24.43	61.23	17.52	24.99	57.47

将调出区枯水期发生枯水条件下，调入区枯水期亦发生枯水的情况计为不利条件，其余条件计为有利条件，由此建立贝叶斯网络模型（见图5），西江枯水期发生枯水条件下，鉴江、漠阳江、九洲江发生枯水的不利取水条件概率分别为24.09%、22.96%、21.55%，有利取水条件的概率在75%以上，从西江调水大概率上具有一定保障，但仍存一定不利取水风险。为指导工程设计和运行调度方案，在调水沿线选取具有调蓄能力的水库，提前将平、丰时段多余水量蓄积至水库中，以应对枯水期枯水段供水分析风险。

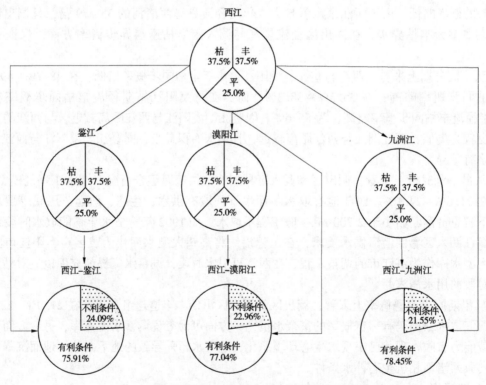

图5　西江和粤西诸河枯期径流遭遇的贝叶斯网络图

5　结语

通过 Copula 函数构建的多变量模型，结合贝叶斯网络模型研究分析西江与粤西诸河径流年、汛期、枯期的径流遭遇规律，结论如下：

（1）Copula 函数理论分布与经验分布拟合程度较高，采用 Coupla 函数用于西江与粤西诸河不同分期径流遭遇分析是合适的。

（2）整体上而言，西江与粤西诸河的鉴江、漠阳江、九洲江不同分期径流丰、平、枯同异步概率相差不大，均在50%左右，因西江径流量较大，且有一半的概率与粤西诸河丰枯异步，故从西江地心断面调水具有一定的可能性。

（3）鉴江、漠阳江距离西江调水断面较近，与西江径流遭遇规律基本一致；九洲江距离西江调水断面较远，与西江径流遭遇规律略有差异，但相差不大。

（4）西江与粤西诸河枯期径流枯枯遭遇概率为20%左右，调水工程为应对最不利遭遇组合，在统筹考虑调出区下游各用户和调入区用水需求，需在输水沿线增加水库调蓄工程，以满足供水要求。

（5）西江与粤西诸河汛期丰丰遭遇概率为20%左右，西江富余水量可作为调蓄工程充库和为粤西诸河生态环境相机补水创造条件，以提高粤西诸河水资源承载能力。

（6）经对西江与粤西诸河条件概率分析，有利取水概率在75%左右，西江取水保障程度较高，不利取水概率在25%左右，可通过调蓄水库蓄丰补枯以应对不利取水的风险。

参考文献

［1］闫宝伟，郭生练，肖义．南水北调中线水源区与受水区降水丰枯遭遇研究［J］．水利学报，2007，38（10）：1178-1185.

［2］赵伟东，张静，杨旭．分期径流丰枯遭遇对大伙房水库引水条件的影响［J］．人民长江，2020，51（3）：94-98，112.

［3］石卫，雷静，李书飞，等．三峡工程与两湖河川径流丰枯遭遇研究［J］．人民长江，2019，50（8）：91-97.

［4］石卫，雷静，李书飞，等．南水北调中线水源区与海河受水区丰枯遭遇研究［J］．人民长江，2019，50（6）：82-87.

［5］卞佳琪，于慧，李强，等．长江下游多维径流丰枯遭遇及丰枯演变分析［J］．人民长江，2021，52（10）：120-127.

［6］Hu L. Eassy in Econometrics with Applications in Macroeconomic and Financial Modeling［D］. New Haven：University of Yale，2002.

［7］郭生练，闫宝伟，肖义．Copula函数在多变量水文分析计算中的应用及研究进展［J］．水文，2008，28（3）：1-7.

［8］张超，彭杨，纪昌明，等．长江上游与洞庭湖洪水遭遇风险分析［J］．水力发电学报，2020，39（8）：55-68.

［9］中华人民共和国水利部．水利水电工程水文计算规范：SL/T 278—2020［S］．北京：中国水利水电出版社，2020.

［10］中华人民共和国水利部．水利工程水利计算规范：SL 104—2015［S］．北京：中国水利水电出版社，2015.

［11］王占海，陈元芳，黄琴，等．M-Copula函数在洪水遭遇中的应用研究［J］．水电能源科学，2009，27（1）：69-73.

［12］王保华，王占海，月永昌．Copula函数在洪潮遭遇分析中的应用研究［J］．人民珠江，2015，36（5）：62-65.

［13］张忠波，张双虎，王浩．基于Copula函数的三峡工程供水期丰枯遭遇分析［J］．人民长江，2012，43（3）：5-8.

［14］康玲，何小聪．南水北调中线降水丰枯遭遇分析［J］．水科学进展，2011，22（1）：44-49.

南水北调中线工程受水区水环境变化特征

肖 洋[1] 万 蕙[2,3]

(1. 长江水资源保护科学研究所，湖北武汉 430051；
2. 长江勘测规划研究有限责任公司，湖北武汉 430010；
3. 水利部长江治理与保护重点实验室，湖北武汉 430010)

摘 要： 识别受水区水环境变化特征，对南水北调中线工程水量调度方案优化和受水区水环境治理方案制定具有重要指导意义。本文以南水北调中线工程受水区为研究区域，分析工程实施前后区域地表水和地下水环境质量变化情况。研究结果显示，工程运行前后，受水区河湖地表水环境质量显著改善，但Ⅳ类~劣Ⅴ类水质河流仍存在。工程通水后，区域地表水供水量增加、地下水供水量逐步减小，有效压减了地下水开采量；同时工程通水后，受水区地下水水质总体保持稳中向好趋势。研究结果表明，南水北调中线工程对受水区水环境改善具有积极作用。

关键词： 地表水；地下水；水质；水位

1 引言

南水北调中线工程是国家南水北调工程的重要组成部分。工程实施后，沿线北京市、天津市、河北省和河南省受水区人均水资源量得到显著提升，提升幅度为 6%~50%；同时，各省（市）供水结构发生明显变化，其中地下水年平均供水量减少 9%~24%，地表水年平均供水量则增加 13%~56%[1]。与此同时，通过相机实施生态补水，中线总干渠沿线河湖生态环境明显改善，其中滹沱河、南拒马河、七里河、汦河、南运河、瀑河等区域性断流河流全线通水；滹沱河、滏阳河、南拒马河底栖动物和鱼类多样性较工程实施前分别提高约 13% 和 23%。

南水北调中线工程受水区涉及长江、淮河、黄河、海河等流域，并以淮河流域和海河流域为主。2014 年，淮河流域和海河流域水质国控监测断面中劣Ⅴ类水占比分别达 14.9% 和 37.5%，水环境治理形势不容乐观；至 2018 年，受益于区域点源和面源水污染防治措施的落实，淮河流域和海河流域劣Ⅴ类水占比分别下降至 5.5% 和 12.9%，水环境质量得到显著改善。在改善华北平原水环境的实践中，南水北调中线工程作为我国当前最大的生态工程，有力地推进了华北地区河湖生态修复与保护工作，促进了地下水压采及水位抬升，其调度过程除了考虑受水区用水计划，水生态环境质量改善情况亦是其发挥生态作用需要考虑的重要因素[2-4]。作为新时代水环境综合治理指导纲要，《"十四五"重点流域水环境综合治理规划》提出，到 2025 年，淮河流域和海河流域等重点流域水环境质量持续改善，污染严重水体基本消除，地表水劣Ⅴ类水体基本消除。退还和补给河湖生态水量可为区域水环境质量持续改善提供水动力条件，因此《华北地区地下水超采综合治理方案》提出通过实施南水北调东中线后续工程，进一步加大河道生态补水。2021 年 5 月 14 日，习近平总书记主持召开推进南水北调后续工程高质量发展座谈会并发表重要讲话，要求不断深化对推进南水北调后续工程高质量发展的规律性认识，着力发挥其"优化水资源配置、保障群众饮水安全、复苏河湖生态环境、畅通南北经济循环"的生命线作用。因此，南水北调中线工程已成为受水区水生态环境持续改善的重要保障。

基金项目： 国家自然科学基金（52109005）。

作者简介： 肖洋（1989—），男，高级工程师，主要从事水文水环境计算工作。

历经 11 个春秋，"一库清水北送"来之不易，为充分发挥南水北调中线工程的供水和生态补水效益，需制定合理的调度方案。其中，准确评估工程实施的水环境改善效果，是优化生态补水规模的重要前提，国内外学者已对此开展了大量相关研究，但主要集中在丹江口水库和中线总干渠水质变化特征分析[5-6]、中线总干渠浮游植物群落[7-8] 以及工程生态效益研究[9] 等方面，尽管补给湖库浮游植物群落结构特征与环境因子变化[10]、补水湖库生态服务价值[11-12]、受水区地下水位变化[13-14] 亦被广泛研究，但对南水北调中线工程受水区地表水和地下水环境变化进行综合评价的研究较少。

与此同时，随着区域水资源量和供水量的增加，势必会造成废污水和主要污染物排放量的增加，并对地表水环境造成直接影响[15]，威胁地下水水质安全[16]。在新的水污染防治要求下，分析南水北调中线工程实施前后受水区水环境变化特征，可为区域水污染防治重点区域优化调整提供依据。因此，本文以南水北调中线工程受水区为研究区，通过分析区域整体环境质量和试点补水河流水环境质量变化，识别区域地下水埋深与漏斗面积以及地下水水质的变化特征，为南水北调中线工程水量调度方案优化和受水区水环境治理方案制定提供技术支撑。

2 研究方法和材料

2.1 研究区域

南水北调中线工程受水区位于北纬 32°~40°、东经 111°~118°之间，涉及河南、河北、北京、天津 4 个省（市）19 个大中城市 191 个县（市、区），主要水系包括唐白河、颍河、沁河、漳卫河、北三河、子牙河、大清河、永定河和黑龙港及远东地区水系，涉及冀枣衡、南宫和安阳-鹤壁-濮阳等地下水降落漏斗区。

2.2 研究数据和方法

地表水环境变化分析包括区域整体环境质量评价和补水河流水环境质量评价，其中区域整体环境质量评价数据源为河南省、河北省、北京市和天津市 2008—2018 年水资源公报或水环境质量公报中，不同水质类别水体统计河长或监测断面个数占总河长或总监测断面个数的比例；补水河流水环境质量评价以河北省试点河段 10 个地表水质监测断面 2014—2018 年例行监测成果为分析基础，结合单一指标评价法确定断面水质类别和超标因子及超标倍数，采用对比分析法分析地表水环境变化趋势。

地下水环境变化分析包括地下水埋深与漏斗面积变化分析和地下水水质变化分析，主要采用河南省、河北省、北京市和天津市 2008—2018 年逐年水资源公报中地下水漏斗面积和埋深以及不同水质类型区域面积统计数据（仅北京市水资源公报采用水质统计资料），运用对比分析法分析南水北调中线工程通水前后区域地下水环境变化情况。其中，天津市和河南省分别采用典型监测站 2008—2018 年和 2014—2017 年逐季例行监测资料，运用单一指标评价法分析地下水水质类别变化情况；由于缺乏相关资料，河北省地下水水质变化情况在本文中不予分析。

3 研究结果与分析

3.1 地表水环境变化

3.1.1 区域整体环境质量

随着南水北调中线工程通水，北京市河湖水质向好转变，优于Ⅲ类水河长占比相继上升，部分劣Ⅴ类河流变为Ⅳ类、Ⅴ类，劣Ⅴ类河长占比显著下降。2015—2018 年与 2008—2014 年相比，北京市水质优于Ⅲ类水河长占比由 49.6%提升至 56.4%，Ⅳ类和Ⅴ类水河长占比 7.7%提升至 12.0%，劣Ⅴ类水河长占比由 42.7%降低至 31.7%。类似地，天津市、河北省和河南省优于Ⅲ类水比例分别由通水前的 8.5%、37.1%和 43.2%提升至通水后的 13.4%、48.9%和 53.1%，劣Ⅴ类水比例由通水前的 75.9%、38.2%和 31.4%降低至通水后的 61.5%、27.3%和 13.7%（见图 1）。总体而言，南水北调中线工程运行以来，北京市、天津市、河北省和河南省地表水环境改善显著。

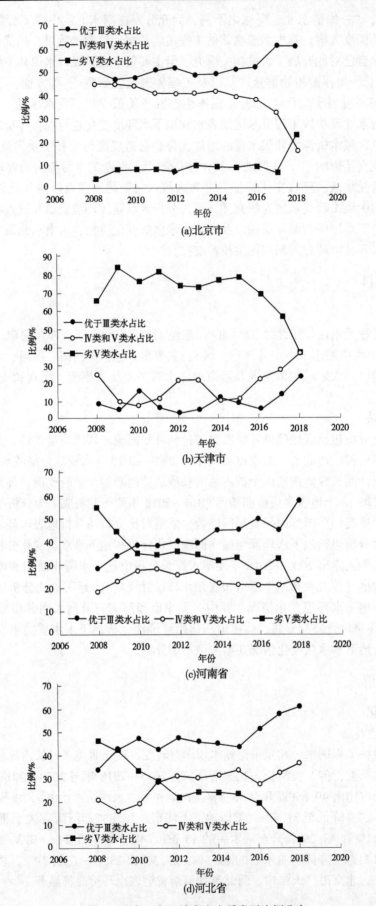

图 1 四省（市）地表水水质类别比例分布

3.1.2　补水河流水环境质量

以河北省大清河、北易水、滹沱河、滏阳河、南拒马河试点河段为研究对象，评价结果表明试点河段 10 个地表水水质监测断面水质均呈改善或稳定态势。其中，6 个断面水质类别有所改善，8 个监测断面水质达到Ⅲ类及以上标准；滏阳河莲花口、阎庄 2 个监测断面水质为劣 V 类，但水质主要污染物项目数量有所下降。其中，滏阳河莲花口断面水质超标污染物项目由 2017 年的 3 项（氨氮、化学需氧量、总磷）减少为 2018 年补水后的 2 项（氨氮、五日生化需氧量）；滏阳河阎庄断面水质超标污染物项目由 2017 年的 3 项（总磷、氨氮、化学需氧量）减少为 2018 年补水后的 1 项（氨氮）（见表 1）。总体而言，通过实施生态补水，补水河流的水环境质量有所提高，水体自净能力与水环境容量有所增加，工程环境效益明显。

3.2　地下水环境变化

3.2.1　地下水埋深与降落漏斗面积

3.2.1.1　北京市和天津市

南水北调中线工程通水以来，北京市和天津市逐步关停自备井、大幅压采地下水，有效促进了地下水资源的涵养和恢复，遏制了地下水位下降速度和降落漏斗面积进一步增大的趋势[13]。北京市和天津市地下水降落漏斗中心地下水埋深均呈逐渐下降趋势，分别从 2014 年的 25.7 m 和 80.9 m 降低至 2018 年的 23.0 m 和 79.5 m，地下水水位回升幅度分别为 10.2% 和 1.7%；降落漏斗面积分别从 2014 年的 1 058.0 km² 和 3 638.0 km² 下降至 2018 年的 621.0 km² 和 3 080.0 km²，分别减少 41.3% 和 15.3%（见图 2）。

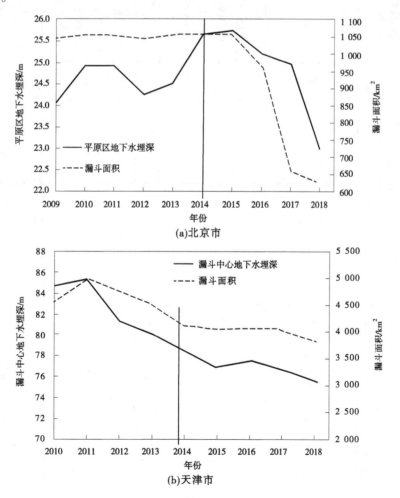

图 2　北京市和天津市地下水埋深及降落漏斗面积变化

表 1　试点河段补水前后水质变化情况

河流	序号	站名	2018 年补水后 水质	2018 年补水后 污染物（超标倍数）	2018 年补水前或补水初期 水质	2018 年补水前或补水初期 污染物（超标倍数）	2017 年 水质	2017 年 污染物（超标倍数）	2016 年 水质	2016 年 污染物（超标倍数）	2015 年 水质	2015 年 污染物（超标倍数）	2014 年 水质	2014 年 污染物（超标倍数）
北易水	1	易县	II		II		未测		未测		未测		未测	
南拒马河	2	北河店	II		II		III		IV	五日生化需氧量(0.4)、高锰酸盐指数(0.2)	V	五日生化需氧量(0.88)、化学需氧量(0.56)	III	
大清河	3	新盖房	III		II		劣V	氨氮(5.60)、总磷(3.98)、五日生化需氧量(0.79)	劣V	总磷(1.8)、五日生化需氧量(1.6)、氨氮(0.5)	劣V	总磷(33.1)、氨氮(9.68)、高锰酸盐指数(0.84)	劣V	总磷(12.3)、氨氮(5.3)、五日生化需氧量(0.88)
大清河	4	正定大桥	I		II		未测		未测		未测		未测	
大清河	5	北中山	II		III		劣V	汞(5.70)、氨氮(2.08)、化学需氧量(1.90)、溶解氧	劣V	氨氮(43.9)、五日生化需氧量(13.8)、化学需氧量(5.3)	劣V	挥发性酚(128)、汞(101)、氨氮(85.7)	劣V	氨氮(61.2)、五日生化需氧量(42.7)、化学需氧量(17.4)
滹沱河	6	豆店	II		IV	总磷(0.1)	III		劣V	五日生化需氧量(1.5)、挥发酚(0.2)	断流		未测	
滹沱河	7	大八里庄	III		IV	高锰酸盐指数(0.1)	III		IV	高锰酸盐指数(0.2)	河干		未测	

续表1

河流	序号	站名	2018年补水后		2018年补水前或补水初期		2017年		2016年		2015年		2014年	
			水质	污染物（超标倍数）	水质	污染物（超标倍数）	水质	污染物（超标倍数）	水质	污染物（超标倍数）	水质	污染物（超标倍数）	水质	污染物（超标倍数）
	8	连花口	劣V	氨氮(2.2)、五日生化需氧量(0.2)	V	氨氮(1.2)、总磷(0.1)	劣V	氨氮(1.20)、化学需氧量(0.58)、总磷(0.43)	劣V	氨氮(2.1)、总磷(0.6)、高锰酸盐指数(0.1)	劣V	氨氮(3.86)、化学需氧量(2.22)、总磷(1.92)	劣V	氨氮(4.86)、化学需氧量(1.83)、氟化物(0.12)
滏阳河	9	闸庄	劣V	氨氮(1.2)	劣V	氨氮(1.1)、总磷(0.4)、高锰酸盐指数(0.1)	劣V	总磷(2.98)、氨氮(1.94)、化学需氧量(1.10)	劣V	氨氮(7)、总磷(2.7)、五日生化需氧量(1)	河干		劣V	氨氮(4.16)、五日生化需氧量(3.62)、化学需氧量(1.33)
	10	艾辛庄	Ⅲ		劣V	五日生化需氧量(1.6)、氨氮(1.1)、总磷(0.6)	劣V	氨氮(11.82)、五日生化需氧量(4.25)、总磷(2.52)	劣V	氨氮(12.3)、五日生化需氧量(7.9)、总磷(5)	劣V	氨氮(18.8)、总磷(9.48)、五日生化需氧量(6.34)	劣V	氨氮(18.5)、五日生化需氧量(6.48)、化学需氧量(2.71)

3.2.1.2 河北省

河北省受水区主要存在高蠡清、肃宁、石家庄、宁柏隆、冀枣衡和南宫等 6 个降落漏斗区。随着河北省不断注重地下水压采与产业发展之间协调[17-18]，区域地下水资源涵养显著。其中，石家庄、冀枣衡和南宫地下水水位与降落漏斗面积改善明显，降落漏斗面积分别从 2014 年的 345.0 km²、1 927.0 km² 和 67.8 km² 下降至 2018 年的 19.0 km²、508.0 km² 和 66.4 km²，减少率分别为 94.5%、73.6% 和 2.1%，地下水水位平均抬升约 1.0 m。然而，高蠡清、肃宁、宁柏隆等漏斗区的地下水漏斗面积分别从 2014 年的 488.0 km²、267.0 km² 和 668.0 km² 扩大至 2018 年的 1 160.0 km²、1 160.0 km² 和 1 330.0 km²，分别扩大 1.4 倍、3.3 倍和 1.0 倍；地下水埋深分别从 2014 年的 35.2 m、32.9 m 和 74.2 m 增大至 2018 年的 37.7 m、37.7 m 和 81.2 m，增长幅度分别为 7.1%、14.6% 和 9.4%。尽管高蠡清、肃宁、宁柏隆等漏斗区地下水埋深在不断扩大，但高蠡清降落漏斗地下水埋深增加速度由 2014 年以前的 1.21 m/a 减小至 2014 年以后的 0.97 m/a（见图 3）。

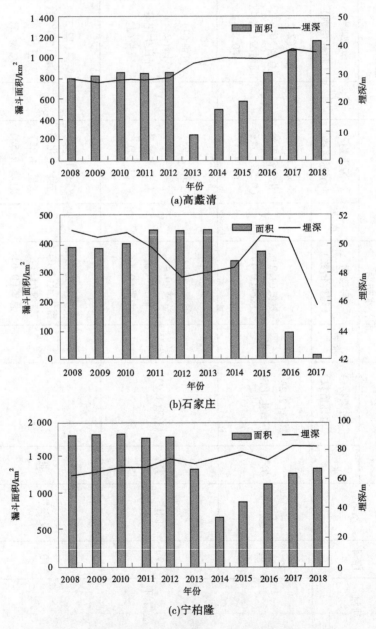

(a)高蠡清

(b)石家庄

(c)宁柏隆

图 3　河北省主要降落漏斗区地下水埋深与面积变化

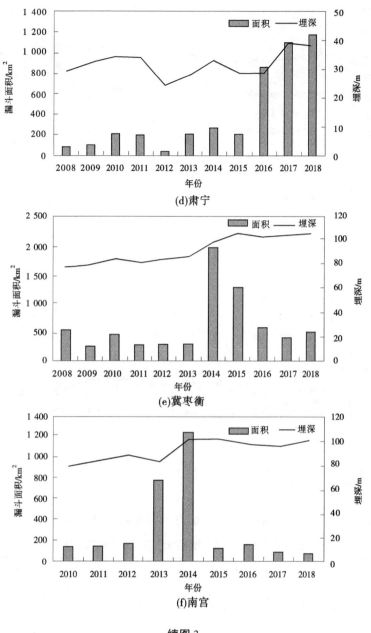

续图 3

3.2.1.3 河南省

针对华北地区地下水超采严重的问题,国家提出地下水压采、节水和多渠道增加水源补给的综合治理措施,对区域地下水水位抬升具有积极作用[14][19-20]。河南省受水区范围内主要有安阳-鹤壁-濮阳、武陟-温县-孟州和新乡凤泉-小翼等地下水降落漏斗区。南水北调中线工程通水前后,区域内降落漏斗面积呈逐渐扩大的趋势;新乡凤泉-小翼和武陟-温县-孟县漏斗区地下水埋深呈减小或稳定趋势,尽管安阳-鹤壁-濮阳漏斗区地下水埋深增加,但增加速度由通水前的 3.68 m/a 减小至通水后的 3.14 m/a。河南省主要漏斗区地下水埋深与面积变化见图 4。

3.2.2 地下水水质

3.2.2.1 北京市

2008—2018 年北京市地下水水质总体保持稳中向好趋势。其中,浅层地下水不同水质类型区域面积较稳定,2008—2018 年Ⅲ类水占评价面积比例稳定在 55% 左右;深层地下水Ⅵ～Ⅴ类水域持续减少,由 2008 年的 20% 降低至 2018 年的 12%,尤其是 2014 年以来水质好转明显(见表 2)。

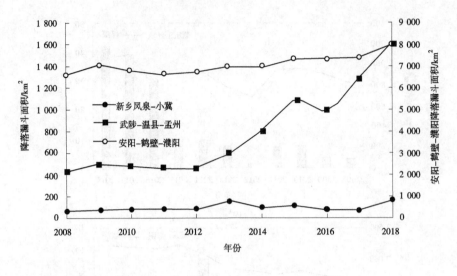

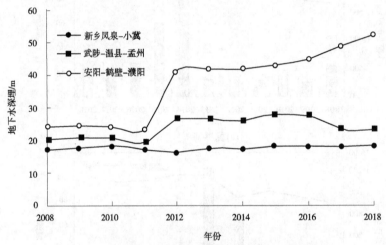

图 4　河南省主要漏斗区地下水埋深与面积变化

表 2　北京市不同水质类型地下水分布面积占比

地下水类型	年份	Ⅲ类水		Ⅵ～Ⅴ类水	
		面积/km²	占评价面积比例/%	面积/km²	占评价面积比例/%
浅层地下水	2008	3 924	57	2 972	43
	2009	3 308	52	3 030	48
	2010	3 661	57	2 739	43
	2011	3 293	51	3 107	49
	2012	3 325	52	3 075	48
	2013	3 205	50	3 195	50
	2014	3 342	52	3 058	48
	2015	3 530	55	2 870	45
	2016	3 631	57	2 769	43
	2018	3 555	55	2 845	45

续表2

地下水类型	年份	Ⅲ类水		Ⅵ~Ⅴ类水	
		面积/km²	占评价面积比例/%	面积/km²	占评价面积比例/%
深层地下水	2008	3 052	80	772	20
	2009	2 872	84	563	16
	2010	2 281	66	1 154	34
	2011	3 079	90	356	10
	2012	2 586	75	849	25
	2013	2 755	80	680	20
	2014	2 674	78	761	22
	2015	2 729	79	706	21
	2016	2 722	79	716	21
	2018	3 013	88	422	12

3.2.2.2 天津市

根据天津市陈嘴、杨柳青九街、杨柳青十四街、小年庄、李楼和张家窝等6个浅层地下水水质监测站年度监测成果，2008—2018年天津市地下水水质稳定表现为Ⅴ类，以陈嘴、李楼和张家窝地下水水质监测站点为代表，主要超标因子为氟化物，同时溶解性总固体和氨氮也是重要的敏感指标（见表3）。

表3 天津市部分站点地下水水质指标变化

站点	通水前后	氨氮	氟化物	高锰酸盐指数	可溶性磷	氯化物	溶解性总固体
陈嘴	前/(mg/L)	0.47	2.82	1.73	0.67	63.53	1 023.43
	后/(mg/L)	0.18	2.73	1.66	0.58	102.09	1 009.60
	变化率/%	−60.8	−3.2	−4.0	−13.9	60.7	−1.4
李楼	前/(mg/L)	0.20	3.14	0.74	0.16	38.26	738.29
	后/(mg/L)	0.07	3.82	1.04	0.21	41.88	764.40
	变化率/%	−65.4	21.9	40.0	28.9	9.4	3.5
张家窝	前/(mg/L)	0.17	2.89	1.04	0.19	29.54	684.77
	后/(mg/L)	0.06	2.99	0.76	0.20	43.72	730.00
	变化率/%	−64.0	3.3	−27.1	6.0	48.0	6.6

3.2.2.3 河南省

根据河南省受水区83个浅层地下水水质监测站点2014—2017年季度水质监测资料，2014年平顶山市以及南阳市新野县、邓州市地下水水质以Ⅲ类为主，其他区域地下水水质以Ⅳ~Ⅴ类为主，尤其是安阳市滑县、焦作市温县、许昌市禹州以及周口市和南阳市部分区域为Ⅴ类。南水北调中线工程通水后，受水区范围内Ⅴ类和Ⅳ类水站点比例分别由2014年的36%和59%降低至2017年的12%和47%，Ⅲ类和Ⅱ类水站点的比例由2014年的5%和0增加至2017年的21%和21%，区域地下水水质改善明显（见表4）。

表 4   河南省受水区不同类别水质地下水站点占比   %

年份	不同水质类别站点的比例			
	V 类	Ⅳ 类	Ⅲ 类	Ⅱ 类
2014	36	59	5	0
2015	34	63	4	0
2016	77	19	4	0
2017	12	47	21	21

4   结论

南水北调中线工程作为我国当前最大的生态工程，通过增加区域地表水供水量、压减地下水开采量、开展河湖生态补水，使得受水区地表水环境质量得到显著改善、地下水水位下降的不利局面或态势总体得到遏制，有力推进了华北地区水资源保护工作。然而，受水区地表水劣 V 类水体占比仍超过13.7%，河南省和河北省受水区范围内部分降落漏斗面积和地下水埋深仍呈扩大趋势，天津市地下水环境质量稳定表现为 V 类，区域环境形势仍不容乐观。未来可根据各区域环境质量改善需要，加强区域水污染防治工作力度，进一步优化调整受水区供水结构，涵养地下水水源，促进受水区水环境质量稳步提升。

参考文献

[1] 许继军, 曾子悦. 适应高质量发展的南水北调工程水资源配置思路与对策建议 [J]. 2021, 38 (10): 27-32.

[2] 刘远书, 冯晓波, 杨柠. 对南水北调中线干线工程生态补水的初步思考 [J]. 水利发展研究, 2019, 19 (11): 5-7.

[3] 唐湘茜, 雷静, 吴泽宇, 等. 汉江流域及南水北调中线工程水量调度保障技术 [J]. 水利水电快报, 2020, 41 (6): 6-7.

[4] Rogers S, Chen D, Jiang H, et al. An integrated assessment of China's South-North water transfer project [J]. Geographical Research, 2020, 58 (1): 49-63.

[5] 李建, 辛小康, 王超, 等. 南水北调中线输水水质标准研究 [J]. 南水北调与水利科技 (中英文), 2020, 18 (2): 114-125.

[6] 陈浩, 靖争, 倪志伟, 等. 基于主成分–聚类分析的南水北调中线干渠水质时空分异规律研究 [J]. 长江科学院院报, 2022, 39 (7): 36-44.

[7] 张春梅, 米武娟, 许元钊, 等. 南水北调中线总干渠浮游植物群落特征及水环境评价 [J]. 水生态学杂志, 2021, 42 (3): 47-54.

[8] 张春梅, 朱宇轩, 宋高飞, 等. 南水北调中线干渠浮游植物群落时空格局及其决定因子 [J]. 湖泊科学, 2021, 33 (3): 675-686.

[9] 袁伟, 冯永鹏. 南水北调工程生态效益显著 [J]. 生态经济, 2022, 38 (2): 9-12.

[10] 贾世琪. 南水北调中线补给湖库浮游植物群落结构特征与环境因子研究 [D]. 贵阳: 贵州师范大学, 2021.

[11] Zhao Y, Han J, Zhang B, et al. Impact of transferred water on the hydrochemistry and water quality of surface water and groundwater in Baiyangdian Lake, North China [J]. Geoscience Frontiers, 2021, 12 (3): 104-112.

[12] 尹彦礼, 王琮琪, 杨晨, 等. 南水北调中线工程通水前后白洋淀湿地生态服务价值变化分析 [J]. 2021, 42 (5): 38-45.

[13] Long D, Yang W, Scanlon B R, et al. South-to-North water diversion stabilizing Beijing's groundwater levels [J]. Nature Communications, 2020, 11 (1): 1-10.

[14] 景兆凯, 燕青, 肖航, 等. 南水北调中线河南省受水区浅层地下水水位演化规律 [J]. 煤田地质与勘探,

2021, 49（6）：230-236.

［15］陈进，刘志明．近 20 年长江水资源利用现状分析［J］．长江科学院院报，2018，35（1）：1-4.

［16］颜金玲，龚家国，任政，等．河北省地下水饮用水源地水质变化分析［J］．水资源与水工程学报，2021，36
（6）：78-86.

［17］王小军，赵辉，耿直．南水北调受水区地下水压采与城市供水安全问题研究［J］．地下水，2013，35（2）：5-7.

［18］王鸿玺，李红军，齐永青，等．实现地下水压采目标的精准控灌决策支持系统研究［J］．中国生态农业学报
（中英文），2022，30（1）：138-152.

［19］闫腾，贺华翔，游进军，等．面向地下水压采的水源置换关系研究［J］．水利水电技术（中英文），2021，52
（4）：13-21.

［20］陈飞，丁跃元，李原园，等．华北地区地下水超采治理实践与思考［J］．南水北调与水利科技（中英文），
2020，18（2）：191-198.

洞庭湖调蓄洪水指标构建及变化特征研究

张冬冬　王　含　李妍清　陈　玺　白浩男　邓鹏鑫

（长江水利委员会水文局，湖北武汉　430010）

摘　要： 洞庭湖作为长江的调蓄湖泊，其蓄洪能力也关系到缓和长江下游洪峰水位，减小长江干流洪灾威胁。通过构建表征洞庭湖调蓄洪水的指标，分析了洞庭湖调蓄能力变化特征。结果表明，2003 年以前，洞庭湖削峰率维持在 38%，平均滞峰基本维持在 6 d；2003 年以后，洞庭湖平均削峰率降为 35%，平均滞峰时间减少为 5 d。年最大 15 d、30 d 调洪率也均有一定下降，滞洪时间基本不变。

关键词： 洞庭湖；调蓄；洪水；削峰率

1　研究背景

　　洞庭湖跨湖南、湖北两省，汇集湘、资、沅、澧四水来水，承接长江荆江河段松滋、太平、藕池、调弦（1958 年冬封堵）四口分流，经调蓄后在城陵矶（距三峡大坝约 427 km）汇入长江。洞庭湖水文情势受长江干流与湖区水系支流来水的双重影响，构成了复杂的江湖关系[1]。

　　洞庭湖是长江中游洪水的重要调蓄场所，洞庭湖蓄洪容积大，一方面有效削减干流洪峰；另一方面调蓄洞庭湖四水入湖洪水，大大减轻了长江干流的防洪压力[2]。据统计，1954 年洞庭湖区合计削减四水以及长江干流洪峰约 40%，滞后洪峰 3 d，极大减轻了长江干流的洪水压力[3]。然而受到荆江裁弯、葛洲坝运行、梯级水库联合调度以及湖区冲淤变化等因素综合影响，洞庭湖的调蓄能力也相应发生变化，同样来水条件下的调蓄洪水能力备受关注[4-5]。

　　洞庭湖对洪水调蓄能力主要与荆江三口分流量、洪水组成及遭遇、洞庭湖湖容以及长江干流洪水起涨水位等因素相关，不同学者从各个方面分析了不同因素对洞庭湖调蓄能力的影响。朱玲玲等[6]、张冬冬等[7]通过实测资料揭示了荆江三口分流量出现阶段性趋向减少特征。赵英林[8]指出，洞庭湖年最大入湖洪峰主要由洞庭湖四水组成，裁弯后荆江三口占入湖洪峰的比例减少约 9%。徐卫红等[9]进一步揭示了洞庭湖四水之间相邻较近河流较容易发生洪水遭遇，澧水与松滋河的洪水遭遇在四水与三口洪水遭遇中最频繁。李义天等[10]指出，较于 1954 年，围垦和淤积导致洞庭湖湖容在 20 世纪 80 年代缩减约 35%。戴明龙等[11]则分析了长江与洞庭湖出口以下控制点螺山水位流量关系，并指出螺山站高水涨落形势、整体变幅仍在历史大水年的变化范围之内，尚无明显性的趋势变化。

　　综上分析，影响洞庭湖调蓄洪水的因素在长历时条件下均发生了不同程度的变化，而如何定量评估不同时期洞庭湖调蓄洪峰的能力，目前仍未有定量化的指标，同时以往研究中对于洞庭湖入湖洪水计算多概化为荆江三口以及洞庭四水水量之和，极少考虑洞庭湖湖区来水，从而影响对洞庭湖调蓄能力的准确把控。本文基于长序列的实测气象和水文数据，构建评估洞庭湖调蓄洪水的指标体系，评估洞庭湖在不同时期调蓄能力的变化，为流域防洪规划修编以及防洪工程体系的布局与调整提供相应的技术支撑。

基金项目： 水库群影响下的江湖水情响应机制及适应性对策研究（水利青年人才发展资助项目）。

作者简介： 张冬冬（1986—），男，高级工程师，主要从事水文水资源分析工作。

2 数据和方法

2.1 采用数据

洞庭湖位于东经 $111°14'\sim113°10'$，北纬 $28°30'\sim30°23'$，即荆江河段南岸、湖南省北部，天然湖泊面积约 $2\,625\,km^2$，洪道面积 $1\,418\,km^2$，为我国第二大淡水湖。洞庭湖区水文站网密布，洞庭湖四水控制站有湘潭（湘江）、桃江（资水）、桃源（沅江）、石门（澧水），荆江三口控制站有新江口（松滋西河）、沙道观（松滋东河）、弥陀寺（虎渡河）、管家铺（藕池东支）、康家岗（藕池西支）。洞庭湖出口控制站为城陵矶（七里山）水文站。湖区有鹿角、南嘴以及小河嘴水位站，洞庭湖地理位置及主要水文站网分布见图1。

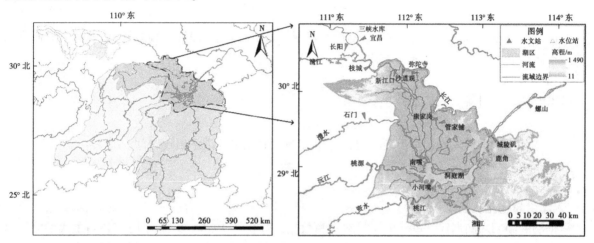

图1 洞庭湖地理位置及主要水文站网分布

2.2 计算方法

本次定义4个洞庭湖调蓄洪水的指标，分别为削峰率、滞峰时间、调洪率以及滞洪时间。

2.2.1 削峰率

削峰率主要反映洞庭湖对于洪水洪峰的削减程度，定义削峰率的计算公式如下：

$$I = \frac{\max(QC_t,\ QC_{t+1},\ \cdots,\ QC_{t+10})}{QJ_t + QD_t + QH_t} \times 100\% \tag{1}$$

式中：I 为削峰率；QC_t 为洞庭湖出口站城陵矶站第 t 时刻的洪峰流量，考虑到洞庭湖调蓄时间不一致，选取洞庭湖入湖最大洪峰10 d之内的最大出湖洪峰流量作为出湖洪峰流量；QJ_t 为荆江三口入湖水量，其为新江口、沙道观、弥陀寺、康家岗、管家铺五站同一时刻 t 的合成流量；QD_t 为洞庭湖四水入湖流量，其为湘潭、桃源、桃江以及石门站同一时刻 t 的合成流量；QH_t 为第 t 时刻洞庭湖区的产流。

由于洞庭湖区没有水文控制站，采用降雨径流方法进行计算，QH_t 的计算公式如下：

$$QH_t = \sum_{j=1}^{m} \frac{P_t \times S_t}{10} q_{t-j+1} \tag{2}$$

$$S_t = \begin{cases} 0.4 & \sum\limits_{k=t}^{t-10} P_k \geqslant 50 \\ 0.3 & 10 \leqslant \sum\limits_{k=t}^{t-10} P_k < 50 \\ 0.1 & \sum\limits_{k=t}^{t-10} P_k < 10 \end{cases} \tag{3}$$

式中：m 为单位线时段数；j 为计数符号，$j=1,\ 2,\ \cdots,\ m$；P_t 为第 t 时刻降雨量，mm；q_{t-j+1} 为单位

线各时刻坐标值；S_t 为第 t 时刻径流系数；k 为时间，$\sum_{k=t}^{t-10} P_k$ 为第 $t-10$ 时刻至第 t 时刻的累积降雨量。

2.2.2 滞峰时间

滞峰时间 t_f 的计算公式如下：

$$t_f = t_c - t_r \tag{4}$$

式中：t_r 为年最大入湖洪峰出现时间；t_c 为年最大入湖洪峰出现后 10 d 内的最大出湖洪峰出现时间。

2.2.3 调洪率

调洪率 W 的计算公式如下：

$$W = \frac{W_c - W_r}{W_r} \times 100\% \tag{5}$$

式中：W_r 为年最大时段入湖洪量；W_c 为年最大入湖洪峰出现后最大时段出湖洪量，考虑洞庭湖洪水成果，本次选取 15 d 作为洪量统计时段。

2.2.4 滞洪时间

滞洪时间 t_h 的计算公式如下：

$$t_h = t_{hc} - t_{hr} \tag{6}$$

式中：t_{hr} 为年最大时段入湖洪量出现时间；t_{hc} 为年最大时段出湖洪量出现时间。

3 计算结果

3.1 入湖洪峰变化及组成

根据洞庭湖四水和荆江三口 9 个控制站实测数据，分析了 1955—2021 年历年各站最大洪峰流量以及洞庭湖入湖最大流量对应的各个站点洪峰流量过程变化（见图 2）。对于洞庭湖四水实测洪峰变化来看，历年最大洪峰没有显著变化趋势，而荆江三口各站年最大洪峰明显减少，其中沙道观站和弥陀寺站发生了显著减少的变化趋势，而康家岗站和管家铺站表现为阶段的变化，1968 年前后受下荆江裁弯影响，藕池口洪峰显著减少。总体而言，受不同因素影响，洞庭湖总入湖洪峰量处于减少趋势，主要原因是荆江三口分流减少导致入湖洪峰减少，从而影响了洞庭湖对于长江干流洪水的调蓄作用。

本文分析了不同时期洞庭湖最大入湖洪峰对应的组成特征（见表 1）。可以看出，入湖洪峰随不同时段呈现逐步减少的趋势，而 1967 年前后主要是湖区产流偏少，1973 年前后主要是裁弯后荆江三口分流减少，从而导致入湖洪峰减少，而 2003 年前后主要是由三峡水库调蓄导致长江干流洪峰量级减少，进而导致三口洪峰减少，同时洞庭四水受到上游水库调蓄影响，入湖洪峰也有所减少，两者共同影响了洞庭湖入湖洪峰的减少。

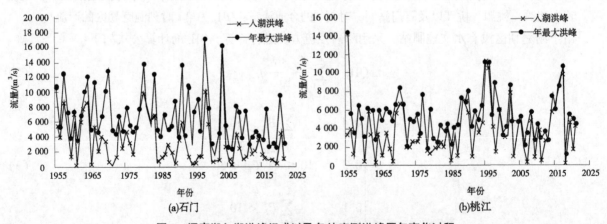

图 2 洞庭湖入湖洪峰组成以及各站实测洪峰历年变化过程

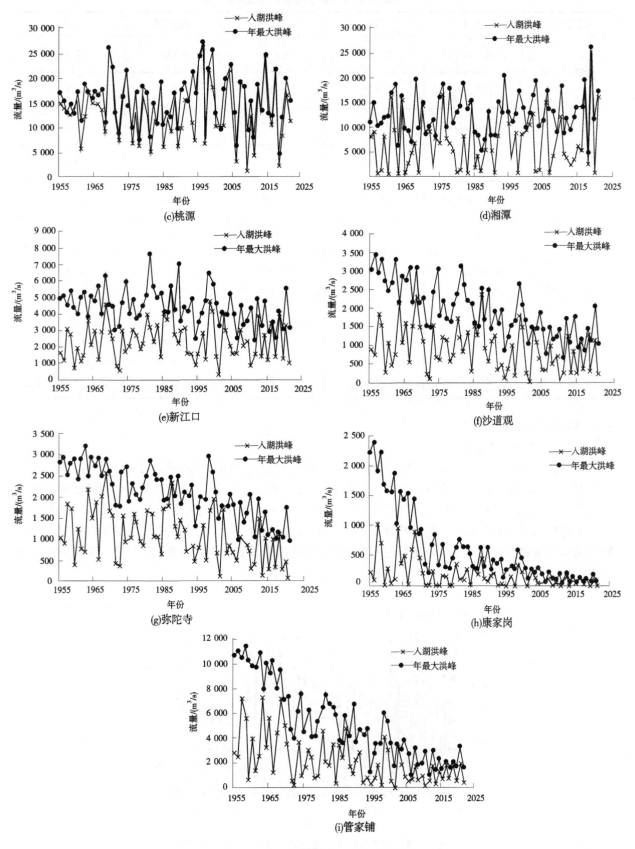

续图2

表1 洞庭湖区各时期平均最大入湖洪峰组成

时段/年	项目	四水	三口	洞庭湖区	入湖
1955—1966	洪峰/(m³/s)	27 900	8 410	6 930	43 240
	占比/%	65	19	16	100
1967—1972	洪峰/(m³/s)	28 800	8 970	4 470	42 240
	占比/%	68	21	11	100
1973—1980	洪峰/(m³/s)	28 400	7 360	5 500	41 260
	占比/%	69	18	13	100
1981—2002	洪峰/(m³/s)	27 800	7 010	5 650	40 460
	占比/%	69	17	14	100
2003—2021	洪峰/(m³/s)	27 500	4 750	6 280	38 530
	占比/%	71	12	16	100

3.2 洞庭湖调蓄能力分析

3.2.1 洪峰调蓄能力分析

根据实测数据，计算了洞庭湖历年最大入湖洪峰以及相应的削峰率和滞峰时间（见图3和图4）。不同时段的洞庭湖区调蓄能力统计见表2。可以看出，三峡水库建设以前，不同年代的洞庭湖年均最大入湖洪峰呈现逐渐减少的趋势，而削峰率仅在1967—1972年有一定的下降，而后又维持在38%左右，平均滞峰时间略有减少，基本维持在6 d。三峡水库运行以后，水库调蓄后的洪峰量级明显减少，同时清水下泄也导致荆江三口分流量进一步下降，洞庭湖对长江干流洪水调蓄能力也一定有减少，平均削峰率降为35%，而平均滞峰时间也有一定的下降，减少为5 d。

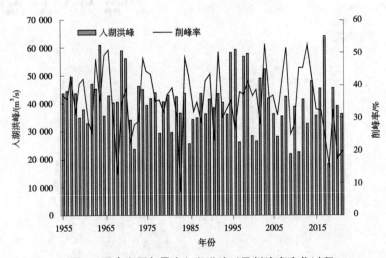

图3 洞庭湖历年最大入湖洪峰以及削峰率变化过程

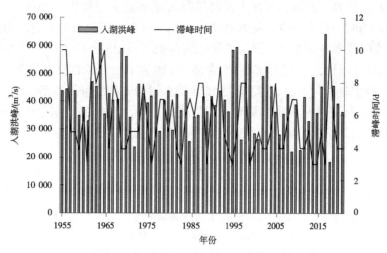

图 4　洞庭湖历年最大入湖洪峰以及滞峰时间变化过程

表 2　不同时段的洞庭湖区调蓄能力统计

时段/年	年均最大入湖洪峰/ (m³/s)	平均削峰率/%	平均滞峰时间/d
1955—1966	43 200	39	7
1967—1972	42 200	28	6
1973—1980	41 200	38	6
1981—2002	40 500	35	6
2003—2021	38 500	35	5

3.2.2　洪量调蓄能力分析

根据实测数据，计算了洞庭湖历年最大 15 d 以及最大 30 d 入湖洪量，以及相应的调洪率和滞洪时间（见表 3）。由表 3 可以看出，三峡水库建设以前，最大 15 d 洪量调洪率维持在 13% 左右，平均滞洪时间为 7 d，30 d 洪量调洪率在 8% 左右，平均滞洪时间为 6 d，洞庭湖对 15 d 洪水过程的调洪率要高于 30 d 洪量调洪率。三峡水库建设以后，15 d 和 30 d 洪量调洪率均有不同程度的下降，其中 15 d 洪量调洪率降为 11.9%，滞洪时间减少 1 d；30 d 洪量调洪率降为 6.73%，滞洪时间不变。

表 3　洞庭湖区各时期洪量调蓄能力统计

时段/年	15 d 洪量			30 d 洪量		
	年均最大入湖洪量/亿 m³	调洪率/%	滞洪时间/d	年均最大入湖洪量/亿 m³	调洪率/%	滞洪时间/d
1955—1966	378	12.8	7	619	8.00	6
1967—1972	391	12.4	7	663	9.42	6
1973—1980	362	13.2	7	607	8.53	6
1981—2002	339	13.5	7	566	8.36	6
2003—2021	299	11.9	6	496	6.73	6

4　结论与建议

影响洞庭湖调蓄能力变化的主要因素包括入湖洪水组成的变化、湖区湖容的改变、长江干流以及洞庭湖区起涨水位的过程等。入湖洪峰在不同时段呈现逐步减少的趋势，2003 年前，洞庭湖削峰率维持在 38%，平均滞峰时间略有减少，基本维持在 6 d。三峡水库运行以后，受到水库调蓄后的洪峰量级明显减少，平均削峰率降为 35%，而平均滞峰时间也有一定的下降，减少为 5 d。

三峡水库建设以前，最大 15 d 洪量调洪率维持在 13% 左右，平均滞洪时间为 7 d，30 d 洪量调洪率在 8% 左右，平均滞洪时间为 6 d，洞庭湖对 15 d 洪水过程的调洪率要高于 30 d 洪量调洪率。三峡水库建设以后，15 d 和 30 d 洪量调洪率均有不同程度的下降，其中 15 d 洪量调洪率降为 11.9%，滞洪时间减少 1 d；30 d 洪量调洪率降为 6.73%，滞洪时间不变。

参考文献

[1] 万荣荣，杨桂山，王晓龙，等.长江中游通江湖泊江湖关系研究进展 [J].湖泊科学，2014，26（1）：1-8.

[2] 仲志余，胡维忠.试论江湖关系 [J].人民长江，2008（1）：20-22.

[3] 黄群，孙占东，赖锡军，等.1950s 以来洞庭湖调蓄特征及变化 [J].湖泊科学，2016，28（3）：676-681.

[4] 渠庚，郭小虎，朱勇辉，等.三峡工程运用后荆江与洞庭湖关系变化分析 [J].水力发电学报，2012，31（5）：163-172.

[5] 施勇，栾震宇，陈炼钢，等.长江中下游江湖关系演变趋势数值模拟 [J].水科学进展，2010，21（6）：832-839.

[6] 朱玲玲，许全喜，戴明龙.荆江三口分流变化及三峡水库蓄水影响 [J].水科学进展，2016，27（6）：822-831.

[7] 张冬冬，戴明龙，李妍清，等.1956—2020 年荆江三口径流变化特征及水库补水效果 [J].湖泊科学，2022，34（3）：945-957.

[8] 赵英林.洞庭湖洪水地区组成及遭遇分析 [J].武汉水利电力大学学报，1997（1）：38-41.

[9] 徐卫红，张双虎，蒋云钟，等.洞庭湖区洪水组成及遭遇规律研究 [C]//中国自然资源学会水资源专业委员会，中国地理学会水文地理专业委员会，中国水利学会水文专业委员会.流域水循环与水安全——第十一届中国水论坛论文集.北京：中国水利水电出版社，2014：489-495.

[10] 李义天，邓金运，孙昭华，等.泥沙淤积与洞庭湖调蓄量变化 [J].水利学报，2000（12）：48-52.

[11] 戴明龙，王立海，李立平，等.2020 年长江螺山站水位流量关系分析 [J].人民长江，2022，53（5）：118-122.

黄河下游河道"上宽下窄"格局的成因

江恩慧[1,2]　屈　博[1,2]　王远见[1,2]　张向萍[1,2]　刘彦晖[1,2]

(1. 黄河水利委员会黄河水利科学研究院,河南郑州　450003;
2. 水利部黄河下游河道与河口治理重点实验室,河南郑州　450003)

摘　要: 黄河下游河道"上宽下窄"的特殊格局引起了沿黄地方政府和百姓的关注与不解。本文结合世界大江大河治理和防洪工程体系建设实践,解析了进入黄河下游的暴雨洪水、巨量泥沙和巨大水流负载能量等条件对行洪滞洪空间、泥沙沉积空间和能量耗散空间的现实需求,深刻诠释了黄河下游宽河段存在的必然性和必要性,从科学角度提出了黄河下游河道"上宽下窄"格局的成因,为黄河下游防洪安全建设和经济社会发展战略布局提供支撑。

关键词: 黄河下游河道;上宽下窄;行洪滞洪;沉沙;能量耗散

1 引言

黄河自中游晋陕大峡谷奔腾而下,进入下游后失去了峡谷的束缚,河道陡然变宽、比降骤减,河流流速大幅变缓,搬运泥沙的能力也随之大幅减小,挟带的巨量泥沙便沿程沉积下来,在河南孟津以下形成了巨大的冲积扇[1]。数千年来,黄河在面积约 7 万多 km² 的冲积扇扇面上不断游荡摆动,时而向北夺取海河河道,时而向南夺取淮河河道,水挟沙走,沙随水淤,最终形成了黄淮海大平原的千里沃野[2]。同时,大量的泥沙淤积,导致黄河下游河床逐年抬升,形成了举世闻名的"地上悬河",成为长期悬在黄河下游两岸人民头顶的"达摩克斯之剑"[3]。

为固定黄河河道、减少洪水灾害影响,从西周初期先民们就开始修建堤防,战国时期已达一定规模,之后历朝历代不断修建完善。但限于当时人们对黄河的认知水平和治河技术,堤防工程建设并不完善,黄河下游决口改道频发,素有"三年两决口,百年一改道"之说。中华人民共和国成立后,党和政府高度重视黄河下游防洪安全问题,沿黄军民和黄河建设者在复堤建设的基础上,先后开展了 4 次大规模堤防修建,逐步建成了绵延千里的水上长城,有力保障了黄淮海平原的安全、稳定和发展[4]。现状条件下,黄河下游河道两岸大堤堤距上宽下窄,上游的宽河段(以河南省为主)堤距达到 5~20 km(最宽处达到 24 km),下游的窄河段(以山东省为主)一般为 1~2 km(最窄的艾山断面附近河宽仅 275 m),如图 1 所示。黄河下游宽河段两岸大堤内居住有百余万人,但因其特殊地理位置和用地管理要求(行洪、滞洪和沉沙区域),产业发展严重受限,经济发展缓慢,与堤外周边区域发展差距明显,百姓脱贫致富的愿望日益强烈[5]。加之近年来城市化进程迅猛推进,沿黄各市(县)对建设用地的需求量快速增加,经济社会发展与土地资源短缺的矛盾日趋突出[6]。在此情势下,黄河宽河段两岸大堤以内的土地资源得到了沿黄地方政府和百姓的关注,并对该河段为什么要保持宽阔堤距(或者说为什么不解放宽河段土地进行产业发展)充满了疑惑。

针对这个问题,本文收集了世界大江大河治理和防洪工程体系建设实践资料,结合黄河下游河道特性和防洪形势,分别从"水-沙-能"(洪水特性、泥沙条件和水流负载能量)三个层面着手,深入分析黄河下游宽河段在应对进入下游的暴雨洪水、巨量泥沙和巨大能量中发挥的重要作用,科学界

基金项目: 国家重点研发计划项目(2021YFC3200400);国家自然科学基金项目(U2243601)。

作者简介: 江恩慧(1963—),女,正高级工程师,主要从事河流泥沙动力学研究工作。

定宽河段行洪滞洪空间、泥沙沉积空间和能量耗散空间的功能定位，阐释黄河下游河道"上宽下窄"空间格局的必然性和必要性，为黄河下游防洪安全建设和社会经济发展战略布局提供基础支撑。

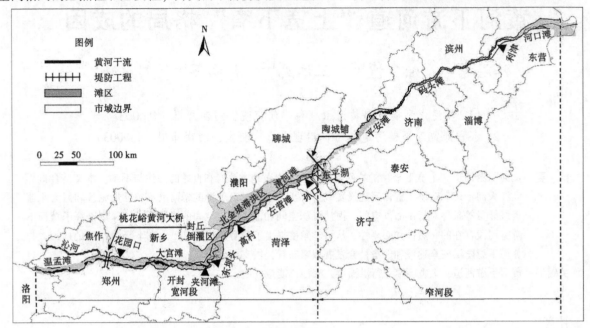

图 1　黄河下游河道堤距"上宽下窄"格局

2　暴涨暴落的洪水特性需要充足的行洪滞洪空间

受气候变化影响，全球洪涝灾害呈高发频发态势。如图 2 所示，全球洪涝灾害事件平均次数呈阶梯式增长，由 1903—1975 年的 3.17 次不断增长至 1976—1998 年的 61.77 次，进入 21 世纪后进一步增加至 158.22 次（数据来源于紧急灾害数据库 EM-DAT）。其中，2021 年我国有 64 站日降水量突破历史极值，83 站连续降水量突破历史极值。日益严峻的洪涝灾害情势，对防洪安全建设和防洪保护能力提出了更高的要求。

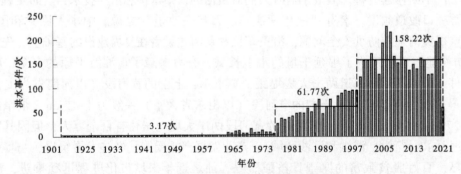

图 2　1900 年以来全球洪涝灾害事件

黄河作为我国北方干旱半干旱地区河流，水资源时空分布十分不均，洪水暴涨暴落。花园口站千年一遇洪峰流量（22 300 m³/s）与生态基流（200 m³/s）之间相差 110 倍，这就要求黄河下游河道既要满足日常小流量过流要求，也要为大洪水预留充足的行洪滞洪空间。同时，为了黄河下游整体防洪安全，需要尽快地滞蓄洪水、消杀水势。河南河段位于黄河下游的上首，在河南河段开辟滞洪区留足行洪滞洪空间是应对黄河大洪水的首选和必选。历史上，桃花峪以上的温孟滩区以及至陶城铺河段的宽滩区、大宫分洪区、北金堤滞洪区，犹如一个个平原水库，蓄滞洪水效果显著，对整个黄河下游乃至黄淮海平原的防洪安全至关重要[7]。如 1954 年、1958 年和 1982 年花园口洪峰流量分别为 15 000 m³/s、22 300 m³/s 和 15 300 m³/s，经过河南河段的滞洪削峰，到达孙口站的洪峰已减至 8 640 m³/s、

15 900 m³/s、10 100 m³/s，削峰率达 42%、29%和 34%。如果没有宽滩区的蓄滞洪作用，山东东平湖滞洪区的运用概率将大大增加，孙口以下防洪形势也将异常严峻[8]。

2000 年以来，随着小浪底水库的投入运用，进入黄河下游河道的水沙条件得到了极大改善，初步保障了下游的防洪安全，使得部分行洪滞洪空间得到解放。但目前黄河下游的防洪形势依然严峻，因此滩区在大洪水时仍然要发挥行洪滞洪沉沙的作用。

3 黄河挟带的巨量泥沙需要充足的沉沙空间

黄河是世界上土壤侵蚀量、输沙量、含沙量最大的河流，进入黄河下游的年均输沙量为 16 亿 t（1919—1959 年序列）。近几年虽然黄河水沙情势发生了较大变化，来沙量大幅锐减，但水少沙多的基本特性没有发生根本改变，一旦发生大洪水，进入黄河的泥沙量仍有可能达到 8 亿 t，极端情景下甚至可达到 16 亿 t[9]。水流挟带巨量泥沙进入黄淮海平原，河流比降陡降，流速减缓，大量泥沙落淤，如果河道过窄，则很快造成河床淤积抬高，"悬河"和"二级悬河"的情势会进一步加剧，严重威胁大堤安全和广大黄淮海平原人民群众的生命及财产安全。因此，在桃花峪至陶城铺河段维持广阔的滩地，一旦遭遇大洪水等极端天气事件，可通过水沙调控措施使洪水漫滩，让水流泥沙在主槽和滩地之间发生充分的横向交换，使大量泥沙沉积在滩地，减缓主河槽的淤积抬升速率，延缓"悬河"和"二级悬河"的发育态势。

世界著名的多沙河流，如科罗拉多河、恒河、雅鲁藏布江-布拉马普特拉河，与黄河情况基本一致，即上（中）游都穿越山地峡谷，挟带大量泥沙进入（中）下游冲积平原后迅速沉积，抬高河床，造成严重的洪水威胁，给两岸人民带来深重的洪灾损失。同样地，这些河流也都在（中）下游设置（或天然形成）蓄滞洪区、广阔滩地、三角洲等，为河流挟带巨量泥沙提供充足的沉沙空间，以减少洪灾风险[10-11]（见表 1）。

表 1　世界多沙河流沉沙空间

河流名称	含沙量/（kg/m³）	年输沙量/亿 t	沉沙区间	沉沙面积/万 km²
黄河	35.7	16	黄河下游桃花峪—河口	2.2
科罗拉多河	27.5	1.35	加利福尼亚湾三角洲	0.77
恒河	3.92	14.51	恒河三角洲	8
雅鲁藏布江-布拉马普特拉河	1.89	7.26	孟加拉冲积平原	9

4 上游水流负载巨大能量需要充足的耗散空间

天然条件下冲积性河流处于动态的变形和发展中，使河道形态不断趋向于与水沙条件和边界条件相适应的平衡状态。山区峡谷段河道比降较大，流速较快，水流负载巨大能量（动能），在进入比降较小的冲积平原后，需要通过增大河宽、增加河长等形式将富余能量予以耗散，适应新的边界条件，并逐步稳定河道[12]，而这就需要充足的能量耗散空间。世界上大江大河具有类似的特点，如表 2 所示，尼罗河、雅鲁藏布江-布拉马普特拉河、伏尔加河在由山区峡谷段过渡到冲积平原段后，均形成游荡型或分汊型河道[13-15]。其中，雅鲁藏布江-布拉马普特拉河进入孟加拉平原后，河势游荡不定，两岸发生大规模冲刷。据统计，1923—1954 年在科博和杜布里之间，南、北两岸遭到冲刷的长度分别为 355 km 和 230 km；莱茵河进入荷兰境内后发展成一系列支流水系呈扇形展开，且历史上至少发生 91 次大改道，平均大约 100 年一次。

表 2　世界大江大河河道比降与下游河型

河流名称	山区峡谷河道比降/‰	冲积平原河道比降/‰	下游河道河型
黄河	0.714	0.012 5	游荡
尼罗河	0.83	0.072	分汊
雅鲁藏布江－布拉马普特拉河	2.63	0.065	游荡
伏尔加河	0.116	0.029	分汊

　　黄河中游河段自河口镇至郑州桃花峪，长 1 206 km，落差 890 m，平均比降为 0.714‰；而黄河下游河段长 796 km，落差仅 95 m，平均比降仅约 0.0125‰。历史时期，水流负载的巨大能量在进入桃花峪后，主要靠河势的自由摆动和分流耗散掉大部分富余能量，从而确保以下的艾山—利津河段形成相对稳定的弯曲型河道，这便在桃花峪—高村河段构筑了天然的能量耗散场所。20 世纪 80 年代以来，为稳定河势、提升黄河下游防洪保障能力，国家投入了大量的人力、物力和财力，在河南省游荡型河段进行有计划的河道整治，特别是 2006 年开展的新一轮游荡型河道整治，治理效果显著，河道主槽游荡范围大幅缩减至 390 m[16]，这在一定程度上也削减了宽河段能量耗散的作用。

5　结语

　　根据世界大江大河治理和防洪工程体系建设实践，分析黄河水文泥沙和河道边界条件，发现黄河下游河道的上首（主要在河南省）必须同时满足"水-沙-能"三个条件才能有效应对黄河大洪水，即有充足的行洪滞洪空间应对暴涨暴落的上游洪水、有充足的沉沙空间应对上游水流挟带的巨量泥沙、有充足的耗散空间应对上游水流负载的巨大能量。这就决定了黄河下游上半段必须也必然具有宽阔的堤距，而洪水经过该河段的调节后，洪峰得到削减、水势得到缓解，防洪压力骤然减小，由此以下河段不再需要宽堤距，从而形成了黄河下游河道"上宽下窄"的空间格局。

　　目前，黄河下游宽河段内开发了大量的农田，并建设了一定规模的生活和生产设施，发挥着重要的生产生活功能。近年来，滩区百姓脱贫致富的愿望日益强烈，提出了束窄河道、解放宽河段广阔土地的诉求。然而，受气候变化和人类活动影响，黄河洪涝灾害发生的频率和强度均呈增加态势。保留行洪、滞洪、沉沙和消能的空间，能更好地减轻下游洪水风险，保障两岸百姓生命和财产安全。因此，黄河下游防洪安全建设和经济社会发展仍需继续维持黄河下游河道"上宽"的空间格局，在保障防洪安全的基础上，积极探索富有滩区地域特色的高质量发展新路径，实现防洪安全、生态保护和经济发展综合效益最大化。

参考文献

[1] 马玉凤，李双权，潘星慧. 黄河冲积扇发育研究述评 [J]. 地理学报，2015，70（1）：49-62.

[2] 任美锷. 黄河的输沙量：过去、现在和将来——距今 15 万年以来的黄河泥沙收支表 [J]. 地球科学进展，2006（6）：551-563.

[3] 江恩慧，屈博，王远见，等. 基于流域系统科学的黄河下游河道系统治理研究 [J]. 华北水利水电大学学报（自然科学版），2021，42（4）：7-15.

[4] 胡一三. 70 年来黄河下游历次大修堤回顾 [J]. 人民黄河，2020，42（6）：18-21.

[5] 徐丹，屈博，方园皓. 黄河下游宽滩区土地利用格局时空演变及影响因素 [J]. 南水北调与水利科技（中英文），2022，20（5）：966-975.

[6] 岳瑜素，王宏伟，江恩慧，等. 滩区自然-经济-社会协同的可持续发展模式 [J]. 水利学报，2020，51（9）：1131-1137，1148.

[7] 李远发，武士国，武彩萍，等. 小浪底水库建成后滞洪区在黄河防洪中的作用 [J]. 人民黄河，2011，33

（7）：3-4，16.

[8] 王远见，江恩慧，李新杰，等. 黄河下游宽滩区滞洪沉沙功能与减灾效应二维评价模型及其应用 [J]. 水利学报，2020，51（9）：1111-1120.

[9] 胡春宏，张晓明. 论黄河水沙变化趋势预测研究的若干问题 [J]. 水利学报，2018，49（9）：1028-1039.

[10] Kong D，Miao C，Li J，et al. Full-stream erosion in the lower Yellow River：Feasibility，sustainability and opportunity [J]. Science of The Total Environment，2021，807（2）：1-12.

[11] Sinha R，Singh S，Mishra K，et al. Channel morphodynamics and sediment budget of the Lower Ganga River using a hydrogeomorphological approach [J]. Earth Surface Processes and Landforms，2022，48（1）：14-32.

[12] 余文畴. 长江中游下荆江蜿蜒型河道成因初步研究 [J]. 长江科学院院报，2006，(6)：9-13.

[13] Revel M，Ducassou E，Skonieczny C，et al. 20 000 years of Nile River dynamics and environmental changes in the Nile catchment area as inferred from Nile upper continental slope sediments [J]. Quaternary Science Reviews，2015，130：200-221.

[14] Sarker M H，Thorne C R，Aktar M N，et al. Morpho-dynamics of the Brahmaputra-Jamuna river，Bangladesh [J]. Geomorphology，2014，215：45-59.

[15] Sidorchuk A Y，Panin A V，Borisova O K. Morphology of river channels and surface runoff in the Volga River basin (East European Plain) during the Late Glacial period [J]. Geomorphology，2009，113（3-4）：137-157.

[16] 李军华，许琳娟，江恩慧. 黄河下游游荡型河道提升治理目标与对策 [J]. 人民黄河，2020，42（9）：81-85，116.

澳门路环西侧防洪（潮）排涝总体方案研究

靳高阳　高慧琴　刘君健　吴　瑶

（中水珠江规划勘测设计有限公司，广东广州　510610）

摘　要：澳门路环西侧沿岸地势低洼，受风暴潮、天文大潮与暴雨的影响，极易发生海水倒灌和积水淹浸。本文研究了路环西侧的防洪（潮）排涝标准，分析论证了十字门水道南北两端建挡潮闸、沿路环西侧修建堤防两类方案，经比较后推荐堤防方案，提出在十字门水道左岸沿路环西侧离岸修建长约 1.2 km 的堤防工程，形成荔枝碗景观湖和十月初五景观湖；陆域新建截流管和排涝泵站，对截洪渠、雨水沟、排水管道进行升级改造的总体布局，研究成果可以为澳门路环西侧防洪（潮）排涝工程研究及设计提供参考。

关键词：澳门；路环西侧；防洪（潮）排涝；总体方案

澳门路环西侧位于澳门特别行政区路环岛西部，十字门水道左岸，与珠海市横琴隔江相望，包括路环十月初五马路、路环码头及荔枝碗一带，为路环旧市区。区内有不少百年老店和具有历史文化价值的建筑物，蕴含大量历史人文资源。由于地理位置与地势低等，风暴潮使澳门同胞饱受水患折磨之苦，"天鸽""山竹"台风造成海水漫堤，损失严重，给当地居民生产、生活带来了严重影响。澳门是粤港澳大湾区发展的核心引擎四大中心城市之一，对防洪（潮）排涝安全提出更高的要求，迫切需要尽快消除水利的瓶颈制约，提高区域防洪（潮）排涝能力[1-2]。

1　防洪（潮）排涝工程现状及存在的主要问题

1.1　防洪（潮）排涝工程现状

1.1.1　防洪（潮）工程

路氹岛西侧为堤路结合的岸线，全长约 6.46 km。其中，北部西湾大桥至荔枝碗段堤防全长约 5.38 km，高程为 3.0~4.0 m，现状能达到 50 年一遇防潮标准。南部荔枝碗至十月初五马路段堤防全长约 1.08 km，路面高程较低，为 1.7~12.5 m，荔枝碗马路段高程为 2.4~12.5 m，现状防潮能力基本能达到 20 年一遇；船人街和十月初五马路段为堤路结合，地面高程在 1.7~2.4 m，十月初五马路沿岸建有防浪墙，顶高程为 2.1~2.7 m，现状防潮能力不足 10 年一遇。

1.1.2　排水工程

1.1.2.1　山洪截洪沟

路环西侧九澳—路环山脉西侧山丘区山洪主要靠截洪渠截留，至谭公庙前地附近外排至十字门水道。现状截洪沟总长为 982 m，宽度 0.33~9.76 m，深度 1.0~1.25 m，现状排水能力基本达到 20 年一遇标准，约有 82%的长度不足 50 年一遇。荔枝碗东部山丘区山洪主要靠雨水沟截留，汇入截洪沟或雨水管网，沿十月初五马路一带排入十字门水道。区内雨水沟总长 947.8 m，其中有 446.1 m 的雨水沟排水能力不足 5 年一遇，占比 47%；有 390 m 的雨水沟排水能力达到 50 年一遇以上标准，占比 41%。

1.1.2.2　市政雨水管网

路环岛排水管网系统主要为雨污分流式排水模式。路环西侧雨水主要依靠市政管网自排入十字门

作者简介：靳高阳（1984—），男，高级工程师，主要从事水利规划与设计工作。

水道，现状排水管总长 1 900 m，检查井个数为 66。排水管道系统出口不受外江潮位顶托时，有长 45%的管道排水能力不足 5 年一遇；在遭遇 5 年一遇设计潮位顶托时，有 53%的管道排水能力不足 5 年一遇。

1.2 存在的主要问题

（1）区域地势低洼，防洪（潮）工程建设滞后，加之台风暴潮频发，防洪（潮）排涝能力低[3-4]。

路环西侧现状无高标准防洪（潮）工程保护，沿岸为堤路结合的岸线，路面高程大多在 1.70 ~ 2.40 m，地势较低，现状防潮能力不足 10 年一遇。内港站多年平均高潮位为 1.74 m，10 年一遇设计高潮位为 2.33 m，20 年一遇设计高潮位为 2.68 m，低洼地段地面高程均低于 20 年一遇设计高潮位。

风暴潮、天文大潮是路环西侧浸水深度最大、影响时间最长、损失最严重的致灾成因。当外江潮位超过 1.7 m 时，路环西侧一带就会出现较明显浸水，其表现形式为潮位高于路环码头和十月初五马路路面高程，海水直接漫堤致灾，主要受影响范围在沿江马路一线，纵深区由于地势较高，基本不受影响。

降雨造成路环西侧内涝，主要与降雨强度和外江潮位有关。短历时降雨强度越大，淹水深度越高，历时越长，一般情况下大暴雨才会出现涝灾，若排水遇外江潮位顶托，则情形更为严重。路环西侧除沿江马路一线地势较低外，纵深区为山丘地带，地势较高，排水管网以自排为主，且排水能力基本能满足现状要求。大暴雨对路环西侧成涝的影响相对风暴潮要小；但若排水遇外江潮位顶托，则情形更为严重。

路环西侧旧市区一带 $P = 0.5\%$、$P = 1\%$、$P = 2\%$、$P = 5\%$ 不同设计频率水位下淹没范围分别为 0.12 km²、0.099 km²、0.069 km²、0.067 km²（见图 1）。

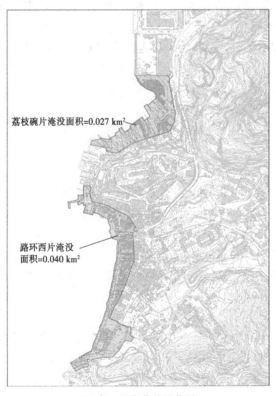
(a)20年一遇潮位淹没范围

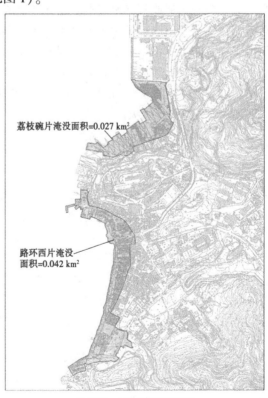
(b)50年一遇潮位淹没范围

图 1　不同设计频率水位下的淹没范围

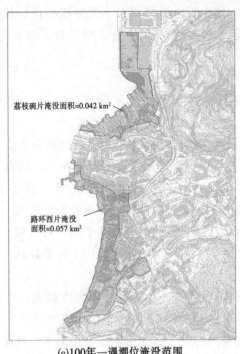

(c)100年一遇潮位淹没范围　　　　　　　　(d)200年一遇潮位淹没范围

续图 1

（2）沿岸防洪（潮）排涝工程建设受造船厂工业遗址保护及业权复杂的制约，沿现状岸线修建堤防实施难度大。

澳门地区现状土地业权状况复杂，路环西侧为路环市区所在地，人口相对密集。路环西侧路环码头北部为荔枝碗造船厂遗址保护区，是粤港澳大湾区仅存较有规模的木船工业遗址[5]。路环码头是澳门历史文物，防洪（潮）工程建设不能破坏其景观效果。棚屋1和船人街临海侧房屋均建设在现有堤防以外，沿现状岸线修建堤防势必会对周边区域造成临时或永久性的影响，特区政府基本没有开展过按整套法律程式完成的征地和补偿个案，在澳门现行法律体制下，协调难度大，争议多，防洪（潮）工程措施实施的难度大。

2 防洪（潮）排涝标准

2.1 防洪（潮）标准

澳门尚无可参考的防洪标准。防洪（潮）标准的确定可参考《防洪标准》（GB 50201—2014），并充分考虑澳门实际情况，截至2022年底澳门总人口为67.28万，当量经济规模超300万人，防护等级为Ⅰ级，防洪标准为200年一遇以上。澳门是粤港澳大湾区四个中心城市之一，与香港、广州、深圳并列成为区域发展的核心引擎，城市定位为建设世界旅游休闲中心、中国与葡语国家商贸合作服务平台，促进经济适度多元发展，打造以中华文化为主流、多元文化共存的交流合作基地。澳门与国际经济联系密切，是连接内地与葡语国家的重要视窗和桥梁，根据澳门保护人口、当量经济规模以及其特殊的地位，澳门防洪应按特别重要城市对待[6-9]。

大湾区中心城市广州的防洪标准为200年一遇、防潮标准为300年一遇，深圳提出防潮标准为1 000年一遇。"天鸽"台风后，澳门特别行政区政府"检讨重大灾害应变机制暨跟进改善委员会"组织编制的《澳门"天鸽"台风灾害评估总结及优化澳门应急管理体制建议》提出对澳门现有堤坝加高加固，建议对路环西岸现有防洪设施进行重整，防御标准为100~200年一遇潮位。综合考虑，路环西侧可按200年一遇防洪（潮）标准进行防护。

2.2 排涝标准

路环西侧排涝系统可分为两类：一类为雨水排水管网，包括雨水管和雨水沟；另一类为承泄涝水的截洪渠。

2.2.1 雨水管渠设计标准

内涝防治设计重现期应根据城镇类型、积水影响程度和内河水位变化等因素，雨水管渠设计重现期应根据汇水地区性质、城镇类型、地形特点和气候特征等因素，经技术经济比较后确定。根据澳门人口、经济社会指标，参考粤港澳大湾区香港的排涝标准，考虑澳门城市定位及未来发展需求，路环西侧排涝标准暂定为50年一遇，对应城镇类型为特大城市，雨水管渠设计标准中心城区为3~5年一遇，雨水沟和雨水管网设计标准取上限5年一遇。

2.2.2 截洪渠设计标准

截洪渠承泄的涝水均为地表汇流，不接入市政管网，其设计标准参考《治涝标准》（SL 723—2016）确定，治涝标准为等于或大于20年一遇。参考大湾区内的香港市区设计防洪标准排水干渠系统200年一遇，排水支渠系统50年一遇，主要乡郊集水区防洪渠50年一遇，乡村排水系统20年一遇。考虑澳门城市定位及未来发展需求，路环西侧排涝标准定为50年一遇。

3 防洪（潮）方案拟订及比选

3.1 方案拟订

澳门路环西侧位于十字门水道左岸，属珠江河口区。借鉴国内外河口地区防洪（潮）工程经验，考虑区域自然地理条件、水患灾害成因和经济社会发展要求，适宜该区域的防洪（潮）工程方案主要有两种（见图2）：一是在十字门水道左岸路环西侧修建海堤挡潮；二是在十字门水道南北两端建挡潮闸以控制十字门水道水位，抵御风暴潮侵袭[10-11]。

(a)堤防方案　　　　　(b)挡潮闸方案

图2 防洪（潮）工程方案

3.1.1 堤防方案

研究在十字门水道左岸沿路环西侧修建海堤工程，从石排湾马路西南角堤防到谭公庙前地附近山体，全长约1.2 km。根据路环西侧岸线走势、现状海景观及人文历史风貌，为融入生态休闲理念，研究提出建设自然生态与人文环境相适应的离岸式海堤工程，在路环西侧形成两个景观湖。堤防布置方案为：堤线分别连接石排湾马路西南角堤防、路环码头、谭公庙前地附近山体，在荔枝碗和十月初五马路围成荔枝碗湖、十月初五湖2个景观湖。同时，为满足水体交换需要，在堤上设置穿堤水闸，其中荔枝碗景观湖设置 1#、2# 水闸；十月初五景观湖设置 3#、4# 水闸。堤防按照 200 年一遇标准建设，采用轻薄的混凝土空箱体堤防断面，减少堤身对湖面的占用。

3.1.2 挡潮闸方案

研究在十字门水道南、北两端建具有防洪、挡潮、排涝、通航等综合利用的挡潮闸工程。十字门北挡潮闸拟建于澳门赛马会附近，闸址处河道宽约 200 m；十字门南挡潮闸拟建于夹马口，闸址处河道宽约 220 m。在两闸处分别配备一定规模的泵站，水闸、泵站联合调度，保证区间水位在控制水位 1.7 m 以下。挡潮闸大部分时间处于打开状态，只有当外海潮位上涨且可能引起十字门水道水位达到控制水位以上时，才需关闸挡潮；调度时，南、北挡潮闸同开同关。

3.2 方案比选

十字门水道属于澳门特别行政区和广东省珠海市两地的界河，无论是堤防方案还是挡潮闸方案，工程建成后都可能对周边区域产生一定影响，方案比选主要从工程实施效果、防洪排涝影响、通航影响、征地移民、环境影响、日常维护、方案的投资经济性及方案的可实施性等 8 个方面进行（见表1）。从工程实施效果和环境影响来看，堤防方案和挡潮闸方案相当；从防洪排涝影响、通航影响、征地移民、日常维护、方案的投资经济性及方案的可实施性来看，堤防方案均优于挡潮闸方案，因此推荐堤防方案为路环西侧防洪（潮）方案。

表 1 堤防方案和挡潮闸方案比选

分项	堤防方案	挡潮闸方案	比选结论
工程实施效果	能有效治理澳门路环防洪（潮）水患问题	能有效治理澳门路环防洪（潮）水患问题，保护范围比堤防方案大，且可以提高十字门水道两侧防（洪）潮标准	相当
防洪排涝影响	影响仅局限于十字门水道内，高潮位略有升高 0.01 m，对附近水域防洪（潮）排涝影响较小	附近水域的水位均有不同程度的抬升（0.01~0.05 m），改变了现有的泄洪纳潮分配比例（澳门水道相较自身净泄量增加 7.73%，纳潮量增加 9.76%），对磨刀门的纳潮量也会有一定影响（纳潮量增加 0.7%），对以该段水道为承泄区的排涝产生相对较大影响	堤防方案较优
通航影响	施工期，对十字门通航有一定的影响；运行期影响较小	施工期和运行期对十字门水道通航影响相对较大	堤防方案较优
征地移民	永久征地 21 680 m²，仅涉及澳门	占用海域面积合计 88 540 m²，涉及澳门和珠海，相关工作协调难度大	堤防方案较优
环境影响	主要在施工期，枯水大潮纳潮量和水体纳污能力有所减小，水体运行期均影响较小	主要在施工期，枯水大潮纳潮量和水体纳污能力有所减小，运行期均影响较小	相当
日常维护	日常管理主要包括排涝和水景观调度，仅涉及澳门	水闸调度管理涉及挡潮、排涝、通航等方面，管理体制涉及珠海和澳门，运行维护相对复杂	堤防方案较优
方案的投资经济性	匡算静态投资约 7.11 亿元	匡算静态投资约 26.86 亿元	堤防方案较优
方案的可实施性	民众认可度较高，具备可实施性	涉及澳门特别行政区和广东省珠海市，建设和管理难度均较大，还需在澳门或珠海陆域建设通航建筑物，协调难度大，可实施性较小	堤防方案较优

4 排涝总体方案

4.1 设计排水流量

4.1.1 排水分区

根据路环西侧地形地势、管道水流流向及排水口分布情况,将路环西侧划分为 9 分排水分区,总面积 0.81 km^2(见图 3)。其中,S1~S5 分区为山地,S1、S2 分区雨水汇入山脚雨水沟后,接入市政管网;S3~S5 分区雨水汇入截洪渠经谭公庙前地排入十字门水道。A~D 分区为城区,其中 A、C、D 区雨水通过排水管网或雨水沟排入十字门水道,B 区通过雨水沟汇入截洪渠,与 S3~S5 分区的雨水一起经截洪渠汇入十字门水道。

图 3 路环西侧排水分区示意图

4.1.2 设计暴雨强度

研究区域位于澳门特别行政区,内地现有的《室外排水设计标准》(GB 50014—2021)等规范仅作为参考,澳门的《澳门供排水规章》(简称 RADARM)对澳门本地工程设计具有很好的针对性和指导性[12],本次根据 RADARM 推荐的降雨强度–历时–频率曲线分析运算式进行计算:

$$I = a \times t^b$$

式中:I 为降雨强度,mm/h;t 为历时,h;a、b 为计算参数。

路环西侧 100 年一遇、50 年一遇、20 年一遇、10 年一遇、5 年一遇和 2 年一遇设计降雨过程,分别以 1/6 h、1 h、2 h、3 h 控制降雨量，各重现期降雨强度见表 2。

表 2　各重现期降雨强度

重现期/年	降雨强度/(mm/h)			
	1/6 h	1 h	2 h	3 h
2	136.27	60.09	43.77	36.37
5	160.98	77.36	58.26	49.36
10	177.91	88.77	67.84	57.96
20	194.42	99.83	77.14	66.34
50	215.72	113.79	88.84	76.87
100	232.20	124.69	98.04	85.17

4.1.3　设计排水流量

根据澳门地区降雨强度-历时-频率曲线及排涝分区，路环西侧雨水管渠的降雨历时为 14.71 min，按 15 min 计。管网承泄的分区总面积为 0.359 km^2，算得各重现期下暴雨强度 I。参考内地《室外排水设计标准》（GB 50014—2021）公式推求设计洪水，计算各频率设计洪峰。路环西侧地面种类为各种屋面、混凝土或沥青路面，以及绿地等，径流系数取 0.10~0.95，按地面种类加权平均计算，综合径流系数取城镇建筑密集区的上限 0.70，算得市政管网分区暴雨强度及排水流量见表 3。

表 3　市政管网分区暴雨强度及排水流量计算结果

重现期/年	降雨强度 I/(mm/h)	排水流量/(m^3/s)
2	114	8.0
5	137	9.6
10	153	10.7
20	168	11.8
50	188	13.1

截洪渠承泄的分区为 B、S1~S5 分区，其中 B 区为城区，雨水通过雨水暗沟汇入截洪渠；S1~S5 分区为山地，雨水通过坡面汇流进入截洪渠，排水流量采用综合单位线法计算，山地各排水分区排水流量见表 4。

表 4　山地各排水分区排水流量　　　　　　　　　　　　　　　　单位：m^3/s

分区	1%	2%	5%	10%	20%
S1	0.37	0.34	0.30	0.27	0.24
S2	3.94	3.61	3.18	2.82	2.44
S3	18.21	16.54	14.30	12.52	10.64
S4（断面以上）	22.20	20.03	17.14	14.85	12.46
S5（断面以上）	24.54	22.12	18.91	16.37	13.71

4.2　排涝总体布局

防洪（潮）工程按推荐方案建成后，十月初五马路外侧筑堤成湖，为维持湖体良好的水环境效果，要求陆域涝水不进入湖内，需对陆域涝水进行拦截后排至堤外。根据路环西侧汇水特征以及排水沟渠、管网分布情况，研究提出"高水高排、低水低排、涝水抽排"的治涝总体布局[13-15]（见图 4）。

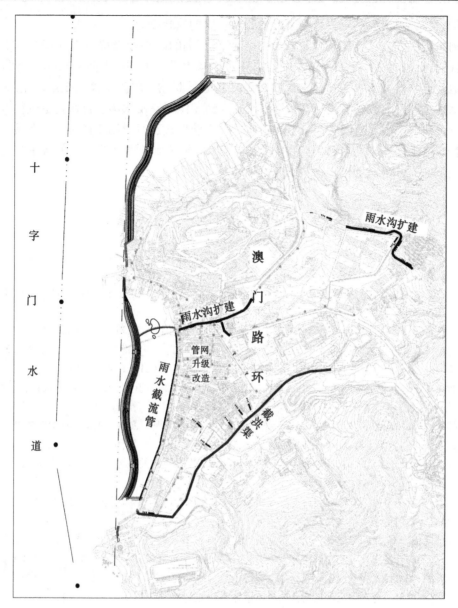

图4 路环西侧防洪（潮）涝工程总体布局图

高水高排系统：东侧山体S3~S5分区雨水汇入沿山脚布置的现状截洪沟，对截洪沟出口段进行改造，沿谭公庙前地汇入雨水泵站前池；S1、S2分区雨水汇入山脚截洪沟后接入田畔街的排水管网和雨水沟，然后汇入雨水截流管。

低水低排系统：升级改造雨水排水管网系统排出，A区雨水通过排水管道直接进入雨水泵站前池，B区雨水通过雨水暗沟汇入截洪渠后进入雨水泵站前池，C区雨水通过排水管道汇入雨水截流管后进入雨水泵站前池，D区雨水通过排水管道在码头前地附近排入外海。

涝水抽排系统：十月初五马路外侧建堤围湖后，为了保证内湖水体水环境达到景观要求，规划自码头前地至谭公庙前地沿现状出水口新建雨水截流管，将C区雨水拦截入雨水泵站前池，防止沿岸污染物进入湖中。同时在现状污水泵站附近新建1座雨水泵站，雨水截流管和截洪渠中的初期雨水接入现有污水泵站，中期后期雨水经雨水泵站抽排至外海。

5 结论与展望

研究提出的路环西侧防洪（潮）涝总体方案可以有效解决澳门路环西侧的水患问题，为澳门同胞安居乐业提供防洪安全保障，不仅有利于维护澳门的长期繁荣与稳定，还是党和政府"立党为公、执政为民"的具体体现,有利于提升国家形象和加强党的执政能力。

路环西侧防洪(潮)排涝工程总体布局为:路环西侧的防护标准按防洪(潮)200 年一遇、排涝 50 年一遇设防,研究在十字门水道左岸沿路环西侧修建堤防工程,堤防从石排湾马路西南角堤防到谭公庙前地附近山体,形成荔枝碗景观湖和十月初五景观湖,堤防全长 1.2 km,包括 4 个穿堤水闸和 1 个移动防洪墙;陆域新建截流管和排涝泵站,对截洪渠、雨水沟、排水管道进行升级改造。

鉴于现阶段研究内容,后续应深入对堤线布置、堤防形式进行详细比选研究,尤其是对路环码头处的防洪(潮)工程方案进行深入研究,包括工程措施方案及闸门形式等,在确保安全、可靠、经济可行的情况下,充分考虑历史文物、景观效果等需求。

参考文献

[1] 吴小明,王凌河,贺新春,等.粤港澳大湾区融合前景下的水利思考 [J].华北水利水电大学学报(自然科学版),2018,39(4):11-15.

[2] 李雪源.国外防洪体系建设对我国澳门都市防灾建设的启示,面向高质量发展的空间治理——2021 中国城市规划年会论文集 [C]//中国城市规划学会,2021.

[3] 张之琳,邱静,程涛,等.粤港澳大湾区城市洪涝问题及其分析 [J].水利学报,2022,53(7):823-832.

[4] 陈文龙,何颖清.粤港澳大湾区城市洪涝灾害成因及防御策略 [J].中国防汛抗旱,2021,31(3):14-19.

[5] 蔡嘉奕.澳门荔枝碗船厂建筑空间改造设计研究 [J].工业设计,2021(1):103-104.

[6] 林焕新,靳高阳.新形势下粤港澳大湾区城市防洪规划问题与建议 [J].水利规划与设计,2022(11):1-3,49,99.

[7] 卢治文,陈军.粤港澳大湾区防洪安全保障策略初探 [J].中国水利,2019(21):30-31,59.

[8] 陈文龙,袁菲,张印,等.粤港澳大湾区防洪(潮)对策研究 [J].中国防汛抗旱,2022,32(7):1-4.

[9] 赵钟楠,陈军,冯景泽,等.关于粤港澳大湾区水安全保障若干问题的思考 [J].人民珠江,2018,39(12):81-84,91.

[10] 苗平,张礼,王万战,等.黄河口刁口河流路防潮工程方案研究 [J].人民黄河,2021,43(S2):34-36.

[11] 王媛,辛宪涛.澳门地区海堤修复设计思路的探讨 [J].中国港湾建设,2020,40(9):45-49.

[12] 朱俊.《澳门供排水规章》与《建筑给水排水设计标准》对比分析 [J].给水排水,2022,58(S2):626-630.

[13] 闫水玉,唐俊.韧性城市理论与实践研究进展 [J].西部人居环境学刊,2020,35(2):111-118.

[14] 刘阳,费迎庆.滨水城市内涝对策研究——以澳门内港为例 [J].福建建筑,2016(5):106-110.

[15] 陈豪,姜宇,张亮亮.粤港澳大湾区韧性内涝防治体系研究 [J].中国防汛抗旱,2021,31(4):25-30.

长江口陈行水库取水口上移位置研究

陈正兵[1]　何　勇[1]　朱建荣[2]　徐学军[1]　李伯昌[3]　乐　捷[1]　甄子凡[1]

(1. 长江设计集团有限公司 长江经济带岸线洲滩安全保障技术创新中心，湖北武汉　430010；
2. 华东师范大学 河口海岸学国家重点实验室，上海　200241；
3. 长江口水文水资源勘测局，上海　200136)

摘　要：水资源安全是保障地区高质量发展的关键要素。上海市陈行水库取水口受咸潮入侵、沿岸污染等影响较大。依托长三角一体化发展战略，有必要从更大范围开展陈行水库取水口上移位置研究。本文采用实测资料分析、潮流盐度模拟、多因素决策分析等手段研究了长江口咸潮空间分布，比选论证了4个上移位置的可行性。研究结果表明，在遭遇2022年极端咸潮情况下，取水口上移可不同程度提高陈行水库应对咸潮入侵的能力，上移距离对取水保证率有直接影响。综合考虑避咸能力、水质、河势稳定性等因素，推荐福山水道为陈行水库取水口上移首选位置。

关键词：长江口；咸潮入侵；取水口；陈行水库；选址

1　引言

2022年长江流域遭遇极端干旱事件，特别是夏秋两季降水仅为多年同期均值的2/3，为1961年以来历史同期最少，导致长江干流及主要支流来水量持续偏少[1]。长江口在2022年8月10日即出现咸潮入侵[2]，9月5日咸潮入侵再次发生且一直持续至12月底。长江口青草沙水库连续遭遇97 d咸潮入侵，陈行水库、东风西沙水库连续遭遇26 d、27 d咸潮入侵，导致青草沙水库、陈行水库、东风西沙水库均在较长时间内无法正常取水，长江原水供应量大幅减少。其间，上海市长江口三大水库原水供应仅占上海市原水供应总量的20%左右，比正常原水供应量减少约75%。虽然上海市通过长江黄浦江水源切换、河网水系调度和应急取水等措施有效保障了城市原水供应，但本次咸潮入侵仍给上海市居民生活用水、城镇公共用水和工业农业用水等产生较大影响，城市供水保障能力面临较大挑战。特别是陈行水库，因其建设年代较久，供水保证率偏低，受咸潮影响更大。

目前，取水口上移逐渐成为河口地区解决咸潮困境的一个重要措施。为了应对钱塘江咸潮，杭州市近年启动了杭州钱塘江取水口上移工程，将7个钱塘江沿江取水口上移至富春江石门沙江段，大幅提升供水安全保障能力。针对珠江口咸潮影响，中山市实施了南部三镇取水口上移工程[3]，有效保障南部三镇居民饮用水安全。可见取水口上移对改善潮汐河口地区咸潮入侵具有十分积极的作用。

为贯彻《长江三角洲区域一体化发展规划纲要》，"探索建立长三角区域内原水联动及水资源应急供给机制，提升防洪（潮）和供水安全保障能力"的要求，满足咸潮入侵期间陈行水库取水需求，有必要开展陈行水库取水口上移研究。本文采取实测资料分析、数值模拟、多因素决策分析等手段系统开展了长江口咸潮入侵期间南支盐度空间分布、取水口上移原则、上移位置比选等研究，可为陈行水库取水口上移选址提供技术支撑，也可为类似工程研究与实践提供参考。

2　陈行水库概况

陈行水库位于长江口南支南岸宝山罗泾镇的江堤外侧、浏河口下游，西接宝钢水库，东邻上海港

基金项目：国家自然科学基金长江水科学研究联合基金项目（U2040216）；长江勘测规划设计研究有限责任公司自主创新项目（CX2021Z68）。

作者简介：陈正兵（1986—），男，高级工程师，主要从事水利工程规划设计工作。

罗泾港区（见图 1）。水库面积 1.35 km²，总库容 1 037 万 m³，设计有效库容 953 万 m³，设计最高运行水位 8.1 m，最低运行水位 0.50 m，运行常水位 5.50 m，供水规模 228 万 m³/d。供水范围主要覆盖上海市嘉定全区、宝山大部分区域及普陀部分区域，供水人口约 410 万。供水能力约 6 d。

图 1　陈行水库地理位置示意图

　　陈行水库取水主要存在以下两方面风险。一是极端咸潮期水库避咸蓄淡能力与水资源供给需求存在较大矛盾，陈行水库应对咸潮风险明显不足。陈行水库库容较小，设计有效库容为 953 万 m³，设计供水保证率约 92%，供水保证率较低，避咸蓄淡能力相对较弱，极端咸潮期陈行水库仅可维持水量供应约 6 d，远小于 2022 年连续 26 d 不宜取水时间。同时，2022 年陈行水库咸潮入侵持续时间超过 6 d 次数就达 4 次。受全球气温升高、海平面上升、极端气候频发等因素的影响，长江口咸潮入侵起始时间、时长和盐度等要素超出原设计标准可能性增大，咸潮期陈行水库正常取水风险较大。二是陈行水库取水存在一定水质风险。陈行水库位于长江口南支南岸，下游紧邻罗泾港区，属于长江边滩水库，上游紧邻江苏省太仓市浏河口。陈行水库取水容易受浏河排水、长江近岸污染带以及周边建设等多重风险影响，水库避污蓄清能力不足，存在一定水质风险。陈行水库取水口上移可降低咸潮入侵对陈行水库取水的影响，大幅提高陈行水库应对咸潮能力，对保障上海市供水安全意义重大。

3　长江口盐度空间分布特征

3.1　盐度空间变化

　　盐度模型采用华东师范大学河口海岸学国家重点实验室长期研发和应用的长江口咸潮入侵三维数值模型，该模型在长江口水源地建设和盐度研究中得到广泛应用[4-5]。水下地形采用 2021 年实测的长江口地形，上游边界为大通同期流量过程，外海边界由 16 个分潮潮位和余水位驱动，风场由国际著名大气模式 WRF 计算给出。模拟时段为 2022 年 9—11 月。

　　2022 年 11 月大潮涨憩和落憩时刻表层和底层盐度分布见图 2。受持续极低径流量和台风作用，长江口南支表层和底层盐度严重超标，仅南支上段南岸小范围内出现盐度小于 0.45 PSU（饮用水盐度标准）的区域。涨憩时刻，东风西沙水库取水口盐度大于 1.0 PSU，陈行水库取水口盐度大于 2.0 PSU，太仓水库取水口盐度接近 1.0 PSU，青草沙水库取水口盐度接近 5.0 PSU。落憩时刻，南支上段淡水区域有所扩大，水源地取水口盐度有所下降，但仍严重超标。2022 年 11 月小潮涨憩和落憩时刻表层和底层盐度分布见图 3。随着潮动力减弱，咸潮入侵减弱，南支上段和中段南岸出现淡水，东风西沙、太仓和陈行水库取水口出现淡水，青草沙水库取水口盐度大于 1.0 PSU。落憩时刻盐度分布与涨憩时刻较为相似，等盐度线略向外海移动。

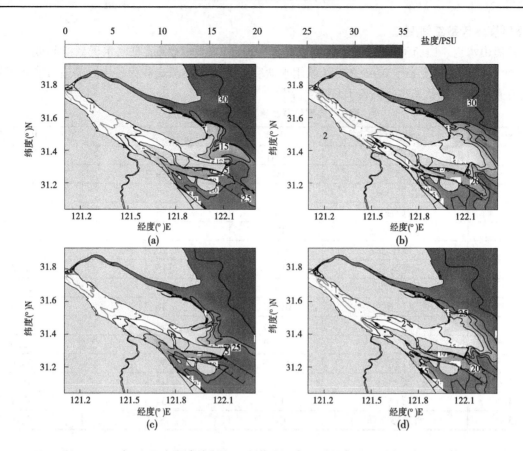

图2　2022年11月大潮涨憩（左）和落憩（右）时刻表层 ［ （a），（b） ］ 和
底层 ［ （c），（d） ］ 盐度分布

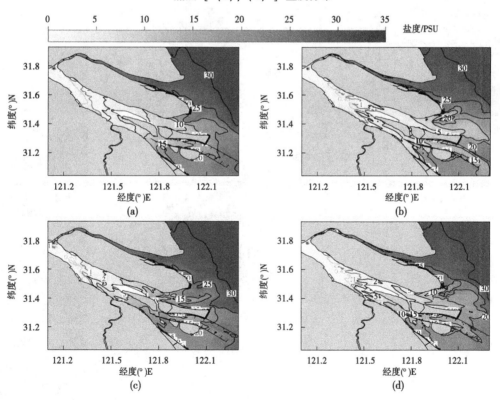

图3　2022年11月小潮涨憩（左）和落憩（右）时刻表层 （a，b） 和
底层 （c，d） 盐度分布

3.2 适宜取水天数空间变化

选择福山水道、白茆河口等 15 个典型位置分析长江口相关区域适宜取水天数空间变化。典型位置 2022 年 9—11 月盐度小于 0.45 PSU（饮用水盐度标准）的时段之和为各位置的适宜取水天数。典型位置适宜取水天数及其占比见表 1 和图 4~图 6。

表 1 典型位置适宜取水天数及其占比

序号	典型位置	代号	适宜取水天数/d	适宜取水天数占比/%
1	福山水道	FSH	91.0	100
2	白茆河口	BMK	89.3	98.1
3	白茆沙头	BM1	70.1	77.0
4	白茆沙尾	BM3	36.3	39.9
5	上扁担沙上	BDS20	31.7	34.8
6	上扁担沙下	BDS2	20.7	22.7
7	鸽笼港通道	BDS13	15.3	16.8
8	下扁担沙上	BDS4	22.8	25.1
9	南支主槽左侧	BDS17	40.9	44.9
10	下扁担沙下	BDS6	24.7	27.1
11	新桥水道	BDS9	11.7	12.9
12	东风西沙水库	DFXS	30.8	33.8
13	太仓浏河水库	LH	44.3	48.7
14	陈行水库	CH	34.5	37.9
15	青草沙水库	QCS	8.2	9.0

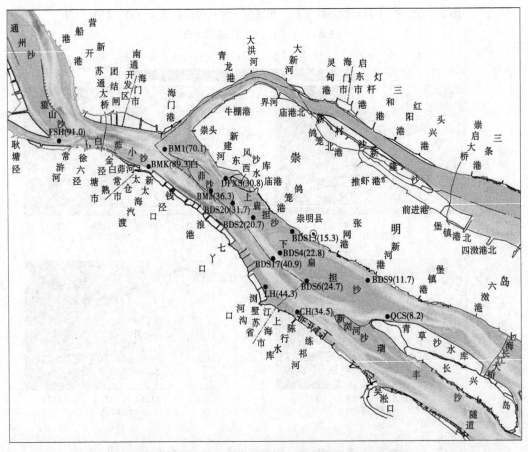

图 4 2022 年 9—11 月长江口南支适宜取水天数统计分布

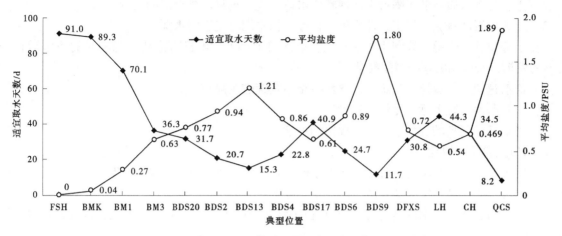

图 5 2022 年 9—11 月典型位置适宜取水天数和平均盐度

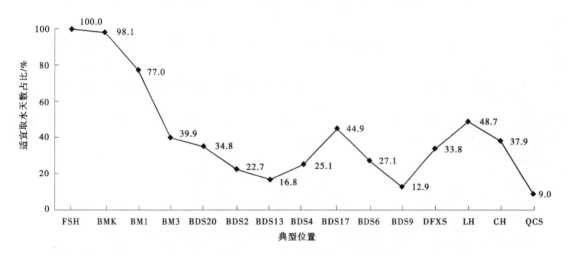

图 6 2022 年 9—11 月典型位置适宜取水天数占比

总体来看，上游适宜取水天数大于下游适宜取水天数。徐六泾以上福山水道适宜取水天数占比为100%，该区域不受咸潮入侵影响，白茆河口适宜取水天数占比为 98.1%，白茆沙头部适宜取水天数占比为 77%，其他位置适宜取水天数占比均小于 50%。同一横断面南侧区域适宜取水天数更长，北侧适宜取水天数偏短，如 BMK（白茆河口）比 BM1（白茆沙头）适宜取水天数多约 19 d，BDS17（南支主槽左侧）比 BDS4（下扁担沙上）多约 18 d。落潮主流偏靠南岸，上游淡水冲蚀作用在南岸更强，此外，长江口南支北岸受北支咸潮倒灌影响更大，因此北岸受咸潮入侵影响相对较大，适宜取水天数普遍偏小。

4 取水口上移位置研究

4.1 取水口上移位置选择原则

取水口上移位置选择涉及咸潮入侵程度、水质、河势稳定性、岸线现状及规划符合性、航道影响、工程投资、协调难度等方面。上移位置适宜取水天数不应低于陈行水库现状取水口；上移位置水质直接影响原水水质和上移位置的可行性；河势稳定关系到取水口的安全可靠性；岸线利用现状及规划布局制约取水口位置的选择，应尽量避开生产效益高的港口岸线。此外，取水口上移还需考虑航道影响、工程投资和属地等因素。取水口上移位置选择基本原则如下：

（1）上移位置不受咸潮入侵影响或受咸潮入侵影响较小，上移位置适宜取水天数不低于陈行水库现状取水口。

（2）上移位置水质不低于陈行水库现状取水口，优先选择水质较好的位置。

（3）上移位置河势相对稳定，地质条件良好，枯水期有足够的水深。

（4）上移位置上下游岸线利用程度较低，取水口上移不影响已有岸线利用项目的正常运行和主要功能的发挥，符合相关岸线规划要求。

（5）离航道边界线保持一定距离，取水线路不宜穿越主航道。

（6）上移距离不宜太远，尽量节省投资。

（7）考虑行政区划的因素，降低工程协调难度。

4.2 取水口上移位置拟定

结合长江口区域咸潮入侵期间盐度空间分布，考虑岸线利用现状及规划情况、河道情况、行政区划等因素，初步拟定四个取水口上移位置方案，具体见图7。

方案一（福山水道取水口）：拟选取水口位于常熟福山水道浒浦取水口附近，该位置行政区划属于江苏省常熟市。

方案二（白茆河口取水口）：拟选取水口位于白茆河口，靠近南岸，该位置行政区划属于江苏省太仓市。

方案三（白茆沙头取水口）：拟选取水口位于白茆沙头部，靠白茆沙北水道一侧，该位置行政区划属于上海市崇明区。

方案四（下扁担沙取水口）：拟选取水口位于下扁担水域，靠南支主槽一侧，该位置行政区划属于上海市崇明区。

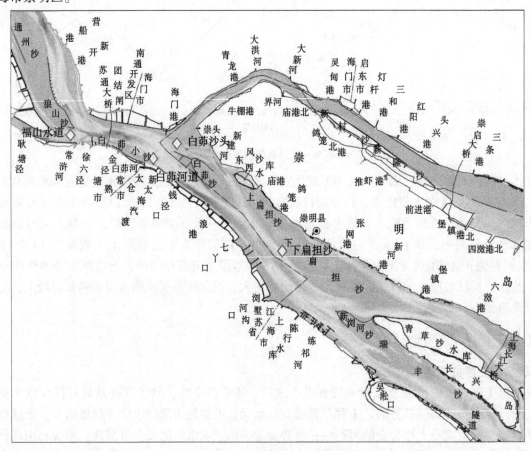

图7 取水口上移比选位置

4.3 控制因素比选分析

4.3.1 适宜取水天数

根据长江口相关区域适宜取水天数分析成果，各方案适宜取水天数及其占比见表2。方案一（福山水道取水口）适宜取水天数占比为100%，不受咸潮入侵影响；方案四（下扁担沙取水口）适宜取水天数占比为44.9%，受咸潮入侵影响最大。

表2　各方案适宜取水天数及其占比统计

方案	2022年9—11月	
	适宜取水天数/d	适宜取水天数占比/%
方案一	91.0	100
方案二	89.3	98.1
方案三	70.1	77.0
方案四	40.9	44.9

4.3.2　河势稳定性

方案一（福山水道取水口）附近河床2001年以来冲淤互现，但冲刷量大于淤积量，累计河床呈刷深态势，平均刷深速度为0.05 m/a。方案二（白茆河口取水口）附近河床近年来总体处于冲刷状态。2001—2006年近岸河床有所淤积，2006年后呈缓慢刷深态势；2001—2021年，白茆河口取水口附近河床平均刷深速度为0.02 m/a。方案三（白茆沙头取水口）附近河床2012年前冲刷后退明显，2012—2014年白茆沙航道整治工程实施后，附近坝田间河床呈淤积趋势，总体看来该位置近年河势变化较大。方案四（下扁担沙取水口）附近河床近年来呈冲刷后退趋势，河势变化较大。

4.3.3　岸线利用现状及规划的适应性

方案一（福山水道取水口）位于饮用水源保护的岸线，与岸线规划相符，上游福山水道岸线基本处于未利用状态，下游为常熟港区兴华作业区，取水口建成后该作业区不在水源地二级保护区范围内，取水口建设对岸线利用相对较小。方案二（白茆河口取水口）位于预留水源地建设的岸线，与岸线规划相符，但其上游为常熟港区金泾塘作业区，取水口建设可能导致该作业区位于水源地二级保护区范围内，对码头建设运营将会产生影响。方案三（白茆沙头取水口）属于江中取水，距离上游左岸南通港通海港区通海作业区超过3 km，对相关岸线利用影响较小。方案四（下扁担沙取水口）属于江中取水，周边岸线利用项目较少，取水口建设对岸线利用影响较小。

4.3.4　航道条件及通航安全影响

方案一、方案二均位于近岸，离主航道边界距离超过200 m，对航道条件和通航安全影响较小。方案三位于长江口主航道（白茆沙南水道）和白茆沙北水道（航道维护尺度为4.5 m×150 m）交汇区域，取水口位置离航道边界线和白茆沙航道整治工程均较近，对航道条件和通航安全影响较大。方案四位于南支主航道左侧，距离主航道边界线超过200 m，对航道条件和通航安全影响较小。

4.3.5　水质

水质分析以各位置实测水质数据为基础，不考虑总氮、粪大肠菌群两类指标。方案一2019—2021年所有监测月份水质均在Ⅲ类以内，其中Ⅱ类水质月份占比86.1%。方案二2019—2021年所有监测月份水质均在Ⅲ类以内，其中Ⅱ类水质月份占比88.9%。方案三与方案二水质情况基本一致，方案四未布置水质监测点。胡雄星[6]研究表明，2015年以来长江口稳定达到Ⅲ类水质，至2020年达到最好水平，长江口从上游到下游水质呈改善趋势。因此，方案四水质应略低于方案一和方案二，略好于陈行水库取水口水质。陈行水库取水口2019—2021年Ⅱ类水质月份占比80.6%。总体来看，四个位置水质状况整体良好，均符合集中式生活饮用水地表水源地的水质要求，各位置水质相差不大。

4.3.6　工程投资

方案一和方案二取水口均位于长江右岸，两个方案输水线路均沿公路敷设至陈行水库；方案三先盾构穿江至崇明岛，再沿崇明江堤内侧敷设至陈行水库江对岸，最后盾构穿江至陈行水库；方案四直接盾构穿江至陈行水库。初步估算，方案一、方案二、方案三、方案四投资分别为 42 亿元、57 亿元、85 亿元、25 亿元。

4.4　基于多因素决策分析的取水口上移位置比选研究

目前，取水口位置比选主要以定性比选为主[7-8]。本文提出了一种基于专家咨询的多因素决策分析法，属于定量与定性相结合的分析方法。首先，选择多位相关领域的专家；其次，请专家对避咸能力、水质、河势稳定性、岸线利用现状及规划符合性、航道影响、工程投资、协调难度等因素在取水口选址的重要程度进行咨询，经多轮咨询确定各因素权重；最后，请专家对各方案的定性因素进行赋分，对定量因素商讨赋值上下限。取水口上移主要因素权重见表 3。1 表示最重要，0 表示最不重要，各因素权重之和为 1。四个方案对应各因素的综合得分见表 4，分值区间为 0~100。避咸能力按各方案适宜取水天数来赋分，其中适宜取水天数占比等于陈行水库现状取水口的，赋值为 0，适宜取水天数占比 100%，赋值 100。河势稳定性属于定性指标，河势越稳定，赋分越高。岸线适应性属于定性指标，取水位置与岸线适应性越好，赋分越高。航道影响属于定性指标，对航道通航影响越小，赋分越高。水质按 Ⅱ 类水质占比进行赋分，与陈行水库现状取水口相当的，赋值 50。协调难度主要考虑取水位置属地，位于上海市的协调难度较小，赋分较高。工程投资按测算的指标赋分，工程投资最小的赋分 100，投资最大的赋分 50。综合各因素权重及各方案主要因素得分，得出各方案综合得分表，见表 4。方案一得分最高，为 88 分，方案二次之，方案四得分最低。因此，推荐福山水道为陈行水库取水口上移首选位置。

表 3　取水口上移主要因素权重

主要因素	避咸能力	河势稳定性	岸线适应性	航道影响	水质	协调难度	工程投资
权重	0.4	0.1	0.1	0.05	0.1	0.1	0.15

表 4　各方案综合得分

单位：分

方案类别	避咸能力 (定量指标)	河势稳定性 (定性指标)	岸线适应性 (定性指标)	航道影响 (定性指标)	水质 (定量指标)	协调难度 (定性指标)	工程投资 (定量指标)	综合得分
方案一（福山水道）	100	90	95	90	86	50	73	88
方案二（白茆河口）	97	95	60	90	89	50	86	86
方案三（白茆沙头）	63	60	80	50	85	100	50	68
方案四（下扁担沙）	11	60	80	90	50	100	100	53

5　结论

陈行水库库容较小，设计保证率偏低，同时取水易遭受浏河排水、长江近岸污染带以及周边建设等多重风险影响，水库避咸蓄淡、避污蓄清能力不足，供水能力与水资源供给需求存在较大矛盾。有必要开展陈行水库取水口上移相关研究。

2022 年 9—11 月，受长江持续极低径流量和台风作用，长江口南支咸潮入侵严重，大潮期间仅白茆河口以上区域盐度小于 0.45 PSU；小潮期间，南支南岸浏河口以上区域盐度小于 0.45 PSU。徐六泾以上福山水道适宜取水天数占比为 100%，白茆河口适宜取水天数占比为 98.1%，白茆沙头部适宜取水天数占比为 77.0%，白茆沙以下位置适宜取水天数占比小于 50%。南支同一横断面南侧区域适宜取水天数更长，北侧适宜取水天数偏短。

取水口上移位置选择涉及避咸能力、水质、河势稳定性、岸线利用现状及规划、航道影响、工程投资、协调难度等因素。避咸能力是陈行水库取水口上移首要考虑的因素，工程投资次之。综合比选白茆河口、福山水道、白茆沙头、下扁担沙等位置，推荐福山水道为陈行水库取水口上移首选位置。

参考文献

［1］黄艳，邵骏，邱辉．2022年长江流域夏秋旱情特征及应对策略［J］．中国防汛抗旱，2023，33（3）：18-23.

［2］王玉琦，李铖，刘安琪，等．2022年长江口夏季咸潮入侵及影响机制研究［J］．人民长江，2023，54（4）：7-14.

［3］赖宇卉．中山市南部三镇取水口上移工程抗咸设计及效益研究［J］．黑龙江水利科技，2019（2）：205-207.

［4］朱建荣，吕行行．长江河口下扁担沙水域最长连续不宜取水时间［J］．海洋学报，2019，41（6）：12-22.

［5］Zhu J，Cheng X，Li L，et al. Dynamic mechanism of an extremely severe saltwater intrusion in the Changjiang estuary in February 2014［J］. Hydrology and Earth System Sciences，2020，24（10）：5043-5056.

［6］胡雄星．1991~2020年长江口水质变化趋势分析［J］．人民长江，2022，53（S1）：5-9.

［7］宋祖威．长江沿岸多水厂跨区域大型取水口迁改工程设计［J］，净水技术．2023，42（S1）：318-324.

［8］王红禹．某净水厂取水口迁建方案的选择和比较［J］．净水技术，2019，38（S1）：57-60.

南方低山丘陵城市防洪片区治理方案探讨
——以柳州市响水片区为例

韦志成　周世武

(广西珠委南宁勘测设计院有限公司,广西南宁　530007)

摘　要: 广西柳州属于典型低山丘陵城市,其防洪体系通过城市防洪工程与柳江上游的洋溪、落久等控制性枢纽工程结合构成。响水片区受自身集雨面积内暴雨和柳江洪水回水双重影响,洪涝灾害发生频率较高,洪灾损失较大,需要尽快建成防洪工程,为区域发展创造良好的生产和生活环境。本文通过分析响水片区现状防洪排涝存在的问题,初步研究区域防洪排涝治理方案,提出相应措施,对类似区域的防洪治理方案等提供参考。

关键词: 低山丘陵城市;响水河;防洪片区;防洪排涝

1　项目区概况

柳州市位于广西中部,东西北三面环山,低山丘陵分布广泛,占陆地面积58.4%,因柳江穿流市区,城区形成河流阶地、岩溶地貌叠加的天然盆地。响水片区位于城区柳江下游区段,区内有209国道、泉南高速、三北高速、柳北高速等经过,规划面积为45.1 km²,规划人口21.8万,发展定位以商业、文化旅游和居住功能为主。

响水河(又名大桥河)为该防洪片区内主要水系,是柳江右岸的一级支流,发源于柳江区里高镇拉洪村,经三都、拉堡、进德等乡镇,于羊角山镇鸡喇村附近汇入柳江,集雨面积743.9 km²,主河道长49.68 km,平均坡降3.48‰。其流域呈扇形分布,大部分为低山丘陵,河道蜿蜒曲折,支流众多,地势西高东低,上游为山区林地,中下游主要为耕地和城区。主要支流包括都乐河、九曲河等,上游有北弓、工农、里团、恭桐等7座中小型水库。响水河流域水系见图1。

图1　响水河流域水系

作者简介: 韦志成(1980—),男,高级工程师,主要从事水利工程规划设计工作。

2 现状问题

响水河流域面积不大，形成洪水洪峰虽不是很大，但降雨集中，来势凶猛，暴涨暴落。流域上游的水库均以灌溉功能为主，无防洪任务，加上河道阻水建筑物较多，河道淤积严重，而中下游地势又比较平坦，特别是下游的响水片区除受自身集雨面积内暴雨影响外，同时又受柳江洪水回水影响，突发性暴雨造成的洪水和内涝频发，洪灾损失较大。防洪片区现状主要存在以下问题。

2.1 防洪排涝体系建设相对滞后

响水河上游水库规模不大，最大的工农水库集雨面积仅 37.8 km²，对下游洪水的削减作用较小。响水河干流两岸还未建设堤防，仅支流有部分防洪标准为 20 年一遇的堤防，且该区域还没有完善的市政排水管网系统和治涝设施。汛期受上游洪水侵袭、下游柳江洪水顶托双重影响，当遭遇 50 年一遇洪水时，整个响水片区受淹面积达到 15.1 km²，占区域面积的 32.9%，洪灾损失较大。

2.2 城市化进程发展迅速

由于城市规模的不断扩大，原有的耕地、林地等被转为建设用地，地表硬化导致区域内不透水面积增加，下垫面条件改变，径流形成规律发生变化[1]，同量级降雨产流增大，加大建成区排水负担，加快集流速度；天然水域、湿地填埋或破坏，河道岸线被侵占，蓄水和排洪功能退化，导致城市洪水过程中洪峰变大变窄、洪峰提前[2]。同时，河道两岸特别是下游段现已有多处企事业单位、工厂仓库、房地产小区等，防洪、市政等工程建设实施涉及拆迁征地工作难度大。

2.3 防洪管理体系较薄弱

响水片区尚未建立科学全面的防汛预警综合调度管理体系，预警预报精度不够，防洪调度能力不足，区域统一调度机制不顺畅，超标准暴雨洪水应对设施或措施不足，防洪安全风险突出。

因此，响水片区防洪治理的实施，对保障防洪保护区内的人民生命和财产安全，促进地区社会和经济的持续稳定发展，具有重要的战略意义。

3 总体治理方案

3.1 治理原则

响水防洪片区治理原则为：从流域和区域整体出发，统筹上下游、干支流，结合城市建设和发展规划，完善防洪排涝减灾体系布局；构建水库、河道、堤防、排涝等组成的防洪工程体系，提高河道泄洪能力，增强洪水调蓄能力，做好洪涝水出路安排；结合城市建设、景观风貌需要，体现生态理念；节约工程投资，减少拆迁征地；统筹工程和非工程措施，增强安全风险意识和洪涝灾害防御能力，提升防洪智能化、信息化水平，最大程度减少灾害损失，确保响水片区防洪安全[3]。

3.2 工程措施

结合响水片区河流水文、地形、地质及周边城市规划及建设情况，针对响水河下游段受自身集雨面积内暴雨和柳江洪水回水双重影响的特点，初步对响水河提出四个工程治理方案进行比选，主要如下：

（1）方案一：流域出口设防方案。

在响水河柳江出口设置堤防、排涝闸和泵站，堤防按 50 年一遇设计，防洪闸按自排 50 年一遇设计，堤身式排涝泵站按雨洪同期 20 年一遇设计，堤线全长约 400 m，封闭于响水河柳江出口的两侧山头，解决柳江洪水倒灌问题，但由于河道自身排洪流量为 1 890 m³/s，为确保河道排洪通畅，还需对响水河柳江回水区的约 11 km 长河道进行河道疏浚、扩宽整治。

（2）方案二：干流及其支流设防方案。

沿响水河干流及其支流两岸新规划设置 50 年一遇堤防，将上游支流都乐河、龙珠河已建 20 年一遇标准堤防扩建至 50 年一遇，并在两岸冲沟或城市排水管网出口处增设排涝闸及泵站。为确保河道排洪通畅，对响水河柳江回水区的约 11 km 长河道进行河道疏浚、扩宽整治。

（3）方案三：引洪渠方案。

在主要支流龙珠河和都乐河中游分别新建引洪渠，高水高排，引排上游洪水至柳江，并对响水河河道下游出口段进行整治，既可避免上游排洪和下游柳江顶托遭遇的双重影响，也可减小对下游出口段堤防的工程量。

（4）方案四：防洪水库方案。

对上游现有水库进行扩容加固，或在中下游新建水库拦截洪峰，并对响水河河道下游出口段进行整治。

治理方案布置详见图 2。

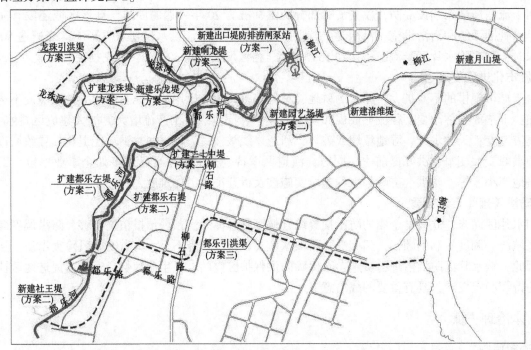

图 2　治理方案布置

经初步分析：根据响水河流域洪峰流量测算，方案三新建引洪渠断面会比较大，且路线长，投资大，占地多，影响城市其他片区的规划建设，优势不突出。对于方案四新建防洪水库，由于流域上游 7 座水库集雨面积较小，库容不大，通过加固扩容后可拦截 50 年一遇洪水洪量约 2 100 万 m^3，仅占全流域洪量 14 200 万 m^3 的 14.8%，削峰效果不明显，防洪作用不突出，而流域中下游为小平原，地势平坦，不具备建设水库的条件，因此方案四防洪效益不明显。

因此，本次仅对方案一及方案二进行经济技术分析，从工程投资、占地拆迁、运行管理等方面进行分析比较。治理方案技术经济比较见表 1，治理方案优缺点比较见表 2。

表 1　治理方案技术经济比较

序号	项目	单位	数量		说明
			方案一：流域出口设防方案	方案二：干流及其支流设防方案	
1	堤防工程	km	0.4	23.0	
（1）	柳江堤防	km	5.0	5.0	月山堤、洛维堤
（2）	内河堤防	km	0.4	10.3	
（3）	扩建堤防	km		7.7	
2	治涝工程				

续表1

序号	项目	单位	数量		说明
			方案一：流域出口设防方案	方案二：干流及其支流设防方案	
(1)	排涝泵站				
①	数量	座	1	7	
②	总装机容量	kW	40 000	14 700	
③	抽排流量	m³/s	490	160.6	
(2)	防洪排涝闸				
①	数量	座	1	8	
②	下泄流量（主河道）	m³/s	1 890	1 920	
3	河道治理工程	km	11	11	疏浚
4	投资匡算	万元	147 120	140 900	
(1)	堤防工程	万元	120	28 400	
(2)	治涝工程	万元	93 000	39 800	
(3)	内河治理工程	万元	32 000	22 400	
(4)	淹没及征地拆迁	万元	22 000	50 300	
5	保护范围				
(1)	保护人口	万人	21.8	21.8	规划
(2)	保护面积	km²	45.1	44.8	规划

表2 治理方案优缺点比较

方案	方案一：流域出口设防方案	方案二：干流及其支流设防方案
优点	1. 堤线短，泵站和防洪排涝闸集中，方便管理； 2. 征地拆迁量较小，对沿岸现有住宅小区、单位影响较小	1. 泵站和防洪排涝闸规模较小，运行维护方便； 2. 可充分结合城市市政建设、内河治理等实施
缺点	1. 泵站抽排流量大，单机规模大，使用率低，运行维护复杂； 2. 现状河道行洪能力不满足要求，需要对响水河河道进行局部拓宽，疏浚清障河道11 km	1. 堤线长，泵站及防洪闸分散且数量多； 2. 现状河道行洪能力不满足要求，需要对响水河河道进行局部拓宽，疏浚清障河道11 km； 3. 征地拆迁量较大
结论	比较方案	推荐方案

通过比较可见，两个方案的投资相近，保护人口和保护面积基本相同，且为了提高河道泄洪能力，均需要进行11 km的河道疏浚清理。

方案一，泵站和排涝闸规模太大，经初步测算，泵站装机16台（单机2 500 kW），排涝闸11孔，6 m×6 m（宽×高）。由于河口用于调蓄的前池面积较小，单台抽排流量大，频繁启动机组需严格运行控制，泵站使用率低，施工安装及运行维护要求高。方案二，虽占地面积和拆迁征地量较大，但泵站、排涝闸等运行管理维护方便，且能够充分结合城市市政道路管网及内河综合治理、海绵城市建设等分段、分步实施。因此，推荐采用方案二，即干流及支流设防方案。

根据比选结果，响水片区防洪治理方案是通过外江（柳江）防洪工程与内河（响水河干流支流）防洪工程结合，疏浚扩宽内河河道，提高排洪能力，形成响水片区的防洪保护体系。主要建设内容包括：

（1）防洪工程。新建和扩建防洪堤总长约 23 km，其中新建 50 年一遇堤防 6 段，分别为柳江右岸的洛维堤、月山堤，响水河及其支流响龙堤、园艺场堤、乐龙堤、社王堤；20 年一遇堤防扩建至 50 年一遇堤防共 4 段，分别为龙珠堤、都乐左堤、都乐右堤、二十中堤。

（2）治涝工程。结合保护区内的冲沟、排水渠、地形特点及雨水分区等条件，共划分 8 个自排分区和 7 个抽排分区，新建排涝泵站 7 座和防洪排涝涵闸 13 座。

（3）河道治理工程。治理河道总长约 11 km，主要包括清理疏浚、坍塌防护并局部扩宽，改造已建的灌溉蓄水坝。

3.3 非工程措施

3.3.1 加强防洪管理

建立健全城市河湖管理法规制度体系，落实河长制河湖管理体系要求，落实水域岸线登记和确权划界工作，严禁涉河违法活动，加强河湖管理动态监控，实施规划水面率控制等[4]。

根据柳州市城区洪水风险图，结合地区社会经济发展实际情况，分析洪水发生的频率和洪水灾害影响程度，遵循分区管理、分片控制的原则，对防洪片区的社会经济活动进行全面管理，大力推广洪水保险工作。

成立抢险队伍，汛前组织开展防洪抢险知识及应急处置技术等培训和演练，储备一定数量和品种的防汛抢险救灾物资，与交管部门协作共同制定汛期交通管理规划，强化应急处置、安全提示、路况信息的更新发布，建立防汛抢险"绿色通道"。

3.3.2 完善防洪预警预报系统

在现有的监视和预警防汛系统的基础上，充分结合气象、水文、通信及相关信息网络，完善流域和区域洪水预警预报系统，根据流域降雨站的资料建立洪水预报模型，进行快速的计算处理，提供水情预报，共享洪水灾害防治信息，降低洪水风险。

3.3.3 提供社会公共服务

加强公众防汛减灾意识，提高公众防洪抗灾能力，开展防洪宣传和教育，定期举行应急培训及演习，普及有关防洪、避洪、自保救人的基本常识[5]。通过电视、广播、网络平台宣传历史洪水灾害情况、洪水活动规律、特点及危害等，增强对水患灾害的认识，提高风险防范意识，加深对防洪工作的理解；加大有关法律、法规和制度的宣传普及，提高公众守法的自觉性和觉悟，让群众了解工程建设的必要性及有关扶持、补偿和救助制度等。

3.3.4 制定超标准洪水应急对策

发生超标准洪水时，撤离疏散组织工作由市防汛抗旱指挥部根据水文、气象准确可靠预报，研究论证后及时决策，发布动员令统一部署。各城区防汛抗旱指挥部具体组织实施疏散撤离计划，落实本辖区低洼地区人员物资（尤其是有毒、易挥发物品）的存放情况、转移路线、安置地点等。

4 建议

（1）系统推进中小河流治理。以水利部高质量推进中小河流系统治理为契机，解决响水河中上游及支流防洪基础薄弱、防洪标准不足、河道淤积严重、水污染加剧、河道生态遭到破坏、河道岸坡冲刷严重等问题，以不断提升流域防洪排涝能力[6]。

（2）构建生态之河，打造绿色长廊。重新梳理响水片区内现有大桥观光农业旅游区、千亩湖、都乐园等水生态景观资源，结合内河水系治理，将沿岸自然山水、历史文化、现代农业、美丽乡村等有机串联起来，进一步释放地方发展潜力，充分发挥水利综合效益，把防洪除涝与水生态保护、水环境治理、农村水利有机结合，实现工程效益、环境效益和社会效益多赢[7]。

参考文献

［1］刘立红，马少鹏，王兵．北京市平谷区防洪排涝体系现状分析及建议［J］．水土保持应用技术，2023（3）：55-57.

［2］舒亮亮，何小赛．城市洪涝灾害风险评估研究进展［J］．中国防汛抗旱，2022，32（S1）：127-132.

［3］李国英．坚持系统观念　强化流域治理管理［J］．水利发展研究，2022，22（11）：1-2.

［4］赵园园，程霞，孙庆磊．济宁市提高防洪安全保障对策［J］．山东水利，2022（7）：46-47，49.

［5］史碧娇．太原市洪水灾害防御存在问题及对策［J］．河南水利与南水北调，2022，51（12）：18-19.

［6］李国英．强化河湖长制　建设幸福河湖［J］．中国水利，2021（23）：1-2.

［7］朱小飞，董敏，张瑜洪．江苏在推进中小河流治理中打造幸福河［J］．中国水利，2022（8）：8-13.

MIKE21 模型在码头工程洪水影响评价中的应用研究

王 蓓 黄渝桂 李林峰

（中水淮河规划设计研究有限公司，安徽合肥 230601）

摘 要：洪水演算模拟是涉水工程洪水影响评价的重要基础。本文采用丹麦 MIKE21 模型建立河道二维水动力模型，模拟不同工况条件下，码头工程建设前后的河道水位、流速和流场变化情况，分析码头工程建设对河道可能产生的影响，并提出影响处理措施。模型模拟计算成果表明，码头工程建设后，上游出现局部水位壅高，河道最大流速、主泓平均流速和右岸（对岸）岸坡处、滩地流速有所增加，河道主泓流速分布整体向右岸（对岸）偏移，可能会对该段河道河势产生一定影响。建议对左岸岸坡进行整坡，对右岸岸坡进行防护，以确保河势稳定和防洪安全。

关键词：MIKE21 模型；码头工程；洪水影响评价；洪水演算模拟

1 引言

根据《中华人民共和国防洪法》等相关法律法规和规定，建设跨河、穿河、穿堤、临河的桥梁、码头、道路、渡口、管道、缆线、取水、排水等工程设施，应当符合防洪标准、岸线规划、航运要求和其他技术要求，不得危害堤防安全，影响河势稳定、妨碍行洪畅通；为加强河道管理范围内建设项目的管理，确保江河防洪安全，保障人民生命及财产安全和经济建设的顺利进行，在河道内建设非防洪建设项目，应当就建设项目对当地防洪排涝可能产生的影响作出评价。

洪水演算模拟是涉水工程洪水影响评价的重要基础。目前，洪水演算模拟方法主要包括水文学方法、一维水力学方法、二维水力学方法等。其中，二维水力学方法能够分别从时间与空间角度模拟洪水演进过程，得到丰富的水文要素信息[1]，因而逐渐成为涉水工程洪水影响评价的主要方法。

二维水力学模型可以自主开发，但更多的是采用成熟的商业软件，比如荷兰 Delft3D 模型、英国 InfoWorks RS 模型、丹麦 MIKE21 模型等。其中，丹麦 MIKE21 模型是目前世界范围内应用最为广泛的水动力模型之一[2]。

本文采用丹麦 MIKE21 模型建立河道二维水动力模型，模拟不同工况条件下，码头工程建设前后的河道水位、流速和流场变化情况，分析码头工程建设对河道可能产生的影响，并提出影响处理措施。

2 概况

某码头工程位于河道中游左岸，共有 11 个泊位，包括 6 个多用途泊位、2 个杂货泊位、2 个散货泊位、1 个液体化工泊位，码头工程平台顺水流方向布置。

码头工程共有 2 种结构形式，包括 1 个高水码头和 10 个平滩码头。其中，高水码头平台宽 20 m，共 12 个排架，间距为 7 m（固定吊、悬臂处 4 m）；平滩码头平台宽 15.75 m，共 112 个排架，间距为 7 m（固定吊、悬臂处 4 m）。

作者简介：王蓓（1972—），女，高级工程师，主要从事水利规划设计工作。

3　二维水动力模型建立

3.1　丹麦 MIKE21 模型简介

丹麦 MIKE21 模型是丹麦水利研究所（Danish Hydraulic Institute）开发的系列水动力软件之一，属于平面二维自由表面流模型，具有强大的前、后处理功能，在前处理方面，能根据地形资料进行计算网格的划分；在后处理方面具有强大的分析功能，如流场动态演示及动画制作、计算断面流量、不同方案的比较等；可以定义多种类型的水边界条件，如流量、水位或流速等[2]。

3.2　模型原理

3.2.1　模型控制方程

MIKE21 模型基于二维浅水波方程，采用单元中心的显式有限体积法求解。

二维水动力模型的控制方程按式（1）~式（3）计算：

$$\frac{\partial h}{\partial t} + \frac{\partial M}{\partial x} + \frac{\partial N}{\partial y} = q \tag{1}$$

$$\frac{\partial M}{\partial t} + \frac{\partial (uM)}{\partial x} + \frac{\partial (vM)}{\partial y} + gh\frac{\partial z}{\partial x} + g\frac{n^2 u\sqrt{u^2 + v^2}}{h^{1/3}} = 0 \tag{2}$$

$$\frac{\partial N}{\partial t} + \frac{\partial (uN)}{\partial x} + \frac{\partial (vN)}{\partial y} + gh\frac{\partial z}{\partial x} + g\frac{n^2 v\sqrt{u^2 + v^2}}{h^{1/3}} = 0 \tag{3}$$

式中：h 为水深，m；t 为时间，s；M 为 x 方向的单宽流量，m²/s；N 为 y 方向的单宽流量，m²/s；q 为源汇项，m/s；u 为 x 方向的流速分量，m/s；v 为 y 方向的流速分量，m/s；g 为重力加速度，m/s²；z 为水位，m；n 为糙率。

方程没有考虑科氏力和紊动项的影响。

3.2.2　控制方程的简化与离散

当采用规则网格的有限差分法求解时，上述形式的控制方程组很容易离散，因为在规则网格的通道上定义的只是 x 方向和 y 方向的单宽流量 M 与 N。但是当计算域很大时，上述的非线性偏微分方程组要求它的数值解需要相当长的计算机运算时间。为了达到提高模型运算速度的目的，模型针对模拟对象的特点，对控制方程组进行了适当的简化和改造。

为了达到既简化计算方法、提高模型运算速度，又保证基本控制方程的守恒性、稳定性和较高的计算精度，模型在基本状态变量的离散化布置方式上，借鉴了体积积分形式的显式有限差分法的优点，在网格的形心计算水深，在网格周边的通道上计算垂向平均单宽流量。这样布置的好处是通道的走向可以与堤防等连续性的阻水建筑物走向一致，使布置网格的时候能更接近实际情况。计算时，水深与流量在时间轴上分层布置，交替求解，物理意义很清晰，并且有利于提高计算的稳定性。

3.3　模型构建

3.3.1　建模对象

选择码头工程上下游 8 km 左右作为建模对象，河道总长 16.04 km。

3.3.2　建模范围

码头工程所在河道的两岸堤防已经按照 100 年一遇防洪标准实施完成，100 年一遇设计洪水工况下，不会发生堤防漫堤情况，因此模型范围限制在两堤之间的河道范围之内。码头工程建模范围见图 1。

3.3.3　地形处理与网格剖分

创建合理的网格是模型获得可靠结果的重要条件。二维水动力模型依据带状地形图进行网格剖分，干流网格高程采用实测河道横断面修正高程，码头工程所在位置根据测量资料以及码头工程设计参数对码头工程网格高程进行修正。

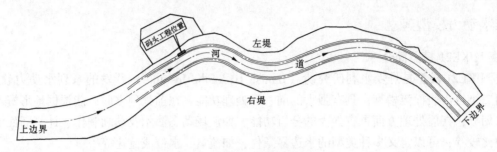

图1 码头工程建模范围

根据研究需要，考虑本次构建的模型地形变化范围较大，故采用不同大小的网格尺度。其中，河道最大网格为 100 m²，最小网格为 20 m²；滩地最大网格为 300 m²，最小网格为 25 m²；码头工程处最大网格为 50 m²，最小网格为 16 m²。

3.3.4 建筑物设置

3.3.4.1 构建物设置

根据码头工程设计参数，对码头工程所处位置的河道网格节点进行高程修正，通过网格高程变化的形式来概化码头工程构建物。

根据不同洪水位，确定高水码头的概化形式。100 年一遇设计洪水工况下，高水码头采用刚性处理，平台处网格全部扣除，形成一个完全阻水构筑物。当洪水位低于高水码头平台底高程时，码头工程主要阻水构建物为平台灌注桩（每 7 m 一排桩，每排桩的桩直径分别为 1 200 mm、1 000 mm、1 000 mm、1 000 mm，共计 39×4＝156 桩）。由于桩径小、分布密集，常规采用的等效阻水面积无法反映码头工程平台灌注桩的分布情况，可把平台灌注桩概化为直径 1 200 mm、1 000 mm 的高杆乔木。

3.3.4.2 堤防构筑物设置

河道两岸有挡水的线性建筑物，本次通过 MIKE21 的 dike 功能对其进行概化，当洪水位低于设定的堤顶高程时堤防挡水，当洪水位高于设定的堤顶高程时堤防漫堤。

码头工程所在河道的两岸堤防已经按照 100 年一遇防洪标准实施完成，100 年一遇设计洪水工况下，不会发生堤防漫堤情况，因此把堤防作为模型刚边界处理。

4 模型模拟计算成果分析

码头工程建设后，行（泄）洪时工程的阻水作用，将导致码头工程上下游水位、流速、流场发生变化。

4.1 计算工况

拟定如下 2 种计算工况，分析码头工程建设对河道的影响。

（1）工况一：2003 年洪水（20 年一遇洪水）。

（2）工况二：100 年一遇设计洪水。

4.2 水位成果分析

码头工程建设后，由于缩窄了河道行洪断面以及码头工程的阻水壅水作用，工程上游将出现局部水位壅高。

100 年一遇设计洪水工况下，码头工程建设后，与工程建设前相比，码头工程处水位增加 0.005 m，壅高范围至码头工程上游 336 m。

4.3 流速成果分析

工况一：2003 年洪水工况下（20 年一遇洪水），码头工程建设后，与工程建设前相比，在该河段出现最大泄流时，河道最大流速增加 0.042 m/s，主泓平均流速增加 0.100 m/s。码头工程的建设对右岸（对岸）岸坡处、滩地流速有所影响，工程建设后，右岸（对岸）岸坡处流速增加 0.042 m/s，右岸（对岸）滩地平均流速增加 0.032 m/s。

工况二：100年一遇设计洪水工况下，码头工程建设后，与工程建设前相比，在该河段出现最大泄流时，河道最大流速增加0.036 m/s，主泓平均流速增加0.085 m/s。码头工程的建设对右岸（对岸）岸坡处、滩地流速有所影响，工程建设后，右岸（对岸）岸坡处流速增加0.014 m/s，右岸（对岸）滩地平均流速增加0.101 m/s。

码头工程建设后，河道最大流速、主泓平均流速和右岸（对岸）岸坡处、滩地流速有所增加，可能对该段河道河势产生一定影响。

流速模拟计算结果见表1。

表1 流速模拟计算结果   单位：m/s

项目	工况一：2003年洪水（20年一遇）			工况二：100年一遇设计洪水		
	工程建设前	工程建设后	差值	工程建设前	工程建设后	差值
码头工程处滩地平均流速	0.483	0.425	-0.058	0.776	0.759	-0.017
河道最大流速	1.120	1.162	0.042	1.793	1.829	0.036
主泓平均流速	0.880	0.980	0.100	1.339	1.424	0.085
右岸（对岸）岸坡处流速	0.719	0.761	0.042	1.154	1.168	0.014
右岸（对岸）滩地平均流速	0.416	0.448	0.032	0.772	0.873	0.101

4.4 流场成果分析

工况一：2003年洪水工况下，码头工程建设后，与工程建设前相比，超过1.0 m/s的河道主泓流速分布整体向右岸（对岸）偏移2.51 m。

工况二：100年一遇设计洪水工况下，码头工程建设后，与工程建设前相比，超过1.5 m/s的河道主泓流速分布整体向右岸（对岸）偏移4.77 m。

码头工程建设后，主泓流速分布变化可能对右岸（对岸）岸坡产生一定影响。

100年一遇设计洪水工况下，码头工程建设前、后河道流场分布见图2、图3。

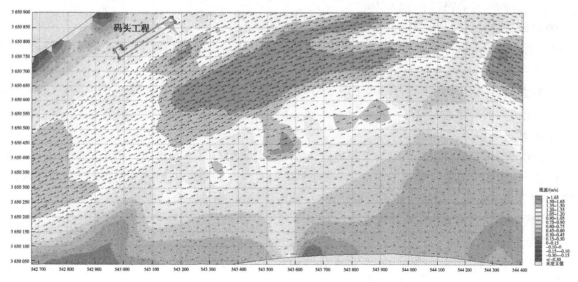

图2 码头工程建设前河道流场分布（100年一遇洪水）

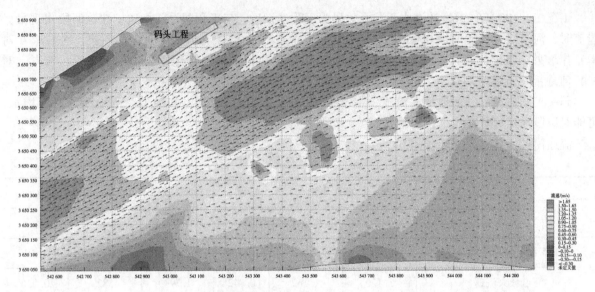

图 3　码头工程建设后河道流场分布（100 年一遇洪水）

5　影响处理措施

模型模拟计算结果表明，码头工程建设后，与工程建设前相比，码头工程上游出现局部水位壅高，河道最大流速、主泓平均流速和右岸（对岸）岸坡处、滩地流速有所增加，河道主泓流速分布整体向右岸（对岸）偏移，可能会对该段河道河势产生一定影响。

100 年一遇设计洪水工况下，码头工程建设后，与工程建设前相比码头工程处水位增加 0.005 m，壅高范围至码头工程上游 336 m，影响范围有限，河道主泓流速（超过 1.5 m/s）分布整体向右岸（对岸）偏移 4.77 m，右岸（对岸）流速有所增加，水流流向也有所变化，可能会产生环流，导致岸坡淘刷。

综上所述，码头工程建设可能导致工程上游出现局部水位壅高，需要对左岸岸坡进行整坡，补偿行洪断面；由于流速、流向变化，可能会对该段河道河势产生一定影响，需要对右岸（对岸）岸坡进行防护，以确保河势稳定和防洪安全。

5.1　左岸岸坡整坡

建议对左岸岸坡进行整坡，以补偿行洪断面，整坡后的左岸岸线后退 15.4 m，行洪断面补偿面积为 75.27 m²。

经模拟计算，100 年一遇设计洪水工况下，左岸岸坡整坡补偿措施实施后，水位下降，可消除码头工程建设造成的局部水位壅高不利影响。

5.2　右岸岸坡防护

左岸岸坡整坡措施可以消除码头工程建设造成的局部水位壅高不利影响，但未消除右岸（对岸）流速增加，河道主泓流速（超过 1.5 m/s）分布整体向右岸（对岸）偏移的不利影响。建议采取右岸（对岸）岸坡防护措施，以减少码头工程建设对右岸（对岸）岸坡安全的影响。

为保证该段河道河势稳定和防洪安全，右岸（对岸）岸坡上下游防护范围各延长 50 m，岸坡防护范围为 650 m。

6　结语

本文以码头工程为例，对 MIKE21 模型在涉水工程洪水影响评价中的应用进行了研究，主要结论如下所述。

（1）MIKE21 模型能够较好地应用于码头工程洪水影响评价中，基于 MIKE21 模型的洪水演算模拟计算成果表明，码头工程建设后，工程上游出现局部水位壅高，河道最大流速、主泓平均流速和右岸（对岸）岸坡处、滩地流速有所增加，河道主泓流速分布整体向右岸（对岸）偏移，可能会对该段河道河势产生一定影响。

（2）为减少码头工程建设造成的不利影响，需采取必要的影响处理措施，建议对左岸岸坡进行整坡，以补偿行洪断面，消除码头工程建设造成的局部水位壅高不利影响；对右岸（对岸）岸坡进行防护，以减少码头工程建设对右岸（对岸）岸坡安全的影响，确保河势稳定和防洪安全。

参考文献

[1] 魏凯，梁忠民，王军. 基于 MIKE21 的濛洼蓄滞洪区洪水演算模拟 [J]. 南水北调与水利科技，2013，11（6）：16-19.

[2] 袁雄燕，徐德龙. 丹麦 MIKE21 模型在桥渡壅水计算中的应用研究 [J]. 人民长江，2006，37（4）：31-32，52.

极端台风暴雨情况下太湖流域预排调度效益分析

徐天奕 何 爽 刘克强

（太湖流域管理局水利发展研究中心，上海 200434）

摘 要： 为研究 2106 号台风"烟花"期间太湖流域沿长江、杭州湾口门预排调度对防御风、暴、潮、洪"四碰头"台风暴雨的效益，基于实况调度分析的基础上，利用太湖流域水文水动力模型模拟分析了沿长江、杭州湾不同预排调度情景对降低地区代表站水位的效益。模拟结果表明，台风来临前沿长江、杭州湾口门全力预排，可为台风暴雨洪水腾出调蓄库容，降低河网底水位以及最高水位，减小下游地区防洪压力，但对降低远离外排口门的流域腹部低洼地区底水位及最高水位效果相对有限。本研究成果可为太湖流域多目标统筹协调调度研究提供技术支撑。

关键词： 台风暴雨；洪水调度；预排；太湖流域

1 引言

2021 年 7 月下旬，太湖流域遭遇台风"烟花"正面袭击。台风"烟花"影响期间恰逢天文大潮，太湖流域面临风、暴、潮、洪"四碰头"，沿长江、杭州湾（沿海）闸门乃至位于潮区界的太浦闸排水均受到天文潮、风暴潮的严重影响，洪涝水外排效率降低，尤其是入长江口门尚未控制的黄浦江和上游太浦河沿线及两岸地区，多个代表站点发生了超历史水位[1]。相较于流域性梅雨洪水，以往对台风影响期间的风、暴、潮、洪"四碰头"等引起的区域性洪水模拟和预报等关注相对较少，本次研究基于台风"烟花"生成以来流域降雨和实际调度等资料，开展太湖流域台风"烟花"防御反演计算分析，对加大流域沿长江、杭州湾口门预排方案进行模拟，并分析预排调度对降低河网水位的效果，总结研究台风防御时沿长江、杭州湾口门的调度建议，为加强流域统一调度、后续防御台风暴雨洪水和修订洪水调度方案等提供支撑。

2 台风"烟花"概况

2.1 台风路径

2021 年第 6 号台风"烟花"于 7 月 18 日 2 时在西北太平洋洋面上生成，20 日 14 时加强为台风，21 日 11 时加强为强台风，23 日 23 时起减弱为台风，25 日 12 时 30 分在浙江省舟山普陀沿海登陆，登陆时中心附近最大风力 13 级（风速 38 m/s），26 日 9 时 50 分在浙江省平湖市沿海再次登陆，登陆时中心附近最大风力 10 级（风速 28 m/s），27 日上午台风"烟花"移出太湖流域，30 日 20 时停止编号[2]。

2.2 水雨情特征

2.2.1 台风移动速度慢，陆上维持时间长

由于引导气流微弱，台风"烟花"近海移动速度较为缓慢，平均 5~10 km/h，登陆浙江省舟山后，再次在嘉兴平湖登陆，为 1949 年有气象记录以来首个在浙江省内两次登陆的台风[3]。登陆后滞留在太湖流域的时间超过 24 h，造成流域多地出现持续性降雨过程。

基金项目： 国家重点研发计划项目"长江下游洪涝灾害集成调控与应急除险技术装备"（2021YFC3000100）。

作者简介： 徐天奕（1986—），女，高级工程师，主要从事洪涝灾害仿真模拟研究工作。

2.2.2 影响范围广，累计雨量大

据气象雷达观测，台风"烟花"眼直径一度超过 100 km，且云系范围广，东西跨度约 1 500 km，南北跨度约 1 200 km，台风体态庞大，水汽充足，台风降雨直接影响浙江、上海、江苏、安徽等华东大部地区。受其影响，23—27 日太湖流域有一次明显降雨过程，雨量大，历时长，5 d 流域累计雨量 216.1 mm，高于 2013 年"菲特"和 2012 年"海葵"台风降雨量，仅低于 1962 年"艾美"台风降雨量，其中浦东浦西区累计雨量超过 300 mm。

2.2.3 风、暴、潮、洪"四碰头"，叠加影响大

台风"烟花"影响期间恰逢天文大潮，受风、暴、潮、洪"四碰头"共同影响，流域防汛形势严峻。其间，太湖水位涨幅达 0.74 m，最高涨至 4.20 m，超过警戒水位 0.40 m，地区河网水位居高不下，普遍超警超保，太湖流域有 35 个水位站超过有历史记录以来的最高值。

3 研究工具

本次研究采用太湖流域水文水动力模型。该模型在《太湖流域防洪规划》《太湖流域水资源综合规划》采用的数学模型基础上[4]，对流域下垫面、河道湖泊、水利工程及其调度运行规则等基础资料进行了更新完善，对产汇流模拟机制等进行了进一步完善和开发，用于流域洪水预报、调度方案分析等，能够满足新下垫面条件下流域水流运动情况模拟的要求。

3.1 模型原理

太湖流域水文水动力模型分为降雨径流模块和水动力模块。降雨径流模块针对不同下垫面特征分别构建平原区、山丘区不同产汇流子模块。平原区按水面、水田、旱地、建设用地四类下垫面分别采用不同方法计算产流；山丘区采用新安江模型进行产汇流计算，同时考虑水库的调洪作用。降雨径流模块计算结果为水动力计算模块提供河道侧向入流和上游山区流量边界。

水动力模块主要通过求解描述河道水流运动的圣维南方程组，得到全流域平原区河网节点水位、河道断面流量等结果。

3.2 模型概化

本次研究全流域共概化了河道 1 793 条，总长 15 058.63 km，河道断面 10 112 个；1 km² 以上的圩外湖泊 127 个；闸泵工程 863 座。太湖流域水文水动力模型河网概化见图 1。

← 闸泵联系要素

图 1 太湖流域水文水动力模型河网概化

3.3 模型验证

为了验证所建立水文水动力模型的合理性，选择台风"烟花"作为典型场次洪水对模型进行验证，验证结果见表 1。由表 1 可见，太浦河平望站最高瞬时水位误差为 0.01 m，阳澄淀泖区和杭嘉湖区误差分别为-0.01 m、0.05 m，黄浦江干流水位误差在±0.04 m 以内。

表 1　地区代表站瞬时最高水位计算与实测值对比

所在区域	水位站点	最高瞬时水位/m			出现时间(月-日 T 时:分)	
		计算	实测	误差值	计算	实测
太浦河	平望	4.46	4.45	0.01	07-28T08:25	07-28T08:55
阳澄淀泖区	陈墓	4.32	4.33	-0.01	07-28T10:10	07-28T10:00
杭嘉湖区	嘉善	4.39	4.34	0.05	07-28T08:25	07-28T07:00
黄浦江干流	米市渡	5.06	5.05	0.01	07-26T03:45	07-26T03:30
	沙港	5.21	5.18	0.03	07-26T03:20	07-26T03:10
	大治河西闸闸外	5.39	5.39	0	07-26T02:45	07-26T03:00
	黄浦公园	5.71	5.75	-0.04	07-26T01:50	07-26T01:50

4　流域外排口门预排情景模拟

4.1 情景设计

从台风"烟花"期间实况调度来看，杭嘉湖区长山闸和南台头闸从 7 月 20 日开始排水，但前期排水流量较小，自 7 月 22 日起开启泵站，闸排流量逐渐增大；独山闸和盐官下河枢纽自 7 月 24 日起开启排水；阳澄淀泖区沿江 7 月 22 日前仍在引水，自 7 月 22 日开启排水，但前期排水量较小，且 7 月 23 日、24 日七浦闸和杨林闸均未排水。本次研究结合台风"烟花"生成时间和沿长江、杭州湾口门实际排水情况，按照台风登陆前流域周边沿长江、杭州湾口门全力排水，预降区域河网水位，台风登陆后"外圈"继续全力排水的总体调度思路，重点针对台风登陆前沿杭州湾口门和阳澄淀泖区沿长江口门，设计"外圈"口门预排情景（见表 2）。

表 2　预排情景设计

预排情景		情景具体情况
基础情景	情景 0	基础方案，所有工程按照实况调度
沿杭州湾口门加大预排力度	情景 NP-1	长山河、南台头枢纽 7 月 20 日开始全力排水
	情景 NP-2	南排所有口门 7 月 20 日开始全力排水
	情景 NP-3	南排所有口门 7 月 18 日开始全力排水
沿长江口门加大预排力度	情景 YJ-1	阳澄淀泖区沿长江口门 7 月 22 日开始全力排水
	情景 YJ-2	阳澄淀泖区沿长江口门 7 月 18 日开始全力排水
	情景 YJ-3	阳澄淀泖区沿长江口门 7 月 16 日开始全力排水

4.2 结果分析

预排情景模拟结果见表3、表4和图2。从杭州湾口门预排模拟结果（见表3）来看，如仅长山闸和南台头闸7月20日开始预降（情景NP-1），对降低杭嘉湖区水位效果有限，杭嘉湖区代表站最高水位仅下降0.01 m。如南排口门均从7月20日开始全力排水（情景NP-2），可降低杭嘉湖区代表站水位4~15 cm，其中南排片站点水位下降幅度较大，杭嘉湖其他区域代表站水位下降幅度在4~5 cm；平望、米市渡及陈墓可下降3~4 cm。如南排口门均提前至7月18日开始全力排水（NP-3），对于进一步降低地区代表站水位效果有限，与方案NP-2相比，杭嘉湖区代表站最高水位可进一步降低2~4 cm；平望、米市渡可进一步降低2 cm。

表3 沿杭州湾口门预排情景水位对比 单位：m

水位站		基础情景	NP-1	NP-2	NP-3
太浦河	平望	4.46	4.45	4.42	4.40
阳澄淀泖区	陈墓	4.32	4.31	4.29	4.28
杭嘉湖区	嘉兴	4.42	4.41	4.36	4.34
	南浔	4.43	4.42	4.39	4.36
	新市	4.55	4.54	4.49	4.47
	乌镇	4.45	4.44	4.40	4.38
	嘉善	4.39	4.39	4.34	4.32
	王江泾	4.45	4.44	4.40	4.38
	硤石	4.21	4.20	4.10	4.06
	桐乡	4.44	4.43	4.38	4.35
	钦城	4.12	4.06	3.97	3.93
	崇福	4.51	4.50	4.44	4.41
黄浦江	米市渡	5.06	5.05	5.03	5.01

表4 沿长江口门预排情景水位对比 单位：m

水位站		基础情景	YJ-1	YJ-2	YJ-3
太浦河	平望	4.46	4.45	4.43	4.42
阳澄淀泖区	湘城	4.05	3.98	3.78	3.72
	陈墓	4.32	4.30	4.26	4.25
	金家坝	4.33	4.32	4.28	4.27
杭嘉湖区	嘉兴	4.42	4.41	4.40	4.39
	南浔	4.43	4.43	4.41	4.40
	嘉善	4.39	4.39	4.38	4.36
黄浦江	米市渡	5.06	5.06	5.05	5.04

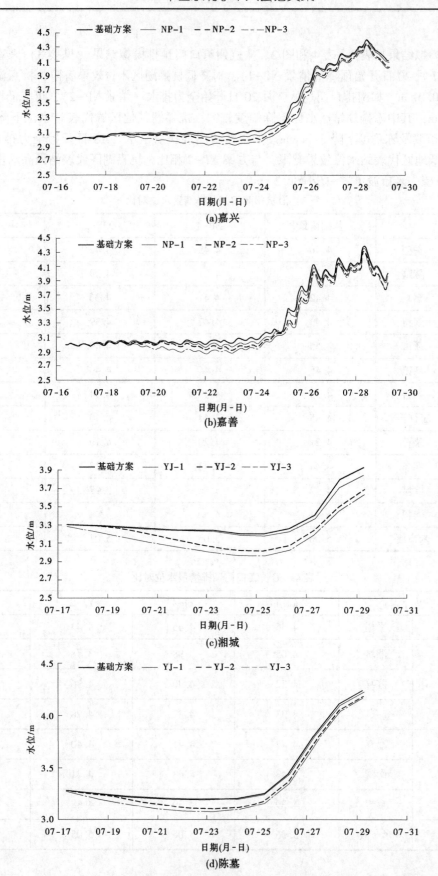

图 2　各情景地区代表站水位过程对比

从图 2 嘉兴站、嘉善站的水位过程来看，基础情景嘉兴和嘉善 7 月 23 日水位分别为 3.08 m、3.05 m；情景 NP-1、NP-2 可将嘉兴和嘉善在 7 月 23 日台风影响太湖流域前的低水位预降至 3.00 m 左右；情景 NP-3 嘉兴和嘉善在 7 月 23 日台风影响太湖流域前的低水位可预降至 2.93 m。

从沿长江口门预排模拟结果（见表 4）来看，如沿长江口门从 7 月 22 日开始预排（情景 YJ-1），可降低阳澄淀泖区代表站水位 1~7 cm，其中阳澄片的湘城站靠近长江，水位降低效果相对较好；淀泖片的水位降低幅度仅 1~2 cm。对于降低平望、米市渡及杭嘉湖区代表站水位基本无效果。如阳澄淀泖区沿江口门提前至 7 月 18 日开始预排（情景 YJ-2），阳澄片最高水位降低效果明显，湘城站最高水位降低 27 cm；淀泖片陈墓等站最高水位可降低 5~6 cm，平望、米市渡及杭嘉湖区代表站水位也可降低 1~3 cm。如阳澄淀泖区沿江口门提前至 7 月 16 日开始预排（情景 YJ-3），与情景 YJ-2 相比，除湘城外其余区域代表站可进一步降低 1~2 cm。

从图 2 湘城站和陈墓站的水位过程来看，基础情景湘城站和陈墓站 7 月 23 日水位分别为 3.23 m、3.20 m，情景 YJ-1 仅从 7 月 22 日起加大 1 d 的排水力度，对于湘城和陈墓水位基本没有影响；情景 YJ-2 在 7 月 23 日台风影响太湖流域前湘城水位可预降至 3.06 m，陈墓水位可预降至 3.11 m；情景 YJ-3 在 7 月 23 日台风影响太湖流域前湘城水位可预降至 3.00 m，陈墓水位可预降至 3.08 m。可见，陈墓站由于位于阳澄淀泖区腹部地区，离长江距离较远，阳澄淀泖区沿江口门对于淀泖片水位的预降效果不如阳澄片。

4 结论与展望

（1）本次研究结果表明，在台风生成当天（登陆流域前 8 d）杭嘉湖南排口门和阳澄淀泖区沿江口门即开始全力预排，全力预降地区河网水位，为防御台风暴雨洪水腾出调蓄库容，可明显降低台风影响太湖流域前阳澄片和杭嘉湖区河网底水位以及后期河网最高水位，减小流域及下游地区防洪压力，对降低淀泖区等腹部地区河网底水位以及后期最高水位也有一定效益，但效果相对有限。因此，建议当台风生成且预报可能登陆太湖流域或可能对流域造成较大影响时，沿长江、沿海、沿杭州湾闸（泵）即要开始全力排水，尽快降低河网水位，最大程度腾出河网调蓄空间。

（2）根据以往防汛实践经验，台风从生成后自登陆太湖流域一般为 5~7 d，形成台风影响路径的预见时间可能更短，沿长江、杭州湾提前预排虽可在一定程度上降低地区代表站最高水位，减小流域及下游地区防洪压力，但效果仍然有限。台风"烟花"生成前期，阳澄淀泖区陈墓站水位达 3.2 m 左右，比地区多年平均水位高出约 30 cm，流域沿江地区因水资源调度目标不明确，目前制定的调度原则仍比较宽泛，沿江地区为改善区域水环境质量，按照"能引则引，只引不排"的原则调度沿长江口门，对引江水量缺乏有效控制，抬高了地区河网水位，可能对地区防洪造成一定的风险。建议要坚持以防为主，深化流域防洪、供水、水生态、水环境多目标统筹协调调度研究，加强台汛期地区河网水位控制管理，尤其是对于地处距离沿长江口门较远预降效果有限，且自身洪涝水出路不足的淀泖区等腹部地区。

（3）建议加强与气象部门沟通联动等，进一步提升流域"四预"能力和水平，持续强化模拟预演，提升预报精准性，细化完善洪水防御预案等。

参考文献

[1] 朱威. 太湖流域 2021 年水旱灾害防御工作经验与启示 [J]. 中国水利，2022（9）：8-10.

[2] 王海平，董林，许映龙，等. 台风"烟花"的主要特点和路径预报难点分析 [J]. 海洋气象学报，2022，42（1）：83-91.

[3] 蔡红娟，叶国平. 浙江省东苕溪流域"烟花"台风洪水防御实践与思考 [J]. 中国防汛抗旱，2022，32（S1）：124-126.

[4] 程文辉，王船海，朱琰. 太湖流域模型 [M]. 南京：河海大学出版社，2006.

试论黄河浮桥对河势变化的影响

付　允[1,2]　付婧益[3]

(1. 东明黄河河务局，山东菏泽　274000；

2. 菏泽黄河工程有限公司，山东菏泽　274000；

3. 菏泽黄河河务局，山东菏泽　274000)

摘　要： 本文分析了浮桥位置、浮舟与水流方向夹角的大小、桥头固定物的布置形式及滩地引路等对河道河势的影响；浮桥运行阻碍水流形成壅水及浮桥路基进占加固均阻碍河势主流回归至治导线范围内，影响河势调整。即使洪水期的历时短，浮桥桥位处仍存在形成畸形河势的可能。因此，浮桥位置、浮舟与水流方向夹角的大小、桥头固定物的布置形式对河势的影响是不容忽视的。

关键词： 黄河浮桥；河势变化；影响因子

1　菏泽河段浮桥建设概况

黄河浮桥从投入使用到技术成熟已经有 20 多年历史，浮桥的通行为沿河两岸的交通提供了便利，对两岸的经济发展做出了贡献，但是也直接影响了防洪、防凌安全。根据《黄河防洪工程基本资料汇编》统计，黄河下游干流目前正在运营的浮桥共有 66 座，其中菏泽河段有 14 座，详细情况见表 1[1]。

表 1　菏泽河段浮桥统计

序号	浮桥名称	左岸位置	右岸位置	建成时间	县局
1	焦园浮桥	大留寺工程 32-33 坝	焦园	2006 年 6 月	东明局
2	辛店集浮桥	白河村	辛店集工程	—	东明局
3	长兴浮桥	13+690	176+600	2013 年	东明局
4	沙窝浮桥	35+550	193+371	2003 年 9 月	东明局
5	渠村临时浮桥	50+600	203+700	2013 年 4 月	濮阳一局
6	油楼浮桥	南小堤险工下游	220+200	2014 年 12 月	牡丹局
7	董口浮桥	98+500	248+645	2004 年	鄄城局
8	旧城浮桥	114+150	267+340	1990 年 4 月	鄄城局
9	恒通浮桥	124+257	271+600	2004 年 4 月 26 日	范县局
10	左营郭集浮桥	126+500	279+450	2005 年	鄄城局
11	苏阁浮桥	131+400	290+210	2014 年	郓城局
12	昆岳浮桥	140+425	298+000	2005 年 7 月 10 日	范县局
13	李清浮桥	146+125	300+282	1994 年 6 月	郓城局
14	伟庄浮桥	159+300	311+131	2007 年	郓城局

作者简介： 付允（1992—），女，工程师，主要从事工程管理研究方面的工作。

通信作者： 付婧益（1994—），女，经济师，主要从事工程管理和经济发展管理研究方面的工作。

2 浮桥对河势的影响

黄河下游河道受泥沙淤积覆盖的影响较大，给桥梁建设带来极大的困难，浮桥以经济、高效、便捷、适应水位变化能力强等优点被广泛应用，但是浮桥的存在仍然给黄河河道河势的改变带来不容忽视的影响。当黄河流量较大时，由于黄河浮桥管理单位拆除不及时、管理不到位，浮桥影响洪水顺利通过，使河岸遭受洪水冲刷，对河势变化产生影响；浮桥运行期间，由于车辆经过浮桥时会引起侧向流水冲刷岸边，造成桥头两岸上、下游发生边滩坍塌，桥头凸出，影响河势变化。

3 浮桥对河势影响因素分析

《黄河下游浮桥建设对河势及防洪影响评估》（黄科技 ZX-2008-24-40）指出：浮桥对河道河势的影响因素包括浮桥布置、浮桥承压舟结构形式与承受荷载、地质条件等。

3.1 浮桥布置

浮桥布置是影响河道河势的最主要因素。浮桥布置包括浮桥位置、浮舟与水流方向夹角的大小、桥头固定物的布置形式及滩地引路等。

3.1.1 浮桥位置对河势的影响

浮桥位于河段的不同位置，对河势的影响是不同的。依托控导工程修建浮桥时，若浮桥位于控导工程的迎流段，将引起工程着流点的改变；若浮桥位于控导工程的送流段，会影响工程的送流效果。在上下两处工程间修建的浮桥，有可能影响上首工程的送流效果和下首工程的着流点及来流方向。

3.1.2 浮桥沿桥轴方向的导流作用

当桥轴线与水流方向不正交时，桥面长度越大，浮桥沿桥轴方向的导流能力越强，同时浮桥上游将会产生更高壅水，河道流场也会产生不同程度漩涡，黄河下游河段，特别是游荡型河段的河势经常变化，相对固定的浮桥位置会导致浮舟与水流方向的夹角经常发生变化。当该角度变化时，会引起浮桥对河势影响程度的改变。

河道水流流量、流速的大小不同，浮桥沿桥轴方向的导流作用也不同。当流量、流速小时，导流作用小；当流量、流速大时，导流作用大。因此，洪水期的历时虽然短，浮桥桥位处仍存在形成畸形河势的可能。

3.1.3 坚固的桥头影响河势

浮桥的长度初建时一般与当时河面宽或与常年河面宽相等，桥头修建比较坚固；当河面变宽或摆动时，桥头将阻碍水流，进而影响河势。特别是许多浮桥管理单位，在桥头淘刷出险时，经常采用抛石等方式抢护，从而在桥头附近形成丁坝，影响河势。

3.1.4 高出滩地的引路影响漫滩洪水演进

滩区引路在洪水不漫滩的情况下并不影响河势，但洪水期漫滩情况下，普遍高出滩地的引路将阻断洪水在滩区的演进，影响全断面洪水演进和滩槽交换，从而影响滩槽冲淤规律及河势变化。

3.2 浮桥承压舟结构形式与承受荷载

浮桥承压舟结构形式与承受荷载，也是影响河道河势的因素之一。黄河浮桥多由双体承压舟连接组成，吃水深度 1 m 左右。舟体连接桥跨度越大，水流越容易通过，上游壅水高度越低，桥下水流加速小，导流作用减弱。舟体连接桥跨度越小，上游壅水高度越高，桥下水流加速大，河床有可能发生冲刷。承压舟结构形式的影响与浮桥承受荷载有直接关系，承受荷载越大，影响越大，反之越小。

3.3 地质条件

河道、滩岸的地质条件不同，浮桥导流的影响不同。滩岸若为易冲刷土质，则会在直接受冲部位引起滩岸坍塌，造成局部河势改变；若为不易冲刷土质，则直接受冲部位将起到阻水和导流作用。

4 典型浮桥建设对河势平面形态的影响

4.1 长兴浮桥

长兴浮桥位于辛店集—周营—老君堂河段，左岸位置 13+690，右岸位置 176+600，位于周营上延工程 17# 与 18# 坝之间，浮桥结构为钢质双体承压舟，全长 400 m，始建于 2011 年。

长兴浮桥建桥前后河势形态变化见表 2，长兴浮桥对河势平面形态的影响如图 1 所示。从表 2、图 1 可以看出，长兴浮桥建设之前，2008 年辛店集至周营上延的水边线偏向左岸，弯道上游水面宽约为 460 m，河势平面形态顺畅；2011 年长兴浮桥修建后，2013 年周营上延工程处水边线较 2008 年向右偏移，弯道上游水面宽约为 1 190 m，且在浮桥上游形成 1 600 m×600 m 的菱形心滩，2017 年水边线较 2013 年继续向右偏离，弯道上游水面宽约为 1 510 m，且浮桥上游心滩增大为 3 100 m×1 000 m。整体来看，长兴浮桥建设前后，周营上延工程处 2017 年水边线右边界较 2008 年向右岸偏移 1 050 m，一直偏移到浮桥路基处。造成此处河势畸形的原因有两方面：一是浮桥建设后，阻碍水流形成壅水，壅水范围内流速减慢，造成心滩逐渐增大；二是浮桥路基临河侧有抛石，阻碍河势主流回归至治导线范围内。

表 2 长兴浮桥建桥前后河势形态变化

类别	年份	河宽/m	心滩/（m×m）	说明
建桥前	2008	460	2 800×330	狭长菱形心滩
建桥后	2013	1 190	1 600×600	—
	2017	1 510	3 100×1 000	—

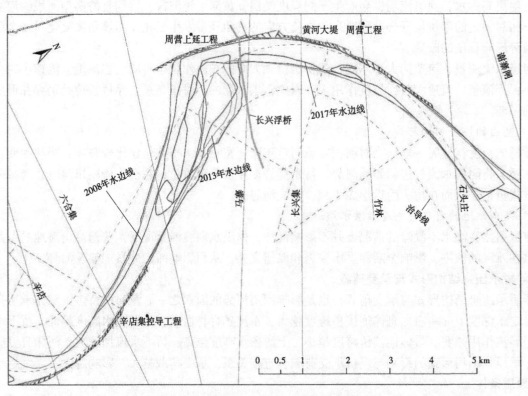

图 1 长兴浮桥对河势平面形态的影响[2-4]

4.2 旧城浮桥

旧城浮桥位于鄄城桑庄险工 20# 坝以下 350 m，左岸位置 114+150，右岸位置 267+340，紧邻桑庄险工 20# 坝，浮桥结构为钢质双体承压舟，浮桥长 360 m、宽 10 m，浮舟吨位 80 t，2002 年 10 月建成。

旧城浮桥对河势平面形态的影响如图2所示，旧城浮桥建桥前后河势变化见表3。从图2和表3可以看出：浮桥上游5 500 m范围内为直河道，浮桥处河宽逐步增加。旧城浮桥建设之前，1995年浮桥处河宽400 m；浮桥2002年建成后，2003年浮桥处河宽434 m，2007年浮桥处河宽495 m，2015年浮桥处河宽567 m，2017年浮桥处河宽538 m，浮桥处河宽逐步增大，可能因为浮桥阻水产生壅水，浮桥上游壅水范围内，两岸边界出现淘刷，河宽逐步增大，2015年浮桥上游1 100 m左岸持续坍塌作弯，危及当地村庄，当地村民临时修建3个垛，将主流挑向右岸，浮桥处河宽出现小幅度减小。

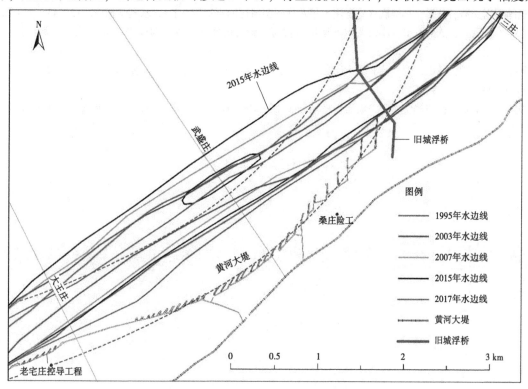

图2　旧城浮桥对河势平面形态的影响

表3　旧城浮桥建桥前后河势变化

类别	年份	河宽/m
建桥前	1995	400
建桥后	2003	434
	2007	495
	2015	567
	2017	538

浮桥上游河势逐步向左岸摆动，下游河势基本无变化。1995年浮桥上游水边线靠向右岸；2003年、2007年水边线逐步靠向左岸；2015年水边线最靠左岸，与1995年相比较，水边线左边界最大偏离470 m。浮桥以下800 m范围内，左岸水边线发生轻微向左摆动，最大摆动幅度为155 m。

浮桥建成后，浮桥处河势形成了像喇叭那样的小卡口，说明浮桥桥头有抛石护底，水流无法冲动桥头石头，使左岸切滩受阻，只能向浮桥中间集中，因此形成小卡口，局部范围内影响河势。

5　小结

根据对菏泽河段浮桥河段河势观测资料分析，浮桥位置、浮舟与水流方向夹角的大小、桥头固定物的布置形式及滩地引路等是影响河道河势的最主要因素。洪水期的历时虽然短，浮桥桥位处仍存在形成畸形河势的可能。浮桥建设后，浮桥处河势形成了像喇叭那样的小卡口，阻碍水流形成壅水，壅水范围内流速减慢，造成心滩逐渐增大。浮桥路基临河侧有抛石护底，水流无法冲动桥头石头，只能向浮桥中间集中，因此形成小卡口，阻碍河势主流回归至治导线范围内，影响河势调整。

参考文献

［1］陈建国，周文浩，陈强．小浪底水库运用十年黄河下游河道的再造床［J］．水利学报，2012，43（2）：127-135.

［2］金德生，张欧阳，陈浩，等．小浪底水库运用后黄河下游游荡性河段深泓演变趋势分析［J］．泥沙研究，2000（6）：52-62.

［3］吴保生，马吉明，张仁，等．水库及河道整治对黄河下游游荡性河道河势演变的影响［J］．水利学报，2003（6）：12-20.

［4］王卫红，李舒瑶，张晓华．黄河下游游荡性河段主流线调整与水沙关系研究［J］．泥沙研究，2006（6）：37-43.

长江上游水库群对 1998 年洪水的防洪作用研究

邹　强　喻　杉　丁　毅　何小聪

（长江勘测规划设计研究有限责任公司，湖北武汉　430010）

摘　要： 随着以三峡为核心的长江上游控制性水库群逐渐建成投运，对长江中下游防洪安全起到了至关重要的作用，并在近年来的防洪调度中发挥了显著效益。本文基于长江流域水工程联合调度运用计划的上游水库群联合防洪调度方案，通过构建的水库群多区域协同防洪调度模型，模拟了应对 1998 年流域性大洪水的调度推演全过程，分析了水库群联合防洪调度效果。结果表明：现状条件下长江上游水库群能够有效应对 1998 年流域性大洪水，可使得中下游地区不分洪，确保了中下游防洪安全，为长江大洪水调度应对提供了决策参考。

关键词： 三峡；长江上游水库群；多区域协同；联合防洪调度；1998 年洪水

1　研究背景

中华人民共和国成立以来，我国开展了大规模水库建设，已建成各类水库 9.8 万余座，做好水库群科学精准联合调度，提高水库群整体效益，对保障国家水安全具有重要作用[1]。为了兴利除害、蓄洪补枯、调节径流，长江流域已建成各类水库 5 万多座，在保障流域防洪安全、供水安全、粮食安全、生态安全、航运安全、能源安全等方面发挥了重要作用[2-3]。为充分发挥水库群综合效益，长江流域在 2012 年纳入三峡等 10 个上游水库群，开始联合调度；随着水库不断建设投运、水库群联合调度研究的不断深入和强化统一调度管理的需要，逐步扩大了联合调度的水库群规模，2018 年达到 40 座，2019 年首次纳入中下游的蓄滞洪区、排涝泵站和引调水工程，实现 100 座水工程的联合调度。截至 2023 年，纳入联合调度范围的水工程共计 125 座（处），包括控制性水库 53 座，蓄滞洪区 46 处，排涝泵站 11 座，水闸 9 座，引调水工程 6 项，基本形成了以三峡水库为核心，以金沙江下游梯级水库为骨干，金沙江中游群、雅砻江群、岷江群、嘉陵江群、乌江群、清江群、汉江群、洞庭湖"四水"群和鄱阳湖"五河"群等 9 个水库群组相配合的上中游、干支流庞大而复杂的水库群[4]。

长江中下游总体防洪标准为防御中华人民共和国成立以来发生的 1954 年流域性特大洪水，荆江河段的防洪标准为 100 年一遇，同时对遭遇类似 1870 年洪水有可靠的措施保证防洪安全。长江防洪调度坚持"蓄泄兼筹，以泄为主"的指导方针及"江湖两利，左右岸兼顾，上中下游协调"的指导原则。长江流域防洪的重点和难点在长江中游地区，以防御 1954 年洪水为目标。针对 1954 年洪水，喻杉等[5]针对现有防洪工程体系应对 1954 年洪水的防洪作用进行了分析，认为长江上游水库群联合防洪可有效减轻三峡水库防洪压力，大幅度减少长江中下游地区超额洪量约 200 亿 m³；邹强等[6]开展了 1954 年等不同典型年份的长江上游水库群联合调度计算分析，阐述了长江上游水库群联合调度对武汉地区的防洪作用；张潇等[7]结合规程规范和当前实时预报调度水平，提出了适用于现状条件下防御 1954 年洪水的水工程联合调度策略，模拟调度了 1954 年洪水全过程，进一步减少了长江中下游超额洪量。从上述研究可见，以三峡水库为核心的长江上游水库群发挥了显著的联合防洪调度效

基金项目： 国家重点研发计划资助项目（2021YFC3200302）；中国长江三峡集团有限公司科研项目（0704188）；国家自然科学基金项目（52009079）；长江勘测规划设计研究有限责任公司自主创新项目（CX2019Z44）。

作者简介： 邹强（1987—），男，高级工程师，主要从事水库群联合调度工作。

益，大大提高了流域整体防洪能力，但目前针对 1998 年洪水的防洪调度推演研究并不多见，主要在三峡单库模式[8]，尚需进一步考虑长江上游水库群联合防洪作用。

为此，本文在介绍 1998 年洪水特性的基础上，将侧重于分析以三峡水库为核心的长江上游水库群对 1998 年洪水的防洪作用，分析各场次洪水的水库群调度过程和效果，并对后续研究进行展望，可望为长江大洪水防御提供参考和借鉴。

2 1998 年洪水特性

1998 年，长江发生了 1954 年以来又一次全流域性的大洪水，这场洪水量级大、涉及范围广、持续时间长、洪涝灾害严重，其天气特征、洪水特征和洪水过程具体如下[9-10]。

2.1 天气特征

1998 年夏季，高空大气经向环流盛行，中高纬地区出现了较长时间的双阻形势，冷空气活动较频繁；副热带高压强大，其活动的阶段性分明；热带风暴活动异常偏弱。1998 年长江大洪水的暴雨都发生在副热带高压外围西北侧的西南气流区。由于副热带高压异常强大，且在各阶段都相对稳定，在冷暖空气的共同作用下，形成了稳定的强雨带，造成了江南北部罕见的连续暴雨。据统计，1998 年 6—8 月流域面雨量为 670 mm，比正常值偏多 37.5%，较 1954 年同期雨量仅小 36 mm，而长江上游为 677 mm，较 1954 年同期雨量大 28 mm。

1998 年，洪水具有暴雨频繁、暴雨笼罩面积大且范围广、暴雨稳定维持且历时长、暴雨强度大且雨量集中、雨带南北拉锯且上下游摆动等主要特点。具体来说：6 月中下旬雨带主要在中下游地区，特别是鄱阳、洞庭两湖水系；7 月上半月，雨带推移到上游地区；7 月下半月，雨带再次回到中下游地区；8 月上半月，雨带又推移到上游地区；16—18 日，雨带又推移到中下游及江南地区；19—25 日又回到嘉岷流域及汉水；26—29 日雨带再次推移到中下游及江南地区。这种雨带南北拉锯、上下游摆动，造成了 1998 年长江上、中、下游洪水的恶劣遭遇。

2.2 洪水特征

1998 年入夏，受厄尔尼诺影响，气候异常，洪水位高，持续时间长，洪水遭遇恶劣，洪水过程呈现以下主要特征：

（1）洪水遭遇险恶，上中游洪水叠加。6 月中旬至 6 月底，鄱阳湖、洞庭湖地区的强降雨使得两湖水位迅速上涨。受两湖出流的影响，长江中下游干流水位随之上涨，于 6 月 28 日监利以下超警戒水位。7 月 2 日宜昌出现 1998 年的第 1 次洪峰，沙市水位也于当日开始超警戒水位，至此，宜昌以下全线超警戒水位。由于上游降雨区东移，7 月 18 日宜昌又出现第 2 次洪峰，在其向中下游推进过程中，与中游洞庭湖水系的澧水、沅水、鄱阳湖水系的昌江等河流及区间洪水叠加，随后宜昌又接连出现了 6 次洪峰，包含大于 60 000 m³/s 的 3 次洪峰，形成了自 1954 年以来的又一次全流域性大洪水，长江中下游洪水位长时间居高不下。

（2）洪水位上涨迅猛。受两湖强降雨影响，长江中下游干流水位上涨迅速，莲花塘、螺山、汉口、大通水位等主要站点自 6 月 13 日开始上涨，至相应警戒水位只有 15 d 左右，平均日涨率为 0.40~0.43 m，最大日涨率高达 0.76~0.83 m。

（3）水位高、持续时间长。长江中下游主要站点除汉口、黄石、大通站最高洪水位没有超历史外，其余站均超历史最高洪水位，其中大部分站点超过设计水位。据统计，长江中游干流主要站点最高洪水位超过历史最高水位天数达 10~42 d；中下游干流主要站点超警戒水位的天数与 1954 年接近，而沙市站、监利站超警戒水位的天数超过 1954 年。

（4）洪量大。宜昌站洪峰流量为 63 300 m³/s，按频率算仅为 6~8 年一遇，略小于 1954 年洪峰，最大 30 d 洪量 1 379 亿 m³，与 1954 年的 1 386 亿 m³ 相当，最大 60 d 洪量超出 1954 年洪量大约 100 亿 m³。汉口、大通两站最大 30 d 洪量分别为 1 754 亿 m³ 和 2 027 亿 m³，小于 1954 年的还原同期水量 2 087 亿 m³ 和 2 338 亿 m³。

2.3 洪水过程

1998 年洪水中，长江干流宜昌站先后出现了 8 次洪峰（见图 1），长江中下游干流沙市至螺山、武穴至九江河段以及洞庭湖、鄱阳湖水位多次突破历史最高纪录。干流荆江河段洪水位超过 1954 年最高洪水位 0.55~1.25 m，时间长达 40 余天，沙市 3 次超过实测历史最高水位。根据长江干流宜昌站和洞庭四水水系来水特点，1998 年洪水过程可划分为 4 场洪水，每场洪水中干支流实测洪量组成统计见表 1。

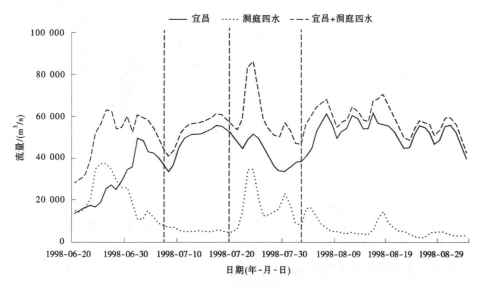

图 1　1998 年实测洪水过程

表 1　1998 年每场洪水中干支流实测洪量组成统计　　　　　　　单位：亿 m³

洪量	金沙江	岷江	嘉陵江	川渝河段	乌江	三峡库区	洞庭四水
第 1 场洪水	164	83	65	70	67	43	330
第 2 场洪水	213	89	123	85	31	25	60
第 3 场洪水	161	61	49	45	69	46	189
第 4 场洪水	536	176	218	190	143	187	168

2.3.1 6 月 20 日至 7 月 8 日第 1 场洪水

6 月下旬降雨集中在鄱阳湖水系昌江、乐安河、信江、赣江和洞庭湖水系的湘江、资水、沅江等，鄱阳湖、洞庭湖水位迅速猛涨。从洪水组成看，上游以金沙江、岷江来水为主，乌江、嘉陵江紧随其后，7 月 2 日宜昌出现第 1 次洪峰 53 000 m³/s。洪水来源组成如图 2 所示。

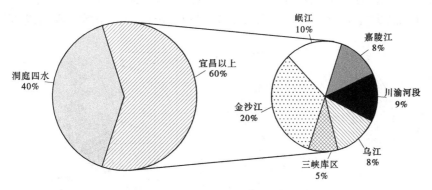

图 2　1998 年第 1 场洪水来源组成

2.3.2 7月9日至7月20日第2场洪水

长江中游洞庭四水来水减弱，降雨集中在长江及汉江上游，洪水来源以长江上游为主，金沙江来水占宜昌洪量比重较大，嘉陵江、岷江来水其次。7月18日，宜昌出现第2次洪峰 56 400 m³/s。洪水来源组成如图3所示。

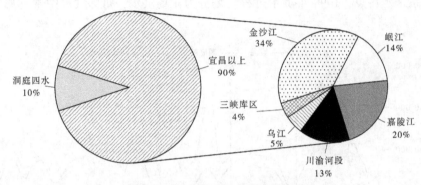

图3 1998年第2场洪水来源组成

2.3.3 7月21日至8月2日第3场洪水

长江上游洪水与洞庭湖洪峰遭遇，乌江、沅江、澧水、武汉、鄂东北和鄱阳湖水系相继普降暴雨。洞庭湖沅水桃源站出现最大洪峰 22 100 m³/s，澧水石门站出现最大洪峰 17 300 m³/s，螺山站出现最大洪峰 68 600 m³/s。受降雨影响，长江上游乌江来水增加，7月24日，宜昌站出现第3次洪峰 51 600 m³/s。洪水来源组成如图4所示。

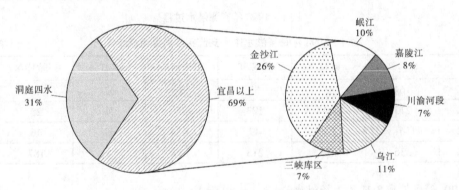

图4 1998年第3场洪水来源组成

2.3.4 8月3日至9月3日第4场洪水

中游洞庭四水总入流除8月中旬出现一小波洪峰外，已基本处于退水阶段，降雨以长江上游为主，其中金沙江、嘉陵江来水占宜昌洪量较大比重，乌江、岷江来水减少。宜昌接连出现5次洪峰，且3次洪峰流量超过 60 000 m³/s，8月16日出现年最大洪峰流量 61 700 m³/s。洪水来源组成如图5所示。

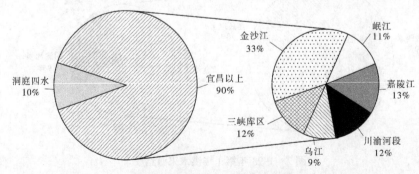

图5 1998年第4场洪水来源组成

3 长江上游水库群防洪调度方案

3.1 水库群研究对象

长江水库群作为流域防洪调度的"主力军",先后成功应对了 2010 年、2012 年、2016 年、2017 年和 2020 年洪水,防洪效益十分显著[11]。本次综合考虑水库的工程规模、防洪能力、控制作用、运行情况等因素,选取具有控制性的长江上游 25 座水库群进行研究,分布于金沙江中游(梨园、阿海、金安桥、龙开口、鲁地拉、观音岩 6 座水库)、金沙江下游(乌东德、白鹤滩、溪洛渡、向家坝 4 座水库)、雅砻江(两河口、锦屏一级、二滩 3 座水库)、岷江大渡河(双江口、瀑布沟、紫坪铺 3 座水库)、嘉陵江(碧口、宝珠寺、亭子口、草街 4 座水库)、乌江(构皮滩、思林、沙沱、彭水 4 座水库)和长江干流三峡水库。25 座控制性水库群的拓扑示意图如图 6 所示,总库容 1 512 亿 m³,防洪库容为 489 亿 m³,其中上游水库群可用于配合三峡水库对长江中下游防洪调度的防洪库容总体为 229.61 亿 m³,分别为金沙江中游梯级 15.25 亿 m³、雅砻江梯级 45 亿 m³、金沙江下游梯级 140.33 亿 m³、岷江梯级 12.63 亿 m³、嘉陵江梯级 14.4 亿 m³ 和乌江梯级 2 亿 m³。

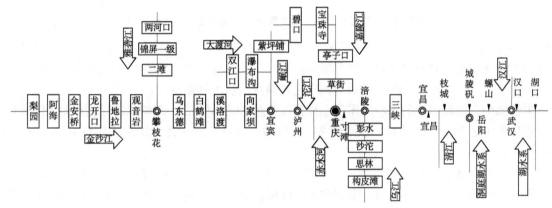

图 6 长江上游 25 座控制性水库群的拓扑示意图

3.2 联合防洪调度方案及模型

按照 2023 年度长江流域水工程联合调度运用计划[4],当长江中下游发生大洪水时,以沙市、城陵矶等防洪控制站水位为主要控制目标,三峡水库联合上中游水库群实施防洪补偿调度。当三峡水库拦蓄洪水时,上游水库群配合拦蓄洪水,减少三峡水库的入库洪量。一般情况下,梨园、阿海、金安桥、龙开口、鲁地拉、观音岩、锦屏一级、二滩等实施与三峡水库同步拦蓄洪水的调度方式。金沙江下游乌东德、白鹤滩、溪洛渡、向家坝水库在留足川渝河段所需防洪库容前提下,采用拦洪削峰的方式配合三峡水库承担长江中下游防洪任务。瀑布沟、亭子口、构皮滩、思林、沙沱、彭水等水库,当所在河流发生较大洪水时,结合所在河流防洪任务,实施防洪调度;当所在河流来水量不大且预报短时期内不会发生大洪水时,长江中下游需要防洪时,适当拦蓄,减少三峡水库入库洪量。

根据上述的长江上游水库群联合防洪调度方案,搭建了具有"时-空-量-序-效"多维度属性的长江上游水库群多区域协同防洪调度模型。限于篇幅,本文不详细进行介绍,可详见文献[12]。本文以 1998 年洪水为例进行研究,分析水库群联合防洪调度过程及效果。

4 1998 年洪水调度

4.1 防洪调度过程

基于上游水库群联合调度方案和水库群多区域协同防洪调度模型,对 1998 年洪水进行水库群联合防洪调度推演,三峡水库防洪调度过程见图 7。各场次洪水时水库群投入情况和下游主要控制站水位情况具体如下。

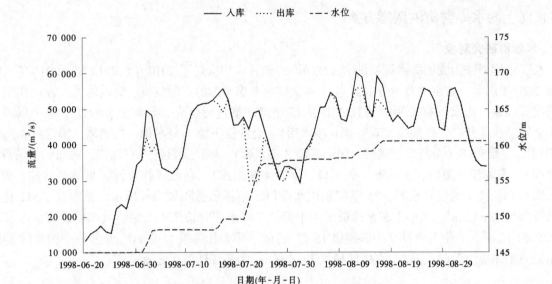

图 7 1998 年洪水上游水库群配合下三峡水库防洪调度过程

（1）第 1 场洪水，以金沙江和岷江来水为主，乌江、嘉陵江紧随其后，启用金沙江中游梯级、雅砻江梯级、乌东德白鹤滩梯级水库拦蓄基流；岷江、嘉陵江、乌江梯级水库也配合同步拦蓄，减少三峡入库洪量；三峡水库从 145 m 开始起调实施对城陵矶防洪补偿调度。

本轮洪水中，三峡以上的上游水库群总计拦蓄洪量 33.37 亿 m³，三峡水库拦蓄洪量 15.98 亿 m³，最高库水位为 148.15 m；沙市站、城陵矶站、汉口站、湖口站最高洪水位分别为 42.66 m、33.31 m、28.13 m 和 20.80 m。

（2）第 2 场洪水，金沙江来水增加，嘉陵江占据较大比重，启用金沙江、嘉陵江梯级水库拦蓄洪水；岷江来水较大，启用双江口、瀑布沟水库继续拦蓄基流，减少三峡入库洪量；金沙江中游、雅砻江梯级和乌东德白鹤滩梯级水库拦蓄基流，减少三峡入库洪量，三峡水库继续对城陵矶防洪补偿调度。

本轮洪水中，三峡以上水库群总计拦蓄洪量 14.51 亿 m³，三峡拦蓄洪量 7.69 亿 m³，最高库水位为 149.66 m；沙市站、城陵矶站、汉口站、湖口站最高洪水位分别为 43.33 m、33.37 m、27.96 m 和 20.49 m。

（3）第 3 场洪水，上游洪水与中游洞庭湖洪峰遭遇，金沙江中游、雅砻江、乌东德白鹤滩梯级水库、岷江、嘉陵江梯级继续以拦蓄基流的方式投入运用以减少三峡水库入库洪量，三峡水库继续对城陵矶防洪补偿调度。乌江剩余防洪库容均为本流域预留，此阶段暂不配合三峡防洪使用。

本轮洪水中，三峡以上上游水库群拦蓄洪量约 30.94 亿 m³，三峡水库拦蓄洪量 52.28 亿 m³，最高库水位为 157.86 m；沙市站、城陵矶站、汉口站、湖口站最高洪水位分别为 43.02 m、33.97 m、28.65 m 和 21.70 m。

（4）第 4 场洪水，长江中下游基本呈现退水趋势，洪水来源以上游为主。三峡水位涨至 158 m 后转入对荆江防洪补偿调度，溪洛渡、向家坝以分级拦蓄配合三峡对中下游防洪；雅砻江、乌东德白鹤滩梯级水库、岷江、嘉陵江梯级仍以拦蓄基流方式以减少三峡入库洪量。金沙江中游、乌江梯级剩余防洪库容均为本流域预留，不配合三峡防洪使用。由于上游洪水持续较大而中下游处于退水，城陵矶水位一直不超保证水位 34.40 m，没有产生分蓄洪量。

本轮洪水中，三峡以上水库群拦蓄洪量约 62.49 亿 m³，三峡水库拦蓄洪量 18.68 亿 m³，最高库水位为 160.54 m；沙市站、城陵矶站、汉口站、湖口站最高洪水位分别为 44.17 m、34.40 m、29.22 m 和 21.59 m。

4.2 防洪作用分析

4.2.1 防洪库容投入情况

针对1998年流域性大洪水，考虑上游水库群联合防洪调度，三峡以上的上游水库群在保证所在河段防洪安全前提下，累计拦蓄洪量141.31亿 m^3，显著减少了三峡入库洪量；三峡水库累计拦蓄洪量94.63亿 m^3，占以三峡为核心的水库群总拦蓄量235.94亿 m^3 的40%，且三峡水库剩余防洪库容126.87亿 m^3，对后续洪水仍有较大防洪能力。各场洪水时上游干支流水库群拦蓄洪量统计见表2。

表2 上游干支流水库群拦蓄洪量统计   单位：亿 m^3

类别	洪水场次	金沙江中游梯级	雅砻江梯级	金沙江下游梯级	岷江梯级	嘉陵江梯级	乌江梯级	上游梯级小计	三峡	总计
设计防洪库容	—	17.78	99.40	154.93	19.30	20.22	10.25	267.48	221.50	488.98
配合三峡防洪库容	—	15.25	99.40	140.33	12.63	14.40	2.00	229.61	—	—
拦蓄洪量	第1场	6.65	10.02	11.79	2.91	0.01	2.00	33.37	15.98	49.35
	第2场	4.70	2.74	3.89	2.17	1.02	0	14.51	7.69	22.20
	第3场	3.91	10.91	9.07	4.94	2.11	0	30.94	52.28	83.22
	第4场	0	20.93	33.70	2.61	5.26	0	62.49	18.68	81.17
	小计	15.26	44.60	58.45	12.63	8.40	2.00	141.31	94.63	235.94

4.2.2 防洪减灾作用

1998年洪水不同工况长江中下游超额洪量变化见表3。由表3可知，遇1998年流域性大洪水时，在三峡工程运用前，长江中下游超额洪量108亿 m^3；考虑21座水库群时[5-6]，长江中下游超额洪量18亿 m^3，主要是分布在城陵矶附近地区；而在本次研究中，在21座水库群的基础上，进一步考虑乌东德、白鹤滩、两河口、双江口水库群，上游水库群总体防洪库容进一步增加126.03亿 m^3，且主要是配合三峡水库对长江中下游防洪。此情形下，在以三峡为核心的上游水库群联合防洪作用下，长江中下游无超额洪量，可有效确保长江防洪安全，防洪作用显著。

表3 1998年洪水不同工况长江中下游超额洪量变化

工况	分洪控制水位/m					超额洪量/亿 m^3			
	沙市	城陵矶	汉口	湖口	荆江	城陵矶	武汉	湖口	总量
三峡水库运用前	—	—	—	—	0	106	2	0	108
21座水库群	45	34.4	29.5	22.5	0	18	0	0	18
本次研究25座水库	45	34.4	29.5	22.5	0	0	0	0	0

本文也统计了1998年各场次洪水上游水库群联合调度后三峡调洪高水位和重要控制站点最高水位（见表4）。由表4可知，在以三峡为核心的上游水库群联合防洪作用下，沙市站、城陵矶站、汉口站、湖口站水位相比不考虑水库作用时均大幅降低，水位降幅分别为1.07 m、1.80 m、1.44 m和1.21 m；同时，考虑水库群联合防洪调度，沙市站、城陵矶站、汉口站、湖口站最高洪水位分别为44.17 m、34.40 m、29.22 m、21.70 m，均可有效控制在不超各站相应保证水位44.5 m、34.4 m、29.73 m和22.5 m，确保了河道行洪安全，也避免了中下游蓄滞洪区启用，起到了重要的防洪效益。

表4 1998 年各场次洪水上游水库群联合调度后三峡调洪高水位和重要控制站点最高水位统计　单位：m

类别		三峡	沙市	城陵矶	汉口	湖口
最高水位	第1场	148.15	42.66	33.31	28.13	20.80
	第2场	149.66	43.33	33.37	27.96	20.49
	第3场	157.86	43.02	33.97	28.65	21.70
	第4场	160.54	44.17	34.40	29.22	21.59
水位降幅	第1场	—	1.07	0.78	0.67	0.71
	第2场	—	0.55	0.52	0.51	0.62
	第3场	—	1.16	1.80	1.44	1.21
	第4场	—	0.99	0.96	1.29	1.09

5　结语

为有效分析长江上游水库群对 1998 年流域性大洪水的防洪作用，本文首先分析了 1998 年的洪水特性，梳理了长江上游水库群防洪调度方案，基于水库群"时-空-量-序-效"多区域协同防洪调度模型，分析了长江上游水库群防洪调度过程和防洪调度效益，模拟推演计算结果表明，长江上游水库群能有效满足 1998 年洪水防御需求，发挥了积极的防洪减灾效益。

下一步，将持续开展以三峡为核心的长江上游水库群联合防洪优化调度研究，考虑其他类型洪水，并深化各支流水库群对本河段和配合三峡水库的多区域防洪库容分配方式和运用条件，结合拦蓄效果和兴利因素，细化优化上游水库群配合三峡水库联合防洪调度拦蓄参数。同时，将进一步拓展水库群联合调度研究范围，将空间范围逐步从上游干支流控制性水库群延伸至中下游干支流水库群，研究长江中游水库群配合三峡以上水库群联合防洪调度方式，完善流域水库群统一防洪调度方案，提升水工程联合调度的智能化水平[13]，以进一步提高应对流域性大洪水的防御能力。

参考文献

[1] 仲志余，邹强，王学敏，等. 长江上游梯级水库群多目标联合调度技术研究 [J]. 人民长江，2022，53 （2）：12-20.

[2] 水利部长江水利委员会. 长江流域防洪规划 [R]. 武汉：水利部长江水利委员会，2008.

[3] 水利部长江水利委员会. 长江防御洪水方案 [R]. 武汉：水利部长江水利委员会，2015.

[4] 水利部. 关于 2023 年长江流域水工程联合调度运用计划的批复 [R].2023.

[5] 喻杉，游中琼，李安强. 长江上游防洪体系对 1954 年洪水的防洪作用研究 [J]. 人民长江，2018，49 （13）：9-14，26.

[6] 邹强，胡向阳，张利升，等. 长江上游水库群联合调度对武汉地区的防洪作用 [J]. 人民长江，2018，49 （13）：15-21.

[7] 张潇，李玉荣，牛文静. 长江水工程现状条件下防御 1954 年洪水联合调度策略 [J]. 人民长江，2020，51 （2）：141-148.

[8] 谭培伦，仲志余，宁磊. 三峡工程对 1998 年洪水防洪作用分析 [J]. 人民长江，1999，30 （2）：37-38.

[9] 黎安田. 长江 1998 年洪水与防汛抗洪 [J]. 人民长江, 1999, 30 (1): 1-7.

[10] 谭启富, 吴道喜. 关于 1998 年长江洪水调度及认识 [J]. 人民长江, 1999, 30 (2): 14-16.

[11] 金兴平. 2021 年长江流域水工程联合调度实践与成效 [J]. 中国水利, 2022 (5): 16-19.

[12] 胡向阳, 丁毅, 邹强, 等. 面向多区域防洪的长江上游水库群协同调度模型 [J]. 人民长江, 2020, 51 (1): 56-63, 79.

[13] 黄艳, 喻杉, 罗斌, 等. 面向流域水工程防灾联合智能调度的数字孪生长江探索 [J]. 水利学报, 2022, 53 (3): 253-269.

探索大型水库汛期动态水位调整以提升流域防洪能力——以飞云江流域珊溪水利枢纽为例

仇群伊　方子杰

（浙江省水利发展规划研究中心，浙江杭州　310012）

摘　要： 珊溪水库是飞云江流域控制性水利枢纽及温州市唯一的大型水库，在流域防洪及全市供水方面处于战略枢纽地位，是研究流域系统治理的重中之重。水库汛期动态水位调整是近期浙江省在大中型水库防洪能力提升方面的探索，本文以珊溪水库为例，探索汛期水位动态调整以提升流域防洪能力，寻求在不降低水库防洪标准确保水库与上下游防洪安全的前提下，统筹防洪与兴利功能，通过不同量级不同典型洪水的调度分析，动态确定水库汛期允许兴利蓄水的上限水位和防洪调度迎洪水位，研究成果可供珊溪水库防洪调度与国内类似工程借鉴参考。

关键词： 水旱灾害防御；流域系统治理；珊溪水利枢纽；汛期动态水位调整；迎洪水位；防洪能力

1　飞云江流域及珊溪水利枢纽概况[1]

飞云江是浙江省八大水系之一，位于浙江南部，东濒东海，流域面积 3 719 km^2。地形地貌条件复杂，受上游洪水和河口潮汐影响，下游河口地区洪涝潮灾害严重。

珊溪水利枢纽工程是飞云江流域的控制性枢纽，由珊溪水库和赵山渡引水工程组成，主要承担流域的供水防洪任务。珊溪水库坝址以上流域面积 1 529 km^2，控制飞云江温州境内流域面积的 47%，将近一半；水库总库容 18.24 亿 m^3，兴利库容 6.96 亿 m^3，防洪库容 2.12 亿 m^3，是多年调节水库，是飞云江流域也是温州市唯一的一座大（1）型水库，是浙南"水塔"与温州人民的"大水缸"。

经过 70 多年的治水，飞云江流域初步形成以珊溪水利枢纽等大中型水库（上蓄）为骨干工程，配以小型水库、干支流防洪堤（中防）、平原排涝（下排）以及引调水工程的防洪减灾与水资源保障体系，飞云江流域治理基本形成了"上蓄、中防、下排"的基本格局。飞云江流域内珊溪镇、巨屿镇、峃口镇、高楼镇（右岸）和马屿平原（飞云江右岸片）等重要防洪保护区现状防洪能力基本达到了 20 年一遇。

但飞云江干流珊溪水库下游江道左岸堤防尚未实施，左岸防洪体系不完整，飞云江中下游的防洪问题仍不可忽视。同时，由于赵山渡水库（珊溪水库下游的反调节水库）调节库容小，一旦遇上强降雨等异常现象，开闸比较频繁，影响下游工程汛期安全行洪。加之流域左右岸两大平原排涝工程与支流金潮港流域综合治理尚未完成。因此，飞云江流域防洪体系仍局部存在"上蓄"不足、"中防"不够、"下排"不畅等三大能力不足问题，亟需以系统思维进一步推进流域治理与综合整治。

鉴于珊溪水库在飞云江流域防洪以及温州市供水方面处于战略枢纽地位，既是"温州水网"的"枢"，又是极其重要的"结"，故珊溪水利枢纽是研究飞云江流域系统治理的重中之重，为此探索以珊溪水库为龙头，着力提升飞云江流域系统治理能力，尤其是珊溪水库的防洪能力提升问题，探索通过珊溪水库汛期水位动态调整以提升飞云江流域防洪能力。

作者简介： 仇群伊（1989—），女，工程师，主要从事水利规划研究工作。

通信作者： 方子杰（1972—），男，正高级工程师，主要从事水利规划研究方面的工作。

2 汛期水位动态调整思路及要求

为充分挖掘水库防洪能力，提高洪水资源利用水平，科学合理设置大中型水库汛期控制运用水位，最大程度发挥水库功能效益，按照有关法律法规要求，浙江省水利厅于 2023 年 2 月出台了《关于加强大中型水库汛期控制运用水位动态管理工作的指导意见》[2]。该指导意见适用于综合利用的大中型水库，并同时具备以下基本条件：①大坝为一类坝，泄放能力强；②有专门的水库降雨预报，已制订洪水预报方案并建有运行稳定且预报精度较高的水雨情测报、洪水预报调度（有补偿调洪要求的水库包括下游防洪控制断面区间洪水预报）等系统；③上游库区蓄洪、下游河道承泄能力无明显制约。

对照以上三个基本条件，珊溪水库为一类坝，水库泄放能力超强（200 年一遇洪水工况最大泄流能力超过 10 000 m³/s）；有专门的水库降雨预报，已制订洪水预报方案并建有运行稳定且预报精度较高的水雨情测报、洪水预报调度（包括下游防洪控制断面区间洪水预报）等系统；上游库区基本完成政策处理，并已采用商业保险方式建立珊溪水库库区临时淹没损失补偿机制，因此库区蓄洪、下游河道承泄能力无明显制约。因此，珊溪水库完全可以实施汛期控制运用水位动态管理。

水库汛期控制运用水位动态管理，是指在不降低水库防洪标准，确保水库、上下游地区防洪安全的前提下，基于实时水雨情和洪水预报成果，统筹防洪与兴利功能，以提升水库防洪能力、增强水库兴利效益为目标，按照经科学论证并经有关部门审批的《水库汛期控制运用水位动态管理方案》，动态确定水库汛期允许兴利蓄水的上限水位和水库防洪调度迎洪水位，在汛期对水库水位和蓄泄过程进行实时调度。水库汛期控制运用水位动态管理过程如图 1 所示。

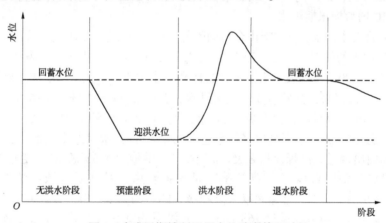

图 1　水库汛期控制运用水位动态管理过程

水库汛期控制运用水位动态管理，涉及预泄、拦洪、退水等三阶段，通过不同量级、不同典型洪水的调度分析，确定汛期不同分期洪水调度阶段控制运用水位上限值水库回蓄水位与下限值最低迎洪水位；计算迎洪水位（水库通过预泄调度在洪水来临前需要达到的水位）、迎洪库容（迎洪水位至防洪高水位之间的水库蓄水容积）、纳雨能力（水库利用迎洪库容在未来一段时间内不下泄或仅维持发电下泄时能够容纳的最大降雨量）。水库汛期控制运用水位动态管理特征水位如图 2 所示。

最主要的是制订预泄阶段控制运用水位动态管理方案，确定迎洪水位与预泄调度方案。预泄阶段是指气象预报短期有较强降雨，场次洪水预报水位将超过正常蓄水位且洪水还未入库的时期。水库根据预报降雨量级在洪水来临前将库水位逐步预降至相应的迎洪水位，腾出防洪库容拦蓄洪水，保障水库自身及上下游防洪安全。根据水库供水量和长系列径流资料，确定水库旱限水位（旱警水位）作为水库预泄下限水位，综合考虑兴利需要和预泄能力，确定汛期控制运用水位下限值。工程大坝安全运行对水位变幅及最低运行水位有要求的，应统筹考虑。

通过不同量级暴雨洪水计算分析，提出适宜的迎洪水位和水量预泄调度方案。迎洪水位最低不低

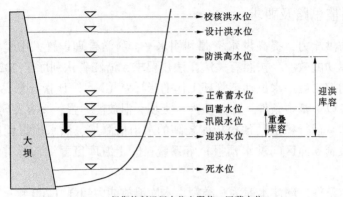

汛期控制运用水位上限值：回蓄水位；
汛期控制运用水位下限值：最低迎洪水位。

图 2　水库汛期控制运用水位动态管理特征水位

于汛期控制运用水位下限值。

根据推荐的不同量级暴雨洪水适宜的迎洪水位，结合水库预泄能力曲线，充分考虑降雨有效预见期和水库下游河道洪水传播特性，合理确定预泄时间，采取分阶段预泄的方式，制订合理的预泄调度方案。

3　历史特大暴雨洪水情况

根据珊溪水库正常运行以来的洪水资料统计[3]，2000—2021 年，水库共发生 32 场洪水，其中 22 场为主汛期洪水，10 场为梅汛期洪水。

主汛期几乎每年都发生洪水，基本上由台风雨引起，以 8 月发生洪水的情况居多，并且有前后 2 个月和 3 个月连续发生洪水的情况。2005—2007 年、2013—2016 年每年主汛期都发生 2～3 场洪水，2019 年洪水发生在主汛期前，2020 年未发生大洪水，2021 年洪水主要发生在主汛期前，受台风影响较小。

珊溪水库自投入运行以来，共发生 3 场超大洪水，其中 2005 年 1 场，2016 年 2 场。

(1) 2016 年"鲇鱼"台风。受"鲇鱼"台风影响，珊溪水库水位创历史最高 147.41 m，流域过程面平均降水量达 431.59 mm，个别测站降水量达到 524.4 mm，水库总来水量 5.36 亿 m^3，弃水量为 3.42 亿 m^3，珊溪断面出现最大洪峰流量 8 350 m^3/s，3 d 洪量为 4.53 亿 m^3，接近 20 年一遇洪水。

(2) 2016 年"莫兰蒂"台风。"莫兰蒂"是超强台风，对珊溪流域影响较大，最高库水位 141.79 m，最高洪峰 9 140 m^3/s，是建库以来洪峰最大的一场洪水。其主要特点是雨强大、洪水历时短、洪峰大，珊溪流域面平均降水量达 268 mm，1 d 洪量为 2.08 亿 m^3，珊溪水库拦蓄洪水量 2.32 亿 m^3，弃水量为 183 万 m^3，削峰率为 97.5%。

(3) 2005 年"泰利"台风。"泰利"台风面平均降水量 371.2 mm，来水量 4.67 亿 m^3，弃水量 2.25 亿 m^3，洪峰流量为 8 276 m^3/s，最高库水位 145.78 m。

除以上 3 场超大洪水以外，主汛期还有 7 场洪水最高洪水位超过 142.0 m，分别是：①2005 年"海棠"台风水库最高洪水位 142.68 m；②2007 年"圣帕"台风水库最高洪水位 144.0 m；③2007 年"罗莎"台风水库最高洪水位 142.69 m；④2008 年"凤凰"台风水库最高洪水位 143.70 m；⑤2009 年"莫拉克"台风水库最高洪水位 142.81 m；⑥2014 年 8 月 21 日受西南暖湿气流和低涡切变系统的影响，水库最高洪水位 142.30 m；⑦2015 年"苏迪罗"台风水库最高洪水位 143.60 m。

最近 3 年台汛洪水影响不大。2020 年台风对整个珊溪流域影响较小，水位在汛限水位以下运行；2021 年台风对珊溪流域影响较小，最大入库流量为 1 731 m^3/s，水位在汛限以下运行；2022 年台风对珊溪流域几乎没有影响，最大入库流量 1 680 m^3/s，水位在汛限以下运行。

4　珊溪水利枢纽调度运行简况

珊溪水库汛限水位为 142.04 m。2000 年初期蓄水汛限水位较低，为 100 m。2002 年汛限水位

（起调水位）为 137 m，2010 年主汛期（7—10 月，下同）起调水位为 140.40 m，根据实际洪水情况合理调度。2017—2021 年主汛期，通过预泄将起调水位降低至 138.20 m 以下，控制 20 年一遇洪水位不超过 145.82 m。2022 年主汛期起调水位为 139.90 m，非主汛期起调水位为 144.0 m，根据实际洪水情况合理调度。2023 年珊溪水库洪水调度运用见表 1[4]。

表 1 2023 年珊溪水库洪水调度运用

调度区	珊溪水库控制水位 Z/m	珊溪水库下泄控制流量
A（补偿凑泄区）	145.82>Z>142.04	以不影响珊溪水库电站发电为前提，控制赵山渡断面洪水流量不超过 4 200 m³/s
B	147.71>Z≥145.82	水库下泄流量按不超过 5 400 m³/s 控制
C	148.04>Z≥147.71	珊溪下泄流量 $q \leq 5\ 400$ m³/s
D	150.18>Z≥148.04	5 孔溢洪道全开，机组发电
E	Z≥150.18	5 孔溢洪道全开，泄洪洞泄洪，机组停机

5 汛期水位动态调整方案

5.1 设计暴雨库水位动态调整方案

按照珊溪水库坝址以上飞云江流域发生 20 年一遇、50 年一遇、100 年一遇设计暴雨，分别对珊溪水库汛期水位进行动态调整分析计算。

飞云江流域 20 年一遇、50 年一遇、100 年一遇设计暴雨 3 d 雨量和 3 d 洪量见表 2。

表 2 飞云江流域设计暴雨

设计暴雨	3 d 雨量/mm	3 d 洪量/亿 m³
20 年一遇	347	4.85
50 年一遇	410	5.73
100 年一遇	457	6.36

考虑珊溪电厂正常发电泄流（发电流量 250 m³/s）情况下，珊溪水库遭遇 20 年一遇、50 年一遇、100 年一遇设计暴雨（3 d 洪量）工况下，珊溪水库汛期水位动态调整分析演算见表 3 与图 3。

表 3 考虑发电泄流的水库汛期水位动态调整分析演算

迎洪水位（预泄后水位）/m	20 年一遇水库拦洪比例/%	50 年一遇水库拦洪比例/%	100 年一遇水库拦洪比例/%	迎洪库容（调洪库容）/亿 m³
142.00	51	42	37	2.14
140.40	65	54	48	2.74
139.90	69	57	51	2.92
138.20	82	68	60	3.44
137.00	91	75	67	3.81
136.00	98	81	72	4.12
135.70	100	83	74	4.20
135.00	—	87	78	4.43
134.00	—	93	83	4.74

续表 3

迎洪水位（预泄后水位）/m	20 年一遇水库拦洪比例/%	50 年一遇水库拦洪比例/%	100 年一遇水库拦洪比例/%	迎洪库容（调洪库容）/亿 m³
133. 60	—	95	85	4. 85
133. 00	—	99	88	5. 05
132. 90	—	100	89	5. 08
132. 00	—	—	94	5. 35
131. 00	—	—	99	5. 66
130. 80	—	—	100	5. 73

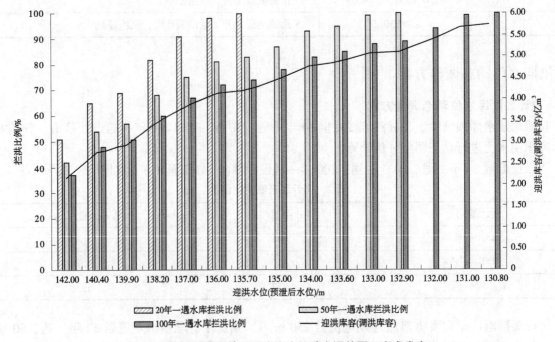

图 3 不同设计暴雨情况下水库水位动态调整图（考虑发电）

对以上 20 年一遇、50 年一遇、100 年一遇设计暴雨（3 d 洪量）工况下珊溪水库汛期水位动态调整方案图表做如下进一步分析：

（1）汛限水位 142.0 m 方案。珊溪水库汛限水位为 142.0 m，是汛期允许蓄水的最高水位，该水位对应的迎洪库容为 2.14 亿 m³。20 年一遇、50 年一遇、100 年一遇设计暴雨工况下，珊溪水库拦洪率分别为 51%、42%、37%。

（2）起调水位 139.9 m 方案。"139.9 m"是温汛指〔2022〕47 号、温汛指〔2023〕3 号文批复的珊溪水库 2022 年、2023 年起调水位，该水位对应的迎洪库容为 2.92 亿 m³。20 年一遇、50 年一遇、100 年一遇设计暴雨工况下，珊溪水库拦洪率分别为 69%、57%、51%。

（3）起调水位 138.2 m 方案。"138.2 m 以下"是浙水管〔2017〕32 号、浙水管〔2018〕17 号、浙水运管〔2019〕8 号、浙水运管函〔2020〕23 号、浙水运管函〔2021〕10 号文批复的珊溪水库 2017—2021 年起调水位，138.2 m 水位对应的迎洪库容为 3.44 亿 m³。20 年一遇、50 年一遇、100 年一遇设计暴雨工况下，珊溪水库拦洪率分别为 82%、68%、60%。

（4）迎洪水位 135.7 m 方案。珊溪水库 20 年一遇设计暴雨扣除发电水量后的 3 d 洪量为 4.202 亿 m³，如需全拦 20 年一遇入库洪水（不含发电），则需迎洪水位降至 135.7 m，对应迎洪库容为

4.20 亿 m^3。20 年一遇、50 年一遇、100 年一遇设计暴雨工况下，珊溪水库拦洪率分别为 100%、83%、74%。

（5）迎洪水位 132.9 m 方案。珊溪水库 50 年一遇设计暴雨扣除发电水量后的 3 d 洪量为 5.082 亿 m^3，如需全拦 50 年一遇入库洪水（不含发电），则需迎洪水位进一步降至 132.9 m，对应迎洪库容为 5.08 亿 m^3。50 年、100 年一遇设计暴雨工况下，珊溪水库拦洪率分别为 100%、89%。从历年洪水实际调度情况来看，迎洪水位 132.9 m 并不低，该水位仍然高于 2013 年"潭美"台风最高库水位 132.60 m，以及 2021 年水库梅汛期洪水位 132.12 m 与"圆规"台风最高库水位 131.95 m，因此具有现实的可能性与操作性。

（6）迎洪水位 130.8 m 方案。珊溪水库 100 年一遇设计暴雨扣除发电水量后的 3 d 洪量为 5.712 亿 m^3，如需全拦 100 年一遇入库洪水（不含发电），则需迎洪水位再进一步降至 130.8 m，对应迎洪库容为 5.73 亿 m^3，珊溪水库拦洪率为 100%。

5.2 典型洪水库水位动态调整方案

针对珊溪水库建库以来发生的两场超大洪水进行模拟分析演算，分别是 2005 年"泰利"台风以及水位创历史最高纪录的 2016 年"鲇鱼"台风。两场台风有关情况如下：

（1）2005 年"泰利"台风。其间面平均降雨量 371.2 mm，总来水量 4.67 亿 m^3，弃水量为 2.25 亿 m^3，洪峰流量为 8 276 m^3/s，洪水历时 118 h，珊溪水库水位从 137.97 m 涨至 145.78 m。

（2）2016 年"鲇鱼"台风。2016 年 17 号台风"鲇鱼"于 9 月 23 日 8 时在西北太平洋洋面上生成，27 日 3 时加强为超强台风（16 级），27 日 14 时 10 分前后在台湾花莲沿海登陆，28 日 4 时 40 分前后在福建泉州惠安沿海再次登陆，登陆时中心附近最大风力 12 级（风速 33 m/s）。珊溪流域从 27 日 12 时开始降雨，历时 48 h，流域过程面平均降雨量达 431.59 mm，个别测站降雨量达到 524.40 mm，珊溪水库总来水量 5.36 亿 m^3，弃水量为 3.42 亿 m^3，28 日 15 时 30 分在珊溪断面出现最大洪峰流量 8 350 m^3/s，3 d 洪量为 4.53 亿 m^3，接近 20 年一遇洪水。珊溪水库水位从 28 日 0 时的 138.22 m 涨至 29 日 7 时 35 分时的 147.41 m，在汛限水位以上历时 68 h，比 2005 年"泰利"台风出现的高水位 145.78 m 超出 1.63 m，水位创历史最高纪录。珊溪水库—赵山渡水库区间面平均降雨量 496.20 mm，最大单站雨量（峃口）为 524.50 mm，赵山渡水库最大入库流量 6 540 m^3/s，发生在 28 日 20 时 30 分时，最大 1 d 洪量、3 d 洪量超 50 年一遇。

"泰利"台风与"鲇鱼"台风形成的洪水特性见表 4。

表 4　典型台风暴雨洪水特性

台风	面雨量/mm	降雨频率 P/%	洪水历时/h	总来水量/亿 m^3	3 d 洪量/亿 m^3	洪水重现期
2005 年"泰利"	371.20	20<P<50	118	4.67	—	—
2016 年"鲇鱼"	431.59	50<P<100	48	5.36	4.53	20 年一遇

以下模拟"泰利""鲇鱼"两场台风形成的暴雨洪水，进行水位动态调整分析。

5.2.1　"泰利"台风典型洪水水位动态调整分析

2005 年"泰利"台风洪水实况复盘以及不同水位动态调整分析演算见表 5 与图 4。

表 5　2005 年"泰利"台风水库水位动态调整方案

水位动态调整工况	迎洪水位/m	上涨洪水位/m	水位变幅/m	迎洪库容/亿 m^3	拦洪率/%	拦蓄洪水/亿 m^3	水库下泄/亿 m^3	发电水量/亿 m^3	泄洪弃水量/亿 m^3
洪水实况	137.97	145.78	7.81	2.79	60	2.79	1.88	—	—
调整工况 01	137.97	147.71	9.74	3.51	75	3.51	1.16	0	1.16
调整工况 02	137.97	147.71	9.74	3.51	75	3.51	1.16	1.06	0.10
调整工况 03	134.22	147.71	13.49	4.67	100	4.67	0	0	0

续表5

水位动态 调整工况	迎洪 水位/m	上涨洪 水位/m	水位 变幅/m	迎洪库 容/亿 m³	拦洪 率/%	拦蓄洪 水/亿 m³	水库下 泄/亿 m³	发电水 量/亿 m³	泄洪弃 水量/亿 m³
调整工况 04	135.61	147.71	12.10	4.24	91	4.24	0.43	0.43	0
调整工况 05	137.66	147.71	10.05	3.61	77	3.61	1.06	1.06	0

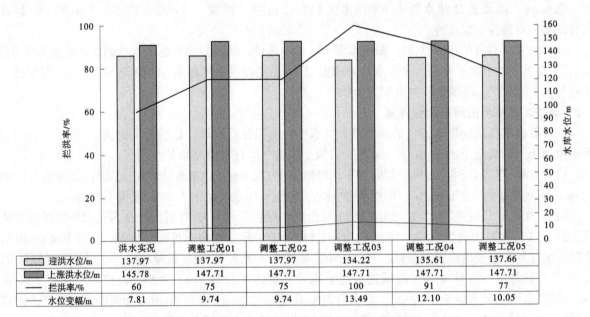

	洪水实况	调整工况01	调整工况02	调整工况03	调整工况04	调整工况05
迎洪水位/m	137.97	137.97	137.97	134.22	135.61	137.66
上涨洪水位/m	145.78	147.71	147.71	147.71	147.71	147.71
拦洪率/%	60	75	75	100	91	77
水位变幅/m	7.81	9.74	9.74	13.49	12.10	10.05

图4　2005年"泰利"台风水库水位动态调整图

从2005年"泰利"台风水库水位动态调整方案可知，"泰利"台风洪水历时118 h，珊溪水库水位从137.97 m涨至145.78 m，拦蓄洪水（迎洪库容）2.79亿 m³，拦洪率60%，水库下泄1.88亿 m³。

珊溪水库防洪高水位147.71 m，洪水期间珊溪电厂正常发电保持泄流量250 m³/s，水库水位如从实际发生的137.97 m上涨至防洪高水位147.71 m，则拦蓄洪水（迎洪库容）3.51亿 m³，拦洪率75%，水库包括发电的总泄流量1.88亿 m³，其中泄洪弃水0.10亿 m³。

如果需要考虑水库不发生泄洪弃水，同样洪水期间珊溪电厂正常发电保持泄流量250 m³/s，则需要拦蓄洪水（迎洪库容）3.61亿 m³，水库迎洪水位需降到137.66 m，拦洪率77%，水库发电泄流量1.06亿 m³，泄洪弃水量为0；如发电泄流时间仅48 h，则需要拦蓄洪水（迎洪库容）4.24亿 m³，水库迎洪水位需进一步降到135.61 m，拦洪率91%，水库发电泄流量0.43亿 m³，泄洪弃水量为0；如极端不利情况下不考虑发电泄流，则需要拦蓄洪水（迎洪库容）4.67亿 m³，水库迎洪水位需再进一步降到134.22 m，拦洪率100%，水库发电泄流量与泄洪弃水量均为0。

5.2.2　"鲇鱼"台风典型洪水水位动态调整分析

2016年"鲇鱼"台风洪水实况复盘以及不同水位动态调整分析演算见表6和图5。

表6　2016年"鲇鱼"台风水库水位动态调整方案

水位动态 调整工况	迎洪水 位/m	上涨洪 水位/m	水位变 幅/m	迎洪库 容/亿 m³	拦洪 率/%	拦蓄洪 水/亿 m³	水库下 泄/亿 m³	发电水 量/亿 m³	泄洪弃 水量/亿 m³
洪水实况	138.22	147.41	9.19	3.32	62	3.32	2.04	—	—
调整工况 01	138.22	147.71	9.49	3.44	64	3.44	1.92	0.43	1.49
调整工况 02	131.98	147.71	15.73	5.36	100	5.36	0	0	0
调整工况 03	133.38	147.71	14.33	4.93	92	4.93	0.43	0.43	0

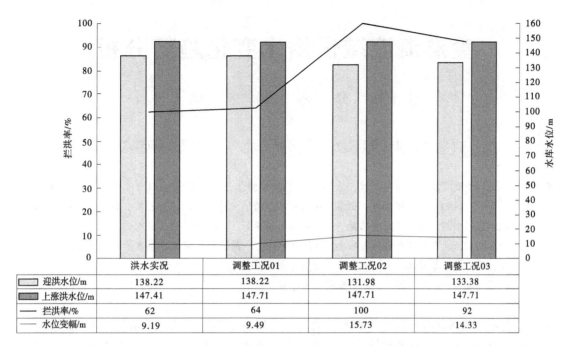

	洪水实况	调整工况01	调整工况02	调整工况03
迎洪水位/m	138.22	138.22	131.98	133.38
上涨洪水位/m	147.41	147.71	147.71	147.71
拦洪率/%	62	64	100	92
水位变幅/m	9.19	9.49	15.73	14.33

图5　2016年"鲇鱼"台风水库水位动态调整图

从2016年"鲇鱼"台风水库水位动态调整方案可知,"鲇鱼"台风洪水历时48 h,珊溪水库水位从138.22 m涨至147.41 m,拦蓄洪水(迎洪库容)3.32亿 m³,拦洪率62%,水库下泄2.04亿 m³。

珊溪水库防洪高水位147.71 m,洪水期间珊溪电厂正常发电保持泄流量250 m³/s,水库水位如从实际发生的138.22 m上涨至防洪高水位147.71 m,则拦蓄洪水(迎洪库容)3.44亿 m³,拦洪率64%,水库包括发电的总泄流量1.92亿 m³,其中发电泄流量0.43亿 m³、泄洪弃水量1.49亿 m³。

如果需要考虑水库不发生泄洪弃水,同样洪水期间珊溪电厂正常发电保持泄流量250 m³/s,则需要拦蓄洪水(迎洪库容)4.93亿 m³,水库迎洪水位需降到133.38 m,拦洪率92%,水库发电泄流量0.43亿 m³,泄洪弃水量为0;如极端不利情况下不考虑发电泄流,则需要拦蓄洪水(迎洪库容)5.36亿 m³,水库迎洪水位需再进一步降到131.98 m,拦洪率100%,水库发电泄流量与泄洪弃水量均为0。

6　结语

水库汛期动态水位调整是近期浙江省在大中型水库提升防洪能力方面的探索。珊溪水库正常蓄水位与汛限水位均为142.04 m,下游防洪保护区没有全部闭合,仍存在薄弱环节,遭遇流域性洪水洪涝灾害严重,研究珊溪水库汛期动态水位调整以提高流域防洪能力,降低下游灾害损失很有必要。

根据计算分析结果,若珊溪水库提前预泄,将迎洪水位分别降至135.7 m、132.9 m、130.8 m,就可全拦20年一遇、50年一遇、100年一遇设计暴雨入库洪水;进一步复盘历史洪水,若将迎洪水位分别降至134.22 m、131.98 m,就可全拦"泰利""鲇鱼"台风暴雨入库洪水,大幅提高流域防洪能力。研究成果对浙江省或者其他省份大中型水库类似情况具有借鉴参考意义。

参考文献

[1] 温州市发展和改革委员会,市水利局.浙江省飞云江流域综合规划(2015年—2030年)[R].2018.

[2] 浙江省水利厅.关于加强大中型水库汛期控制运用水位动态管理工作的指导意见[Z].2023.

[3] 温州市防汛防台抗旱指挥部.飞云江干流洪水调度方案[R].2023.

[4] 浙江珊溪水利水电开发股份有限公司.珊溪水利枢纽2023年度水库控制运用计划[R].2023.

黄淮海流域供用水变化趋势分析

苏　柳　靖　娟　陶奕源　尚文绣

（黄河勘测规划设计研究院有限公司，河南郑州　450003）

摘　要： 本文以黄淮海流域为研究区域，采用 M-K 趋势检验法分析了 1980—2020 年供用水变化趋势。结果显示，1980—2020 年期间，黄淮海流域用水总量呈十分显著的增加趋势，其中黄河区和淮河区用水总量增加、海河区用水总量减少；在供水水源上，黄淮海流域地表水供水量和地下水供水量显著增加，地下水供水量显著减小；在用水行业上，黄淮海流域生活用水量和生态用水量显著增加，农业用水量显著减小，工业用水量变化趋势不明显。

关键词： 黄淮海流域；供水；用水；趋势检验；水库蓄变量

黄淮海流域是我国黄河、淮河和海河三大一级流域的统称[1]。黄淮海流域在我国经济社会和战略格局中占有重要的地位，是重要的政治中心、经济地带、粮食主产区和能源基地[2]。黄淮海流域内分布着大面积耕地，水热条件较好，适于多种作物生长，在全国农业生产中占据重要地位[3]。黄淮海流域的平原地区生产全国 60%~80% 的小麦和 35%~40% 的玉米[4]。2018 年黄淮海平原地区农业 GDP（国内生产总值）占全国农业 GDP 的 30%，农业用水占全国农业用水的 22%，但水资源拥有量仅占全国总量的 8%[5]。

黄淮海流域水资源自然禀赋较差，长期面临严重的水问题。黄淮海流域的降水区域分布不均，年际年内变化大，经常出现连丰、连枯现象[6]。地表水资源开发利用率高，水资源与经济社会发展和生态环境保护长期处于不匹配、不协调的状态，面临着不断出现的水资源短缺和水生态功能衰退等问题[7-8]。黄淮海流域也是世界三大地下水漏斗区之一，浅层地下水漏斗区为 4.1 万 km^2，深层地下水漏斗区为 5.6 万 km^2，地面下沉严重[9]。随着黄淮海流域城镇化、工业化进程的推进，用水竞争问题日益凸显，水资源保障形势愈发严峻[10]。同时，全球气候变化加剧了黄淮海流域的水资源安全风险[11-13]。

为了保障黄淮海流域水资源安全，需要明确历史供用水演变趋势，为预测未来的水资源供需形势和制定保障策略提供基础支撑。针对这一问题，本文研究了 1980—2020 年黄淮海流域和各水资源一级区分水源供水量、分行业用水量的变化过程，检验了变化趋势的显著性，分析了 2003 年用水量大幅减少的原因。

1　方法与数据

1.1　M-K 趋势检验法

采用 M-K 趋势检验法判断研究区域供水总量是否具有显著的变化趋势。对于时间序列 x_1，x_2，$\cdots$，x_n，其中 $x_i < x_j$（$i < j$）出现的次数为 m。如果该时间序列没有变化趋势，那么 m 的期望值 $E(m)$ 为

基金项目： 国家重点研发计划项目（2022YFC3202300）。

作者简介： 苏柳（1983—），女，高级工程师，主要从事水资源规划、水资源配置、节水规划等方面的工作。

$$E(m) = \frac{n(n-1)}{4} \tag{1}$$

构建统计量 τ 和 U：

$$\tau = \frac{m}{E(m)} - 1 \tag{2}$$

$$U = \frac{\tau}{[V(\tau)]^{0.5}} \tag{3}$$

式中：$V(\tau)$ 是 τ 的方差。

M-K 趋势检验法假设待检验的时间序列无趋势。当 $n>10$ 时，认为 U 收敛于标准正态分布。给定显著性水平 α，根据正态分布表得到临界值 $U_{\alpha}/2$。当 $|U| \geq |U_{\alpha}/2|$ 时，拒绝原假设，即被检验的时间序列具有显著的变化趋势，此时 $\tau>0$ 代表增加趋势，$\tau<0$ 代表减小趋势。此外，可以计算 U 对应的频率 p，当 $p \leq \alpha$ 时拒绝原假设。当 $0.05 \leq p<0.1$ 时，说明序列变化趋势较为显著；当 $0.01 \leq p<0.05$ 时，说明序列变化趋势显著；当 $p<0.01$ 时，说明序列变化趋势十分显著。

1.2 研究范围与数据来源

本文的研究范围是黄淮海流域，包括海河流域、黄河流域、淮河流域 3 个水资源一级区，研究时段为 1980—2020 年。1980—1995 年供用水数据的时间尺度为 5 年，数据来源为各流域的水资源综合规划。2000—2020 年供用水数据的时间尺度为 1 年，数据来自历年的《中国水资源公报》和各流域的水资源公报。

2 结果

2.1 用水总量变化

黄淮海流域用水总量呈现出先增加后稳定的趋势（见图 1），1980—2020 年用水总量增加趋势通过了显著性水平 5% 的 M-K 趋势检验，2008—2020 年用水总量稳定在约 1 400 亿 m³，比 1980 年增加约 250 亿 m³。黄河流域和淮河流域用水总量的变化趋势与黄淮海流域基本一致（见图 2），且 1980—2020 年用水总量增加趋势均通过了显著性水平 5% 的 M-K 趋势检验（见表 1），2020 年总用水量分别为 415 亿 m³ 和 601 亿 m³，分别比 1980 年增加了 72 亿 m³ 和 83 亿 m³。M-K 趋势检验结果显示，海河区 1980—2020 年用水总量呈显著的减少趋势（见表 1），2020 年总用水量 372 亿 m³，比 1980 年减少了 24.5 亿 m³（见图 2）。黄淮海流域用水总量中，黄河流域和淮河流域用水量占比呈增加趋势，与 1980 年相比，2020 年用水总量占比分别增加了 2.6% 和 2.1%；海河流域用水量占比呈减小趋势，与 1980 年相比，2020 年用水总量占比减小了 4.7%。

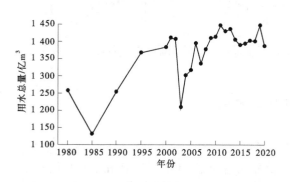

图 1 1980—2020 年黄淮海流域用水总量变化

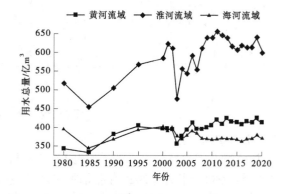

图 2 1980—2020 年黄淮海流域水资源一级区用水总量变化

表1　1980—2020 年黄淮海流域及水资源一级区供用水趋势检验结果

分区	检验结果	各水源供水量			各行业用水量				用水总量
		地表水	地下水	其他水源	生活	工业	农业	生态	
黄淮海流域	τ	0.673	-0.433	0.96	0.940	-0.070	-0.387	0.963	0.420
	p	0.000	0.003	0.000	0.000	0.624	0.007	0.000	0.004
	结论	十分显著	十分显著	十分显著	十分显著	不显著	十分显著	十分显著	十分显著
海河流域	τ	0.240	-0.547	0.952	0.865	-0.507	-0.840	0.987	-0.26
	p	0.097	0.000	0.000	0.000	0.000	0.000	0.000	0.072
	结论	较为显著	十分显著	十分显著	十分显著	十分显著	十分显著	十分显著	较为显著
黄河流域	τ	0.640	-0.413	0.840	0.867	-0.220	-0.240	0.930	0.620
	p	0.000	0.004	0.000	0.000	0.129	0.097	0.000	0.000
	结论	十分显著	十分显著	十分显著	十分显著	不显著	较为显著	十分显著	十分显著
淮河流域	τ	0.500	-0.127	0.900	0.980	0.073	-0.033	0.910	0.433
	p	0.001	0.388	0.000	0.000	0.624	0.834	0.000	0.003
	结论	十分显著	不显著	十分显著	十分显著	不显著	不显著	十分显著	十分显著

2.2　供水结构变化

黄淮海流域地表水供水量和其他水源供水量呈十分显著的增加趋势，1980—2020 年供水量分别增加了 85.4 亿 m³ 和 71.0 亿 m³，地表水占比基本稳定，其他水源占比增加了 5%；而地下水供水量呈十分显著的减小趋势，1980—2020 年供水量减少了 26.4 亿 m³，占比减少 5%（见图 3 和表 1）。

1980—2020 年海河流域、黄河流域和淮河流域地表水供水量和其他水源供水量的增加趋势均通过了显著性检验，海河流域和黄河流域地下水供水量均呈十分显著的减小趋势，但淮河流域地下水的减小趋势不显著（见表 1）。黄河流域和淮河流域不同水源占供水总量的比例变化不大，地表水供水量占比较稳定，地下水供水量占比呈轻微的减小趋势，其他水源供水量占比呈增加趋势。海河流域供水结构变化较大，与 1980 年相比，2020 年地下水供水量占比减少了 12%，其他水源供水量占比增加了 9%，地表水供水量占比增加了 3%。

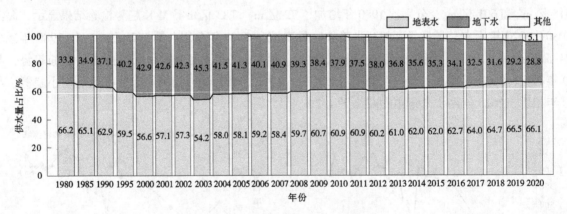

图3　黄淮海流域各水源供水量占比

2.3　用水结构变化

从分行业用水来看（见图 4 和表 1），黄淮海流域生活用水量和生态用水量均呈十分显著的增加趋势，与 1980 年相比，2020 年生活用水量和生态用水量分别增加了 146.5 亿 m³ 和 135.9 亿 m³，占比均增加了约 10%；农业用水量呈十分显著的减小趋势，1980—2020 年用水量减少了 198.7 亿 m³，占比减少了 23%；1980—2020 年工业用水量增加了 46.3 亿 m³，占比增加了约 3%，但变化趋势没有通过显著性检验。

1980—2020 年海河流域、黄河流域和淮河流域的生活用水量和生态用水量呈十分显著的增加趋势，生活用水量分别增加了 42.1 亿 m³、36.8 亿 m³ 和 67.7 亿 m³，生态用水量分别增加了 65.4 亿 m³、31.9 亿 m³ 和 38.6 亿 m³。对于工业用水量，海河流域呈十分显著的减小趋势，黄河流域和淮河流域无显著的变化趋势。对于农业用水量，海河流域、黄河流域和淮河流域的农业用水量分别减少了 127.5 亿 m³、11.6 亿 m³ 和 59.6 亿 m³，但只有海河流域和黄河流域的农业用水量减小趋势通过了显著性检验。

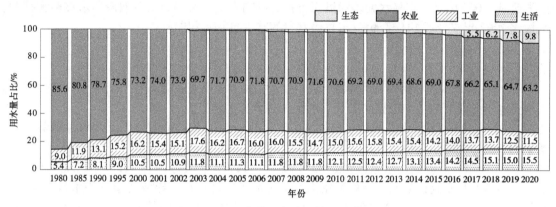

图 4　1980—2020 年黄淮海流域各行业用水量占比

3　讨论

黄淮海流域用水量在 2003 年出现了大幅降低，比 2002 年减少了 197 亿 m³，降幅 14%，是 2000 年后减幅最大的一年（见图 1）。海河区在 2003 年用水量减少幅度相对较小，比 2002 年减少了 23 亿 m³，降幅 6%。黄河流域和淮河流域在 2003 年用水量大幅减少，分别比 2002 年减少了 39 亿 m³ 和 135 亿 m³，降幅分别达到 10% 和 22%。

2003 年海河流域、黄河流域和淮河流域分别是枯水年、平水年和丰水年，天然径流量分别比多年平均值偏低 39%、偏高 6% 和偏高 125%。本文主要分析黄河流域在平水年用水量大幅减少和淮河区在丰水年用水量大幅减少的原因。

对于黄河区，1990—2002 年黄河中下游持续枯水，花园口断面平均天然径流量 394.7 亿 m³，比多年平均值（1956—2016 年）偏低 89.5 亿 m³（见图 5）。2003 年上半年黄河来水持续偏枯，4—7 月水利部启动了《2003 年旱情紧急情况下黄河水量调度预案》，全河严格控制河道外供水，3—6 月黄河用水高峰期可供水量严重偏少，汛前龙羊峡水库水位已接近死水位。虽然 2003 年汛末黄河来水较多，但用水高峰期已过，且黄河流域水库开始大量蓄水以应对未来可能发生的干旱，导致该年黄河流域河道外供水量大幅偏小。

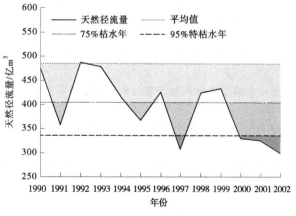

图 5　1990—2002 年花园口天然径流量

对于淮河区，2003 年淮河区平均降水深 1 211 mm，比多年平均降水量偏多 44%；年径流量 1 521 亿 m^3，比多年平均值偏高 125%。2003 年 6 月下旬至 7 月中旬，淮河流域出现特大暴雨，其雨量之大、持续时间之长、影响范围之广，为历史上罕见。6 月 21 日淮河流域入汛后，共出现了 7 次强降水过程，雨带稳定、暴雨集中、强降水过程接连出现，是仅次于 1954 年的第二个多雨年份。6 月 21 日至 7 月 22 日期间，淮河流域内的总降水日数普遍超过 20 d，降水强度大、强降水非常集中，淮河流域的水位全面上涨，导致了 2003 年淮河流域大洪水，受灾面积超过 3 000 万亩（1 亩 = 1/15 hm^2），直接经济损失超过 1 000 亿元。在降水偏多和洪涝灾害的影响下，淮河片的农业灌溉需求被极大抑制，农业用水量比 2002 年减少了 141 亿 m^3，与总供水量的减少量基本相同。

4 结论

（1）1980—2020 年黄淮海流域用水总量、生活用水量和生态用水量均呈十分显著的增加趋势，农业用水量呈十分显著的减小趋势，工业用水量无显著变化趋势。

（2）1980—2020 年黄淮海流域地表水供水量和其他水源供水量呈十分显著的增加趋势，地下水供水量呈十分显著的减小趋势。

（3）2003 年黄淮海流域用水总量比 2002 年减少了 14%，主要原因在于黄河区 2003 年上半年来水偏枯、水库蓄水量不足，限制了高峰期用水，汛末水库大量蓄水，导致河道外用水量减小了 39 亿 m^3；淮河区 2003 年降水量比多年平均值偏多 44%，且洪涝灾害受灾面积大，导致农业用水量减少了 141 亿 m^3。

参考文献

[1] 张恩泽，尹心安，周晓霖．基于蓝水可持续指数的黄淮海流域水资源可持续性评价 [J]．环境工程，2020, 38（10）：61-67．

[2] 石英，吴婕，徐影．区域气候模式水平分辨率对黄淮海流域当代气候模拟的影响 [J]．水科学进展，2021, 32（6）：843-854．

[3] 王凌河，赵志轩，黄站峰，等．黄淮海地区农业水问题及保障性对策 [J]．生态学杂志，2009, 28（10）：2094-2101．

[4] 雷鸣，孔祥斌，王佳宁．水平衡下黄淮海平原区耕地可持续生产能力测算 [J]．地理学报，2018, 73（3）：535-549．

[5] 苏喜军，纪德红，何慧爽．黄淮海平原农业水资源绿色效率时空差异与影响因素研究 [J]．生态经济，2021, 37（3）：106-111．

[6] 邵薇薇，黄昊，王建华，等．黄淮海流域水资源现状分析与问题探讨 [J]．中国水利水电科学研究院学报，2012, 10（4）：301-309．

[7] 李原园，李云玲，何君．新发展阶段中国水资源安全保障战略对策 [J]．水利学报，2021, 52（11）：1340-1346．

[8] 龚家国，唐克旺，王浩．中国水危机分区与应对策略 [J]．资源科学，2015, 37（7）：1314-1321．

[9] 雷鸣，孔祥斌．水资源约束下的黄淮海平原区土地利用结构优化 [J]．中国农业资源与区划，2017, 38（6）：27-37．

[10] 刘海振，周祖昊，邵薇薇，等．黄淮海地区城镇化、工业化进程与农业用水关系分析 [J]．水利水电技术，2014, 45（11）：10-14．

[11] 王国庆，张建云，管晓祥，等．中国主要江河径流变化成因定量分析 [J]．水科学进展，2020, 31（3）：313-323．

[12] 刘艳丽，华悦，周惠成，等．1470 年以来中国东部季风区降水变化规律及趋势预估 [J]．水科学进展，2022, 33（1）：1-14．

[13] 朱烨，靳鑫桐，刘懿，等．基于短时间尺度自适应帕尔默干旱指数的中国干旱演变特征分析 [J]．水资源保护，2022, 38（4）：124-130．

第二松花江流域洪水调度方案研究

胡春媛 陆 超 吴 博

（松辽水利委员会流域规划与政策研究中心，吉林长春 130021）

摘　要：丰满水库作为第二松花江流域乃至松花江流域防洪工程体系的重要组成部分，对流域防洪起到至关重要的作用。本文选择扶余断面 1956 年，吉林断面 2010 年、2017 年作为不利组合洪水典型，进行不同频率设计洪水调度。结果表明，发生 50 年一遇设计洪水时，可利用丰满水库富余的防洪库容，在丰满水库水位低于防洪高水位时，错峰 9 h 运行，能够满足吉林站组合洪峰流量控制在 50 年一遇洪水以下。通过本次第二松花江洪水调度方案研究，对第二松花江干流不利组合洪水下的洪水调度具有一定作用。

关键词：第二松花江流域；洪水调度；不利组合

1　流域概况

第二松花江发源于吉林省长白山天池，流经吉林省的安图、敦化、吉林、长春、扶余等 26 个市（县），在三岔河与嫩江汇合后称松花江，东流到黑龙江省同江市注入黑龙江。第二松花江流域面积 9 万 hm²，河长 958 km[1]。第二松花江流域是我国重要的石油、重工业和农业基地。沿江有防洪城市吉林市和松原市，其中吉林市位于第二松花江中游，城市防洪体系由白山、丰满水库和堤防组成，城区防洪标准为 100 年一遇，主城区现状人口 177 万，耕地 25 万 hm²；松原市位于第二松花江下游，防洪工程体系由白山、丰满水库和堤防共同承担，松原市主城区防洪标准为 100 年一遇，主城区现状人口 55 万，耕地 7 万 hm²。

2　防洪工程现状

第二松花江干流防洪任务由干流堤防和丰满、白山水库共同承担。白山水库位于第二松花江干流上游峡谷段，在丰满水库上游 210 km 处，总库容 62.01 亿 m³，水库控制流域面积 1.90 万 km²，占第二松花江流域面积的 26%，占丰满水库以上流域面积的 45%。丰满水库位于第二松花江干流上游下段，距吉林市 24 km，总库容 109.88 亿 m³，水库控制流域面积 4.25 万 km²，占第二松花江流域面积的 58%[2]。2019 年，丰满大坝重建工程完工后，总库容由 109.88 亿 m³ 变为 103.77 亿 m³。第二松花江干流重要防洪城市为吉林市和松原市。白山、丰满水库可使丰满水库以下农村段防洪标准达到 50 年一遇，松原市、吉林市防洪标准达到 100 年一遇。

现状丰满水库以下各防洪保护区已基本达到规划的防洪标准。

3　流域洪水特性

第二松花江暴雨出现频繁，年内可能出现 2~3 次洪峰，个别年份可能出现 4~5 次洪峰[3]。

1956 年为流域性洪水，是嫩江、第二松花江、拉林河洪水遭遇的典型。第二松花江 7 月和 8 月上旬降雨量较大，干支流相继发生洪水。7 月下旬丰满水库出现 4 660 m³/s 的入库洪峰，由于当时水库防洪调度缺乏经验，水库汛限水位定得偏高（263.50 m），导致水库泄流量偏大，最大出库流量达

作者简介：胡春媛（1984—），女，高级工程师，主要从事规划设计、防洪影响评价工作。

4 230 m³/s，且泄流量大于 4 000 m³/s 的时间持续了 7 d。再加上支流饮马河的洪水，使第二松花江下游扶余站 8 月 1 日出现洪峰流量 6 750 m³/s。拉林河 7 月、8 月上旬普遍降雨，集中降雨有 5 次，从而使下游蔡家沟站 8 月 11 日出现洪峰流量达 4 030 m³/s，为该站有实测资料以来的第一位洪水。由于嫩江、第二松花江和拉林河洪水先后汇入松花江干流，造成松花江干流哈尔滨站实测洪峰流量达 11 700 m³/s，经丰满水库还原后洪峰流量达 12 200 m³/s。

2010 年为区域性洪水。第二松花江干支流发生洪水，丰满水库发生实测记录以来的第二位洪水，嫩江和松花江干流洪水量级不大。2010 年夏季，副热带高压异常偏强、偏西且稳定少动，西风带冷涡和低槽系统偏多，冷暖空气在松辽流域东南部频繁交汇，形成连续暴雨、大暴雨天气过程。第二松花江流域汛期累计降雨 581.7 mm，比历年同期均值偏多 30.6%。降雨集中在 7 月下旬至 8 月末，主要降雨过程有 7 次。其中 7 月 19—31 日，受高空槽、冷涡、切变和副热带高压后部等多种天气系统的共同影响，流域上中游连续出现 3 场高强度的降雨过程，暴雨中心位于温德河官地站，最大 1 d 雨量 239.5 mm，最大 3 d 雨量 310.4 mm，暴雨量之大，覆盖面之广，历史罕见。受降雨影响，温德河等多条支流发生超历史实测记录的特大洪水，第二松花江干流发生特大洪水。温德河口前站调查洪峰流量 3 120 m³/s，重现期约为 350 年一遇，洪水造成永吉县县城被淹，街道上最大水深达 3 m。白山水库最大 3 h 入库洪峰流量 13 200 m³/s，超历史实测记录，重现期为 100 年一遇，最大 7 d 入库洪量 24.28 亿 m³，重现期超 100 年一遇，白山水库最大放流量 6 390 m³/s，调洪最高水位 417.38 m；丰满水库最大 12 h 天然入库流量为 19 700 m³/s，重现期超 100 年一遇，最大 7 d 天然入库洪量为 47.19 亿 m³，重现期 60 年一遇，丰满水库最大放流量 4 500 m³/s，调洪最高水位 263.95 m。经白山、丰满水库调蓄后，第二松花江干流吉林站 7 月 31 日洪峰流量 4 980 m³/s；扶余水文站 8 月 5 日洪峰流量 5 580 m³/s。2010 年松花江干流哈尔滨站最大洪峰流量仅为 5 370 m³/s。

4 不利组合下的洪水调度

4.1 不利组合洪水选择

第二松花江干流有吉林和扶余两个控制断面，对于扶余控制断面，《松花江流域防洪规划》确认 1956 年典型是最不利组合，其后，扶余控制断面未发生超过历史的不利组合洪水，故扶余控制断面不利组合仍选择 1956 年典型。吉林站洪水由丰满水库放流和丰满—吉林区间的来水组成，不利组合洪水选择区间来水量大的 2010 年、2017 年洪水作为典型。组合设计洪水按吉林站控制、丰满—吉林区间同频率、丰满以上相应的地区同频率洪水组合方式。

4.2 洪水调度方案

根据《水利部关于丰满、白山水库防洪联合调度方案的批复》（水防〔2019〕199 号），以及国家防汛抗旱总指挥部 2014 年批复的《松花江洪水调度方案》（国汛〔2014〕15 号），提出第二松花江流域洪水调度方案。

4.2.1 丰满水库

（1）当丰满水库发生 10 年一遇（流量 10 500 m³/s）及以下洪水时，控制出库流量不超过 2 500 m³/s，水库水位不超过 264.70 m，遇特殊洪水，白山水库需协助拦蓄洪水。

（2）当丰满水库发生超过 10 年一遇（流量 10 500 m³/s）但不超过 50 年一遇（流量 17 500 m³/s）洪水时，控制出库流量不超过 4 000 m³/s，水库水位不超过 266.20 m，遇特殊洪水，白山水库需协助拦蓄洪水，丰满水库水位不超过 267.20 m。

（3）当丰满水库发生超过 50 年一遇（流量 17 500 m³/s）但不超过 100 年一遇（流量 20 600 m³/s）洪水时，控制出库流量不超过 5 500 m³/s，水库水位不超过 266.40 m，遇特殊洪水，白山水库需协助拦蓄洪水，丰满水库水位不超过 267.90 m。

（4）当丰满水库发生超过 100 年一遇（流量 20 600 m³/s）但不超过 500 年一遇（流量 27 600 m³/s）洪水时，控制出库流量不超过 7 500 m³/s，白山水库协助拦蓄，丰满水库水位不超过 266.70 m；遇特殊洪水，丰满水库水位不超过 268.20 m。

（5）当丰满水库发生超 500 年一遇（流量 27 600 m³/s）洪水时，丰满水库开始敞泄。调度白山水库，使丰满、白山水库水位均不超校核洪水位。

4.2.2 白山水库

（1）当白山水库发生 20 年一遇及以下洪水时，可随时拦蓄；当白山水库发生 20 年一遇以上的大洪水时，拦蓄洪水在洪峰出现后进行，洪峰出现前尽量维持水库水位不上升。

（2）当丰满水库调洪最高水位不超过 267.90 m 时，白山水库主动拦蓄洪水应控制水库水位不超过 416.50 m。当丰满水库调洪最高水位超过 267.90 m 但不超过 268.20 m 时，白山水库控制水库水位不超过 418.30 m。当丰满水库调洪最高水位超过 268.20 m 时，白山水库控制水位不超过 419.20 m。

（3）当白山水库出库流量超过 10 660 m³/s 时，只用泄洪孔泄洪，发电机组可不参与泄洪。

4.2.3 丰满水库至三岔河河段

当松花江站水位达到 154.93 m 且有继续上涨趋势时，弃守河道内塘古、学安、套子里、马家店和河北等围堤。

当吉林站流量不超过 5 500 m³/s、扶余站流量不超过 6 000 m³/s 时，充分利用河道行洪，保证两岸干流堤防防洪安全。

当吉林站流量不超过 8 300 m³/s 或扶余站流量不超过 7 500 m³/s 时，确保吉林、松原城区防洪安全；加强防守，并适当利用干流堤防超高挡水加大河道行洪能力，尽力保证两岸粮食主产区防洪安全。

当吉林站流量超过 8 300 m³/s 或扶余站流量超过 7 500 m³/s，视情况适当利用城市堤防超高挡水并抢筑子堤强迫河道行洪，必要时采取弃守低标准堤防或扒开第二松花江右岸吉林市临江门桥至吉林桥段、松原市扶余县五家镇莲化泡段等堤防分洪，确保吉林、松原主城区防洪安全。

4.3 不利组合洪水调节计算

4.3.1 吉林断面

根据白山、丰满水库调洪原则，进行丰满水库 2010 年典型、2017 年典型不利组合各频率洪水调节计算。从调洪结果来看，不利组合各年型、各频率设计洪水丰满水库防洪库容均有较大富余，调节 2010 年典型 100 年一遇洪水，丰满水库防洪库容使用比例为 32.1%；调节 2017 年典型 100 年一遇洪水，丰满水库防洪库容使用比例为 54.2%。不利组合丰满水库洪水调节计算结果见表 1。不利组合吉林站防洪控制断面组合洪峰流量结果见表 2。

表 1 不利组合丰满水库洪水调节计算结果

典型	频率	入库流量/（m³/s）	出库洪峰流量/（m³/s）	最高库水位/m	最高库水位相应库容/亿 m³	使用防洪库容/亿 m³	防洪库容使用比例/%
2010 年	1%	22 600	2 500	256.10	60.09	14.54	32.1
	2%	17 300	2 500	255.25	57.42	11.87	26.2
	3.33%	15 200	2 500	254.50	53.69	8.14	18.0
	5%	13 300	2 500	253.71	52.85	7.30	16.1
2017 年	1%	16 900	2 500	259.01	70.07	24.52	54.2
	2%	14 700	2 500	257.98	66.37	20.82	46.0
	3.33%	15 700	2 500	257.21	63.74	18.19	40.2
	5%	14 000	2 500	256.53	61.48	15.93	35.2

表 2　不利组合吉林站防洪控制断面组合洪峰流量结果

典型	频率	丰满水库放流/ (m³/s)	丰满—吉林区间流量/ (m³/s)	吉林站组合洪峰流量/ (m³/s)	吉林站设计洪峰流量/(m³/s)	
					2%	1%
2010 年	1%	2 500	4 524	7 024	5 500	8 300
	2%	2 500	3 495	5 995	5 500	8 300
	3.33%	2 500	2 774	5 274	5 500	8 300
	5%	2 500	2 233	4 733	5 500	8 300
2017 年	1%	2 500	4 524	7 024	5 500	8 300
	2%	2 500	3 495	5 995	5 500	8 300
	3.33%	2 500	2 774	5 274	5 500	8 300
	5%	2 500	2 233	4 733	5 500	8 300

4.3.2　扶余断面

1956 年属丰满—扶余区间来水量大典型，洪水组合采用扶余控制，丰满—扶余区间同频率、丰满水库以上相应组合方式。根据白山、丰满水库调洪原则，进行不同频率水库洪水调节计算，将各频率丰满水库调洪出库洪水过程演进至扶余，与丰满—扶余区间设计洪水过程线组合，推求扶余控制断面组合洪水，丰满水库洪水调节计算结果见表 3，扶余断面组合洪水计算结果见表 4。

表 3　1956 年典型不同量级洪水丰满水库洪水调节计算结果

频率	入库流量/ (m³/s)	出库洪峰流量/ (m³/s)	最高库水位/m	最高库水位相应库容/亿 m³	使用防洪库容/亿 m³	防洪库容使用比例/%
5%	9 700	2 500	255.91	59.47	13.92	30.8
2%	11 800	2 500	257.42	64.44	18.89	41.7
1%	13 700	2 500	258.85	69.48	23.93	52.9

表 4　1956 年典型不同量级洪水扶余断面组合洪水计算结果

频率	入库流量/ (m³/s)	出库洪峰流量/ (m³/s)	出库演进至扶余流量/ (m³/s)	丰满—扶余区间流量/ (m³/s)	扶余站组合洪峰流量/ (m³/s)	扶余站设计洪峰流量/(m³/s)	
						2%	1%
5%	9 700	2 500	2 470	2 440	4 910	6 000	7 500
2%	11 800	2 500	2 479	3 150	5 629	6 000	7 500
1%	13 700	2 500	2 482	3 690	6 172	6 000	7 500

从扶余断面组合洪水计算结果可以看出，由于白山、丰满水库预控水位较原汛限水位降低，扶余不同量级洪水组合洪峰成果，均小于防洪规划确定的设计流量成果。

4.4　防洪能力分析

由表 2 可知，各典型年 100 年一遇设计洪水，吉林站调节后组合洪峰流量均小于 8 300 m³/s，满足防洪规划确定的吉林市 100 年一遇洪水防洪安全要求。50 年一遇洪水，因区间温德河来水过大，吉林站组合洪峰均为 5 995 m³/s，较吉林站 50 年一遇设计洪峰流量大 495 m³/s。根据洪水调节计算结果，丰满水库错峰 9 h 运行，可使吉林站不同典型年 50 年一遇设计洪水控制在 5 500 m³/s 以下，满足吉林市50年一遇洪水控制流量要求，且不会对丰满水库的调度运行带来不利影响。

5 结论与建议

经上述分析，根据2019年批复的洪水调度方案，通过调洪计算结果来看，除50年一遇设计洪水外，吉林站防洪控制断面组合洪峰流量均不超过防洪规划确定的控泄流量要求；发生50年一遇设计洪水时，可利用丰满水库富余的防洪库容，在丰满水库水位低于防洪高水位时，错峰9 h运行，能够满足吉林站组合洪峰流量控制在50年一遇洪水以下。

当流域发生超标准洪水时，根据松花江流域超标洪水防御预案，可以运用工程措施和非工程措施相结合手段，以减小洪涝灾害的损失[4]。

参考文献

[1] 张永胜，黄建辉，邹浩，等．丰满重建工程设计洪水复核研究［J］．水利水电技术（中英文），2021，52（S1）：159-164.

[2] 宁方贵，雷德义，苗雪．2020年松花江流域骨干水库防洪调度实践与思考［J］．水利信息化，2021（1）：10-13.

[3] 尹雄锐，王晓妮，孟楠．松花江流域大洪水应对措施研究［J］．中国防汛抗旱，2021，31（S1）：93-95.

[4] 罗志洁，杜世鹏，张晓文．浙江省金华江流域大型水库洪水调度方案研究［J］．中国防汛抗旱，2020，30（2）：31-35，41.

城市黑臭水体关键指标特性分析

孙宝森[1]　韩留生[2]

(1. 淄博市水文中心，山东淄博　255000；

2. 山东理工大学，山东淄博　255000)

摘　要：随着城市化进程的推进，城市水体污染愈发严重。本文基于实测水质数据进行统计分析，结果表明，各水质参数的相关性较高，DO 和 TN、TP、NH_3—N、BOD_5 呈现较强的负相关，DO 和 COD 呈现较强的正相关。主成分分析结果说明城市水体受到了工业、生活和农业源的人为污染，聚类分析结果将水质分为轻度黑臭水体、重度黑臭水体和一般水体。轻度黑臭水体的 TN 污染较为严重，重度黑臭水体的 NH_3—N 污染较为严重；两类水体的 DO 浓度均比一般水体低，进一步验证溶解氧不足是水体黑臭的直接原因。

关键词：黑臭水体；水质指标；主成分分析；聚类分析

1　引言

黑臭水体是指"呈现令人不愉悦的颜色和（或）散发令人不适气味的水体"。其特征是"水体颜色黑、散发异味臭"。黑臭水体呈现出黑色、黑灰色、黑褐色、黄褐色以及灰绿色等不正常的水体颜色[1]，且多存在于封闭或半封闭且没有明显流动的河道，表面漂浮生活垃圾或黑色污泥藻团。随着城市化高速发展，国内大部分城市普遍存在黑臭河道，其分布广且散[2]。黑臭水体已成为人们普遍关注的水环境问题，成为城市生态环境改善和城市生态文明建设亟待解决的问题。

20 世纪 60 年代，国内外学者就开始研究黑臭水体的形成机制。研究发现，有机污染物[3]、水体热污染、氮磷污染、底泥再悬浮和水循环动力条件不足等是导致水体黑臭的主要因素[4-5]。水体的溶解氧（DO）含量不足是发生黑臭的直接原因。Lazaro[6] 提出水体黑臭是水体中有机物被厌氧分解而产生的一种生物化学现象，Bowerbank 和 Romano[7] 证实了水体中的放线菌在适宜温度和充足的营养物质环境下产生的 2-MIB 冰片烷醇类和蔡烷醇类可作为水体发臭的指示物质，可量化水体的黑臭程度，而不稳定的硫化亚铁和硫化锰是水体致黑的主要因素[8-9]。无机污染物主要起到致黑作用，其主要致黑成分为易被氧化的硫化亚铁和硫化锰。我国最早对黑臭水体的研究主要是针对河流、湖泊和水库等不同类型的水体发黑发臭的形成机制。徐风琴等[10] 认为当水体中有大量有机污染物的时候，在适合的水温下都将受到好氧放线菌或厌氧微生物的降解，排放出不同种类发臭物质（如硫化氢、胺、氨等），引起水体不同程度臭味。应太林等[11] 对苏州河的发黑和致臭机制分别做了研究，结果证明水体发黑主要与悬浮颗粒物中带负电胶体的硫化亚铁有直接联系，腐殖质是吸附物或络合物的主要成分，而水体发臭主要与含硫、氮等有机物降解产生的氨气、硫化氢有关。

综上所述，导致水体黑臭的水质污染指标的特性分析少有发现，本文以广州市黑臭水体为研究对象，根据地面站点实测数据分析实测水质污染指标的特性，相关研究成果有助于污染溯源和黑臭水体的治理。

作者简介：孙宝森（1975—），男，高级工程师，主要从事水文资源方面的工作。

2　材料与方法

2.1　实验数据

根据《城市黑臭水体整治工作指南》指标，在永和河、车陂涌、黄龙带水库等野外实验区选择了 58 个采样点（见图 1）进行水质采样和同步光谱采集，由于部分采样点光谱数据存在异常，故本次实验的有效点位为 52 个，共采集了 52 个点的溶解氧（DO）、氨氮（NH_3—N）、总磷（TP）、总氮（TN）、化学需氧量（COD）、五日生化需氧量（BOD_5）、叶绿素浓度、氧化还原电位（ORP）。

2.2　研究方法

2.2.1　皮尔逊相关性分析

皮尔逊（Pearson）相关性分析法是用来衡量定距变量间的线性关系，当相关系数为正时，表示序列具有线性增加的趋势；当相关系数为负时，表示序列具有线性减少的趋势，计算公式如下：

$$r = \frac{\sum_{i=1}^{n}(X_i - \bar{X})(Y_i - \bar{Y})}{\sqrt{\sum_{i=1}^{n}(X_i - \bar{X})^2}\sqrt{\sum_{i=1}^{n}(Y_i - \bar{Y})^2}} \tag{1}$$

式中：变量 X 与变量 Y 的相关系数为 r；n 为两个变量的样本数；$\bar{X}$ 为变量 X 的平均值；$\bar{Y}$ 为变量 Y 的平均值。

2.2.2　主成分分析

主成分分析提供有关最有意义的参数的信息，这些参数描述了整个数据集呈现数据减少，原始信息损失最小。它是一种强大的模式识别技术，它试图解释大量相互关联的变量的方差，并将其转换为一组较小的独立（不相关）变量（主成分）。

2.2.3　聚类分析 CA（cluster analysis）

CA 分析通过 Ward 方法对标准化数据进行了分析，使用平方欧几里得距离作为相似性的度量，其计算式见式（2）。Ward 方法认为两个簇之间的接近度是平方误差的增加。这是更准确地对组进行分类的最常用方法。对于所有测试的参数，分布在聚类之前居中并减少。结果通过一个树状图来说明，该树状图显示了集群及其邻近度，原始数据的维数有所减少。

$$\text{dist}(x, y) = \sqrt{\sum_{i=1}^{n}(x_i - y_i)^2} \tag{2}$$

式中：x_i 和 y_i 为变量；n 为两个变量的样本数。

3　结果与分析

3.1　水质数据相关性分析

在 Origin2021 软件中使用 Pearson 相关系数对 TN、TP、NH_3—N、BOD_5、COD、DO 等水质参数进行相关分析（见图 1）。经分析得到 TN 和 TP、NH_3—N、BOD_5、COD 的 Pearson 相关系数分别为 0.981（$\rho<0.01$）、0.989（$\rho<0.01$）、0.871（$\rho<0.01$）、0.930（$\rho<0.01$），具有较强的正相关性，而 DO 和 TN、TP、NH_3—N、BOD_5 呈现较强的负相关性，DO 和 COD 也具有较强的正相关性。水质指标之间存在显著的正负关系，基于此可以得出结论：少数因素可以解释所有参数的主要方差，用于寻找内部结构并协助确定无法直接访问的污染源。

3.2　主成分分析

本文进行基于相关矩阵的主成分分析，以了解所有实测点水质变量之间的潜在关系，并确定其特征。Kaiser 标准用于确定要保留的主成分（PC）数量。PC 负载分为"强""中"和"弱"，对应的绝对负载值分别大于 0.75、0.50~0.75 和 0.30~0.50。碎石图被广泛用于识别基本数据结构的 PC 数

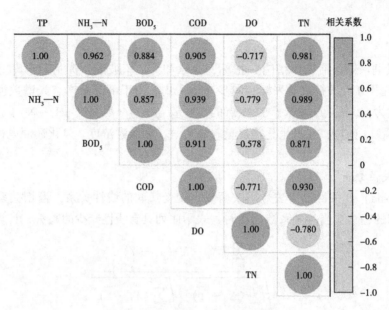

图1 水质参数相关性分析热图

量。图2显示了作为 PC 数的函数从大到小排序的特征值和主成分累计方差比例。该图显示了第2个特征值后斜率的无明显变化，2个组件被保留。表1成分矩阵中表示了2个保留 PC 的负载。

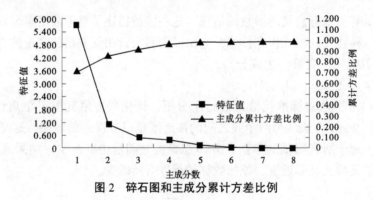

图2 碎石图和主成分累计方差比例

表1 成分矩阵

水质参数	PC1	PC2
TN	0.974	−0.130
TP	0.950	−0.202
NH_3—N	0.973	−0.114
悬浮物	0.739	0.356
BOD_5	0.912	−0.084
COD	0.973	0.024
DO	−0.807	−0.061
叶绿素	0.179	0.947
特征值	5.806	1.105
变异度/%	72.573 5	13.815
累计总方差/%	72.573	86.389

由于水质参数之间关系的复杂性，很难直接得出明确的结论。而主成分分析则可以详细解释数据的结构提取潜在信息。在这项研究中，大于1的特征值是从具有的PC中提取的。获得了特征值＞1（Kaiser归一化）的两个主成分，这解释了水质数据集中总方差的近86.389%（见表1）。特征值低于1的变量由于其显著性低而被删除，利用带特征值的碎石图确定可保留的主成分个数（PCs），以供进一步研究和理解底层数据集。PC1解释了总方差的72.573%，表现出TN、TP、NH₃—N、BOD₅、COD的高正负荷和DO高负负荷、悬浮物的中负荷，由于该分量包含水质主要参数的综合信息，可能与工业、生活和农业源的人为污染有关；PC2解释了总方差的86.389%，表现出叶绿素的高正负荷。

3.3 聚类分析

本研究利用CA分析对每个实测点的PCA得分进行分类，以检测52个实测点位的水质数据的相似性和相异性。用Ward法得到的水质分类结果以树状图给出。

3.4 水质分类

PCA结果显示，52个点位分为具有统计意义的3个集群，每个集群具有相似的水质状况。在自然水系中，水中的含氧量是判断水环境质量的一个重要指标。轻度黑臭水体的溶解氧均值属于Ⅳ类水体，重度黑臭水体的溶解氧均值远远低于Ⅴ类水，说明溶解氧不足是造成水体黑臭的直接原因。轻度黑臭水体、重度黑臭水体的氨氮均值远远超过Ⅴ类水，说明氨氮浓度过高是造成水体黑臭的重要因素。轻度黑臭水体、重度黑臭水体的总磷浓度均超过Ⅴ类水，说明总磷浓度过高是水体发生黑臭的主要因素。化学需氧量值越高，表示水中有机污染越严重。

水体悬浮物是悬浮在水中的固体微粒，是最重要的水质参数之一。从表2中可以看出，重度黑臭水体的总悬浮物浓度约是轻度黑臭水体的2倍、一般水体的20倍。一般水体、轻度黑臭水体和重度黑臭水体的总BOD₅浓度分别为1.4～6.7 mg/L、0.8～19.8 mg/L、9.5～45.6 mg/L，平均值分别为2.99±1.44 mg/L、7.91±5.37 mg/L、27.24±10.85 mg/L。一般水体、轻度黑臭水体和重度黑臭水体的总氮浓度分别为0.34～1.33 mg/L、1.05～19.02 mg/L、14.84～29.98 mg/L，平均值分别为0.56±0.29 mg/L、11.13±3.78 mg/L、21.20±5.22 mg/L。

表2　水质参数统计值

水质参数	一般水体/(mg/L)		黑臭水体			
			轻度黑臭水体/(mg/L)		重度黑臭水体/(mg/L)	
	最小值～最大值	平均值±标准差	最小值～最大值	平均值±标准差	最小值～最大值	平均值±标准差
DO	5.26～9	6.96±0.86	0.165～8.6	4.13±2.67	0.2～4.0	1.88±1.3
NH₃—N	0.02～0.46	0.09±0.14	0.405～17.56	9.26±3.94	12.6～29.28	19.19±5.91
TP	0.005～0.05	0.014±0.013	0.038～1.343	0.675±0.279	1.28～2.18	1.773±0.33
COD	4～22	6.56±0.279	4～74	36.67±15.29	43～105	73.22±17.01
悬浮物	0.4～7.2	2.02±1.85	2.4～79.2	21.5±10.63	6.8～130.7	51.47±41.25
BOD₅	1.4～6.7	2.99±1.44	0.8～19.8	7.91±5.37	9.5～45.6	27.24±10.85
TN	0.34～1.33	0.56±0.29	1.05～19.02	11.13±3.78	14.84～29.98	21.20±5.22

4 结论

本文分析了城市黑臭水体水质指标的相关性，并利用主成分分析对水质数据进行处理，结果表明水质受到工业、生活和农业源的人为污染，且个别点位的叶绿素含量较高，可能受到藻类大量繁殖的影响。将采样点水质分为一般水体、轻度黑臭水体和重度黑臭水体。轻度黑臭水体的TN污染较为严重，重度黑臭水体的NH₃—N污染较为严重；两类水体的DO浓度均比一般水体低，进一步验证溶解氧不足是水体黑臭的直接原因；重度黑臭水体的 TP 浓度严重超标，可能是农业肥料的使用导致水体的 TP 浓度偏高。

参考文献

[1] 姚月. 基于 GF 多光谱影像的城市黑臭水体识别模型研究 [D]. 兰州：兰州交通大学，2018.

[2] 顾佳艳，何国富，占玲骅，等. 上海市黑臭水体光谱特征分析及遥感识别方法探究 [J]. 环境科学研究，2022，35（1）：70-79.

[3] Aysen M. A study of volatile organic sulfur emissions causing urbanodors [J]. Chemosphere, 2003, 51 (4): 245-252.

[4] 刘晓玲，徐瑶瑶，宋晨，等. 城市黑臭水体治理技术及措施分析 [J]. 环境工程学报，2019，13（3）：519-529.

[5] 王旭，王永刚，孙长虹，等. 城市黑臭水体形成机理与评价方法研究进展 [J]. 应用生态学报，2016，27（4）：1331-1340.

[6] Lazaro T R. Urban Hydrology：a multidisciplinary perspective [M]. Michigan：Ann Arbor Science Publishers, 1979.

[7] Bowerbank S, Romano A. In-tube extraction dynamic headspace (ITEX-DHS) sampling technique coupled to GC-MS for sensitive determination of odorants in water [J] Thermo Scientific, 2020, 1-8.

[8] Davies J M, Roxborough M, Mazumder A. Origins and implications of drinking water odours in lakes and reservoirs of British Columbia, Canada [J]. Water Research, 2004, 38 (7): 1900-1910.

[9] Dionigi C P, Lawlor T E, Mcfarland J E, et al. Evaluation of geosmin and 2-methylisoborneol on the histidine dependence of TA98 and TA100 Salmonella typhimurium tester strains [J]. Water Research, 1993, 27 (11): 1615-1618.

[10] 徐风琴，杨霆. 松花江哈尔滨江段黑臭现象分析 [J]. 质量天地，2003（7）：46.

[11] 应太林，张国董，吴芯芯. 苏州河水体黑臭机理及底质再悬浮对水体的影响 [J]. 上海环境科学，1997，16（1）：23-26.

汾河流域采煤沉陷对黄土坡面形态的影响及其土壤侵蚀效应

李国栋[1]　郑贝贝[2]　白文举[1]　宋世杰[2]　冯泽煦[2]

（1. 山西水务集团建设投资有限公司，山西太原　030108；
2. 西安科技大学地质与环境学院，陕西西安　710054）

摘　要：以山西汾河流域典型采煤沉陷区为研究对象，以地表黄土自然坡面坡形（直线坡、凹形坡、凸形坡、复合坡）及自然坡度（15°、25°、35°、45°）为变量，采用数值模拟试验的方法，研究开采沉陷对黄土坡面形态及土壤侵蚀的影响。结果表明：凹形坡开采沉陷后坡度增幅最明显，土壤侵蚀模数增量最大；自然坡度越小，采后坡度增幅越大，土壤侵蚀模数增量越大；4 种坡形开采沉陷后坡度增幅及土壤侵蚀模数增量大小排序为凹形坡>复合坡>直线坡>凸形坡。本文研究可为山西汾河流域采煤沉陷区乃至黄河流域中游的水土流失精准防控与高质量发展提供科学依据。

关键词：采煤沉陷；黄河中游；地表形态；土壤侵蚀

1　引言

煤炭作为中国重要的能源之一，在我国的能源结构中占有绝对的地位[1]，能源主体地位形势短期不会发生改变。随着东部地区煤炭资源的逐渐枯竭，我国煤炭开发重心的战略西移趋势也日益明显。其中，黄河流域中游因为其煤炭资源比较丰富、开采条件较优越等特点已经成为煤炭西移战略的重要接续地。然而在煤炭的开采、运输和利用过程中会对生态环境造成一系列的严重问题[2]。这一结果与习近平总书记关于中国黄河流域中游部分的生态环境保护的一些重要指示和《黄河流域生态保护和高质量发展规划纲要》文件中关于"黄河中游突出抓好水土保持工作"的一些具体要求大相径庭[3]，因此破解煤炭开采与环境保护之间的尖锐矛盾迫在眉睫。

国内学者关于采煤沉陷引起的地表变形及矿区水土流失做了大量的研究。汤伏全等[4]运用数值模拟软件得出开采导致的沉降会使土层产生附加应力，且水平应力主要影响地表的变形特征。周伟等[5]对露天煤矿进行了研究，采用比较法、趋势外推法并利用地理信息技术等方法来获取煤矿的一些基础型数据，分析、预测了露天煤矿区在 2005—2080 年的土地利用变化以及土壤水土流失规律。然而，关于开采沉陷对不同形态的地表黄土坡面及矿区土壤侵蚀方面的研究还并不充分。

鉴于此，本文以山西汾河流域典型采煤沉陷区为研究区，使用 FLAC3D 数值模拟软件，并借助土壤侵蚀强度理论计算模型，计算土壤侵蚀模数及其变化量，阐明山西省汾河流域典型采煤沉陷区开采沉陷对地表黄土坡面自然形态的影响规律。

2　研究区概况

东于煤矿位于山西省清徐县城西北 8.0 km 处，行政区划属于清徐县东于镇。地理坐标

基金项目：山西省 2022 年度水利科学技术研究与推广项目。
作者简介：李国栋（1983—），男，高级工程师，主要从事水土生态保护恢复方面的研究工作。
通信作者：郑贝贝（1998—），女，硕士研究生，主要研究方向为矿山生态环境保护。

（CGCS2000 坐标系）为北纬 37°36′59″~37°39′08″，东经 112°12′35″~112°16′30″。研究区地形复杂，总的地势为北部高、南部低（见图 1），西部高、东部低。属暖温带大陆性气候，四季分明，昼夜温差大。年平均气温 10.39 ℃，多年平均降水量 433.3 mm，降雨多集中于 7—9 月，年蒸发量为 1 715.6~2 047.6 mm。井田面积 16.848 7 km²，生产规模 150 万 t/a，主采煤层为 2 号煤层，主要采用长壁综采方法。研究区以水力侵蚀为主，容许土壤流失量为 1 000 t/(km²·a)，研究区平均土壤侵蚀模数为 2 850 t/(km²·a)，属中度侵蚀[5]，是山西省水土流失重点监督区。

(a)矿区北部地形地貌　　　　　　　　　　　　　　(b)矿区南部地形地貌

图 1　矿区地形地貌图

3　模型构建与数值模拟试验

根据实测数据，确定模型基本框架为"底板-煤层-基岩层-黄土层"。设置地表黄土层总厚度 10 m，上层 9 m 为坡度段，下段 1 m 为水平段。

变量设置：坡形设置为直线坡、凹形坡、凸形坡、复合坡 4 类；坡度设置为 15°、25°、35°、45° 4 类。

模型几何尺寸：X 方向长 800 m，Y 方向长 20 m，Z 方向长 272.5 m（含 10 m 厚的底板）。模型左右两面边界沿 X 方向约束，前后两面边界沿 Y 方向约束，底面设置为全约束边界，顶面设置为自由边界。以 FLAC 3D 软件为平台，在达到初始平衡时沿 X 方向在 250 m 处开始模拟试验，每 50 m 开挖一次，直至达到充分采动，每隔 5 m 布设一个监测点。

4　结果与分析

4.1　开采沉陷对地表黄土坡面坡度的影响

4.1.1　自然坡形对沉陷坡面坡度的影响

根据试验结果计算不同模型坡度、坡长的变化（见表 1），并绘制了图 2。由表 1、图 2 可知：在自然坡度相同的情况下，不同黄土坡面的自然坡形对采后坡度增幅的影响具有差异。具体而言：自然坡度为 15°，直线坡、凸形坡、凹形坡、复合坡在地表沉陷后的坡度依次为 16.82°、16.63°、17.13°、16.87°，开采沉陷前后地表黄土坡面坡度增幅依次为 12.13%、10.88%、14.22%、12.45%。自然坡度为 25°，4 种坡形沉陷后的坡度依次为 27.59°、27.23°、28.45°、27.65°，坡度增幅依次为 10.37%、8.92%、13.79%、10.59%。自然坡度为 35°，4 种坡形沉陷后的坡度依次为 37.86°、37.24°、38.82°、37.94°，坡度增幅依次为 8.18%、6.39%、10.90%、8.41%。自然坡度为 45°，4 种坡形沉陷后的坡度依次为 47.98°、47.61°、48.97°、48.02°，坡度增幅依次为 6.63%、5.81%、8.82%、6.71%。由此可见，自然坡度为 15°~45° 时，均是凹形坡坡度增幅最大，凸形坡坡度增幅最小，4 种坡形坡度增幅排序为凹形坡>复合坡>直线坡>凸形坡。

表1　地表黄土坡面在沉陷后坡度、坡长的变化

自然坡形	自然坡度/(°)	自然坡长/m	采后坡度/(°)	采后坡长/m
直线坡	15	34.77	16.82	34.70
	25	21.30	27.59	21.15
	35	15.69	37.86	15.86
	45	12.73	47.98	12.86
凸形坡	15	41.10	16.63	41.03
	25	24.85	27.23	24.13
	35	17.63	37.24	17.25
	45	15.56	47.61	15.21
凹形坡	15	31.36	17.13	31.18
	25	17.74	28.45	17.62
	35	13.70	38.82	13.60
	45	11.60	48.97	11.52
复合坡	15	34.95	16.87	34.75
	25	21.43	27.65	21.03
	35	16.08	37.94	15.72
	45	12.95	48.02	12.74

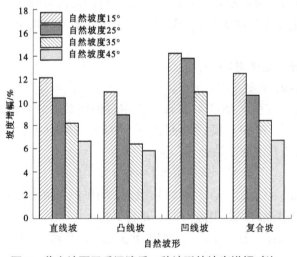

图2　黄土坡面开采沉陷后4种坡形的坡度增幅对比

综上所述，凹形坡坡度增幅最为明显，在开采沉陷变形中为敏感坡形；凸形坡坡度增幅最小；复合坡坡度增幅普遍与直线坡的坡度增幅相差不大。

4.1.2　自然坡度对沉陷坡面坡度的影响

根据试验结果，绘制了不同自然坡度下黄土坡面采后坡度增量及增幅（见图3）。由表1、图3可知，在任意坡形下，随着黄土坡面自然坡度的增大，达到充分采动后坡度的增大量也随之增大，坡度增大幅度则随之减小。具体而言：坡形为直线坡，自然坡度为15°、25°、35°、45°，开采沉陷后坡度增量依次为 1.82°、2.59°、2.86°、2.98°，相较于对应自然坡度的增大幅度依次为 12.13%、10.37%、8.18%、6.63%。坡形为凸形坡，在不同自然坡度下开采沉陷后坡度增量依次为 1.63°、

2.23°、2.24°、2.61°，坡度增幅依次为10.88%、8.92%、6.39%、5.81%。坡形为凹形坡，在不同自然坡度下开采沉陷后坡度增量依次为2.13°、3.45°、3.82°、3.97°，坡度增幅依次为14.22%、13.79%、10.90%、8.82%。坡形为复合坡，在不同自然坡度下开采沉陷后坡度增量依次为1.87°、2.65°、2.94°、3.02°，坡度增幅依次为12.45%、10.59%、8.41%、6.71%。

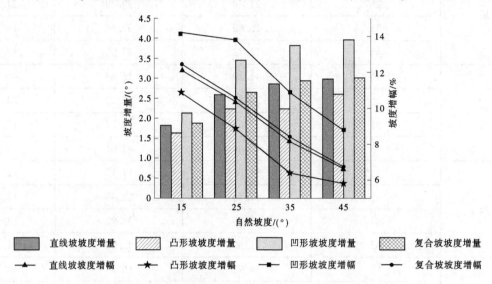

图3　不同自然坡度下黄土坡面采后坡度增量及增幅

综上所述，4种坡形在开采沉陷后坡度增大幅度均在自然坡度为15°时最大。由此可见，黄土坡面在任意自然坡形条件下，开采沉陷对"自然坡度为15°时"的黄土坡面影响最显著。

4.2　开采沉陷对地表黄土坡面坡长的影响

由表1可知，在任意自然坡形及坡度情况下，虽然各模型最终状态时的坡长变化量有所差异，均在-0.40~0.17 m，但无论是坡长的绝对变量还是变化范围均无明显规律，该结果与杨俊哲等[6]的研究结果相同。

4.3　开采沉陷对坡面土壤侵蚀的影响

4.3.1　计算土壤侵蚀模数的方法

选用中国通用土壤流失方程（CSLE）来计算土壤侵蚀模数，它是由刘宝元等在Wis-chmeie及Renard等建立的USLE模型、RUSLE模型的基础上[7]，结合我国的水土流失特点以及土壤坡面特点，建立的适用于中国土壤流失预测的模型公式，见式（1）。

$$M_1 = R \times K \times L \times S \times B \times E \times T \qquad (1)$$

式中：M_1为土壤侵蚀模数，t/(hm²·a)；R为降雨侵蚀力因子，(MJ·mm)/(hm²·h·a)，根据姬兴杰等[8]研究，选取山西汾河流域降雨侵蚀力因子R为1 223.1 (MJ·mm)/(hm²·h·a)；K为土壤可蚀性因子，(t·hm²·h)/(hm²·MJ·mm)，选用Williams等[9]提出的土壤可蚀性因子计算方法；L为坡长因子，采用Desmet等[10]提出的坡长因子经典计算公式；S为坡度因子，选用Mccool等[11]的坡度因子计算公式；B为植被覆盖与生物措施因子，选用蔡崇法等提出的植被覆盖度方程；E为工程措施因子，取值为0.9；T为耕作措施因子，取值为1[3]。

4.3.2　自然坡形对沉陷坡面土壤侵蚀的影响

黄土坡面开采沉陷前后土壤侵蚀模数计算见表2，根据表中数据绘制了图4。由表2、图4可知，不同坡形坡面的M_1增幅均存在差异。具体而言：相对于自然坡面，自然坡度为15°的直线坡、凸形坡、凹形坡、复合坡在开采沉陷后M_1的增幅依次为14.08%、12.65%、16.30%、14.24%；自然坡度为25°的4种坡形M_1增幅依次为10.32%、7.63%、13.80%、9.89%；自然坡度为35°的4种坡形M_1增幅依次为8.16%、4.80%、9.65%、6.60%；自然坡度为45°的4种坡形M_1增幅依次为5.94%、

3.58%、6.76%、4.60%。由此可知，无论任何自然坡度均是凹形坡的土壤侵蚀模数 M_1 增幅最大。

表 2　黄土坡面开采沉陷前后土壤侵蚀模数计算

自然坡形	自然坡度/(°)	CSLE 模型土壤侵蚀模数 M_1/[t/(hm² · a)]			变化率/%
		采动前 M_1	采动后 M_1	变化量	
直线坡	15	2 033.90	2 320.36	286.46	14.08
	25	2 804.39	3 093.82	289.43	10.32
	35	3 366.59	3 641.14	274.55	8.16
	45	3 796.39	4 021.98	225.59	5.94
凸形坡	15	2 211.26	2 490.90	279.64	12.65
	25	3 029.65	3 260.67	231.02	7.63
	35	3 569.02	3 740.35	171.33	4.80
	45	4 197.51	4 347.72	150.21	3.58
凹形坡	15	1 931.54	2 246.44	314.90	16.30
	25	2 559.77	2 913.04	353.27	13.80
	35	3 145.19	3 448.68	303.49	9.65
	45	3 623.87	3 869.02	245.15	6.76
复合坡	15	2 039.14	2 329.53	290.39	14.24
	25	2 813.47	3 091.84	278.37	9.89
	35	3 407.83	3 632.80	224.97	6.60
	45	3 829.55	4 005.54	175.99	4.60

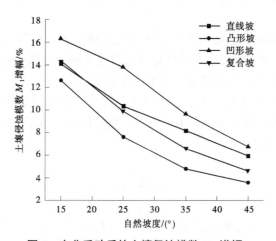

图 4　充分采动后的土壤侵蚀模数 M_1 增幅

　　综上所述，开采沉陷后黄土坡面的土壤侵蚀模数均会变大，普遍存在凹形坡>复合坡>直线坡>凸形坡的现象，其中凹形坡对开采沉陷后土壤侵蚀模数变化幅度最为敏感。

4.3.3　自然坡度对沉陷坡面土壤侵蚀的影响

　　从表 2、图 4 可知：无论何种自然坡度的黄土坡面在开采沉陷后土壤侵蚀模数的变化幅度都不相同，且土壤侵蚀模数增幅随着自然坡度的变化而变化。具体而言：相对于自然坡面，直线坡在坡度为15°、25°、35°、45°时，开采沉陷后 M_1 的增幅依次为 14.08%、10.32%、8.16%、5.94%；不同自然坡度的凸形坡 M_1 的增幅依次为 12.65%、7.63%、4.80%、3.58%；不同自然坡度的凹形坡 M_1 的增幅依次为 16.30%、13.80%、9.65%、6.76%；不同自然坡度的复合坡 M_1 的增幅依次为 14.24%、9.89%、6.60%、4.60%。由此可知，无论何种自然坡形，均是在自然坡度为 15°时土壤侵蚀模数 M_1 变化幅度最大。

综上所述，开采沉陷后 4 种坡形的土壤侵蚀模数都会变大，且自然坡度越小的黄土坡面，其侵蚀模数受开采沉陷影响变化越明显。

4.4　土壤侵蚀模数与自然坡度及坡形的量化关系

以试验结果为基础，运用非线性曲面拟合方法，建立了 4 种坡形开采沉陷后土壤侵蚀模数的增幅与黄土自然坡度、坡形的相应量化关系（见表 3）。

表 3　沉陷坡面 dM 与自然坡度及坡形的量化关系式

自然坡形	量化关系	相关系数 R^2
直线坡	dM = 97.772 7$i^{-0.710\ 7}$	0.972 3
凸形坡	dM = 258.885 8$i^{-1.111\ 6}$	0.992 8
凹形坡	dM = 106.362 0$i^{-0.677\ 4}$	0.851 2
复合坡	dM = 178.149 1$i^{-0.925\ 8}$	0.965 9

注： dM 为中国通用土壤流失方程计算的土壤侵蚀模数 M_1 的增幅（%）；i 为黄土坡面的自然坡度，(°)。

5　结论

（1）不同自然坡度作用下采煤沉陷对黄土坡面形态的影响规律。无论何种自然坡度，采煤沉陷均会导致地表黄土坡面坡度的增大。自然坡度越大，沉陷后坡度增量越大，坡度增幅越小。无论何种坡形，均是在自然坡度为 15°时坡度增幅最明显。

（2）不同自然坡形作用下采煤沉陷对黄土坡面形态的影响规律。无论何种自然坡形，采煤沉陷均会导致地表黄土坡面坡度的增大。无论自然坡度多大，均是凹形坡坡度增幅最明显，而凸形坡坡度增幅最小，复合坡与直线坡的坡度增幅变化相差不大。4 种坡形的坡度增幅排序为凹形坡>复合坡>直线坡>凸形坡。

（3）不同自然坡度作用下黄土坡面土壤侵蚀变化规律。开采沉陷后任意自然坡度的黄土坡面土壤侵蚀模数均会出现不同程度的增大，4 种坡形开采沉陷后的土壤侵蚀模数均在自然坡度为 15°时最大，普遍存在"自然坡度越小，土壤侵蚀模数增幅越大"的现象。

（4）不同自然坡形作用下黄土坡面土壤侵蚀变化规律。开采沉陷后任意自然坡形的黄土坡面土壤侵蚀模数均会出现不同程度的增大，其中凹形坡土壤侵蚀模数增幅最大，4 种坡形的土壤侵蚀模数排序为凹形坡>复合坡>直线坡>凸形坡。

参考文献

［1］宋世杰，冯泽煦，孙涛，等．陕北采煤沉陷区黄土坡面形变与土壤侵蚀效应［J］．西安科技大学学报，2023，43（2）：301-311.

［2］王双明，杜麟，宋世杰．黄河流域陕北煤矿区采动地裂缝对土壤可蚀性的影响［J］．煤炭学报，2021，46（9）：3027-3038.

［3］宋世杰，杜麟，王双明，等．陕北采煤沉陷区不同沉陷年限黄土坡面土壤可蚀性的变化规律［J］．煤炭科学技术，2022，50（2）：289-299.

［4］汤伏全，原涛，汪桂生．渭北矿区厚黄土层采动变形数值模拟研究［J］．西安科技大学学报，2011，31（1）：53-58.

［5］周伟，白中科，袁春，等．东露天煤矿区采矿对土地利用和土壤侵蚀的影响预测［J］．农业工程学报，2007，23（3）：55-60.

［6］杨俊哲，雷少刚．工作面开采强度对 RUSLE 坡度坡长因子的影响规律［J］．煤炭科学技术，2021，49
（1）：192-197.

［7］宋世杰，孙涛，郑贝贝，等．陕北黄土沟壑区采煤沉陷对黄土坡面形态的影响及土壤侵蚀效应［J］．煤炭科学
技术，2023，51（2）：422-435.

［8］姬兴杰，刘美，吴稀稀，等．1961—2019 年黄河流域降雨侵蚀力时空变化特征分析［J］．农业工程学报，2022，38
（14）：136-145.

［9］Williams J R, Arnold J G. A system of erosion-sediment yield models［J］. Soil Technology, 1997, 11（1）：43-45.

［10］Desmet P J J, Govers G. A GIS procedure for automatically calculating the USLE LS factor on topographically complex
landscape units［J］. Journal of Soil and Water Conservation, 1996, 51（5）：427-433.

［11］Mccool D K, Foster G R, Weesies G A. Slope length and steepness factors（LS）［M］. Washington：United States
Department of Agriculture, 1997.

《水利工程白蚁灯光诱杀技术导则》
编制思路与要点解读

蔡勤学[1,2] 屈章彬[1,2,4] 张树田[1,2] 张金水[1] 石 磊[3] 雷宏军[4] 严 军[4]

(1. 水利部小浪底水利枢纽管理中心，河南郑州 450000；
2. 黄河水利水电开发集团有限公司，河南济源 459017；
3. 上海万宁有害生物控制技术有限公司，上海 200000；
4. 华北水利水电大学，河南郑州 450000)

摘 要：《水利工程白蚁灯光诱杀技术导则》（T/CHES 76—2022）为中国水利学会新发布的团体标准，由水利部小浪底水利枢纽管理中心牵头编制。本标准适用于采用灯光诱杀技术开展水利工程白蚁有翅成虫防治，编制过程中吸收了国内相关专业领域最先进的理念和技术，总结提炼了国内多个大型水利工程技术应用案例的成功经验。本标准的发布填补了水利工程白蚁防治应用标准中的一项空白，进一步完善了白蚁防治领域现有技术标准体系，为推动我国白蚁防治技术向绿色综合防控转型升级提供了技术指导和支撑。本文介绍了《水利工程白蚁灯光诱杀技术导则》（T/CHES 76—2022）的编制背景、编制思路以及相关要点解读。

关键词：水利工程；白蚁；灯光诱杀；标准

1 标准编制背景

中华人民共和国成立以来，我国在水利工程建设与管理方面取得了辉煌成就，建有江河堤防约43万km，水库大坝约9.8万座，其中土石坝超过9万座。我国水利工程分布区与土栖性白蚁适生区高度重合，水利工程白蚁危害一直是个比较突出和严重的问题。根据水利部2011年对全国20个省份和计划单列市水利工程白蚁危害普查统计结果显示，水库大坝和河道堤防白蚁危害普遍存在[1]。近年来，随着全球气候变暖，土栖性白蚁已蔓延至黄河流域[2-3]，危害程度也呈明显加剧的趋势。因此，加强和规范水利工程白蚁防治已成为一项刻不容缓、关系工程安危的重要工作。

长期以来，我国水利工程白蚁防治主要采用人工挖巢、毒土灌浆、烟剂熏杀等方法，其中有些方法会产生较大的负面效应。如人工挖巢会影响坝体结构，造成水土流失；毒土灌浆、烟剂熏杀会造成环境污染，破坏生态等[4]。随着2001年我国签署《关于持久性有机污染物（POPs）的斯德哥尔摩公约》，氯丹、灭蚁灵等传统防治药物被禁用[5]，白蚁防治逐渐从化学药物防治和人工挖巢为主向以监测控制、灯光诱杀等多种绿色防治技术集成的现代有害生物综合治理方式转变。灯光诱杀技术是利用白蚁有翅成虫的趋光性引诱其扑灯，并通过特定的机械、物理、电击、溺水等方式进行灭杀，从而控制白蚁蔓延的行为；该技术无毒、无害、无污染，诱杀数量大，防治成本低，具有高效、绿色、不产生抗性等特点，近年来被成功地运用于黄河流域的小浪底水利枢纽和西霞院反调节水库、云南澜沧江

基金项目：中国保护黄河基金会资助项目"黄河小浪底水利枢纽及下游堤坝白蚁防控技术研究"（项目编号：CYRF2018001）。

作者简介：蔡勤学（1983—），男，高级工程师，主要从事水利工程运行管理及白蚁防治工作。

通信作者：屈章彬（1962—），男，正高级工程师，主要从事水利水电工程建设和运行管理及白蚁防治工作。

流域的糯扎渡水电站和苗尾水电站、南水北调中线干渠等大型工程白蚁防治实践中[6-10]。

近十几年来，我国相继发布了一批水利工程白蚁防治的技术标准，主要有《土石坝养护修理规程》（SL 210—2015）、《堤坝白蚁防治技术规程》（DB32/T 1361—2009）、《湖北省水利工程白蚁防治技术规程》（DB42/T 768—2011）、《安徽省水利工程白蚁防治技术规程》（DB34/T 2182—2014）、《堤坝白蚁防治管理规范》（DB3301/T 0204—2018）、《水库大坝白蚁防治技术规程》（DB51/T 2532—2018）、《堤坝白蚁防治技术规程》（DB41/T 1761—2019）和《水利工程白蚁防治技术规范》（DB44/T 2282—2021）等。但这些标准中仅提及在白蚁分飞期减少坝区灯光或利用光诱法进行防治，而没有配套的系统操作指南来指导实际应用。为此，2021年3月由水利部小浪底水利枢纽管理中心牵头，联合上海万宁有害生物控制技术有限公司、华能澜沧江水电股份有限公司糯扎渡水电厂、华北水利水电大学、中国南水北调集团中线有限公司、河南省水利科学研究院、江西农业大学等国内灯光诱杀技术产学研相关单位共同参与，提出了编制《水利工程白蚁灯光诱杀技术导则》的申请，于2022年9月完成编制并由中国水利学会正式发布。

2 标准编制思路

2.1 拟解决的问题剖析

我国危害水利工程的白蚁主要包括土白蚁属和大白蚁属等土栖性白蚁，其中以黑翅土白蚁和黄翅大白蚁分布最广、危害最严重。土栖性白蚁侵入水利工程的途径主要通过空中分飞和地表蔓延两种方式。特别是在白蚁分飞期，水利工程周边区域大量有翅成虫飞落坝体配对建巢繁殖是白蚁种群发展唯一途径，也是水利工程白蚁危害的最主要来源。在黄河小浪底水利枢纽、澜沧江糯扎渡水电站等工程白蚁防控实践中，经多年现场观察发现，由于受水库大坝地形"狭管效应"的影响[11]，大坝周边的有翅成虫会被大风裹挟，大量飞落到坝体上。《建设工程白蚁危害评定标准》（GB/T 51253—2017）规定水利工程白蚁危害现场调查范围应包括水利工程蚁患区和蚁源区，其中蚁患区范围为：水库土石坝为坝体、坝两端及离坝脚线50 m内，土质堤防为堤身、离堤脚线50 m内，土质高填方渠道为挡水堤堤身、离堤脚线10 m内。蚁源区范围为：水库土石坝为坝体、坝两端及离坝脚线50~500 m；土质堤防为堤身、离堤脚线50~100 m；高填方渠道为离堤脚线10~100 m。在上述区域之外有山体和树林的，外延范围宜统一扩大至1 000 m[12]。由于受水利工程管理范围和白蚁防治经济成本等多重因素的限制，目前国内水利工程白蚁防治主要针对蚁患区，蚁源区往往划定范围偏小而且采取的防治措施有限，导致每年白蚁分飞期大量有翅成虫直接飞落蚁患区，造成"年年治蚁、年年有蚁""挖而不尽、灭而不绝"的恶性循环局面。因此，可通过在蚁源区合理布设白蚁诱捕灯，形成连续闭环的光屏障，对可能飞入蚁患区的有翅成虫进行诱捕和阻断，最大程度地减少飞落坝体的有翅成虫数量，从而控制白蚁种群密度，减轻对坝体的危害。

2.2 相关领域的研究现状

2.2.1 白蚁趋光性研究

昆虫的趋光性是昆虫在特定环境下长期进化的结果，是多类昆虫常见的基本生理特性，具有该特性的昆虫对特定波长的光线具有敏感性，原因是昆虫的复眼或单眼内含有对特定范围光谱敏感的视觉细胞，视觉细胞膜上存在跨膜视蛋白和载色体，二者共同构成感光色素，感光色素的光谱吸收性很大程度上决定了感光细胞的光谱敏感性[13]。昆虫对光的感应多偏于电磁波光谱中央附近的短波光，波长为253~700 nm，相当于昆虫能识别光谱中的紫外光至红外光内部分区域，还能看到人眼不能看到的短波光[4]。昆虫对光的趋性有正、负两种，趋向光为正趋性，避开光为负趋性。昆虫对光的反应不仅因种类而异，而且在不同性别和发育阶段也有差异。

白蚁群体内的工蚁和兵蚁复眼退化或缺失，不能感受到周围环境的光线，但白蚁的有翅成虫具有发育完善的视觉器官，且很多白蚁种类的有翅成虫在分飞期都具有强烈的趋光性。胡剑等[14]研究表明，黑翅土白蚁有翅成虫每个复眼小眼数为360个左右，其发达的视觉能力有助于其在自然界中扩散，扩散范围可达1 074 m。山野胜次等[15]研究发现，台湾乳白蚁有翅成虫偏好400~420 nm的蓝色荧光。张琳等[16]研究发现，台湾乳白蚁有翅成虫对红、蓝、绿三种灯光色均有趋光性，其中对蓝色最为敏感。上海万宁有害生物控制技术有限公司联合华北水利水电大学2021年6—7月在河南洛阳小浪底水利枢纽管理区和云南大理苗尾水电站管理区进行了白蚁灯光引诱野外试验，结果表明：土白蚁属有翅成虫的敏感光波长多集中在360~420 nm，大白蚁属有翅成虫的敏感光波长多集中在490~580 nm，其中白光灯和黑光灯对土白蚁属和大白蚁属的白蚁均有较好的引诱效果，但绿光灯对大白蚁属有翅成虫的引诱效果明显好于土白蚁属有翅成虫。

2.2.2 灯光诱杀技术研究

利用昆虫对光的正趋性来防治害虫在我国已有悠久的历史，成语"飞蛾扑火"就是古人对这种行为的总结。20世纪五六十年代，我国即在农林领域大面积采用黑光灯诱杀害虫。进入21世纪，灯光诱杀已经成为了农林害虫绿色防控和监测预警主要的手段之一。目前，国内市场上针对不同的害虫种类和不同的应用需求，多家科研单位和专业公司已经研制出直流晶体管黑光灯、单管黑白双光灯、高压汞灯、频振式杀虫灯、双波灯、物联网测报灯等多种新型诱捕灯[13]。近年来，我国农林领域相继发布一批诱捕灯相关技术标准，主要有《诱虫灯林间使用技术规程》（LY/T 1915—2010）、《太阳能杀虫灯通用技术条件》（NB/T 34001—2011）、《植物保护机械 杀虫灯》（GB/T 24689.2—2017）、《农用诱虫灯应用技术规范》（NY/T 3697—2020）、《农作物病虫害监测设备技术参数与性能要求》（NY/T 4182—2022）等。

灯光诱杀技术运用于水利工程白蚁防治，历史上也曾开展了一些实践与探索，取得了经验，但教训也非常深刻。20世纪60年代，广东清远迎嘴水库曾利用黑光灯诱杀白蚁有翅成虫，将黑光灯安装于坝体上，导致大量有翅成虫分飞后被吸引到坝体，由于安装位置不当反而成为了"引狼入室"的典型[17]。1975年4月19日至6月10日，湖北某水库开展黑光灯灭蚁试验，沿水库坝脚安装第一排9台20 W的黑光灯，灯与坝脚线距离15~20 m，相邻两灯距离50~60 m，主要诱杀坝上的有翅成虫；另在距离第一排灯50~100 m处，依地形、地貌布置安装第二排5台20 W的黑光灯，主要截杀从外围飞来的有翅成虫，并作为第一排的辅助灯，全部黑光灯都是统一开关控制。试验结果表明：黑光灯诱杀有翅成虫效果显著，每年能坚持诱杀，对减少白蚁新群体起到很大的作用，实践证明这是个有效的预防方法[18]。湖北省水利部门经过几十年的实践和探索，2011年首次将光诱法写入《湖北省水利工程白蚁防治技术规程》（DB42/T 768—2011），规定"在白蚁繁殖分飞季节的傍晚，在距蚁患区80 m以外的地点和蚁源区安置灯光设施，并在灯光下设置面积大于3 m²的药水池，通过灯光诱集白蚁，落水灭杀。也可在离水库大坝或大坝两端蚁源区岸边100~200 m范围的水面设置明亮光源，诱使白蚁趋光飞行，落水灭杀"[19]。近年来，上海万宁有害生物控制技术有限公司、华北水利水电大学联合国内灯光诱杀技术产学研相关单位，在农业害虫诱捕灯的基础上已研制出多款专用的白蚁诱捕灯，并在小浪底水利枢纽、糯扎渡水电站等多个水利工程成功应用；目前已研制出国内首套以测报预警功能为主的智能型白蚁诱捕灯（也称为物联网白蚁测报灯），2023年5—7月在云南糯扎渡水电站完成了功能样机的野外试验，能实现图像采集、昆虫自动识别和计数及远程数据传输等功能，满足了白蚁监测自动化系统硬件组网的需要。

2.3 技术应用的工程案例

2.3.1 小浪底水利枢纽和西霞院反调节水库

黄河流域的小浪底水利枢纽和西霞院反调节水库白蚁防控区总面积达到338.25万 m²，主要危害种类为黑翅土白蚁。其防控实践中应用了灯光诱杀技术,在蚁源区共安装太阳能风吸式白蚁诱捕灯388台,2018—2020年,3年治理期共计诱捕有翅成虫11万余头,大幅减少了有翅成虫飞向工程核心区的数量,有效降低了有翅成虫配对建巢的概率;截至2020年底,防控区实现了土栖性白蚁基本清零的目标。小浪底水利枢纽和西霞院反调节水库白蚁诱捕灯布置、安装及效果如图1所示。

图 1 小浪底水利枢纽和西霞院反调节水库白蚁诱捕灯布置、安装及效果

2.3.2 糯扎渡水电站

云南澜沧江下游的糯扎渡水电站白蚁防控区总面积达120.43万 m^2,2014年对水电站枢纽区进行白蚁危害调查,结果显示平均蚁害率为53.6%,共发现有2科10属17种白蚁,认定具有潜在危害的白蚁有9种,分别为黑翅土白蚁、黄翅大白蚁、云南大白蚁、土垄大白蚁、云南土白蚁、锥颚土白蚁、细颚土白蚁、孟定地白蚁和版纳乳白蚁;2015年开展白蚁综合防控工作,应用了灯光诱杀技术,在蚁源区共安装太阳能电击式白蚁诱捕灯81台,2015—2018年,4年治理期共捕获有翅成虫近63万头,有效减少了有翅成虫飞向防控区域内的数量;截至2018年底,工程核心区域白蚁危害率下降到0,其他区域白蚁危害率下降到2.9%。糯扎渡水电站白蚁诱捕灯布置、安装及效果如图2所示。

2.3.3 苗尾水电站

云南澜沧江中上游的苗尾水电站白蚁防控区总面积达82.77万 m^2,2008年开展建设前期白蚁危害调查,发现共有2科7属11种白蚁,主要危害种类为黑翅土白蚁、黄翅大白蚁、土垄大白蚁和云南大白蚁。2013年,在新建大坝白蚁预防工作中开始使用灯光诱杀技术,在大坝上下游两岸共安装220 V网电撞击风吸式白蚁诱捕灯50台,有效阻止了有翅成虫飞向工程核心区;2017年进入白蚁防治维护期,至今灯光诱杀技术仍发挥着主导作用;截至2020年底,工程核心区域白蚁危害率为0,其他区域白蚁危害率为2.5%。苗尾水电站白蚁诱捕灯布置、安装及效果如图3所示。

图 2 糯扎渡水电站白蚁诱捕灯布置、安装及效果

图 3 苗尾水电站白蚁诱捕灯布置、安装及效果

2.3.4 南水北调中线干渠

南水北调中线干渠工程管理单位 2018 年选取河南平顶山郏县段（22.274 km）和宝丰段（13.475 km）填方渠段开展白蚁治理试验项目，试验段防治面积约 89.33 万 m²，经调查白蚁危害种类为黑翅土白蚁。在试验项目中应用了灯光诱杀技术，在渠道左右岸防护林带共安装太阳能风吸式白蚁诱捕灯 358 台，有效阻止了有翅成虫飞向工程核心区。南水北调中线干渠白蚁诱捕灯布置、安装及效果如图 4 所示。

图 4 南水北调中线干渠白蚁诱捕灯布置、安装及效果

3 标准要点解读

3.1 标准编制原则

3.1.1 先进性的原则

根据白蚁有翅成虫趋光的生物特性，在摸清土栖性白蚁有翅成虫的分飞侵入是水利工程遭受白蚁危害的主要途径的基础上，结合白蚁有翅成虫感光性的波长范围研究成果，并总结了多个工程的技术应用案例，《水利工程白蚁灯光诱杀技术导则》（T/CHES 76—2022）提出了以白蚁诱捕灯为载体、其他技术为辅助的灯光诱杀技术作为针对土栖性白蚁有翅成虫防控的主要手段，突出了先进性原则。

3.1.2 可操作性的原则

《水利工程白蚁灯光诱杀技术导则》（T/CHES 76—2022）将灯光诱杀技术具体化，对方案设计、安装调试、运行维护等具体技术要求和实施程序进行了统一规定；附录对白蚁诱捕灯的类型和布置提供了图例。通过小浪底水利枢纽、西霞院反调节水库、糯扎渡水电站、苗尾水电站和南水北调中线干渠等多个大型水利工程的成功应用，具备了可操作性。

3.1.3 可持续性的原则

（1）《水利工程白蚁灯光诱杀技术导则》（T/CHES 76—2022）所涉及的产品、技术，无论在水利工程建设期和运行期都可持续用于白蚁防治工作中，通过诱捕阻断白蚁有翅成虫飞向蚁患区，最大限度降低防治区域内的白蚁种群密度，从而实现控制蚁害的目标。

（2）《水利工程白蚁灯光诱杀技术导则》（T/CHES 76—2022）所涉及的产品、技术，具有无毒、无害、不污染环境、诱杀数量大、防治效果好、经济成本低、安装简单、节能低碳等特点，体现了环境保护与可持续性发展。

（3）《水利工程白蚁灯光诱杀技术导则》（T/CHES 76—2022）所涉及的产品和技术，以确保水利工程安全运行为目标，坚持区域控制、综合治理的理念，紧抓灭治白蚁有翅成虫的关键环节，可与现有其他白蚁相关技术标准互为补充、配合应用。

3.2 标准内容要点说明

《水利工程白蚁灯光诱杀技术导则》（T/CHES 76—2022）共分为 7 章和 4 个附录，主要技术内容包括适用范围、规范性引用文件、术语和定义、基本要求、方案设计、安装调试、运行维护、附录等。

3.2.1 适用范围

《水利工程白蚁灯光诱杀技术导则》（T/CHES 76—2022）的定位是水利工程灯光诱杀白蚁有翅成虫新技术，作为现有水利工程白蚁防治技术标准体系的重要补充，同样适用于有水利工程白蚁危害区域内的新建、扩建、改建、已建及除险加固的水利工程白蚁的预防和治理。

3.2.2 规范性引用文件

《水利工程白蚁灯光诱杀技术导则》（T/CHES 76—2022）规范性文件中不仅引用了水利行业相关技术标准，还重点引用了《太阳能杀虫灯通用技术条件》（NB/T 34001—2011）、《植物保护机械 杀虫灯》（GB/T 24689.2—2017）等农业领域灯光诱杀相关技术标准。

3.2.3 术语和定义

《水利工程白蚁灯光诱杀技术导则》（T/CHES 76—2022）规定了《白蚁防治工程基本术语标准》（GB/T 50768—2012）中界定的术语和定义同样适用，从《农用诱虫灯应用技术规范》（NY/T 3697—2020）中引进了"敏感光波长"的术语，从《植物保护机械 杀虫灯》（GB/T 24689.2—2017）中引进了"电击式白蚁诱捕灯""风吸式白蚁诱捕灯"等术语并做了适应性修改，同时根据实际新增了"灯光诱杀""撞击风吸式白蚁诱捕灯""探照式白蚁诱捕灯"等术语，满足和方便了水利工程白蚁防治技术人员对标准的理解和使用。

3.2.4 基本要求

本章共 5 条，其中第 1 条明确了使用灯光诱杀技术遵循的原则和要求，并不是所有水利工程都适合采用灯光诱杀技术，而是需要根据水利工程的结构类型、蚁害（患）程度和白蚁种类及分布情况进行综合分析判断是否适合使用。

3.2.5 方案设计

本章由一般规定、蚁情调查及危害等级评定和白蚁诱捕灯选型与布置 3 个部分组成。一般规定主要是对灯光诱杀技术的使用前提、方案编制流程以及技术专项方案内容作出了说明。蚁情调查及危害等级评定主要是参照《建设工程白蚁危害评定标准》（GB/T 51253—2017）和《土石坝养护修理规程》（SL 210—2015）的相关规定执行。白蚁诱捕灯选型与布置是本标准最核心的内容之一，对常见的白蚁诱捕灯类型、供电方式、结构形式、质量技术要求均作出了详细的说明；对白蚁诱捕灯的选项作出了明确的要求：①宜优选太阳能光伏供电方式的白蚁诱捕灯；②在树林、灌木丛等植被茂密的区域不宜选用电击式白蚁诱捕灯；③大坝上游库区临水位置宜选用探照式白蚁诱捕灯。对白蚁诱捕灯的布置提出了明确的要求和详细的实施方案：①白蚁诱捕灯宜靠近防治区域边界线（蚁源区外沿）布置，布置位置应透光良好、地域开阔、没有遮挡物（如有树枝遮挡应作修剪），形成连续闭环的光屏障，并避开夜间照明灯光直射；②堤防和土石坝白蚁诱捕灯的布置方案分别见图 5 和图 6；③在白蚁分飞期现场检查发现，由于有翅成虫分飞数量大且集中，部分有翅成虫会被白蚁诱捕灯引诱但是不入灯，最后落入诱捕灯的周边，因此专门规定每台白蚁诱捕灯周围应布置不少于 4 套白蚁监测装置。

R——白蚁诱捕灯有效照射半径。

图 5 堤防白蚁诱捕灯的布置方案

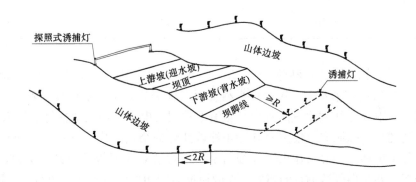

注：1. R 为白蚁诱捕灯有效照射半径。

2. 当白蚁诱捕灯布置在斜坡上时，相邻两灯之间的水平距离应为 2R×cosα，其中 α 为坡角。

图 6 土石坝白蚁诱捕灯的布置方案

3.2.6 安装调试

本章由一般规定、安装要求、调试要求和完工验收 4 个部分组成。一般规定中第 3 条对白蚁诱捕灯的安装位置作出了明确的要求，应按照施工方案及现场具体情况确定，应统一编号并标识，应记录安装点位坐标和高程信息，完工后应绘制并提交安装布置平面图。安装要求中对施工程序、技术要求、安全要求都作出了详细的说明，特别是规定白蚁诱捕灯、白蚁监测装置等在安装前应进行到货验收，白蚁诱捕灯应符合《植物保护机械 杀虫灯》（GB/T 24689.2—2017）和《水利工程白蚁灯光诱杀技术导则》（T/CHES 76—2022）附录 B 的相关要求，白蚁监测装置应符合《房屋白蚁预防技术规程》（JGJ/T 245—2011）和《水利工程白蚁防治技术规范》（T/CHES 44—2020）的相关要求。调试要求中对常规型的白蚁诱捕灯和带物联网测报功能的白蚁诱捕灯的调试分别作出了具体的说明。完工验收中对验收的程序和资料作出了具体的说明。

3.2.7 运行维护

本章由一般规定、运行要求和维护要求 3 个部分组成，也是《水利工程白蚁灯光诱杀技术导则》（T/CHES 76—2022）最核心的内容之一，主要从水利工程管理单位的角度，并结合多个工程运行维护实践经验编制而成。一般规定中对工程管理单位任务和职责提出了明确的要求，对灯光诱杀相关设施设备维护和监测资料整编分析作出了规定，同时规定应严格管控堤坝上的照明灯光，最大限度减少有翅成虫飞落到堤坝上。运行要求中根据行业的研究和现场试验的总结，对常见的土栖性白蚁种类的敏感光波长及对应的开灯时段参考值进行了统计（见表 1），极大地提高了白蚁诱捕灯的现场使用效果；对白蚁诱捕灯的检查的要求、频次、内容以及分飞期监测的内容作出了详细的说明，并提出了有翅成虫分飞后的灭治处理措施；维护要求中对白蚁诱捕灯的维护的要求和方法作出了说明，并根据工程实践经验对有翅成虫尸体的环保处理作出了明确的要求；从储虫容器中清理出来的有翅成虫尸体为水产养殖的高能饲料，应该充分利用；无条件利用的不应随意丢弃，应集中倒入垃圾箱或做深埋处理，应防止二次污染。

表 1 水利工程白蚁种类的敏感波长及灯光诱杀开灯时段参考值

序号	白蚁种类	敏感波长/nm	开灯时段（时：分）
1	黑翅土白蚁	360~420	18：00~21：00
2	黄翅大白蚁	490~580	02：00~05：00
3	云南大白蚁	490~580	02：00~05：00
4	云南土白蚁	360~420	19：00~24：00
5	土垄大白蚁	490~580	22：00~05：00

3.2.8 附录

《水利工程白蚁灯光诱杀技术导则》（T/CHES 76—2022）共有附录 A 白蚁诱捕灯结构示意图、附录 B 白蚁诱捕灯的质量技术要求、附录 C 水利工程白蚁诱捕灯布置示意图和附录 D 白蚁诱捕灯安装记录表 4 个附录。附录 A 中对水利工程白蚁防治中常用的电击式白蚁诱捕灯、风吸式白蚁诱捕灯、撞击风吸式白蚁诱捕灯、探照式白蚁诱捕灯等 4 种诱捕灯的结构画出了详细的示意图。附录 B 中对白蚁诱捕灯的性能要求和安全要求作出了详细的说明。附录 C 中对堤防白蚁诱捕灯的布置、土石坝白蚁诱捕灯的布置、两排白蚁诱捕灯的布置、白蚁诱捕灯周边白蚁监测装置的布置均画出了详细的示意图。附录 D 根据工程实践经验制作了白蚁诱捕灯安装位置记录表。

4 结语

《水利工程白蚁灯光诱杀技术导则》（T/CHES 76—2022）在编制过程中不仅吸收了国内农业害虫防治专业领域和白蚁防治专业领域最先进的理念和技术，而且总结提炼了国内多个大型水利工程技术应用案例的成功经验，具有先进性、可操作性和可持续性。《水利工程白蚁灯光诱杀技术导则》（T/CHES 76—2022）的发布实施填补了水利工程白蚁防治应用标准中的一项空白，进一步完善了白蚁防治领域技术标准体系，为推动我国水利工程白蚁防治技术向绿色综合防控转型升级提供了技术指导和支撑。

参考文献

[1] 帅移海. 水利工程白蚁防治技术与管理 [C] //全国白蚁防治标准化技术委员会. 全国白蚁防治工作会议暨白蚁防治标准化技术委员会年会论文集. 杭州：城市害虫防治，2012：41-44.

[2] 雷存伟，冯林松，吕正勋，等. 河南省水库大坝白蚁危害现状分析 [J]. 人民黄河，2022，44（11）：106-109.

[3] 蔡勤学，张树田，屈章彬，等. 黄河大堤河南段白蚁种类及分布调查 [J]. 人民黄河，2023，45（5）：148-150，162.

[4] 宋晓刚，李志强，葛科. 白蚁防治技术与管理现状：中国、美国、欧洲、东南亚 [M]. 杭州：浙江大学出版社，2019.

[5] 尹红，宋晓钢，莫建初. 我国白蚁防治药剂应用现状及发展趋势探讨 [J]. 中华卫生杀虫药械，2013，19（3）：182-186.

[6] 屈章彬，尤相增，赵建中，等. 光控技术在小浪底水利枢纽白蚁防控中的应用 [C] //中国大坝工程学会. 水库大坝高质量建设与绿色发展——中国大坝工程学会 2018 学术年会论文集. 郑州：黄河水利出版社，2018：779-783.

[7] 屈章彬，蔡勤学，张树田，等. 土石坝白蚁综合防控技术在黄河小浪底水利枢纽中的应用实践 [J]. 地基处理，2021，3（4）：355-360.

[8] 席隆海，张岗，王选凡，等. 白蚁综合治理技术研究及应用 [J]. 云南水力发电，2019，35（5）：12-15.

［9］夏旭东，申军成，卢俊，等．白蚁监控技术在 MW 水电站白蚁防治中的应用［J］．云南水力发电，2021，37（11）：218-221.

［10］何芳婵，史新伟，吕正勋．堤坝白蚁防治技术应用［M］．郑州：黄河水利出版社，2019.

［11］陈文龙．白鹤滩水电站极端大风天气成因分析［J］．农业与技术，2018，38（23）：138-141.

［12］中华人民共和国住房和城乡建设部．建设工程白蚁危害评定标准：GB/T 51253—2017［S］．北京：中国计划出版社，2018.

［13］陈德鑫，文礼章，王凤龙．昆虫趋光性与杀虫灯在烟草中的应用［M］．北京：科学出版社，2017.

［14］胡剑，潘金春，谭文雅，等．黑翅土白蚁有翅成虫复眼的形态结构［J］．昆虫知识，2009，46（2）：272-276，166.

［15］山野胜次，林文红．台湾家白蚁的物理防治［J］．白蚁科技，1988（4）：26-29.

［16］张琳，徐尔烈，吴文哲．有翅型家白蚁（Coptotermes formosanus Shiraki）（等翅目：鼻白蚁科）的趋光性研究［J］．台湾昆虫，2001，21（4）：353-363.

［17］戴自荣，陈振耀．白蚁防治教程［M］．2 版．广州：中山大学出版社，2004.

［18］黄远达．中国白蚁学概论［M］．武汉：湖北科学技术出版社，2002.

［19］湖北省质量技术监督局．湖北省水利工程白蚁防治技术规程：DB42/T 768—2011［S］．北京：中国水利水电出版社，2012.

赣江流域土地利用变化对水文干旱的影响

何定池[1] 何昊[2]

(1. 中水珠江规划勘测设计有限公司，广东广州 510610；
2. 广东省水利电力勘测设计研究院有限公司，广东广州 510610)

摘 要：近年来，我国干旱事件频发，土地利用/覆被变化作为变化环境下的主要表现形式，在一定程度上影响流域干旱的发生。本文以赣江流域为研究对象，构建流域 SWAT 模型，基于标准化径流指数和游程理论，分析土地利用变化对水文干旱的影响。研究得出赣江流域土地利用变化在一定程度上会对水文干旱造成一定影响，以达到预防及减少干旱造成的损失的目的，对经济社会发展有重大现实意义。

关键词：赣江流域；土地利用；SWAT 模型；水文干旱

1 引言

受人类活动的影响，土地利用发生改变，其对流域水文循环过程造成影响，例如植被的截留、地表填洼以及地下径流的分割，其综合作用下影响水文过程，从而改变流域产汇流机制，影响流域径流量等[1]，进而导致流域水资源时空分布格局、水文循环过程和降雨量的地表再分配过程发生变化[2]，引发流域干旱的发生和发展。

近年来，国内外学者针对变化环境下的土地利用变化对水文干旱的影响进行相关研究。如 Giannini 等[3]以非洲萨赫勒为研究区，该研究区森林植被被大量砍伐，森林遭到破坏，导致流域水文干旱加剧，表明土地利用发生变化会对水文干旱产生影响。邢子强等[4]通过研究表明，草地和天然森林向农田和建设用地转移，使得流域年均径流量增加，干旱频率和强度增强。刘永强[5]利用美国和大陆七个动力降尺度模型，研究了区域植被和气候变化情景的影响，发现植被对地气水分、能量和其他通量的交换和反馈方式产生影响，而土地利用变化直接或间接地影响着干旱的发生趋势。此外，大量研究表明，围湖造田、无序扩张等不合理的土地利用造成的下垫面改变是干旱加剧的重要原因之一[6]。在黄河流域，黎云云[7]分析了土地利用变化中城镇化建设可以在一定程度上缓解地表水干旱，但也可能引发和加剧地下水干旱；而伐木毁林或过度放牧等土地利用变化可在一定程度上缓解地表水干旱，但也可能会诱发或加剧地下水干旱。王畅[8]基于 SWAT 水文分布模型对汾河水文干旱的影响的研究中得到，土地利用变化在水体、草地减少，居民用地、耕地、林地增加的情况下，1992—2000 年月尺度干旱中，无旱、轻旱、中旱频率占比由 81.5% 下降至 55.6%，重特旱频率发生显著上升。水体和草地的减少使得流域内旱情加重。蒋桂芹[9]通过模拟不同土地利用变化方案对海河本系的研究中得到，土地利用变化对水文干旱历时影响较大，对水文干旱历时驱动作用 42%，其次是气候因素，对水文干旱历时驱动作用 30% 等。王文亚[10]通过对黄河流域水文干旱研究得到，人类活动所导致的土地利用变化对径流产生较大影响，从而影响流域水文干旱的发生。目前，在土地利

基金项目：中水珠江勘测信息系统开发（企业创新基金项目 2022KY06）。
作者简介：何定池（1976—），男，工程师，主要从事测绘、地质勘察工作。
通信作者：何昊（1998—），男，助理工程师，主要从事水文水资源及水土保持工作。

用研究中，多为定性地描述对水文干旱的影响，仅少量文献定量描述各类用地对其影响。

　　本文以赣江流域为研究对象，构建流域 SWAT 模型，基于标准化径流指数 SRI，构建干旱数据平台，利用游程理论识别干旱特征等方法分析赣江流域土地利用变化对水文干旱的影响。揭示土地利用变化对水文干旱的影响，以达到预防及减少干旱造成的损失的目的，对经济社会发展有重大现实意义。

2　研究区概况与数据来源

2.1　研究区概况

　　赣江流域位于我国南方，是长江中下游重要支流，流域面积 83 500 km²，自然落差 937 m。地形复杂，以丘陵、山地和盆地为主。山地丘陵占流域面积的 64.6%，低丘岗地占 31.5%，平原、水域等仅占 3.9%。流域内河谷宽广，河流湍急，水系发达，其中包括赣江、抚河、信江、饶河等多条河流，河道总长度超过 3 000 km，是江西省主要水源地。流域降水量在年内分布不均，平均年降雨量在 1 200～1 600 mm，主要在 5—9 月，其中 7 月和 8 月是降雨高峰期，占全年降雨量的 40% 以上。流域水位变化较大，一般在年内分为 3 个时期：枯水期、丰水期和汛期。枯水期主要出现在冬季，河水量较少，水位较低。流域干旱情况比较严重，主要出现在冬季和春季。赣江流域地形地貌复杂，地面蒸发量大，使得干旱时期的水资源供应短缺，给当地居民带来一定的困扰。赣江流域研究区及相关站点位置见图 1。

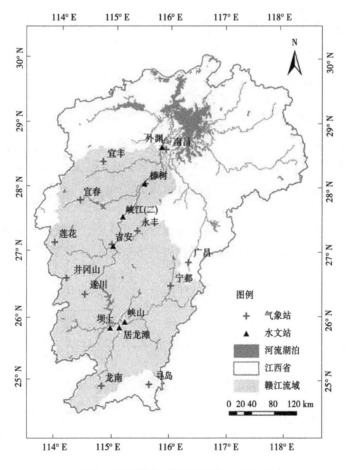

图 1　赣江流域研究区及相关站点位置

2.2 数据与来源

2.2.1 赣江流域数字高程 DEM

数据来源于地理空间数据云。下载江西省 30 m 分辨率数字高程数据，通过裁剪得到赣江流域的 DEM 数据。

2.2.2 赣江流域土地利用数据

土地利用数据来源于中国科学院地理科学与资源研究所。该数据为高精度的矢量数据，通过目视解译遥感数据获得，分辨率为 30 m，根据美国的土地利用标准，利用 ArcGIS 重分类工具得到 6 类土地利用类型，分别为耕地、林地、草地、水域、建设用地和未利用地，再通过影像裁剪最终得到研究区赣江流域 1980—2018 年土地利用数据。

2.2.3 赣江流域土壤数据

土壤数据来源于 HWSD （har-monized world soil database） 的全球土壤 1∶400 万数据集。

2.2.4 流量数据

流量数据主要来自赣江 7 个水文站，这些数据是从水利部水文局编制的水文年鉴上获得的，分别为吉安、峡江、樟树、外洲、峡山、居龙滩和坝上。

2.2.5 气象数据

气象数据来自国家气象科学数据中心，收集 1959—2019 年赣江流域内 13 个气象站点的日数据，如宜丰、莲花、宜春等。数据包括每日的最低温度、最高温度、降水量、日照时间、风速和相对湿度。

3 研究方法

3.1 SWAT 模型建模

SWAT 模型模拟水文过程基于水平衡方程式[11]。

$$SW_t = SW_0 + \sum_{i=1}^{t} (R_a - Q_{surf} - E_a - \omega_{seep} - Q_{gw}) \tag{1}$$

式中：SW_t 为末期土壤含水量，mm；SW_0 为前期土壤含水量，mm；t 为水文过程时间，d；R_a 为第 i 天降水量，mm；Q_{surf} 为第 i 天地表径流量，mm；E_a 为第 i 天蒸发量，mm；ω_{seep} 为第 i 天透过土壤层的渗漏量和旁侧流量，mm；Q_{gw} 为第 i 天地下水回归流量，mm。

3.2 标准化径流指数

标准化径流指数计算方法与标准化降水指数类似，其基本原理是将径流数据进行拟合，得到径流序列的分布函数，求出累计频率再对其标准正态化得到 SRI 值[12]。具体步骤如下。

$$g(x) = \frac{1}{\beta^\alpha \Gamma(\alpha)} x^{\alpha-1} e^{-\frac{x}{\beta}} \tag{2}$$

$$\Gamma(\alpha) = \int_0^\infty x^{\alpha-1} e^{-x} dx ; \quad \alpha = \frac{1 + \sqrt{1 + \frac{4A}{3}}}{4A} \tag{3}$$

$$\beta = \frac{\bar{x}}{\alpha} ; \quad A = \lg\bar{x} - \frac{1}{n} \sum_{i=1}^{n} \lg x_i \tag{4}$$

式中：α 为形状参数；β 为尺度参数；x 为径流序列平均值；n 为径流序列的长度。

确定概率密度函数中的参数后，对某一时间段的径流量 x_0，可求出随机变量小于 x_0 的概率 F：

$$F = \int_0^{x_0} g(x) dx = \frac{1}{\beta^\alpha \Gamma(\alpha)} \int_0^{x_0} x^{\alpha-1} e^{-\frac{x}{\beta}} dx \tag{5}$$

$$SRI = S \frac{t - (c_2 t + c_1)t + c_0}{[(d_3 t + d_2)t + d_1]t + 1} \tag{6}$$

$$t = \sqrt{\ln F^{-2}} \tag{7}$$

3.3 游程理论

水文干旱有多种特征,主要包括干旱历时、干旱烈度和烈度峰值。通常采用游程理论对其进行提取。基于流域干旱状况的时间序列,设定阈值 X,用来量化这些特征。若干旱指数低于这个阈值,其对应的时长称为干旱历时,低于这个阈值的干旱指数总和为干旱烈度,在干旱历时内绝对值最大的干旱指数定义为烈度峰值[13]。游程理论示意图如图 2 所示。

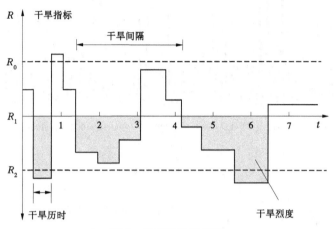

图 2 游程理论示意图

4 结果与分析

4.1 SWAT 的率定验证

输入数据建立流域 SWAT 模型,采用 SWAT-CUP 软件对模型进行率定验证。在对本模型率定中,将模拟径流量与实测径流量作为参考来对模拟效果进行评价。本研究采用 R^2、NSE 和 R_e 3 个指标对径流模拟的结果进行精度评价,如表 1 所示。由表 1 可知,各水文站在率定期和验证期的 R^2 值均大于或等于 0.70,最大达到 0.93,最小为 0.70;NSE 值均大于或等于 0.69,$|R_e|$ 均小于 20%。其中,率定期峡江、樟树和外洲站的 R^2 和 NSE 均大于或等于 0.90,R_e 的值均小于 10% 且都为正值,表明模拟值略大于实测值;验证期各水文站的 R^2 和 NSE 均大于或等于 0.69,其中峡江、樟树和外洲站均大于或等于 0.90,居龙滩和峡山站大于或等于 0.85。

表 1 各水文站月径流模拟结果评价

水文站	率定期(1961—1999 年)			验证期(2000—2018 年)		
	R_e/%	R^2	NSE	R_e/%	R^2	NSE
居龙滩	−9.61	0.85	0.84	−5.65	0.86	0.85
坝上	−8.97	0.78	0.76	−3.80	0.70	0.69
峡山	−1.13	0.87	0.86	1.21	0.85	0.85
吉安	−15.03	0.90	0.82	−14.20	0.90	0.84
峡江	4.11	0.92	0.90	5.16	0.91	0.90
樟树	5.98	0.93	0.92	8.87	0.91	0.90
外洲	7.68	0.91	0.90	9.10	0.91	0.90

　　图 3 为赣江流域各水文站 1961—2018 年逐月径流模拟值与径流观测值的对比情况。可以发现，无论是率定期还是验证期，赣江流域 7 个水文站的径流模拟序列与感测序列比较吻合。模型整体模拟效果表现比较好，仅存在个别时段模拟值小于观测值。赣江流域 SWAT 模型径流模型效果比较好，模型模拟的月径流量可信度较高，模型对赣江流域的径流和水文过程模拟是适用的。

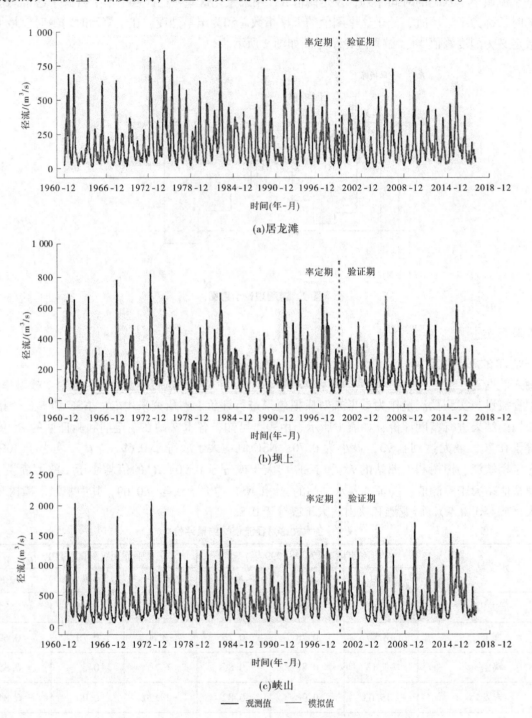

(a)居龙滩

(b)坝上

(c)峡山

—— 观测值　—— 模拟值

图 3　各水文站 1961—2018 年逐月径流模拟值与径流观测值对比

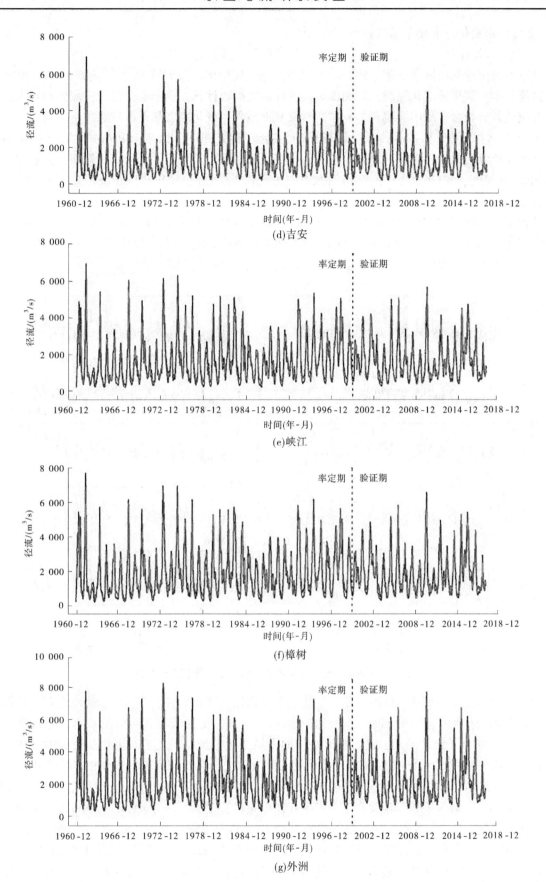

(d)吉安

(e)峡江

(f)樟树

(g)外洲

续图 3

4.2 土地利用变化对水文干旱的影响

4.2.1 干旱指标分析

根据不同土地利用情景下建立的 SWAT 模型，分别模拟出赣江流域 81 个子流域 1961—2019 年的逐月径流数据。利用标准化径流指数 SRI 对其进行水文指数计算。由于整个赣江流域面积较大，对所有子流域进行分析会导致内容冗长，故本文对流域土地利用变化较大的下游区域进行分析。

基于 SWAT 模型模拟的径流量，计算标准化径流指数 SRI1、SRI3、SRI6、SRI12 和 SRI24。其中，标准化径流指数 SRI 对应的时间尺度不同，其反映的干旱类型不同。为反映短期径流响应，一般采用 SRI1 月尺度、SRI3 月尺度和 SRI6 月尺度，为反映长期径流响应，则采用 SRI12 月尺度和 SRI24 月尺度。

分析不同时间尺度 SRI 变化特征，不仅可以观察短期水文干旱发生的时间状态变化，还可以掌握长期水文干旱的演变情况。为了研究土地利用变化对指数的影响，根据 1980 年和 2015 年两期土地利用情景下模拟出的径流量，分别计算多尺度下的标准化径流指数 SRI，结果如图 4 所示。

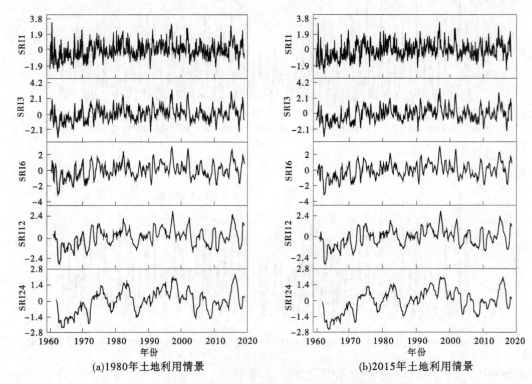

(a)1980年土地利用情景　　　　　　　　　　　(b)2015年土地利用情景

图 4　不同时期土地利用情景下水文干旱指标变化过程

由图 4 可知，不同尺度的标准化径流指数表现出相似的变化趋势，但在波动幅度上存在较明显的区别，这是因为时间尺度短的 SRI1 月、SRI3 月和 SRI6 月，受径流的影响效果较大，导致水文干旱指数 SRI 在 0 线上下频繁波动，这反映出短期的干旱变化特征；而随着尺度增加达到的 SRI12 月和 SRI24 月，其 SRI 对长期径流响应降低，表明赣江流域水文干旱比较稳定，具有相对较明显的周期。

通过对 1980 年和 2015 年土地利用情景下的标准化径流指数可知，不同土地利用情景下，SRI 指数趋势大致相同，但对于干旱程度和干旱频率存在一定的差异性。在 1980 年土地利用情景中，干旱指数在 1 月尺度、3 月尺度和 6 月尺度下均为 1963 年 6 月干旱最为严重，SRI 值分别为 -2.6、-3.2、-3.1，在 12 月尺度下 SRI 值为 -3.1，其次较为干旱年份有 2018 年、2011 年及 1991 年等。在 2015 年土地利用情景中，干旱发生最为严重仍然为 1963 年 6 月，但其 SRI1 值为 -2.8，相比 1980 年土地利用下，干旱指数数值增加了 7%。综上所述，这二者干旱发生时间大致相同，但在数值上，后者偏大，主要原因是 2015 年土地利用程度的加剧。

4.2.2 干旱等级分析

与气象干旱相同，水文干旱可根据标准化径流指数 SRI 所计算的大小划分为 5 个等级，分别为无旱、轻旱、中旱、重旱和特旱。其具体划分可参考国内研究成果（见表 2）。

表2　水文干旱等级的划分标准

等级	SRI 值	干旱特征
1	>-0.5	无旱
2	(-1.0, -0.5]	轻旱
3	(-1.5, -1.0]	中旱
4	(-2.0, -1.5]	重旱
5	≤-2.0	特旱

由于不同尺度下的标准化径流指数反映的干旱情况不同，为了能较好地反映水文干旱等级情况，在对赣江流域水文干旱等级划分中，采用 SRI3 月尺度的标准化径流指数对其进行等级划分。分别对 1980 年和 2015 年不同土地利用情景下，1961 年 1 月到 2019 年 12 月的干旱事件进行等级划分。分析每年中各月干旱等级次数、干旱等级比例和干旱等级变化率。分析赣江流域各月干旱事件发生情况，以及不同土地利用对干旱等级的影响。

表 3、表 4 分别为 1980 年、2015 年赣江流域土地利用情景下下游水文干旱等级次数统计。由表 3 可知，赣江流域主要以无旱和轻旱等级为主，分别累计发生 483 次和 125 次；中旱和重旱等级次之，分别累计发生 60 次和 30 次；特旱事件发生较少，共 10 次。其中，轻旱在 7 月累计次数最多，达到 17 次；中旱 4 月和 8 月均为 7 次；重旱 9 月次数最多，达到 5 次；特旱事件较少，仅存在 1~2 次。

表3　1980 年赣江流域土地利用情景下下游水文干旱等级次数统计　　　　单位：次

月份	无旱	轻旱	中旱	重旱	特旱
1	40	12	5	2	0
2	41	10	4	4	0
3	41	10	4	4	0
4	43	5	7	3	1
5	43	8	3	3	2
6	42	8	4	3	2
7	35	17	5	0	2
8	38	11	7	1	2
9	44	6	4	5	0
10	39	11	6	2	1
11	40	12	5	2	0
12	37	15	6	1	0
累计（占比）	483（68.22%）	125（17.65%）	60（8.47%）	30（4.24%）	10（1.41%）

表4 2015 年赣江流域土地利用情景下下游水文干旱等级次数统计　　　　单位：次

月份	无旱	轻旱	中旱	重旱	特旱
1	40	12	5	2	0
2	41	10	4	4	0
3	41	10	4	4	0
4	43	5	7	3	1
5	43	8	3	3	2
6	42	8	4	3	2
7	35	17	5	0	2
8	38	11	7	1	2
9	44	6	4	5	0
10	39	11	6	2	1
11	40	12	5	2	0
12	37	15	6	1	0
累计（占比）	479（67.65%）	131（18.50%）	54（7.63%）	31（4.38%）	13（1.84%）

由表4可知，2015 年土地利用情景下所划分的干旱等级，其整体分布与1980 年土地利用情景下的大致相同，均以无旱和轻旱等级为主，中旱和重旱等级次之，特旱事件发生较少，各月干旱等级累计相似。但随着土地利用变化，2015 年无旱等级所发生次数减少，从483 次降为479 次，而轻旱、重旱和特旱等级均存在不同数量的增加，其中增加最多的是轻旱事件，由125 次增加到131 次，特旱事件相比由10 次增加到13 次，增加了30%。

图5为1980 年和2015 年不同土地利用情景下下游干旱等级变化率，通过图能较为直观地反映其变化情况，其中无旱和中旱等级变化率减少，分别为-0.56% 和-0.85%；轻旱、重旱和特旱等级变化率增加，分别为0.85%、0.14% 和0.42%。

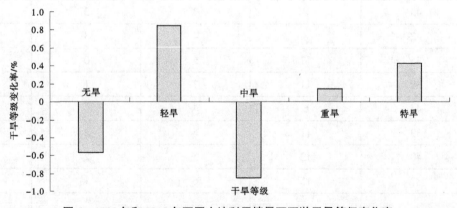

图5 1980 年和2015 年不同土地利用情景下下游干旱等级变化率

综上所述，赣江流域主要以无旱和轻旱等级为主，中旱和重旱次之，特旱事件发生较少。通过1980 年和2015 年不同土地利用时期下所统计的干旱等级对比可知，土地利用变化对干旱等级会造成一定影响，且用地变化越大其造成的影响也就越大。王畅[8] 在对汾河的研究中，同样表明土地利用变化会导致重旱频率升高，流域内旱情加剧。

4.2.3 干旱特征分析

基于 1980 年和 2015 年土地利用数据模拟下的径流量，计算其 3 月尺度下的基于 SRI3，利用游程理论，识别赣江流域各干旱事件特征，包括干旱历时、干旱烈度和烈度峰值，并进行分析。

表 5 为 1980 年土地利用情景下下游水文干旱特征变量统计。由表 5 可以清楚地了解赣江下游各干旱事件的发生时间和结束时间，以及其对应的水文干旱特征。在 1980 年土地利用情景下，赣江流域一共发生了 36 次干旱事件，其间持续时间最长的是 1971 年 3 月至 1972 年 11 月，持续了 21 个月，干旱烈度达到 24.293 1，烈度峰值为 1.669 0，持续时间较长，造成影响较大。流域干旱事件普遍持续 2~3 个月，烈度峰值在 1 以内，属于轻旱事件。发生干旱最严重的时间为 1962 年 1 月至 1963 年 12 月，持续了 15 个月，烈度峰值达到 3.201 3，属于特旱事件，其对流域造成严重影响。流域所有干旱事件持续时间达到 214 个月，占 1961—2019 年总时长的 30.2%，干旱发生较为频繁。

表 5   1980 年土地利用情景下下游水文干旱特征变量统计

起止时间（年-月）	干旱历时/月	干旱烈度	烈度峰值
1961-12—1962-05	6	6.922 1	1.631 0
1962-01—1963-12	15	26.022 3	3.201 3
1964-04—1964-05	2	1.595 4	1.000 0
1964-09—1965-11	15	19.892 8	1.933 2
1966-02—1966-06	5	2.758 5	0.734 7
1966-01—1968-05	20	23.240 2	1.981 4
1968-01—1969-08	11	9.599 5	1.115 4
1970-01—1970-03	3	2.225 2	0.936 1
1971-03—1972-11	21	24.293 1	1.669 0
1974-04—1974-07	4	5.712 5	1.847 9
1977-02—1977-04	3	3.301 7	1.375 0
1977-11—1977-12	2	1.230 4	0.651 7
1978-07—1979-02	8	7.603 7	1.361 2
1979-07—1979-08	2	1.254 6	0.644 2
1979-12—1980-01	2	1.828 4	1.010 4
1980-12—1981-01	2	1.122 2	0.616 9
1985-06—1985-08	3	2.308 2	0.976 5
1986-01—1986-03	3	1.948 4	0.693 5
1986-06—1987-09	16	13.559 8	1.309 9
1988-07—1988-09	3	2.456 6	1.255 2
1989-01—1990-01	4	3.590 6	0.994 5
1991-06—1991-09	4	7.440 6	2.469 7
1996-12—1997-01	2	1.552 3	0.788 6
1999-03—1999-04	2	1.465 7	0.844 6
2000-07—2000-08	2	1.558 2	0.910 6
2003-07—2004-03	9	9.048 8	1.686 2

续表 5

起止时间（年-月）	干旱历时/月	干旱烈度	烈度峰值
2004-06—2005-01	8	7.007 6	1.362 9
2007-12—2008-01	2	2.008 5	1.017 8
2008-05—2008-07	3	2.963 7	1.075 6
2009-02—2009-07	6	7.411 5	1.674 8
2009-01—2009-12	3	2.883 9	1.315 2
2011-03—2011-01	8	10.222 1	2.143 6
2013-07—2013-09	3	1.915 6	0.797 5
2014-11—2015-02	4	3.022 1	0.865 1
2018-04—2018-08	5	7.793 9	2.439 1
2019-01—2019-12	3	2.250 7	0.882 1

表 6 为 2015 年土地利用下情景下下游水文干旱特征变量统计。

表 6 2015 年土地利用情景下下游水文干旱特征变量统计

起止时间（年-月）	干旱历时/月	干旱烈度	烈度峰值
1961-12—1962-05	6	6.800 7	1.583 5
1962-01—1963-12	15	26.948 9	3.260 8
1964-04—1964-05	2	1.844 2	1.129 6
1964-09—1965-11	15	21.122 2	1.946 9
1966-05—1966-06	2	1.667 1	1.027 3
1966-01—1968-05	20	23.864 5	1.938 2
1968-01—1969-07	10	8.905 7	1.106 2
1970-01—1970-03	3	2.472 7	1.083 9
1971-03—1972-01	20	24.508 3	1.667 2
1974-03—1974-07	5	6.442 9	2.025 5
1977-02—1977-04	3	3.588 2	1.528 8
1977-11—1977-12	2	1.149 1	0.580 5
1978-08—1979-02	7	7.272 2	1.411 4
1979-07—1979-08	2	1.316 8	0.686 8
1979-12—1980-02	3	2.551 2	1.124 9
1981-07—1981-09	3	1.759 4	0.636 2
1984-01—1984-02	2	1.077 9	0.559 5
1985-06—1985-09	4	2.826 6	0.959 9
1986-01—1986-03	3	2.003 8	0.770 2
1986-06—1987-04	11	10.336 5	1.344 1
1987-07—1987-09	3	2.189 1	0.826 2

续表6

起止时间（年-月）	干旱历时/月	干旱烈度	烈度峰值
1988-08—1988-09	2	1.734 0	1.091 0
1989-01—1990-01	4	3.222 0	0.867 4
1991-06—1991-09	4	6.963 2	2.413 2
1996-12—1997-01	2	1.609 8	0.847 2
1999-03—1999-04	2	1.383 9	0.771 7
2000-07—2000-08	2	1.426 0	0.806 0
2003-07—2004-02	8	7.788 4	1.328 7
2004-06—2005-01	8	6.556 8	1.315 5
2007-05—2007-08	4	3.325 3	0.974 4
2007-12—2008-01	2	2.203 1	1.115 1
2008-05—2008-07	3	2.817 8	1.008 7
2009-02—2009-07	6	6.262 7	1.563 3
2009-01—2009-12	3	3.107 6	1.404 1
2011-03—2011-01	8	10.360 3	2.080 1
2013-07—2013-01	4	2.643 4	0.797 7
2014-11—2015-02	4	2.913 5	0.859 7
2018-03—2018-01	8	9.998 0	2.325 3
2019-01—2019-12	3	2.279 5	0.937 8

由表6可知，1961—2019年间，赣江下游发生了39次干旱事件，其中干旱事件持续时间最长的是1966年1月到1968年5月和1971年3月至1972年1月，持续时间均为20个月，其干旱烈度分别为23.864 5和24.508 3，烈度峰值分别为1.938 2和1.667 2，这两次干旱事件相似。在此期间发生干旱最严重的是1962年1月到1963年12月，持续时间为15个月，烈度峰值3.260 8，属于特旱事件。流域所有干旱事件时间达到218个月，占1961—2019年总时长的30.8%，干旱事件较频繁。

通过对比赣江下游1980年和2015年不同土地利用情景下的具体干旱事件及特征统计可知，二者干旱事件整体情况大致相同，主要以轻旱为主，特旱事件较少，但随着人类活动对赣江土地利用的影响，导致干旱事件发生次数增加，由原来的36次增加到了39次，且干旱持续时间由214个月增加到218个月，其中各干旱事件所对应的干旱特征变化不同，主要取决于土地利用变化的变化情况。

5 结论

（1）赣江流域 SWAT 模型，率定期和验证期的 R^2 值均大于或等于0.70，NSE 值均大于或等于0.69，$|R_e|$ 均小于20%，拟合效果较好，适用于该流域。

（2）赣江流域不同土地利用情景下，水文干旱指数整体趋势大致相同，但程度和频率存在一定差异。

（3）赣江流域主要以无旱和轻旱事件为主，特旱发生次数较少，随着土地利用的改变，轻旱、重旱和特旱等级均存在不同数量的增加。

（4）赣江流域土地利用的变化对干旱历时、干旱烈度和烈度峰值均存在一定影响，2015年土地利用情景下干旱事件更为严重。

参考文献

［1］Willett K M, Gillett N P, Jones P D, et al. Attribution of observed surface humidity changes to human influence ［J］. Nature, 2007, 449 (7163)：710-712.

［2］任丹丹. 黄河中上游水文过程对土地利用和气候变化的响应 ［D］. 长沙：中南林业科技大学, 2021.

［3］Giannini A, Biasutti M, Verstraete M M. A climate model-based review of drought in the Sahel：Desertification, the re-greening and climate change ［J］. Global and Planetary Change, 2008, 64 (3)：119-128.

［4］邢子强, 严登华, 鲁帆, 等. 人类活动对流域旱涝事件影响研究进展 ［J］. 自然资源学报, 2013, 28 (6)：1070-1082.

［5］刘永强. 植被对干旱趋势的影响 ［J］. 大气科学, 2016, 40 (1)：142-156.

［6］蒋美彤. 人类活动对水文干旱的影响研究 ［D］. 北京：华北电力大学, 2021.

［7］黎云云. 气候和土地利用变化下流域干旱评估—传播—驱动—预测研究 ［D］. 西安：西安理工大学, 2018.

［8］王畅. 土地利用/覆被变化对汾河上游水文干旱的影响研究 ［D］. 太原：太原理工大学, 2021.

［9］蒋桂芹. 干旱驱动机制与评估方法研究 ［D］. 北京：中国水利水电科学研究院, 2013.

［10］王文亚. 变化环境下无定河流域水文干旱演变规律及驱动机制分析 ［D］. 杨凌：西北农林科技大学, 2017.

［11］刘卫林, 李香, 吴滨, 等. 修河中上游流域土地利用变化对径流的影响 ［J］. 水土保持研究, 2023, 30 (3)：111-120.

［12］韩会明, 孙军红. 赣江流域气象水文干旱传播特征分析 ［J］. 中国农村水利水电, 2022, 482 (12)：101-106.

［13］Yevjevich V M. An objective approach to definitions and investigations of continental hydrologic droughts ［D］. Libraries：Colorado State University, 1967.

山丘区中小河流洪水影响分析
——以锦江仁化县城段为例

王　扬[1,2,3]　张晓艳[1,2,3]　麦栋玲[1,2,3]　叶志恒[1,2,3]　王嘉琪[1,2,3]

(1. 广东省水利水电科学研究院，广东广州　510635；
2. 广东省水动力学应用研究重点实验室，广东广州　510635；
3. 河口水利技术国家地方联合工程实验室，广东广州　510635)

摘　要： 以锦江仁化县城段为例，采用一维水动力模型计算河段沿程水面线，并进行合理性分析，利用洪水淹没分析方法计算流域不同频率下的洪水淹没范围，并结合承载体指标，绘制山丘区中小河流洪水淹没图。经分析在 5~20 年一遇的洪水条件下，淹没范围主要为两岸防洪标准较低的农田和耕地，当超过 50 年一遇的洪水后，洪水从县城防洪堤段漫溢至周边低洼的区域，淹没范围主要涉及丹霞街道的沿江村落，中心村受灾最为严重，沿江局部低洼区域的人员需要转移。计算结果可为防洪减灾应对措施、加强灾后救助和风险评估提供科学依据。

关键词： 中小河流；锦江；洪水影响分析；洪水淹没图

1　引言

我国山丘区中小河流数量多，分布广，水文成因复杂，与大江大河完备的防洪工程体系相比较，中小河流防洪设施少，防洪工程标准偏低[1]。加之山丘区地形复杂多变，洪水汇流时间短、突发性强、预报难度大[2-5]，在汛期，局部强降雨常会导致中小河流的突发性洪水灾害，给山丘区人民生命及财产安全和经济社会发展带来了严重的威胁[6]。因此，开展山丘区中小河流洪水淹没影响分析，对防洪减灾及风险研判具有重要的意义[7]。目前已有学者开展了相关研究。孙依等[8]以饮马河（石头口门水库坝址以下）为研究对象，通过对历史洪水进行模拟，以及对模型中参数的率定和验证，进而分析饮马河防洪保护区各溃口洪水演进及淹没情况。钟华等[9]选取浙江省诸暨市中小流域为研究对象，采用水力学模型开展洪水分析，结合承灾体调查成果，统计分析洪水影响的城集镇、村庄、人口，编制山丘区中小流域洪水淹没图，为中小流域的规划编制、灾害防治、监测预警、应急响应、灾后评估等防灾减灾工作提供信息支撑。谢信东[10]选择萍水河萍乡水文站断面至湘东金鱼石村断面河段为研究对象，充分考虑区域内其他七条小流域的汇流影响，开展萍水河湘东段洪水风险分析研究。梁艳红[11]以洪灾综合风险分析研究理论体系和方法为基础，以江西省罗塘河为研究对象，将中小河流溃堤洪水数值模拟和地理信息系统有机结合，从洪水的危险性和承灾体"易损性"两方面探讨了洪灾风险综合评价方法，对研究区域的洪灾风险进行了评价及洪灾风险分布进行了区划。本次研究以锦江仁化县城段为例，采用一维水动力模型计算河段沿程水面线，并进行合理性分析，利用洪水淹没分析方法计算流域不同频率下的设计洪水淹没范围，结合各承载体指标，统计分析受影响的城镇、人口、土地和 GDP（国内生产总值），绘制山丘区中小河流洪水淹没图，为防洪减灾应对措施的提出及加强灾后救助和风险评估提供科学依据。

基金项目： 广东省水利科技创新项目（2021-07）；广东省水利科技创新项目（2020-20）。

作者简介： 王扬（1989—），男，高级工程师，主要从事水力学及河流动力学方向的研究工作。

2　研究区概况

锦江属珠江流域北江水系，发源于湖南、江西、广东 3 省交界的万时山，流向自北而南，流经韶关市仁化县长江、双合水、恩口、小水口、仁化县城、丹霞山、夏富和细瑶山，在细瑶山出仁化县境，至曲江区白忙坝汇入浈江。锦江流域面积为 1 913 km²，锦江中下游建有锦江水库，为大（2）型水库，坝址以上集雨面积为 1 410 km²，占全流域的 73.1%，库容 1.8 万 m³，坝顶高程 141.2 m。除锦江水库外，锦江仁化县城段涉及 9 宗闸坝工程，主要包括甘竹坝水电站、优桑电站、丹霞电站、瑶山电站等水闸及拦河坝。锦江水库下游有仁化水文站，于 1953 年设立，1956 年改成水文站，增测流量，测站址以上流域面积 1 476 km²，为锦江河口以上集雨面积的 77.16%，实测最大流量 2 020 m³/s。锦江仁化县城段涉及 1 宗堤防工程，为仁化县城防洪堤，堤防等级 4 级，防洪标准 50 年一遇，堤防长度 16.7 km，堤顶高程 90.8~96.3 m。锦江的主要支流是陈欧河、里周水、黄溪水、扶溪水、城口水、黎屋水、康溪水和董塘水。研究区域河流水系示意图见图 1。

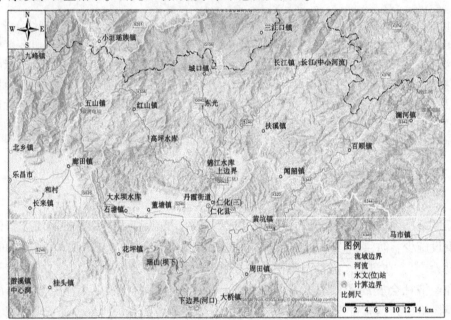

图 1　研究区域河流水系示意图

3　洪水分析计算

以锦江仁化县城段所在的流域为研究范围，收集整理基础地理、水文气象、河道地形、遥感影像、防洪保护对象、土地利用、经济社会、水利工程、承载体等数据。确定流域的特征参数和水库调洪影响，开展流域水文分析计算，并通过水文和地形资料，建立一维水动力模型，选取合适的参数后，根据设计洪水计算边界条件，计算河道沿程水面线。

3.1　水文分析计算

本次水文分析以锦江水库下游的仁化水文站为参照站，采用水文比拟法计算设计洪峰流量，同时考虑锦江水库调洪的影响。

3.1.1　水文站洪水频率分析

选用仁化水文站 1953—2019 年共 67 年的年最大洪峰流量序列资料，按 1953—1975 年、1976—1998 年、1999—2019 年和 1953—2019 年 4 个同步期进行统计比较。计算结果显示各同步期的统计特性（均值、变差系数 C_v 值等）均较接近，可认为该站点年最大洪峰流量系列具有较好的代表性。考虑历史调查洪水，将 1953—2019 年实测年最大洪峰流量和历史洪水组成一个不连续系列，采用《水利水电工程设计洪水计算规范》（SL 44—2006）规定的统一样本法进行频率计算，计算结果见表1。

表1 锦江仁化水文站设计洪峰流量

实测系列	均值/ （m³/s）	C_v	C_s/C_v	某频率（%）下的设计洪峰流量/（m³/s）							
				0.2	0.5	1	2	3.33	5	10	20
1953—2019年	824	0.49	3	2 694	2 392	2 161	1 927	1 752	1 610	1 363	1 104

3.1.2 设计洪水计算

锦江水库为大（2）型水库，位于锦江干流下游，坝址以上集雨面积为1 410 km²，占锦江河口以上集雨面积1 913 km² 的73.7%，水库调洪对坝址以下洪水的影响较大，因此坝址下游各断面的设计洪水需考虑锦江水库调洪的影响，根据下游防洪要求，20年一遇洪水经水库调蓄控泄后，仁化县城河段安全泄量800 m³/s，100年一遇洪水消减成10年一遇洪水1 460 m³/s。100年一遇以上洪水，不考虑锦江水库的错峰调洪作用。锦江水库调洪后各断面设计洪峰流量计算结果见表2。

表2 锦江水库调洪后各断面设计洪峰流量计算结果

断面位置	某频率（%）下的设计洪峰流量/（m³/s）							
	0.2	0.5	1	2	3.33	5	10	20
河口	3 405.5	3 024.4	1 898.7	1 851.0	1 804.3	1 128.0	1 078.5	1 027.0
仁化水文站	2 860.0	—	1 460.0	1 460.0	1 460.0	800.0	800.0	800.0

3.2 水面线分析计算

根据锦江仁化县城段两岸堤围、滞洪情况、研究区域地形等资料，建立一维水动力学模型，根据河道断面、坡降、两岸陆域高程等几何特征，上游及区间汇流流量，下游河道水位，进行5～100年一遇洪水条件下洪水水面线计算，并结合相关的规划设计资料分析合理性。

3.2.1 计算范围及边界

研究区域上边界位于锦江水库下游（仁化水文站），下边界位于入汇浈江河口处（见图1）。

上游流量边界采用"3.1 水文分析计算"不同断面设计洪峰流量成果，区间洪水主要考虑上下游控制断面之间的区间入汇流量。下边界起推水位参考已批复的规划资料，综合考虑水力坡降、干、支流洪水遭遇情况，采用曼宁公式推求不同组次的计算水位。计算边界条件见表3。

表3 锦江仁化县城段洪水水面线计算边界条件

边界名称	地理位置	流量/水位	频率/%				
			1	2	5	10	20
下边界	河口	水位/m	68.88	68.80	67.42	67.32	67.19
			1 898.7	1 851	1 128	1 078.5	1 027
上边界	仁化县城 （仁化水文站）	流量/（m³/s）	1 460	1 460	800	800	800

3.2.2 糙率选取

因所在中小流域资料较为匮乏，河道糙率选取根据沿河城镇、村落等保护对象所在河流的沟道形态、床面粗糙情况、植被生长状况、弯曲程度以及人工建筑物等因素，参照广东省天然河道及滩地常见糙率表，确定县城顺直段河道糙率为0.022～0.028，山区段河道糙率为0.028～0.035。

3.2.3 计算结果及合理性分析

锦江干流5～100年一遇的沿程水面线计算结果见图2，在同一频率下水位从下游（河口）至上游（锦江水库下游）逐渐升高，同一计算断面位置5～100年一遇计算水位递增，模型计算符合物理规律。为了验证计算水位成果的合理性，选取瑶山水位站所在的计算断面不同频率的水位流量计算结果（见图3）与《广东省水旱灾害防御手册》水位流量表的H-Q曲线进行对比分析。瑶山计算断面

5~100年一遇的计算流量为 1 027.0~1 898.7 m^3，通过 H-Q 曲线查得相应水位为 73.3~76.0 m，本次模型计算的洪水位 73.4~76.1 m，与水文站实际取值相差 0~0.1 m，误差相对较小，趋势线较为吻合，本次计算成果基本在合理范围内，可用于淹没分析。

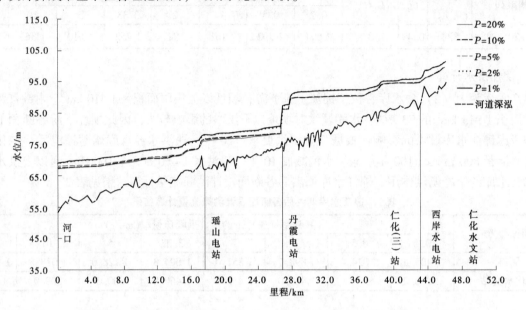

图 2　锦江干流 5~100 年一遇的沿程水面线计算结果

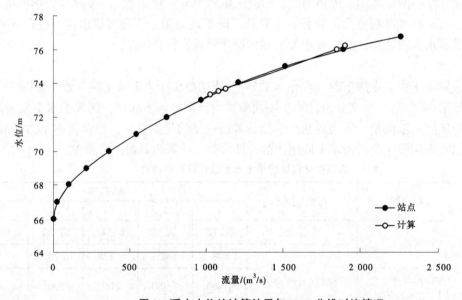

图 3　瑶山水位站计算结果与 H-Q 曲线对比情况

4　洪水影响分析

4.1　计算方法

洪水淹没分析计算在水面线计算成果基础上，根据各河流不同频率洪水位信息，进行空间差值计算生成洪水水面模型等高面，与研究区数字高程模型进行叠加分析，在 ArcGIS 中应用栅格计算功能，将其与研究区数字高程模型（DEM）数据相减，其计算公式为

$$D = H_w - H_g \quad (H_w > H_g)$$

式中：D 为淹没水深，m；H_w 为洪水水面高程值，m；H_g 为地面高程值，m。

在 ArcGIS 中应用栅格计算功能将其与洪水拟影响区域高程模型进行相减，得出计算结果大于网格区域，并通过高清正射影像图进行合理性删选，即根据河道两岸地形及沿河堤防情况对淹没图进行修正，最终得到不同洪水频率下淹没范围。

4.2 计算结果

将不同频率下的洪水淹没范围图层和人口、村镇、房屋、土地利用类型等指标进行叠加分析，提取和汇总淹没范围内的承灾体信息，得到洪水淹没影响分析结果（见表4和图4）。

表4 锦江仁化县城段洪水淹没信息统计

洪水 频率/%	淹没 面积/km²	人口/万	房屋/km²	土地利用类型/km²			
				城乡建设 用地	耕地	林地	其他
20	1.36	116	0.01	0.06	0.23	0.17	0.90
10	1.39	197	0.01	0.06	0.24	0.19	0.92
5	1.47	456	0.02	0.07	0.26	0.20	0.94
2	3.39	1 253	0.03	0.19	1.24	0.42	1.53
1	5.36	3 654	0.04	0.21	1.34	0.43	3.38

图4 锦江仁化县城段100年一遇洪水淹没图

由表4可知，在5~20年一遇的洪水条件下，锦江仁化县城段淹没面积不超过1.5 km²，淹没范围主要为两岸防洪标准较低的农田和耕地，城乡建设用地较少，随着洪水量级的提高；当超过50年一遇的洪水后，洪水从县城防洪堤段漫溢至周边低洼的区域；在100年一遇的洪水条件下，淹没面积达5.36 km²。结合图4分析，淹没范围主要涉及丹霞街道的中心村、康溪村、黄屋村、夏富村、黄竹村，其中中心村受灾最为严重，沿江局部低洼区域的人口需要逐步转移。

5 结论

本次研究以锦江仁化县城段为例，采用一维水动力模型计算河段沿程水面线，并进行合理性分析，利用洪水淹没分析方法计算流域不同频率下的设计洪水淹没范围，并结合各承载体指标，统计分析受影响的城镇、人口、土地和 GDP，绘制山丘区中小河流洪水淹没图。

根据计算结果可知，在 5~20 年一遇的洪水条件下，淹没范围主要为两岸防洪标准较低的农田和耕地，城乡建设用地较少，随着洪水量级的提高；当超过 50 年一遇的洪水后，洪水从县城防洪堤段漫溢至周边低洼的区域，淹没范围主要涉及丹霞街道的沿江村落，需对低洼区域的人口进行逐步转移。该结果可为防洪减灾应对措施的提出及加强灾后救助和风险评估提供科学依据。

参考文献

[1] 金玲. 中小河流洪水风险分析中的数值模拟研究 [D]. 大连：大连理工大学，2014.

[2] 李致家，朱跃龙，刘志雨，等. 中小河流洪水防控与应急管理关键技术的思考 [J]. 河海大学学报（自然科学版），2021，49（1）：13-18.

[3] 李红霞，王瑞敏，黄琦，等. 中小河流洪水预报研究进展 [J]. 水文，2020，40（3）：16-23，50.

[4] 刘志雨，刘玉环，孔祥意. 中小河流洪水预报预警问题与对策及关键技术应用 [J]. 河海大学学报（自然科学版），2021，49（1）：1-6.

[5] 柳林，安会静. 中小河流洪水预报的难点与解决方案探讨 [J]. 海河水利，2013（5）：51-53.

[6] 刘志雨，杨大文，胡健伟. 基于动态临界雨量的中小河流山洪预警方法及其应用 [J]. 北京师范大学学报（自然科学版），2010，46（3）：317-321.

[7] 李鲤. 山区中小河流洪水淹没图编制研究 [J]. 吉林水利，2022（3）：46-49.

[8] 孙依，王洁，丁曼，等. 基 MIKE 模型的中小河流洪水风险分析 [J]. 中国农村水利水电，2020（6）：40-45.

[9] 钟华，张冰，王旭滢. 山丘区中小流域洪水淹没模拟与分析 [C] //中国水利学会. 2022 中国水利学术大会论文集（第五分册）. 郑州：黄河水利出版社，2022：360-369.

[10] 谢信东. 中小河流洪水风险分析研究——以萍水河湘东段为例 [D]. 南昌：南昌大学，2022.

[11] 梁艳红. 基于 Mike-Flood 的中小河流溃堤洪灾风险分析——以罗塘河为例 [D]. 南昌：南昌工程学院，2017.

广东省山丘区中小河流洪水淹没图编制研究与思考

张晓艳　王　扬　叶志恒　王嘉琪　麦栋玲　彭海波　林　波

（广东省水利水电科学研究院，广东广州　510635）

摘　要：山丘区中小河流洪水淹没图编制是国务院第一次全国自然灾害综合风险普查之水旱灾害风险普查中洪水灾害风险评估及区划的内容之一。基于山丘区中小河流洪水淹没图编制的技术要求，本文立足广东省实际，从研究范围、研究内容、研究方法以及研究成果等着手，总结分析广东省山丘区中小河流洪水淹没图编制的亮点，并从成果运用、风险管理等方面提出几点思考建议，为中小河流"四预"体系建设提供思路借鉴和技术参考。

关键词：广东省；中小河流；洪水淹没图；水面线计算；风险管理

1 引言

山丘区中小河流洪水淹没图编制是国务院第一次全国自然灾害综合风险普查之水旱灾害风险普查中洪水灾害风险评估及区划的内容之一。洪水灾害风险评估及区划包括重点防洪区洪水风险评估与制图、山丘区中小河流洪水淹没图编制、洪水风险区划及协助开展防治区划等3项工作。其中，山丘区中小河流洪水淹没图编制是针对山丘区流域面积在200~3 000 km² 的中小河流且沿河存在居民区、农田等保护对象的河段，开展不同水文计算条件下的水面线计算，绘制不同频率下的洪水淹没图。国务院第一次全国自然灾害综合风险普查领导小组办公室印发了《山丘区中小河流洪水淹没图编制技术要求（试行）》（简称《技术要求》）为山丘区中小河流洪水淹没图编制的陆续开展提供指导[1-3]。广东省地处中国大陆南部，南临南海，受亚热带季风气候及地形地貌等的影响，且有其独特的水文气象特征。本次在全国《技术要求》的基础上，立足广东省实际，因地制宜地选择合适广东省的水文条件和计算方法，开展山丘区中小河流洪水淹没图编制[4]，在总结分析广东省山丘区中小河流洪水淹没图编制亮点的基础上，从成果运用等方面提出几点思考建议，为中小河流风险评估、"四预"体系建设及防灾减灾措施制定提供技术参考。

2 广东省山丘区中小河流的基本概况

广东省山丘区流域面积在200~3 000 km² 的中小河流共238条，涉及北江片区、西江片区、东江片区、韩江片区以及珠江三角洲片区、粤西片区、粤东片区共7大片区的19个地市。其中，北江片区67条，占比约28%；西江片区31条，占比约13%；东江片区28条，占比约12%；韩江片区和粤东片区共44条，占比约18%；珠江三角洲片区25条，占比约11%；粤西片区43条，占比约18%。具体片区分布见图1，所涉地市的中小河流统计见表1。

作者简介：张晓艳（1982—），女，高级工程师，主要从事水文水资源、防洪减灾以及河流海岸工程数值模拟等方面的研究工作。

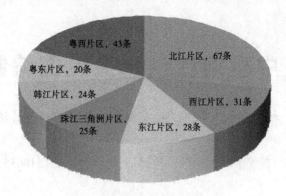

图 1　任务河流的流域片区分布

表 1　所涉地市的中小河流统计

序号	所涉地市	河流条数/条	序号	所涉地市	河流条数/条
1	广州	8	11	揭阳	7
2	深圳	2	12	梅州	22
3	东莞	3	13	汕头	3
4	佛山	3	14	汕尾	7
5	清远	22	15	潮州	4
6	韶关	35	16	茂名	15
7	肇庆	21	17	阳江	11
8	河源	20	18	云浮	13
9	惠州	13	19	湛江	17
10	江门	12	合计		238

3　山丘区中小河流洪水淹没图编制

3.1　依据的基础资料

依据收集的广东省 DEM 数据，已有河流的水下地形资料，任务河流所涉地市、县（区）、镇的人口、社会经济及流域综合规划，中小河流治理设计报告，相关水利工程设计报告及山丘区中小河流洪水频率图专题报告等资料，对于缺失河道水下地形的 175 条河流开展了地形补测，并对每一条任务河流开展了历史洪痕调查，为模型调试和成果的合理性分析提供依据。

3.2　水动力模型构建

根据《技术要求》，采用一维恒定流水力学方法或其他方法进行洪水分析。一维水动力数学模型因理论体系和求解方法相对简单，发展得较为成熟和完善，目前在水文分析计算、防洪规划、洪水风险管理及防洪"四预"体系建设中均会广泛运用于计算洪水水面线等[5-12]。本次广东省则根据河段两岸堤围及研究区域地形等资料，采用一维、二维水动力学模型计算河段沿程水面线和洪水淹没范围，其中山丘区的大部分河段采用一维恒定流水动力模型进行计算，而河道汇入河口的下游段和两岸地势平坦的三角洲河段采用二维模型进行计算。

3.2.1　一维水动力数学模型

描述一维非恒定流运动的圣维南方程组，其控制方程为

$$\begin{cases} \dfrac{\partial A}{\partial t} + \dfrac{\partial Q}{\partial x} = q \\ \dfrac{\partial Q}{\partial t} + \dfrac{\partial}{\partial x}\left(\alpha \dfrac{Q^2}{A}\right) + gA\dfrac{\partial h}{\partial x} + g\dfrac{|Q|Q}{C^2 AR} = 0 \end{cases} \tag{1}$$

式中：x、t 分别为距离和时间的坐标；A 为过水断面面积；Q 为流量；h 为水深；q 为旁侧入流流量；C 为谢才系数；R 为水力半径；α 为动量校正系数；g 为重力加速度。

MIKE 11 的水动力模块（HD）是用以模拟河流及河网水流的隐式有限差分模型。模型利用常用的 Abbott 六点隐式格式离散上述控制方程组。

3.2.2 二维水动力数学模型

平面二维水流基本方程包括水流连续方程和水流运动方程：

$$\frac{\partial z}{\partial t} + \frac{\partial M}{\partial x} + \frac{\partial N}{\partial y} = 0 \tag{2}$$

$$\frac{\partial M}{\partial t} + \frac{\partial uM}{\partial x} + \frac{\partial vM}{\partial y} = -gh\frac{\partial(h+z_b)}{\partial x} - \frac{gn^2 u\sqrt{u^2+v^2}}{h^{\frac{1}{3}}} + \gamma_t\left(\frac{\partial^2 M}{\partial x^2} + \frac{\partial^2 M}{\partial y^2}\right) \tag{3}$$

$$\frac{\partial N}{\partial t} + \frac{\partial uN}{\partial x} + \frac{\partial vN}{\partial y} = -gh\frac{\partial(h+z_b)}{\partial y} - \frac{gn^2 v\sqrt{u^2+v^2}}{h^{\frac{1}{3}}} + \gamma_t\left(\frac{\partial^2 N}{\partial x^2} + \frac{\partial^2 N}{\partial y^2}\right) \tag{4}$$

式中：h 为水深；u、v 分别为 x 方向和 y 方向的流速，$M=uh$，$N=vh$；z_b 为河床高程；n 为曼宁糙率系数；γ_t 为紊动黏性系数。

3.3 计算的水文条件及工况组合

山丘区中小河流计算水文条件基本以洪为主。广东省濒临南海，本次对于入海河流，水面线采用以洪为主和以潮为主进行外包。对于以洪为主工况，上边界采用对应频率洪水，下边界采用多年平均高潮位；对于以潮为主工况，上边界应采用常遇洪水，下边界水位则采用对应频率设计潮位。本次计算的水文条件组次为 5 年一遇、10 年一遇、20 年一遇、50 年一遇、100 年一遇设计洪水。

3.4 淹没分析计算方法

根据《技术要求》，洪水淹没分析的计算方法为空间分析法[13]，基于已有资料或通过洪水分析计算的洪水水面线，结合地形等资料和 DEM 数据，运用 GIS 技术，获取淹没范围信息，即在水面线计算成果基础上，根据各河流不同频率洪水位信息，进行空间插值计算生成洪水水面模型等高面，与研究区数字高程模型进行叠加分析，在 ArcGIS 中应用栅格计算功能，将其与研究区数字高程模型（DEM）数据相减，其计算公式为

$$D = H_w - H_g \quad (H_w > H_g) \tag{5}$$

式中：D 为淹没水深，m；H_w 为洪水水面高程值，m；H_g 为地面高程值，m。

计算结果大于 0 的网格区域即为各河流不同洪水频率下的淹没范围。

3.5 洪水淹没图绘制

本次洪水淹没图根据《防汛抗旱用图图式》（SL 73.7—2013）等行业和相关地图及测绘的标准要求进行绘制。首先进行基础底图制作。基于卫星影像或天地图等，添加研究对象流域内河流水系、道路等交通设施、行政区划、保护对象在县级行政区的空间位置、水利工程、水文水位站位置等基础信息及添加编制单位与编制时间，以及地图辅助信息包括图名、图例、比例尺、指北针等综合辅助信息，从而形成洪水淹没基础底图模板。其次是进行淹没要素整饬。在洪水淹没基础底图的基础上，整合进各级洪水频率淹没范围、淹没水深、淹没影响风险信息统计及编制说明。将洪水淹没基础底图模板及所有要素整饬后，对成果图件包含的信息内容进行规范、美观的图面排版布置，并统一洪水淹没图图幅大小。本次以七拱河为例，洪水淹没范围和 20 年一遇设计洪水淹没水深分别见图 2 和图 3。

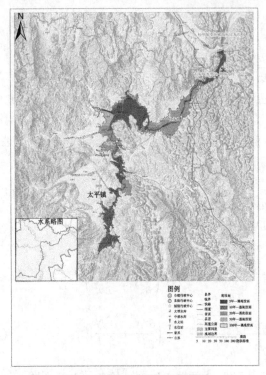

图 2　七拱河洪水淹没范围图　　　　　图 3　七拱河 20 年一遇设计洪水淹没水深图

3.6　主要研究成果

广东省山丘区中小河流洪水淹没图编制专题的主要成果包括 5 年一遇、10 年一遇、20 年一遇、50 年一遇、100 年一遇 5 种典型设计洪水频率条件下任务河流的沿程水面线成果、淹没范围和淹没水深计算成果、典型断面的洪水传播时间计算成果、淹没影响统计成果以及洪水淹没图制图成果。其中，洪水淹没影响统计成果包括：不同水深条件的淹没面积统计成果，影响人口、房屋、GDP、土地利用等淹没影响统计成果以及淹没影响村镇统计成果等；洪水淹没图包括洪水淹没范围图和各频率洪水淹没水深分布图。

4　广东省山丘区中小河流洪水淹没图编制的亮点

（1）首次全面、系统地开展广东省 200~3 000 km² 中小河流的洪水淹没图编制，全面系统地收集、梳理了开展中小河流洪水淹没图编制所需的基础资料，对于无地形的河流开展了断面地形测量，同时全面开展了中小河流洪痕调查，构建了洪水分析模型，绘制了洪水淹没图。

（2）考虑了广东省中小河流的自身特性，因地制宜选用合适的技术路线，成果除满足技术要求采用一维模型进行计算外，在河口及三角洲地势较为平坦的地区，还采用了二维模型综合进行计算分析；对于入海河流，建立了流域大范围河网数学模型的同时，还考虑了以洪为主和以潮为主的计算工况，经综合分析，最终得到各河流不同洪水频率下合理的淹没范围。

（3）技术内容在满足全国提交成果内容的基础上，广东省的研究内容还进行了拓展，开展了洪水传播时间、洪水风险信息统计等工作内容。

（4）本次成果为包括广东省"22·6"北江特大洪水在内的 2022 年洪水灾害防御以及 2023 年水利防汛防台应急响应特别是台风"泰利""杜苏芮""苏拉"及"海葵"的防御和风险研判提供支撑，可为中小河流防洪减灾应对措施的提出以及各类防洪应急预案的编制等提供科学依据，同时成果对于增强群众的隐患意识、加强灾后救助和风险评估具有重要的指导意义。

5 思考与建议

（1）本次工作范围覆盖广东省各个地市，所涉自然地理、水文气象、河流水系等基础数据繁多。本次研究发现，各地市河流水系等基本特征参数如发源地、河长、比降、集雨面积等数据存在多种口径，随着近年中小河流治理的开展，河道水系基本情况也存在变更，但数据管理更新缓慢，不利于职能部门数据准确性和权威性的管理以及跨部门数据共享，建议水行政主管部门应根据河流水系的最新情况及时更新数据上报上级水行政主管部门，层层归口管理，保证河流特征参数的唯一性、准确性和权威性。

（2）本次中小河流洪水淹没图编制采用的设计洪水频率为 5 年一遇至 100 年一遇，基本涵盖了全省中小河流的堤防防洪标准。目前全省尚有一定比例中小河流堤防防洪标准未达标，不少区域仍然存在淹没风险，建议加大中小河流治理力度，增加财政投入，以推进中小河流治理顺利实施。

（3）本次中小河流淹没成果精度除受限于计算方法外，所依据的河道地形资料对于成果精度的影响至关重要，本次模型计算所依据的地形资料为收集与补测相结合，地形资料年份和精度等不统一，反映不了中小河流最新的河道情况，致使模型仿真也达不到良好效果，建议后续研究在可能的情况下，对广东省中小河流的河道地形进行系统测量，以更好地支撑中小河流洪水淹没模型仿真，支撑中小河流数字孪生流域建设。

（4）本次淹没图编制统计分析了所涉各地市受淹没影响的村镇、人口、GDP 及房屋等信息，给各地市日常洪水防御和避险转移提供参考，鉴于存在淹没影响风险，建议各地市主管部门加强日常洪水防御、避险等的演练，加大洪水风险宣传投入，加强公众避险意识培训，增强群众的隐患意识，以减小洪灾损失，保障人民群众的生命和财产安全。

（5）本次成果河流覆盖广，成果较全面，可运用于广东省山丘区中小河流域洪水防御、山洪灾害防治等方面，考虑成果用途要求不一，如涉及工程设计等其他方面的运用，建议结合河道最新情况，复核洪水水面线和淹没计算等。

6 结语

本文介绍了广东省山丘区中小河流分布的基本概况，中小河流洪水淹没图编制的主要内容、方法以及主要成果，总结了广东省山丘区中小河流洪水淹没图编制专题工作的亮点，从研究过程及成果运用着手，提出了相应的意见和建议，为后续中小河流风险管理以及"四预"体系建设提供借鉴和参考。

参考文献

[1] 李昌志，何益平，刘校林，等. 中小河流洪水淹没图编制简谈——以汨罗江平江段洪水淹没分析与制图为例 [J]. 中国防汛抗旱，2022，32（7）：41-48.

[2] 钟华，张冰，王旭滢. 山丘区中小流域洪水淹没模拟与分析 [C] //中国水利学会. 2022 中国水利学术大会论文集（第五分册）. 郑州：黄河水利出版社，2022，360-369.

[3] 李鲤. 山区中小河流洪水淹没图编制研究 [J]. 吉林水利，2022（3）：46-49.

[4] 张晓艳，王扬，叶志恒，等. 山丘区中小河流洪水淹没图编制报告 [R]. 广州：广东省水利水电科学研究院，2023.

[5] 张倩，贾艾晨，许士国. 基于 GIS 的中小河典型洪水淹没图编制研究 [J]. 水利与建筑工程学报，2014，12（4）：181-184.

[6] 姚力铭，朱京德，余文忠，等. 浅谈一维水动力模型在水文分析计算中的应用 [J]. 中国水运（下半月），2023，23（1）：89-91.

[7] 庄园. 珠江流域中小河流一维水动力学模型研究与应用 [D]. 北京：清华大学，2019.

［8］高清震.HEC-RAS 和 MIKE11 模型的英那河水面线计算对比分析［J］.黑龙江水利科技，2020，48（4）：68-72.

［9］单华猛.基于一维水动力模型和县江堤内河洪水风险分析［J］.水利科技与经济，2022，28（3）：79-86.

［10］周跃华，岳志春，潘庭超，等.基于 GIS 与水动力模型的陶乐防洪保护区漫溢洪水风险分析［J］.水力发电，2020，46（10）：23-27.

［11］李东，袁义杰，邵蔚，等.不同水面线推算方法在防洪规划中的应用［J］.黄河水利职业技术学院学报，2022，34（2）：23-26.

［12］宋利祥，张炜，田兆伟，等.西枝江流域数字孪生与防洪"四预"体系建设与探讨［J］.中国防汛抗旱，2022，32（7）：12-18.

［13］叶志恒，沈菲，苗青，等.一种基于 Mike11 和 ArcGIS 的广东省山丘区中小河流洪水淹没图制作方法［J］.广东水利水电，2022（5）：46-50.

2023 年黄河调水调沙水沙特性分析

张 萍[1] 苏 柳[2]

(1. 黄河水文水资源科学研究院，河南郑州 450000；

2. 黄河勘测规划设计研究院有限公司，河南郑州 450004)

摘 要：为实现小浪底水库排沙减淤、持续改善河口生态等目标，2023 年黄河进行了第 27 次调水调沙。本文对 2023 年调水调沙期间洪峰、沙峰演进时间、洪峰增值、最大含沙量极值原因等进行研究，结果表明：西霞院站首次洪峰传播速度明显快于后续洪峰传播速度；花园口站洪峰流量相比西霞院站洪峰流量增加约 42%；最大含沙量 417 kg/m³ 为 2018 年以来之最的原因一方面是低库水位更有利于排沙，另一方面是汛前小浪底库区坝前 10~40 km 区间形成淤积三角洲，而坝前 10 km 之内河底高程又陡然下降，使上游淤积三角洲段更容易被冲刷，从而形成高含沙洪水。

关键词：调水调沙；洪峰演进；沙峰；黄河

1 研究背景

黄河 2023 年调水调沙于 6 月 21 日 9 时起至 7 月 11 日 8 时结束，调度历时 20 d。通过此次调水调沙，三门峡水库排沙量 0.40 亿 t，小浪底水库排沙量 1.25 亿 t，库区净冲刷 0.85 亿 t，排沙比 312.5%。入海水量 42.59 亿 m³，入海沙量 0.27 亿 t，水库排沙效果显著。通过联合调度，以干流万家寨水库、三门峡水库、小浪底水库为主，支流陆浑水库、故县水库、河口村水库配合，充分利用河道来水和水库汛限水位以上蓄水，维持黄河下游中水河槽，实现水库排沙减淤，优化水库淤积状态，实施黄河三角洲补水。

本文所采用的数据全部为"黄河水情信息查询及会商系统"网站的报汛值。

2 洪峰演进特点分析

2.1 洪峰演进时间

2023 年调水调沙小浪底站流量于 6 月 22 日 7 时开始起涨，6 月 24 日 9 时 6 分达到 4 370 m³/s，此后一直维持在 4 400 m³/s 左右。相应西霞院站流量于 6 月 22 日 8 时开始起涨，6 月 24 日 11 时达到 4 390 m³/s。花园口站流量于 6 月 22 日 19 时开始起涨，6 月 25 日 6 时 36 分达到洪峰流量 4 430 m³/s（见图 1）。

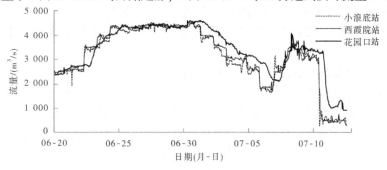

图 1 2023 年调水调沙期间各水文站流量过程线

作者简介：张萍（1982—），女，高级工程师，主要从事水文水资源研究工作。

统计 2018—2023 年调水调沙期间西霞院站至花园口站洪峰演进时间（见表 1），可以看出，2023年西霞院站首次洪峰流量为 3 600 m³/s，演进到花园口站的时间为 18.6 h；第 3 次洪峰流量为 4 390 m³/s，此后流量趋于稳定，维持在 4 400 m³/s 左右，第 3 次洪峰演进到花园口站的时间为 19.6 h。

对比分析 2018—2023 年西霞院与花园口站洪峰流量，各年中西霞院站首次洪峰流量在 3 500～4 000 m³/s，演进到花园口站的平均时间为 16.3 h；西霞院站流量趋于稳定后基本都维持在 4 000 m³/s以上，稳定后的洪峰演进到花园口站平均时间为 21.3 h。可以看出，西霞院站首次洪峰的传播速度明显快于后续洪峰传播速度。

表 1 2018—2023 年调水调沙期间西霞院站至花园口站洪峰演进时间

年份	洪峰次数	西霞院站		花园口站		洪峰演进时间/h
		洪峰出现时间（月-日 T 时:分）	洪峰流量/(m³/s)	洪峰出现时间（月-日 T 时:分）	洪峰流量/(m³/s)	
2018	1	07-04T16:30	3 860	07-05T08:00	3 940	15.5
	2	07-07T02:00	3 620	07-07T22:00	4 360	20.0
2019	1	06-22T16:13	3 560	06-23T09:27	3 580	17.2
	2	06-23T15:35	4 260	06-24T17:54	4 020	26.3
2020	1	06-25T02:00	4 120	06-25T16:00	4 120	14.0
	2	06-26T10:00	4 810	06-27T06:57	4 830	21.0
	3	06-28T12:00	5 700	06-29T08:00	5 520	20.0
2021	1	06-21T14:00	3 690	06-22T06:42	3 640	16.7
	2	06-22T08:00	4 120	06-23T06:45	4 070	22.8
	3	06-23T08:00	4 350	06-24T06:09	4 420	22.2
2022	1	06-21T13:00	3 570	06-22T05:00	3 690	16.0
	2	06-23T17:00	4 120	06-24T19:27	4 050	26.5
	3	06-27T10:48	4 440	06-28T06:42	4 410	19.9
2023	1	06-22T10:24	3 600	06-23T05:00	3 520	18.6
	2	06-23T13:36	4 060	06-24T10:00	4 050	20.4
	3	06-24T11:00	4 390	06-25T06:36	4 430	19.6

2.2 2023 年洪峰增值分析

2023 年调水调沙过程中出现了洪峰增值现象，在小浪底水库排沙出库过程中，7 月 7 日 6 时 9 分西霞院站观测到洪峰流量 2 730 m³/s，该洪峰传播到花园口站的时间为 7 月 8 日 6 时 18 分，相应洪峰流量 4 080 m³/s，扣除伊洛沁河区间加水 200 m³/s 后花园口站洪峰流量相比西霞院站洪峰流量增值约42%。

此次洪峰增值幅度与 2004—2006 年增值幅度相似，小于 2010 年洪峰增值幅度，因此排除潜水沙坝溃坝的影响，认为主要原因是在小浪底水库异重流排沙之前有清水下泄过程，使河道床沙粗化、糙率大幅度增大，当异重流出库后，高浓度细颗粒泥沙使水流黏性增加、紊动削弱，河床被极细沙填附，河道糙率大幅度减小，导致后续水流流速加大，并赶上前方水流，发生洪峰叠加。

3 沙峰特征分析

3.1 沙峰出现时间

小浪底建库前，三门峡至小浪底坝址之间自然河道的洪水演进时间为 12 h 左右，小浪底建库后，三门峡至小浪底的洪水演进时间为4~10 h。研究调水调沙期间三门峡断面大流量出现时间与小浪底水库沙峰出现时间之间的相关关系。

小浪底水库沙峰出现时间为2023年7月7日10时30分，对应最大含沙量为417 kg/m³，建立上游三门峡断面加大流量出现时间与小浪底水库沙峰出现时间之间的相关关系（见表2），可以看出调水调沙期间，在三门峡断面加大流量（超过3 000 m³/s）下泄后的10~14 h之内，会迎来小浪底水库沙峰的出现。

表2　2018—2023年三门峡加大流量与小浪底水库沙峰出现时间对照

年份	小浪底		三门峡		
	最大含沙量/（kg/m³）	出现时间（年-月-日 T 时：分）	出现3 000 m³/s大流量时间（年-月-日 T 时：分）	对应流量/（m³/s）	相差时间/h
2018	369	2018-07-14T10：00	2018-07-13T19：42	3 050	14.3
2019	266	2019-07-15T08：30	2019-07-14T21：00	3 290	11.5
2020	234	2020-07-07T09：30	——	——	——
2021	378	2021-07-04T23：00	2021-07-04T13：00	4 040	10
2022	311	2022-07-05T04：00	2022-07-04T17：00	4 220	11
2023	417	2023-07-07T10：30	2023-07-06T21：19	3 020	13.2

3.2　沙峰演进时间

小浪底站含沙量于7月5日14时开始起涨，7月7日10时30分达到最高含沙量417 kg/m³，相应西霞院站含沙量于7月7日13时达到最高含沙量363 kg/m³。花园口站含沙量于7月6日20时开始起涨，7月8日12时达到最高含沙量62.4 kg/m³（见图2），西霞院站沙峰传播至花园口站的时间为23 h。

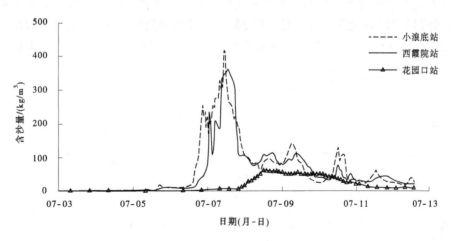

图2　2023年调水调沙各水文站含沙量过程线

统计2019—2023年调水调沙期间西霞院站与花园口站沙峰出现时间与传播时间（见表3）。近5年调水调沙期间，西霞院站最大含沙量在82.6~363.0 kg/m³，花园口站最大含沙量在32.5~82.2 kg/m³，沙峰传播时间最短为22 h（2021年），最长为36 h（2020年）。2023年西霞院至花园口站沙峰传播时间为23 h，比2019—2022年平均传播时间27.5 h少4.5 h。

表3 2019—2023 年调水调沙期间西霞院站与花园口站沙峰演进时间

年份	西霞院站沙峰出现时间（月-日 T 时：分）	西霞院站最大含沙量/(kg/m³)	花园口站沙峰出现时间（月-日 T 时：分）	花园口站最大含沙量/(kg/m³)	沙峰演进时间/h
2019	07-15T14：00	182.0	07-16T16：00	53.4	26
2020	07-08T08：00	82.6	07-09T20：00	32.5	36
2021	07-05T08：00	225.0	07-06T06：00	82.2	22
2022	07-05T12：00	356.0	07-06T14：00	73.4	26
2023	07-07T13：00	363.0	07-08T12：00	62.4	23

3.3 最大含沙量

2023 年调水调沙期间，小浪底水库最大含沙量达到 417 kg/m³，为 2018 年以来沙峰最大值（见表4）。分别从小浪底水库库水位、库区断面淤积形态、库底比降等方面分析本次沙峰最大的可能原因。

表4 2018—2023 年小浪底水库调水调沙期间含沙量特征

年份	最大含沙量/(kg/m³)	出现时间（年-月-日 T 时：分）
2018	369	2018-07-14T10：00
2019	266	2019-07-15T08：30
2020	234	2020-07-07T09：30
2021	378	2021-07-04T23：00
2022	311	2022-07-05T04：00
2023	417	2023-07-07T10：30

3.3.1 小浪底水库库水位影响

小浪底水库出沙与库水位有密切联系，一般情况下异重流排沙期间，库水位多在 220 m 左右，排沙效果会相对较好。

绘制 2023 年小浪底水库库水位与出库含沙量过程对照图（见图3）。7月6日2时小浪底水库库水位 219.72 m，降到了 220 m 之下，在 7 月 7 日 2 时库水位降至最低 216.44 m，出库含沙量在 7 月 7 日 10 时 30 分达到最大 417 kg/m³。2023 年小浪底水库排沙效果好与库水位较低有一定相关关系。

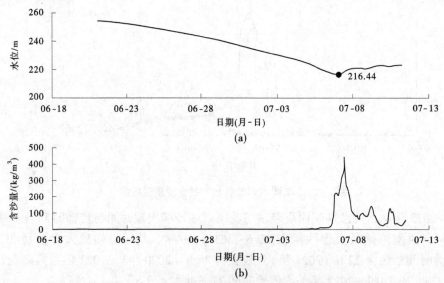

图3 2023 年小浪底水库库水位与出库含沙量过程对照

3.3.2 小浪底库区断面淤积形态影响

库区断面淤积形态也是影响排沙效果的因素之一。绘制 2019—2023 年小浪底库区干流最低点河底高程图（见图 4）。由图 4 可以看出，汛前断面从 10~40 km 处，2023 年河底高程与其他年份相比，处于淤积状态。

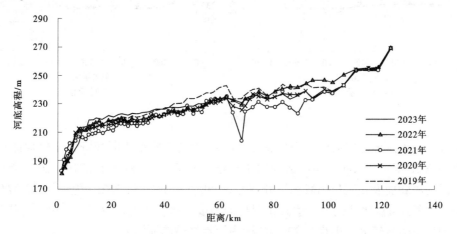

图 4　2019—2023 年小浪底库区干流最低点河底高程

根据小浪底大坝坝址向上 10~40 km 的距离，找出对应的测验断面为黄 9~黄 25 断面，分别绘制黄 9~黄 25 断面的套绘图（见图 5）。从图 5 中可以明显看出，相比于 2021 年和 2022 年汛前断面，2023 年各断面均为淤积状态，且距离长达 30 km 左右，若有高流量洪水冲刷，此河段淤积量易被冲起形成高含沙洪水。

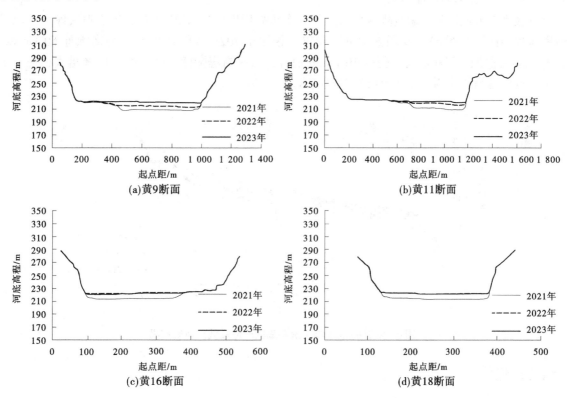

图 5　小浪底库区黄 9~黄 25 部分典型断面套绘图

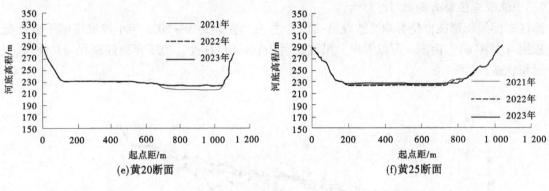

(e)黄20断面　　　　　　　　　　　　　(f)黄25断面

续图5

根据小浪底库区干流最低点河底高程数据和 2019—2023 年汛前大断面资料，分别计算 2023 年汛前断面与 2019—2022 年相比淤积三角洲部分的淤积量（见表 5）。相比于 2019—2022 年，2023 年小浪底库区干流汛前大断面淤积三角洲淤积量分别为 4 488.5 万 m³、11 353.7 万 m³、12 374.4 万 m³ 和 6 712.4 万 m³。在高流量洪水冲刷下，此淤积三角洲易被冲起形成高含沙洪水，由于与往年相比 2023 年淤积三角洲淤积量明显较大，也是 2023 年沙峰为历年之最的原因之一。

表 5　2023 年汛前断面与 2019—2022 年相比淤积三角洲部分的淤积量

项目	与 2022 年相比	与 2021 年相比	与 2020 年相比	与 2019 年相比
淤积量/万 m³	6 712.4	12 374.4	11 353.7	4 488.5

3.3.3　小浪底库区库底比降影响

小浪底坝前库底比降是影响排沙量的另外一个重要因素。以 2021—2023 年小浪底库区干流最低点河底高程为例（见图 6），从图 6 中可以看出，相比于 2021 年和 2022 年，距离坝址 60 km 以内，2023 年汛前河段属于淤积状态，但到 10 km 的地方，河底高程陡然下降，库底比降增大，使上游淤积三角洲段更容易被冲刷，从而形成高含沙洪水。

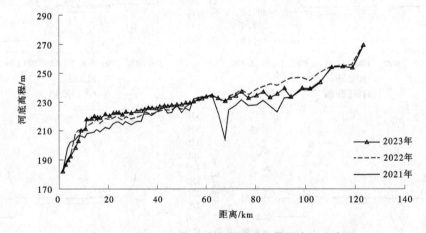

图 6　2021—2023 年小浪底库区干流最低点河底高程

4　结论与建议

（1）通过分析 2018—2023 年调水调沙期间西霞院站与花园口站洪峰流量发现，各年中西霞院站首次洪峰流量在 3 500~4 000 m³/s，演进到花园口站的平均时间为 16.3 h；西霞院站流量趋于稳定后基本都维持在 4 000 m³/s 以上，稳定后的洪峰演进到花园口站平均时间为 21.3 h。西霞院站首次洪峰的传播速度明显快于后续洪峰传播速度，在测验中当首次洪峰到来前要尽早做好准备。

（2）2023 年调水调沙过程中出现洪峰增值现象，花园口站洪峰流量相比西霞院站洪峰流量增加约 42%。通过分析认为，本次洪峰增加主要原因是在小浪底水库异重流排沙之前有清水下泄过程，使河道床沙粗化，糙率大幅度增大，当异重流出库后，高浓度细颗粒泥沙使水流黏性增加、紊动削弱、河床被极细沙填附、河道糙率大幅度减小，导致后续水流流速加大，并赶上前方水流，发生洪峰叠加。

（3）2023 年调水调沙期间小浪底水文站观测最大含沙量 417 kg/m³，为历年调水调沙最大值，经分析含沙量大的主要原因为：①排沙前小浪底水库库水位最低降至 216.44 m，较低的库水位更有利于排沙；②调水调沙前小浪底坝前 10~40 km 区间形成了淤积三角洲，10 km 之内河底高程陡然下降，库底比降增大，使上游淤积三角洲段更容易被冲刷，从而形成高含沙洪水。

（4）调水调沙期间，在三门峡水库下泄流量超过 3 000 m³/s 之后的 10~14 h 内，会迎来小浪底水库沙峰的出现，建议相关测验部门时刻关注三门峡水库下泄流量，在达到 3 000 m³/s 之后的 10~14 h 内做好迎接小浪底水库沙峰的准备。

海勃湾水库库区淤积及入出库泥沙情况分析

郭静怡[1,2,3]　王　强[2,3]　李晓英[1]　王远见[2,3]　李新杰[2,3]

(1. 河海大学水利水电学院，江苏南京　210098;
2. 水利部黄河下游河道与河口治理重点实验室，河南郑州　450003;
3. 黄河水利科学研究院，河南郑州　450003)

摘　要：自2014年海勃湾水库下闸蓄水至2021年10月，海勃湾水库累计淤积泥沙2.119亿 m³，还剩 2.748亿 m³ 的库容，其中死水位1 069 m以下的库容已经淤损了90.5%。本文通过分析海勃湾水库入出库泥沙情况，确定入出库泥沙都集中在汛期7—10月，并且出库沙量与坝前水位有密切关系，可以考虑在汛期有大流量含沙洪水过程入库时，开展敞泄冲刷调度，增大出库沙量，减缓水库淤积。

关键词：海勃湾水库；淤积分布；入出库泥沙；排沙比

1　工程概况

海勃湾水库位于黄河干流内蒙古自治区乌海市，是黄河内蒙古干流河段唯一一座以防凌、发电为主的综合利用平原型水库，属大（2）型水利工程。水库设计死水位1 069 m，设计洪水位1 071.49 m，校核洪水位1 073.46 m，正常蓄水位1 076 m；电站装机容量90 MW，设计年发电量3.817 亿 kW·h[1]。

海勃湾水库上游有兰州、下河沿、石嘴山等水文站，下游33 km处有海勃湾出库水文站——磴口水文站。海勃湾库区全长约32 km，按照河道特征可分为两段。上段为库区库尾—乌达公路桥，长14 km，为峡谷型河段，断面较窄，滩槽分布明显，平均河宽约400 m；下段为乌达公路桥—库区坝址，长18 km，为游荡型河道，平均库面宽为2 000~4 000 m，主河槽宽约600 m[1]。海勃湾水库地理位置如图1所示。

2　入库水沙情况

2.1　入库水沙年际变化

为充分反映海勃湾水库上游的径流泥沙变化规律，选取兰州水文站近62年（1960—2021年）的年径流量和输沙量资料分析径流泥沙变化规律。1960—2021年兰州水文站长时间序列的实测年径流量和年输沙量演变规律见图2。多年平均径流量为311.66亿 m³，最大年径流量出现在1967年，为531.41亿 m³；最小年径流量出现在1997年，为197.94亿 m³；年径流量的极值比为2.68，年径流量呈现先减小后增大趋势，年径流量的丰枯变化不是很显著。兰州水文站的年输沙量呈现显著减小趋势，特别是从1999年以后，输沙量减小明显。最大年输沙量出现在1967年，为2.73亿 t；最小年输沙量出现在2021年，为0.058亿 t；年输沙量的极值比为47.07，表明年输沙量丰枯变化很显著。

基金项目：国家自然科学基金资助项目（U2243236，51879115，U2243215）；国家重点研发计划项目（2021YFC3200400）。

作者简介：郭静怡（1999—），女，硕士研究生，研究方向为水资源系统分析与水库优化调度。

通信作者：李新杰（1977—），男，高级工程师，主要从事水资源系统分析与水库优化调度工作。

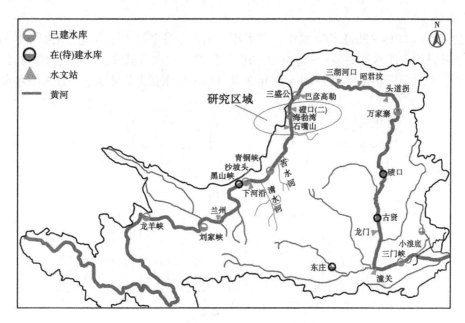

图 1　海勃湾水库地理位置示意图

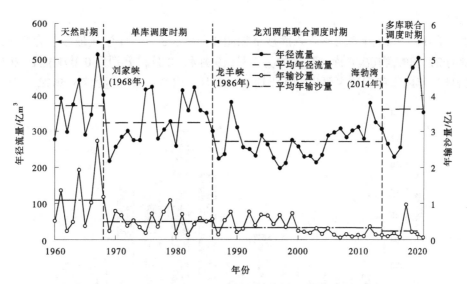

图 2　1960—2021 年兰州水文站长时间序列的实测年径流量和年输沙量演变规律

　　由实测年径流量变化曲线可以看出，兰州水文站的年径流量和年输沙量变化可分为 4 个阶段。第一阶段：1960—1968 年天然时期，该时期黄河上游没有水库调蓄，年均径流量 371.13 亿 m³，年均输沙量为 1.09 亿 t；第二阶段：1969—1986 年为刘家峡水库单库调节时期，年均径流量为 324.17 亿 m³，年均输沙量为 0.50 亿 t；第三阶段：1987—2014 年为龙刘两库联合调度时期，年均径流量为 272.09 亿 m³，年均输沙量为 0.33 亿 t；第四阶段：2014 年海勃湾水库投入运行后进入多库联合调度时期，年均径流量为 361.33 亿 m³，年均输沙量为 0.24 亿 t。整体来看，年径流量和年输沙量多年变化趋势基本一致，年径流量在不同时期有峰谷波动，年输沙量呈阶梯式持续减少态势[2]。

2.2　入库水沙年内变化

　　海勃湾水库入库水量主要受黄河上游的龙羊峡水库和刘家峡水库联合调度影响，因此其丰枯变化与黄河上游来水同步。根据丰、平、枯划分标准，海勃湾水库运用以来，2018—2020 年属于丰水年，2014 年和 2021 年属于平水年，2015—2017 年属于枯水年，以上典型年分别作为海勃湾水库入库丰水年、平水年、枯水年的代表进行年内水量、沙量和含沙量变化分析。

2.2.1 水量变化

统计海勃湾水库 2014—2021 年丰水年、平水年、枯水年月平均入库水量变化如图 3 所示，其中：丰水年 7—10 月月均入库水量最多，平水年 9—10 月月均入库水量最多，枯水年 10 月月均入库水量最多。丰水年、平水年、枯水年在 11 月至次年 3 月月均入库水量差别不大，2 月入库水量最小。

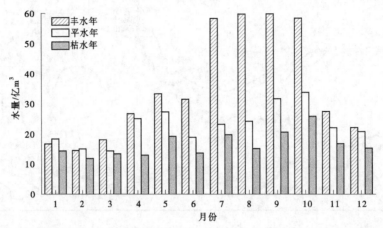

图 3 海勃湾水库 2014—2021 年丰水年、平水年、枯水年月平均入库水量变化

2.2.2 沙量变化

海勃湾水库 2014—2021 年各月平均入库沙量如图 4 所示，8 月入库沙量最多，为 0.126 亿 t，占全年入库沙量的 21.58%，其次入库沙量多的为 7 月、9 月和 10 月，分别是 0.091 亿 t、0.086 亿 t 和 0.080 亿 t。因此，年内入库泥沙主要集中在汛期 7—10 月，占全年来沙量的 65.56%。

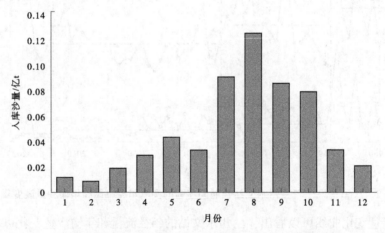

图 4 海勃湾水库 2014—2021 年各月平均入库沙量

2.2.3 含沙量变化

海勃湾水库 2014—2021 年丰水年、平水年、枯水年月平均入库含沙量变化如图 5 所示。其中，2018—2020 年为典型的丰水年，2014 年和 2021 年是典型的平水年，2015—2017 年是枯水年，无论是丰水年、平水年，还是枯水年，含沙量最多的月份都是 7—10 月。水库全年均有泥沙入库，各月变化差异较大，特别是汛期后 11—12 月仍有大于 1 kg/m³ 的含沙量，因此在凌汛期为了避免泥沙淤积防凌库容，需要控制坝前水位至 1 075 m 以下。

2.2.4 入库泥沙粒径

海勃湾水库入库泥沙粒径分配如图 6 所示，入库泥沙中细沙（粒径 $d \leqslant 0.025$ mm）、中沙（0.025 mm$< d \leqslant 0.05$ mm）、粗沙（$d > 0.05$ mm）的含量相差不大，分别占全部含量的 37.03%、32.74%、30.22%，中细泥沙占总含量的 69.77%。

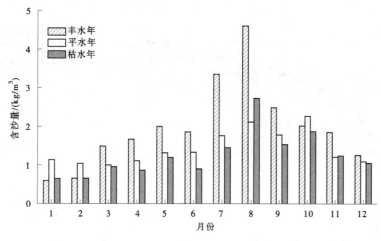

图 5　海勃湾水库 2014—2021 年丰水年、平水年、枯水年月平均入库含沙量变化

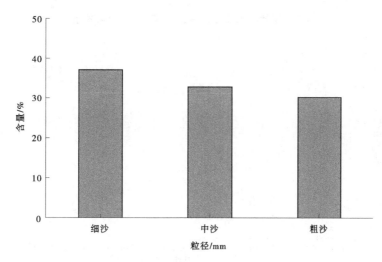

图 6　海勃湾水库入库泥沙粒径分配

3　库容分布及淤积现状

3.1　库容分布

海勃湾水库 2007—2021 年水位-库容关系如图 7 所示，可以得到，2021 年水位 1 069 m 以下库容 0.042 亿 m³，占死库容的 9.5%，已经淤积了 90.5% 的死库容。水位 1 069~1 076 m 之间每隔 1 m 相应库容分别为 0.043 亿 m³、0.095 亿 m³、0.189 亿 m³、0.333 亿 m³、0.503 亿 m³、0.688 亿 m³、0.855 亿 m³，水位 1 069~1 072 m 的库容涨率偏小，1 072~1 076 m 的库容涨率偏大，其中高程 1 075 m 以上库容为 8 550 万 m³，海勃湾水库开河期需预留的应急防凌库容仍然保持，为 5 000~8 000 万 m³。

3.2　库区淤积现状

图 8 为 2014 年海勃湾水库运行后的累计淤积量。由图 8 可知，海勃湾水库在这 4 个阶段累计淤积量分别为 0.456 亿 m³、1.907 亿 m³、1.957 亿 m³、2.119 亿 m³。海勃湾水库自 2014 年运用以来至 2021 年 10 月一直在不断淤积，库区累计淤积 2.119 亿 m³，约占总库容的 44%。其中 2016 年 7 月至 2019 年 11 月为快速淤积阶段，3 年淤积量为 1.451 亿 m³，占全部淤积量的 68%，年均淤积 0.484 亿 m³。2019 年 11 月至 2021 年 10 月为逐步淤积阶段，2 年淤积量为 0.212 亿 m³，占全部淤积量的 10%，年均淤积 0.106 亿 m³。

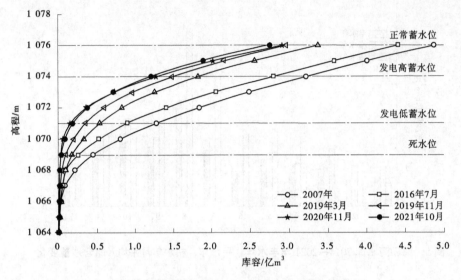

图 7　海勃湾水库 2007—2021 年水位-库容关系

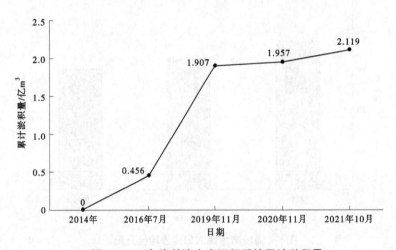

图 8　2014 年海勃湾水库运行后的累计淤积量

4　水库排沙分析

4.1　历年排沙分析

海勃湾水库 2014—2021 年年际排沙量变化如图 9 所示，从 2014 年 2 月海勃湾水库下闸蓄水至 2021 年 10 月，水库累计入库泥沙量 4.667 亿 t，累计排沙量 0.958 亿 t，累计淤积量 3.709 亿 t，年均排沙比 20.52%[3]。其中，由于 2018—2020 年是丰水年，海勃湾水库充分利用大洪水进行排沙，减缓水库淤积，3 年累计排沙 0.698 亿 t，占全部排沙量的 73%。而 2014—2017 年，水库排沙较少，一是因为水库运用初期以拦沙为主；二是因为这几年是平、枯水年，没有合适的大流量过程进行充分排沙。2020 年水库出库沙量最多，且排沙比最大，为 42.23%，是因为 2020 年采用绞吸式挖泥船和船载式水利设施进行了人工清淤，同时恰遇该年水量偏丰，开展了水力排沙调度等措施[4]。

4.2　排沙时段分析

海勃湾水库 2014—2021 年各月平均出库沙量、坝前水位及排沙比变化如图 10 所示。7 月出库沙量最大，为 0.050 亿 t，占全年出库沙量的 35.13%；其次出库沙量多的为 8 月、9 月和 10 月，分别是 0.099 亿 t、0.087 亿 t 和 0.083 亿 t。因此，年内出库泥沙也主要集中在汛期 7—10 月，占全年排沙量的 73.64%。

由图 4 可知，8 月是来沙量最多的月份，结合图 10 坝前水位可以看出，排沙量最大的是 7 月，

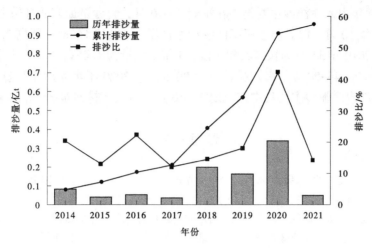

图 9   海勃湾水库 2014—2021 年年际排沙量变化

且排沙比最大的也是 7 月，为 51.40%，主要是因为 7 月运用水位较低，有利于水库排沙。因此，可以考虑在 8 月有大流量含沙洪水过程入库时，开展敞泄冲刷调度，增大出库沙量，减缓水库淤积[5-6]。

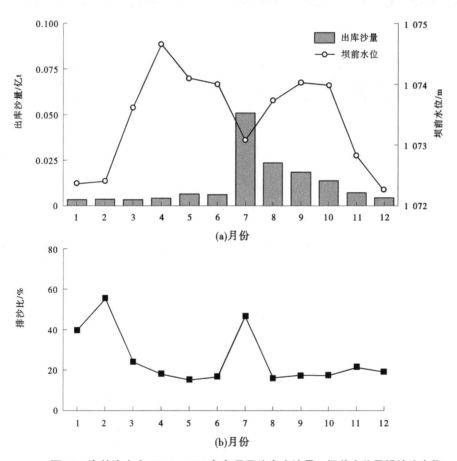

图 10   海勃湾水库 2014—2021 年各月平均出库沙量、坝前水位及排沙比变化

5   结论

（1）将海勃湾水库上游兰州水文站 1960—2021 年年均径流量和输沙量变化分为 4 个阶段，发现兰州水文站年径流量和年输沙量多年变化趋势基本一致，年径流量在不同时期有峰谷波动，年输沙量呈阶梯式持续减少态势。

（2）海勃湾水库年内入库泥沙主要集中在汛期 7—10 月，含沙量最多的月份也是 7—10 月。

（3）截至 2021 年 10 月，海勃湾水库库区泥沙累计淤积 2.119 亿 m³，还剩 2.748 亿 m³ 的库容，其中 2016 年 7 月至 2019 年 11 月为快速淤积阶段，3 年淤积量为 1.451 亿 m³，占全部淤积量的 68%。

（4）海勃湾水库 2014—2021 年平均排沙比为 20.52%，2020 年水库出库沙量最多，且排沙比最大，为 42.23%。年内出库泥沙主要集中在汛期 7—10 月，占全年排沙量的 73.64%。

参考文献

［1］韦诗涛，梁艳洁，陈翠霞. 黄河海勃湾水库排沙运用方式研究［C］//水库大坝高质量建设与绿色发展. 中国大坝工程学会 2018 学术年会论文集. 郑州：黄河水利出版社，2018，143-153.

［2］陈琼，刘晓民，刘廷玺，等. 海勃湾枢纽对坝后河道冲淤的影响［J］. 中国沙漠，2022，42（3）：139-147.

［3］王婷，马怀宝，王远见，等. 小浪底水库运用以来进出口泥沙分析［J］. 人民黄河，2019，41（1）：6-9，13.

［4］王克志，刘晓民，刘廷玺，等. 海勃湾水库排沙效果及影响因素［J］. 中国沙漠，2023，43（5）：9-17.

［5］王强，王远见，李丽珂. 刘家峡水库排沙分析及泥沙治理策略浅探［C］//中国水利学会，黄河水利委员会. 中国水利学会 2020 学术年会论文集（第三分册）. 北京：中国水利水电出版社，2020：63-69.

［6］侯素珍，胡恬，路新川，等. 万家寨水库排沙运用效果分析［J］. 泥沙研究，2021，46（6）：9-15.

不通航河流深水受限库区超重件水下搬运技术

张永昌[1]　王延辉[1]　艾大伟[2]

(1. 黄河建工集团有限公司，河南郑州　450045

2. 中国水利水电建设工程咨询西北有限公司，陕西西安　710003)

摘　要：在不通航河流上建设的大型水库水下出现需要搬运的超重件时，需采用承重能力强且便于运输、安装的设备。由于大型船舶无法自行达到需求区域，故需可拆解设备或者轻便设备，以便很好地达到设备需求。目前，国内外常用的搬运办法为浮船水上吊装、机器人水下搬运、水下拆解、潜艇水下采集等，这些方法或存在着设备体量大，或搬运能力低、造价高，在不通航水域，这些方法性价比均不高。本文以西霞院反调节水库排沙洞卡顿的超重混凝土块为例，展开研究，采用气囊进行水下超重件搬运，降低了施工成本，提高了搬运能力，确保了施工安全。

关键词：气囊；超重件；形态控制；水下搬运

1　研究背景

西霞院水库5号排沙洞进口检修门前有一大块混凝土块，大部分已进入5号排沙洞进口前水平段，总体形状为楔形，第一层头宽3.28 m、高1.92 m，尾部宽5.12 m、高2.14 m；第二层头宽0.8 m，高1.64 m，尾部宽1.98 m；混凝土块长7.74 m，长度为斜坡长，混凝土块体积74.3 m³，本体质量为185.75 t。5号排沙洞两侧边墙内侧壁距离4.5 m；门槽左右宽5.8 m；门槽前后宽（上游缘与下游缘）110 cm，混凝土头部距离门槽上游缘30 cm，距离下游缘140 cm。门槽上下游方向宽度1.1 m，混凝土头距门槽上游左侧50 cm，门槽下游缘与门楣一个垂直平面，洞口门楣高6 m。洞内部分约6 m，外露1 m，尾部卡在进口两边墩之间，右侧被底部混凝土阻挡卡住，左侧被卵石卡住。右侧底部被底板混凝土块垫起，其余底部与底板贴合紧密，混凝土块内部有钢筋网，钢筋直径目视为12~16 mm。

经水下摸排，混凝土块结构较完整，可整体吊装。由于排沙洞顶为交通桥和启闭机平台，坝面承载30 t以内，大吨位吊车无法支设施工，水下切割分解成小块施工周期太长，无法满足汛前抢工需要。所以，寻求一种安全性高、施工周期短、切实可行的施工方法，是本工程是否顺利完工的关键。

2　主要技术原理

2.1　技术难点

受排沙洞宽度4.5 m的限制，气囊浮筒的直径最大只能为4 m，为了保障浮力，长度就要达到12 m，远远超过混凝土块的长度，且门槽下游为排沙洞，其高度只有6 m。气囊浮筒规格的设计定制要求很高，需进行严格的形态控制。水下放置气囊浮筒施工复杂，存在脐带缠绕风险[1]。

2.2　挪移方案设计

通过潜水员水下摸排，建立超重件数据原形，根据原形建立数理分析模型，计算出最佳吊装方案，确认设置吊点位置、气囊形态，吊装网袋与背脊形态，并经过数据模拟，对设计方案进行修正优化，得出最佳吊运方案。

作者简介：张永昌（1972—），男，高级工程师，主要从事水利工程施工工作。

2.3 数模计算

2.3.1 混凝土体积估算

使用 GHS 软件进行建模，通过模型计算混凝土结构物的体积（见图1）。

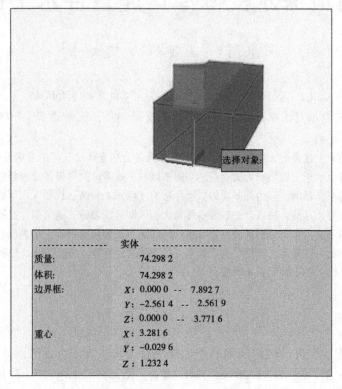

```
--------------- 实体 ---------------
质量:          74.298 2
体积:          74.298 2
边界框:        X: 0.000 0 -- 7.892 7
              Y: -2.561 4 -- 2.561 9
              Z: 0.000 0 -- 3.771 6
重心          X: 3.281 6
              Y: -0.029 6
              Z: 1.232 4
```

图 1 水下重物 CAD 建模模型

2.3.2 混凝土质量估算

根据查阅资料知：混凝土密度为 2.5 t/m³。

$$M = \rho V = 2.5 \times 74.3 = 185.75 \ (t)$$

混凝土水中质量估算：

$$M_2 = 185.75 - 74.3 = 111.45 \ (t)$$

考虑有摩擦力等情况，浮力系数取 1.1，则

$$F_2 = 111.45 \times 1.1 = 122.6 \ (t)$$

2.3.3 浮筒提供浮力计算

根据重物形态，进行浮筒形态设计：直径 4 m，总长 12 m，柱体长 8 m，共 1 个（需要定制）；约重 3.5 t。浮筒总共提供浮力大小：

$$F = 2^2 \times \pi \times 8 + 4/3 \times 2^3 \times \pi - 3.5 = 130.5 \ (t)$$

根据混凝土块水中重 122.6 t，浮筒提供浮力 130.5 t，所以满足打捞需求。

2.3.4 混凝土块吊点设置

根据混凝土建模，以最底层尾部中心为原点，纵向方向为 X 轴，横向方向为 Y 轴，垂向为 Z 轴，模型重心位置如图2所示：

混凝土块的重心为 3.28 m、−0.03 m、1.23 m。

直径 4 m 浮筒吊点选择（距离尾部长度）：−0.15 m、1 m、2.15 m、3.3 m、4.45 m、5.6 m、6.75 m 处，吊点位置如图3所示。

2.3.5 混凝土块锚固点拉力强度确定

混凝土块锚固点拉力计算按照混凝土块水中的负浮力和锚固点的数量确定：

		实体		
质量:		74.298 2		
体积:		74.298 2		
边界框:	X:	0.000 0	— —	7.892 7
	Y:	−2.561 4	— —	2.561 9
	Z:	0.000 0	— —	3.771 6
重心:	X:	3.281 6		
	Y:	−0.029 6		
	Z:	1.232 4		

图2　模型重心位置

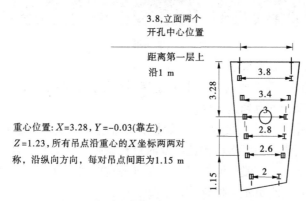

3.8,立面两个
开孔中心位置

距离第一层上
沿1 m

重心位置: $X=3.28$, $Y=-0.03$(靠左), $Z=1.23$, 所有吊点沿重心的 X 坐标两两对称, 沿纵向方向, 每对吊点间距为1.15 m

图3　吊点位置　(单位: m)

$$F_m = W/N = 122.6/14 = 8.76 (t)$$

式中: F_m 为吊带拉力, t; W 为混凝土块水中负浮力, t; N 为锚固点数量, 个。

考虑动载系数为2, 则每个锚固点的额定拉力定为17.5 t, 锚固件采用公称直径32 mm材质HRB400的螺纹钢和Q235材质的钢板加工的吊耳组成。

2.3.6　吊带长度确定

对于直径4 m浮筒的吊带, 为满足抬浮混凝土12 m, 浮筒在混凝土块最高点以上4 m, 可知吊带长度至少应为

$$L = \pi R + 2(2 + R) = 14.3 (m)$$

直径4 m浮筒可提供122.6 t抬浮力, 每根吊带至少应承受8.76 t的拉力, 考虑到吊带两侧吃力较大, 吊带至少能承受20 t的拉力。同时配备14根3.5寸(1寸=0.033 3 m)钢丝。

2.3.7　吊带拉力强度确定

气囊吊带的拉力强度选择, 将根据混凝土块水中的负浮力大小和锚固点的数量确定:

$$F_d = W/N \times 2$$

式中: F_d 为吊带拉力; 其他符号意义同前。

吊点与锚固点的受力一致, 建议采用20 t额定载荷吊带。

2.3.8　工字钢强度校核

工字钢计划采用300×280型, 高300 mm, 翼板宽度280 mm, 翼板厚度20 mm, 腹板厚度20 mm, 长5.6 m, 在距离工字钢两端各1.6 m处施加集中力300 kN, 利用SACS软件进行建模计算。

2.4　气囊安装

气囊制作完成后, 坝上25 t吊车连接吊架, 将橡胶浮筒下放水下, 沉放至指定位置(见图4)。在沉放前应做好如下工作:

(1) 将浮筒上各吊带按预定位置穿好。

(2) 在浮筒专用生根点上系安浮筒沉放时的溜缆。

（3）接妥控制浮筒沉放时的两端充气皮管。

（4）在浮筒两端系好浮筒沉放观察标志绳。

图 4　气囊吊装入水

在进行浮筒沉放时应注意以下事项：

（1）打开浮筒的放气阀，不断放气。潜水员拖带浮筒下沉到混凝土上方，如浮筒内存有少量气体，则需潜水员在水下拖曳，下曳到达水底。

（2）浮筒下沉的过程中，施工人员要密切关注浮筒溜缆、钢缆，留意浮筒带缆的松紧情况，同时观察浮筒两端下沉是否同步，与潜水员沟通，及时进行调控。均匀松出浮筒溜缆和带缆，专人拉好观察标志绳，使浮筒逐渐下沉。气囊吊绳挂好后，对气囊进行第一次充气，使气囊悬浮在水中，吊绳伸展即可，保持状态并进行潜水员水下检查[2]。

2.5　超重件水下搬运

潜水员下水，检查混凝土块水下处置向上游移出闸门大约 45 cm，混凝土块起浮不受两侧边墩影响后，潜水员出水，进行第二次浮筒充气，直至混凝土块起浮，混凝土块与气囊在水中稳定后，更换高压气瓶与气囊充气软管连接备用。

待浮筒部分浮出水面，浮筒以及混凝土块状态稳定后（见图 5），进行挂拖（见图 6），利用船体将混凝土块移至指定安全区域。在拖航过程中，应派人观察浮筒状态，适当对浮筒进行补气，运至业主指定的沉放地点，混凝土块轴线方向平行坝体，稳定沉放在指定位置的地板上，混凝土块呈水平姿态着地。确认无误后，解除浮筒以及相关设备。

图 5　浮筒充气，带动重物浮起，浮筒浮出水面，达到平衡状态

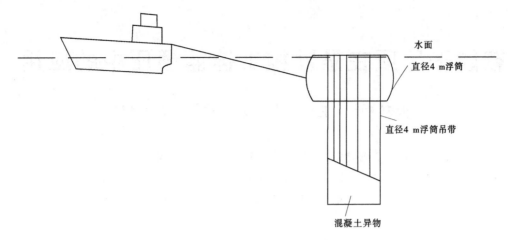

图6　拖轮拖带混凝土块示意图

3　结论

在黄河河道上中下游不通航条件下，大型浮船需经陆路吊运，费用高，设备准备周期长，不利于库区排险处置。本文研究成果，结合现场实际情况和水陆设备情况，技术人员对该超重构件吊运提出新方法，通过浮筒安装、充气、挪移，将卡在西霞院反调节水库排沙洞闸室的超重混凝土块挪移至库区指定位置，实现了混凝土块整体清除效果，完全利用浮力吊运重物，降低河岸地貌对吊运的影响，解决了河岸无法支设大型吊装设备的难题。三角形吊架和多点均布吊耳相匹配，使起吊力均布在重物上，避免局部受力过大造成预制块不稳定，增加了安全性。采用网格式加筋绳和工字钢顶梁，使吊绳受力均匀，减少气囊倾覆风险，使吊装更加安全。本文成果安全性高，施工周期短，对岸上吊装能力要求较低，适合在黄河两岸和库区推广应用。

参考文献

［1］齐晓鹏. 浅谈气囊助浮技术在搬运沉箱中的应用［J］. 中国新技术新产品，2013（12）：79.

［2］吴豪. 超高压气囊在水下排水箱涵封堵中的应用［J］. 中国水运，2019，19（5）：232-233.

智能千斤顶在悬臂施工挂篮预压中的应用

孟利利[1]　王延辉[1]　艾大伟[2]　任广顺[3]

(1. 黄河建工集团有限公司, 河南郑州　450045;
2. 中国水利水电建设工程咨询西北有限公司, 陕西西安　7100003;
3. 渝能 (集团) 有限责任公司, 重庆　404100)

摘　要: 大藤峡坝下交通桥钢构箱梁支架预压, 由于单位面积所受的压力较小, 预压作业面小, 荷载较大, 较集中, 加载物在很小的区域内, 需要码放的高度是普通现浇箱梁的 3~5 倍, 安全系数较低, 容易造成安全隐患, 为了降低挂篮施工安全风险, 黄河建工集团有限公司研发出了一项挂篮预压新方法, 该方法利用安放在挂篮底模上的智能千斤顶张拉系统拉扯地锚, 施加荷载加载同等数量的拉力, 达到荷载加载的目的, 为挂篮预压安全作业提供了保障, 也使挂篮预压施工更加便捷。

关键词: 悬臂; 挂篮; 预压

1　研究背景

大藤峡坝下交通桥工程位于大藤峡水利枢纽工程大坝坝址下游约 1.9 km 处, 总长 1.98 km。主桥宽 12 m, 荷载标准为公路-Ⅰ级, 汽-60。位于黔江河道内的弯道上, 该处河道枯水期水深 10.5 m, 河床有 6~10 m 淤积物, 其下为辉绿岩破碎结构。钢构箱梁支架搭设完毕, 进行预压时, 预压作业面为箱梁整个梁底, 作业面大, 单位面积所受的压力较小, 预压加载物可以充分铺展; 挂篮施工开始时, 从 0 号块开始, 该处结构为刚构桥挂篮施工箱梁最厚的地方, 预压作业面小, 荷载较大, 较集中, 加载物在很小的区域内, 需要码放的高度是普通现浇箱梁的 3~5 倍, 安全系数较低, 容易造成安全隐患, 严重的会造成坍塌事故。

2　主要技术原理

现行的挂篮预压方法有水箱法、水袋法、沙包法、预制块法等。水箱法是根据第一仓挂篮施工重量, 焊制一个能容纳相同重量的水箱, 放置在挂篮底模上, 根据挂篮预压荷载加载顺序, 在水箱中注入相应重量的水, 以达到荷载加载的目的; 水袋法是采用土工膜和土工带缝制成水袋, 将水袋放置在挂篮底模上, 在水袋中按挂篮预压荷载加载顺序注入相应重量的水, 达到荷载加载的目的; 沙包法是提前将沙子装成固定重量的吨包, 预压时, 根据荷载加载顺序, 吊装一定数量的吨包, 达到荷载加载的目的; 预制块法 (见图 1) 是提前预制好固定大小的预制块, 利用吊装一定数量的预制块达到加载的目的[1]。

2.1　挂篮预压新方法实施的必要性

目前, 现行的预压方法均是根据挂篮预压荷载加载顺序加载不同数量的介质, 达到荷载加载的目的, 这些方法均存在叠加高度和两幅挂篮加载荷载不均衡带来的风险, 增加了挂篮预压施工不安全因素, 使挂篮预压施工变得危险重重。介质加载是一个循序渐进的过程, 加载速度缓慢, 挂篮预压周期长, 对后期挂篮施工时段有一定影响[2]。因此, 探索出一个挂篮预压的新方法, 来改变这种加载介

作者简介: 孟利利 (1983—), 女, 高级工程师, 主要从事水利工程施工工作。

图1　预制块法挂篮预压施工

质，风险性大的操作方法势在必行。

2.2　挂篮预压新方法的技术原理

为了解决传统挂篮预压带来的不安全因素，降低挂篮施工安全风险，黄河建工集团有限公司在挂篮施工过程中提出了一项挂篮预压新方法，该方法利用安放在挂篮底模上的智能千斤顶张拉系统拉扯地锚，施加荷载加载同等数量的拉力，达到荷载加载的目的，无须介质叠加，而且两幅挂篮荷载加载数量可以同步加载，精确度高，为挂篮预压安全作业提供了保障，也使挂篮预压施工更加便捷。

2.3　挂篮预压新方法的可靠性分析

承台施工时，在挂篮预压相对应的位置埋设地锚筋，地锚筋与承台钢筋按钢筋搭接规范要求双面焊接在一起，挂篮预压时，千斤顶通过钢绞线拉扯地锚筋，相当于拉扯整个承台，地锚安全可靠，经得起挂篮预压荷载加载。可以根据张拉荷载最大值配备等额承载力的钢绞线，确保预压过程中钢绞线安全可靠。智能千斤顶张拉系统通过一台同步机将4台千斤顶同步在一起，可使4台千斤顶加载拉力值一样，精确度高，安全可靠。挂篮预压新方法从技术原理上分析，安全可靠。

2.4　挂篮预压新方法的操作步骤

2.4.1　挂篮预压前悬挂系统安全性验算

预压荷载一般取最重梁块2号节段的总重，2号节段梁总重加上挂篮悬挂部分重量、施工人员重量、施工设备重量，计算出荷载加载总重量，即为挂篮预压荷载最大值。用该值来验算挂篮前后锚区锚固力是否满足安全需求，确认挂篮悬挂系统绝对安全后方可对挂篮进行预压施工。

挂篮拼装完成，施工监控单位对挂篮实际情况进行受力验算，监理单位根据挂篮计算书和设计图纸对挂篮进行验收，验收合格方可进行预压。

2.4.2　荷载分配

挂篮预压重量取预压最大值的1.2倍，每个挂篮设置2台千斤顶同时张拉，每个千斤顶处需提供一半的重量。

2.4.3　荷载等级划分

设置张拉点时，辅助设备因为是预压时加载的，预压之后移除，因此该重量需从预压荷载中扣除。每个千斤顶应分担的重量扣除千斤顶下面的扁担梁、衬梁及千斤顶自身重量后，作为挂篮预压荷载加载的最大值。

按照现浇箱梁支架预压相关规范规定，预压荷载按荷载值的60%、80%、100%加载。为保障挂篮预压安全，在80%~100%加载过程中，另设置2级荷载等级，分别是90%、95%，预压时，该2级荷载每级加载完毕停顿30 min，观察挂篮各部位状况，无异常情况，方可继续施工。

2.4.4 挂篮竖向变形量观测主要观测点布置

主要观测点示意图如图 2 所示。

（1）每片主桁的后锚处设置一个观测点，即观测点 5-1 和 5-2。

（2）每片主桁的前支腿处设置一个观测点，即观测点 4-1 和 4-2。

（3）每片主桁的前端销子处设置一个观测点，即观测点 3-1 和 3-2。

（4）每根上前横梁的四根吊带处、跨中各设置一个观测点，即观测点 2-1、2-2、2-3、2-4。

（5）每根底篮前横梁的四根吊带处、跨中各设置一个观测点，即观测点 1-1、1-2、1-3、1-4。

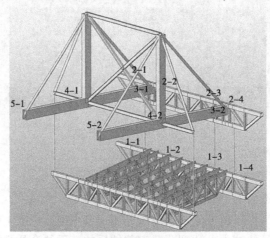

图 2　主要观测点示意图

挂篮预压之后，消除挂篮塑性变形，测定出弹性变形。根据预压数据调整底模控制高程，挂篮底模控制高程为弹性变形量+设计底高程+监控给出的预拱度。

根据三角挂篮计算书计算数据，挂篮底篮纵梁允许变形值小于 15 mm，后横梁、前下横梁、前上横梁允许变形值均小于 10.5 mm，主桁架允许变形值小于 13.75 mm。

2.4.5 设备安装和预压施工

在承台施工时，将带有锚环固定器的锚固筋安装在承台上，与承台钢筋双面搭接焊长度焊接。预压施工时，用锚环将钢绞线锚固在地锚上，与挂篮底模上的千斤顶相连。千斤顶下面安放托梁和分配梁，确保受力均匀分散。4 台千斤顶安装完毕，与同步器连接。挂篮底模上千斤顶安装如图 3 所示。

（a）

图 3　挂篮底模上千斤顶安装

(b) (c)

续图 3

预压时，设备安装完毕，人员撤离后，操作人员启动，两幅挂篮上的 4 台千斤顶同时启动，达到 10%预压荷载，停止油泵供油，检查各千斤顶工作状态和地锚锚固情况，待一切正常后，方可继续张拉。由于所用智能千斤顶张拉系统会自动调节油缸伸出量，自动回油和锚固，故张拉时更加便捷。若张拉时使用的是普通千斤顶，达到 10%预压荷载后，要停止油泵供油，查看千斤顶油缸伸出量，确保在预压施工过程中，油缸有充裕的伸出余量。

待张拉力达到 60%、80%、100%预压荷载时，分别按照预压持荷规定持荷，并按照要求进行预压测量，收集预压形变量数据。

2.4.6 测量观测

在进行加载试验时，必须在未施加荷载以前测出观测点的标高，作为初始值，并计算出主桁架拱度，荷载值加载至 60%时停止加载，测量各观测点标高，每隔 6 h 观测一次各测点标高，挂篮前下横梁处相邻两次观测沉降量平均值小于 2 mm，方可进行下一级预压荷载加载和预压观测，直至预压荷载加载完成。

预压荷载加载完毕，测量各观测点标高，并每隔 6 h 测量一次标高，各观测点相邻两次观测沉降量平均值小于 1 mm，判断为预压合格，可进行卸荷施工。卸荷全过程中，卸除每一级荷载后测量及时观测标高，并进行记录。卸载完成，观测各观测点标高，间隔 6 h 后再观测一次各观测点标高，预压完成。

预压完成后，计算出主桁架变形量，上前横梁、下前横梁及纵梁的变形量，对比三角挂篮计算书，判断挂篮可靠性。

根据观测数据，计算出挂篮弹性变形量，并根据弹性变形量调整挂篮底模高程。

3 性能指标

按照节段最大体积进行预压重量的确定，通过比较，2 号节段为最重梁块，梁块总重为 167.4×2 = 334.8（t），挂篮内、外模和底篮重量（下前横梁+后横梁+纵梁+外滑梁+内滑梁）为 3.6+5+18.3 = 26.9（t），人员总重约 150×16 = 2.4（t），施工机具重约 0.6 t，后锚区扁担梁最大荷载为 334.8 + 26.9+2.4+0.6 = 364.7（t），每个挂篮设置 3 对扁担梁，共计 24 根 JL32 精轧螺纹钢，364.7/24 = 15.2（t），预压时最大荷载为 15.2×1.2 = 18.2（t），每根精轧螺纹钢最大承重为 63 t，即挂篮在预压或施工过程中，后锚区锚固力符合要求。

4　结论

（1）无须介质加载，降低安全风险。利用智能千斤顶和地锚相互间的拉力，达到挂篮预压加载的目的，无须介质叠加加载，无须反复的高空吊装作业，无须考虑介质堆积过高的稳定性，降低了安全风险，使挂篮预压更便捷。

（2）智能千斤顶张拉系统同步数据精准，两幅挂篮同步预压，结构更加均衡。挂篮施工为双向同步进行，以便保持结构两端受力均衡，达到结构安全的目的。利用智能千斤顶张拉系统做挂篮预压施工，引进同步机，使两幅挂篮预压荷载加载数据更精准，同步效果更好，保持了结构均衡，为后期挂篮施工提供了保障。

（3）操作方便，预压周期缩短。利用智能千斤顶和地锚的拉力作为挂篮预压的荷载，操作简便，施工准备期只需 1 d 时间，每次荷载加载时间仅需几分钟，预压周期大大缩短，为后期挂篮施工争取了宝贵时间。

通过对大藤峡跨黔江特大桥智能千斤顶挂篮预压方法的实践和研究表明，很多受地形地貌影响，跨越鸿沟的桥梁，无法实现支架现浇施工或预制吊装施工，挂篮预压是钢构箱梁的必要步骤，用智能千斤顶张拉系统来实现挂篮预压的新方法安全可靠、便捷，值得在施工中应用推广。

参考文献

［1］李志明，范伟 . 挂篮在预应力混凝土连续梁悬臂浇筑施工中的应用［J］. 工业建筑，2002，32（1）：48-50.

［2］徐忠，李茂儒 . 悬臂现浇箱梁挂篮的设计［J］. 科技资讯，2011（23）：55.

反调节水库大坝上游铺盖水下修复技术研究与应用

王延辉[1]   孟利利[1]   艾大伟[2]

（1. 黄河建工集团有限公司, 河南郑州   450045
2. 中国水利水电建设工程咨询西北有限公司, 陕西西安   710003）

摘　要：黄河流域反调节水库受泥沙沉积影响, 运行多年后, 流态改变会导致水下原有设施失效或者破坏, 需进行河岸加固或者锚固处理。预应力锚杆在锚固设施方面有着良好的效果, 为了提高原基土料的受力特点, 预应力锚杆施工技术逐步提高, 异形预应力锚杆因其锚固力强、施工方便, 在国内外各类工程中广泛应用。如果遇到异形预应力锚锚头无法打开的情况, 锚头将无法按照原定计划进行锚固, 需采取其他锚固措施。采用本文先灌浆后张拉的方法, 能够解决现场实际问题, 使工程顺利完成。

关键词：大坝；水下修复；锚头锚固

1　研究背景

西霞院反调节水库岸坡多地发生渗漏、滑带土等危害, 需对地下水进行疏通, 对岸坡进行锚固处理, 降低地下水对岸坡的危害。异形预应力锚杆在预应力锚杆锚固方面有着很好的优势, 但是受地质情况影响, 对于岩层较硬的地质, 异形预应力锚杆不容易打开, 不容易锚固。笔者在西霞院反调节水库岸坡进行了这种异形预应力锚杆孔底锚固试验。

根据设计要求, 需在岸坡上布置锚杆, 长度为 20 m, 纵向间距 4 m, 横向间距 4 m, 倾角 25°, 呈梅花形布置。锚杆采用 φ 28 预应力伞型锚杆或 φ 28 Ⅱ级钢筋。在施工过程中, 由于地质状况差异, 多数异形预应力锚锚头未能按照预期设想, 无法正常打开, 异形预应力锚在孔内无法锚固, 直接影响着边坡防护施工进度。为了解决异形预应力锚杆锚固问题, 针对如何判断异形预应力锚杆锚头是否打开、无法打开时如何锚固、如何保证承压板后孔道灌浆饱满等问题, 项目部技术人员进行了多次方案讨论和优化, 并经过试验, 最终确定了相关成果。

2　主要技术原理

2.1　总体思路

根据异形预应力锚杆施工特点, 制定了异形预应力锚锚头打开及判定为无法打开的一系列办法。在异形预应力锚杆无法打开的情况下, 采用分次灌浆, 先锚固后张拉再灌浆的新方法。

2.2　试验场地

试验场地设置在西霞院反调节水库左岸岸坡, 试验孔位由测量人员测量放样, 潜孔钻就位按要求进行钻孔施工。制浆区设置在坡顶道路外侧, 注浆机设置在制浆机旁边, 由高压注浆管将浆液引流至钻孔处, 经预埋的灌浆管注浆[1]。

2.3　技术准备

锚杆采用可控异形预应力锚锚杆, 锚杆与水平方向交角 25°~30°, 间距 4 m, 设计锚固力为 80 kN, 锁定锚固力暂定为 40 kN。

作者简介：王延辉（1980—）, 男, 中级工程师, 主要从事水利工程施工方面的工作。

提前与西霞院反调节水库现场监管人员沟通试验细节、确定孔位位置、异形预应力锚打开的试验方法、灌浆机张拉时机、锚固方法等。千斤顶及油表标定完成，张拉所需油表读数已按回归方程计算并复核完成。

灌浆所用水泥已经见证取样，检验合格，并报现场监管人员认可，可以用于施工。

现场施工人员已做好技术交底和安全交底，确保施工人员熟知相关试验步骤及试验参数。

2.4 设备准备

潜孔钻已就位，已按要求进行维护保养，千斤顶、油泵、油表及高压油管已装配完成，经空载试验，无漏油、油缸伸出障碍等故障，制浆机及注浆机已安装到位，经试拌和、试注浆试验，运行良好，压力软管无漏浆、破损情况，各项设备运行情况良好，报管理处现场监管人员确认无误后，方可进行试验。

2.5 钻机就位

测量人员放样完毕，施工人员将潜孔钻开至孔位正下方，用铁锹在孔位处掏挖成上部向内、下部向外，倾斜角度60°~65°的平面，边长1 m的正方形斜面，潜孔钻钻头正对该斜面中心，钻杆垂直于该斜面定位，测量人员验证孔位并做标记，水平、垂直方向的孔距误差不应大于100 mm，定位完成后，报西霞院反调节水库现场监管人员确认。

2.6 钻孔

异形预应力锚杆钻孔如图1所示。采用潜孔钻钻孔，孔径为130 mm，钻孔时尽量不扰动周围地层，钻孔深度比设计锚固长度长1.5 m左右，以保证异形预应力锚有足够的打开距离和有效锚固长度。

图1 异形预应力锚杆钻孔

钻孔过程中，技术人员应定期检查钻杆角度，确保钻孔角度符合设计要求，孔壁顺直。钻孔达到预定深度后，钻机钻头应在异形预应力锚锚头安装位置，进行2~3次来回空转，行程为锚头长度的2~3倍，以扩大端部孔径，便于异形预应力锚打开[2]。

钻孔过程中，收集岩石样本，推断地质状况和厚度，根据地质情况，确定是否使用异形预应力锚锚头。

钻孔后应立即进行下一步工序施工，空孔（孔未灌浆之前）时间不宜超过4 h。

2.7 安装锚杆

钻孔完成，经管理处人员验孔后，进行锚杆安装。锚头采用异形预应力锚锚头（见图2），锚杆采用φ28HRB400级钢筋，锚杆连接采用机械套筒连接，连接接头按规范频次取样检测。锚杆安装时，将注浆管绑缚在锚杆上，随锚杆进入孔内，注浆管和锚杆用扎丝固定，注浆管在9 m位置截断，用同样材质，内径和灌浆管外径相同的套管连接，便于注浆后拔出注浆管。按锚杆长度推算锚头所在位置，结合钻孔过程中得出的地质结论，判断锚头所在位置地质状况。

图 2　现场研究异形预应力锚杆锚头打开方法

锚头安装至预定位置后，张拉端换上便于张拉锚固的光圆锚杆，并外露 1 cm，作为张拉时的工作长度。

2.8　锚头锚固

锚杆安装到设计位置后，3 名工人在张拉端拉着锚杆向外拉拔，拉拔过程中出现阻力过大，无法拉拔时，可初步判断锚头已打开，安装上千斤顶对该锚杆进行预张拉，预张拉力 40 kN，若油表可以达到该张拉力，证明锚头锚固稳定，可以进行下道工序施工，如果油表达不到该张拉力，证明锚头尚未锚固，需要采取其他办法。

将锚杆拉出 5 m 左右，尚未发现阻力过大现象，则需将锚杆重新送回原安装处，用机械连接时向相反的转动方向转动锚杆，转动过程中反复拉拔锚杆，若出现阻力过大现象，用千斤顶拉拔，达到预张拉力 40 kN，证明异形预应力锚已打开，可以进行下道工序施工。

若反复转动锚杆，锚头始终无法打开，则需采取其他方法将锚头锚固。

如果经过多方向尝试，仍无法出现阻力过大，人力无法拉拔，或者经张拉无法达到预张拉力的情况，需采取灌浆法锚固锚头。

选择地质情况类似且异形预应力锚杆无法打开的 3 个锚杆孔，作为灌浆法锚固锚头试验孔。将 3 个孔中锚杆安装至设计位置，连接灌浆管，对锚杆底部灌浆，灌浆深度分别是 6 m、8 m、10 m，灌浆完成取出灌浆管，等待 3 d，让水泥浆凝固，分别用千斤顶拉拔 3 根锚杆，观察 3 根锚杆预张拉力是否能达到 40 kN，选择灌浆最短能达到与张拉力的锚杆的灌浆长度，作为灌浆法锚固锚头的灌浆长度。

2.9　锚杆张拉

将承压板、锚具、支撑架、千斤顶及工具帽依次装在锚杆上，支撑架支撑在承压板上，锚具安装在支撑架内侧，以便张拉后立即锚固。开动油泵，使油缸伸出 5 cm 左右，上紧工具锚和工具夹片，使千斤顶受力，开动油泵，慢慢施力，使油表读数徐徐接近 80 kN 对应的读数，待张拉完毕，稳压 5 min，开始安装工作夹片，将锚具锚固在承压板后面，开动油泵缓缓减压，直至指针归零。检查锚具锚固是否良好，待检查无误后，重新按照张拉程序，再对该锚杆进行二次张拉，张拉力为 40 kN。待油表读数接近 40 kN 时，锚具未出现松动脱开现象，证明该锚杆锚固锁定力大于或等于 40 kN，视为符合设计要求。若锚具在二次张拉过程中出现脱开或者松动现象，证明锚固张拉力未达到设计值，需张拉至 80 kN 后重新锚固[3]。

张拉过程中观察孔口土体变形情况，确认孔口土体是否能承受张拉过程中承压板的压力。

2.10 锚杆孔灌浆

异形预应力锚杆锚头可自行打开的，可直接灌浆；异形预应力锚杆锚头无法打开，需进行灌浆法锚固的，灌浆过程分两次进行。

一次性灌浆的，灌浆次序分两种试验：一种在张拉之后灌浆；另一种在张拉之前灌浆。

安装锚杆时，灌浆管随锚杆进入孔内，锚头锚固灌浆时，灌浆管和压力软管连接，用注浆机向孔内打水泥浆，用进浆量和孔内空间来推算灌浆长度，确定锚头锚固深度，分三种情况试验，确定锚头埋置深度最浅且能满足张拉需要的为试验结果。

锚头锚固灌浆结束，立即向外拉拔灌浆管，使灌浆管和锚杆分离，根据灌浆管拔出长度，判断灌浆管是否脱出孔底浆液，待灌浆管脱出孔底浆液，将孔口灌浆管固定，使其不会继续脱出和不会滑入孔内，待条件允许，可用该灌浆管进行二次灌浆。

锚头锚固后，先将灌浆管接入压力软管，开始灌浆，将孔内灌满，立即拔出灌浆管，进行张拉操作，在孔内浆液凝固前张拉完成。安装承压板时，可在承压板下设置一节灌浆管，一端拐入灌浆孔，一端留置在外，安装灌浆管的土体处刻槽，以便保护灌浆管不被压扁破坏。张拉前灌浆的优点是便于保护和拔出灌浆管；缺点是对张拉和灌浆工艺衔接要求较高，张拉需在浆液初凝前完成，否则将无法进行张拉操作。

待张拉完成，孔内浆液凝固后，可通过留置的灌浆管对孔内进行补浆，防止浆液损失造成孔口虚空。

锚头锚固后，先进行张拉作业，再进行灌浆作业。张拉前，先在土体上开槽，将灌浆管从孔内通过刻槽引至外侧，再安装承压板进行张拉，待张拉完成，锚固完毕，一切准备就绪后，即可将灌浆管接入压力软管开始灌浆，灌浆结束，通过刻槽在外侧将灌浆管拔出。张拉后灌浆的优点是各工序可按部就班有序进行，对灌浆和张拉工序衔接时间无太多要求；缺点是张拉时孔口土体容易变形，由于承压板的挤压，不利于灌浆管的保护和拔出。

拔出灌浆时，可在孔口留置一段灌浆管，以便后期补浆。

2.11 封锚处理

张拉压浆完成后，锚具和承压板做防腐防锈处理，用与边坡同种料源的土料将锚头掩埋，土料填筑时，应符合边坡填筑压实标准。

3 性能指标

按照试验过程分析，异形预应力锚在潞王坟试验段不同地质条件下有一定的适应性和可操作性，异形预应力锚杆可用于该段抢险施工。

根据试验结果结论，异形预应力锚杆锚固方法可行，端头为岩基的，锚固长度选 8 m 为宜，端头为土基的，锚固长度选 10 m；综合试验结果和施工可行性，选张拉后灌浆，便于集中拌制浆液，避免浪费。

异形预应力锚杆端头锚固之后张拉力可达到最大张拉力，锚杆稳固，施工工艺相对简便，该试验结果可用于该工程施工。

4 结论

预应力锚杆施工时，采取转向插拔法，经多次尝试，可最大限度地打开异形预应力锚杆锚头，增大异形锚头成活率。若锚头仍无法打开，采用二次灌浆法，可解决预应力锚杆锚头锚固问题，使异形预应力锚头适应能力更强，大大加快了施工进度。采用易分离接头连接灌浆管，使灌浆管与锚杆可以同步插入，保障了灌浆管插入深度，降低了施工成本，提高了灌浆施工质量。

随着社会文明的进一步发展，工程建设技术得到了长足发展。为了提高原基土料的受力特点，预应力锚杆施工技术逐步提高，异形预应力锚杆因其锚固力强、施工方便，在国内外各类工程中广泛应用。如果遇到异形预应力锚杆锚头无法打开的情况，国内外常用的方法是将异形预应力锚杆拔出，改用非预应力砂浆锚杆。这样，不但拖慢了施工进度，而且改变了锚杆受力方式，需要设计单位重新设计论证，施工周期增加，不利于岸坡结构安全，在本工地不适用。

通过方案讨论优化，现场试验，最终确定判断异形预应力锚锚头打开的方法，在异形预应力锚锚头无法打开的情况下，采用先灌浆后张拉的方法，解决了现场实际问题，使工程顺利完成，确保了南水北调中线运行安全。这种理论结合实际、试验支持理论研究的方法，值得在治黄事业同类问题中推广应用。

参考文献

［1］李宗海．预应力锚固技术在矿坑边坡支护中的应用研究［J］．科技尚品，2017（8）：22-24.

［2］王运起，李永志，任增超．高应力区动压巷道全长预应力强力锚固技术的试验［J］．煤炭工程，2012（3）：32-34.

［3］李克友，许慧玺，刘毅．预应力锚杆多循环张拉试验分析［J］．工程技术研究，2022，7（9）：212-214.

黄河下游游荡型河道断面形态对
洪水传播能力的影响

朱延凯　张　宁

（济南黄河河务局平阴黄河河务局，山东济南　250400）

摘　要： 在分析现行河道冲淤变化及河道断面形态的基础上，结合近期实体模型试验结果，探讨了黄河下游游荡型断面洪水演进的变化特点。结果表明：在平滩面积 2 000 m² 与流量 3 000 m³/s 的条件下，窄深的高村断面洪水传播速度比夹河滩断面至少增大了 14%；洪水涨率与河相系数呈现负相关，窄深断面冲刷冲深大，可以有效地提高游荡段水流的通过能力。因此，在相同的来水来沙环境下，黄河下游窄深断面形态不仅可以缩短洪峰传播时间，还可以减缓黄河下游游荡段的河道淤积。

关键词： 游荡段；洪水演进；数值模拟；断面形态；河相系数；传播时间

1　黄河下游游荡段断面形态调整对洪水演进影响分析

黄河下游高村至孟津河段是典型的游荡型河段，总长度约 300 km。该河段河床具有"浅宽散乱"的平面形态特征，河槽宽为 1~3.5 km，两岸堤距为 5~14 km，最宽处为 20 km[1]，小浪底水库运行前的宽深比超过 1 000。另外，该游荡型河道易淤积，导致洪水涨落幅度大，促使河道发生横向展宽或纵向冲深的情况。所以，该游荡段河道部分断面在一些年份内会塑造成横断面形态[2]。基于水文资料完整的前提下，本文选择高村至花园口河段为研究对象，研究在同一平滩断面面积下断面形态调整对洪水传播能力的影响。

1.1　断面形态调整对洪水传播时间的影响

1.1.1　断面形态调整和洪水传播速度的关系

明渠段洪水波波速 ω 根据缓变非恒定流，按式（1）计算：

$$\omega = U + A\frac{\mathrm{d}U}{\mathrm{d}A} = \beta U \tag{1}$$

式中：β 为洪水波传播速度修正系数；A 为过流断面面积；U 为断面平均流速。

波速可通过推导 β 得到，按式（2）计算：

$$\omega = \beta U = \left(\frac{5}{3} - \frac{2}{3}\frac{R}{B}\frac{\mathrm{d}B}{\mathrm{d}Z}\right)U \tag{2}$$

式中：Z 为水位；B 为水面宽度；R 为水力半径。

β 在河槽为抛物线或三角形时为 1~5/3；β 在河槽为宽浅型时小于 1，并且 β 在河槽形态越宽浅时越小。

对流量和平均流速在不同断面形态下的关系进行分析。对高村与夹河滩断面进行研究，选择两个断面汛前平滩面积为 2 000 m² 和 1 600 m² 量级的年份，得到 1991 年高村平滩面积为 1 693.6 m²，河相系数为 26 m$^{-1/2}$；夹河滩平滩面积为 1 658.7 m²，河相系数为 35.4 m$^{-1/2}$。2002 年夹河滩平滩面积为

作者简介：朱延凯（1990—），男，中级工程师，平阴管理段副段长，主要从事黄河防汛及工程管理方面的工作。

$2\ 005.2\ \mathrm{m}^2$，河相系数为 $20.5\ \mathrm{m}^{-1/2}$。2006 年高村平滩面积为 $2\ 006.3\ \mathrm{m}^2$，河相系数为 $6.6\ \mathrm{m}^{-1/2}$。两个平滩面积量级下的流量和平均流速关系如图 1 所示。

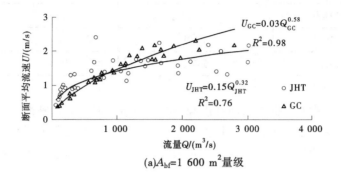

(a)$A_{\mathrm{bf}}=1\ 600\ \mathrm{m}^2$ 量级

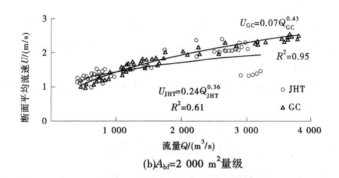

(b)$A_{\mathrm{bf}}=2\ 000\ \mathrm{m}^2$ 量级

注：JHT 代表夹河滩，GC 代表高村，余同。

图 1 高村与夹河滩断面流量和平均流速关系

从图 1 能够看出，在流量较小时，同一流量下夹河滩与高村断面平均流速较为接近；流量在 $1\ 000\ \mathrm{m}^3/\mathrm{s}$ 以上时，平均流速夹河滩高于高村。在流量为 $3\ 000\ \mathrm{m}^3/\mathrm{s}$，平滩面积为 $1\ 600\ \mathrm{m}^2$ 量级下，高村断面的平均流速增大了 76%；在流量为 $3\ 000\ \mathrm{m}^3/\mathrm{s}$，平滩面积为 $2\ 000\ \mathrm{m}^2$ 量级下，高村断面的平均流速增大了 14%；由于窄深断面洪水传播速度和参数 β 呈现出正相关，所以在平滩断面面积相同时，洪水传播速度会更加得快。

1.1.2 河段洪水传播时间

洪水传播时间 T 按式（3）计算：

$$T = \int_0^l \frac{l}{\omega}\mathrm{d}x = \int_0^l \frac{l}{\beta U}\mathrm{d}x \tag{3}$$

式中：l 为河段长度。

宽浅河道中水力半径 R 约等于平均水深 H，根据曼宁公式来对断面平均流速进行推导，结合断面流量公式，代入河相系数 ζ，得到式（4）。

$$T = \int_0^l \frac{l}{\omega}\mathrm{d}x = \int_0^l \frac{l}{\beta U}\mathrm{d}x = \int_0^l \frac{l}{\beta}\left(\frac{n^9 \zeta^4}{J^{\frac{9}{2}} Q^2}\right)^{\frac{1}{11}}\mathrm{d}x \tag{4}$$

式中：J 为河道比降；n 为糙率。

由式（4）可以看出，河段洪水传播时间和沿程流量、断面形态、河道比降以及糙率有关。河段洪水传播时间和参数 β 呈负相关，与河相系数呈正相关。在洪水量级相同情况下，窄深河段洪水传播时间小于宽浅河段。

对 $2\ 000\ \mathrm{m}^2$ 平滩面积量级所对应的洪水传播时间进行分析，此次的研究数据基于水库运行前，因此可确定洪水传播的时间即是天然的洪水时间，表 1 为洪水特征分析。

表1 洪水特征分析

年份	平滩面积/m²	花园口洪峰流量/（m³/s）	河相系数/m^{-1/2}	传播时间/h
1990	2 394.9	4 441	25.3	22.8
1991	2 338.5	3 191	30.4	26.2
1992	2 201.4	6 431	35.1	55.1

通过表1可以得出，洪水传播的时间在洪峰量级比较接近时，通过断面的形态来决定，窄深断面水流集中，而且水位过深，由此则会增加传播速度。而在河相系数的降低过程中，洪水传播时间随之缩短，缩短幅度要大于理论计算结果，这主要是因为这两场实际洪水量级不一样，并且参数 β 在不同断面下其取值也是不一样的。

1.2 断面形态调整对洪水位的影响

决定水位的因素不只有流量，强烈冲淤也会对水位造成影响[3]。河道水位由起涨水位和涨率两个部分组成。河床断面形态和来水来沙条件决定水位涨率，洪水前期河道冲淤决定起涨水位，起涨水位不仅会影响洪峰水位，还能决定河道排洪能力[4]。

在黄河下游宽河段，决定水位涨率的因素是断面形态变化，河道过流量根据曼宁公式可表达为式（5）。

$$Q = \frac{BH^{\frac{5}{3}}J^{\frac{1}{2}}}{n} = \frac{\zeta^2 J^{\frac{1}{2}}}{n}H^{\frac{11}{3}} \tag{5}$$

当不考虑河床高程变化时，水深对流量的导数和水位变幅近似，而且断面形态越窄深，变化幅度越大。为了防止水位涨率受到漫滩影响，以过流量从1 000 m³/s增加到3 000 m³/s时的水位涨幅作为洪水位涨率。按照断面实测流量表（由水文站测量仪器实际测定生成的观测资料，数据太多不便——一列出）中的比降与糙率对表达式中的参数进行确定，其1 000 m³/s 与3 000 m³/s 流量所对应的糙率分别是0.03与0.02，比降为0.02%，涨率表达式为 $\Delta Z = 2.68\zeta^{-0.545}$，游荡段水位涨率和河相系数曲线如图2所示。

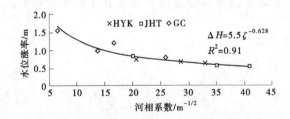

注：HYK代表花园口。

图2 游荡段水位涨率和河相系数曲线

根据图2曲线，与表达式指数比较接近，但是系数则高于2倍的表达式，这主要是由河床的高程产生变化而引起的。实际测量的水位涨率在水库运行前会有淤积情况发生，所以相比实际水位涨率，计算涨率要小。在水库运行之后，在相同流量下，窄深河槽要比宽浅河槽强度大，所以窄深河道河床有着较大的冲深，并且其涨率也比较大，过流能力提高，增大水深涨幅。

2 黄河下游断面形态调整对洪水演进影响模拟分析

通过采取模拟的方法来分析断面调整之后对洪水演进产生的实际影响，采取数学模型来对其进行计算。基于实际情况，本次共设计了两种不同的方案：第一种方案是实测洪水过程进行分析验证，主要以地形边界为基础；第二种方案是断面形态调整导致的影响情况，以2003年汛前实测地形作为河床边界条件[5]。

2.1 研究模型

由于河道的断面存在一定的不规则情况,所以决定采取一维非恒定的水沙模型进行分析,此模型主要有水运动、河床变形、浑水连续以及泥沙连续等方程,根据工程需要,实际应用中解法不同[6]。

2.2 分析模型结果

通过对实验方案数值模拟比较来水来沙的相同基本条件下的洪水演进过程,进而以此来分析洪水演进特征的变化,分析水沙输移在断面调整下的影响[7]。

2.2.1 过程模拟结果

夹河滩断面计算值和实测值对比如图3所示。

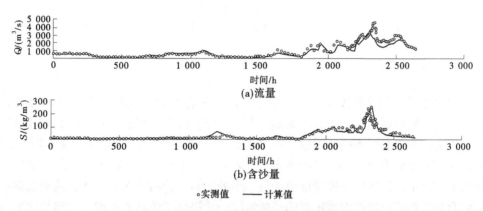

(a)流量

(b)含沙量

。实测值　——计算值

图3　夹河滩断面计算值和实测值对比

通过图3可以看出,夹河滩含沙量与流量实测值和计算值非常符合。夹河滩断面洪峰流量实测值与计算值分别为4 520 m³/s与3 549 m³/s,两者之间的偏差比较大;最大含沙量实测值为239 kg/m³,与计算值259 kg/m³ 有着较大的偏差[8]。洪峰从花园口到高村的实测传播时间为55 h,计算传播时间为64 h,两者之间的偏差较小。可以看出,水沙变化整体上的模拟过程虽然比较合理,但是实测值和计算值有着较大的偏差,还需对模型进一步完善。

2.2.2 断面形态调整对汛期水沙输移的影响

(1)不同方案下花园口与高村含沙量与流量的变化过程如图4所示。两种方案下洪水演进到花园口时的含沙量与流量过程比较吻合,沙峰与洪峰到达时间接近;含沙量和流量在演进到高村时偏差发生,方案二洪峰峰值减小,沙峰与洪峰到达时刻提前[9]。在黄河下游洪水过程等导致淤积严重,计算1992年游荡段淤积量为3.51亿 m³,2003年游荡段淤积量为2.32亿 m³,窄深断面的淤积量下降33.90%。

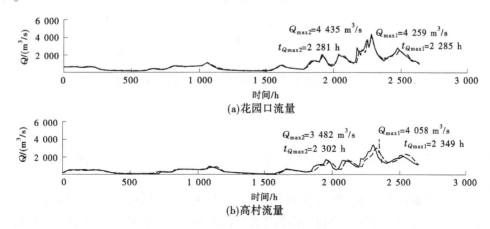

(a)花园口流量

(b)高村流量

图4　不同方案下花园口与高村含沙量和流量的变化过程

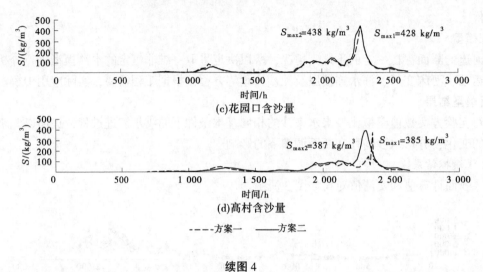

(c)花园口含沙量

(d)高村含沙量

----- 方案一　——方案二

续图4

（2）对比洪峰削减。削减程度主要与含沙量、流量等有密切的关联，包括洪峰与平滩流量接近时，滩地行洪与河槽断面形态下，削减率是最小的[10]。通过图4能够看出，在1992年与2003年时花园口至高村呈现出洪峰衰减不同的现象。而1992年洪峰衰减对防洪产生了较大的影响；2003年时洪水演进到高村时的流量大大减小。1992年相比2003年，河道为宽浅形态，很容易发生洪水漫滩的现象，并增加了滩蓄量，洪水的传播速度也较慢。当处于高含沙的状态时，河道的形态逐步向窄深不断地发展，由此导致部分漫滩的洪水出现归槽的情况，并提高了传播的速度，进而快速地追赶前期洪峰，所以洪峰削减的程度在1992年的地形下低。

（3）对比洪水传播时间。断面形态调整能够显著影响洪峰的传播速度，断面平均流速和洪峰传播速度有着密切的关系，对断面平均流速沿程变化在不同方案下的情况绘制如图5。可看出方案二各断面平均流速都要比方案一大，有些还是方案一的2倍多。方案一与方案二的河段平均流速分别为1.10 m/s与1.60 m/s。方案二断面在洪峰时刻平均流速比较大，考虑参数 β 的影响，方案二的洪峰传播速度要大于方案一的洪峰传播速度[11]。计算结果表明，方案一洪峰传播时间为64 h，方案二洪峰传播时间为21 h。这种情况由于前期方案一洪水漫滩高，河床宽浅，传播时间长，速度快；方案二的河槽形态表现出更加的窄深情况，进而有效地减少了洪水漫滩的情况，并且还提高了断面流速，所以会较大程度地降低洪峰传播的时间。

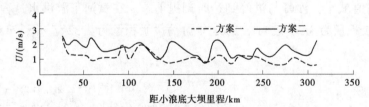

图5　不同断面型态对影响洪峰断面平均流速的影响

3　结论

通过数值模拟和实测分析，在平滩断面面积不变的条件下，来研究洪水演进影响，其结论有如下几点：

（1）断面形态会对洪水传播速度有影响，传播速度快的为窄深断面，在平滩面积为2 000 m² 与流量3 000 m³/s的条件下，窄深的高村断面相比夹河滩断面，洪水传播速度至少增大了14%。

（2）洪水水位涨率与河相系数呈现负相关，洪水水位涨率随着断面趋向窄深形态时而加大，窄深断面冲刷冲深大，由此可以提高断面深度，最终可以有效地提高游荡段水流的通过能力。

（3）经断面形态调整的洪水演进模拟显示，2003年比1992年洪峰传播速度快；洪峰衰减达到了21%的程度，比1992年的衰减程度更高，减少了34%的河道淤积量。

参考文献

[1] 程亦菲，夏军强，周美蓉，等.一维水沙耦合模型参数敏感性分析——以2020年黄河下游洪水演进为例［J］.水力发电学报，2022，41（12）：100-110.

[2] 常彬，郭忠华，刘根驿，等.黄河下游流域土壤硒元素分布特征及影响因素研究——以山东省聊城茌平地区为例［J］.上海国土资源，2022，43（3）：93-98.

[3] 吴国英，吴昕馨，潘丽，等.西霞院向灌区补水对黄河下游河道冲淤演变影响分析［J］.水电能源科学，2022，40（7）：44-48.

[4] 黄玉芳，葛雷，单凯，等.黄河下游河道湿地演变与河防工程建设时空关系分析［J］.环境影响评价，2021，43（3）：13-18.

[5] 苗霖田，夏玉成，段中会，等.黄河中游榆神府矿区煤-岩-水-环特征及智能一体化技术［J］.煤炭学报，2021，46（5）：1521-1531.

[6] 王远见，江恩慧，李新杰，等.黄河下游演进宽滩区滞洪沉沙功能与减灾效应二维评价模型及其应用［J］.水利学报，2020，51（9）：1111-1120.

[7] 白玉川，李岩，张金良，等.黄河下游高村-陶城铺河段边界阻力能耗与河床稳定性分析［J］.水利学报，2020，51（9）：1165-1174.

[8] 夏军强，王增辉，王英珍，等.黄河中下游水库-河道-滩区水沙模拟系统的构建与应用［J］.应用基础与工程科学学报，2020，28（3）：652-665.

[9] 程亦菲，夏军强，周美蓉，等.黄河下游游荡段过流能力调整对水沙条件与断面形态的响应［J］.水科学进展，2020，31（3）：337-347.

[10] 侯精明，马勇勇，马利平，等.无高精度地形资料地区溃坝洪水演进模拟研究——以金沙江叶巴滩-巴塘段为例［J］.人民长江，2020，51（1）：64-69.

[11] 赵秋月，方慜，彭淑贞，等.倒数第二次间冰期以来黄河下游冲洪积物释光年代及其古气候意义［J］.第四纪研究，2022，42（5）：1277-1286.

浙江富阳区水旱灾害风险调查与分析

帅　伟[1]　占锡华[1]　周淑梅[2]　张竞楠[3]　戴守政[3]　赵连国[3]

(1. 杭州市富阳区农业农村局，浙江杭州　311400；
2. 河北科技大学经济管理学院，河北石家庄　050018；
3. 航天宏图信息技术股份有限公司，北京　100195)

摘　要：水旱灾害是我国频发的自然灾害之一，对人民生命及财产安全构成严重威胁。水旱灾害风险调查与评估可以短时间内获得水旱灾害防治的基础资料，为政府决策提供参考。本文以浙江富阳区为例，对该区干旱致灾因素、抗旱工程建设现状、洪水灾害隐患及灾害损失等进行全面调查分析，获取一手调查资料，分析研究区水旱灾害防御存在的问题及解决对策。本文为其他区域水旱灾害调查评估等相关工作提供实践经验，为水利数字化平台建设提供基础数据，推动水利数字化改革。

关键词：水旱灾害；水利工程；风险；损失；富阳区

1　问题的提出

近年来，伴随着全球气候变化，极端天气愈发频繁，中国遭受水旱灾害次数异常增多[1-2]，对人民生命和财产安全构成严重威胁[3-5]。为此，我国学者在水旱灾害防治方面开展了大量研究[6-15]。王静爱等[2]以县域为统计单元收集水旱灾信息，分析中国水旱灾危险性的时空分异规律。结果显示，我国东西部水旱灾害危险性分异明显，且具有较强的季节变化，夏季水旱灾害危险性最高。刘亚彬等[16]通过评估中国13个粮食主产区水旱灾害风险表明，评估区域的水旱灾害风险压力较大，且旱灾风险高于水灾风险。吴锡[11]从广西省水旱灾害防御工作需求出发，通过分析水旱灾害普查成果，提出应加强普查成果在洪水防御能力提升、洪灾防御智慧化建设、与其他行业灾害防治工作深度融合建设以及社会公众服务等多方面应用的建议。由于气候变暖，长江流域旱灾频发，李喆等[12]结合水利数字孪生建设要求，研发了干旱防御数字孪生平台，极大提升了长江流域抗旱减灾管理的智能化、数字化水平。

水旱灾害调查是全国自然灾害综合风险普查（2020—2022年）的重点工作[11,17]。基于此，本文以浙江杭州富阳区为例，通过对富阳区现场水旱灾害风险调查，分析该区域水旱灾害风险，对水旱灾害损失进行评估，并获取研究区大量宝贵的水旱灾害灾情风险的一手数据和资料，为水利相关部门推动数字化改革、信息化建设提供支撑，为其他类似区域水旱灾害调查研究提供实践经验。

2　区域概况

2.1　区域基本情况

富阳区地处浙江省西北部（119°25′~120°19.5′E、29°44′~30°11′N），杭州市西南面，钱塘江中下游，总面积1 831.2 km²。依其地表水陆形态分，山地、丘陵面积1 439.6 km²，占市境总面积的78.62%；平原、盆地面积299.6 km²，占16.36%；水域面积91.9 km²，占5%。该区属亚热带季风气

基金项目：国家重点研发课题（2022YFC3002900）。
作者简介：帅伟（1985—），男，高级工程师，主要从事水利水电工程规划与建设管理工作。
通信作者：周淑梅（1984—），女，副教授，主要从事流域水文水资源研究工作。

候，气候温和，日照充足。2020 年全区总人口 69.1 万，实现生产总值 812.1 亿元，人均可支配收入 54 175 元。图 1 为富阳区水利工程分布图。

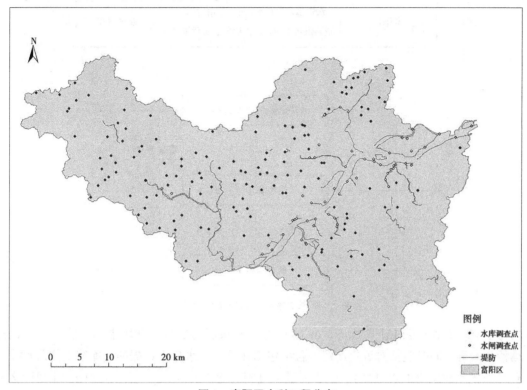

图 1　富阳区水利工程分布

2.2　水旱灾害情况

旱灾方面，富阳区为季节性干旱，夏季干旱出现频率较高，这主要是由于 7 月、8 月受副热带高压系统影响[8]，降雨量稀少，加上高温天气持续时间较长（一般≥35 ℃的高温天气持续 20 d 以上），就会导致蒸发量增大，造成旱情频发。

洪灾方面，富阳区的暴雨一般发生在梅雨期与台风期。梅雨期的降雨呈现历时长（一般可延续 3~7 d）、雨量大的特点。台风期的降雨历时较梅雨期短（一般延续 1~3 d），但雨量集中，多为台风暴雨。与降雨的季节性变化一致，富阳山区性河流的径流在 5 月、6 月多为梅雨洪水，7—9 月多为台雨洪水。由于山区性河道汇流时间短、洪峰流量大，暴涨暴落的洪水特点极易引发溪河洪水以及山体滑坡、泥石流等地质灾害，对当地居民的正常生产生活及生命财产安全构成严重威胁。

3　调查基本情况

3.1　干旱致灾

3.1.1　调查内容

收集整理富阳区水资源量、供用水结构等基础资料，蓄、引、提、调等工程防御能力及监测、预案、服务保障等非工程措施防御能力资料，城镇供水水源结构现状，多年旱情旱灾及抗旱情况资料。

3.1.2　调查工作流程

按照浙江省水利厅制定的《浙江省干旱灾害致灾调查与洪水灾害隐患调查技术要求》和具体调查任务开展实地调查和资料收集，按照统一设计的表格和要求填报调查表，录入相关信息，将调查信息进行整理、审核，同时编制富阳区干旱灾害致灾调查成果报告。干旱灾害致灾调查工作流程如图 2 所示。

3.2　洪水灾害

3.2.1　调查内容

开展全区水利工程洪水灾害隐患调查，以防洪规划（防洪预案）、工程安全评价/鉴定、运行管

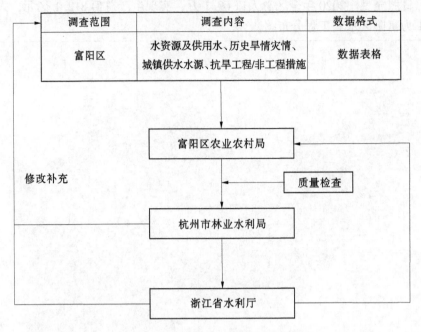

图 2 干旱灾害致灾调查工作流程

理等资料为基础，调查全区 151 座水库、69 座水闸、90 条堤防的现状防洪能力、防洪工程达标情况或安全运行状态等。同时包括对近年新建，且不包括在第一次水普查数据的总库容 10 万 m^3 及以上的水库（包括有挡水建筑物的水电站）、位于河道上过闸流量 5 m^3/s 及以上，且水闸发生风险会造成严重洪涝灾害的水闸和堤防级别 5 级及以上的堤防工程进行防洪安全隐患调查。

3.2.2 调查工作流程

针对富阳区水利工程洪水灾害隐患调查资料来源分散、调查点多、信息量大的特点，为了保证数据质量，通过统一标准、统一要求、统一方法开展洪水灾害隐患调查工作。水利工程洪水灾害隐患调查的工作流程如图 3 所示。

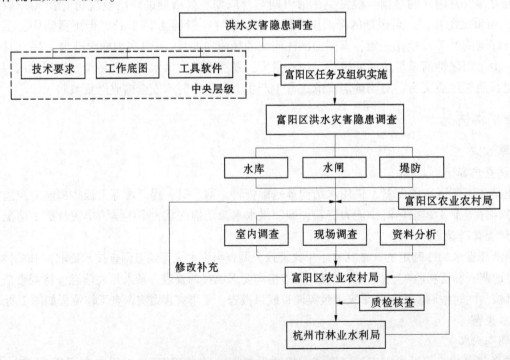

图 3 水利工程洪水灾害隐患调查的工作流程

4 调查结果

4.1 干旱灾害

4.1.1 供水情况调查结果

富阳区 2017—2020 年水资源量与供用水情况汇总如表 1 所示。由表 1 可知，2017—2020 年，富阳全区水资源总量有逐年增加的趋势，总用水量受限于总供水量，二者均呈逐年递减的趋势。

表 1 富阳区 2017—2020 年水资源量与供用水情况汇总 单位：万 m³

年份	水资源总量	总供水量	总用水量
2017	139 914	38 398	38 398
2018	156 098	37 752	37 752
2019	183 709	35 920	35 920
2020	206 727	31 923	31 923

4.1.2 抗旱工程及非工程能力调查结果

目前，富阳区有蓄水工程 1 处、引提水工程 5 处。其中，蓄水工程为龙王坑水库，总库容 125.2 万 m³，年供水能力 182.5 万 m³。江南水厂、江北水厂、银湖水厂、新登水厂和万市水厂采用引提水工程供水，共计 5 处，日供水能力分别为：银湖水厂 10 万 t/d、新登水厂 2 万 t/d、江南水厂 10 万 t/d、江北水厂 22 万 t/d、万市水厂 5 000 t/d，合计年现状供水能力为 16 060 万 m³。根据调研，目前富阳区未规划抗旱应急（备用）水源工程，暂无抗旱服务组织，已编制完成抗旱预案并建立抗旱物资库。富阳区水利方面暂未建设土壤墒情站，气象方面有土壤墒情站数量 3 个。

4.1.3 旱灾损失调查结果

旱灾损失主要通过农作物播种面积、农作物灌溉面积和粮食产量 3 个方面进行分析。

对 2008—2020 年富阳区农作物播种面积进行分析（见图 4），农作物播种面积由 2008 年的 2.59 万 hm² 降低至 2020 年的 1.53 万 hm²，降幅达 40.9%。其中，2018 年农作物播种面积降至最小，此后呈现缓慢增加的趋势。

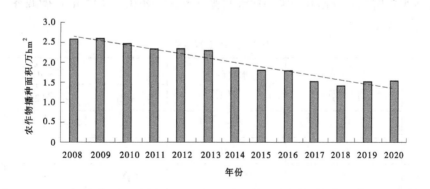

图 4 富阳区 2008—2020 年农作物播种面积

图 5 为富阳区 2008—2020 年农作物灌溉面积，研究期间，富阳区农作物灌溉面积整体呈下降趋势。具体来看，2014—2017 年呈现下降趋势，总计下降 0.661 万 hm²，约 30%，2018 年开始，农作物灌溉面积又呈现小幅增加的趋势。有效灌溉面积从 2020 年开始和实际灌溉面积保持一致，说明富阳区水田和水浇地基本已有相应水源支持，一般年景下能够进行正常灌溉，具备一定的防御旱灾能力。

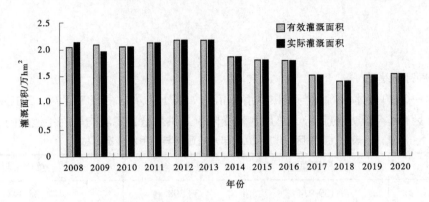

图 5 富阳区 2008—2020 年农作物灌溉面积

图 6 为富阳区 2008—2020 年粮食产量。图 6 显示，2009—2018 年间，富阳区粮食总产量共计下降了 7 052.7 万 kg，约减产 43%。从 2018 年起，得益于农作物播种面积及灌溉面积的增加，粮食产量缓慢增加，至 2020 年增加了 457.9 万 kg。

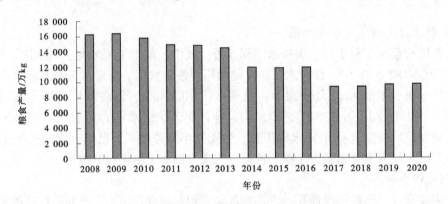

图 6 富阳区 2008—2020 年粮食产量

4.2 洪水灾害

4.2.1 水利工程建设现状

本次富阳区水旱灾害调查数据基于第一次水利普查数据（2010—2012 年）做调查，经过 10 年发展，水利工程变更如表 2 所示。

表 2 水利工程变更

水利工程	第一次水利普查数据	本次调查数据	变更情况		
			新增	不再使用	名称变更
水库/座	151	150	4	5	7
水闸/座	69	60	5	12	1
堤防/条	90	83	3 合 1	5	0

根据表 2 可知，水库、水闸和堤防都有不同程度的减少，其中水库降为山塘的有 5 座，增加了 4 座新水库，共计减少 1 座；水闸新增 5 处，不再使用 12 处，共计减少 7 处；堤防 3 条合并为 1 条，废弃 5 条，共计减少 7 条。

4.2.2 洪水灾害损失调查

自有史料记载以来，富阳区共计发生水灾 187 次，本文主要介绍"20010626"和"20040812"两次典型山洪灾害事件。

"20010626"灾情调查显示,全区24个乡镇18.9万余人口受灾,进水集镇2个,倒塌房屋188间,冲毁农田3 423亩;农林牧渔业方面,农田受淹1.02万 hm²,其中成灾面积0.53万 hm²,绝收面积0.17万 hm²,水产养殖损失0.13万 hm²,约554 t鱼产品损失;工业交通通信方面,停产工矿企业297家,公路中断18条,毁坏路基面35.4 km,损坏输电、通信线路9.6 km;水利设施方面,溪堤82处冲毁,决口84处,山塘水库出现险情35座,损坏机电泵站90座,塘坝冲毁41座。受本次暴雨洪水影响,该区直接经济损失达1.5亿元。

"20040812"灾情调查显示,全区24个乡镇0.8万人受灾,倒塌房屋195间。农林牧副渔方面,农作物受灾1 162.7 hm²,成灾面积446.6 hm²,绝收面积31.87 hm²,水产养殖损失3.9 hm²;工业交通通信方面,停产工矿企业110家,公路损坏10处,电线(含通信)损坏24.7 km;水利设施方面,损坏护岸6处、堤防415 m,损坏水闸1座、灌溉设施4处、机电井5处、机电泵站6座。受本次暴雨洪水影响,该区直接经济损失为1 286万元。

在气候变化背景下,干旱、暴雨等极端天气频发,因此富阳区应针对此次洪水灾害调查结果,加强水利工程等防洪设施建设,为应对未来极端气候变化做好预案。

4.3　调查经验及存在的问题

4.3.1　经验总结

富阳区已有历年水资源公报、统计年鉴等基础资料的积累为水旱致灾调查工作提供了保障。通过调研培训及实践,使调研人员熟练掌握了水旱致灾调查的技术线路及流程、普查表填报要求、数据收集及处理方法等。在质量控制方面,通过典型调查、抽查和交叉作业等多种方式检查各阶段工作质量,发现问题能够及时解决。

4.3.2　存在的问题及建议

此次调查发现,部分灾情及损失数据无明确记载和存档,需要进一步规范每年的水旱灾害损失情况记录和存档。此外,存在部分水利工程数据未及时更新或记录数据和实际数据不符等情况。最后,由于数据本身存在多源异构的特点,部分数据存在出入,需各相关部门配合完成水利数据与统计年鉴数据校核。总结经验并分析问题,提出以下建议:①加快完善防汛抗旱措施,包括工程措施和非工程措施。②尽快开展水闸、堤防安全鉴定和除险加固工作。③加强水旱灾害相关数据及历史资料的编纂、存档及校验工作,保证数据的科学性和可靠度。

5　结论

本文对富阳区的水旱灾害风险及灾害损失调查工作进行了系统梳理,总结经验并分析存在的问题,得出以下结论:

旱灾方面,受供水量的限制,富阳区总用水量逐年下降,而农作物播种面积及灌溉面积整体趋势也呈现下降,由此推断随着富阳区经济和人口的增长,人水矛盾会进一步加剧,因此下一步工作重点应重点解决人水适配问题;洪灾方面,此次调查表明研究区水利工程建设近年来重视程度不够,水利工程损毁数量大于新建工程数量,导致富阳区防洪能力持续下降。因此,应进一步统筹谋划全区水利工程布局,加快水利工程及相关设施建设,提升富阳区整体防汛抗旱能力。本研究为水旱灾害普查相关工作提供借鉴,为水利数字化平台建设提供重要基础数据支撑,进一步推动水利数字化改革。

参考文献

[1] 张竞竞. 河南省农业水旱灾害风险评估与时空分布特征 [J]. 农业工程学报,2012,28 (18):98-106.

[2] 王静爱,毛佳,贾慧聪. 中国水旱灾害危险性的时空格局研究 [J]. 自然灾害学报,2008,17 (1):115-121.

[3] 黄喜峰,徐进,董龙飞. 陕西省2022年水旱灾害防御形势分析预测及应对 [J]. 中国防汛抗旱,2022,32 (6):80-81.

［4］安雪，杨跃，王井腾，等．珠江水旱灾害防御"四预"平台建设与应用［J］．水利信息化，2023（4）：14-19.

［5］候松岩．黑龙江省水旱灾害防御能力探析［J］．东北水利水电，2023，41（9）：50-52.

［6］郝炜．甘肃水旱灾害防御和减灾管理研究［D］．兰州：兰州大学，2011.

［7］刘兰芳．农业水旱灾害风险评估及生态减灾研究——以衡阳市水旱灾情为例［J］．衡阳师范学院学报，2005，（3）：111-114.

［8］张竟竟，郭志富，李治国．河南水旱灾害危险性时空特征研究［J］．自然资源学报，2013，28（6）：957-968.

［9］汤文成．安徽省水旱灾害及农业防灾减损研究［D］．滁州：安徽科技学院，2020.

［10］沈伟峰．杭州市干旱灾害风险区划［D］．南京：南京信息工程大学，2013.

［11］吴锡．广西水旱灾害风险普查成果在洪水防御中的应用［J］．广西水利水电，2023（4）：87-90.

［12］李喆，向大享，陈喆，等．数字孪生驱动的长江流域干旱防御平台设计与开发［J］．长江科学院院报，2023，1-11.

［13］辛冬梅．辽宁本溪市水旱灾害防御智慧化建设分析［J］．中国防汛抗旱，2023，33（8）：62-64.

［14］梁文娟，吴景霞，胡风有，等．西安市水旱灾害风险普查成果在城区排洪能力提升中的应用［J］．陕西水利，2023（7）：63-65.

［15］何伟．新形势下防汛抗旱及水旱灾害防御信息化建设探讨——以秦州区天水镇为例［J］．农业灾害研究，2023，13（7）：314-316.

［16］刘亚彬，刘黎明，许迪，等．基于信息扩散理论的中国粮食主产区水旱灾害风险评估［J］．农业工程学报，2010，26（8）：1-7.

［17］陈晓成．亳州市干旱灾害致灾调查实践与思考［J］．水科学与工程技术，2022（3）：29-32.

不同填充介质下城市应急防洪箱受力特性分析

王小东[1]　徐进超[2]　董　家[1]　顾芳芳[1]

(1. 水利部　交通运输部　国家能源局南京水利科学研究院，江苏南京　210029；
2. 南京信息工程大学，江苏南京　210044)

摘　要： 随着我国城市化进程的推进和极端天气的增多，城市防洪形势日益严峻，对于防洪抢险新技术的应用需求也日益增长。采用理论分析的方法对城市应急防洪箱（简称防洪箱）的稳定条件进行了分析，同时结合数值仿真模型对注水和注沙两种工况条件下防洪箱箱体挡水受力特性进行了研究。结果表明注沙条件下箱体的应力、应变和变形均大于注水工况；防洪箱最大应力位于迎水面底部，最大变形发生在迎水面上部。研究成果为防洪箱的进一步优化设计提供了参考依据。

关键词： 城市应急防洪箱；理论分析；数值仿真模型；受力特性

1　引言

近年来，我国极端天气事件呈趋多、趋频、趋强、趋广态势，暴雨洪涝灾害的突发性、极端性、反常性愈发显著[1-2]。随着我国城市化进程的不断推进，城市防洪形势非常严峻，越是大型城市，暴雨引起的内涝问题越突出，造成的损失越严重。根据水利部发布的《中国水旱灾害公报》（2006—2018 年），全国平均每年有 151 座县级以上城市进水受淹或发生内涝。2020 年，长江流域众多城市遭受洪涝灾害冲击；2021 年，受极端降雨影响，山西、河北和河南部分城市洪涝灾情严重，其中以郑州"7·20"特大暴雨灾害损失最为惨重[3-4]。随着经济水平的快速发展，城市防洪领域对于防洪抢险新技术、新装备的应用需求日益增长。

由高分子材质制成的防洪装备具有绿色环保、高效便捷、可重复使用等显著优点，能较好地适用于城市内涝抢险等场景，但目前针对此类高分子材质的新型防洪装备研究还较为少见[5-6]，其设计和应用还缺乏相关的理论支撑。本文针对一种高分子材质的新型防汛应急抢险装备——城市应急防洪箱的结构受力特性开展了研究。该技术装备在使用时，只需通过专用连接件将相邻箱体搭接，并向箱体内注水或注沙等材料，即可快速构筑防汛应急挡水子堤。箱体四侧均设有专用连接凹槽，便于相邻箱体快速连接并实现子堤拐弯延伸功能。此外，防洪箱箱体底部设有平铺型防渗系统，防洪箱结构及工作示意图见图 1。

本文采用数值仿真模型对不同填充介质工况下的防洪箱箱体挡水受力特性进行对比分析，为防洪箱的优化设计和实际应用提供了参考依据。

基金项目： 江苏省水利科技项目（2021024，2020022）。

作者简介： 王小东（1984—），男，高级工程师，主要从事洪涝灾害防御技术等方面的研究工作。

通信作者： 徐进超（1983—），男，讲师，主要从事水工水力学等方面的研究工作。

(a)结构示意图

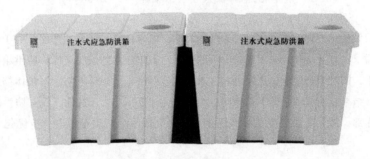

(b)工作示意图

图1 防洪箱结构及工作示意图

2 受力分析

防洪箱体内可以注水或沙等材料，依托箱体和填充物的自重可以实现挡水功能，在实际防汛抢险过程中，防洪箱的受力可简化为图2所示的情形。

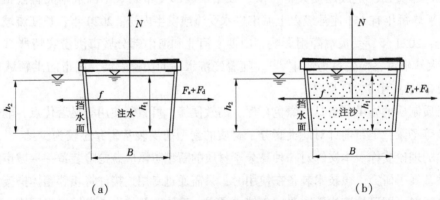

图2 防洪箱受力简化图

假定在箱体断面为矩形，注入水或沙高度为h_1，箱体内部注入物密度为ρ_1，挡水高度为h_2，水体密度为ρ_2，流速为V，摩擦系数为μ，箱体宽度为B，水体对箱体的推力为F，不考虑箱体自重，地面对箱体的支持力为N，箱体受摩擦力为f。由受力平衡可知，为保证挡水效果，应满足：

$$\rho_2 h_2 V^2 + 0.5\rho_2 g h_2^2 \leq \mu \rho_1 g h_1 B \tag{1}$$

由式（1）可得，填充高度h_1与其他参数有如下关系：

$$h_1 \geq \frac{\rho_2 h_2 V^2 + 0.5\rho_2 g h_2^2}{\mu \rho_1 g B} \tag{2}$$

假定摩擦系数μ为0.5，外部流速$V=1$ m/s，防洪箱宽度$B=0.5$ m，则可由上式计算不同箱体内注水高度h_1下的挡水高度h_2（见图3）。由图3可知，在同一填注深度下，注沙箱体相较于注水箱体挡水高度更大。

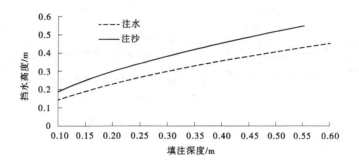

图3　不同填充材料下填注深度与挡水高度的关系

3　数值仿真模拟

上述研究成果表明，填充物密度越大，挡水效果越好。为研究不同填充材料下防洪箱的力学特性，基于 Ansys Mechanical 软件[7]，采用有限元分析方法，对防洪箱在注水和注沙条件下的应力、应变和变形等特性进行了进一步的分析。选取防洪箱的长×宽×高（$L×B×H$）分别为 900 mm×650 mm×600 mm。箱体材质为 ABS 材料，对应的材料密度为 1 040 kg/m³，弹性模量为 2.39 GPa，泊松比为0.399。在计算过程中，假定防洪箱不发生滑动，即底部始终与地面保持紧贴状态，箱体内填充材料保持 $h_1 = 0.4$ m；挡水面挡水高度 $h_2 = 0.1 \sim 0.4$ m，水流流速保持 1.0 m/s。其中，水流产生的动水压力根据下式计算[5]：

$$F_d = \rho_2 B h_2 (V \sin\theta)^2 \tag{3}$$

式中：θ 为水流与挡水面的夹角。

数值模型网格尺寸为 5 mm，网格总数为 144 568 个（见图4）。

图4　城市应急防洪箱结构计算网格图

计算所得不同挡水高度下，注水和注沙条件下的应力、应变和变形特性见图5～图7及表1。由图5～图7及表1可知，填充高度一定时，随着挡水高度的增加，箱体的应力、应变和变形等均先减小再增大。挡水过程中，最大应力出现在挡水高度 0.2 m 工况，此时受箱体内部填充物的影响，箱体底部会出现较大应力和应变，箱体的挡水面和背水面上部会出现较大的变形。挡水高度 $h_2 = 0.1$ m时，注水时最大应力 7.31 MPa，最大变形 0.13 cm；注沙时最大应力 11.01 MPa，最大变形 0.19 cm。注沙工况下箱体的应力、应变和变形均略大于注水工况。当箱体内、外压力趋于相等时，即挡水高度 $h_2 = 0.4$ m 左右，箱体的应力、应变和变形相对最小。此工况中，注水工况下最大应力 6.10 MPa，最大变形 0.11 cm；注沙工况下最大应力 9.08 MPa，最大变形 0.17 cm。

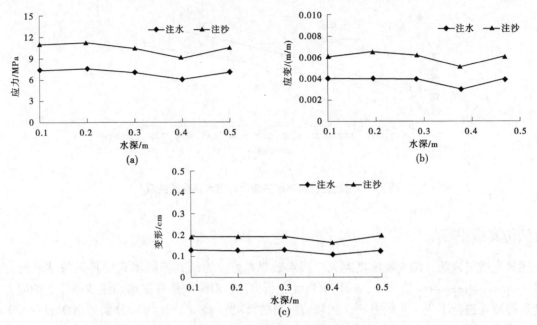

图 5 城市应急防洪箱不同挡水高度下的受力特性

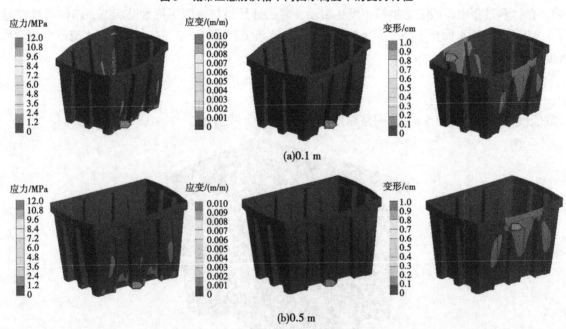

图 6 注水时典型挡水高度下城市应急防洪箱受力特性

(a)0.1 m

图 7 注沙时典型挡水高度下城市应急防洪箱受力特性

(b)0.5 m

续图 7

表 1　不同填充材质下应急防洪箱受力特性

挡水高度/m	最大应力/MPa		最大应变/（m/m）		最大变形/cm	
	注水	注沙	注水	注沙	注水	注沙
0.1	7.31	11.01	0.004	0.006	0.13	0.19
0.2	7.50	11.24	0.004	0.007	0.13	0.20
0.3	7.01	10.51	0.004	0.006	0.13	0.19
0.4	6.10	9.08	0.003	0.005	0.11	0.17
0.5	7.08	10.60	0.004	0.006	0.13	0.20

综上可知，在注水和注沙两种工况下，箱体应力在 12 MPa 以内，最大变形在 0.2 cm 以内，注沙时箱体内的应力、应变和变形略大于注水工况。

4　结论

城市应急防洪箱是一款高分子材质的新型防汛应急抢险装备，具有较好的灵活性和适应性，在城市防汛应急抢险过程中的应用前景广阔。目前，相关的研究还较为少见。采用理论分析和数值仿真模拟等方法对其不同填充材质下的力学特性进行了分析，提出了防洪箱的挡水稳定条件，同时结合数值仿真模型对其在注水和注沙工况下箱体的应力、应变和变形特性进行了分析，结果表明防洪箱最大应力位于迎水面底部，最大变形发生在迎水面上部。研究成果为城市应急防洪箱的结构优化设计提供了重要参考依据。

参考文献

［1］李国英. 深入贯彻落实党的二十大精神　扎实推动新阶段水利高质量发展——在 2023 年全国水利工作会议上的讲话［J］. 中国水利，2023，956（2）：1-10.

［2］Mignot E, Dewals B. Hydraulic modelling of inland urban flooding：Recent advances［J］. Journal of Hydrology, 2022, 1（609）：127763.

［3］喻谦花，冯峰，罗福生，等. 基于 ARIMAX 的开封"7·20"特大暴雨城市内涝预报研究［J］. 人民黄河，2022（10）：44.

［4］康斌. 我国台风灾害统计分析［J］. 中国防汛抗旱，2016，26（2）：36-40.

［5］徐进超，王小东，董家，等. L 型城市应急防洪屏挡水稳定性研究［J］. 江苏水利，2023，320（4）：70-72.

［6］Raška P, Bezak N, Ferreira C S, et al. Identifying barriers for nature-based solutions in flood risk management：An interdisciplinary overview using expert community approach［J］. Journal of Environmental Management, 2022（310）：114725.

［7］陈梁擎，袁沛，章立，等. 组合式防洪挡子堤系统抗冲击能力分析［J］. 中国防汛抗旱，2018，28（12）：70-73.

L型城市应急防洪屏撞击受力特性分析

王小东　徐进超[2]　董　家[1]　顾芳芳[1]

(1. 水利部　交通运输部　国家能源局南京水利科学研究院，江苏南京　210029；
2. 南京信息工程大学，江苏南京　210044)

摘　要：随着我国城市化进程明显加快，城市人口、功能和规模不断扩大，城市运行系统日益复杂，城市防洪安全风险不断增大，对于防洪抢险新技术、新装备的应用需求也日益增长。本文采用数值仿真模型，对L型城市应急防洪屏（简称防洪屏）在木桩撞击作用下的受力特性进行了研究。结果表明：最大应力和应变发生在防洪屏挡水面与承水部交界处，在该处较易发生破坏；最大变形发生在防洪屏挡水面顶部的两侧；木桩速度在1.5 m/s及以上时，防洪屏上最大应力大于材料屈服强度，防洪屏材料失效。研究成果为防洪屏的优化设计和实际应用提供了重要参考依据。

关键词：城市应急防洪屏；理论分析；数值仿真模型；受力特性

1　引言

近年来，我国城市化进程明显加快，极端气候频发，短历时强降雨等导致的城市内涝日益增多[1]。2021年7月20日，郑州特大暴雨造成河南全省直接经济损失1 142.69亿元[2]。2022年5月，珠江流域暴雨洪涝灾害，造成广东、广西两省648.9万人次受灾。江西抚州"2023.5.05"特大暴雨洪涝、重庆万州"2023.7.04"特大暴雨洪涝等，均在当地造成了严重的后果。因此，城市防洪领域对于防洪抢险新技术、新装备的应用需求也日益增长[3]。

L型城市应急防洪屏是一种新型城市内涝应急抢险装备，每块防洪屏单元设有专用搭接卡槽及止水系统，在使用时只需将相邻防洪屏单元搭接即可构筑挡水子堤，快速实现有效挡水，最大挡水高度约1.0 m（见图1）。该技术装备具有结构轻巧、组装便捷等显著优点。目前，国内外针对防洪屏的研

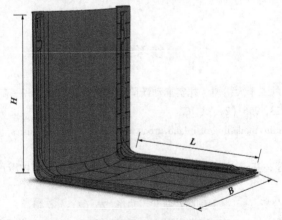

图1　L型城市应急防洪屏示意图

基金项目：江苏省水利科技项目（2020022，2021024）。

作者简介：王小东（1984—），男，高级工程师，主要从事洪涝灾害防御技术等方面的研究工作。

通信作者：徐进超（1983—），男，讲师，主要从事水工水力学等方面的研究工作。

究还较少,其设计和应用还缺乏相关的理论支撑[4]。本文采用数值仿真模型,对防洪屏在挡水过程中承受木桩撞击时的受力特性进行了研究。

2 数值仿真模型

为研究防洪屏在异物撞击作用下的结构稳定性,采用有限元分析方法,基于 Ansys Mechanical 软件,对木桩撞击下防洪屏的应力、应变和变形等特性进行了分析[4]。选取典型防洪屏 [长×宽×高 ($L×B×H$) 分别为 1 008 mm×1 000 mm×1 005 mm] 进行计算,防洪屏为 ABS 材质,对应的材料密度为 1 040 kg/m³,弹性模量为 2. 39 GPa,泊松比为 0. 399,屈服强度 60. 9 MPa。在计算过程中,初始水深为 0. 5 m,圆柱形木桩位于防洪屏正前方,木桩半径 0. 1 m,长 0. 3 m。假定防洪屏为稳定状态,即底部始终与地面保持紧贴状态。为保障计算精度,模型采用 1 cm 的网格对防洪屏进行划分,网格数量约为 34 万个 (见图 2)。

图 2 L 型城市应急防洪屏结构计算网格图

3 受力特性分析

在木桩冲击速度 0. 2~2. 0 m/s、初始挡水高度 0. 5 m 的条件下,对防洪屏的应力和应变特性进行了研究。木桩撞击下防洪屏受力特性见表 1。典型工况下防洪屏结构受力特性见图 3。

由计算结果可知,在木桩的撞击下,防洪屏的应力、应变和变形等特性有了显著的增大。当木桩冲击速度由 0 增加到 2. 0 m/s,防洪屏的变形由 0. 6 cm 增加到 17. 7 cm 时,最大应力由 11. 65 MPa 增加至 70. 65 MPa,最大应变由 0. 006 增大到 0. 039。其中,最大应力和最大应变发生在防洪屏的挡水面和底面承水部交界处,在该处较易发生破坏。最大变形发生在防洪屏挡水面顶部的两侧。因此,在防洪屏的设计中,应保障踵部强度,使其满足挡水强度要求。

根据材料屈服强度可知,木桩冲击速度在 1. 5 m/s 和 2. 0 m/s 时,最大应力大于材料屈服强度 60. 9 MPa,材料失效。

表 1 木桩撞击下防洪屏受力特性

V/(m/s)	最大变形/cm	最大应力/MPa	最大应变/(m/m)	最大应变能量/J
2.0	17. 7	70. 65	0. 039	0. 040
1. 5	12. 5	63. 19	0. 035	0. 030
1. 0	11. 3	58. 82	0. 032	0. 027
0. 5	8. 9	49. 20	0. 027	0. 021
0. 2	8. 7	45. 44	0. 025	0. 017
0	0. 6	11. 65	0. 006	0. 001

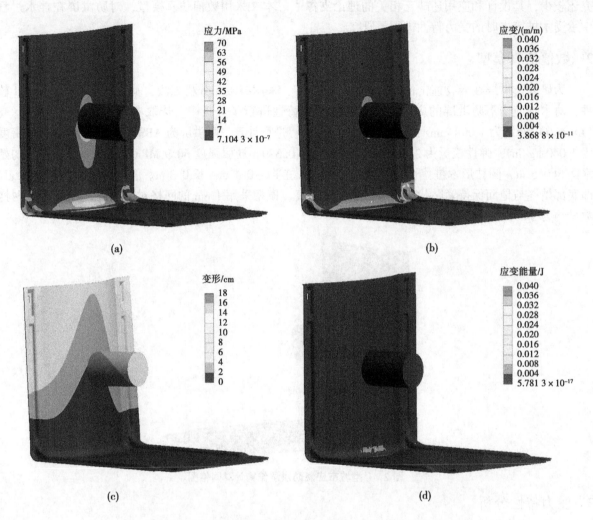

图 3　典型工况下防洪屏结构受力特性（流速 1.0 m/s，水深 0.45 m）

4　结论

L 型城市应急防洪屏具有高效便捷、适应性强等显著优点，在城市内涝抢险中应用前景十分广阔。为研究其受力特性，本文采用数值仿真模型，对防洪屏在木桩撞击作用下的力学特性进行了研究，结果表明防洪屏在挡水过程中，最大应力和最大应变发生在防洪屏挡水面与底面承水部交界处，最大变形发生在挡水面顶部两侧。当木桩速度大于 1.5 m/s 时，撞击产生的应力大于防洪屏的屈服应力。研究成果为 L 型城市应急防洪屏的优化设计和实际应用提供了重要参考依据。

参考文献

［1］李国英. 深入贯彻落实党的二十大精神　扎实推动新阶段水利高质量发展——在 2023 年全国水利工作会议上的讲话［J］. 中国水利，2023，956（2）：1-10.

［2］喻谦花，冯峰，罗福生，等. 基于 ARIMAX 的开封"7·20"特大暴雨城市内涝预报研究［J］. 人民黄河，2022（10）：44.

［3］徐进超，王小东，董家，等. L 型城市应急防洪屏挡水稳定性研究［J］. 江苏水利，2023，320（4）：70-72.

［4］陈梁擎，袁沛，章立，等. 组合式防洪挡子堤系统抗冲击能力分析［J］. 中国防汛抗旱，2018，28（12）：70-73.

基于 CNFF-IFMS 的小流域暴雨山洪淹没风险分析

翟晓燕[1]　杨　帆[2]　刘荣华[1]　陈鹏帅[1]

(1. 中国水利水电科学研究院水利部防洪抗旱减灾工程技术研究中心，北京　100038；
2. 广东省防汛保障与农村水利中心，广州　510000)

摘　要： 极端暴雨条件加剧了小流域山洪灾害风险。以云炉河为例，设置 5 种暴雨洪水工况，基于 CNFF-IFMS 构建小流域水文-水动力耦合模型，进行小流域暴雨山洪淹没风险分析。结果表明：发生 5 年一遇、10 年一遇、20 年一遇、50 年一遇和 100 年一遇暴雨山洪时，淹没面积为 1.84 ~ 3.34 km²，淹没居民地面积为 0.09 ~ 0.56 km²；对于墩背村、竹园村等极高风险区和西村、卓二村等高风险区人员，建议根据气象风险预警信息进行避险转移，对于岭背塘村、垌四村等风险区人员，建议结合多阶段渐进式预警信息进行梯次响应、分批转移避险。

关键词： 暴雨山洪；淹没风险；CNFF-IFMS；云炉河

1　引言

山洪灾害是我国造成人员伤亡和经济财产损失最为严重的洪涝灾害，一直是水旱灾害防御工作的重点和难点。全国受山洪灾害威胁村庄有 57 万个，涉及人口 3 亿，2011—2022 年因山洪灾害死亡年均约 333 人[1-2]。山区复杂环境水文气象和下垫面的不确定性及非均质性突出，极端暴雨条件下山洪沟道洪水激增、水位猛涨，形成具有极大破坏力的洪流，放大了山洪灾害风险及危害程度。

已有研究主要选取降雨、下垫面、社会经济、现状防洪能力等静态指标分析山洪灾害风险，未考虑暴雨山洪动力学机制以及由此导致的山洪风险不确定性。王如锴等[3]建立了基于粒子群优化支持向量机混合算法的山洪风险评价模型，发现鹤盛溪流域极低风险、低风险、中风险、高风险和极高风险空间覆盖率分别为 23.79%、17.11%、15.11%、24.78% 和 19.21%。牛全福等[4]基于山洪潜在指数构建山洪灾害风险评价体系和框架，发现 95.77% 的历史山洪灾害数据分布于中、高和极高风险区，山洪灾害高风险区主要集中在山区地势平缓、人口密度较大、经济较为发达的河流下游地区。王倩丽等[5]采用后果逆向扩散法构建山洪灾害风险指标体系，建立了林州市随机森林风险评价模型，确定山洪灾害很低、较低、中等、较高和很高等 5 个风险区面积占比分别为 1.71%、22.80%、53.43%、21.29% 和 0.77%。

本文以暴雨山洪灾害频发的云炉河为例，基于 CNFF-IFMS 构建小流域水文-水动力耦合模型，进行不同工况下小流域暴雨山洪淹没风险分析，并提出山洪灾害分级防御应对措施建议，以期为小流域暴雨山洪风险分析及人员转移避险决策提供参考依据。

2　研究区概况与数据来源

云炉河流域位于广东省茂名市（见图 1），自西向东流经高州市，属于粤西沿海水系，流域面积为 115.64 km²，平均高程为 344 m，山洪沟长度为 23.87 km。研究区属于亚热带季风气候，多

基金项目： 国家自然科学基金面上项目（42171047）。
作者简介： 翟晓燕（1989—），女，高级工程师，主要从事山洪灾害防治方面的工作。

年平均降水量为 1 870 mm，6—9 月为雨季，常发生强降雨事件。主要的土地利用类型为林地（64%）和耕地（35%），主要的土壤质地类型为砂黏土（66%）和黏壤土（31%），为暴雨山洪灾害多发易发区。

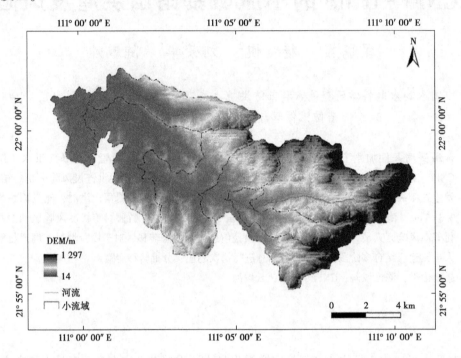

（a）DEM 和小流域

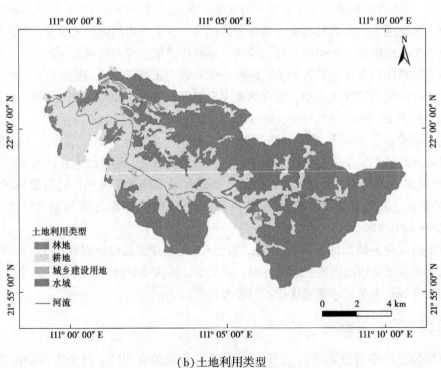

（b）土地利用类型

图 1　研究区概况图

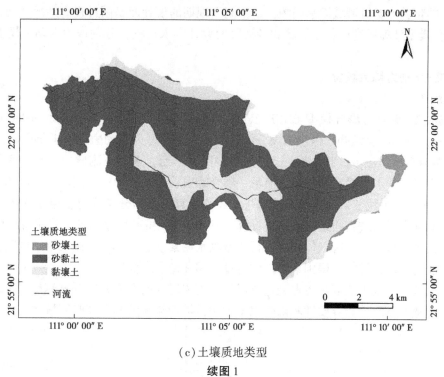

（c）土壤质地类型

续图 1

收集的各类基础数据包括基础地理信息数据、野外调查数据和水文气象数据。基础地理信息数据包括 DEM（1∶10 000）、0.8 m 精度遥感影像服务、土地利用类型（1∶250 000）和土壤质地类型（1∶500 000），主要用于小流域划分和属性提取；野外调查数据包括流域内 19 个沿河村落的现状防洪能力、成灾水位和流量、人口、户数等信息，以及 24 个沟道横断面和 7 个纵断面测量数据；水文气象数据包括研究区及临近山洪沟 12 场次实测暴雨洪水过程和《广东省暴雨径流查算图表》，两类数据主要用于流域水文-水动力耦合模型构建和暴雨山洪淹没分析。

3 研究方法

3.1 小流域设计暴雨洪水计算

小流域暴雨山洪淹没风险情景设置为 5 年一遇、10 年一遇、20 年一遇、50 年一遇、100 年一遇等 5 种典型重现期暴雨洪水工况。基于《广东省暴雨径流查算图表》确定研究区形心点处不同时段长和不同重现期下的暴雨统计参数（见表 1）。根据皮尔逊Ⅲ型曲线模比系数和暴雨均值确定形心点雨量，结合暴雨点面折减系数和设计雨型分布确定研究区不同工况下的设计面暴雨过程，其中研究区 1~24 h 的暴雨点面折减系数为 0.865~0.961，采用粤西沿海设计暴雨雨型。

表 1　研究区形心点设计暴雨统计参数

偏态系数与离差系数之比		3.5		
时段长/h		1	6	24
离差系数		0.38	0.53	0.49
均值/mm		55.27	103.26	180.09
模比系数	5 年一遇	1.27	1.34	1.32
	10 年一遇	1.51	1.70	1.65
	20 年一遇	1.73	2.05	1.97
	50 年一遇	2.02	2.52	2.39
	100 年一遇	2.23	2.88	2.70

假定雨洪同频、各支流流域洪水同频，以不同重现期的设计面暴雨过程为降雨驱动，基于流域水文-水动力耦合模型计算研究区各小流域和各河段的设计洪水过程，分别作为水动力模型的区间入流和边界条件。

3.2 流域水文-水动力耦合模型

3.2.1 模型原理

采用流域水文-水动力耦合模型 CNFF-IFMS（China flash flood hydrological model-integrated flood modeling system）进行小流域暴雨山洪淹没分析，其中水文模型为水动力模型提供区间入流和边界条件。CNFF 模型以自然小流域（$10 \sim 50$ km²）为基本计算单元，采用小流域、节点、河段、水源、分水、洼地、水库等 7 类水文要素构筑数字流域，耦合降雨、蒸发、产流、汇流、演进和水库调蓄 6 类水文过程[6-7]，本研究采用三水源蓄满产流法进行产流计算，采用分布式时变单位线进行坡面汇流计算，采用动态马斯京根法进行河道洪水演进计算。基于 IFMS 模型建立沟道一维水动力学模型、洪水淹没平面二维浅水模型，采用有限体积法进行沟道洪水要素动态计算，采用二维结构网格的有限体积法进行洪水淹没过程动态计算，得到暴雨山洪淹没范围和淹没水深等[8]。

分布式时变单位线认为流域内各点到达流域出口汇流时间的概率密度分布等价于瞬时单位线，充分考虑了流域下垫面空间分布异质性和雨强因子影响，坡面流流速和汇流时间按式（1）计算：

$$\left.\begin{array}{l} V = K_s S^{0.5} i^{0.4} \\ T_j = \sum_{m=1}^{M_j} \dfrac{c L_m}{V_m} \end{array}\right\} \tag{1}$$

式中：V 为水流流速，m/s；K_s 为坡面流速系数，m/s；S 为流域内某网格沿着水流方向的坡降；i 为无因次雨强；T_j 为第 j 个网格的汇流时间，s；L_m 为第 m 个网格的流路长度，m；c 为系数，c 取 1 或 $\sqrt{2}$；M_j 为第 j 个网格汇集路径上网格的数量；V_m 为第 m 个网格的水流流速，m/s。

水深平均的二维浅水方程如式（2）所示，数值解法中采用 MUSCL 空间重构和预测矫正法使得模型具有时间和空间二阶精度，阻力源项采用隐式离散提高模型的稳定性。

$$\left.\begin{array}{l} \dfrac{\partial h}{\partial t} + \dfrac{\partial hu}{\partial x} + \dfrac{\partial hv}{\partial y} = 0 \\ \dfrac{\partial hu}{\partial t} + \dfrac{\partial}{\partial x}\left(hu^2 + \dfrac{1}{2}gh^2\right) + \dfrac{\partial huv}{\partial y} = S_x \\ \dfrac{\partial hu}{\partial t} + \dfrac{\partial hvu}{\partial x} + \dfrac{\partial}{\partial y}\left(hu^2 + \dfrac{1}{2}gh^2\right) = S_y \end{array}\right\} \tag{2}$$

式中：h 为水深，m；u 为 x 方向的流速，m/s；v 为 y 方向的流速，m/s；S 为源项；g 为重力加速度，m/s²。

3.2.2 模型构建

研究区共划分 5 个小流域，小流域面积为 $10.28 \sim 26.39$ km²，平均最长汇流路径长度为 10.28 km，平均最长汇流路径比降为 40‰。沟道洪水要素计算范围以上游存在山洪灾害防治村的小流域为起点，以山洪沟出口为终点，上边界为起点所在小流域出口流量，下边界为山洪沟出口断面水位流量关系，集中入流边界为支流汇入口处流量过程，区间入流为 6 个小流域分布式入流过程。暴雨山洪淹没计算划分左右岸面积分别为 30 km² 和 32 km²，共划分 25 457 个非结构化网格单元、51 871 个边元和 26 416 个节点。

3.3 山洪淹没风险评估

将淹没范围按照小于 5 年一遇、$5 \sim 20$ 年一遇、不小于 20 年一遇控制，划分山洪灾害风险等级[8]，山洪灾害风险等级划分标准如表 2 所示。结合居民地分布，统计淹没范围内的山洪灾害防治村镇居民等信息，形成山洪沟淹没风险图。淹没风险图中应包括遥感地图信息、行政区划、居民区范围、河流、各级风险区分布等信息。

表 2　山洪灾害风险等级划分标准

风险等级	洪水重现期/年	说明
极高风险区	<5	属较高发生频次
高风险区	5~20	属中等发生频次
风险区	≥20	属稀遇发生频次

4　结果分析

4.1　设计暴雨洪水成果

研究区不同时段长、不同重现期的设计面雨量如表 3 所示，5~100 年一遇 1 h 设计面雨量为 70.3~123.1 mm，3 h 设计面雨量为 106.6~211.7 mm，6 h 设计面雨量为 138.0~296.5 mm，12 h 设计面雨量为 182.7~382.8 mm，24 h 设计面雨量为 238.3~486.7 mm。5~100 年一遇出口断面设计洪峰流量为 522~1 181 m³/s，嵌套流域 5 年一遇设计洪峰流量为 167~522 m³/s，10 年一遇设计洪峰流量为 216~684 m³/s，20 年一遇设计洪峰流量为 262~836 m³/s，50 年一遇设计洪峰流量为 322~1 030 m³/s，100 年一遇设计洪峰流量为 368~1 181 m³/s。与推理公式法和标准化单位线法分析成果相比，设计洪峰流量相对偏差为 2.55%（5 年一遇）~12.71%（100 年一遇），分析成果较为一致；各重现期下嵌套流域设计洪峰流量从上游到下游呈逐渐减少的趋势，洪水频率分析成果较为合理。

表 3　研究区不同时段长、不同重现期的设计面雨量

时段长/h	点面折减系数	设计面雨量/mm				
		100 年一遇	50 年一遇	20 年一遇	10 年一遇	5 年一遇
1	0.865	123.1	111.5	95.8	83.4	70.3
3	0.905	211.7	188.1	156.4	131.9	106.6
6	0.927	296.5	260.2	212.0	175.2	138.0
12	0.951	382.8	337.3	276.5	230.0	182.7
24	0.961	486.7	430.4	355.2	297.4	238.3

4.2　暴雨山洪淹没范围分析

流域水文-水动力耦合模型的平均洪峰水位相对误差为 0.32%，平均峰现时间误差为 28 min，耦合模型模拟精度较高，可用于暴雨山洪淹没风险分析。研究区不同工况下暴雨山洪淹没范围如图 2 所示。5 年一遇、10 年一遇、20 年一遇、50 年一遇、100 年一遇的暴雨山洪淹没面积分别为 1.84 km²、2.20 km²、2.62 km²、3.03 km² 和 3.34 km²，淹没的居民地面积分别为 0.09 km²、0.20 km²、0.32 km²、0.47 km² 和 0.56 km²。

当研究区遭遇 5 年一遇暴雨洪水时，共有 3 个村庄遭受洪水淹没；当遭遇 10 年一遇暴雨洪水时，共有 13 个村庄遭受洪水淹没；当遭遇 20 年一遇暴雨洪水时，共有 15 个村庄遭受洪水淹没；当遭遇 50 年一遇和 100 年一遇暴雨洪水时，共有 18 个村庄遭受洪水淹没，但后者各村受灾范围增大、淹没水深增大。结合山洪灾害防治村现状防洪能力，分析暴雨山洪淹没成果合理性（见图 3）。不同重现期下受灾村庄与村庄的现状防洪能力基本吻合，暴雨山洪淹没分析较为合理。

(a)云炉河5年一遇淹没范围　　　　　　　　(b)云炉河10年一遇淹没范围

(c)云炉河20年一遇淹没范围　　　　　　　　(d)云炉河50年一遇淹没范围

(e)云炉河100年一遇淹没范围

图2　研究区不同工况下暴雨山洪淹没范围

4.3　暴雨山洪淹没风险分析

　　研究区不同风险等级下的暴雨山洪淹没风险如图4所示。针对不同山洪沟淹没风险等级，应采用分区分级管理、分类施策方式进行山洪灾害预警和响应启动。对于极高风险区（墩背村、竹园村等）、高风险区（西村、卓二村等）和老弱妇幼等行动不便人员，建议根据气象风险预警信息进行避险转移。对于风险区（岭背塘村、垌四村等），建议结合山洪灾害气象风险预警、临近预报预警和监测预警信息，进行梯次响应、分批转移避险。

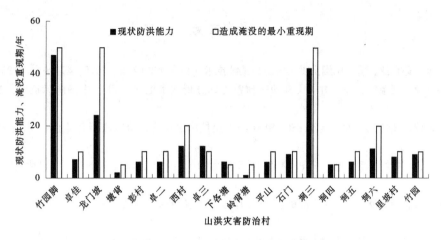

图 3　山洪灾害防治村现状防洪能力与淹没最小重现期对比

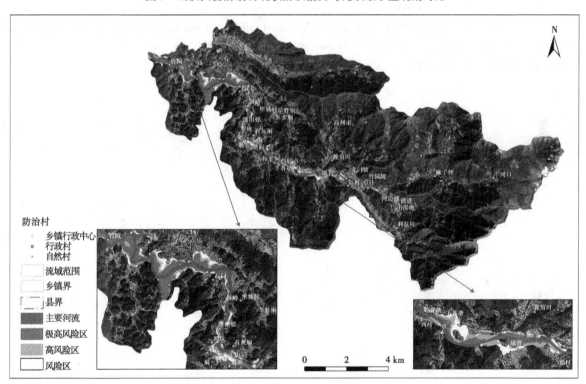

图 4　研究区不同风险等级下的暴雨山洪淹没风险

5　结语

（1）设置了 5 种典型重现期暴雨洪水工况，基于 CNFF-IFMS 构建了云炉河流域水文-水动力耦合模型，计算了小流域设计面暴雨过程和设计洪水过程，5 种工况下出口断面设计洪峰流量为 522～1 181 m³/s，与推理公式法和标准化单位线法分析成果较为一致。

（2）对不同工况下的小流域暴雨山洪淹没范围进行了模拟，结果表明：暴雨山洪淹没面积为 1.84～3.34 km²，淹没的居民地面积为 0.09～0.56 km²，不同重现期下受灾村庄与村庄的现状防洪能力基本吻合，暴雨山洪淹没分析较为合理。

（3）根据不同工况下的暴雨山洪淹没范围，确定了云炉河暴雨山洪淹没的极高风险区、高风险区和风险区范围，形成了山洪沟淹没风险图，提出了山洪灾害分级防御应对措施建议。

参考文献

［1］郭良，丁留谦，孙东亚，等．中国山洪灾害防御关键技术［J］．水利学报，2018，49（9）：1123-1136.

［2］翟晓燕，孙东亚，刘荣华，等．山洪灾害动态预警指标分析技术框架［J］．中国防汛抗旱，2021，31（10）：26-30.

［3］王如锴，练继建，苑希民，等．基于 PSO-SVM 的小流域山洪风险评价方法研究［J］．水资源保护报，2023，1-13.

［4］牛全福，熊超，雷姣姣，等．基于 FFPI 模型的甘肃陇南山区山洪灾害风险评价［J］．自然灾害学报，2023，32（4）：36-47.

［5］王倩丽，马细霞，刘欣欣，等．基于随机森林的山洪灾害风险评价方法及应用［J］．人民黄河，2022，44（4）：63-66，73.

［6］翟晓燕，郭良，刘荣华，等．中国山洪水文模型研制与应用：以安徽省中小流域为例［J］．应用基础与工程科学学报，2020，28（5）：1018-1036.

［7］Zhai X Y, Zhang Y Y, Zhang Y Q, et al. Simulating flash flood hydrographs and behavior metrics across China: implications for flash flood management［J］. Science of the Total Environment, 2021, 763: 142977.

［8］马建明，喻海军．洪水分析软件 IFMS/Urban 特点及应用［J］．中国水利，2017（5）：74-75.

长江中下游平原区城市洪涝协同
治理关键技术与实践

岳志远[1,2]　张　潇[1,2]　周　星[1,2]　王天然[1,2]　吴玉婷[1,2]

(1. 长江勘测规划设计研究有限责任公司，湖北武汉　400010；
2. 流域水安全保障湖北省重点实验室，湖北武汉　430000)

摘　要：长江中下游平原区是长江经济带高质量发展的重要承载空间，历来是我国防洪减灾工作的重点区域。本文综合运用统计分析、全耦合数学模型等方法揭示了这一特定区域的洪涝组成与演化机制，评估了城市洪涝灾害风险，分析提出了洪涝协同防治对策，在鄂州市、黄石市等平原城镇化区域的洪涝治理中得到深入应用。平原区洪涝灾害治理需要运用可靠的数值模拟方法科学研判洪涝灾害特点，妥善处理流域与区域、城市土地开发利用与洪涝水行蓄空间的关系，采取泄、蓄、排相结合的工程措施，配合非工程措施，构建综合防洪减灾体系。

关键词：复杂河网；洪涝组成；洪涝灾害风险；综合防洪减灾体系

1　研究背景

全球极端气候变化和快速城市化背景下的暴雨洪涝灾害已经成为我国城市发展亟待解决的问题。如广州市 2017 年的"5·7"特大暴雨、2018 年的"6·8"特大暴雨、2019 年的"6·13"特大暴雨和 2020 年的"5·22"特大暴雨[1]，北京市 2012 年的"7·21"特大暴雨[2-3]，武汉市 2016 年的"7·6"暴雨[4]，郑州市 2021 年的"7·20"特大暴雨，以及海河"23·7"流域性特大洪水。长江中下游平原区是我国三大平原之一，一直是我国人口聚集之地，素有"鱼米之乡"之称，也是我国重要的工业基地。党的十八大以来，国家提出长江经济带（重大国家战略发展区域），全力推动长江经济带高质量发展。2016 年 9 月，《长江经济带发展规划纲要》正式印发，为长江高质量发展提供指引，长江中下游平原区城镇化速度进一步加快。湖泊防洪能力偏低一直是长江流域防洪体系存在的薄弱环节和突出短板[6-8]，整体防洪排涝能力无法适应新型城镇化建设的洪涝防御要求，迫切要求提高洪涝灾害防御能力。

本文通过总结近年鄂州市花马湖、黄石市大冶湖防洪排涝工程规划、设计经验，在洪涝灾害风险评估、主要研究技术方法、防治对策等方面取得一定成果，为类似区域防洪综合治理提供借鉴。

2　洪涝组成及特性

历史上长江中下游平原区为长江洪泛区，区内河湖水系与长江自然连通，湖泊、入湖河港的湖泊回水段水位与长江水位同步变化。汛期当长江水位上涨时，平原区内湖泊、入湖河港的湖泊回水段水位同步上涨；汛末退水期长江水位下降，湖区洪水水位同步下降。由于江湖水位变幅大，不利于平原区人们的生产和生活，经长时期实践，大多湖区通江处修建了堤防阻挡长江洪水入侵，平原区洪涝灾

基金项目：分汊型明渠非均匀沙输移机理研究（11602034）。

作者简介：岳志远（1982—），男，高级工程师，主要从事水利规划设计、河流模拟方面的工作。

害整体上可分为长江过境洪水和区内洪涝灾害两种类型。在长江洪水的防御方面，依靠长江干堤建设、干支流河道治理、干支流水库建设、蓄滞洪区建设等，以及干支流水库群联合调度等非工程措施，中下游干流荆江河段达到 100 年一遇及以上防洪标准，城陵矶及以下干流河段可防御 1954 年洪水，汉江中下游可防御 1935 年同大洪水（约 100 年一遇），基本可保障长江干流沿江两岸平原区城市的防洪安全[5-7]。除洞庭湖、鄱阳湖区，长江中下游平原区大多以长江干支流堤防为界，形成相对独立的防护区。

平原区河网一般由入湖河港、湖泊（或湖群）、湖泊间连通渠、出湖通江港渠及其末端的外排闸站组成，在平面上通常形成以湖泊（或湖群）为中心的网状结构。湖泊（或湖群）是入湖河道（港、渠）洪涝的承泄区，也是流域的滞蓄洪空间，其洪涝水最终通过闸站外排入江。以洪水三要素——峰、量和过程作为指标，平原区洪涝可区分为上游山区性洪涝水和下游湖区洪涝水两种类型（见图 1）。

（a）鄂州市花马湖流域　　　　　　　　　　（b）黄石市大冶湖流域

图 1　复杂河网区域洪涝组成示意图

山区性洪涝水一般表现为水位陡涨陡落但历时短，一般为 6~24 h，其洪水涨落幅度一般受集水面积、河床比降和过流断面大小控制。如一次降雨情景下鄂州市花马湖流域新农村港和鸭畈港的洪水在 4~6 h 达到水位和流量峰值，水位随流量减小而逐渐回落（见图 2）。山区性洪涝的集水面积小，洪量小、峰值高，其防治应重点解决"峰"的问题，着重考虑预留足够安全泄洪断面。

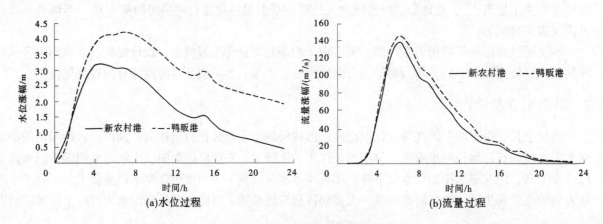

(a)水位过程　　　　　　　　　　　　(b)流量过程

图 2　上游山区性洪涝水位过程

下游湖区洪涝水受蓄排能力和工程调度控制，洪涝水位涨落周期较长，一般为 7~30 d。调蓄空间对降低城市洪涝灾害具有重要作用[9]。如鄂州市梁子湖对 20 年一遇、50 年一遇和 100 年一遇的洪水调蓄水量分别占入湖洪量的 87%、83% 和 80%；上鸭儿湖对 20 年一遇、50 年一遇和 100 年一遇的洪水调蓄水量分别占入湖洪量的 35%、32% 和 30%[10]。根据 2017 年以来花马湖的水下陆上地形统计，花马湖流域实施完成退垸还湖以后，对 10 年一遇、20 年一遇、50 年一遇的洪水调蓄水量分别占入湖洪量的 58%、47% 和 37%；黄石市大冶湖实施退垸还湖以后，对 10 年一遇、20 年一遇、50 年一遇、100 年一遇的洪水调蓄水量分别占入湖洪量的 63%、51%、40% 和 34%。对比调蓄和外排能力，防洪标准低，则调蓄作用更明显，防洪标准高则外排能力的贡献更明显（见图 3），二者对消纳洪量的作用相当，在流域防洪排涝体系中均占据基础性地位。湖区洪涝的集水面积大，洪量大，其防治应着重解决"洪量"的问题，着重考虑增加蓄滞洪空间、提升外排能力。

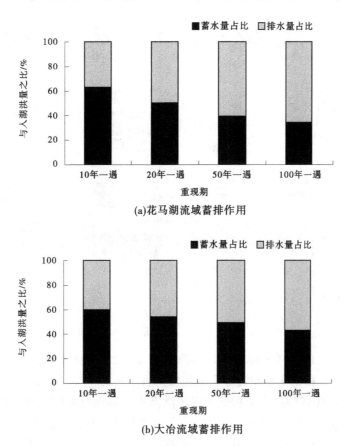

图 3　不同频率洪水条件下调蓄能力与泵站外排能力比较

3　防治对策

3.1　统筹流域与区域，合理布局城市雨水防涝系统

　　城镇一般地处流域的一定范围，如鄂州市在建的临空经济区位于花马湖流域西北侧，黄石市大冶湖生态核心区地处大冶湖北岸至黄金山以南的部分区域。以往由于对城市洪涝形成及演化规律的认识不够充分，片面地认为城市内涝仅局限于城市范围以内，城市开发建设任意改变水系格局，新建众多跨河桥涵阻碍洪涝水行泄导致局部壅水，对蓄滞洪空间的无序填占导致调洪能力下降，加大排水压力，从而对流域整体的防洪排涝形势产生不利影响。同时，流域内的湖泊及主干行泄通道大多承接城市雨水管网，是城市涝水的承泄区，同等降雨强度下局部壅水对雨水管网出口形成顶托，不利于城市涝水外排。因此，城市洪涝灾害防治应统筹流域与区域，兼顾上下游、左右岸，将城市作为流域内的保护对象，合理确定防洪排涝标准，将城市的局部防洪排涝工程纳入流域整体中考虑，布局流域整体的防洪排涝工程体系。2017 年颁布的《城镇内涝防治技术规范》（GB 51222—2017）也明确要求城

镇内涝防治系统的规划和设计应在流域范围内统筹规划、合理布局[9]。

3.2 依靠科学模拟方法，准确研判不同情景下洪涝水特点

平原区水系复杂，防洪排涝工程点多面广、调度运用复杂，自然条件和防洪排涝工程调度条件下，洪涝交织，难以直观研判洪涝水演进规律，需要借助更为科学的技术手段。采用一维水动力模型，考虑湖库调蓄和闸站工程调度影响，构建流域水动力学河网数学模型能够满足工程规划设计要求。河网模型建立，一般以河湖水系为基础，湖库和闸站工程为节点，不同水情、工情为主要约束条件。图4为花马湖流域水系河网水动力数学模型概化示意图。模型建立后，为流域洪涝水特性研究、洪涝灾害风险评估、防洪排涝工程格局论证、工程规模确定等提供了技术支持。

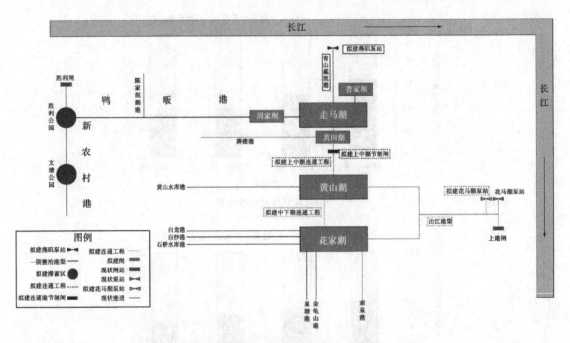

图4 花马湖流域水系河网水动力数学模型概化示意图

3.3 实施"蓄、泄、排"相结合系统治理，妥善安排洪水出路

平原区内应防御上游山区性洪涝水和下游湖区洪涝水，应针对不同洪水的特性采取相应的对策。山区性洪水"洪量小、峰值高、过程短"，应着重提高河道安全泄量，解决"峰"的问题，可因地制宜采用展宽堤距、疏挖河槽、加高加固堤防等措施提高河道安全泄量。以鄂州市花马湖流域防洪能力提升工程为例，新农村港、鸭畈港、牌楼港等现状河道较窄，且河道沿线存在许多跨河桥涵，安全泄量不足10年一遇；3条河道穿过鄂州市临空经济区核心区，周边城区防洪标准应达到20~50年一遇，采取了疏挖河槽、裁弯取直、新建堤防、桥涵拆除复建等措施将城区段河道安全泄量提高至20~50年一遇（见图5）。

湖泊洪水"洪量大"，洪水峰值和过程受湖泊调洪能力和外排能力控制，且二者作用相当。一方面应通过退垸还湖、水系连通等措施，提升湖泊调蓄能力；对鄂州市花马湖周边30余处实施退垸还湖及3主湖实施水系连通后，湖泊调洪容积增加132%；对黄石市大冶湖周边20余处圩垸实施退垸还湖或分蓄洪圩垸建设后，湖泊调蓄容积增加36%。另一方面，应适当增加外排能力，排除区间涝水，控制湖泊水位、降低高水位持续时间。不同标准下，依靠湖泊调蓄仅能消纳部分洪量，仍需通过外排工程将区内涝水排入长江，外排规模与调洪能力、工程优化调度程度等密切相关。鄂州市花马湖流域在2019年以前，湖泊周边整体防洪能力不足10年一遇，主要原因是外排能力较低。2019年以后，花马湖二站建成，流域整体防洪能力达到10年一遇，其中临空区核心区基本达到20年一遇；目前，正准备进一步实施花马湖泵站扩容工程，湖区整体防洪能力将达到50年一遇。

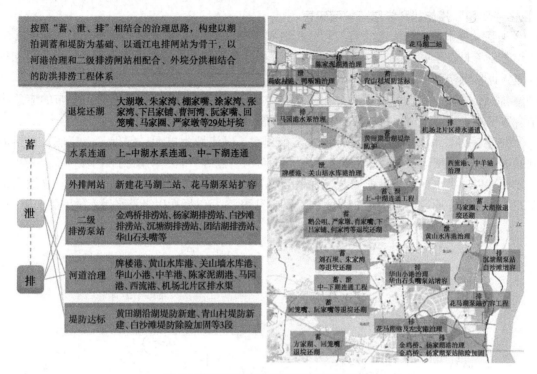

图 5　花马湖流域防洪排涝工程总体布局

3.4　协调洪水行蓄空间与城市开发利用空间，保障洪涝水出路

　　洪涝灾害防治本质上要解决洪涝水出路问题，或蓄或排。城镇土地开发利用对城市范围内水系的无序填占或改造导致洪涝水行泄通道受阻、蓄滞空间不足是城市洪涝灾害产生的重要原因。对于规划新城区，应根据流域防洪排涝工程的总体布局要求，以现有水系为基础，实施行蓄空间治理，并按照"以水定城"的思路，协调优化城市土地开发利用的平面布置和竖向设计。鄂州市花马湖流域防洪能力提升工程与临空经济区核心区的土地开发利用布局存在深度交叉，经多方协调沟通，在保障防洪排涝工程设计标准的前提下，对新农村港、鸭畈港等河道的平面布置和断面形式进行了优化，同时根据河道防洪设计水位对周边竖向提出优化建议。在蓄滞洪空间方面，以《湖北省湖泊保护条例》作为基本遵循，以现状花马湖水系为基础，提出了保护范围，作为临空经济区用地开发的前置条件。通过协调洪水行蓄空间与城市土地开发利用布局的关系，最大限度地保障了规划防洪排涝目标（见图6）。

图 6　花马湖流域城区行蓄空间与城市土地开发利用协调示意图

3.5 强化"四预"措施,科学防范洪涝灾害

(1) 加强实施雨情水情信息的监测和分析研判。充分利用各级气象、水文部门发布的实施降雨和水位、流量资料及预报成果,应用科学可靠的分析计算方法,制作和发布流域内主要湖泊和干支流水情预报,评估洪涝致灾风险。

(2) 加强预警发布机制。综合考量长江水利委员会和各省市的应急管理部门发布的应急响应级别,结合本区域的雨情水情预报成果,及时发布预警信息。

(3) 细化完善洪水调度方案和超标洪水防御预案。以流域为单元,仔细盘点家底,包括堤防工程、闸站工程及其调度运行规程、河湖水系地形、跨河桥涵等资料,明确流域内城乡保护对象及保护要求,以标准以内洪水保人员生命安全、保既定标准以内的财产损失为目标,细化完善洪水调度方案,实现工程多目标调度,科学精准调度水工程(见图7);以标准以上洪水保人员生命安全、保重要

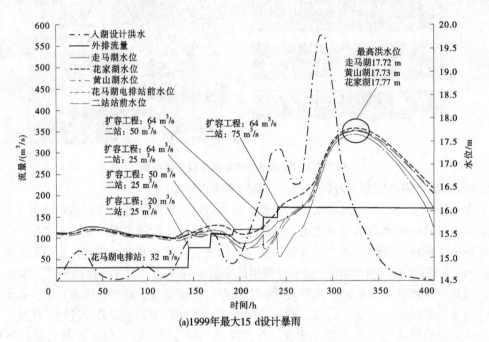

(a)1999年最大15 d设计暴雨

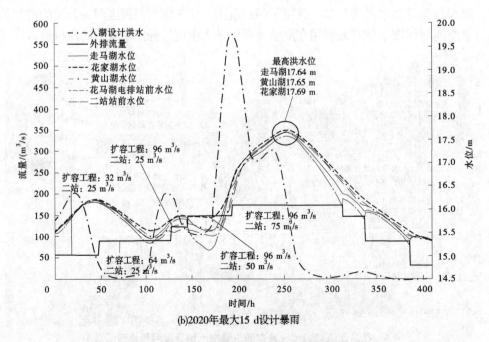

(b)2020年最大15 d设计暴雨

图7　不同水情下花马湖流域外排泵站调度运行过程及效果

设施安全为目标，制定和完善超标准洪水防御预案。

（4）积极开展水工程联合调度模拟预演。按照洪水调度方案或超标洪水防御预案，积极开展水工程联合调度模拟预演，提升科学决策、协同作战和应急抢险救援能力。

4　结语

平原区洪涝水以长江干堤为界整体上分长江干流洪水和湖区洪涝水，二者具有一定的独立性，目前防洪减灾薄弱环节主要在对湖区洪水的防御方面。湖区洪涝水大体又可细分为湖区洪水和上游入湖港道洪水2种类型。湖区洪涝水受蓄排能力和工程调度控制，洪涝水位涨落周期较长，一般为7~30 d；入湖港道洪水受区间汇水控制，陡涨陡落，但历时短，一般为6~24 h。

平原区复杂河网城镇的洪涝灾害防御必须坚持系统治理思路，统筹流域与区域的关系、蓄泄排兼顾、洪涝行蓄空间与城市土地开发利用相协调，构建完善的防洪排涝工程体系；同时，加强实施水雨情监测和分析研判、预警发布机制、细化完善洪水调度方案等措施，强化"四预"措施，充分发挥非工程措施的作用，构建安全韧性防洪排涝体系，保障平原区城市防洪排涝安全。

参考文献

[1]　陈文龙，夏军．广州"5·22"城市洪涝成因及对策［J］．中国水利，2012（13）：4-7.

[2]　孔峰，王一飞，吕丽莉，等．北京"7·21"特大暴雨洪涝特征与成因及对策建议［J］．人民长江，2018（S1）：15-19.

[3]　赵凡，赵常军，苏筠．北京"7·21"暴雨洪灾害前后公众的风险认知变化［J］．自然灾害学报，2014，23（4）：38-45.

[4]　张正涛，崔鹏，李宁，等．武汉市"2016.07.16"暴雨洪涝灾害跨区域经济波及效应评估研究［J］．气候变化研究进展，2020，4（16）：433-441.

[5]　马建华．2020年长江流域防洪减灾工作实践及思考［J］．人民长江，2020，51（12）：1-7.

[6]　王乐，要威，王翠平，等．长江流域防洪规划中期评估［J］．长江、黄河大保护，2020，4（4）：12-24.

[7]　黄艳．长江流域水工程联合调度方案的实践与思考［J］．人民长江，2020，51（12）：116-134.

[8]　中华人民共和国住房和城乡建设部．城镇内涝防治技术规范：GB 51222—2017［S］．北京：中国计划出版社，2012.

[9]　蒋祺，郑伯红．城市雨洪调蓄空间对洪涝灾害影响研究——以长沙市2017年洪涝灾害为例［J］．自然灾害学报，2018，27（6）：29-38.

[10]　仇宝瑞，桑学峰，周祖昊，等．鄂州市湖泊调蓄作用浅析［J］．中国农村水利水电，2018（6）：44-48.

中小流域湖泊入湖设计洪水分析
计算——以大冶湖为例

周　星[1,2]　岳志远[1,2]　陈大安[1,2]　吴玉婷[1,2]

（1. 长江勘测规划设计研究有限责任公司，湖北武汉　400010；
2. 流域水安全保障湖北省重点实验室，湖北武汉　430000）

摘　要： 湖泊具有十分重要的防洪功能，入湖设计洪水对于湖泊设计水位确定、防洪工程措施布局研究和设计十分重要，由于湖泊独特的特性，入湖设计洪水存在很大的困难。针对目前湖泊设计洪水过程计算尚缺乏统一的成熟的方法，本文以大冶湖设计洪水计算为例，采用直接法的原理，提出了暴雨洪水致灾历时、入湖水量还原、设计洪量、设计洪水过程等关键过程计算方法，最终确定了大冶湖入湖设计洪水，此法简单易用，客观实际，具有较高的推广价值，可为类似项目提供参考借鉴。

关键词： 湖泊；大冶湖；入湖设计洪水

1　概述

设计洪水是水利工程防洪安全规划设计的重要内容，经过多年的研究探索和实践应用，工程设计洪水分析目前已经形成了一套较为完整的理论体系和方法[1-6]，在工程应用实践中常用的方法主要有直接法（即由流量资料推求设计洪水）和间接法（即以暴雨资料推求设计洪水）两大类。

湖泊，尤其是大型湖泊，具有十分重要的防洪功能[7-8]。湖泊对于洪水的调蓄作用加之人类活动的干预（如圩垸分洪、外排闸泵调度等），使得入湖洪水过程与出湖洪水过程存在着十分巨大的差异。在防洪安全设计研究中，入湖设计洪水对于湖泊设计水位确定、防洪工程措施布局研究和设计十分重要。由于湖泊独特的特性，相较于河流设计洪水而言，湖泊入湖设计洪水具有过程持续时间更长、水文过程受人类活动影响更大、暴雨径流参数缺乏等特点，因此在河流设计洪水计算中，成熟的直接法和间接法难以较为简便地应用到湖泊设计洪水计算中，目前湖泊设计洪水过程计算尚缺乏统一的成熟的方法[9-11]，本文以大冶湖设计洪水分析为例，采用直接法的原理，提出了暴雨洪水致灾历时、入湖水量还原、设计洪量、设计洪水过程等关键过程分析方法，确定了大冶湖入湖设计洪水，此法简单易用，客观实际，具有较高的推广价值，可为类似项目提供参考借鉴。

2　研究区域与数据

2.1　流域概况

大冶湖是湖北省黄石市第一大湖泊，位于长江流域中部下游，湖泊水域范围为东经114°56′~115°13′，北纬30°04′~30°08′，由三里七湖、尹家湖、红星湖、五湖和大冶湖主湖组成，湖泊呈不规则长型，东西走向，东西长40 km，南北宽1~5 km，主湖泊岸线长约139.8 km。大冶湖流域面积1 106 km²，流域入湖支流众多，湖周有长流港、栖儒港、杨羹港、三里七港、罗家桥港、大箕铺港

作者简介： 周星（1987—），男，高级工程师，主要从事水利规划、设计工作，主要研究方向为流域水文水模拟、防洪规划等。

等 34 条主要河流汇入湖泊。其中，上游主港长流港（又称大港）为干流，发源于鄂南幕阜山北麓，流经大冶市 6 个乡镇，在大冶市区注入大冶湖，集水面积 476.9 km²，河长 37.22 km，平均坡降 0.94‰。大冶湖出口经 12.1 km 的长港和大冶湖闸站枢纽，于阳新县韦源口汇入长江，属长江中下游南岸的一级支流（见图 1）。

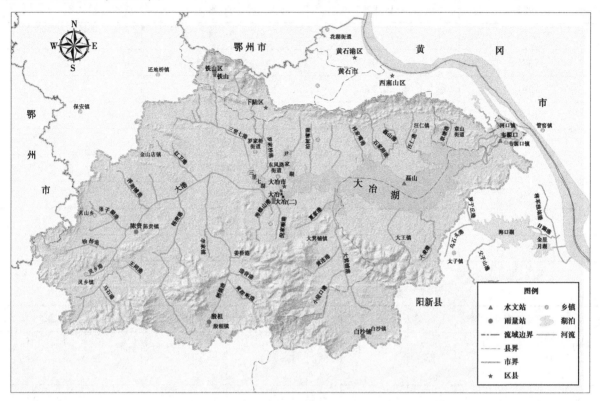

图 1　大冶湖流域水文站网分布

2.2　数据

本文基于 1973—2020 年大冶湖流域大冶、白沙铺、铁山、殷祖、陈贵、磊山湖等 6 个雨量站，大冶（二）和磊山 2 个内湖水位站以及流域韦源口水文站实测雨量、水位和流量数据进行设计洪水分析，数据来源于黄石市水文水资源局。分析所采用的水下地形资料来长江勘测规划设计研究有限责任公司的实际测量，精度为 1:2 000。

3　入湖设计洪水

3.1　暴雨洪水致灾历时

大冶湖流域属于亚热带季风气候区，雨热同季，洪水主要由暴雨产生，暴雨雨情直接决定着流域内洪水的大小。暴雨洪水多发生在 5—9 月，尤以 6—7 月最多，夏季降水量占全年降水量的 61.4%，年最大 1 d、3 d 暴雨多数发生在 6—7 月。

自 1973 年以来，大冶湖发生大的洪水年份主要有 1980 年、1983 年、1986 年、1987 年、1991 年、1996 年、1998 年、1999 年、2010 年、2016 年、2020 年等，特别是 1998 年、1999 年的暴雨洪水，造成了大冶湖流域内的阳新县、大冶市及西塞山区巨大的经济损失。选取 1980 年、1983 年、1986 年等 10 个成灾典型年份以及 2020 年受灾情况，根据实测资料，综合考虑面暴雨成果、内湖水位及外江水位等总结大冶湖灾害典型年最高水位特征及最大时段面雨量见表 1 和表 2。

表1 大冶湖灾害典型年最高水位特征（冻结吴淞基面）

典型年	最高水位/m	时间（月-日）	排位
1980	18.97	07-22	20
1983	19.82	07-08	8
1986	18.44	06-26	32
1987	19.09	07-09	17
1991	20.29	07-14	7
1996	20.67	07-19	4
1998	21.50	08-03	1
1999	20.56	06-30	5
2010	20.44	07-17	6
2016	20.93	07-06	3
2020	21.31	07-09	2

表2 大冶湖灾害典型年最大时段面雨量

年份	1 d暴雨			3 d暴雨			7 d暴雨			15 d暴雨			30 d暴雨		
	开始时间（月-日）	暴雨/mm	排位	开始时间（月-日）	暴雨/mm	排位	开始时间（月-日）	暴雨/mm	排位	开始时间（月-日）	暴雨/mm	排位	开始时间（月-日）	暴雨/mm	排位
1980	07-20	80.0	26	07-31	101.8	32	06-05	161.2	26	06-05	250.6	22	07-16	370.5	20
1983	10-06	93.1	17	07-04	159.5	15	06-30	195.6	19	06-22	336.5	9	06-09	489.2	8
1986	07-20	161.0	1	07-31	230.1	4	06-15	264.0	9	06-09	332.0	10	06-07	397.7	13
1987	08-20	62.1	37	07-01	138.3	19	07-01	261.0	11	06-27	293.0	15	06-12	395.1	15
1991	08-06	115.8	9	05-20	173.7	12	07-04	292.7	6	06-29	414.5	6	06-13	452.6	10
1996	07-14	122.8	7	07-14	214.0	6	06-26	292.4	7	06-19	405.1	7	06-18	749.7	1
1998	07-21	132.1	6	07-20	274.2	3	07-20	320.6	5	07-20	580.8	1	07-12	639.4	4
1999	06-28	157.1	2	06-26	281.4	2	06-23	408.4	2	06-16	494.3	4	06-17	605.7	5
2010	07-14	81.2	25	07-12	166.4	14	07-08	342.7	4	07-10	424.9	4	06-27	557.5	6
2016	04-06	107.7	11	07-02	198.8	9	06-27	370.2	3	06-15	499.6	3	06-15	661.6	3
2020	07-06	119.9	8	07-05	319.1	1	07-02	454.6	1	06-23	508.5	2	06-20	701.6	2

　　表1所列大冶湖实际成灾年份的最高水位排序包含了排序前8位，进一步分析各典型年暴雨期间外江水位与内湖水位遭遇情况。分析暴雨发生的时间和最高水位出现的时间可知，短历时次暴雨如1 d、3 d和5 d，不能导致湖水位涨至最高。如2016年最大1 d暴雨出现在4月6日，年内湖泊最高水位20.93 m于7月6日出现。又如1991年最大3 d暴雨出现在5月20日，年最高水位于7月14日达到。长历时暴雨如15 d、30 d可导致湖泊水位涨到最高（1991年和1996年为31 d）。进一步分析可知，11个致灾典型年中只有2年年最大水位出现在最大7 d降雨周期内且出现在最后一天，5个典型

年年最大水位出现在最大 15 d 降雨周期内且有 1 年出现时间靠前。综上所述，大冶湖成灾控制因素为长历时的暴雨洪水，选择暴雨洪水致灾历时为 30 d。

3.2 设计洪水

大冶湖韦源口水文站实测流量为大冶湖的出湖洪水过程，需要进行还原，本文采用大冶湖出口韦源口水文站实测逐日水位、流量过程，根据水量平衡法还原入湖洪水过程，计算公式如下：

$$\overline{Q}_入 = \Delta V/\Delta t + \overline{q}_出 + \overline{q}_损$$

式中：$\overline{Q}_入$、$\overline{q}_出$、$\overline{q}_损$ 分别为时段平均入湖流量、出湖流量和损失流量；ΔV 为时段末、初湖容增量；Δt 为时段长，d。

由于大冶湖地势低洼，其江河水位较高，可不计渗漏损失，同时暴雨期间水面蒸发也很小，忽略不计。采用上述方法根据磊山站逐日水位、韦源口水文站逐日流量还原大冶湖入湖流量。

对于还原后的入湖流量，采用频率分析法得到分时段入湖洪水特征值。具体计算过程为：①统计各时段最大峰、量系列，用矩法初步估算统计参数；②按 P-Ⅲ 型曲线分布进行适线，求得采用统计参数及不同时间段的设计洪量（见表 3）。

表 3　大冶湖入湖设计洪水成果

项目	统计参数			P/%				
	均值	C_v	C_s/C_v	1	2	3.33	5	10
日均 $Q_{最大}$/（m³/s）	488	0.50	3	1 306	1 162	1 054	967	815
1 d 洪量 $W_{1\,d}$/亿 m³	0.42	0.50	3	1.12	1.00	0.91	0.83	0.70
3 d 洪量 $W_{3\,d}$/亿 m³	0.86	0.50	3	2.29	2.03	1.85	1.70	1.43
7 d 洪量 $W_{7\,d}$/亿 m³	1.33	0.51	3	3.62	3.21	2.91	2.67	2.24
15 d 洪量 $W_{15\,d}$/亿 m³	1.82	0.53	3	5.05	4.47	4.04	3.70	3.09
30 d 洪量 $W_{30\,d}$/亿 m³	2.48	0.53	3	6.89	6.10	5.52	5.04	4.22

采用典型年进行同频率缩放法将不同时段设计洪水成果转化为 30 d 设计洪水日过程。通过对较大内涝年份（1980 年、1983 年、1986 年、1987 年、1991 年、1996 年、1998 年、1999 年、2010 年、2016 年、2020 年）的水雨情资料进行分析确定设计典型年。

从雨情、水情、工情多角度综合分析，1998 年 15 d 雨量为 1973—2020 年各年份之首，相当于近 50 年一遇，且内湖水位、外江水位均是大冶湖建泵站以来的最高水位，该年的洪水过程峰高量大，峰型集中，与外江水位遭遇较恶劣，对湖泊的防洪排涝比较不利；2020 年 15 d 暴雨量接近 1998 年，但是 7 d 暴雨量和 5 d 暴雨量的集中程度大于 1998 年。因此，本次设计采用 1998 年和 2020 年为典型洪水过程，与设计峰量进行同频率缩放，再以设计的各时段洪量为控制，修匀设计洪水过程，即为大冶湖流域的设计洪水过程（见图 2、图 3）。

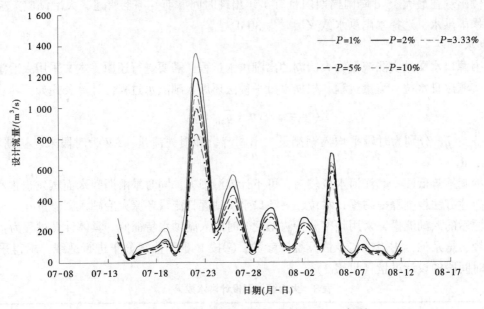

图2 大冶湖流域设计洪水过程线（1998年型）

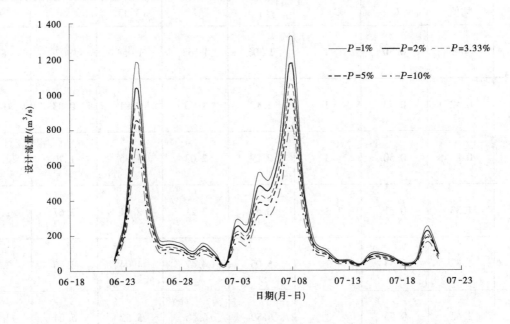

图3 大冶湖流域设计洪水过程线（2020年型）

4 结语

针对湖泊入湖设计洪水计算缺乏统一的成熟的方法问题，本文以大冶湖为例，提出了一种基于直接法的入湖设计洪水计算方法。该方法首先根据气象水文资料和历史受灾情况确定暴雨洪水致灾历时；通过水量平衡法还原入湖水量；通过频率分析法计算入湖设计洪量；通过典型年进行同频率缩放法确定入湖设计洪水过程。总之，该方法充分利用了流域降雨、出湖流量、湖泊水位等实测气象水文资料和基于高精度地形资料获取湖泊水位-容积曲线，具有客观实际、精度高的特点，同时应用简便，具有较高的推广价值，可为类似项目提供参考借鉴。

参考文献

［1］郭生练，刘章君，熊立华．设计洪水计算方法研究进展与评价［J］．水利学报，2016，47（3）：302-314.

［2］闫宝伟，郭生练，郭靖，等．基于 Copula 函数的设计洪水地区组成研究［J］．水力发电学报，2010，29（6）：60-65.

［3］王双银，朱晓群．小河水电站工程设计洪水分析［J］．人民长江，2002，33（11）：13-15.

［4］蒋星月，马细霞，张晓蕾，等．小流域山洪灾害设计洪水检验复核方法研究［J］．中国农村水利水电，2018（1）：81-84.

［5］谈戈，夏军，李新．无资料地区水文预报研究的方法与出路［J］．冰川冻土，2004，26（2）：192-196.

［6］富强，朱聪，刘金华，等．西藏无资料地区设计洪水计算方法研究与应用［J］．水力发电，2016，42（9）：22-24.

［7］毛献忠，龚春生，张锡辉．城市湖泊暴雨过程中蓄洪能力研究［J］．水力发电学报，2010，29（3）：119-125.

［8］徐天奕．太湖流域设计暴雨时空分布对太湖洪水位影响分析［J］．湖泊科学，2022，34（4）：1308-1318.

［9］翟丽妮，李龚，张祖莲，等．基于 Copula 函数梁子湖分期设计洪水的推求［J］．中国农村水利水电，2014（7）：97-100，104.

［10］康健红．浅谈"星云湖、抚仙湖出流改道工程"中两湖入湖设计洪水的推求［J］．人民珠江，2010，31（6）：43-45，58.

［11］许明祥．浅析湖泊水利规划中的几个主要技术问题［J］．人民长江，2014（16）：1-4.

内河航道溢油溶解规律研究

徐 杨[1,2]　兰 峰[1,2]　吕平毓[1,2]　张伟超[2]

（1. 长江水利委员会水文局长江上游水文水资源勘测局，重庆　400020；
2. 重庆交通大学，重庆　400074）

摘　要：内河航运的发展导致大量船舶溢油污染物进入水体，威胁流域水安全和生态发展。为探究溢油污染物进入水体后的溶解规律，本文选用内河航运广泛使用的0#柴油为实验用油，比对实验室常用的三种测油法，设计合理测油方案，通过静态搅拌实验模拟船舶溢油污染物在水体中的溶解过程。检测分析发现样品溶解组分主要是碳数为C10~C26的17种石油烃，其溶解性随碳数的增加而降低，分子量越小越易挥发，分子量越大越不易溶解。由此可知，轻质油具有较高的溶解度和挥发性，对水体污染更明显。为保障流域水安全，应加强航道轻质溢油的监管和治理。

关键词：溢油污染物；0#柴油；内河航道；溶解规律；流域水安全

1　引言

水安全是涉及国家长治久安的大事。内河航道作为重要的淡水运输载体，兼具运输、灌溉、调蓄、发电、旅游、水产养殖、维持生物多样性和调节生态平衡等多项功能[1]。内河航运运量大、成本低、发展迅猛，但随之而来的船舶航运溢油对水环境的污染问题也日益突出，船舶在航运过程中出现的船损、碰撞、搁浅、含油污水排放以及操作性失误会导致河流水体出现石油类污染[2-3]。据统计，航运船舶每年排放到河流水体中的含油污水约为其总吨位的10%，计算可知，全国每年向所有内河航道排放含油污水大概有1.37万t。因此，研究内河船舶溢油污染物进入水体后的溶解过程具有重要现实意义。

近年来，已有学者对于船舶溢油溶解规律分别开展了诸多探讨[4-6]，姜卫星[7]通过研究黄浦江溢油事故发现，轻质烃类通常较易溶于水且挥发得更快；加拿大皇家学会[8]在报告中指出，碳原子含量较低的易挥发烃类主要通过挥发以气态的形式回归大气，而残留在海洋中的数量极少，Malmquist等[9]研究原油和重质燃料油的风化行为也得出相似结论；陈伟琪等[10]用气相色谱分析海面溢油成分，认为正构烷烃成分和含量可作为鉴别海洋溢油的依据；周璇[11]通过研究海上溢油风华发现石油挥发过程先于溶解过程发生，油品挥发量大于溶解量，且轻质油品的挥发量大于重质油品的挥发量，而溶解量小于重质油品。研究成果丰硕，但主要针对海上溢油，考虑内河航道溢油污染物在水体中的溶解规律的研究文献鲜有报道。

鉴于此，本文选用内河航运船舶广泛使用的0#柴油为实验用油，对实验室常用的三种测油方法（红外法、紫外法、气相色谱法）进行对比分析，根据实验要求选用合理的测油方案，通过静态搅拌实验模拟溢油污染物在水体中的溶解过程，检测分析模拟溶液样品，揭示溢油污染物在水体中的溶解组分和规律，以期为流域航道水安全监管提供科研基础支撑。

基金项目：重庆市技术创新与应用发展专项面上项目（CSTB2022TIAD-GPX0045）。

作者简介：徐杨（1992—），女，工程师，主要从事水环境、水文水资源相关研究工作。

2　材料与方法

2.1　溢油污染物的特性

2.1.1　溢油污染物的理化性质

原油是一类由数以千计的有机化合物和其他类化合物组成的复杂混合物，包括烷烃（直链或支链）、环烷烃、多环芳香化合物（polycyclic aromatic compounds，PACs）和其他物质（如沥青质、重金属）等[12-13]，原油的基本理化性质和石油烃类组分的复杂程度会因原油开采的地理位置不同而有所不同[14]，而石油烃类化合物无论以何种形式存在，均会对水生生态环境及水生生物造成严重影响，且这种影响会持续数月甚至数十年。

本文实验用油选取的0#柴油是轻质石油，呈现淡黄色，烷烃为其主要成分，0#柴油的闪点为45 ℃，密度在20 ℃时为0.84~0.86 g/cm³，沸点180~370 ℃，蒸气压4.0 kPa，其黏滞系数为水的3~4倍，相较于原油的黏滞系数大幅降低。

2.1.2　溢油污染物的风化行为

水上溢油事故一旦发生，原油或者含油污水进入水体后会经历复杂的理化变化过程，在风力、波浪和暗流等多种环境因素的风化作用下，溢油会经历溶解、分散、乳化和生物降解等一系列复杂的物理、化学和生物转化过程[15-17]。分散是指在波浪作用或者搅动下，水面的油膜发生破碎并以一个个小油粒分散在水体中。乳化是指当水面的油膜扩展分散后，油滴中包含着水滴形成乳化液的过程。乳化、分散作用可以使难溶于水的石油污染物进入水体，达到溶解部分表面溢油的作用。生物降解是指水体中的石油烃会被多种分解烃类的微生物分解以作为碳素和能量的来源，但生物降解过程缓慢，长期影响显著，短期影响相对不明显[18]。因此，本文对于溢油污染物进入水体转化规律的研究从其主要风化行为即溶解性展开，模拟实验通过酸化水样来降低微生物降解的影响。

2.2　实验方法

2.2.1　分析方法对比

水环境中的石油类污染物通常是通过萃取等预处理措施后进行分析，分析方法主要包括重量法、红外法、紫外法、气相色谱法、荧光法等[19]。其中，重量法要求的检出限较高，且一般运用在土壤中的石油类污染检测。红外法与紫外法统称为分光光度法，其主要用于测定水质或土壤中的总油含量。而紫外法、荧光法主要针对石油中的芳烃成分，不能检测石油类污染物所有组分。此外，气相色谱法可以对挥发性石油烃（C6~C9）与非挥发性石油烃（C10~C40）中的一种或者全部石油烃进行检测，相较于其他方法具有检出限低、误差小的优点。下面对比常用的三种测油方法：气相色谱法、红外法与紫外法。

2.2.1.1　气相色谱法

水体中的非挥发性石油烃（C10~C40）经前处理后，用带氢火焰离子化检测器（FID）的气相色谱仪检测，根据内标法或外标法定性和标准曲线定量来对石油类污染物进行定性定量分析。气相色谱法可以测定石油中各石油烃组分浓度，具有良好的选择性和敏感性，当取样量为1 000 mL时，检出限为0.01 mg/L，测定下限为0.04 mg/L，气相色谱法流程见图1。

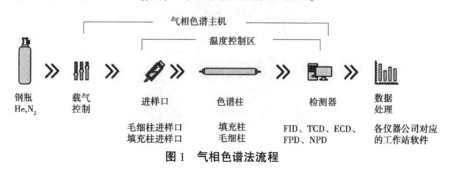

图1　气相色谱法流程

2.2.1.2 红外法

将水样在酸性（pH≤2）条件下，用四氯乙烯萃取水样中的石油烃，再用无水硫酸钠作为脱水剂脱除萃取液中的水分，用硅酸镁作为吸附剂去除动植物油类等极性物质。通过对标准溶液进行测定得到校正系数，然后采集样品在 2 930 cm⁻¹、2 960 cm⁻¹、3 030 cm⁻¹ 波长处的吸光度，对吸光度进行计算处理后得到样品中的石油烃含量。由于四氯乙烯的密度比水大且不溶于水，具有一定的挥发性，在实验过程中应控制四氯乙烯的挥发以减小实验误差。

2.2.1.3 紫外法

将水样在酸性（pH≤2）条件下，用正己烷萃取水样中的石油烃，用无水硫酸钠作为脱水剂脱水之后，用硅酸镁作为吸附剂去除萃取液中的动植物油类等极性物质，在 225 nm 波长处用紫外光测定样品吸光度，再通过测定标准溶液取得的标准曲线将吸光度转化为浓度值。

2.2.2 分析方法筛选

气相色谱法能够测定样品中每一种石油烃的含量，且其检出限在三种方法中最低，即其精度、灵敏性最高，适合用于石油烃组分的测定，尤其是低浓度样品；但前处理步骤较为烦琐，分为萃取总石油烃、无水硫酸钠脱水、氮吹或旋转蒸发仪浓缩、硅镁吸附柱净化、净化后的萃取液经又一次浓缩后定容为 1 mL 上机待测。整个过程历时较长，测一个样品需要 40 min，工作量大，不利于样品的快速检测。

红外法能测定总石油烃的含量，操作较气相色谱法简单，前处理步骤分为四氯乙烯萃取水质石油类物质、无水硫酸钠脱水和硅酸镁吸附柱去除动植物油等极性物质，但检出限大于气相色谱法且不能测定每一种石油烃的含量，适用于对较高浓度的样品进行总石油类的测定。测定精度与萃取剂四氯乙烯的纯度有关，且样品是以比色皿为载体，对石英比色皿的透过率也有一定要求。

紫外法主要是对石油类物质中的芳香烃类物质进行测定，其原理是共轭双键化合物和芳香族化合物在紫外区会发生特征吸收。紫外法对饱和烃类化合物具有较低灵敏度，相较于红外法不能完整地定量出样品中总石油烃的含量。而且对正己烷的透光率也有要求，要求在以水作参比时，波长 225 nm 处的透光率不得低于 90%，否则要进行脱芳处理。

综上所述，在比较了检测精度、操作要求与实验误差之后，对于 0#柴油模拟实验的测定采用气相色谱法进行。

2.3 实验材料

2.3.1 模拟溶液的制备

在实验室环境下通过搅拌的方式模拟 0#柴油的溶解过程，取 3 L 具下嘴烧杯，向烧杯中加入 3 L 超纯水，按照 0#柴油与超纯水 1∶100 的体积比例加入过量 0#柴油。用浓盐酸调节溶液使 pH≤2，以此来抑制微生物的活性。将配置好的油水溶液置于磁力搅拌器上充分搅拌 48 h，搅拌完成后静置 24 h 使得饱和石油溶液充分稳定，待静置完成后，从烧杯中取下清液，制备 5 个平行模拟溶液样品待测，实验室制备溢油模拟溶液如图 2 所示。

图 2　实验室制备溢油模拟溶液

2.3.2 主要仪器与试剂

根据气相色谱法检测水质石油烃的要求，实验过程使用的主要仪器、试剂与器具如下。

2.3.2.1 试验仪器

实验主要仪器如表1所示，实验所用气相色谱仪如图3所示。

表1 主要仪器

序号	仪器	型号	厂家
1	气相色谱仪	GC2030	日本岛津
2	氮吹浓缩仪	EFAA-DC12	上海安谱
3	电子天平	PWN224ZH	常州奥豪斯
4	马弗炉	BZH-10-12	上海齐欣
5	磁力搅拌器	DF-101S	郑州凯瑞
6	超声清洗机	KQ-300DE	昆山超声
7	烘箱	LDO-9240A	上海龙跃
8	pH仪	pHS-3E	上海雷磁

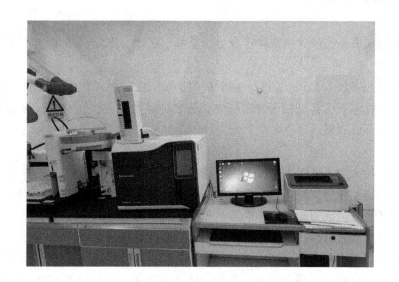

图3 实验所用气相色谱仪

气相色谱仪检测过程中需要高纯氧气、高纯氮气和高纯氢气，测试条件为：进样口温度300 ℃；色谱柱流速1.52 mL/min。柱箱温度程序升温：首先40 ℃保持2 min，然后以8 ℃/min的速率升至290 ℃，最后以30 ℃/min的速率升至320 ℃，保持15 min。

FID检测器温度330 ℃；氢气流量40.0 mL/min；空气流量400 mL/min；尾吹扫流量30.0 mL/min。

进样方法：分流进样，分流比10.0∶1，进样体积1.0 μL。

2.3.2.2 实验试剂

实验主要试剂如表2所示。

表 2　主要试剂

序号	试剂	分子式	药品来源
1	正己烷	C_6H_{14}	天津大茂
2	二氯甲烷	CH_2Cl_2	天津大茂
3	无水硫酸钠	Na_2SO_4	天津科密欧
4	硅镁吸附剂	$MgSiO_3$	天津科密欧
5	C10~C40 正构烷烃标准溶液	—	中国计量科学院标准物质中心
6	浓盐酸	HCl	川东化工

试验所使用的无水硫酸钠与硅镁吸附剂均用马弗炉以 550 ℃烘 4 h，以此除去药品的杂质，减少实验误差。为使硅镁吸附剂的性质更稳定，烘干后的硅镁吸附剂需按照质量比 6%加入超纯水，并静置 24 h 后使用，试验所使用的药品纯度均为分析纯。

2.3.2.3　试验器具

主要器具：30 mL 具四氟乙烯旋塞分液漏斗，150 mL 锥形瓶，50 mL 浓缩瓶，带有 G2 砂芯的净化柱，胶头滴管，烧杯，移液枪。

2.4　分析步骤

气相色谱法检测水质石油烃含量实验步骤分为萃取、脱水、浓缩、净化和定容。

2.4.1　萃取

在 30 mL 分液漏斗中加入 5 mL 饱和石油溶液，加入 5 mL 二氯甲烷振荡萃取 1.5 min，注意放气。静置待两相分层后，收集下层有机相于锥形瓶中，萃取过程重复两次，总的振荡萃取时间应在 120 s 以上，以达到最佳的萃取效果。

2.4.2　脱水

将适量的无水硫酸钠加入锥形瓶中，静置数分钟，待到无结晶出现时表明除水完成。无水硫酸钠的用量十分重要，如果加得过少，则会导致除水不完全；如果加得过多，则在转移的过程中会截留一部分萃取液。这两者都会造成实验误差。

解决方法：①在萃取过程中待有机相与水相的分界线到旋塞的上表面时，迅速关闭旋塞，减少水进入到萃取液中；②良好的脱水效果应是静置数分钟后不出现结晶，且脱水后的萃取液呈透明状；③在转移脱水后的萃取液时，应用少量的二氯甲烷洗涤锥形瓶，并倾倒锥形瓶，将残留的部分萃取液也收集到浓缩瓶中。

2.4.3　浓缩

氮吹浓缩仪的原理是水浴加热萃取，将经过脱水处理的萃取液加入到浓缩瓶中，用高纯氮气吹萃取液将有机溶剂挥发掉来达到浓缩的目的。实验过程中将萃取液浓缩到比 1 mL 稍多，再加入 10 mL 正己烷，浓缩到比 1 mL 稍多，这个过程重复一次。浓缩时水浴温度不宜过高，二氯甲烷的沸点为 39.75 ℃，正己烷的沸点为 69 ℃，当水浴温度过高时，会使萃取液沸腾、飞溅，造成实验误差。氮吹速率不宜过快，过快会使萃取液飞溅，水浴加热与氮吹速率应有效配合，以达到萃取液液面平稳下降的目的。

2.4.4　净化

称取 1.5 g 活化后的硅镁吸附剂于 50 mL 的烧杯中，加入 2 mL 正己烷，将硅镁吸附剂制成悬浮液并倒入净化柱中，将浓缩液倒入净化柱，用 2 mL 正己烷洗涤浓缩瓶一并倒入净化柱中，用 10 mL 二氯甲烷-正己烷溶液进行洗脱，将洗脱液收集至浓缩瓶中。

2.4.5 定容

将洗脱液浓缩到比 1 mL 略少，用正己烷定容到 1 mL，用胶头滴管吸取浓缩液到进样瓶中，上机待测。

3 结果与分析

3.1 定性结果

实验采用外标法对石油烃进行定性分析，通过分别测定质量浓度为 5 mg/L、10 mg/L、15 mg/L、20 mg/L、30 mg/L、50 mg/L、200 mg/L 的石油烃标准溶液来确定保留时间窗，根据保留时间窗对 0# 柴油组分进行定性分析。图 4 为气相色谱仪测定浓度为 50 mg/L 的石油烃标准溶液的气相色谱图，可以清楚地看到每一种石油烃的出峰时间。

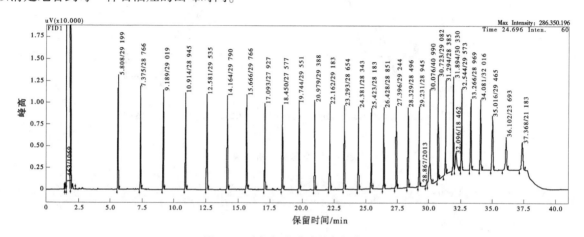

图 4 石油烃标准溶液的气相色谱图

3.2 定量结果

通过萃取、脱水、浓缩、净化和定容等一系列前处理步骤，根据标准溶液测定出的保留时间窗对石油烃组分进行定性，再对 5 个平行样品中的石油烃组分含量进行测定，5 个平行样品峰面积与石油烃碳数以及保留时间窗的关系如图 5 所示，结果反映 5 个样品平行性较好，各组分含量随碳数变化趋势基本一致。

3.3 讨论分析

气相色谱仪分析所得峰面积越大表示该组分的含量越高，各样品组分平均峰面积随碳数变化趋势如图 6 所示。由图 6 可见，模拟溶解在水体中的组分主要为 C10～C26 的共 17 种石油烃，随着碳原子数的增长，继 C10～C11 峰面积减小后，C11～C15 的峰面积呈现快速增长趋势，紧接着 C15～C25 的峰面积递减且递减变化速率逐渐增大，峰面积均值在 C25 降至最小值，最后在 C26 处有小幅度回升。在溶解的主要成分中，峰面积均值最大值在 C15 处，高达 1 279.8，占峰面积总量的 10.56%；最小值出现在 C25 处，低至 250.6，占峰面积总量的 2.07%，说明在溶解的 17 种主要成分中，含量最高的石油烃是 C15，含量最低的是 C25。总体来看，C13～C22 的峰面积占比较大，占峰面积总量的 78.39%，说明 C13～C22 的含量在溶解性石油烃组分中占据显著优势。5 个平行样标准差均值为 13.55%，说明精密度良好，平行样离散程度在可接受范围内。

4 结论

由以上实验分析结果可得出以下结论：

（1）溶解在水体中的组分主要是碳数为 C10～C26 的共 17 种石油烃，明确了船舶溢油污染物在水体中的主要溶解组分。

（2）C10～C15 的含量随碳数的增加总体呈现增长的趋势，推测在前处理的过程中分子量较小的

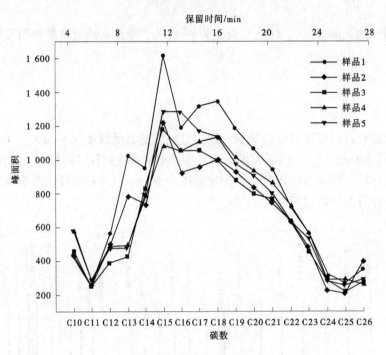

图 5 模拟溶液分析结果

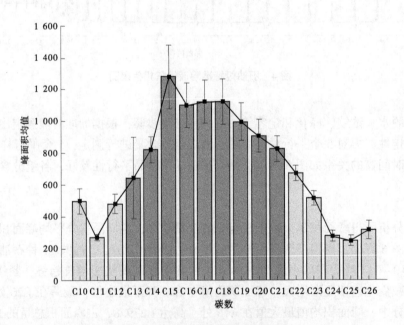

图 6 石油烃各组分平均峰面积图

石油烃发生了挥发，说明分子量越小的船舶溢油污染物越容易发生挥发，这与姜卫星[7]研究黄浦江溢油事故中的发现结果一致。

（3）C15～C26 的含量随着碳数的增加总体呈减少趋势，说明石油烃的溶解性是随碳数的增加而减小的，分子量越大的船舶溢油污染物越不容易溶解，这与周璇[11]海上溢油的研究结果一致。

（4）C13～C22 的含量是 17 种石油烃总量的 78.39 %，在溶解的石油烃中占显著优势，说明轻质油溶解度更高，对于水体环境的污染更明显，为保障流域水安全，应加强对航道轻质石油泄漏、排放的治理。

以上结论为实验室内静态搅拌模拟航道溢油污染物在水体中的溶解行为所得，对于内河航道船舶典型溢油污染物的溶解规律有共同的代表性，但由于航道中水动力参数、水环境因子、气象水文条件等随时空变化，不同航道河段的样本由于客观环境不同会存在地域性差异，其溶解规律还需结合具体环境参数作出合理性分析。

参考文献

［1］尹奇志．内河水面溢油在线监测方法研究［D］．武汉：武汉理工大学，2011.

［2］Baniasadi M, Mousavi S M. A comprehensive review on the bioremediation of oil spills［M］//Microbial Action on Hydrocarbons. Singapore：Springer, 2019：223-254.

［3］尹晓娜，郭静，安明明，等．国内外船舶溢油事故原因对比分析［J］．化学工程与装备，2022（6）：263-264，260.

［4］谭志荣，王洋，陈维．船舶溢油风化化学特征变化研究［J］．环境科学与技术，2020，43（S1）：98-103.

［5］张晖，母清林，韩锡锡，等．溢油在海洋生态系统中的风化、生态学效应及环境风险评价［J］．海洋科学，2023，47（1）：99-107.

［6］胡淳竣，喻高明，王立，等．汽油溢油风化过程影响因素及规律研究［J］．中国科技论文，2020，15（5）：523-527.

［7］姜卫星．黄浦江溢油事故的数值模拟研究［D］．上海：同济大学，2007.

［8］GOVERNMENT. RSC Expert Panel：The behaviour and environmental impacts of crude oil released into aqueous environments［R］. Canada：The Royal Society of Canada, 2015.

［9］Malmquist L M V, Olsen R R, Hansen A B, et al. Assessment of oil weathering by gas chromatography-mass spectrometry, time warping and principal component analysis［J］. Journal of Chromatography A, 2007, 1164（1/2）：262-270.

［10］陈伟琪，张珞平．鉴别海面溢油的正构烷烃气相色谱指纹法［J］．厦门大学学报（自然科学版），2002（3）：346-348.

［11］周璇．海面溢油风化规律及溢油污染程度评价研究［D］．青岛：中国石油大学（华东），2020.

［12］Perrichon P, Le Menach K, Akcha F, et al. Toxicity assessment of water-accommodated fractions from two different oils using a zebrafish（Danio rerio）embryo-larval bioassay with a multilevel approach［J］. Science of the Total Environment, 2016, 568：952-966.

［13］The Convention for the Protection of the Marine Environment of the North-East Atlantic. OSPAR guidelines for monitoring the environmental impact of offshore oil and gas activities, Proceedings of the Meeting of the OSPAR Offshore Industries Committee（OIC）［C］//London, England, 2004.

［14］Jung J H, Lee E H, Choi K M, et al. Developmental toxicity in flounder embryos exposed to crude oils derived from different geographical regions［J］. Comparative Biochemistry and Physiology C-Toxicology& Pharmacology, 2017, 196：19-26.

［15］Hallett W , Clark N A . A model for the evaporation of biomass pyrolysis oil droplets［J］. Fuel, 2006, 85（4）：532-544.

［16］Garcia-Martinez R , Flores-Tovar H . Computer Modeling of Oil Spill Trajectories With a High Accuracy Method［J］. Spill Science & Technology Bulletin, 1999, 5（5/6）：323-330.

［17］丛海芳．基于双向反射率函数分布的海洋溢油紫外反射光谱特性研究［J］．光子学报，2017，46（10）：170-178.

［18］郑立，崔志松，高伟，等．海洋石油降解菌剂在大连溢油污染岸滩修复中的应用研究［J］．海洋学报（中文版），2012，34（3）：163-172.

［19］阳艳，杨伟鹏，尹善军．关于土壤中总石油烃检测分析方法研究［J］．环境与发展，2018，30（8）：110-111.

基于 SWAT 模型杭锦旗黄河南岸灌区
排水溯源特征研究

郑和祥[1]　王万宁[1]　孙晨云[2]　畅利毛[3]　佟长福[1]

(1. 水利部牧区水利科学研究所，内蒙古呼和浩特　010020；

2. 北溪桥闸管理处，广东潮州　521000；

3. 内蒙古自治区地质调查研究院，内蒙古呼和浩特　010018)

摘　要：选取杭锦旗黄河南岸灌区为研究区域，利用 2017—2020 年实测气象及灌排数据，基于 SWAT 分布式水文模型对研究区内排水进行模拟。结果表明，对所构建灌区 SWAT 模型参数率定验证后的模拟结果满足精度要求。水量平衡模拟结果：降雨量占水分收入的 40.90%，灌溉占 59.10%，土壤蒸发占水分支出的 62.63%。灌区内的总排水量模拟结果：巴拉亥灌区的年均排水量最小，约占总排水量的 20%，建设灌区约占 46%，独贵灌区约占 35%。排水结构的模拟结果：灌区以地下排水为主，占总排水的 68%，壤中流占 31%，地表排水不足 1%。

关键词：杭锦旗黄河南岸灌区；排水特征；SWAT 分布式水文模型

1　引言

我国干旱半干旱地区主要分布在西北、内蒙古中西部等地[1]。该地区的主要气候特点是夏季炎热、干燥，冬季寒冷，降雨稀少，年均不足 200 mm，蒸发强烈，该地区农业属于灌溉农业，农业生产最重要的任务就是灌溉[2]。而水资源短缺且时空分布不均，生态环境脆弱，进一步限制了该地区灌溉农业的可持续发展。掌握农田水循环过程以及进一步对农田耗水各环节的深入研究，是开展节水农业的基础。定量评估农作物的吸水来源，对于提高农业用水效率和缓解水资源短缺现状具有重要的现实意义[3]。

杭锦旗黄河南岸灌区是国家大型灌区之一，从黄河南岸总干渠引水灌溉，自上到下经过昌汉白、牧业、巴拉亥、建设、独贵等 5 个灌区，其中，昌汉白灌区为扬水灌区，其余灌区为自流灌溉，农业灌溉用水为该地区主要的用水方式[4]。由于气候状况、引水量、灌水量、耗水量和种植结构的年际差异，杭锦旗黄河南岸灌区每年排入黄河的水量变化较大，明确降雨和灌溉水（黄河水、地下水）等不同水源的排水量，对黄河流域水资源高效利用与生态保护具有重要意义。

SWAT 模型是基于子流域来反映集水单元，并基于水文响应单元反映不同的坡度、土壤、土地利用和种植结构的特征，同时该模型将流域离散为子流域以及水文响应单元作为坡面产流的计算单元，并将基于地形提取的河网作为汇流的依据[5-8]。郑捷等[9]将改进的 SWAT 模型成功应用于平原灌区——山西省汾河灌区，Dechmi 等[10-11]通过改进 SWAT 模型，使其能够应用于农业灌区灌溉回流水的模拟，并对灌区的各种优化管理措施进行了评价分析。

灌区排水量受灌溉、降水、蒸发、地下水补给等多种因素综合影响，而国内外针对灌区排水的研究主要是从水质角度研究其可再利用性，且仅通过定位监测手段难以准确区分排水的来源和组成成

基金项目：鄂尔多斯市水利科技重点专项（ESKJ2023-001）；鄂尔多斯市科技重大专项（2021ZD 社 17-18）。

作者简介：郑和祥（1980—），男，主要从事节水灌溉新技术与农业水资源高效利用研究工作。

分[12-13]。为更好地了解上述特征及不同节水和气候条件下的灌区排水状况，以杭锦旗黄河南岸灌区为研究对象，通过构建灌区产汇流过程 SWAT 分布式水文模型，对排水沟的流量和排水总量进行模拟，开展灌区水循环数值模拟，利用实测排水数据对模型进行率定和验证，进一步探明了灌区内的排水量与排水构成。

2 材料与方法

2.1 研究区概况

杭锦旗黄河南岸灌区位于鄂尔多斯杭锦旗北部（39°22′~40°52′N，106°55′~109°16′E，海拔1 012~1 080 m），面积约 1.89 万 km²（见图 1）。中温带大陆性气候，多年平均气温 7.4~7.5 ℃，干旱少雨，多年平均无霜期 158 d。年均降雨量为 145.1~214.9 mm，由东向西递减且表现为年际变化大，时空分布不均匀。年均蒸发量 2 273.7~2 381.4 mm。灌区处于宽度约 10 km 的狭长地区内，地形西南高、东北低，地势平坦，地貌以黄河挟带泥沙冲积形成平原和风积沙丘堆积为主，包括部分一级阶地，土壤类型主要为潮土、盐土、风沙土。该段黄河干流长约 214 km，年平均径流量 2.61 亿 m³，年平均含沙量3.01 kg/m³。杭锦旗黄河南岸灌区从南岸总干渠引水灌溉，引黄自流灌溉面积约 44.39 万亩。

图 1　杭锦旗黄河南岸灌区位置示意图

2.2 数据来源及处理

构建 SWAT 模型需要较多的模块和数据支撑（见图 2），主要包括以下部分。

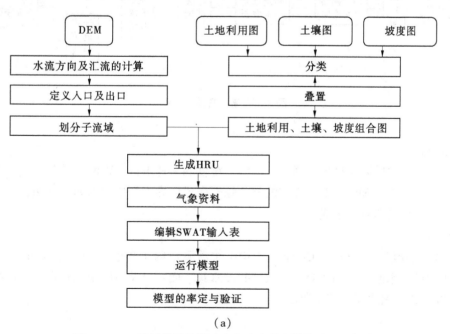

（a）

图 2　SWAT 流域模拟结构、水文响应单元模拟过程示意图

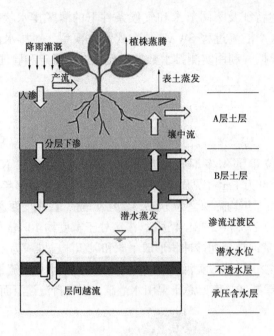

（b）

续图 2

2.2.1　数字高程模型（DEM）

模型采用 DEM 数字高程栅格数据，数据来源于中国科学院地理空间数据云（格式：30 m 分辨率；年份：2015 年）。在自动提取水系或子流域时会面临凹陷与平坦处水流方向的确定和河道起始点的位置不准确的问题。因此，这里在 DEM 的基础上采用最小河道集水面积阈值的方法形成河流水系的基本网络结构，流程见图 3。

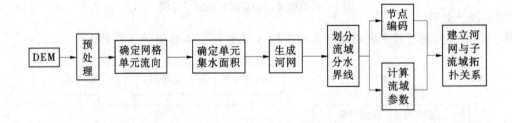

图 3　流域水系提取流程

2.2.2　气象数据

模型所采用的气象输入文件中，降水、气温、湿度和风速来自于临河、呼和木独、朝凯、鄂托克旗 4 个测站的数据，按照 SWAT 输入文件的格式编辑完成后导入气象数据库，日照辐射采用 WGEN_CFSR_World 气象生成器自动生成。

2.2.3　灌溉数据

杭锦旗黄河南岸灌区 2017—2020 年的年均引水灌溉量约 1.9 亿 m³，通过总干渠从黄河引水灌溉，由节制闸前的配水闸分配到各灌区，根据其配水量、面积以及时间使用管理模块进行操作，研究区 2017—2020 年逐月引水量如表 1 所示。

表 1 研究区 2017—2020 年逐月引水量　　　　　　　　　　　　　　　单位：万 m³

月份	年份			
	2017	2018	2019	2020
4	2 521.17	2 500.41	2 336.41	2 970.16
5	3 994.35	3 139.83	4 320.32	4 374.59
6	873.45	1 153.56	593.11	1 283.15
7	1 673.88	3 720.10	0	3 472.79
8	1 021.55	1 460.33	609.94	1 012.70
9	1 477.22	2 084.90	902.21	0
10	3 925.89	3 547.17	3 899.03	3 422.15
11	2 440.63	2 315.85	2 340.59	2 723.57
合计	17 928.14	19 922.15	15 001.61	19 259.10

本文根据引水量以及当地的灌溉情况在模型中对灌溉量进行分配，不同种植作物的具体灌溉量及灌溉时间是根据 2017—2020 年当地引水资料进行分配的，具体详见表 2。其中，当地灌溉主要集中在春灌（4—5 月）、夏灌（6—9 月）与秋灌（9—11 月），春灌和秋灌在全灌区进行，夏灌是在作物生育期内。作物以玉米和葵花为主，在 4 月灌溉量均为 60 mm，9 月灌溉量均为 0，10 月灌溉量均为 10 mm，11 月灌溉量均为 60 mm，而 5—8 月不同种植作物灌溉量也不同。灌溉水利用系数采用当地水资源规划报告及实际调研确定，为 0.55。

表 2 2017—2020 年研究区 5—8 月玉米和葵花逐月灌溉量　　　　　　　单位：mm

月份	年份							
	2017		2018		2019		2020	
	玉米	葵花	玉米	葵花	玉米	葵花	玉米	葵花
5	80	100	75	75	80	100	80	100
6	70	0	80	0	45	0	80	0
7	0	80	0	90	0	0	100	80
8	80	0	100	50	45	0	60	0
合计	410		470		270		500	

2.2.4 种植模式

研究区种植面积为 38.89 万亩，由于在划分水文响应单元时，模型会自动忽略面积较小的土地，因此在模型中仅选择了玉米和葵花作为模拟的作物，其余作物面积将按照主要作物的种植比例划分给玉米和葵花，种植面积分别为 11.24 万亩、27.65 万亩。杭锦旗黄河南岸灌区种植玉米于每年 4 月底进行播种，9 月底收获；葵花于每年 5 月初进行播种，9 月中旬收获。

2.2.5 水量平衡方程

模型对每个水文响应单元也进行了水量平衡计算，并逐步扩大到子流域和整个灌区上。土壤总储水量的变化是每日模拟的水分收入和支出代数和进行累加，模型中采用的水量平衡为：

$$SW_t = SW_0 + \sum_{i=1}^{t} (R_{day} - Q_{surf} - E_a - W_{seep} - Q_{gw}) \qquad (1)$$

式中：SW_t 为土壤最终含水量；SW_0 为土壤初始含水量；t 为时间步长；R_{day} 为第 i 天地表收入水量，包含降雨和灌溉两部分；E_a 为第 i 天的土壤蒸发量；Q_{surf} 为第 i 天的地表排水量；W_{seep} 为第 i 天土壤剖面底部流出的净渗漏量；Q_{gw} 为第 i 天壤中流水量。

其中，水分收入包括降雨量、灌溉量。水分支出包括土壤蒸发量、地表排水量、壤中流量、净渗漏量。

2.3 SWAT 模型构建

根据 ArcGIS 对研究区内的 DEM 处理结果，灌区集水面积的阈值在 0.76~151.01 万亩，划分的子流域数量为 1~128 个，采用了 Burn-in 的方式，将研究区的排水沟作为河流导入模型中，作为模型划分河道依据，根据当地的情况将集水面积阈值设定为 1 500 hm²，选定流域出口后，最终将研究区划定为 35 个子流域（见图 4 和表 3）。DEM 将流域内的坡度定义为 3 类，分别为 0~8%、8%~16% 以及大于 16%，并与土地利用和土壤类型图进行叠加，根据土地利用、土壤以及坡度的组合和分布特征，确定土壤、土地利用、坡度的面积阈值为 15%，在整个流域内共生成 239 个水文响应单元。

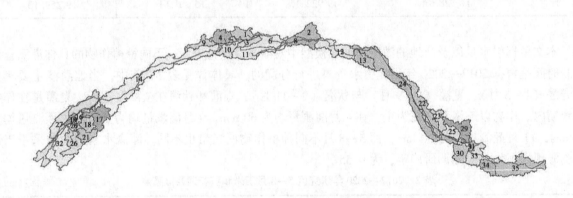

图 4 灌区内子流域划分示意图

表 3 灌区内子流域的划分及控制面积

研究区灌区名称	子流域组合	控制面积/万亩
巴拉亥灌区	15~21、26、27、32	37.25
建设灌区	1~14	61.46
独贵灌区	22~25、28~31、33~35	52.77

3 结果与分析

3.1 模型参数的敏感性及率定验证

选取 SWAT 模型其中对径流影响较大的 14 个参数，利用 LH-OAT 敏感性分析法及多元回归模型进行敏感性分析，采用 SWAT-CUP 中的 Sufi-2 算法确定置信区间，结合模型中的 P 值和 T 值（t-stat）对参数的敏感性进行评价[14]，对参数敏感性 P 值小于 0.01 的参数（7 个）作为主要的率定验证对象。率定期采用 2017—2018 年排水实测流量值，2019—2020 年为验证期，模型参数敏感性及取值如表 4 所示。

表4 模型参数敏感性及取值

模型参数	含义	T值	P值	取值范围	取值
CN2	径流曲线数	−34.60	0	−0.6~0.2	−0.39
ALPHA_BF	基流α因子	−19.13	0	0~1	0.861
GW_DELAY	地下水延迟天数	16.40	0	0~500	38.28
ESCO	土壤蒸发补偿因子	−9.61	0	0~1	0.33
SOL_AWC	土壤有效含水率	9.08	0	−0.3~0.3	0.032
SOL_K	土壤饱和渗透系数	−8.67	0	−0.3~0.5	0.30
GWQMN	产生地下排水的地下水临界埋深	6.05	0	0~5 000	130.43
CH_K2	主河道水力传导系数	2.51	0.01	−0.01~500	1.33
CH_N2	主河道曼宁系数	2.07	0.04	0.02~0.035	0.029
GW_REVAP	地下水再蒸发系数	−0.81	0.42	0.02~0.2	0.23
SOL_BD	土壤容重	0.70	0.49	1.5	1.5
OV_N	子河道曼宁系数	0.66	0.51	1.5	1.5
SURLAG	表面径流滞后时间	0.60	0.55	3	3
ALPHA_BNK	河堤α因子	−0.04	0.97	0~1	0.3

注：1. P值表示参数敏感的显著性，其值越接近0表示越显著。

2. T值（t-stat）表示参数的敏感性程度，其绝对值越大表示越敏感。

3. P值为0代表其小于0.005，并非真实为0。

3.2 模拟结果评价与分析

3.2.1 模拟结果评价

2017—2020年排水量的月均模拟值与实测值对比如图5所示，采用纳什效率系数NSE、线性回归决定系数 R^2 和相对误差 Re 对模型结果进行了评价。评价结果如表5所示，率定验证期的 R^2、NSE、Re 评价指标基本满足模拟要求，模型在总体的模拟上比较理想，模拟结果相对可信。

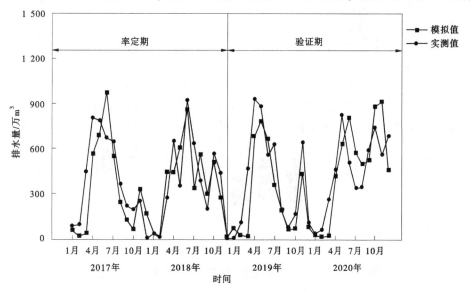

图5 灌区排水量的模拟结果

表 5　模型模拟评价

评价指标	n	R^2	NSE	Re
2017—2018 年率定期	24	0.65	0.60	−8.54%
2019—2020 年验证期	24	0.63	0.56	−7.82%

从模拟结果（见图 5）来看，率定验证期的排水量有两个峰值，第一个峰值发生在 4—6 月作物生育初期，率定期的模拟最大值分别为 963 万 m³ 和 883 万 m³，验证期的模拟最大值分别为 776 万 m³ 和 913 万 m³，该时期灌水量较大，排水较多。而第二个峰值发生在 10—11 月秋灌期，地下水位迅速上升，增加了区域的排水。

3.2.2　水量平衡模拟结果分析

2017—2020 年研究区年均土壤总储水量变化如表 6 所示。总体上看，灌区上降雨量占水分收入的 40.90%，而灌溉占了灌区水分收入的 59.10%。土壤蒸发则是水分的主要支出项，占了水分支出的 62.63%，地表排水产生的消耗不足 1%，壤中流占水分支出的 3.96%，净渗漏量占水分支出的 33.33%。

2017—2020 年灌区水平衡要素变化分析（月尺度）如图 6 所示。2017—2020 年研究区的月均降水量和腾发量都主要集中在 6—8 月，与夏灌时间重合，该时间也是作物的生长期，且 6—8 月土壤有效含水量相对较低。说明该时期土壤水分以消耗为主。10—11 月进行秋浇后，土壤含水量急剧上升，达到最大值。地下水补给量主要集中发生在 4—6 月春灌和 10—11 月秋浇两个时期，灌溉导致较多的土壤水入渗补给至浅层地下水。同时，在 12 月至次年 3 月，由于基本没有发生灌溉，土壤含水量基本处于缓慢下降的状态。

表 6　2017—2020 年研究区年均土壤总储水量变化　　　　　　　　　单位：万 m³

土壤总储水量	水分收入		水分支出			
	降水量	灌溉量	土壤蒸发量	地表排水量	壤中流量	净渗漏量
81.56	13 543.94	19 574.55	21 314.28	27.53	1 347.25	11 342.24

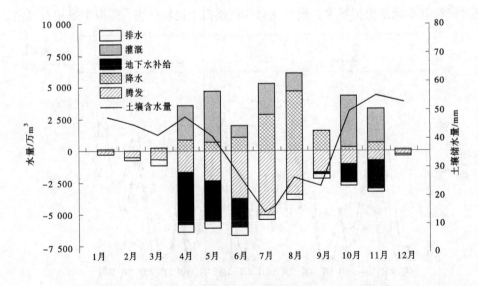

图 6　2017—2020 年灌区水平衡要素变化分析（月尺度）

3.2.3 灌区排水量模拟结果分析

2017—2020 年灌区内的总排水量如表 7 所示，由表 7 可知，2017—2020 年巴拉亥灌区年均排水量最小，特别是 2019 年的排水量最小，为 720.50 万 m^3；而建设灌区的年均排水量最大，特别是在 2020 年的排水量最大，为 2 695.03 万 m^3。其中，2017—2020 年各灌区排水量占灌区总排水量比例（见图 7）变化较小，年际变化幅度约在 4% 以内，巴拉亥灌区年平均排水量约为 856.99 万 m^3，约占总排水量的 19.88%；建设灌区（年平均排水量）为 1 992.01 万 m^3，约占总排水量的 45.51%；独贵灌区（年平均排水量）为 1 506.65 万 m^3，约占总排水量的 34.61%。

表 7　2017—2020 年灌区内的总排水量　　　　　　　　　　　　　　　　单位：万 m^3

年份	巴拉亥	建设	独贵	合计
2017	798.42	1 675.38	1 345.17	3 818.96
2018	840.87	2 078.00	1 497.27	4 416.14
2019	720.50	1 519.62	1 187.36	3 427.48
2020	1 068.17	2 695.03	1 996.82	5 760.03
年平均	856.99	1 992.01	1 506.65	4 355.65

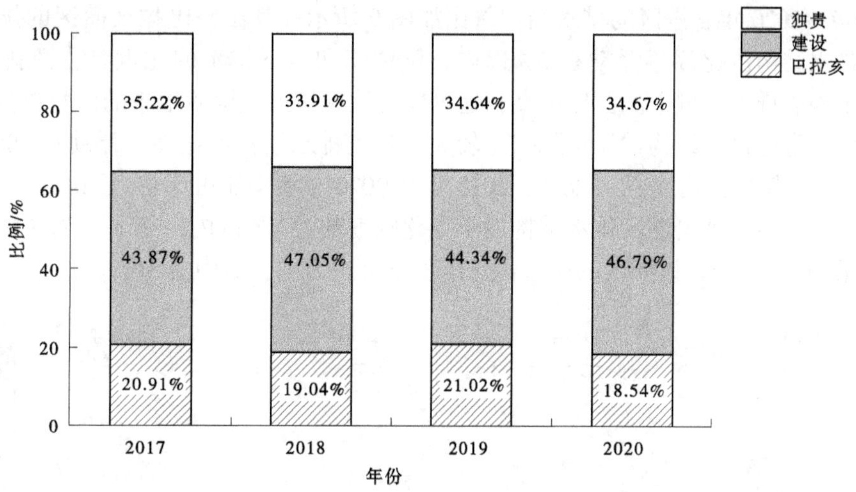

图 7　2017—2020 年研究区内各灌域排水量占比

3.2.4 灌区排水类型模拟结果分析

SWAT 模型除了可以模拟区域上的总排水量，还可以计算地表排水量、壤中流以及地下排水量的贡献。由图 8 可知，杭锦旗黄河南岸灌区 2017—2020 年排水类型主要以地下排水为主，年均 2 972.87 万 m^3，占总排水量的 69.41% 左右；壤中流年均 1 347.25 万 m^3，占总排水量的 30.00%；地表排水年均 27.53 万 m^3，仅占比 0.59%。同时，灌区逐年的排水结构变化较小，2017 年和 2019 年排水结构较为相似，地下排水和壤中流比例约为 3 : 1；2018 年和 2020 年排水结构较为相似，地下排水和壤中流比例约为 4 : 9。2020 年总排水量较大，这可能与 2020 年研究区的引水量和灌溉量较大有关，较高的灌溉量造成了灌区地下排水量也较大的缘故。

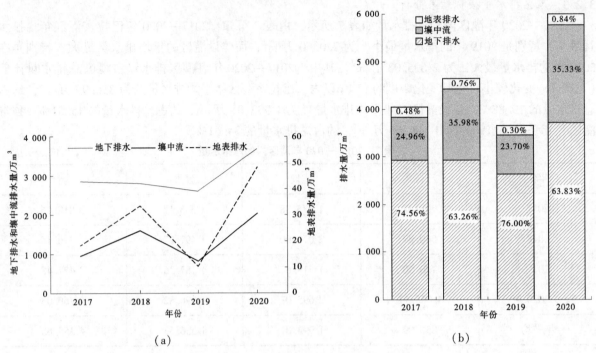

（a）　　　　　　　　　　　　　　　（b）

图8　2017—2020 年灌区排水特征模拟结果

研究区 2017—2020 年各灌区的排水结构占比如图 9 所示。其中，巴拉亥灌区的排水结构年际变化最小，各类排水结构占比逐年浮动在 3%以内，壤中流和地下排水的比例各占总排水量的一半左右，基本不产生地表排水，壤中流占比最高，这可能与该区域内土壤质地中的砂粒成分较高、渗透系数较大有关。建设灌区排水结构占比年际变化较大，各类排水结构占比逐年浮动在 10%左右，其中，在 2017 年和 2019 年壤中流占比不到 20%，2018 年和 2020 年壤中流占比将近 30%，且该灌区内的排水主要以地下排水为主。独贵灌区排水结构逐年变化幅度约在 7%以内，是 3 个灌区中地表排水量最高且占总排水量的 1%左右，该灌区的排水仍然以地下排水为主，壤中流为辅。

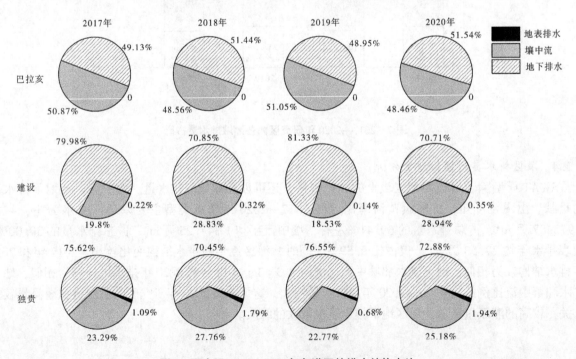

图9　研究区 2017—2020 年各灌区的排水结构占比

4　结论与讨论

灌区排水对于灌区的水资源高效利用至关重要，排水受到灌溉、降水、蒸发、地下水补给等多个因素的影响且过程复杂。在本研究中，基于分布式水文模型 SWAT 模型建立了适用于鄂尔多斯市杭锦旗黄河南岸灌区的水文循环模型，并基于 4 年的排水实测数据，对模型进行了参数的率定和验证。现得到如下结论：

（1）通过收集灌区 DEM、土壤、土地利用、气象及灌溉资料，在杭锦旗黄河南岸灌区建立了 SWAT 模型，利用 SWAT-CUP 和 Sufi-2 算法对模型参数进行了敏感性分析，确定了影响模拟结果的 7 个子模块参数，采用 2017—2020 年实测排水数据对模型进行了率定和验证，率定验证后的模拟精度较好，评价指标分别为：$R^2>0.60$，NSE>0.50，$Re<\pm10\%$，一些研究者也发现，采用该模型的模拟精度可能是由于划分出的子流域个数对模型进行径流模拟时的结果影响不大所致[15-16]。模拟结果表明，所建立的过程模型总体上能够对该地区排水过程进行准确模拟，同时年尺度及月尺度排水数据也会对模拟结果产生影响，率定期的序列长，更有利于模拟结果的准确性。还有一些研究中基于遥感影像数据获得不同时期土地利用分类，能够更加准确详细地对灌区排水过程进行刻画[17]。对研究区水量平衡结果分析可知，2017—2020 年灌区降雨量占水分收入的 40.90%，而灌溉占了灌区水分收入的 59.10%。土壤蒸发则是水分的主要支出项，占了水分支出的 62.63%，地表排水产生的消耗不足 1%。

（2）对研究区各灌区的总水量模拟结果可知，2017—2020 年研究区的年均排水量为 4 355.65 万 m³，巴拉亥灌区年均排水量最小，为 856.99 万 m³，约占总排水量的 19.88%；建设灌区的年均排水量最大，为 1 992.01 万 m³，约占总排水量的 45.51%；而独贵灌区年均排水量为 1 506.65 万 m³，约占总排水量的 34.61%。一方面取决于灌区引水量，同时气候变化和人类活动也会对该农业灌区的排水结构存在一定影响[18]。由排水结构可知，灌区主要的排水来源是地下排水，约占总排水量的 69.41%；其次壤中流是第二大排水来源，占比 30.00%；而地表排水占比很小，对排水的贡献仅有 0.59%。巴拉亥灌区的各类排水结构占比逐年浮动在 3% 以内，壤中流和地下排水的比例各占总排水量的一半左右，基本不产生地表排水，壤中流占比最高。建设灌区排水结构占比年际变化较大，各类排水结构占比逐年浮动在 10% 左右，灌区内的排水主要以地下排水为主。独贵灌区排水结构逐年变化幅度约在 7% 以内，以地下排水为主，壤中流为辅，地表排水量最高且占总排水量的 1% 左右。

参考文献

[1] Schimel D S. Drylands in the Earth System [J]. Science, 2010, 327 (5964), 418-419.

[2] 罗斌. 略论我国干旱半干旱地区的农业节水建设 [J]. 中国水利, 2023 (7): 15-18

[3] 郭慧文. 基于氢氧稳定同位素的民勤绿洲玉米耗水规律研究 [D]. 兰州: 西北师范大学, 2020.

[4] 张宇. 基于轮灌方案的鄂尔多斯黄河南岸灌区水资源优化调配 [D]. 郑州: 华北水利水电大学, 2016.

[5] 王中根, 刘昌明. SWAT 模型的原理、结构及应用研究 [J]. 地理科学进展, 2003, 22 (1): 79-86.

[6] Neitsch S L, Arnold J G, Kiniry J R, et al. Soil and water assessment tool theoretical documentation version 2009 [R]. United States: Texas Water Resources Institute, 2011.

[7] Francesconi W, Srinivasan R, Pérez-Miñana E, et al. Using the Soil and Water Assessment Tool (SWAT) to model ecosystem services: A systematic review [J]. Journal of Hydrology, 2016, 535: 625-636.

[8] Tan M L, Gassman P, Yang X, et al. A review of SWAT applications, performance and future needs for simulation of hydro-climatic extremes [J]. Advances in Water Resources, 2020: 103662.

[9] 郑捷, 李光永, 韩振中, 等. 改进的 SWAT 模型在平原灌区的应用 [J]. 水利学报, 2011, 42 (1): 88-97.

[10] Dechmi F, Burguete J, Skhiri A. SWAT application in intensive irrigation systems: Model modification, calibration and validation [J]. Journal of Hydrology, 2012, 470-471: 227-238.

[11] Dechmi F, Skhiri A. Evaluation of best management practices under intensive irrigation using SWAT model [J].

Agricultural Water Management，2013，123：55-64.

［12］Neitsch S L，Arnold J G，Kiniry J R，et al. Soil and water assessment tool theoretical documentation：version 2005 ［M］. Temple：Grassland Soil Water Research Laboratory，2002.

［13］刘玉卿. 基于生态补偿的自然和人文过程耦合研究 ［D］. 兰州：兰州大学，2012.

［14］Abbaspour K C，Yang J，Maximov I，et al. Modelling hydrology and water quality in the pre-alpine/alpine Thur watershed using SWAT ［J］. Journal of Hydrology，2007，333（2-4）：413-430.

［15］郝芳华，张雪松，程红光，等. 分布式水文模型亚流域合理划分水平刍议 ［J］. 水土保持学报，2003（4）：75-78.

［16］李曼曼. SWAT 模型在洱海流域的径流模拟研究 ［D］. 保定：河北农业大学，2012.

［17］潘建军，潘雪倩，杨海军. 基于 SWAT 模型的岷江上游水文模拟及径流响应研究 ［J］. 人民黄河，2023，45（S1）：1-2.

［18］郑莉萍，胡煜佳，张森林，等. 基于 SWAT 模型的璧南河流域径流模拟分析 ［J］. 重庆师范大学学报（自然科学版），2023，40（3）：31-47.

基于裘布依公式及推演有效核定富水多变地层
土体渗透系数新方法

张文星　高长海　兰　川　娄媛媛　魏园园　崔俊峰

（黄河建工集团有限公司，河南郑州　450045）

摘　要： 在富水多变地层进行降水作业时，需准确核定土体渗透系数，普通抽水试验无法满足施工需求。采用基于裘布依公式及推演的方法结合抽水试验，有效核定了富水多变地层的土体渗透系数，为施工降排水的实施取得了重要施工参数。该方法在施工项目中的应用，解决了富水多变地层地下水位渗透系数确定的难题，经施工降排水实践验证，降水效果良好。

关键词： 多变地层；降排水；渗透系数；裘布依公式

1　引言

吉林省中部城市引松供水工程是从第二松花江丰满水库库区引水，解决吉林省中部地区城市供水问题的大型调水工程。从冯家岭分水枢纽开始的辽源输水干线注入金满水库，入库前 3.6 km 为深挖方 PCCP 管道。该段地质地层分布有黏砂、黏性土、泥质岩和砂性土等相结合的多变地层结构，属于深挖方高富水地质多变地层，普通抽水试验难以有效核定适合本地质段指导施工降排水需要的地层渗透系数，从而无法为施工降排水作业提供有效施工参数。

2　工程概况

吉林省中部城市引松供水工程辽源输水干线包括隧洞和 PCCP 管道。隧洞共计 2 处，总长 11.347 km；管道共计 3 段，总长 38.54 km。

辽源干线施工三标段位于四平市伊通满族自治县、辽源市东辽县。标段桩号 33+949～49+657，线路全长 15.708 km。主要施工内容包括隧洞、PCCP 管道、钢管道、附属建筑物、交叉工程、出水闸工程、交通工程及其他临时工程等，其中入库前 3.6 km 为深挖方 PCCP 管道埋设，要求旱地施工。

基于 PCCP 管道旱地施工要求及工程水文地质情况，施工降排水工作是本工程施工的前提，为满足施工降排水各项参数的设定，通过抽水试验复核本工程地质段的地层渗透系数是关键所在。

3　抽水试验设计与技术要求

3.1　试验孔布置

选择进行 4 组现场抽水试验（见表 1），按多孔抽水试验设计，观测孔 4 个，垂直于场区地下水流向布置，距抽水井距离分别为 2 m、9 m、70 m 和 150 m，钻孔终止深度满足《水电工程钻孔抽水试验规程》（NB/T 35103—2017）及降、排水设计要求。抽水孔直径为 400 mm，过滤器为 300 mm 无砂混凝土透水井管，滤料厚度 50 mm，井深 20～22 m；观测孔直径为 110 mm，过滤器为 PVC 花管，

————————————
作者简介： 张文星（1971—），男，高级工程师，主要从事水利工程施工方面的工作。

孔深 10~12 m。

表 1　抽水试验孔深一览表　　　　　　　　　　　单位：m

孔类	CH1	CH2	CH3	CH4
抽水孔	20	22	22	21
试验孔	10	12	12	12

3.2　成井工艺

3.2.1　试验孔施工工艺流程

试验孔施工工艺流程：测放井位—钻机就位—钻孔—清孔换浆—井管安装—填砾—洗井—置泵试抽水—正常抽水试验。

3.2.2　施工程序及技术质量要求

（1）测放井位：按照井位设计平面图，根据现场要求控制坐标测放井位。

（2）钻机就位：平稳牢固，勾头、磨盘、孔位三对中。

（3）钻孔：采取反循环成孔。钻进过程中，垂直度控制在 1% 以内，钻进至设计深度后终孔。

（4）清孔：终孔后及时进行清孔，确保井管到预定位置。

（5）下井管：下管过程中要求在适当部位安装扶正器，以保证滤水管、井壁管居中。井壁管、滤水管进入现场对照合格证进行检查验收，复测其实际长度，认真排管，将沉淀管牢固封底。清理井底沉淀物，复测井深，泥浆适当稀释。准备工作完成后，安装井管。

井管安装时，孔内井管上口保持水平，吊装在井孔的中心，并在井管上分段设扶正木，防止井管碰撞井壁造成井管损伤事故。井管安装严格按排管顺序进行。

（6）成孔后填砾料，用塑料布封住管口。填砾时用铁锹铲砾均匀抛撒在井管四周，保证填砾均匀、密实。滤料直径以含水层颗粒直径 50~60 mm 的平均值经过计算后控制，根据计算结果初步确定填滤粒径和级配，备料时根据观测孔钻进情况进行调整。填滤厚度在 10~20 cm。下入观测孔井管后，用静水快速投滤法（或导管投滤法）将已按要求掺和准备好的滤料投入井管与孔壁之间的环隙中，直至超过过滤段 3 m 以上，注意每次填料时套管起拔高度不能超过 1 m。

（7）洗井：填砾和黏土结束，立即洗井。采用大泵量的潜水泵进行洗井。洗井要求破坏孔壁泥皮，洗通四周的渗透层。

（8）置泵抽水：洗井抽出的水浑浊含砂，沉淀排放，当井出清水后，进行抽水泵安装，以待抽水试验。

3.3　抽水试验设备安装

（1）抽水试验设备采用潜水泵，潜水泵的出水量能满足最大降深的需要，潜水泵下至最大降深以下 2 m 左右，在抽水井井口附近设置一个三通装置来控制回水，通过三通调节控制各个降深的流量。

（2）流量测量采用三角流量堰，流量堰应安置于稳固的基础上，保持水平，在流量堰内侧堰口两侧设置固定的堰水位标尺。

（3）水位观测采用电测水位计，抽水井及观测孔各有一套电测水位计，安排专人随时观测水位变化。为了避免抽水井中水跃现象对水位观测的影响，在抽水井一侧滤料中安装测压管进行水位观测。

3.4　抽水试验技术要求

3.4.1　抽水试验孔的质量要求

（1）孔深误差小于 1‰。

（2）垂直度：全孔小于1°。

（3）投砾要到位、密实。

（4）洗井要及时、彻底。

（5）成井后先进行试抽水，以检验洗井效果。

3.4.2 抽水试验技术要求

（1）方法：为带观测孔的稳定流完整井（或非完整井）抽水试验。

（2）水位降深：根据水文地质条件和目的不同，采取3次不同降深抽水。

（3）水位稳定标准。

根据出水量、水位降深和时间关系曲线，当趋于稳定时，每隔1 h观测1次，3次所测水位相同时，或4 h内水位波动差≤2 cm时，视为稳定。

当观测孔、抽水孔的动水位变化与区域自然水位变化一致时，视为达到稳定。

稳定延续时间≥8 h。

（4）水位观测要求。

初见水位：施工时观察土样由湿到很湿的位置标高，即为初见水位。

静止水位：分为施工时测量和洗井后测量，单层含水层以施工时测量为主，混合含水层以洗井后测量为主。

抽水孔的水位观测：设计在管壁外预埋测管，在测管中观测水位，以尽量减少水跃值的影响。

在测量抽水孔和观测孔水位的同时，测量自然水位（测点放在影响半径之外）。

（5）观测时间。

一般在开泵后1 min、2 min、3 min、4 min、6 min、8 min、10 min、15 min、20 min、25 min、30 min、40 min、50 min、60 min、80 min、100 min、120 min各测一次，以后每隔30 min观测一次，直到结束。

（6）恢复水位观测。

观测时间：抽水试验结束后第1 min、2 min、3 min、4 min、6 min、8 min、10 min、15 min、20 min、25 min、30 min、40 min、50 min、60 min、80 min、100 min、120 min进行，以后每隔30 min观测一次，直到结束。

稳定标准：到自然状态或与自然变化趋势一致时，视为稳定。

试验过程中，及时绘制Q-s曲线、s-t曲线等。

4 抽水试验参数计算

4.1 计算模式说明

（1）本段地层以粉砂、泥质岩、细砂及砂壤土为主，岩性变化大，不同岩性之间水力特征存在差别，因此抽水试验为试验段的混合抽水试验，反映的是试验段的综合渗透系数。

（2）根据本段含水层的地质结构、水文地质特性，按试验段长度和含水层厚度的关系分为完整孔和非完整孔两种情况；根据抽水试验时流量、水位与时间的关系，主要采用《水电工程钻孔抽水试验规程》（NB/T 35103—2017）推荐的稳定流抽水试验，即流量与水位降深在规定的延续时间内不随时间而变化，同时相对稳定，基于裘布依基本公式进行研判和推导得出多变地层的渗透系数。

（3）水文地质参数计算包括稳定流抽水试验获得的渗透系数K与影响半径R，并对不同计算方法计算的K值进行分析比较，提出建议值。

（4）在进行含水层参数计算时，尽量以观测孔的水位为主，因此抽水井内的水跃现象不会对渗透系数K计算结果造成影响，基本保证计算结果的准确性。

4.2 计算与分析

本次水文地质试验在输水干线入库前 3.6 km 深挖方 PCCP 管道范围内进行，设置 CH1、CH2、CH3、CH4 共计 4 组现场抽水试验，各组间隔不超过 1 km。试验按多孔抽水试验设计，观测孔 4 个，垂直于场区地下水流向布置，抽水试验各项操作、工序都遵循相关规范进行。

抽水试验原则上按照三个降深进行，如果含水层厚度较小，小降深满足不了规范中对观测孔最小降深的要求，只得选择一个降深抽水。

在资料整理时，对各组抽水试验按含水层厚度、试验段长度选用符合实际情况，适用边界条件的不同公式和方法分别对同一个抽水试验进行了比较，通过分析最终选用了较为合理的计算方法，抽水试验井井位剖面图如图 1~图 4 所示，各抽水试验的基本数据和计算成果见表 2~表 5。

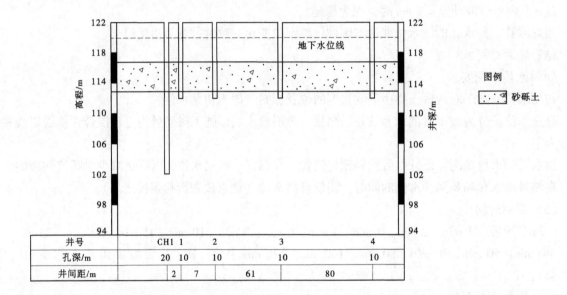

图 1　CH1 井位剖面图

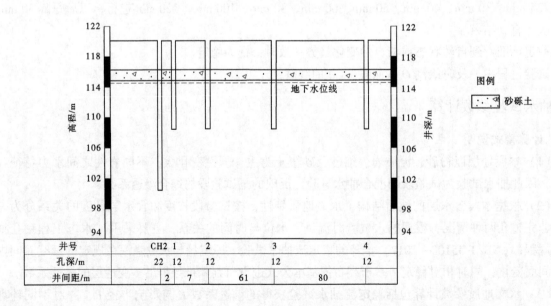

图 2　CH2 井位剖面图

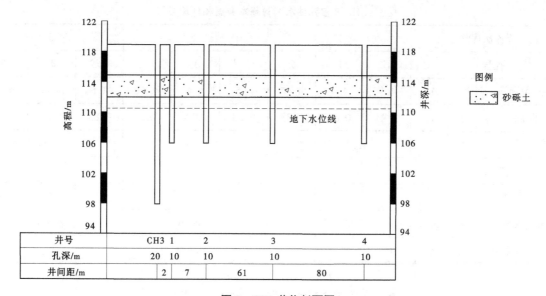

图 3　CH3 井位剖面图

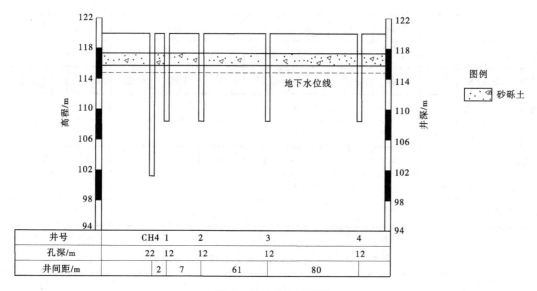

图 4　CH4 井位剖面图

表 2　GH1 孔多孔抽水试验基本数据和计算成果

降深次序			1				
孔号			CH1	1	2	3	4
静水位埋深		m	2.84	2.58	2.63	2.65	2.66
降深	S	m	3.96	1.11	0.7	0.05	0
流量	Q	m³/s	1.405×10^{-3}				
含水层厚度	H	m	5.16				
至主孔距离	r	m	0	2	9	70	150
渗透系数	K	cm/s	6.78×10^{-3}				
平均渗透系数	K_p	cm/s	6.78×10^{-3}				

表3　GH2孔多孔抽水试验基本数据和计算成果

降深次序			1			2			3		
孔号			CH2	1	2	CH2	1	2	CH2	1	2
静水位埋深		m	4.5	4.4	4.47	4.5	4.4	4.47	4.5	4.4	4.47
降深	S	m	2.83	0.87	0.33	3.33	0.95	0.4	3.83	1.04	0.46
流量	Q	m³/s	1.519×10^{-3}			2.10×10^{-3}			2.172×10^{-3}		
含水层厚度	H	m	7.5								
至主孔距离	r	m	0	2	9	0	2	9	0	2	9
渗透系数	K	cm/s	5.87×10^{-3}			7.24×10^{-3}			5.86×10^{-3}		
平均渗透系数	K_p	cm/s	6.66×10^{-3}								

表4　GH3孔多孔抽水试验基本数据和计算成果

降深次序			1					2				
孔号			CH3	1	2	3	4	CH3	1	2	3	4
静水位埋深		m	8.10	8.28	8.55	8.63	8.58	8.10	8.28	8.55	8.63	8.58
降深	S	m	1.40	0.28	0.11	0.01	0	1.81	0.38	0.13	0.02	0
流量	Q	m³/s	0.17×10^{-3}					0.20×10^{-3}				
含水层厚度	H	m	2.7					2.7				
至主孔距离	r	m	0	2	9	70	150	0	2	9	70	150
渗透系数	K	cm/s	5.78×10^{-3}					6.31×10^{-3}				
平均渗透系数	K_p	cm/s	6.05×10^{-3}									

表5　GH4孔多孔抽水试验基本数据和计算成果

降深次序			1			2			3		
孔号			CH4	1	2	CH4	1	2	CH4	1	2
静水位埋深		m	4.53	4.45	4.37	4.53	4.45	4.37	4.53	4.45	4.37
降深	S	m	2.97	0.8	0.28	3.47	0.91	0.31	3.97	1.02	0.36
流量	Q	m³/s	2.97×10^{-3}			3.425×10^{-3}			3.922×10^{-3}		
含水层厚度	H	m	7.47								
至主孔距离	r	m	0	2	9	0	2	9	0	2	9
渗透系数	K	cm/s	2.95×10^{-3}			1.15×10^{-3}			1.22×10^{-3}		
平均渗透系数	K_p	cm/s	1.77×10^{-3}								

4.2.1 公式法计算水文地质参数

CH1、CH2、CH4 为潜水非完整井，抽水试验首先选用潜水非完整井多孔公式（1）计算渗透系数：

$$K = \frac{0.16Q}{l''(S_1 - S_2)} \times \left(\text{arsh}\frac{l''}{r_1} - \text{arsh}\frac{l''}{r_2} \right) \tag{1}$$

$$l'' = 10 - 0.5(S_1 + S_2) \tag{2}$$

式中：Q 为注入流量，m^3/s；r_1、r_2 为观测孔距抽水井的距离，m。

然后再采用单孔潜水非完整井公式（2）计算渗透系数：

$$K = \frac{0.732Q}{S\left(\dfrac{l+S}{\lg\dfrac{R}{r}} + \dfrac{l}{\lg\dfrac{0.66l}{r}} \right)} \tag{3}$$

式中：l 为钻孔揭露含水层厚度，m；S 为抽水井降深，m；R 为影响半径，m，采用经验值；r 为抽水井半径，m。

CH3 为多孔完整井抽水试验，因此渗透系数的计算首先选用下列公式计算：

$$K = \frac{0.732Q}{(2H - S_1 - S_2)(S_1 - S_2)}\lg\frac{r_2}{r_1} \tag{4}$$

式中：K 为试验岩土层的渗透系数，m/s；H 为含水层厚度，m；S_1、S_2 为观测孔降深，m。

然后采用单孔试验公式（5），计算影响半径采用经验值：

$$K = \frac{0.732Q}{(2H - S)S}\lg\frac{R}{r} \tag{5}$$

对于潜水含水层完整孔，可利用恢复水位公式（5）计算渗透系数：

$$K = \frac{2.3Q}{2\pi(H^2 - h_w^2)}\lg\left(1 + \frac{t_K}{t_T}\right) \tag{6}$$

式中：Q 为抽水停止前流量，m^3/s；h_w 为水位恢复开始时含水层厚度，m；t_K 为抽水开始到停止的总时间，min；t_T 为抽水停止时算起的恢复时间，min。

计算结果见表6。

影响半径的计算选用公式：

$$\lg R = \frac{S_1(2H - S_1)\lg r_2 - S_2(2H - S_2)\lg r_1}{(S_1 - S_2)(2H - S_1 - S_2)} \tag{7}$$

4.2.2 图解法计算水文地质参数

图解法是利用流量稳定时水位降深和时间的关系曲线，在曲线图上查得某一点或任意两点的斜率，然后再代入公式中求得各水文地质参数的一种方法。根据供水水文地质手册，本次计算分为潜水非完整井和潜水完整井两种情况。计算结果见表6。

对于潜水非完整井的计算，首先利用抽水试验观测数据画出 $h_2 = f(\lg t)$ 曲线，然后查出曲线上任意两点 P_1、P_2 对应的时间和斜率，最后代入下式计算渗透系数：

$$K = \frac{2.3Q}{2\pi}\exp\left[\frac{2.3(t_1\lg m_1 - t_2\lg m_2)}{t_2 - t_1}\right] \tag{8}$$

式中：Q 为稳定流量，m^3/s；t_1、t_2 为曲线上任意两点 P_1、P_2 对应的时间，s；m_1、m_2 为曲线上任意两点 P_1、P_2 对应的斜率。

表 6 辽源干线三标段抽水试验计算

抽水井编号	孔深/m	含水层岩性	稳定水位/m	出水量 Q/(m³/s)	含水层厚度 H/m	主井降深 S	第一观测孔降深 S_1	第二观测孔降深 S_2	抽水井半径 r/m	第一观测孔距离 r_1/m	第二观测孔距离 r_2/m	公式法 多孔抽水井 渗透系数 K/(cm/s)	影响半径 R/m	公式法 单孔抽水井 渗透系数 K/(cm/s)	影响半径 R/m	图解法 渗透系数 K/(cm/s)	井类型	渗透系数采用值 K/(cm/s)
CH1	20		2.84	0.001 41	5.16	3.96	1.11	0.7	0.2	2	9	1.34×10^{-2}	164.04	6.78×10^{-3}	135	9.78×10^{-3}	非完整井	6.78×10^{-3}
CH2 第一降深	22	细砂	4.5	0.001 52	7.5	2.83	0.87	0.33	0.2	2	9	8.12×10^{-3}	23.911	5.87×10^{-3}	105	1.45×10^{-3}	非完整井	6.66×10^{-3}
第二降深				0.002 1	7.5	3.33	0.96	0.4	0.2	2	9	1.09×10^{-2}	28.422	7.24×10^{-3}	115		非完整井	
第三降深				0.002 17	7.5	3.83	1.04	0.46	0.2	2	9	1.10×10^{-2}	32.525	6.86×10^{-3}	130		非完整井	
CH3 第一降深	22	细砂	8.1	0.000 17	2.7	1.40	0.28	0.11	0.2	2	9	9.54×10^{-3}	25.15	5.78×10^{-3}	80	1.92×10^{-4}	非完整井	6.05×10^{-3}
第二降深				0.000 2	2.7	1.81	0.38	0.13	0.2	2	9	7.82×10^{-3}	20.908	6.31×10^{-3}	100		非完整井	
CH4 第一降深	21	细砂	4.53	0.002 97	7.47	0.97	0.80	0.26	0.2	2	9	1.58×10^{-2}	19.359	2.95×10^{-2}	110	2.76×10^{-3}	非完整井	1.77×10^{-2}
第二降深				0.003 43	7.47	3.47	0.91	0.31	0.2	2	9	1.66×10^{-2}	20.612	1.15×10^{-2}	120		非完整井	
第三降深				0.003 92	7.47	3.97	1.02	0.36	0.2	2	9	1.74×10^{-2}	21.744	1.22×10^{-2}	135		非完整井	

对于潜水完整井的计算，首先利用抽水试验观测数据画出 $h_2 = f(\lg t)$ 线，该线近似为直线，然后求得直线的斜率，最后代入下式计算渗透系数：

$$K = \frac{2.3Q}{2\pi B} \tag{9}$$

式中：B 为 $h_2 = f(\lg t)$ 线的斜率；其他符号意义同前。

由表 6 的计算结果可知，通过图解法计算出的渗透系数大部分略小于公式法计算的结果。

CH2 和 CH4 三组抽水试验的 Q-s 曲线均属 I 型曲线，表明含水层的渗透性、补给条件好。

4.2.3 成果分析及建议值

抽水试验井径较大，利于负压和水泵洗井，抽水试验历时长，利于含水层透水通道的冲洗和打开，抽水试验与施工排水都是对含水层的疏干，过程相似，与工程实践结合较好。基于以上原因，抽水试验是最可靠的取得水文地质参数的方法，得到了广泛应用。本次抽水试验取得的渗透系数与东北地区砂土渗透系数经验值接近，能够客观地反映本段地层的渗透性及其变化。

本次试验为现场抽水试验，代表性较好，渗透系数 K 值多为 10^{-3}（单位为 cm/s）数量级。由于含水层的不均一性，厚度差异及不同岩性的组合特征，渗透性具有一定差异，现场水文地质试验获得的渗透系数亦具有离散性，综合考虑地层结构特点、工程地质类比及工程经验，分别提出试验孔段砂土渗透系数建议值（见表 7）。

表 7　试验孔段砂土渗透系数建议值

单位：cm/s

井编号	代表地层	招标文件最大值	试验值	建议值
CH1	细砂 Q_3^{al}	5.96×10^{-3}	6.78×10^{-3}	8.14×10^{-3}
CH2	细砂 Q_3^{al}	6.04×10^{-3}	6.66×10^{-3}	7.99×10^{-3}
CH3	细砂 Q_3^{al}	6.04×10^{-3}	6.05×10^{-3}	7.26×10^{-3}
CH4	细砂 Q_3^{al}	5.96×10^{-3}	1.77×10^{-2}	2.12×10^{-3}

5　结语

经项目部技术人员集体研究攻关，通过改变传统抽水试验方法，基于裘布依公式基础上经过反复试验和推演，总结出富水多变地层进行抽水试验有效确定渗透系数的新方法。应用此方法，试验得出的数据符合《水电工程钻孔抽水试验规程》（NB/T 35103—2017）要求，能够正确指导高富水多变地层施工降排水作业达到预期效果，同时大量节约人工投入，降低施工成本，有效保证施工进度，值得今后在高富水多变地层中推广应用。

数值模拟渠道基坑降排水方案合理性的研究

高长海　张文星　兰　川　娄媛媛　魏园园　崔俊峰

（黄河建工集团有限公司，河南郑州　450045）

摘　要：引水工程场区内的地下水主要赋存于重砂壤土和细砂中，渗透系数大，地下水位高于渠底设计高程，渠道开挖时存在排水及细砂、砂壤土在外水压力下的渗透破坏问题，它不仅影响到开挖施工本身，还会对砂质渠坡及周边的建筑物产生不利的影响，需进行降排水消除对砂质渠坡及周围建筑的不利影响以及创造渠道开挖的干地施工条件，因此根据已知的地质水文条件，采用数值模拟方法对降排水方案进行合理性的研究，确定最佳的降排水方案，保证水位控制的合理性和有效性，满足各个时期渠道施工的干地要求。

关键词：砂质渠坡；渠道降排水；建模概化边界条件；降水方案的数值模拟

1　引言

南水北调中线一期总干渠工程潮河段第六施工标段，施工承包范围包括 8 km 渠道 SH(3)164+500～SH(3)172+500 以及 3 个左排建筑物，基坑以挖方施工为主。在工程区域内地下水位较高，渠底高程以上均为砂性土，透水性能较强。施工技术要求中明确指出：采用挖掘机、铲运机、推土机等机械进行基坑开挖时，应保证地下水位降低至最低开挖面 0.5 m 以下。为满足施工需要，拟定了施工降排水方案，并通过建模概化边界条件对方案进行研究确定其合理性，为实际施工解决了重要难题。

2　依据基本条件拟定降排水方案

依据本工程施工技术要求，施工期间保证地下水位降低至最低开挖面 0.5 m 以下。场区地下水主要为第四系松散层孔隙水，主要赋存于重砂壤土和细砂中，渗透系数分别为 $1.7 \times 10^{-5} \sim 2.1 \times 10^{-4}$ cm/s、$2.6 \times 10^{-4} \sim 5.0 \times 10^{-3}$ cm/s。勘察期间地下水位高于渠底板，地下水埋深一般为 2.6～10.6 m。同时招标工程地质描述如下：SH(3)164+500～SH(3)165+080 为黏砂多层结构，以挖方为主，局部为半挖半填，挖方深度一般 9～10.5 m。地下水位高于渠底板，临近渠道设计水位，施工时存在排水问题及细砂、砂壤土在外水压力下渗透破坏问题等。SH(3)165+080～SH(3)168+770 为黏性土均一结构，以半挖半填为主，挖方深度一般 6.0～9.0 m，最大挖深 13 m 左右。渠底板一般位于重砂壤土（Q_3^{al}）中，渠坡主要由重砂壤土及黄土状轻、中壤土构成。地下水位高于渠底板、低于渠道设计水位，施工时存在施工排水问题及砂壤土、细砂透镜体在外水压力下渗透破坏问题。SH(3)168+770～SH(3)172+500 为砂性土均一结构，以挖方为主，部分为半挖半填，挖方深度 7.0～13.0 m。渠底板多位于细砂和重砂壤土中，局部位于黄土状中壤土顶部，渠坡主要由细砂和重砂壤土构成。地下水位多高于渠底，部分在渠底上 2.0～5.0 m，施工时存在排水问题及细砂、砂壤土在外水压力下渗透破坏问题等。

渠道降水根据经验及简单计算拟定以下降水布置：管井埋置深度通常应比所降水深度深 6～8 m。拟在降水计算单元基坑开挖线外两侧各安排 20 眼井，间距 30 m，井径 0.4 m，井深 20 m，含观测井共计 44 眼。选用 250QJ100-36-125/4 型潜水电泵 50 台（含备用 6 台），招标地质条件下管井降水方

作者简介：高长海（1978—），男，高级工程师，主要从事水利水电工程施工管理方面的工作。

案见图1。

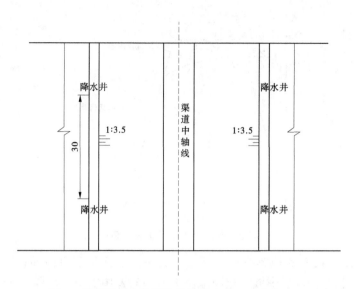

图1 招标地质条件下管井降水方案 （单位：m）

3 降排水方案合理性计算方法及原理

3.1 渗流场有限元方程及定解条件

三维稳定达西渗流场的渗流支配方程为：

$$- \frac{\partial}{\partial x_i}\left(k_{ij} \frac{\partial h}{\partial x_j}\right) + Q = 0 \tag{1}$$

式中：x_i 为坐标，$i = 1,2,3$；k_{ij} 为二阶对称的达西渗透系数张量，描述岩体的渗透各向异性；$h = x_3 + p/\gamma$ 为总水头，x_3 为位置水头，p/γ 为压力水头；Q 为渗流域中的源或汇项。

计算边界如式（1）所示，其边界条件理论如下：

$$h \mid r_1 = h_1 \tag{2}$$

$$- k_{ij} \frac{\partial h}{\partial x_j} n_i \mid r_2 = q_n \tag{3}$$

$$- k_{ij} \frac{\partial h}{\partial x_j} n_i \mid r_3 = 0 \text{ 且 } h = x_3 \tag{4}$$

$$- k_{ij} \frac{\partial h}{\partial x_j} n_i \mid r_4 \geq 0 \text{ 且 } h = x_3 \tag{5}$$

式中：h_1 为已知水头函数；n_i 为渗流边界面外法线向余弦，$i = 1$，2，3；r_1 为已知水头的第一类渗流边界条件；r_2 为已知渗流量的第二类渗流边界条件；r_3 为位于渗流域中渗流实区和虚区之间的渗流自由面；r_4 为渗流逸出面；q_n 为边界面法向流量，流出为正。

渗流计算所用边界示意图见图2。

3.2 有自由面渗流问题固定网格求解的结点虚流量法

3.2.1 固定网格结点虚流量法

对于有压渗流场问题，程序计算时没有自由面检索和甄别的问题，无须迭代求解。而对于有渗流自由面的无压渗流问题的求解，由于事先不知道浸润线（自由面）及渗流逸出点（线）的确切位置或逸出面的确切大小，用数值计算的方法求解这个问题时颇显复杂。

在通常情况下，按常规算法在求解问题时得事先假定问题的计算域（渗流域）的大小，再进行单元网格剖分后计算，然后根据中间解的情况，判断事先假定的计算域大小的合理性，并进行计算域的修正和重新计算；如此反复进行，达到工程要求的精度为止。针对这一问题，提出了固定网格求解

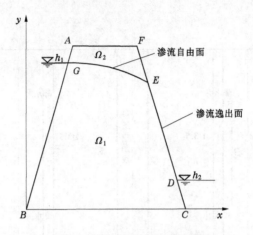

图 2 渗流计算所用边界示意图

的结点虚流量法，可以方便有效地解决这一问题。其中，定义位于自由面以下的区域 Ω_1 为渗流实域，自由面以上的区域 Ω_2 为渗流虚域，相应地位于 Ω_1 和 Ω_2 中的单元和结点分别称为实单元与虚单元以及实结点与虚结点；固定网格求解时，定义中间被自由面穿过的单元为过渡单元，由所有过渡单元构成的计算域为过渡域。

为了求解式（1）~式（5）渗流问题，若事先知道实域 Ω_1 的大小，根据变分原理，式（6）和式（7）分别为上述问题的求解泛函和有限单元法代数方程组（取 $Q=0$），式（7）的解 $\{h\}$ 即为渗流场的水头解，无须迭代求解。

$$\Pi(h) = \frac{1}{2}\int_{\Omega_1} k_{ij} \frac{\partial h}{\partial x_i} \frac{\partial h}{\partial x_j} \mathrm{d}\Omega \tag{6}$$

$$[\boldsymbol{K}_1]\{\boldsymbol{h}_1\} = \{\boldsymbol{Q}_1\} \tag{7}$$

式中：$\Pi(h)$ 为泛函；Ω_1 为渗流实域；$[\boldsymbol{K}_1]$、$\{\boldsymbol{h}_1\}$ 和 $\{\boldsymbol{Q}_1\}$ 分别为渗流实域的传导矩阵、结点水头列阵和结点等效流量列阵。

但是在实际工程的渗流场中，自由面的位置、逸出面的大小及实际渗流域的大小事先均是不知道的，实域 $\Omega1$ 的大小事先无法知道，是一个典型的边界非线性问题，需通过式（8）的迭代计算才能求得渗流场的真解。

$$[K]\{h\} = \{Q\} - \{Q_2\} + \{\Delta Q\} \tag{8}$$

式中：$[K]$、$\{h\}$ 和 $\{Q\}$ 分别为计算域 $\Omega=\Omega_1\cup\Omega_2$ 的总传导矩阵、结点水头列阵和结点等效流量列阵；$\{Q_2\}$ 为渗流虚域的结点等效流量列阵；$\{\Delta Q\}=[K_2]\{h\}$，为渗流虚域中虚单元和过渡单元所贡献的结点虚流量列阵，$[K_2]$、$\{h\}$ 为渗流虚域的传导矩阵、结点水头列阵。

3.2.2　虚单元及过渡单元的处理

式（8）中为了消除虚单元和过渡单元的虚流量贡献，才有了式（8）右端 $\{Q_2\}$ 和 $\{\Delta Q\}$ 的结点虚流量单元项。实践表明，渗流虚域 Ω_2 过大时会影响式（8）迭代求解的收敛性，此时在计算过程中应尽可能多地丢弃虚单元，但又要确保自由面处处都留有一定大小的虚区，以保证解的正确性。过渡单元只是一部分位于渗流虚域 Ω_2 内，在计算这些单元的传导矩阵时需进行修正，以达到完全消除单元虚区部分的结点虚流量贡献，目前最简单也是最实用的办法是适当增加过渡单元在高度方向（x_3 方向）上的高斯积分点，在计算单元传导矩阵时，当积分点的压力水头为负时，不对该点进行积分，而将过渡单元作为实单元对待。经过多种方法的比较，无论是从理论分析还是从实际计算结果的比较来看，这种对过渡单元的数值处理方法最为简单和有效，一般得到的解的精度也最为满意。

3.2.3　可能渗流逸出面的处理

由于事先不知道渗流逸出面的具体位置，因此实际计算时，对可能渗流逸出面的处理方法有两种：一种是先利用式（3）将整个可能渗流逸出面视为已知水头的第一类边界条件，求得中间解后再算出逸出面上各个结点的渗流量，将流量的大小符合式（2）要求的结点在下一步的迭代求解中仍视为已知水头结点，否则那些为入渗流量的结点的 $h=x_3$ 的已知水头条件不符合渗流场逸出面的渗流物理意义，在下一步的迭代求解中应事先将它们划为位于渗流虚域中的结点，将原先的第一类边界条件转为不透水的第二类流量边界条件或自然边界条件，以符合实际情况。另一种处理方法则相反，先是利用式（2）流量边界条件，而式（3）水头条件为后验条件，即可先将整个可能渗流逸出面视为不透水边界条件，据中间解结点水头大于或小于位置高度来判别哪些结点是位于真实的渗流逸出面上的，哪些是位于逸出面以上的虚逸出面的，逐步将位于真实渗流逸出面上的结点全部从不透水边界条件的假定转化成透水边界条件。需指出的是，这两种对可能渗流逸出面的处理方法在理论上都是严密的，没有任何人为的近似处理，完全满足了式（5）中两式的边界条件要求，是确保取得渗流场正确解的关键步骤之一。

3.3 渗流量计算

为了提高渗流量的计算精度，本次计算采用达西渗流量计算的"等效结点流量法"来计算渗流量，从理论上而言，该法的计算精度与渗流场水头解的计算精度相同，即

$$Q_S= \sum_{i=1}^{n} \sum_{e} \sum_{j=1}^{m} k_{ij}^e h_j^e \tag{9}$$

式中：n 为过水断面 S 上的总结点数；$\sum_e$ 为对计算域中位于过水断面 S 一侧的那些环绕结点 i 的所有单元求和；m 为单元结点数；k_{ij}^e 为单元 e 的传导矩阵 $[k^e]$ 中第 i 行 j 列交叉点位置上的传导系数；h_j^e 为单元 e 上第 j 个结点的总水头值。

该法避开了对渗流场水头函数的微分运算，而是把渗过某一过流断面 S 的渗流量 Q_S 直接表达成相关单元结点水头与单元传导矩阵传导系数的乘积的代数和，进而大大提高了达西渗流量的计算精度，解决了长期以来困扰有限单元法渗流场分析时渗流量计算精度不高的问题。

4 计算模型和边界条件

4.1 计算模型

对渠道渗流场的模拟采用 8 结点 6 面体等参单元，计算域选取思路基于下述假定：

（1）桩号 SH（3）164+500~SH（3）172+500 段（包括渠道左右岸）潜水位相同，各降水井的尺寸和深度以及降排水效果保持一致。

（2）基坑已经形成，不考虑开挖过程的降排水。

（3）渠道未设置排水措施，且未衬砌。

基于上述假定，结合招标投标阶段（以下称为投标方案）和工程实际的降水井布置方案，依据桩号 SH（3）164+500~SH（3）172+500 段渠道典型剖面（见图3），剖分计算网格。

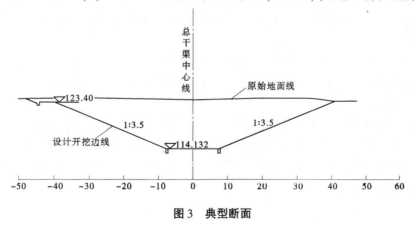

图3 典型断面

以投标方案为依据。建模时假定各降水井降水效果相同，根据对称性，考虑双排单个降水井的作用，降水井布置在渠道两侧一级马道内侧 5 m 外，沿渠道顺水流方向取降水井的间距 30 m，井深 20 m，深井内径 0.4 m。图 4 为剖分后的整体网格总图，其中结点 16 132 个，单元 13 860 个。

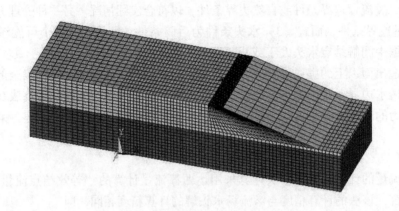

图 4　剖分后的整体网格总图

网格剖分时，充分考虑实际地质条件，渠道断面形式（包括一级马道）以及降水井布置（六边形等效）。坐标原点选取以 x 轴表示左右岸方向，y 轴表示沿渠道水流方向，z 轴表示高度方向，坐标原点位于渠底中间（见图 5）。

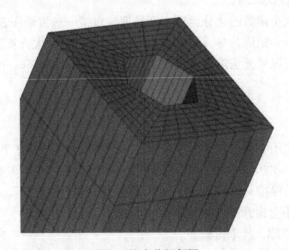

图 5　降水井细部图

网格密度上除降水井周围采取加密网格处理外，其余按正常网格尺寸。降水井直径 0.4 m，采用正六边形等效；左右岸长度取渠道两侧一级马道的降水井排距的 2 倍，土层按招标投标地质勘测成果，取高程平均值。

为便于进行计算结果分析，分别选取典型截面：典型截面选取 2 个，如图 6 所示，其中 A—A 截面选取渠道左右岸方向中部截面（$y=-15$ m），B—B 截面选取渠道上下游方向的中部截面（$x=42.5$ m）。

4.2　含水层概化及参数

根据招标文件和地质图册，以及对本标段岩性、含水层性质等信息的分析和总结，场区地下水主要为第四系松散层孔隙水，主要赋存于重砂壤土、细砂层中，渗透系数分别为 $1.7\times10^{-5}\sim2.1\times10^{-4}$ cm/s、$2.6\times10^{-4}\sim5.0\times10^{-3}$ cm/s，属弱-中等透水性，砂壤土富水性较差，细砂层富水性较好。已知各土层渗透系数建议值见表 1。

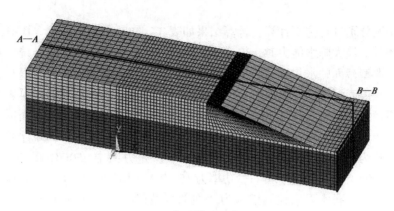

图6 典型截面示意图

表1 已知各土层渗透系数建议值

桩号	SH(3)168+770~SH(3)172+500		
土层名称、成因时代代号	②细砂（alQ$_4^1$）	⑤黄土状中壤土（alQ$_3$）	⑥黄土状轻壤土（alQ$_3$）
渗透系数 K/（cm/s） 小值	$5.2×10^{-4}$	$1.9×10^{-5}$	$6.0×10^{-6}$
大值	$5.96×10^{-3}$	$1.8×10^{-4}$	$2.0×10^{-5}$
计算取值	$3.24×10^{-3}$	$1.0×10^{-5}$	$1.3×10^{-5}$
厚度/m	3.0~11.6	20	

注：黄土状中壤土和黄土状轻壤土平均渗透系数相近，这里合为一层进行分析。

4.3 边界条件概化

计算域四周截取边界条件分别假定为：

计算域的渠道上游截取边界、下游截取边界［渠道两侧（y方向）］以及底边界均视为隔水边界面；渠道左右岸（x方向）为已知水头边界；边坡、一级马道以及渠底考虑为可溢出边界；降水井内则根据计算要求，可设定为已知水头边界或可溢出边界，以控制降水井的抽水量。

考虑到本次研究目的是渠道的降水施工，降水补给量、蒸发排泄量与地下水开采量相差很大，因此在模拟过程中可以忽略不计。

5 降排水方案合理性的数值模拟

根据招标文件提供的地质、水文地质条件，由上述的解析方法给出降水方案：采用管井降水，设计井深按20 m；拟沿渠道基坑左右开挖上口外边线5 m处（防护堤与左右岸道路之间位置），单边降水井的井间距为30 m。该方案能否将渠段地下水降至控制水位113.616 m（低于最低渠底开挖高程0.5 m）以下，满足干地施工要求，需通过数值模拟论证。

5.1 工况说明与设定

根据招标文件，勘察期间地下水埋深一般为2.6~10.6 m，地下水具动态变化特征，渠底高程114.712~114.404 m。本仿真计算的目的旨在确定投标文件中渠道降排水方案的可行性，依据要求对地下水位距离开挖面7.44 m和2.00 m设定工况（见表2）。

表2 招标水文地质条件下投标方案工况设定

工况	降水井间距/m	地下水位/m		渗透系数取值
		距离开挖面	高程	
bq1	30	7.44	121.556	参考表1，取均值
bq2		2.00	116.116	

5.2 可行性分析

对表 2 计算工况分别进行仿真计算，计算结果如表 3、图 7~图 10 所示。其中，表 3 为拟定方案在招标水文地质条件下最大降水能力时，渠底地下水位和单井最大抽水量成果统计表；图 7~图 10 为两种地下水位下，典型截面的水头等值线图。需要指出的是，为了便于分析，以 0 表示开挖面所在水平面，与此相对，正值表示高于开挖面，负值表示低于开挖面，其对应高程可见表 3。

拟定方案是否满足招标地质条件下的要求，即将地下水位降低至最低开挖面以下 0.5 m 以上，因此仿真计算仅针对降水井最大降水能力时的情况展开。由计算结果可知，地下水位 7.44 m 和 2.00 m 时，渠底最高水位均为-0.5 m，满足干地施工的要求；拟定方案中 250QJ100-36-125/4 型潜水电泵（额定流量为 100 m³/h，额定扬程为 36 m，功率为 15 kW）额定扬程大于实际井深，额定流量也远大于降水井出水量，现场降排水采取控制措施为"在邻近被保护建筑物一侧注意观测水位，适时间隔井位抽水，甚至停止抽水"，如果满足施工技术要求应保证地下水位降低至最低开挖面 0.5 m 以下，现场每天抽水时间应大于合同要求理论计算的 4 h。

综上所述，在招标地质条件下，投标方案中的降水井能够满足各个时期干地施工的要求，但抽水设备额定抽水量太大，总之拟定方案在不连续抽水情况下，基本满足招标地质条件下干地施工的要求。

表 3 招标水文地质条件投标方案仿真计算结果

工况	潜水位/m		渠底地下水位/m		单井最大抽水量	
	距离开挖面	高程	距离开挖面	高程	m³/h	m³/d
bq1	7.44	121.556	-0.5	113.616	1.27	30.4
bq2	2.00	116.116	-0.5	113.616	0.95	22.8

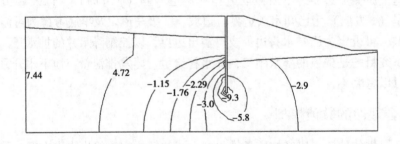

图 7 工况 bq1 地下水位 7.44 m 时 A—A 截面水头等值线 （单位：m）

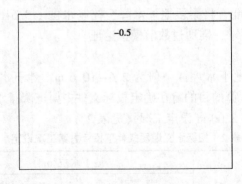

图 8 工况 bq1 地下水位 7.44 m 时 B—B 截面水头等值线 （单位：m）

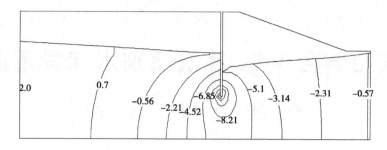

图9 工况 bq2 地下水位 2.00 m 时 A—A 截面水头等值线 （单位：m）

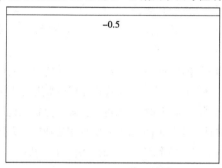

图10 工况 bq2 地下水位 2.00 m 时 B—B 截面水头等值线 （单位：m）

6 结论

根据已知的水文地质条件，采用数值模拟方法论证了已知条件下本工程拟定降排水方案的合理性。

（1）在已知地质条件下，拟定方案中的降水井能够满足各个时期干地施工的要求，抽水设备额定抽水量稍大，投标方案在不连续抽水情况下，基本满足招标地质条件下干地施工的要求。

（2）考虑实际施工中，降排水机械的运行检修等情况，考虑70%的保证率，拟定降水方案可以满足施工期间地下水位在最低开挖面0.5 m以下。

无人机航拍结合 ViBe 算法甄别水库异重流潜入点

郎　毅[1]　王贞珍[2]　杨　晨[3]

（1. 黄河水利委员会河南水文水资源局，河南郑州　450004；
2. 黄河水利委员会水文局，河南郑州　450004；
3. 华北水利水电大学，黄河流域水资源高效利用省部共建协同创新中心，河南郑州　450046）

摘　要： 水库异重流潜入点监测是异重流测验的重要部分，尝试使用无人机进行小浪底水库异重流潜入点监测是替代人工观测的有效途径。在分析图像预处理和常用运动目标检测算法后，介绍了 ViBe 算法设计思想和运行流程，并与常用同类算法进行比较，分析其优缺点。使用 C++结合 OpenCV 视觉库实现了 ViBe 算法编码，并在 Android 平台实现相应功能。通过使用探索，形成一套使用无人机结合 ViBe 算法有效甄别水库异重流潜入点的方法，效果良好。

关键词： 异重流；潜入点；无人机；ViBe 算法；甄别

1　概述

泥沙淤积是影响水库寿命的重大难题，尤其在黄河这样的高含沙河流显得更为突出。探索异重流在水库中的潜入及演进规律，掌握异重流排沙规律，是减少水库淤积、延长水库寿命的一条重要途径[1]。水库异重流是指高含沙洪水进入库区遇到一定水深的清水后，由于密度差而潜入清水下面沿河底向坝前运动的现象。异重流是高含沙河流特有的一种水流形态，而黄河小浪底水库更具有发生异重流现象的自然条件。小浪底水库高效排沙是延长水库寿命的关键[2]。水库在蓄水状态下，高效输沙主要体现在提高异重流排沙比与减少异重流滞留层淤积等方面。对异重流进行及时的跟踪监测，采用科学的水库调度运用方案，可有效地减少水库的泥沙淤积，延长水利枢纽工程项目的寿命周期[3]。

浑水异重流在水库内的演进，大体上包括产生（形成）、运动、淤积和排沙四个过程。水库异重流产生的特定位置，一般称为潜入点[4]。在潜入点附近的水面上，可以看到大量漂浮物，有倒流现象，从水面向下看，有大量横向涡列，若潜入点下游为扩散河段，还可以观察到水面回流。异重流发生后，流动在窄深弯道处，也可以看到异重流受弯道作用翻到水面上来[5]。潜入点上下河段截然分明，根据上述现象，可以很容易判断是否发生异重流，水库异重流示意图如图 1 所示。潜入点附近常聚集大量漂浮物，该点常成为判断潜入点位置的直观标志。潜入位置在平面上的分布并不是直线，而是具有舌状，这是由于中间部分流速较大的缘故。当潜入处的断面过宽时，潜入后的异重流并不分布于整个库底，而是逐渐扩宽。随着水位高低、入库流量的大小及底部淤积情况等不断变化，因而潜入点位置不仅上、下游移动，而且潜入处的异重流也会左右横向摆动[6]。

基金项目： 国家重点研发项目（2021YFC3200402）；河南省科技攻关项目（232102321107）；水利部黄河流域水治理与水安全重点实验室开放基金（2022-SYSJJ-09）。

作者简介： 郎毅（1978—），男，高级工程师，主要从事水文水资源与信息化技术开发应用的研究工作。

通信作者： 杨晨（1981—），男，教授，主要从事水力学及河流动力学研究工作。

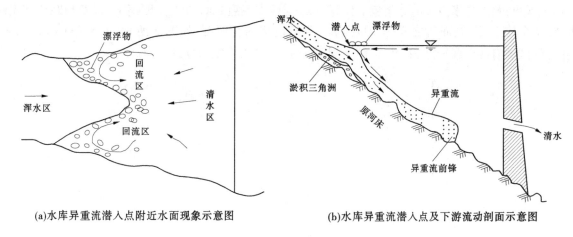

(a)水库异重流潜入点附近水面现象示意图 　　　(b)水库异重流潜入点及下游流动剖面示意图

图1　水库异重流示意图

2　无人机航拍

无人机是"无人驾驶飞机"（unmanned aerial vehicle，UAV）的简称，是利用无线电遥控设备和自备的程序控制装置操纵的不载人飞机，包括无人直升机、固定翼机、多旋翼飞行器、无人飞艇、无人伞翼机。从某种角度来看，无人机可以在无人驾驶的条件下完成复杂的空中飞行任务和各种负载任务。无人机从高处俯拍场景，经常辅以大景深或广角镜头，信息量大，画面可以清晰地交代场景主体所处的广阔环境，再现壮观的场面和地面景物层次[7]。

从2017年开始，黄河水利委员会河南水文水资源局连续三年使用无人机航拍技术，实现无人机异重流潜入点视频监控工作。相比人眼摸排，无人机视频监控兼具时效性与灵活性，摸排范围也更广，可根据上游来水大小和历时等条件，及时监测一定水域内异重流的产生情况与趋势，从而做好测验措施，发现异重流情况早、快、准。因此，使用无人机航拍技术在水库异重流潜入点摸排工作中有着传统手段不可比拟的优势。

3　ViBe算法介绍

视频背景提取模型（visual background extractor，ViBe）是由Olivier Barnich和Marc Van Droogenbroeck于2009年首先提出的一种像素级的背景建模和前景检测算法。ViBe算法处理流程分为三个步骤：背景模型初始化、前景检测和背景模型更新[8]。

3.1　背景模型初始化

当第一帧画面到来时，算法会对图像中每一个像素点进行处理和分析。由于邻域的像素点空间分布相似，变化平缓，所以随机选择该像素的邻域像素点来进行背景建模。其优点是这种背景建模的方式简单且高速，当背景画面突变时，ViBe算法可以通过新的首帧快速更新和重建背景模型。

3.2　前景检测

前景检测即特征目标提取，基本原理是设定一个判定标准，来区分前景点和背景点。在ViBe算法中，设定背景判定阈值，将新的像素点和之前的背景样本集进行比较。检测过程主要由三个参数决定：样本集数目N，阈值#min和距离相近判定的阈值R，一般设置$N=20$，#min$=2$，$R=20$[26]。用$S_R(v(x))$表示以点x为中心、R为半径的球形范围，$\{S_R(v(x))\cap M(x)\}$表示该球形空间$S_R(v(x))$与背景样本集$M(x)$的交集。判断一个新的像素点是否为背景点的依据可以用下式表示：

if　#$\{S(v(x))\cap(v1,v2,\cdots,)\}\geq$#$x$为背景点
else　x为前景点

由上式可得,对像素点 x 的分类包括计算 $v(x)$ 与样本模型之间的 N 个距离值,以及与距离判定阈值 R 的 N 个比较值,简而言之就是求 $v(x)$ 与背景模型的相似度,如图 2 所示,#$\{S(v(x)) \cap (v_1, v_2, \cdots)\}$ 的区域有两个背景点 v2 和 v4,等于阈值#min,$v(x)$ 被判定为背景点[8]。

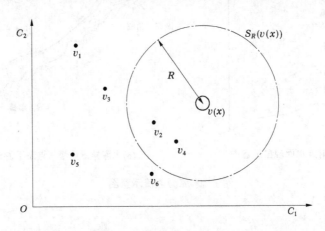

图 2   二维欧式色彩空间中对像素点 $v(x)$ 的分类

3.3   背景模型更新

当场景中光照、天气等因素变化时,算法有可能会误以为背景在运动,将其判断成运动物体,所以背景模型需要能适应环境的变化,进行实时更新。ViBe 算法使用的背景更新策略有以下三个特点。

3.3.1   无记忆更新策略

当一个像素的背景样本需要更新时,用新像素点取代该像素点样本集的一个样本值,无论该像素是否为背景点,以确保背景模型中的样本点有平缓的衰减寿命。

3.3.2   随机的抽样时间

ViBe 算法按照一定的概率去更新背景模型,并非重新处理每一帧。当一个像素点判定为背景,则它被更新的概率为 1/rate,rate 是时间采样因子,一般取值为 16。

3.3.3   空间邻域更新策略

对于需要更新的像素点,随机选取该像素点的空间邻域背景模型,用新值更新邻域背景模型,以保证空间的一致性,并允许被前景混淆的背景像素点进行重新适配。随机选择样本值进行背景模型更新可以保证样本值的平滑生命周期。在随机更新过程后,一个样本值在时刻 t 被保留的概率是 $(N-1)/N$。假设时间是连续的,选择过程是无记忆的,在之后的任何时间 $t+\mathrm{d}t$,可以获得一个相同的样本值保留概率,如下式[9]:

$$P(t, \ t + \mathrm{d}t) = \left(\frac{N-1}{N}\right)^{(t+\mathrm{d}t)-t} \tag{1}$$

也可以写作:

$$P(t, \ t + \mathrm{d}t) = e^{-\ln\left(\frac{N}{N-1}\right)\mathrm{d}t} \tag{2}$$

实验结果表明,模型中任意一个样本期望保留生命周期是以指数形式递减的,样本值在模型中被保留的概率与时间 t 无关,空域的随机更新策略是合理的。相对于传统的运动目标检测算法,ViBe 算法的前景检测效率与正确率都较为优越。

4   无人机航拍结合 ViBe 算法有效甄别水库异重流潜入点

4.1   基于 ViBe 的智能监测实现

ViBe 算法主要功能为检测运动目标——潜入点特征现象。目前,实现将 ViBe 算法应用于安卓客户端中,与视频显示程序结合起来,完成运动目标检测功能。ViBe 的程序使用 C++来实现,依赖

OpenCV 视觉库，需要在 Android 应用中搭建 NDK 环境并移植 Open CV for Android 库[10]。

4.2　码本模型

码本模型处理视频流的原理是为每一个背景像素点创建一个码本（code book，CB），每个 CB 包含多个码字（code word，CW）参数，当码字出现变动时，码本也会随之更新，在不断的更新过程中，码本即可构建出视频流的背景[11]。

4.3　库区水面背景模型、前景（特征影像标定）初始化

异重流未抵达前，水库水面呈现一种较为稳定的状态，根据经验和上游来水情况推断出异重流可能潜入的库区断面，使用无人机航拍附近水域，采集前期图片作为背景模型参考。根据水势行进情况，提前在异重流潜入点预判区域进行长距离贴近航拍录像，通过算法对图像中每一个像素点进行处理和分析。由于以第一帧画面同邻域的像素点空间分布是相似的，变化是平缓的，所以选择同前期背景模型相似像素的邻域像素点来进行背景建模，且当背景画面突变时，ViBe 算法可以通过新的首帧快速更新和重建背景模型[12]。

通过前文描述，潜入点特征影像表现突出，即有大量漂浮物、旋涡、水面回流、泥沙上翻到水面等，通过对特征影像采集标定，作为前景检测的甄别依据。

4.4　潜入点特征影像前景检测过程

因篇幅有限，本文中只截取主要程序语句。

```
/ * * * * * * * * * * *使用新帧画面来测试背景模型的更新 * * * * * * * * * * * * * * * * * * /
              {    //该像素为背景点
                  m_ foregroundMatchCount. at<uchar> (i, j) = 0;
                   //被检测为前景的个数赋值为 0
                  m_ mask. at<uchar> (i, j) = 0;    //该像素点值也为 0
              // 如果一个像素是背景点，那么它有 1 / defaultSubsamplingFactor 的概率去更新自己的模型样本值/
                  int random = rng. uniform (0, SUBSAMPLE_ FACTOR);
                  //以 1 / defaultSubsamplingFactor 概率跟新背景
                  if (random == 0)
                   {    random = rng. uniform (0, NUM_ SAMPLES);
                      m_ samples [random] . at<uchar> (i, j) = _ image. at<uchar> (i, j);
                   }
             // 同时也有 1 / defaultSubsamplingFactor 的概率去更新它的邻居点的模型样本值
                  random = rng. uniform (0, SUBSAMPLE_ FACTOR);
                  if (random == 0)
                   {   int row, col;
                      random = rng. uniform (0, 9);
                      row = i + c_ yoff [random];
                      if (row < 0)    //下面四句主要用于判断是否超出边界
                        row = 0;
                      if (row >= _ image. rows)
                        row = _ image. rows − 1;
                        random = rng. uniform (0, 9);
                      col = j + c_ xoff [random];
                      if (col < 0)    //下面四句主要用于判断是否超出边界
                        col = 0;
```

```
        if ( col >= _ image. cols)
            col = _ image. cols - 1;
            random = rng. uniform ( 0, NUM_ SAMPLES);
        m_ samples [random] . at<uchar> ( row, col) = _ image. at<uchar> ( i, j); } }
    else { //该像素点为前景点
        m_ foregroundMatchCount. at<uchar> ( i, j) ++;
        //将背景像素点置为255
    m_ mask. at<uchar> ( i, j) = 255;
    //如果某个像素点连续 N 次被检测为前景,则认为一块静止区域被误判为运
动,将其更新为背景点
```

4.5 程序的运行效果

图 3 为使用 ViBe 算法在异重流潜入点无人机航拍的视频甄别效果,测试帧率为 5 fps,画面分辨率为 640×369,测试视频分辨率为 1 280×720,接收端为 Android5. 0 版本平板电脑。从图 3 中可以看出,ViBe 算法在静态背景下检测效果良好,并由于其实时的背景更新机制,具有良好的目标跟踪效果。

图 3 使用 ViBe 算法在异重流潜入点无人机航拍的视频甄别效果

5 结论与展望

通过本次研究尝试,将 ViBe 算法与无人机视频航拍技术结合后成功应用到小浪底水库异重流潜入点监测中,构成智能监测甄别系统,使得异重流潜入点监测更加准确也更易操作。

研究基本完成了甄别系统的设计与实现,但还是存在诸多不足。服务器端还有部分控制线程尚未完成,视频监控图像还没有达到高清等级,ViBe 算法的实现还存在些许问题,尚未进行优化与改进。针对上述问题,今后待改进的内容有以下几点:

(1)仅能对已经录制的视频进行甄别,实时监测视频尚未完全实现程序筛选。

(2)深入探究无人机航拍器自带的同步直播功能,通过终端服务器进行实时程序筛选。

（3）对强光照射下的视频存在解析不清的问题，优化算法消除光照反光、水波纹的干扰，使潜入点甄别更加智能化。

参考文献

［1］范家骅．关于水库浑水潜入点判别数的确定方法［J］．泥沙研究，2008（1）：74-81.

［2］解河海，张金良，郝振纯，等．水库异重流研究综述［J］．人民黄河，2008，30（5）：28-31.

［3］张俊华，马怀宝，夏军强，等．小浪底水库异重流高效输沙理论与调控［J］．水利学报，2017，49（1）：62-71.

［4］焦恩泽．黄河水库泥沙［M］．郑州：黄河水利出版社，2004.

［5］张俊华，陈书奎，李书霞，等．小浪底水库拦沙初期水库泥沙研究［M］．郑州：黄河水利出版社，2007.

［6］水利部黄河水利委员会．黄河调水调沙理论与实践［M］．郑州：黄河水利出版社，2013.

［7］周岚．浅论无人机航拍发展及展望［J］．科技创新，2016（33）：68.

［8］才盛．多目标监控场景下的检测和跟踪技术研究［M］．厦门：厦门大学出版社，2014.

［9］周鹏飞，潘地林．基于 Android 视频监控系统的数据处理及实现［J］．计算机技术与发展，2013，23（5）：150-153.

［10］张晓宇，彭四伟．基于 OpenCV 的运动目标识别算法与实现［J］．现代电子技术，2009（22）：99-101.

［11］曹晓芳，王超，李杰．一种基于 Android 智能手机的远程视频监控的设计［J］．电子器件，2011，34（6）：709-712.

［12］尹彦，耿兆丰．基于背景模型的运动目标检测与跟踪［J］．微计算机信息，2008，24（11）：298-300.

洪涝灾害应急避险技术及应用综述

于赢东[1,2]　刘家宏[1,2]　杨志勇[1,2]

(1. 中国水利水电科学研究院　流域水循环模拟与调控国家重点实验室，北京　100038；
2. 水利部数字孪生流域重点实验室，北京　100038)

摘　要：洪涝灾害应急避险是洪涝风险管理的核心环节，避险技术研发与应用对于减轻洪涝灾害损失至关重要。本文从洪涝风险评估、洪涝影响对象识别跟踪、洪涝灾害避险转移三个方面对相关研究技术进行了系统综述，分析了现有技术的优势及其局限性，识别了现有研究存在的瓶颈问题。最后，在极端洪涝事件频发及新技术快速发展的背景下，对未来洪涝灾害应急避险技术发展及应用方向进行了展望。

关键词：洪涝灾害；应急；避险；风险评估

1　引言

洪涝灾害是当前影响人民群众生产生活的主要自然灾害，在全球各类自然灾害所造成的损失中，洪涝灾害所造成的损失为各种自然灾害之首。洪涝灾害的发生具有突然性，开展洪涝灾害应急管理对于减轻或者避免洪涝灾害造成的人民群众生命和财产损失至关重要，洪涝灾害应急避险是洪涝灾害应急管理的重要环节之一。近年来受到极端洪涝灾害频发的影响，洪涝灾害应急避险已成为当前水安全研究中的热点问题，国内外学者针对洪涝灾害避险方法与技术开展了一系列理论研究和实践应用，相关研究涉及水文学、灾害学、水力学、信息学、交通工程学、运筹学、管理学、心理学等多个学科领域。本文针对洪涝灾害应急避险过程中的关键技术环节和应用实践问题，从洪涝风险评估、洪涝影响对象识别跟踪、洪涝灾害避险转移技术及应用三个方面对国内外相关研究进展及存在问题进行了综述，同时对未来的研究方向进行了展望。

2　洪涝风险评估研究进展

洪涝风险评估是当前洪涝应急管理的关键环节，也是洪涝灾害应急避险方案制定的依据。当前国内外针对洪涝风险评估的研究方法可以概括为四大类，分别是基于统计分析的风险评估、基于数值模拟的风险评估、基于指标体系的风险评估以及基于综合手段的风险评估。

2.1　基于统计分析的风险评估

基于统计分析的风险评估是指利用数理统计方法对研究区可能发生的风险进行评价和预估，该方法已被广泛应用于金融管理、医疗管理、企业决策、灾害管理等多个领域。目前，该方法在洪涝风险管理中已被广泛应用，其本质是基于统计学的基础原理，通过对研究区历史洪涝灾害相关数据进行分析，构建数理统计分析模型，评估研究区发生洪涝事件的风险和潜在影响。

国内外学者利用多种不同的统计学方法开展洪涝风险评估研究，Costache[1] 运用两个二元统计模

基金项目：国家自然科学基金重大项目（52192671）；国家重点研发计划项目（2022YFC3090600）。
作者简介：于赢东（1986—），男，高级工程师，主要从事城市防洪减灾与应急管理研究工作。
通信作者：刘家宏（1977—），男，正高级工程师，主要从事水文学及水资源研究工作。

型计算了罗马尼亚普拉霍瓦河流域洪水潜在指数，分析了流域洪水风险；Cao 等[2] 运用频率比率和统计指数法分析了煤矿沉陷区山洪风险指数；Criss[3] 运用统计学方法定义了洪水现代变异性风险指数，评估了美国中西部地区不同概率洪水条件下的洪水风险。该方法的优势是考虑了区域洪涝事件的形成及演化机制，但该方法对于区域基础资料依赖较高，对于洪涝风险的实时动态演化考虑不足。

2.2 基于数值模拟的风险评估

基于数值模拟的洪涝风险评估是指应用水文水动力学理论构建数值模拟模型，应用模型对研究区不同情景下的洪涝过程进行模拟，分析不同情境下区域洪涝风险。当前洪涝数值模拟模型日益成熟，常用的洪涝数值模拟模型可以分为基于水文学的洪涝模拟模型、基于水动力学的洪涝模拟模型以及基于水文水动力耦合的模拟模型。基于水文学的洪涝模拟模型的优势在于水文机制明确，计算过程简单，常用的模拟模型包括 SWMM、IUHM、Infoworks 等，国内外众多学者应用相关模型开展了大量的洪水数值模拟及风险分析工作[4-6]，该类方法的缺点在于难以动态模拟洪水淹没过程。基于水动力学的洪涝模拟模型应用水动力学方程构建数值模拟模型，可以实现区域水动力过程的动态模拟，其优点在于可以刻画洪水的动力学过程，常用的模拟模型包括 MIKE Flood、IFMS Urban 等，国内外学者开展了众多的一维和二维水动力模拟工作[7-9]，该方法的难点在于对水文学机制考虑有所欠缺，模型计算工作量大。基水文水动力耦合的模拟模型当前应用最为广泛，其通过划分子流域或水文响应单元计算地表产汇流，当水流进入管网后采用水动力学方法进行计算，溢流到地表的水流则采用二维浅水方程进行计算，该类模拟方法兼顾了水文学方法和水力学方法的优点。国内外众多学者应用水文水动力学模拟模型开展区域洪涝模拟研究[10-12]，通过情景设置，可以实时获取研究区水位、流速、淹没面积等信息，实现区域洪涝风险的动态评估。

2.3 基于指标体系的风险评估

基于指标体系的城市洪涝风险评估是指从灾害的危害性、暴露性和脆弱性入手，应用灾害学理论构建综合评价指标体系，实现洪涝风险的全面评估。该类方法的优点是评估内容全面且明确，兼具较好的科学性和可操作性[13]，被国内外学者广泛应用于洪涝风险评估研究[14-16]。指标体系评估法的核心内容是"危险性（Hazard）-暴露性（Exposure）-脆弱性（Vulnerability）"（HEV）评估理论内涵，如何准确评估洪涝灾害的危险性、暴露性和脆弱性是该类方法的评估关键。关于危险性评估常用的评估方法包括历史灾害统计法和模型模拟法，其中历史灾害统计法依赖于大量的历史统计数据，近年来部分学者将机器学习法应用于洪涝危险性评估以解决历史统计数据不足带来的影响[17-18]。基于模型模拟的危险性评估当前被广泛使用，主要包括基于水文学和水动力学的模拟方法。关于暴露性的常用评估方法主要包括实地调查法和空间分析法，实地调查法是指通过实地调查走访和灾后调查评价分析洪涝灾害的暴露性，该方法主要适用于大型洪涝灾害事件的调查评估，比如"北京 2012 年 7·21 特大暴雨""郑州 2021 年 7·20 特大暴雨"等事件均开展了全面的洪涝暴露性的实地调查。空间分析法是指综合利用多源空间信息实现区域洪涝暴露度评估，其中包括对研究对象与城市洪涝危险性空间分析结果进行叠加分析，具体包括人口、房屋、城市交通设施等多源暴露性分析[19-21]。关于脆弱性的评估是近年来洪涝风险研究中的热点，常用的评估方法主要包括灾损曲线法和指标评价法，灾损曲线法通常是指建立灾害表征指标与不同防护对象损失值之间的函数关系，在此基础上构建防护对象的脆弱性曲线，实现不同区域不同对象的脆弱性评估，国内外学者应用灾损曲线法开展了大量的洪涝脆弱性分析工作，结合不同类型的洪水灾害和不同的防护对象分析了其洪水脆弱性[22-23]。

2.4 基于综合手段的风险评估

通过对传统的洪涝风险评估方法进行分析，不同方法都存在着自己的优势和局限性，洪涝风险评估方法对比分析如表 1 所示。针对现有风险评估方法存在的问题，部分学者结合统计分析、数值模拟和指标体系评估方法的优势，针对不同区域开展了基于综合手段的洪涝风险分析工作，Hall 等[24] 结合数值模拟和统计分析手段提出了一种洪水风险评估方法，并在英国开展了应用研究，Kubal 等[25] 结合统计分析法和指标评估法提出了一种新型城市洪涝风险评估方法并在德国莱比锡开展了应用研究。罗海婉[26] 结合数值模拟和指标评估提出了城市洪涝灾害风险评估方法，并在东濠涌流域开展了应用研究。部分学者将机器学习、深度学习等[27-28] 新型技术手段引入洪涝风险评估研究，如何有效综合多种手段优势实现洪涝风险全面准确评估将是未来的研究方向。

表 1　洪涝风险评估方法对比分析

评估方法	优势	局限性
基于统计分析评估	机制明确，可操作性强	资料依赖程度高，难以实现动态模拟
基于数值模拟评估	可以实现洪涝动态风险评估	计算工作量大，难以全面考虑风险来源
基于指标体系评估	实现洪涝全面评估	依赖统计分析及数值模拟结果

3　洪涝影响对象识别跟踪研究进展

在洪涝灾害风险管理过程中，如何准确识别洪涝可能影响对象并对其进行实时跟踪定位是当前洪涝灾害管理过程中的难点。当前常用的洪涝影响对象识别方法主要包括调研统计、模型模拟和位置服务三种方法。其中，调研统计是指通过对洪涝事件进行现场勘察和调研，结合统计分析方法明确洪涝灾害的影响对象和影响人群[29-30]，该方法适用于历史灾情影响对象的判断，对于洪涝灾害可能影响对象的识别多是基于历史统计数据进行分析，存在着较大的不确定性。模型模拟法是指应用洪涝模拟模型对洪涝可能淹没区及影响对象进行评估，该方法可以动态识别洪涝的可能影响对象，但受限于降水预报及洪涝模拟模型的精度，该方法对于影响人群及位置跟踪存在着一定的不确定性[31-32]。基于位置服务的洪涝影响对象识别方法主要是采用位置信息实现洪涝影响对象的实时跟踪，该方法可以实现影响对象的实时跟踪，但相关的研究尚处于起步阶段，在我国该方法主要应用在导航、购物、广告等纯粹的移动互联网应用场景中[33]。

通过对我国洪涝影响对象识别及跟踪技术进行综述分析，识别了不同方法的优势与局限性（见表 2）。目前传统的洪涝影响对象识别方法存在不确定性大、无法实现实时跟踪等问题。大力发展基于位置服务的洪涝影响识别方法并将其与洪涝风险分析模型结合将是未来的主要研究方向，有助于实现洪涝影响对象的精准识别与定位。

表 2　洪涝影响对象识别方法对比分析

识别方法	优势	局限性
调研统计	便于应用	资料依赖程度高，无法实现定位与跟踪
模型模拟	可以动态识别影响对象	存在较大的不确定性
位置服务	可以实现精准定位与跟踪	需结合洪涝风险分析结果使用

4　洪涝灾害避险转移技术及应用

洪涝灾害避险转移是洪涝灾害应急管理过程中的重要工作内容，其具体工作主要包括确定洪水量级及洪涝灾害风险、动态识别洪涝灾害影响对象、确定洪涝灾害避险转移路径及方案三个方面。其中关于前两个方面的研究进展已进行了综述。本部分主要介绍洪涝灾害应急避险转移路径确定及避险方案制订的相关研究进展。

4.1　洪涝灾害应急避险路径确定

传统洪涝灾害避险路径确定多是基于水系、地形、人口等地理信息进行判别，并未对人员转移过程中的综合风险及路径优化进行全面的考虑。近年来，随着洪水风险管理理念被广泛认可接纳，国内外在应急避险路径确定及应急避险转移决策研究上取得了长足的进展。国内外众多学者基于疏散理论、疏散模型、疏散决策和疏散风险评估提出了一系列洪涝灾害应急避险方法并在多个流域开展了应用研究[34-36]。当前疏散模型主要包括数学模型和仿真模型两类，数学模型主要是通过对洪涝灾害情景下大规模人群的疏散行为进行概化，准确地预测人群运动趋势，结合洪涝风险实时动态变化情况，确定洪涝灾害应急避险路线。仿真模型针对应急情景下的是单一的个体或整个群体运行应用仿真工具来模拟人流运动，该方法可以模拟考虑整个疏散人群的表现，提出疏散规划的优化策略，从而为应急避险方案的制订提供支持。

近年来，随着科学技术的迅速发展，国内外学者将动态优化理论、网络分析理论、机器学习理论应用于洪涝灾害应急避险研究，通过构建洪涝灾害避险转移模型确定洪灾避险路线，支撑洪涝灾害避险方案制定。王婷婷[37]提出了一种综合考虑道路等级、安置容量约束、洪灾避险转移人口等因素的网络流洪涝灾害避险转移模型，并在荆江分洪区开展了应用研究。支欢乐[38]构建了基于路阻断函数的溃堤洪水风险转移模型，提出了溃堤洪水避灾路线确定方法，并在鄱阳湖流域开展了应用研究。郭凤清等[39]将最快避难转移时间作为目标函数，提出了潖江蓄滞洪区洪灾避险路径确定方法。当前洪灾避险路径研究取得了一定进展，国内外学者从不同的角度建立了不同类型的洪灾避险路径优化模型[40-41]，但是当前对于突发环境下人行为的影响、多灾耦合情境下的风险疏散优化考虑尚有所欠缺，同时人工智能、神经网络等现代信息技术在模型中的应用还有待加强。

4.2 洪涝风险灾害避险决策技术

洪涝风险灾害避险决策技术包含洪涝避险规划、预案、预警感知、疏散撤离、救援避险等内容[42]，我国现有防洪应急避险相关技术尚处在理论研究层面，且尚未形成成熟的洪涝灾害避险决策技术体系。当前，我国洪涝灾害避险决策主要是依据水利部制定的相关导则和技术规范，主要的技术规范文件包括《防洪风险评价导则》（SL 602—2013）、《洪水风险图编制导则》（SL 483—2017）、《洪水调度方案编制导则》（SL 596—2012）等。在相关规范的指导下，目前已建立了各大流域防御洪水方案、主要干支流洪水调度方案，国家、流域、省、市、县级防汛应急预案，蓄滞洪区运用应急预案、防御山洪灾害预案等[43]。现有洪涝灾害避险技术可以应对常规的洪涝事件，但随着极端洪涝灾害事件显著增加，当前避险技术对于超标准洪水应对存在技术瓶颈，主要体现在三个方面：一是洪涝风险预判预警能力不足；二是洪涝避险策略制定与预案编制能力有待提升；三是洪涝风险决策支持系统技术与支持平台缺乏。融合多学科理论和多种前沿技术的洪涝灾害避险决策技术将是未来洪涝避险的研究方向，研发面向多目标和多用户的洪涝灾害避险决策平台可以有效支撑我国洪涝灾害避险实践工作。

5 研究展望

洪涝灾害应急避险技术是洪涝灾害风险管理的核心内容，提升洪涝灾害应急避险能力对于减轻或避免洪涝事件造成的生命和财产损失至关重要。当前洪涝灾害避险尚存在洪涝风险识别能力不足、洪涝影响对象跟踪识别能力匮乏、洪涝灾害应急避险路线确定与优化技术落后、洪涝灾害避险决策平台缺乏等问题，未来如何融合多学科理论以及新的技术手段，构建基于多目标和多用户的洪涝灾害避险平台将是未来的主要发展趋势，研发洪涝灾害应急避险实用技术体系，将为洪涝风险管理与灾害防治提供有效的技术支撑。

参考文献

[1] Costache R. Flood Susceptibility Assessment by using bivariate statistics and machine learning Models-A useful tool for flood risk management [J]. Water Resources Management, 2019, 33 (9): 3239-3256.

[2] Cao C, Xu P, Wang Y, et al. Flash flood hazard susceptibility mapping using frequency ratio and statistical index methods in coalmine subsidence areas [J]. Sustainability, 2016, 8 (9): 948.

［3］Criss R E. Statistics of evolving populations and their relevance to flood risk ［J］. Journal of Earth Science, 2016, 27 (1): 2-8.

［4］芮孝芳, 蒋成煜, 陈清锦, 等. SWMM 模型模拟雨洪原理剖析及应用建议［J］. 水利水电科技进展, 2015, 35 (4): 1-5.

［5］Joshua C, Arthur S. Improved understanding and prediction of the hydrologic response of highly urbanized catchments through development of the Illinois Urban Hydrologic Model ［J］. Water Resources Research, 2011, 47 (8).

［6］黄国如, 吴思远. 基于 Infoworks CS 的雨水利用措施对城市雨洪影响的模拟研究［J］. 水电能源科学, 2013 (5): 1-4.

［7］查斌, 刘成帅, 杨帆, 等. 基于 MIKE FLOOD 模型的城市洪涝灾害场景推演研究［J］. 人民黄河, 2022, 44 (11): 53-58.

［8］马建明, 喻海军. 洪水分析软件 IFMS/Urban 特点及应用［J］. 中国水利, 2017 (5): 74-75.

［9］梅超. 城市水文水动力耦合模型及其应用研究［D］. 北京: 中国水利水电科学研究院, 2019.

［10］刘家宏, 李泽锦, 梅超, 等. 基于 TELEMAC-2D 的不同设计暴雨下厦门岛城市内涝特征分析［J］. 科学通报, 2019, 64 (19): 2055-2066.

［11］申言霞, 周琦, 段艳华, 等. 基于多重网格的地表水文与二维水动力动态双向耦合模型研究［J］. 水利学报, 2023, 54 (3): 302-310.

［12］黄国如, 陈文杰, 喻海军. 城市洪涝水文水动力耦合模型构建与评估［J］. 水科学进展, 2021, 32 (3): 334-344.

［13］张会, 李铖, 程炯, 等. 基于 "H-E-V" 框架的城市洪涝风险评估研究进展［J］. 地理科学进展, 2019, 38 (2): 175-190.

［14］IPCC. Climate change: Impacts, adaptation, and vulnerability. Part A: Global and sectoral aspects. Contribution of working group II to the fifth assessment report of the inter-governmental panel on climate change ［M］. Cambridge, UK: Cambridge University Press, 2014.

［15］Zhu Z Z, Zhang S L, Zhang Y R, et al. Integrating flood risk assessment and management based on HV-SS model: A case study of the Pearl River Delta, China ［J］. International Journal of Disaster Risk Reduction, 2023, 96: 1-17.

［16］Ikram Q D, Jamalzi A R, Hamidi A R, et al. Flood risk assessment of the population in Afghanistan: A spatial analysis of hazard, exposure, and vulnerability ［J］. Natural Hazard Research, 2023: 1-21.

［17］Mojaddadi H, Pradhan B, Nampak H, et al. Ensemble machine-learning-based geospatial approach for flood risk assessment using multi-sensor remote-sensing data and GIS ［J］. Geomatics, Natural Hazards and Risk, 2017, 8: 1080-1102.

［18］Sharareh R S, Moslem B, Mehdi B, et al. A novel approach for assessing flood risk with machine learning and multi-criteria decision-making methods ［J］. Applied Geography, 2023, 158: 103035.

［19］Quan R S, Liu M, Lu M, et al. Waterlogging risk assessment based on land use/cover change: A case study in Pudong new area, Shanghai ［J］. Environmental Earth Sciences, 2010, 61: 1113-1121.

［20］Domeneghetti A, Carisi F, Castellarin A, et al. Evolution of flood risk over large areas: Quantitative assessment for the Po River ［J］. Journal of Hydrology, 2015, 527: 809-823.

［21］Zhang W, Liu G, Jeffrey C C, et al. Flood risk cascade analysis and vulnerability assessment of watershed based on Bayesian network ［J］. Journal of Hydrology, 2023, 626: 130144.

［22］扈海波, 轩春怡, 诸立尚. 北京地区城市暴雨积涝灾害风险预评估［J］. 应用气象学报, 2013, 24 (1): 99-108.

［23］陈轶, 陈睿山, 葛怡, 等. 南京城市住区居民洪涝脆弱性特征及影响因素研究［J］. 灾害学, 2019, 34 (1): 56-61.

［24］Hall J W, Dawson R J, Sayers P B, et al. A methodology for national-scale flood risk assessment ［C］//Proceedings of the Institution of Civil Engineers-Water and Maritime Engineering. Thomas Telford Ltd, 2003, 156 (3): 235-247.

［25］Kubal C, Haase D, Meyer V, et al. Integrated urban flood risk assessment-adapting a multicriteria approach to a city ［J］. Natural Hazards and Earth System Science, 2009, 9 (104): 1881-1895.

［26］罗海婉. 城市洪涝灾害风险评估方法及其应用研究［D］. 广州: 华南理工大学, 2020.

［27］Chen J L, Huang G R, Chen W J. Towards better flood risk management: Assessing flood risk and investigating the potential mechanism based on machine learning models ［J］. Journal of Environmental Management，2021，293：112810.

［28］ Prakhar D，Mousumi G，Mohit P M，et al. A novel flood risk mapping approach with machine learning considering geomorphic and socio-economic vulnerability dimensions ［J］. Science of The Total Environment，2022，851 （P1）：158002.

［29］ 胡晓静，吴敬东，叶芝菡，等. 北京"2012·7·21"暴雨洪涝灾害调查与影响因素分析 ［J］. 中国防汛抗旱，2012，22（6）：4.

［30］ 国务院灾害调查组. 河南郑州"7·20"特大暴雨灾害调查报告 ［R］. 2021.

［31］ Jung I W，Chang H，Moradkhani H. Quantifying uncertainty in urban flooding analysis considering hydro-climatic projection and urban development effects ［J］. Hydrology and Earth System Sciences，2011，15（2）：617-633.

［32］ 谢亚娟. 洪水风险评估中多源信息融合及不确定性建模研究 ［D］. 武汉：华中科技大学，2012.

［33］ 陆霞. 基于 LBS 云平台的微信小程序二维码区域定位系统设计 ［J］. 现代电子技术，2020，43（4）：180-182，186.

［34］ Yazdani M，Mojtahedi M，Loosemore M，et al. An integrated decision model for managing hospital evacuation in response to an extreme flood event：A case study of the Hawkesbury-Nepean River，NSW，Australia ［J］. Safety science，2022，155：105867.

［35］ Somnath M，Sundar S. A coupled model for macroscopic behavior of crowd in flood induced evacuation ［J］. Physica A：Statistical Mechanics and its Applications，2022，607：128161.

［36］ Maziar Y，Mojtahedi M，Martin L，et al. A modelling framework to design an evacuation support system for healthcare infrastructures in response to major flood events ［J］. Progress in Disaster Science，2022，13：100218.

［37］ 王婷婷. 洪灾避险转移模型及应用 ［D］. 武汉：华中科技大学，2016.

［38］ 支欢乐. 溃堤洪水灾害损失评估及避险转移模型研究 ［D］. 南昌：南昌大学，2022.

［39］ 郭凤清，曾辉，丛沛桐. 潖江蓄滞洪区洪灾风险分析及避难转移安置研究 ［J］. 灾害学，2013，28（3）：85-90.

［40］ 张邢超. 永定河特大洪涝灾害情景构建及对策研究 ［D］. 北京：清华大学，2017.

［41］ Federica S，Juliette R，Paolo R，et al. Trust in science and solution aversion：Attitudes toward adaptation measures predict flood risk perception ［J］. International Journal of Disaster Risk Reduction，2022，76：103024.

［42］ 张永领. 公众洪灾应急避险模式和避险体系研究 ［J］. 自然灾害学报，2013，22（4）：227-233.

［43］ 黄艳，李昌文，李安强，等. 超标准洪水应急避险决策支持技术研究 ［J］. 水利学报，2020，51（7）：805-815.

闽江南北港演变及其对堤防安全影响分析

付开雄[1,2]　夏厚兴[1,2]　陈能志[1,2]　杨首龙[1,2]　黄梅琼[1,2]　何承农[1,2]

(1. 福建省水利水电勘测设计研究院有限公司，福建福州　350001；
2. 福建省水动力与水工程重点实验室，福建福州　350001)

摘　要：针对近年来闽江南北港河道下切、河势演变失衡、分流比失调及岸滩侵蚀、堤防出险等问题，结合实测资料分析、水动力数值模拟和堤防抗滑稳定计算等方法，阐明了1997年以来闽江南北港河道演变过程、阶段特征及原因，揭示了洪潮运动规律变化，研究了河道演变和水流运动变化对堤防结构抗滑稳定安全的影响，并提出随着河道整体下切，洪水消落过程发生明显变化，加上堤前岸滩侵蚀、河床刷深，使堤防抗滑稳定系数降低，影响堤防安全。研究成果可为闽江南北港保护、治理、开发利用及堤防运行管理等提供技术参考。

关键词：河道演变；水流运动变化；堤防安全；抗滑稳定；闽江

1　引言

　　闽江是福建省最大的河流，发源于武夷山脉，独流入海，流域面积60 992 km²，约占福建全省面积的49%，年均径流量约621亿 m³，居全国第八位。自闽清水口电站坝下至闽江口为闽江下游，全长约117 km，闽江南北港位于闽江下游中下部，南北港分流口淮安头至水口坝下长约58 km，南北港汇合口三江口至闽江口长约27 km，北港长约28.5 km，南港长约32 km，现状闽江南北港河道平面示意见图1。

　　历史上，闽江南港宽浅、北港窄深，南港行洪、北港通航，南北港分流比有枯水期"三七开"，洪水期"倒三七开"之说[1-2]。20世纪80年代以前，闽江下游受大规模人类活动影响相对较少，河床冲淤变化以自然演变为主。20世纪80年代中后期，随着闽江北港涉河开发建设力度加大，北港大规模采砂、吹沙造地，河道急剧刷深，继而导致北港古桥被毁，部分堤防、驳岸、码头坍塌，南港枯水期一度断流等问题[3-8]；针对这一时期的演变问题，一些学者提出减小北港分流比、增大南港分流比的治理建议[9-10]。随着1997年闽江北港全面禁止采砂，闽江下游大规模采砂转移至干流和南港，加之受上游水库建设截流拦沙、河道采砂、航道疏浚、堤岸建设束窄河宽等因素共同影响，南港剧烈演变、大幅下切[11-12]，20世纪末，困扰水利和港航部门的北港河道刷深、分流比不断增大，南港淤积、枯水期断流的难题在进入21世纪以后逐渐被扭转。近年来，北港局部淤积、分流比持续减小，南港冲刷、分流比不断增大[13]，又对南北港水流运动和防洪、供水、生态和涉河建筑物安全等产生新的影响[14-15]。

　　本文旨在基于1997年以来多个不同年份实测地形资料和1997年、2009年、2020年3个不同年份闽江下游水动力数学模型，对闽江下游防洪岸线（"九七岸线"）规划实施以来河道演变和水流运动变化进行分析，并探究河道演变和水流运动变化对堤防安全的影响。研究成果可为闽江下游防洪能力提升、河道保护、综合治理和开发利用及堤防运行管理等提供技术参考。

基金项目：2019年福建省水利科技项目。

作者简介：付开雄（1969—），男，正高级工程师，主要从事水利水电工程试验研究工作。

通信作者：夏厚兴（1989—），男，高级工程师，主要从事水力学及河流动力学研究工作。

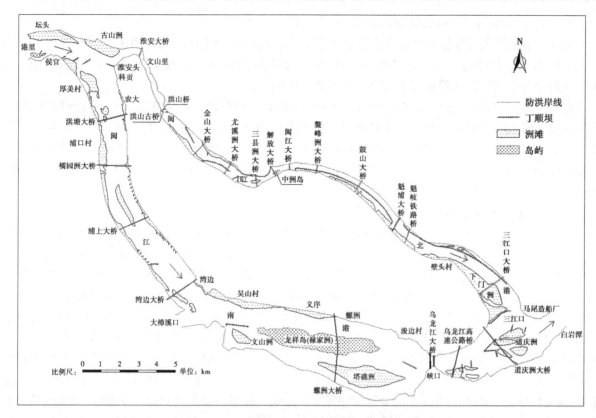

图1 现状闽江南北港河道平面示意图

2 河道演变分析

2.1 堤岸边界平面变化

"九七岸线"实施后,随着堤防工程建设,闽江南北港堤岸边界较1997年发生显著变化。根据实测地形资料:1997年以来闽江南北港河道平面大幅束窄,南港河道束窄幅度大于北港,1997—2020年,南港两岸束窄面积约3 000万 m^2,北港两岸束窄面积约940万 m^2,其中南港湾边以上河段河宽束窄尤为明显,橘园洲大桥附近左右两岸河宽最大束窄分别达1.5 km、1.3 km,合计约占总河宽的2/3;1997—2009年河道束窄程度强于2009—2020年,南港1997—2009年两岸束窄2 300多万 m^2,2009—2020年两岸束窄约650万 m^2,北港2009年后堤岸边界基本稳定。

2.2 河床冲淤变化

利用1997—2020年多个不同年份实测地形,分析闽江南北港现状堤岸边界范围内的河床冲淤变化,得出河床冲淤变化特征如下:

1997—2003年,南港河床整体有冲有淤、冲刷大于淤积,河床整体平均刷深0.72 m,冲刷总量4 836万 m^3,其中南港进口至橘园洲河段以及三江口区域主河槽冲刷较明显,科贡、洪塘大桥至橘园洲大桥左岸以及螺洲段河道左岸亦发生大幅冲刷。2003—2008年,南港河床整体平均刷深1.13 m,冲刷总量7 506万 m^3,南港进口至吴山村河段左岸发生明显冲刷,其中科贡和浦上至湾边段冲刷最为明显,冲刷幅度5~10 m,义序至浚边村段主河槽局部也发生较明显冲刷,其他区域则整体基本稳定。2008—2011年,南港河床有冲有淤,变化明显,整体冲刷大于淤积,河床整体平均刷深1.05 m,冲刷总量6 545万 m^3,湾边以上整体呈现左淤右冲,湾边至三江口河段主河槽整体有所刷深,其中螺洲至浚边村段冲刷区域逼近左岸。2011—2014年,南港河床进一步冲刷,整体平均刷深0.77 m,冲刷总量4 685万 m^3,其中洪塘大桥至橘园洲大桥段以及螺洲至三江口区域主河槽冲刷较明显,螺洲段堤前河床仍有所冲刷。2014—2017年,南港整体小幅回淤,平均回淤0.07 m,淤积总量约500万 m^3,其中龙祥岛左汊主河槽有冲有淤,冲刷大于淤积。2017—2020年,南港河床基本稳定,整体略有冲刷，平均刷深 0.08 m，冲刷总量 584 万 m³。

闽江北港近年来河床整体冲淤变化明显弱于南港，1997—2003 年，北港河床有冲有淤，整体冲刷大于淤积，平均刷深 0.13 m；2003—2008 年，北港河床整体冲刷较明显，平均刷深 1.03 m；2008—2019 年，北港河床整体有所回淤，平均淤积 0.94 m。

总的来看，1997—2020 年，南港河床呈现较明显阶段变化特征，2014 年前，南港河床演变剧烈，整体大幅刷深，平均刷深 3.68 m，主河槽普遍下切达 5~10 m，科贡至浦上大桥段左岸、龙祥岛头部左岸、螺洲至浚边村左岸堤前河床局部刷深超过 10 m，湾边凸岸区、峡口区以及马尾港局部刷深超过 20 m；2014 年后，南港河床演变趋于缓和，整体基本稳定；北港 1997—2019 年平均刷深 0.22 m，河床整体较为稳定，2008 年以后北港河床整体呈小幅淤积趋势。

2.3 河道深泓线高程变化

1997—2020 年闽江南港深泓线纵剖面高程变化如图 2 所示。1997—2003 年，南港深泓线高程变化-10.56~6.36 m，平均刷深 1.90 m，除大樟溪口和义序至螺洲大桥段局部淤高外，深泓线整体呈刷深趋势。2003—2008 年，深泓线高程变化-22.50~2.03 m，几乎全线刷深，深泓平均高程由 -6.79 m（罗零高程，下同）降低至-11.23 m，下降 4.44 m，其中南港进口至洪塘大桥段、浦上大桥至湾边大桥段、湾边大桥至义序段深泓线平均刷深分别为 9.51 m、6.38 m 和 7.30 m，最大刷深分别为 14.23 m、12.37 m、22.50 m，冲刷剧烈。2008—2009 年，南港深泓线呈冲淤交替态势，高程变化范围为-6.71~5.70 m，深泓线高程整体平均降低 0.24 m，其中南港进口至洪塘大桥段和浦上大桥至湾边大桥段深泓整体有所回淤，分别回淤 0.99 m、0.66 m，峡口至白岩潭段深泓则刷深较明显，平均刷深 1.14 m。2009—2011 年南港深泓冲淤交替变化，深泓高程变化-6.23~8.09 m，整体平均抬高 0.04 m，湾边以上河段深泓整体淤高，湾边以下河段深泓刷深，其中南港进口至洪塘大桥段、洪塘大桥至浦上大桥段、浦上大桥至湾边段深泓分别淤高 3.81 m、0.37 m、0.62 m，湾边至义序段、义序至浚边村段、浚边村至白岩潭段深泓分别刷深 0.54 m、0.60 m、0.79 m。2011—2014 年，除南港进口段深泓线局部淤高外，南港深泓线呈整体下切趋势，深泓高程整体平均降低 1.58 m，湾边大桥下局部最大刷深 9 m，三江口区域深泓局部刷深 8.37 m，平均刷深 2.48 m。2014—2016 年南港深

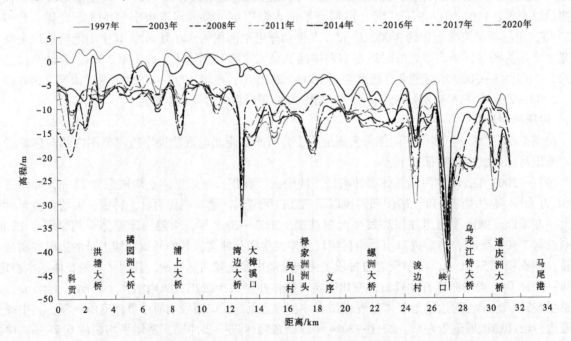

图 2　1997—2020 年闽江南港深泓线纵剖面高程变化

泓线有冲有淤，呈上淤下冲的变化特点，整体略有刷深，平均刷深 0.22 m，其中南港进口至洪塘大桥段、洪塘大桥至橘园洲大桥段深泓整体淤高，分别平均淤高 1.98 m、0.12 m，龙祥岛至白岩潭段深泓整体冲刷，平均刷深 0.63 m。2016—2017 年南港深泓线纵向冲淤变化规律与 2014—2016 年较为相似，整体略有刷深，平均刷深 0.31 m，其中淮安头至吴山村段深泓整体淤积，平均淤高 0.40 m，龙祥岛至白岩潭段深泓整体平均刷深 0.74 m。2017—2020 年，南港深泓线高程由 -4~-45 m 变化为 -4.4~-48 m，最大刷深 -7 m、最大淤高 3.9 m，整体有所刷深，平均刷深 0.69 m，其中湾边大桥以下河段深泓线刷深较为明显，平均刷深 1.04 m，湾边大桥以上河段刷深较小，平均刷深 0.24 m。

1997—2019 年闽江北港深泓线纵剖面高程变化如图 3 所示。1997—2003 年北港深泓线整体有所刷深，平均刷深 1.82 m，鼓山大桥以上河段深泓线刷深变化较明显，平均刷深 2.02 m，鼓山大桥以下河段有冲有淤，冲刷大于淤积，平均刷深 1.05 m。2003—2008 年，北港深泓线整体小幅下切，魁岐以下河段以及各跨江桥梁下冲刷区刷深较明显，2003—2008 年北港深泓整体平均下切 1.03 m，由 -7.84 m 下切至 -8.86 m，其中魁岐至马尾河段深泓线高程降低幅度较大，平均刷深 2.11 m，最大刷深 6.33 m。2008 年以后，北港整体基本稳定，各深坑区局部冲刷明显，2008—2019 年文山里附近局部最大刷深 8.55 m，洪山古桥下局部最大刷深 3.9 m，解放大桥下局部最大刷深 3.38 m。

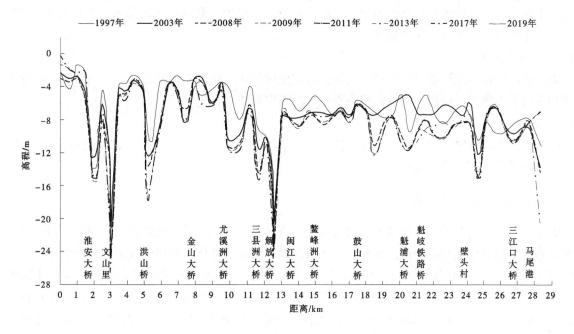

图 3　1997—2019 年闽江北港深泓线纵剖面高程变化

总的来看，南港 1997—2008 年主河槽整体刷深比 2008 年后剧烈，1997—2008 年南港深泓线纵剖面几乎全线下切；2008 年后，湾边以上河段深泓线整体有冲有淤（2008—2014 年整体小幅下切，2014—2020 年整体小幅淤高），平均变化不大，湾边以下河段则整体明显刷深，2008—2017 年湾边大桥以下河段深泓线整体平均刷深 4.54 m，局部最大刷深 13.54 m，2017—2020 年湾边大桥以下河段深泓线整体平均刷深 1.04 m，局部最大刷深 7 m，有进一步刷深的趋势。北港近年来深泓线整体相对稳定，局部受冲河段深泓线刷深较明显。

2.4　河道演变原因

2.4.1　水沙条件变化

水口水库建设拦截了几乎全部推移质和大部分悬移质泥沙。据闽江下游干流竹岐水文站实测水沙资料：水口水库建成后的 1993—2018 年，年均径流量为 545 亿 m³，较建库前的 1950—1992

年增加 2.44%，变化不大；年均悬移质输沙量 224 万 t，较建库前减少 68.14%，年均悬移质含沙量 0.032 kg/m³，较建库前减小 75%，均大幅减小。建库拦沙使得清水下泄，水沙关系失衡，导致下游河床冲刷。

2.4.2 河道采砂

采砂会直接导致河床下切，并改变采砂河段流态，在上游梯级水库截断泥沙补给，而下游大量采砂的情况下，泥沙"入不敷出"，河床下切成为必然。闽江下游河砂储量丰富、质量好，曾大量出口。据相关资料估算，1985 年以来，闽江福州段累计采砂量超过 1.73 亿 m³，相当于将水口坝下至白岩潭长 93 km、约 151 km² 河道平均挖深 1.15 m，可见，采砂对河床下切影响十分明显。事实上，1997 年北港全面禁止采砂后，北港河床下切速度明显放缓，2008 年以后，北港河床整体有小幅回淤的趋势；2009 年闽江下游河道采砂专项整治工作实施后，采砂逐渐规范化，南港河床下切也有所缓和，2014 年南港禁止采砂以来，河床得以休养生息，下切演变趋于缓和。

2.4.3 分流比变化

闽江南北港河床冲淤变化与分流比变化是相互响应的。随着南港整体大幅下切，历史上"南港宽浅，北港窄深"的河床形态发生变化，现状南港既宽又深，河床整体深于北港，枯水河槽过水面积远大于北港，因此枯水期也有更多的流量从南港下泄。目前，北港洪水和枯水分流比均不足 20%，分流比变化反过来又使河床冲淤发生变化。

2.4.4 堤防驳岸建设

堤防护岸建设导致河道平面束窄，滨江公园建设则使河道两岸滩地固化，二者均限制水流的平面摆动和河槽平面展宽，使得河道纵向刷深变化、滩槽格局趋于稳定。

2.4.5 其他

影响闽江南北港河道演变的因素还包括洪水、潮汐等天然水动力作用，河道及航道整治，桥梁、码头、丁顺坝等涉河工程建设等。

3 水流运动变化模拟分析

闽江下游水位受上游来水和潮水共同影响。河道演变和水流运动变化是相互关联的，河道演变必然会导致水流运动发生相应变化。为分析闽江南北港水流运动变化，利用闽江下游水口坝下至闽江口 1997 年、2009 年、2020 年河道二维水动力数学模型分别进行洪水和枯水期常遇大潮工况下水流运动模拟分析。洪水工况选取 50 年一遇设计洪水过程匹配闽江口 4—7 月多年实测大潮平均潮位过程，模型进口水口坝下洪峰流量 32 800 m³/s，相应大樟溪口最大流量 2 700 m³/s，闽江口相应设计潮位过程最高潮位 5.17 m、最低潮位 0.21 m。枯水期常遇大潮工况考虑水口大坝下泄生态流量 308 m³/s，闽江口匹配 2009 年枯季实测天文大潮潮位过程，最高潮位 4.77 m、最低潮位 -0.40 m。数学模型及验证见《闽江下游南北港分流比变化数值模拟分析》[13] 一文，本文不再赘述。

3.1 洪水流动特征变化

3.1.1 水位变化

根据数值模拟计算结果，50 年一遇洪水工况，1997 年河道地形南港洪水位 6.58~13.27 m，北港洪水位 6.96~13.35 m；2009 年南港洪水位 6.31~10.82 m，北港洪水位 6.59~10.83 m；2020 年南港洪水位 6.29~10.21 m，北港洪水位 6.56~10.27 m。1997—2009 年南港洪水位降低 0.21~2.45 m，平均降低 0.92 m，北港洪水位降低 0.37~2.52 m，平均降低 1.03 m；2009—2020 年南港洪水位降低 0.03~0.79 m，平均降低 0.39 m，北港洪水位降低 0.02~0.70 m，平均降低 0.22 m。南北港各河段洪水位平均降低变化见表 1。

表1 南北港各河段洪水位平均降低变化   单位：m

时段/年	南港			北港			
	分流口—湾边	湾边—峡口	峡口—白岩潭	分流口—洪山古桥	洪山古桥—解放大桥	解放大桥—魁岐	魁岐—白岩潭
1997—2009	1.65	0.63	0.58	1.89	1.26	0.72	0.60
2009—2020	0.62	0.40	0.05	0.52	0.33	0.09	0.03

由表1可知：1997年后，闽江南北港洪水位不断降低，上游水位降幅大于下游，即越接近淮安头水位降幅越大，越接近白岩潭水位降幅越小；1997—2009年洪水位降幅明显大于2009—2020年，三江口区域2009年后洪水位变幅较小。

3.1.2 流速变化

沿河流走向每间隔1 000 m布置一个断面，分别统计各断面平均流速和最大流速，对比分析3个不同年份南北港流速变化（见表2）。

表2 南北港各断面特征流速模拟计算结果   单位：m/s

南北港特征流速	1997年		2009年		2020年		1997—2009年		2009—2020年	
	分布范围	均值	分布范围	均值	分布范围	均值	分布范围变化	均值变化	分布范围变化	均值变化
南港各断面平均流速	0.79~2.19	1.17	0.83~2.46	1.33	0.84~1.96	1.33	-0.56~0.88	0.16	-0.50~0.64	0
南港各断面最大流速	1.57~3.06	2.07	1.79~3.55	2.54	1.91~3.09	2.40	-0.16~1.36	0.47	-0.91~0.39	-0.14
北港各断面平均流速	0.66~3.61	1.62	0.55~2.64	1.43	0.62~2.96	1.25	-0.97~0.49	-0.19	-0.47~0.32	-0.18
北港各断面最大流速	1.38~4.58	2.68	1.30~3.58	2.06	1.08~4.07	1.81	-1.70~0.28	0.62	-0.67~1.19	-0.24

注：表中"+"表示流速增大，"-"表示流速减小。

总的来看，1997—2009年南港流速整体明显增大，除个别断面外，各断面流速平均值和最大值均有所增大；2009—2020年南港各断面平均流速有增有减，平均水平不变，各断面最大流速亦有增有减，最大流速均值有所减小，其中湾边以上河段流速整体小幅增大，断面平均流速均值增大0.13 m/s，断面最大流速均值增大0.07 m/s；湾边以下河段流速整体小幅减小，断面平均流速均值减小0.09 m/s，断面最大流速均值减小0.27 m/s。北港1997年以来，流速整体呈不断减小的变化趋势。

3.1.3 分流比变化

3个不同年份，闽江南北港和龙祥岛左右汊洪峰分流比模拟计算结果见表3。由表3可知，1997年以来，闽江北港和龙祥岛右汊洪水分流比均不断降低，南港和龙祥岛左汊洪水分流比均不断增大，1997—2009年洪水分流比变化大于2009—2020年洪水分流比变化。

表 3   闽江南北港和龙祥岛左右汊洪峰分流比模拟计算结果 　　　　　%

年份	南北港洪峰分流比		龙祥岛左右汊洪峰分流比	
	北港	南港	龙祥岛左汊	龙祥岛右汊
1997	31.9	68.1	70.5	29.5
2009	20.5	79.5	81.0	19.0
2020	17.4	82.6	81.8	18.2

3.2   潮汐流动特征变化

3.2.1   潮位变化

枯水期常遇大潮工况，南港科贡、北港文山里潮位特征发生明显变化（见表4），主要表现为高、低潮位降低和潮差增大，受潮汐作用影响增大，且 1997—2009 年变化强于 2009—2020 年，越往上游变化越明显。

表 4   潮位特征变化模拟计算结果 　　　　　单位：m

站点	1997 年			2009 年			2020 年		
	高潮位	低潮位	潮差	高潮位	低潮位	潮差	高潮位	低潮位	潮差
侯官	4.75	3.99	0.76	4.30	1.87	2.44	4.25	1.62	2.63
科贡	4.67	2.80	1.87	4.66	1.84	2.52	4.35	1.66	2.69
文山里	4.71	2.65	2.06	4.47	2.00	2.47	4.41	1.82	2.59

3.2.2   流速变化

1997 年，北港涨落急流速整体大于南港，南港湾边以上河段涨落潮流速较小，洪塘段甚至会出现断流；至 2009 年，南港平面束窄、纵向刷深，枯水河槽上下贯通，涨落潮流速较 1997 年明显增大，橘园洲大桥至浦上大桥河段江心洲左汊及文山洲至马尾三江口区域落急流速整体大于 1.0 m/s，文山洲至三江口段涨急流速也普遍达 0.8~1.0 m/s，北港由于分流比减小，涨落急流速较 1997 年整体略有减小；相较于 2009 年，2020 年北港河床变化不大，受北港分流比进一步降低影响，北港涨落潮流速略有降低，随着南港河床进一步刷深，2020 年南港纳潮量较 2009 年有所增大，但是南港中下段较 2009 年潮位变动不大，因此 2020 年南港文山洲至马尾港段最大涨落潮流速较 2009 年变化不大，甚至略有减小，而湾边以上河段由于高低潮位变化和潮差的增大，潮动能加大，整体潮流速较 2009 年略有增大。

3.2.3   分流比变化

某一港汊最大涨、落潮分流比分别为该港汊最大涨、落潮流量与各港汊最大涨、落潮流量之和的比值。北港最大涨、落潮流量计算断面取北港出口段下门洲断面，南港最大涨、落潮流量计算断面取峡口断面；龙祥岛左右汊涨、落潮计算断面分别取螺洲大桥下龙祥岛左右汊断面。结果表明，除 2009 年和 2020 年龙祥岛右汊最大落潮分流比基本不变外，闽江北港和龙祥岛右汊最大涨、落潮分流比均不断降低，且 1997—2009 年降幅大于 2009—2020 年（见表5）。

表5 南北港和龙祥岛左右汊最大涨、落潮分流比模拟计算结果 %

年份	最大涨潮分流比		最大落潮分流比		最大涨潮分流比		最大落潮分流比	
	北港	南港	北港	南港	龙祥岛左汊	龙祥岛右汊	龙祥岛左汊	龙祥岛右汊
1997	37.1	62.9	35.7	64.3	73.5	26.5	77.2	22.8
2009	25.5	74.5	26.1	73.9	87.7	12.3	89.8	10.2
2020	21.3	78.7	21.3	78.7	89.4	10.6	89.8	10.2

4 演变对堤防安全影响分析

根据河道演变和实测地形资料，近年来闽江南港北岸洪塘大桥至浦上大桥下、螺洲至浚边村堤段以及北港鳌峰堤段深泓线逼近堤岸，其中，螺洲堤段2020年深泓线高程-12.7～-14.9 m，刷深最显著，且近年来持续刷深，有进一步刷深的趋势。河流数学模型计算结果表明，螺州堤段主流偏向堤岸，且流速较大；调查发现，该堤段自建成以来多次出险。因此，以螺洲堤段为例，分析河道演变和水流运动变化对堤防抗滑稳定安全的影响。

螺州堤段位于南港北岸、螺洲大桥下游，建成于2000年，为悬臂式钢筋混凝土堤，砂质基础，设计防洪标准50年一遇，设计洪水位7.71～8.32 m，堤顶高程8.71～9.32 m，堤高2.80～3.20 m，底板顶高程6.00 m，底板厚1.10 m，底板宽度4.00 m，堤前设一顶宽3 m的抛石护脚，护脚平台顶高程3.50 m，外坡为1:2，内坡为1:1，堤底和抛石护脚采用干砌块石护坡，坡比为1:2。

选取该堤段建成后初始堤型断面，分别匹配2003年、2009年、2014年和2020年河道地形和水流条件，利用Autobank软件，计算堤防结构抗滑稳定，计算工况取设计50年一遇洪水骤降工况，计算时堤前河道地形采用对应年份实测地形，堤前水流条件利用匹配各相应年份地形的闽江下游水动力数学模型计算获取。

计算结果表明：2003年，设计洪水骤降期，堤前洪水位由7.98 m消落至5.10 m，骤降幅度2.88 m，堤防抗滑稳定安全系数为1.397；至2008年，由于河道整体下切，遭遇设计洪水过程，堤前洪水位由7.49 m消落至4.01 m，骤降幅度为3.48 m，而堤前河床则抬高0.33 m，堤防抗滑稳定安全系数为1.497；2014年，遭遇设计洪水过程，堤前洪水位由7.29 m消落至3.41 m，骤降幅度为3.88 m，2008—2014年堤前地形平均下切6.57 m，堤防抗滑稳定安全系数为1.262，6年间堤前河床剧烈下切，对堤防抗滑稳定影响明显；2020年遭遇设计洪水过程，堤前洪水位由7.18 m消落至3.28 m，骤降幅度为3.90 m，2014—2020年堤前河床平均下切1.04 m，堤防抗滑稳定安全系数为1.235。

综上所述，2003年、2008年该堤段抗滑稳定安全系数大于允许值1.30，满足抗滑稳定安全要求；2014年、2021年堤防抗滑稳定安全系数小于允许值，不满足要求。说明随着闽江河床剧烈下切以及水流条件变化，该堤防原设计断面已经不能满足安全要求，实际上，该堤段2011年后多次出险并加固，与计算结果吻合。

可见，堤防的抗滑稳定安全系数与水流条件（反映在堤前设计洪水骤降情况）以及堤前地形变化是关联的。随着闽江下游河道整体下切，尽管堤前设计洪水位下跌，堤防安全超高增大，但是堤前设计洪水消落过程发生明显变化，加上堤前岸滩侵蚀、河床刷深，使堤防抗滑稳定安全系数降低，继而影响堤防抗滑稳定。因此，对于演变较剧烈河道，堤防工程设计应充分考虑未来河床演变及水流条件变化对堤防结构安全的影响。

5 结语

（1）1997年以来，闽江南北港平面大幅束窄，南港整体下切剧烈，北港下切变化明显弱于南港。

南港 1997—2014 年演变剧烈、大幅下切，整体平均刷深 3.68 m，2014 年后趋于缓和，相对较稳定，湾边大桥以上河段整体略有回淤，湾边大桥以下河段进一步小幅刷深。北港 1997 年以来河床较稳定，1997—2009 年河床整体小幅刷深，2009 年后整体有所回淤，有进一步淤积的趋势。水口水库建设后清水下泄冲刷河床及河道大量采砂是导致闽江南北港河床下切的主要原因。

（2）伴随着闽江南北港河道演变，南北港洪水位持续降低，受潮流影响增大，科贡、文山里及以上潮位降低、潮差增大，越往上游越明显，北港和龙祥岛右汊分流比逐步减小，北港流速整体有所降低，1997—2009 年南港流速整体增大，2009—2020 年南港湾边以上河段整体上流速有所增大、湾边以下河段整体流速略有减小。总的来看，南北港上半段洪潮流动特征变化大于南北港下半段，且 1997—2009 年洪潮流动特征变化大于 2009—2020 年。

（3）河道下切演变和潮动力增强导致闽江南北港堤防设计洪水位消落过程发生相应变化，堤前河床刷深亦会对堤防整体抗滑稳定产生不利影响，因此尽管河道刷深、洪水位下跌，堤前安全超高加大，但堤防结构稳定可能存在安全隐患。故而，对于演变较剧烈河道，堤防工程设计时应充分考虑未来河床演变及水流条件变化对堤防结构安全的不利影响。

（4）建议相关主管部门组织对演变环境下的闽江南北港堤防安全进行研究分析复核，确保两江四岸防洪安全；此外，建议采取措施对闽江南北港分流比进行调控，稳定南北港分流比。

参考文献

[1] 陈日华. 闽江下游南北港分流比及其变化分析 [J]. 水文，1992（2）：43-47.

[2] 陈兴伟，刘梅冰. 闽江下游感潮河道枯水动力特性变化分析 [J]. 水道港口，2008，29（1）：39-43.

[3] 宋友好. 闽江下游北港河道急剧刷深的原因分析 [J]. 水利科技，1996（3）：37-39.

[4] 郑鸣芳. 闽江下游分流口河段分流比及河道演变分析 [D]. 南京：河海大学，2005.

[5] 郑鸣芳. 从两座古桥的变迁看闽江北港上段河势演变 [J]. 水利科技，2008（2）：4-6.

[6] 郑伟. 闽江下游南港航道整治工程特点与创新 [J]. 中国水运，2012（12）：133-134.

[7] 林勇. 闽江福州段河道演变分析与整治探讨 [J]. 人民珠江，2004（6）：25-26.

[8] 夏厚兴. 福州洪山古桥冲刷演变与原因分析 [J]. 水利科技，2018（1）：44-49.

[9] 杨家坦，江传捷. 闽江下游南北港河床演变及其治理的研究 [J]. 水利科技，1995（1）：8-12.

[10] 陈禄. 闽江下游南北港分流口整治方案探讨 [J]. 水利科技，2006（2）：5-9.

[11] 潘东曦. 闽江下游南北港近期演变特点和分析 [J]. 水利科技，2017（1）：1-8.

[12] 福建省水利水电勘测设计研究院有限公司. 闽江下游河床演变对重要堤防安全影响及其防治研究报告 [R]. 福州：福建省水利水电勘测设计研究院有限公司，2021.

[13] 夏厚兴. 闽江下游南北港分流比变化数值模拟分析 [J]. 人民珠江，2023，44（4）：71-78.

[14] 陈懋凌. 福州市仓山区螺洲防洪堤隐患及加固技术探讨 [J]. 水利科技，2016（1）：29-32.

[15] 武晶. 闽江下游河道演变及其影响分析 [J]. 水利科技，2016（4）：66-69.

顶空固相微萃取–气相色谱–三重四级杆质谱法同时测定水中藻源性与工业源致嗅物质

代倩子　徐　彬　徐　枫　胡心慕　蒋小佐　姜　成

（太湖流域水文水资源监测中心，江苏无锡　214024）

摘　要： 采用顶空固相微萃取–气相色谱–三重四级杆质谱法技术，建立了同时测定水中 2 种藻源性致嗅物质（2-甲基异莰醇、土臭素）和 5 种工业源致嗅物质［（2-乙基-4-甲基-1，3-二氧戊环、2-乙基-5，5-二甲基-1，3-二氧六环；2，5，5-三甲基-1，3-二氧六环、2-异丙基-5，5-二甲基-1，3-二氧六环和双（2-氯-1-甲基乙基）醚］的检测方法。试验表明，该方法精密度与准确度达到相关标准要求，方法检出限低于嗅阈值，目前已应用于黄浦江上游水系监测工作，对于支撑流域供水安全保障具有实际意义。

关键词： 顶空固相微萃取；气相色谱–三重四级杆质谱法；致嗅物质

1　引言

2021 年夏季以来，太湖流域重要水源地嗅味物质污染事件呈高发态势[1]，目前水源地所发生的嗅味物质污染主要有两类来源：一是丝状蓝藻及放线菌生产代谢所产生的藻源性嗅味物质（主要为2-甲基异莰醇和土臭素等)[2-4]；二是树脂类化工原料生产所带来的副产物工业源嗅味物质［主要为2-乙基-4-甲基-1，3-二氧戊环和 2-乙基-5，5-二甲基-1，3-二氧六环等环状缩醛类物质和双（2-氯-1-甲基乙基）醚等][5-6]。上述化合物嗅阈值低[6-7]，水中极低剂量暴露即引发水源地嗅味问题，易出现供水安全风险。

2022 年，国家出台了《饮用水卫生标准》（GB 5749—2022），替代原 GB 5749—2006 标准，将藻源性致嗅物质 2-甲基异莰醇、土臭素纳入常规指标进行限值管理，维持并强化了饮用水对感官指标的强制性要求，满足公众对于饮用水最直接感受的要求。由于近年来因嗅味问题导致的水源地水质异常事件频发，除藻源性致嗅物质外，其他致嗅物质的来源、种类和暴露风险也受到密切关注[6]。

2-甲基异莰醇和土臭素一般采用《生活饮用水臭味物质 土臭素和 2-甲基异莰醇检验方法》（GB/T 32470—2016）开展检测，该方法使用了单四级杆的气相色谱–质谱联用仪；工业源致嗅物质检测尚无国家标准，中国水利学会团体标准《水质 6 种致嗅物质的测定 固相萃取气相色谱质谱法》在编，包括了 1，3-二氧戊环；2-甲基-1，3-二氧戊环；1，4-二氧六环；1，3-二氧六环；2-乙基-4-甲基-1，3-二氧戊环和双（2-氯-1-甲基乙基）醚等 6 种致嗅物质。以上两种检测方法前处理方式不一致，无法同步开展检测，且未包括重要工业源致嗅物质 2-乙基-5，5-二甲基-1，3-二氧六环，同时单四级杆的气相色谱–质谱联用仪检出限较高，无法达到准确痕量监测的要求[8]。

顶空固相微萃取前处理技术比较成熟[9-10]，自动化程度高且回收率较好，气相色谱–三重四级杆质谱-联用仪提供了高灵敏度、低干扰的检测性能[9-11]。因此，本文研究建立了顶空固相微萃取气相–

作者简介：代倩子（1991—），女，工程师，主要从事水质水生态监测与评价工作。
通信作者：徐彬（1979—），男，高级工程师，主要从事水资源水环境监测及调查评价工作。

色谱-三重四级杆质谱法，开展水中藻源性致嗅物质和工业源致嗅物质 7 组分的同时检测，各组分检出限均低于已知嗅阈值，能稳定准确检出痕量组分。目前，已在太浦河口应急监测实验室成功应用，为流域供水安全保障提供及时、准确的预警信息。

2 材料与方法

2.1 材料与试剂

EXPEC 5231 气相色谱-三重四级杆串联质谱仪（杭州谱育科技发展有限公司，中国），搭配固相微萃取自动进样器。色谱柱型号：Agilent DB-5MS（30 m×0.25 mm×0.25 μm）。

甲醇（上海安谱实验科技股份有限公司，美国）；氯化钠（中国医药集团有限公司，中国）；2 种藻源性致嗅物质混合标准溶液（混标 1）：2-甲基异莰醇（2-MIB）、土臭素（GSM）（北京迪马科技有限公司，中国）；6 种工业源致嗅物质混合标准溶液（混标 2）：2，5，5-三甲基-1，3-二氧六环（TMD）；2-乙基-4-甲基-1，3-二氧戊环（2-EMD）；2-乙基-5，5-二甲基-1，3-二氧六环（2-EDD）；2-异丙基-5，5-二甲基-1，3-二氧六环（2-IDD）；双（2-氯-1-甲基乙基）醚（DCIP）（天津阿尔塔科技有限公司，中国）；2-异丁基-3-甲氧基吡嗪（IBMP）[安诺伦（北京）生物科技有限公司，中国]。

7 种致嗅物质使用液：取混标 1、混标 2 用甲醇稀释同一溶液至 10 μg/L，使用液于 4 ℃以下冷藏密封避光保存。IBMP 内标使用液：取一定量 IBMP 标准溶液，使用甲醇将标准溶液稀释至 50 μg/L，使用液于 4 ℃以下冷藏密封避光保存。

2.2 样品采集与前处理

样品采集使用具有聚四氟乙烯瓶盖内垫的棕色玻璃瓶，用不锈钢采样器于水下 0.5 m 处采集水样装入棕色玻璃瓶至满瓶，瓶中不可有气泡，密封冷藏保存，24 h 内完成实验。

实验前使用移液管准确移取 10.0 mL 样品于装有 2.5 g 氯化钠的顶空瓶中，加入一粒磁力搅拌子后摇匀，随后使用移液枪添加 10 μL 内标使用液，旋紧瓶盖后上机测试。

2.3 固相微萃取条件

固相微萃取纤维规格为 75 μm PDMS/DVB/CAR；萃取温度 70 ℃；萃取时间 15 min；搅拌速率 500 r/min；解析温度 240 ℃；解析时间 4 min。

2.4 色谱条件

进样口温度为 240 ℃，采用不分流进样；升温程序为起始 50 ℃，保持 1 min，5 ℃/min 升至 200 ℃，保持 15 min，20 ℃/min 升至 240 ℃；载气为氦气，流量 1.0 mL/min。

2.5 质谱条件

离子源为 EI，选择离子扫描（SIM）方式，离子源温度为 250 ℃，四级杆温度为 150 ℃，传输线温度为 260 ℃，离子化能量为 70 ev。8 种致嗅物质的内标保留时间和特征离子详见表 1。

表 1 7 种致嗅物质的内标保留时间和特征离子

待测组分	保留时间/min	定量离子/（m/z）	定性离子/（m/z）	说明
2-EMD	4.93	87	59、72	目标化合物
TMD	5.93	56	115、69	目标化合物
2-EDD	8.50	56	115、69	目标化合物
2-IDD	10.10	115	69、56	目标化合物
DCIP	12.30	45	121、107	目标化合物
IBMP	15.81	124	94、151	内标化合物
2-MIB	16.23	135	95、107	目标化合物
GSM	19.04	124	112	目标化合物

3 结果与讨论

3.1 方法验证

3.1.1 标准曲线

取使用液用纯水配制标准曲线系列，标准序列浓度分别为 5 ng/L、10 ng/L、20 ng/L、50 ng/L、100 ng/L、200 ng/L（内标物浓度 50 ng/L），采用优化后方法进行检测，校正曲线拟合方式为内标法最小二乘法线性拟合。以各目标物相对峰面积为纵坐标，目标物标准溶液的质量浓度（ng/L）为横坐标，建立标准曲线。结果显示，在 5~200 ng/L 的线性范围内，检测的待测物质线性系数均大于 0.99，线性良好（见表 2）；7 种致嗅物质的 TIC 见图 1。

表 2 标准曲线方程与相关性

待测组分	曲线方程	线性系数（r^2）
2-EMD	$y = 0.001\,0x - 0.004\,3$	0.998 9
TMD	$y = 0.004\,6x - 0.030\,0$	0.991 7
2-EDD	$y = 0.008\,0x + 0.010\,4$	0.995 2
2-IDD	$y = 0.005\,8x - 0.013\,2$	0.994 9
DCIP	$y = 0.013\,4x + 0.103\,9$	0.996 9
2-MIB	$y = 0.002\,4x - 0.009\,8$	0.997 4
GSM	$y = 0.002\,5x + 0.011\,1$	0.996 6

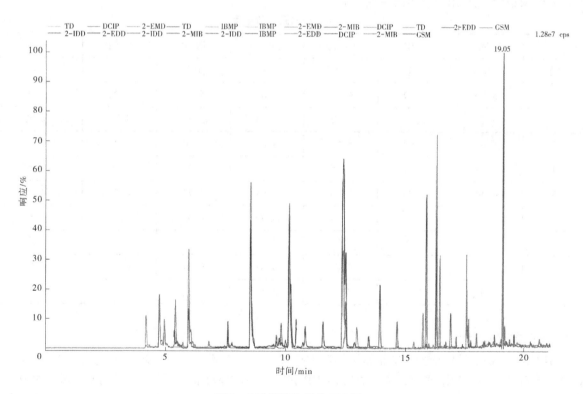

图 1 7 种致嗅物质的 TIC 图

3.1.2 精密度与准确度

取使用液用纯水配制目标物浓度为 50 ng/L 的溶液（内标浓度 50 ng/L），采用本文方法重复 6 次实验，根据分析结果计算精密度。结果显示，待测物质计算的相对标准偏差均在 10% 以内，精密度良好（见表3）。

表3 精密度与准确度实验结果 单位：ng/L

待测组分	2-EMD	TMD	2-EDD	2-IDD	DCIP	2-MIB	GSM
1	38.77	36.66	54.06	66.55	50.68	47.63	49.51
2	37.69	34.50	52.87	66.28	49.85	51.61	48.97
3	41.00	40.29	56.06	59.49	53.83	49.97	46.14
4	43.23	43.32	59.40	68.75	56.11	53.57	50.20
5	36.13	38.85	55.96	67.31	51.91	50.76	52.02
6	43.28	40.93	59.85	78.47	51.35	51.42	52.76
相对标准偏差/%	7.41	8.06	4.97	9.04	4.11	3.88	4.73
测定均值	40.0	39.1	56.4	67.8	52.3	50.8	49.9
相对偏差/%	20.0	21.8	12.7	35.6	4.6	1.7	0.1
回收率/%	77.6	74.6	110.0	133.1	102.7	100.5	98.1

3.1.3 检出限

使用纯水配制7瓶目标物浓度为5 ng/L的溶液（内标浓度50 ng/L），采用本文方法进行检测，计算7次平行测定的标准偏差 S，并按照《环境监测分析方法标准制订技术导则》（HJ 168—2020）中公式 $MDL = t\,(n-1,\,0.99) \times S$，计算得到方法检出限范围为 1.13 ~ 3.58 ng/L，均低于7种致嗅物质已知嗅阈值[12]，检出限实验结果见表4。

表4 检出限实验结果 单位：ng/L

待测组分	2-EMD	TMD	2-EDD	2-IDD	DCIP	2-MIB	GSM
嗅阈值	5-884	10	10	—	197	10	4
1	5.00	4.99	4.97	5.00	5.00	5.00	5.00
2	3.83	5.70	4.27	3.34	3.72	4.20	4.92
3	4.62	7.96	5.08	3.42	5.30	5.26	5.02
4	2.92	4.44	3.26	2.94	4.05	3.89	3.50
5	4.54	5.85	5.24	4.98	4.77	4.78	4.79
6	4.14	4.89	5.74	3.90	4.33	4.34	4.30
7	5.28	5.70	3.83	4.29	3.82	4.41	4.81
S	0.79	1.14	0.87	0.81	0.61	0.36	0.55
MDL	2.48	3.58	2.73	2.54	1.92	1.13	1.73

3.2 与已有方法的对比

本方法与气相色谱–质谱法的精密度都在10%以内，总体来看，7种物质不同方法的精密度没有显著差异趋势。从检出限来看，本方法的2-MIB和GSM检出限值均低于生活饮用水的检验方法，考虑到本方法的萃取样品体积为10 mL，而生活饮用水方法的萃取样品量为40 mL，因此在同等取样体积条件下本方法的检出限将明显更低；本方法工业源致嗅物质检出限相较水利学会团体标准的固相萃取气质方法明显低一个数量级（见表5），另考虑到固相萃取方法的样品体积为1 L，采送样的便利性明显不及本方法。

表5 藻源性致嗅物质检测方法特性指标比对

待测组分	检出限/（ng/L）		精密度/%	
	手动进样−顶空固相微萃取−气相色谱−质谱法（萃取样品体积 40 mL）	自动进样−顶空固相微萃取−气相色谱−三重四级杆质谱法（萃取样品体积 10 mL）	手动进样−顶空固相微萃取−气相色谱−质谱法	自动进样−顶空固相微萃取−气相色谱−三重四级杆质谱法
2-MIB	2.2	1.13	6.5	3.9
GSM	3.8	1.73	5.8	4.7

从样品萃取前处理的工作效率来看，本方法的自动进样−顶空固相微萃取不需要额外添加有机试剂，控温稳定、重现性好，自动化程度高，可实现大批量样品的无人值守自动检测。由于致嗅物质具有一定挥发性，手动固相萃取操作步骤多[13]，在氮吹浓缩环节导致损失的可能性较大[14]。因此，本方法的前处理相较其他两种方法具有明显的优越性（见表6）。

表6 工业源致嗅物质检测方法特性指标比对

待测组分	检出限/（ng/L）		精密度/%	
	手动进样−固相萃取−气相色谱−质谱法（萃取样品体积 1 000 mL）	自动进样−顶空固相微萃取−气相色谱−三重四级杆质谱法（萃取样品体积 10 mL）	气相色谱−质谱法	气相色谱−三重四级杆质谱法
2-EMD	50	2.48	6.3	7.4
TMD	60	3.58	2.7	8.1
2-EDD	30	2.73	2.7	4.9
2-IDD	80	2.54	1.5	9.0
DCIP	50	1.92	8.1	4.1

3.3 实际样品分析

基于优化后的方法，2023 年 4—5 月对黄浦江上游水系的干支流河道代表性断面进行了采样监测，监测断面位置见图 2。根据监测结果，工业源致嗅物质中，DCIP 普遍检出，其中干支流含量相对较低，部分支流上游河浜高出检出限 1 个数量级，个别断面高出 2 个数量级；2-EMD 多数断面有检出，其中干流断面含量较低，部分支流断面略高，少数支流上游小河浜内含量高出检出限 1 个数量级；2-EDD、2-IDD 和 TMD 基本未检出。藻源性致嗅物质中，2-MIB 在干流中普遍检出，其含量高出检出限 1 个数量级；GSM 检出率不高，检出断面的含量略高于检出限。

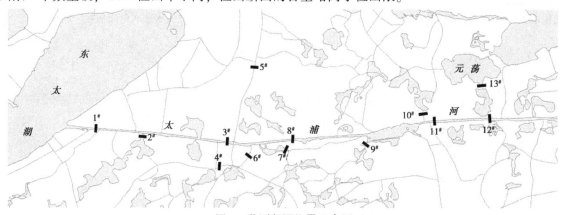

图 2 监测断面位置示意图

4　结论与展望

本文建立了顶空固相微萃取–气相色谱–三重四级杆质谱法同时测定水中 7 种致嗅物质的方法。本方法操作简便，通过自动顶空固相微萃取前处理和色谱、质谱条件的优化，使各待测致嗅物质组分检出限均低于已知嗅阈值，实验各项质控数据均满足《水环境监测规范》（SL 219—2013）[15] 要求，样品完成制备后可无人值守，检测过程简便快速，能够满足大批量样品的连续检测需求，有助于水源地致嗅物质预警监测和污染筛查溯源工作的开展，可为流域供水安全保障提供技术支撑。

参考文献

［1］ 代倩子，季冠宁，徐兆安，等．基于多元线性回归对太浦河水源地 2-MIB 的预警研究［C］// 2022 中国水利学术大会论文集：第二分册．郑州：黄河水利出版社，2022：410-414.

［2］ 于建伟，李宗来，曹楠，等．无锡市饮用水嗅味突发事件致嗅原因及潜在问题分析［J］．环境科学学报，2007，27（11）：1771-1777.

［3］ 庞一鸣，陈淑华，徐杭州，等．伪鱼腥藻（*Pseudanabaena* sp.）及其产生 2-甲基异莰醇（2-MIB）的研究进展［J］．生态学杂志，2021，40（5）：1530-1548.

［4］ 姚子鸢．原水藻类暴发事件中藻类和致嗅物质的应急处理［J］．净水技术，2023，42（2）：177-184.

［5］ 李勇，陈超，张晓健，等．东江水中典型致嗅物质的调查［J］．中国环境科学，2008（11）：974-978.

［6］ 郭庆园，王春苗，于建伟，等．饮用水中典型嗅味问题及其研究进展［J］．中国给水排水，2020，36（22）：82-88.

［7］ 王春苗，赵宇，杨凯，等．饮用水嗅和味的感官评价方法及其研究进展［J］．中国给水排水，2018，34（2）：18-23.

［8］ 魏魏，郭庆园，赵云云，等．顶空固相微萃取–气质联用法测定水中 7 种致嗅物质［J］．中国给水排水，2014，30（18）：131-135.

［9］ 拜慧雯，许红睿，张利明，等．全自动顶空固相微萃取–气相色谱–三重四级杆质谱法测定生活饮用水中 12 种嗅味物质的含量［J］．理化检验（化学分册），2023，59（3）：350-355.

［10］ 刘建卓，陈秋玲，吴岳峻，等．顶空–固相微萃取–气相色谱/三重四级杆质谱法同时测定水体中 51 种异味物质［J］．质谱学报，2023，44（4）：576-588.

［11］ 张文锦，李志华，陈晓琴，等．气相色谱联合三重四级杆串联质谱法检测地表水中苯达松、乙草胺、异丙隆等 7 种常用除草剂残留［J］．中国测试，2022，48（10）：36-40.

［12］ 杨敏，于建伟，苏命，等．饮用水嗅味控制与管理技术指南［M］．北京：中国建筑工业出版社，2022.

［13］ 刘佳，张建柱，李洪鑫．水中嗅味的检测方法研究［J］．天津科技，2018，45（7）：32-34，38.

［14］ 徐枫，夏光平，虞霖，等．固相萃取–气相色谱质谱法同时测定水中 6 种致嗅物质［C］//2021 中国水利学术大会论文集：第三分册．郑州：黄河水利出版社，2021：466-470.

［15］ 中华人民共和国水利部．水环境监测规范：SL 219—2013［S］．北京：中国水利水电出版社，2013.

基于 REOF 的长江中下游降雨侵蚀力时空变化

王雪雯[1,2] 董晓华[1,2] 魏 冲[1,2] 龚成麒[1,2] 李 璐[1,2] 冷梦辉[1,2] 陈 玲[1,2]

（1. 三峡大学水利与环境学院，湖北宜昌 443002；
2. 三峡库区生态环境教育部工程研究中心，湖北宜昌 443002）

摘 要： 为探究长江中下游流域降雨侵蚀力时空变化，本研究基于长江中下游流域 119 个气象站点 41 年逐日降雨资料，采用日尺度的降雨侵蚀力模型、旋转经验正交函数（REOF）等方法分析长江中下游流域降雨侵蚀力的时空分布特征。研究结果表明：1979—2019 年长江中下游降雨侵蚀力整体呈上升趋势，年际波动显著。流域空间上年均降雨侵蚀力从西北向东南逐渐增加。长江中下游流域内沿海区域鄱阳湖环湖区（Ⅰ区）、长江干流及太湖（Ⅱ区）和湘江水系（Ⅴ区）水土流失风险将增加，因此应针对这些易侵蚀区地区加强水土流失监测工作并增加合适的水土保持措施。

关键词： 降雨；侵蚀；植被覆盖度；长江中下游地区；旋转经验正交函数

1 引言

土壤侵蚀是一个全球性的环境问题，会减少土壤深度和土壤有机质，降低农田生产力，同时还会抬高河床，并导致水库淤积等一系列生态问题。土壤侵蚀通常分为水力侵蚀、风力侵蚀和冻融侵蚀，其中水力侵蚀在长江流域内广泛发生。《中国水土保持公报（2021 年）》表明，2021 年长江流域共有 33.26 万 km² 土地存在土壤侵蚀现象，水力侵蚀约占 31.75 万 km²。长江中下游流域作为长江流域水土保持工作的重点区域之一，其中丹江口库区及上游、汉江上游、清江流域、长江干流、洞庭湖水系中游以及鄱阳湖水系上游是长江中下游流域水土流失的主要区域，这些地区面临着严重的水力侵蚀问题，导致了大面积的水土流失，反映了长江中下游流域水土保持工作的紧迫性和重要性。

降雨侵蚀力作为引起土壤侵蚀的动力因子之一，可作为衡量降雨导致土壤侵蚀的潜在能力[1]。研究长江中下游流域降雨侵蚀力时空分布特征对于区域水土保持规划、农业和生态保护以及灾害控制等具有重要意义。

2 研究区域概况

长江中下游是我国人口密集、经济最为发达的地区之一。该区域地跨湖北、湖南、江西、安徽、江苏、浙江、上海等 7 省（市），范围介于 106°~122°E、25°~35°N（见图 1），植被类型丰富多样，这一地区面临着水土流失的问题，根据《长江流域水土保持公报》可知，长江中下游水土流失面积为 4.7 万 km²，其中包括黄土高原、丘陵山区、红壤丘陵区、石山区等地，都被确定为国家水土流失重点预防区。因此，研究长江中下游地区降雨侵蚀力的时空变化特征能够为水土保持和环境保护提供重要的科学依据。

作者简介： 王雪雯（1997—），女，硕士研究生，研究方向为水文学及水资源。
通信作者： 董晓华（1972—），男，教授，主要从事水文学及水资源研究工作。

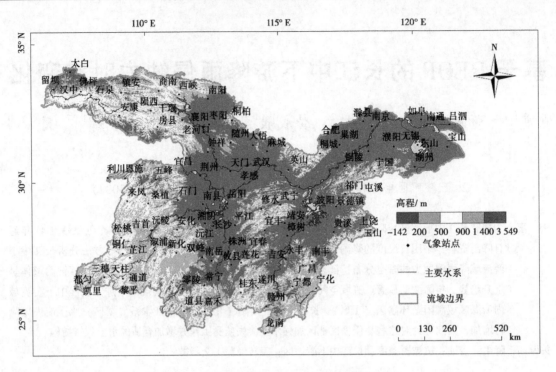

图 1　长江中下游 1979—2019 年流域概况图

3　数据与方法

3.1　数据来源

本研究主要采用长江中下游流域内 119 个国家气象的日降雨数据进行研究，气象数据来自中国气象数据网，时间长度为 41 年。

3.2　研究方法

3.2.1　降雨侵蚀力

降雨侵蚀力是一种反映潜在土壤侵蚀的动力指标，潜在土壤侵蚀力随着降雨侵蚀力的增大而增强，反之则减弱。基于前人的研究指出，在章文波等[2] 以及 Xie 等[3] 的模型计算全国降雨侵蚀力的过程中，Xie 等的模型的估算结果与实际降雨侵蚀力相对更接近，而章文波等的模型通常会高估降雨侵蚀力，因此本研究采用 Xie 等的模型进行研究。在 Xie 等的模型中，将日降雨量≥10 mm 的降雨定义为具有侵蚀性的降雨。计算公式为

$$R_i = \alpha \sum_{j=1}^{k} (P_d)^{1.726\,5} \tag{1}$$

式中：R_i 为一年中第 i 个月的降雨侵蚀力，MJ·mm/（hm^2·h）；k 为第 i 个月中日降雨量达到 10 mm 的天数；P_d 为第 i 个月中降雨量达到 10 mm 的第 j 天的日降雨量，mm；α 为参数，取值为 0.393 7（5—9 月）和 0.310 1（10 月至次年 4 月）。

3.2.2　旋转经验正交函数

旋转经验正交函数（rotating empirical orthogonal function，REOF）[4]，选择累计方差达到特定要求的前几个主成分作为荷载特征向量，然后对这些特征向量进行方差最大旋转。通过旋转可以得到更清晰的空间模态，更能反映特征的变化。相比传统的 EOF 分析，REOF 方法部分克服了每个荷载向量都较均匀地描述变量场变率结构的缺陷。其具体方法原理可参考相关文献[5-6]。本研究中将使用最大方差经验正交旋转对长江中下游 119 个站点的降雨侵蚀力进行分析，使旋转分解后得到的地理区域能表征整个长江中下游流域的降雨侵蚀力不同特征信息的整体结构。

4 结果与分析

4.1 基于 REOF 的长江中下游降雨侵蚀力分区结果

本研究对所选取的长江中下游 119 个站点 1979—2019 年的年均降雨侵蚀力进行 EOF 旋转，并通过 North 检验得到 6 个可以反映长江中下游年降雨侵蚀力的主要空间分布特征的空间模态。对已得到的 6 个空间模态进行 REOF 旋转，获得 6 个空间模态的方差贡献率以及累计方差贡献率（见表 1）。使用 ArcGIS 软件绘制长江中下游荷载向量的 6 个模态分布图，将每个模态分为 3 个阈值区间，调整每个区间的最优值，使其可视化分布（见图 2）。选取图 2 中深色部分的高荷载区绘制长江中下游地理分区示意图（见图 3）。

表 1　年长江中下游 119 个站点 6 个空间模态 REOF 结果

模态	方差贡献率	累计方差贡献率
1	0.14	0.14
2	0.10	0.24
3	0.08	0.32
4	0.08	0.40
5	0.06	0.46
6	0.06	0.52

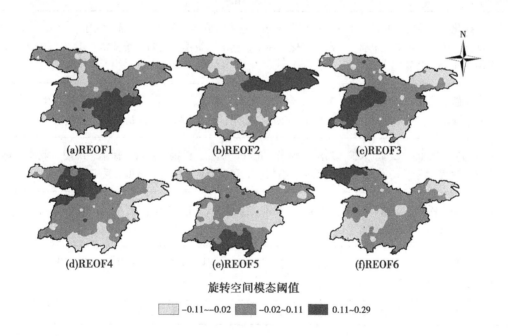

(a)REOF1　　(b)REOF2　　(c)REOF3

(d)REOF4　　(e)REOF5　　(f)REOF6

旋转空间模态阈值

　　-0.11~-0.02　　-0.02~0.11　　0.11~0.29

图 2　长江中下游降雨侵蚀力旋转空间模态分布

由图 3 可知，1979—2019 年长江中下游降雨侵蚀力可以分为 6 个地理分区，分别是鄱阳湖环湖区（Ⅰ区）、长江干流及太湖（Ⅱ区）、洞庭湖环湖区（Ⅲ区）、丹江口水库及以下干流（Ⅳ区）、湘江水系（Ⅴ区）、丹江口以上流域（Ⅵ区），其累计方差贡献率达 55%。长江中下游 119 个气象站点地理分区见表 2。

图 3　长江中下游地理分区示意图

表 2　长江中下游 119 个气象站点地理分区

区号	气象站点	数量
I	新化、马坡岭、长沙、湘阴、平江、株洲、莲花、宜丰、修水、阳新、武宁、庐山、靖安、南昌、樟树、永丰、宁都、广昌、宁化、南丰、南城、贵溪、波阳、景德镇、德兴、上饶、玉山、祁门、屯溪	29
II	孝感、武汉、麻城、英山、桐城、合肥、巢湖、铜陵、马鞍山、芜湖县、宁国、南京、滁县、濮阳、如皋、南通、无锡、昆山、东山、湖州、吕泗、宝山、盱眙	23
III	都匀、凯里、三穗、天柱、通道、黎平、芷江、铜仁、松桃、吉首、保靖、沅陵、溆浦、安化、常德、沅江、荆州、来凤、桑植、石门、监利、南县、洪湖、嘉鱼、岳阳	25
IV	南阳、陕西、十堰、房县、老河口、襄阳、枣阳、桐柏、钟祥、随州、大悟、天门、利川、建始、五峰、宜昌、恩施	17
V	道县、嘉禾、零陵、常宁、衡阳、南岳、双峰、攸县、桂东、井冈山、遂州、赣州、龙南、吉安、宜春	15
VI	太白、留坝、汉中、佛坪、商县、镇安、商南、西峡、石泉、安康	10

4.2　长江中下游降雨侵蚀力的时空变化趋势分析

　　1979—2019 年长江中下游年均降雨侵蚀力趋势分析如图 4 所示。由图 4 可知，1979—2019 年长江中下游降雨侵蚀力整体呈显著上升趋势，年均降雨侵蚀力为 5 828 MJ·mm/（hm²·h），年均变化速率为 13.97 MJ·mm/（hm²·h·a），年均降雨侵蚀力最大值和最小值出现在 2016 年和 1985 年，分别为 8 286 MJ·mm/（hm²·h）和 4 227 MJ·mm/（hm²·h），最大值约是最小值的 2 倍，降雨侵蚀力存在年际波动。

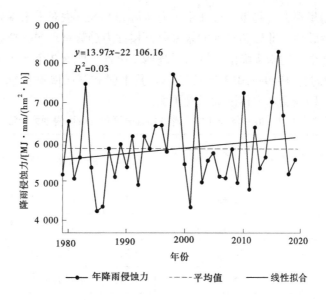

图 4   1979—2019 年长江中下游年均降雨侵蚀力趋势分析

1979—2019 年长江中下游年均降雨侵蚀力空间分布如图 5 所示。由图 5 可知, 1979—2019 年长江中下游降雨侵蚀力空间差异显著, 流域空间上年均降雨侵蚀力最高值和最低值分别为 11 379 MJ·mm/（hm²·h）和 2 100 MJ·mm/（hm²·h）, 年均降雨侵蚀力低值区主要集中在丹江口水库及以下干流（Ⅳ区）和丹江口以上流域（Ⅵ区）, 降雨侵蚀力高值区主要集中在鄱阳湖环湖区（Ⅰ区）和长江干流及太湖（Ⅱ区）, 流域内整体年均降雨侵蚀力在东部偏南较高, 在西北部较低。

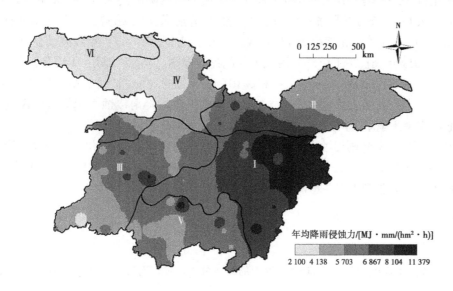

图 5   1979—2019 年长江中下游年均降雨侵蚀力空间分布

4.3   长江中下游各分区降雨侵蚀力时空变化分析

使用 R/S 重标极差法计算 Hurst 指数以及 MK 趋势检验计算 Z_c 值, 根据所得结果对长江中下游的 6 个分区 1979—2019 年的降雨侵蚀力进行未来趋势的分析（见表 3）。由表 3 可知, 在 1979—2019 年长江中下游 6 个地理分区中, 年均降雨侵蚀力最大值和最小值分别出现在 Ⅰ 区和 Ⅵ 区, 分别为 7 715 MJ·mm/（hm²·h）和 3 836 MJ·mm/（hm²·h）, 其中最大值约为最小值的 2 倍, 说明长江中下游年均降雨侵蚀力区域性差异显著。1979—2019 年, Ⅳ 区和 Ⅵ 区的降雨侵蚀力呈现下降趋势,其余各区的降雨侵蚀力均呈现上升趋势。长江中下游Ⅰ区和Ⅴ区过去对未来降雨侵蚀力趋势的持续性影响最为明显，呈现强持续性，Ⅱ区和Ⅲ区的未来降雨侵蚀力趋势呈现弱反持续性，即未来降雨侵蚀力存在下降趋势，其余2个区的未来降雨侵蚀力呈现弱持续性，即这2个区的降雨侵蚀力趋势和过去的一致性较弱。该结果表明，1979—2019年长江中下游Ⅰ区和Ⅴ区降雨侵蚀力未来持续显著增长，为降雨侵蚀力重点区域，即遭受水力侵蚀的风险更大。

表3　1979—2019年长江中下游各地理分区年均降雨侵蚀力特征

区号	年均降雨侵蚀力/ $[MJ \cdot mm/(hm^2 \cdot h)]$	变化速率/ $[MJ \cdot mm/(hm^2 \cdot h \cdot a)]$	Z_c 值	95%显著性趋势	Hurst 指数	未来趋势
Ⅰ	7 715	31.68	1.16	不显著上升	0.80	强持续性
Ⅱ	5 398	13.30	1.11	不显著上升	0.46	弱反持续性
Ⅲ	6 036	16.51	0.71	不显著上升	0.47	弱反持续性
Ⅳ	4 352	−5.91	−0.03	不显著下降	0.56	弱持续性
Ⅴ	6 192	19.29	0.95	不显著上升	0.75	强持续性
Ⅵ	3 836	−14.33	1.58	不显著下降	0.65	弱持续性

5 结论

本文选取长江中下游的119个气象站点1979—2019年的逐日降雨资料，揭示了长江中下游降雨侵蚀力时空变化特征，并基于REOF分析了长江中下游各分区降雨侵蚀力，研究结果如下：

（1）1979—2019年长江中下游降雨侵蚀力整体呈显著上升趋势，年均降雨侵蚀力为5 828 $MJ \cdot mm/(hm^2 \cdot h)$，年均变化速率为13.97 $MJ \cdot mm/(hm^2 \cdot h \cdot a)$，年际波动显著。

（2）1979—2019年长江中下游降雨侵蚀力空间差异显著，流域空间上年均降雨侵蚀力最高值和最低值分别为11 379 $MJ \cdot mm/(hm^2 \cdot h)$ 和2 101 $MJ \cdot mm/(hm^2 \cdot h)$，高值区主要出现在鄱阳湖环湖区（Ⅰ区）和长江干流及太湖（Ⅱ区），流域内整体年均降雨侵蚀力越靠近沿海地区水汽越大，表现为从西北向东南逐渐增加的趋势。

（3）根据长江中下游降雨侵蚀力时空分布特征，长江中下游流域内沿海区域鄱阳湖环湖区（Ⅰ区）和湘江水系（Ⅴ区）降雨侵蚀力未来持续显著增长，水土流失风险将增加，因此应对这些易侵蚀区地区加强水土流失监测工作并增加合适的水土保持措施。

参考文献

［1］殷水清，薛筱婵，岳天雨，等.中国降雨侵蚀力的时空分布及重现期研究［J］.农业工程学报，2019（35）：105-113.

［2］章文波，谢云，刘宝元.利用日雨量计算降雨侵蚀力的方法研究［J］.地理科学，2002（6）：705-711.

［3］Xie Y, Yin S Q, Liu B Y, et al. Models for estimating daily rainfall erosivity in China［J］. Journal of Hydrology, 2016, 35：547-558.

［4］Richman M B. Rotation of principal components［J］. International Journal of Climatology, 1986, 6（3）：293-335.

［5］陈子燊.珠江流域干旱时空变化的经验诊断分析［J］.中山大学学报（自然科学版），2020，59（4）：33-42.

［6］魏凤英.现代气候统计诊断与预测技术［M］.2版.北京：气象出版社，2007.

基于创新趋势分析方法的珠江流域年季降水变化特征研究

张　印[1,2]　宋利祥[1,2]　杨　芳[1,3]　张　炜[1,2]　王　强[1,2,4]

（1. 珠江水利委员会珠江水利科学研究院，广东广州　510611；
2. 水利部珠江河口治理与保护重点实验室，广东广州　510611；
3. 水利部粤港澳大湾区水安全保障重点实验室（筹），广东广州　510611；
4. 中山大学土木工程学院，广东广州　510275）

摘　要：为探究珠江流域降水变化特征，选取 44 个气象站 1959—2018 年逐日降水资料，采用创新趋势分析方法分析了珠江流域年季降水变化特征。结果表明：珠江流域和西江流域年降水随着降水强度的增加上升趋势逐渐加强，珠江三角洲年降水整体呈增加趋势。珠江流域和各区域春季和秋季降水整体呈下降趋势，而夏季和冬季降水整体呈上升趋势。珠江流域、北江流域和珠江三角洲夏季高等降水呈显著上升趋势；珠江流域、西江流域、北江流域冬季低等降水呈下降趋势。通过探究珠江流域不同量级年季降水变化趋势，可为珠江流域水资源管理和水旱灾害防治提供参考。

关键词：珠江流域；创新趋势分析方法；年季降水

1　引言

全球变暖已成为科学界的共识，对水文循环的影响不可忽视。降水作为水文循环的重要组成部分，其变化与洪水和干旱等极端水文事件密切相关，对社会经济发展和人类生产生活影响显著。因此，有必要对变化环境下降水的演变趋势开展深入研究。

国内外学者针对降水演变特征开展了相关研究。熊美等[1] 研究发现，1951—2021 年贵州省年降雨量显著下降，其中冬季降水量呈上升趋势，春季、夏季、秋季均为下降趋势。付铁文等[2] 研究发现，1961—2014 年粤港澳大湾区年、冬季、春季降水量呈不显著上升趋势。上述研究大多采用 Mann-Kendall 检验、线性回归等趋势分析方法。2012 年，Sen[3-4] 提出了创新趋势分析方法，该方法具有轻松识别大中小值趋势的优势，目前已被学者应用于分析水文和气象变量的趋势[5-6]。采用创新趋势分析方法开展降水演变分析，可诊断出不同量级降水变化趋势，为水资源管理与水旱灾害防御提供参考。

珠江流域暴雨频繁，洪水灾害是流域内发生频率最高、危害最大的自然灾害之一。珠江流域整体属于丰水地区，但水资源时空分布不均，干旱时有发生。本文基于珠江流域内 44 个气象站点 1959—2018 年逐日降水数据，采用创新趋势分析方法，综合分析珠江流域不同量级降水在年季尺度上的时空演变特征，以期较全面地揭示变化环境下降水演变特征，为珠江流域水资源管理和水旱灾害防治提供参考。

基金项目：国家重点研发计划项目（2021YFC3001000）；广州市基础与应用基础研究专题（2023A04J1024）。

作者简介：张印（1994—），女，工程师，主要从事水文水资源研究工作。

通信作者：杨芳（1978—），女，副院长，主要从事珠江河口治理与保护、水环境水生态修复、洪（潮）涝灾害防御等领域的基础理论和应用技术研究工作。

2 数据与方法

2.1 研究区域

珠江流域地处我国低纬度热带、亚热带季风区，位于 102°14′~115°53′E、21°31′~26°49′N，是我国第三大流域，流域面积 4.42×10⁵ km²，年流量居我国第二位。珠江由西江、北江、东江及珠江三角洲诸河组成。西河流域面积 3.53×10⁵ km²，占珠江流域总面积的 77.8%，北江流域、东江流域和珠江三角洲分别约占流域总面积的 10.4%、5.9% 和 5.9%。珠江三角洲已成为世界上人口最多、面积最大的城市群之一，正携手中国香港、澳门两个特别行政区建设粤港澳大湾区。

珠江流域气温高，降水丰富，雨热同期。多年平均温度在 14~22 ℃，多年平均降水量 1 200~2 200 mm。流域降水量地区分布总趋势是由东向西递减，受地形变化等因素影响形成众多的降雨高、低值区。降水量年内分配不均匀，4—9 月降水量约占全年降水量的 70%~85%。

2.2 数据

本文选取由国家气候中心提供的珠江流域降水序列较为完整的 44 个气象站 1959—2018 年的逐日降水观测数据，对数据进行质量控制和缺失数据插补延长。

季节定义如下：春季（3—5 月），夏季（6—8 月），秋季（9—11 月）和冬季（12 月至次年 2 月）。降水强度根据百分位数分为三类[7]：低等（<10%）、中等（10%~90%）和高等（>90%）。

2.3 方法

创新趋势分析方法将研究变量的序列划分为两个长度相同的子序列，按照升序进行排列后绘制散点图（见图 1）。如果散点位于 1∶1（45°）线附近，则认为该序列无显著变化趋势；如果散点落在 1∶1 线的上三角区域，则意味着该序列具有上升趋势，相反，则认为时间序列呈下降趋势。

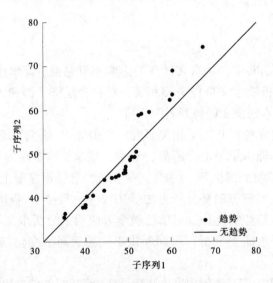

图 1 创新趋势分析方法散点图

为了定量评估创新趋势分析方法，Sen[8] 提出了显著性检验。在这种方法中，时间序列被分成两个相等的部分，并且分别计算它们的算术平均值（$\bar{y}_1$ 和 $\bar{y}_2$）。趋势斜率计算如下：

$$E(s) = \frac{2}{n}\left[E(\bar{y}_2) - E(\bar{y}_1)\right] \tag{1}$$

$$\sigma_s^2 = \frac{8}{n^2}\left[E(\bar{y}_2{}^2) - E(\bar{y}_2\bar{y}_1)\right] \tag{2}$$

$$\rho_{\bar{y}_2\bar{y}_1} = \frac{E(\bar{y}_2\bar{y}_1) - E(\bar{y}_2)E(\bar{y}_1)}{\sigma_{\bar{y}_2}\sigma_{\bar{y}_1}} \tag{3}$$

$$\sigma_s^2 = \frac{8}{n^2} \frac{\sigma^2}{n} (1 - \rho_{\bar{y}_2 \bar{y}_1}) \tag{4}$$

式中：$E(s)$ 为斜率的一阶矩；n 为数据长度；ρ 为两部分之间的互相关系数；σ_s^2 为趋势斜率的方差，σ^2 为序列的方差。

趋势斜率的置信区间计算如下：

$$CL_{(1-\alpha)} = 0 \pm S_{cri}\sigma_s \tag{5}$$

式中：S_{cri} 为在一定置信水平下从标准正态分布中获得的值；σ_s 为趋势斜率标准差。

如果趋势斜率超过置信上限（下限），则被视为显著增加（减少）趋势。如果不满足这些条件，在一定的置信水平上就没有统计学上显著的趋势。在本研究中，考虑了 0.05 的显著性水平。

3 结果与分析

3.1 年降水趋势

采用创新趋势分析方法分析珠江流域和各区域不同量级降水的变化趋势（见图 2）。

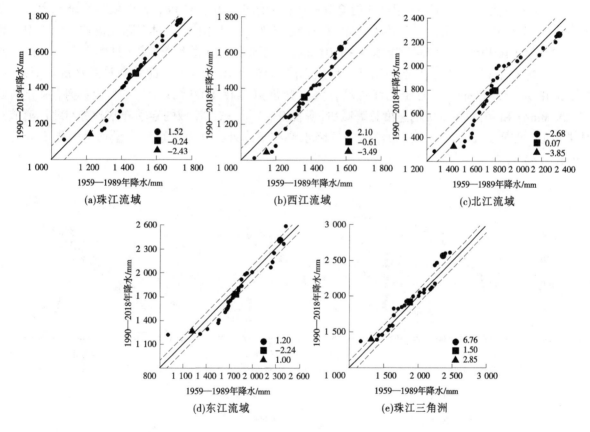

注：图中●、■、▲分别代表高、中、低等降水平均值，余同。

图 2 年降水创新趋势分析结果

随着降水强度的增加，珠江流域年降水上升趋势逐渐加强，其中低等降水呈现出约-5%的下降趋势，而高等降水则呈现出约+5%的上升趋势[见图 2(a)]。低等降水以-2.43 mm/a 的速度呈下降趋势，中等降水以-0.24 mm/a 的速度非显著性下降，而高等降水以 1.52 mm/a 的速度增加。西江流域与珠江流域具有相似的趋势。低等降水位于-5%带以下，而高等降水位于+5%带附近[见图 2(b)]。低等降水以-3.49 mm/a 的速度呈显著下降趋势，中等降水以-0.61 mm/a 的速度呈显著下降趋势，高等降水以 2.10 mm/a 的速度增加。就北江流域而言，低等降水和高等降水都位于

-5%带附近，分别以-3.85 mm/a 和-2.68 mm/a 的速度下降；而中等降水则以 0.07 mm/a 的速度略呈上升趋势［见图 2(c)］。东江流域的低等降水和高等降水分别以 1.00 mm/a 和 1.20 mm/a 的速度呈增加趋势；而中等降水则以-2.24 mm/a 的速度下降［见图 2(d)］。在珠江三角洲，大部分点位于 1:1 线以上，年降水总体呈增加趋势，低、中、高等降水分别以 2.85 mm/a、1.50 mm/a 和 6.76 mm/a 的速度增加［见图 2(e)］。

总体而言，珠江流域不同区域年降水呈现出不同变化趋势。珠江流域和西江流域年际降水变化增大，丰水年和枯水年之间的差距进一步加大，可能导致该区域干旱和洪水进一步加剧；北江流域和西江流域年降水无单调变化趋势；珠江三角洲年降水整体呈上升趋势。

3.2 季节降水趋势

珠江流域易遭受洪水灾害，干旱时有发生。流域洪水出现时间与暴雨一致，多集中在 4—9 月；珠江流域枯水期一般为 11 月至次年 3 月，水资源供需矛盾不容忽视。洪水对高等降水的变化更为敏感，而干旱则对低等降水的变化更为敏感[9]。因此，除关注降水序列总体趋势外，本文也重点分析了夏季强降水和冬季轻度降水的变化特征。

图 3~图 6 为季节尺度下采用创新趋势分析所得的结果。珠江流域和各区域春季降水大多数点落在 1:1 线的下三角区域，表明春季降水以下降趋势为主（见图 3）。对于珠江流域，低、中、高等降水均呈下降趋势，其中高等降水以-3.01 mm/a 的速度呈显著下降趋势［见图 3(a)］。西江流域除低等降水略有上升外，其他类别降水均呈下降趋势［见图 3(b)］，此外高等降水量显著减少，减少速度为-1.84 mm/a。对于北江流域，大多数散点落在 1:1 线以下，中、高等降水分别以-2.09 mm/a 和-3.11 mm/a 的速度显著减少［见图 3(c)］。东江流域的春季降水趋势与北江流域的结果相似［见图 3(d)］。珠江三角洲除中等降水略有下降外，其他类别降水量均呈轻微上升趋势［见图 3(e)］。

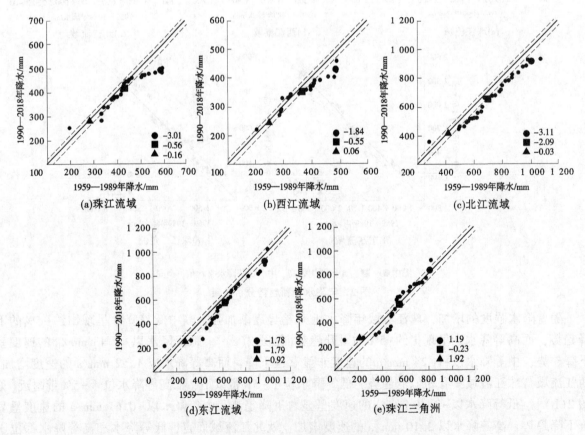

图 3 春季降水创新趋势分析结果

珠江流域和各区域夏季降水以增加趋势为主，大多数散点位于1∶1线以上（见图4）。珠江流域除低等降水呈下降趋势外，中、高等降水均呈上升趋势[见图4(a)]。西江流域的低等降水和高等降水均呈轻微下降趋势，而中等降水则呈上升趋势[见图4(b)]。对于北江流域而言，随着降水的增加，夏季降水上升趋势逐渐加强[见图4(c)]。其中，低等降水以-1.24 mm/a的速度减少，中、高等降水分别以1.02 mm/a和2.09 mm/a的速度增加。东江流域的低等降水和高等降水减少，而中等降水增加[见图4(d)]。珠江三角洲的夏季降水趋势与北江流域的结果相似，低等降水以-1.54 mm/a的速度减少，而中、高等降水分别以2.13 mm/a和7.73 mm/a的速度显著增加[见图4(e)]。

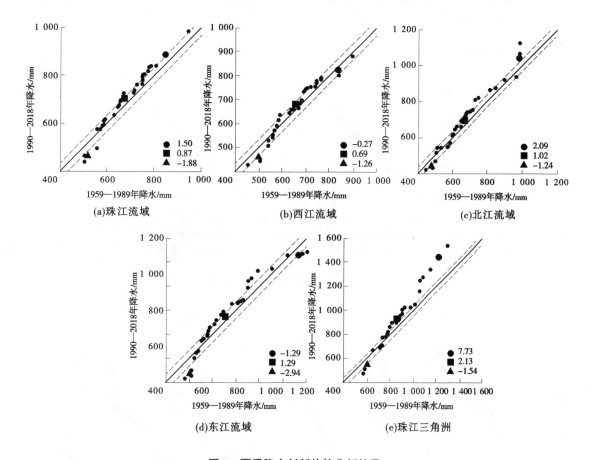

图4　夏季降水创新趋势分析结果

珠江流域和各区域秋季降水呈下降趋势，大部分散点位于1∶1线以下（见图5）。对于珠江流域、西江流域和东江流域，所有降水类别均呈下降趋势。对于北江流域，除高等降水呈增加趋势外，低、中等降水均显著下降，下降速度分别为-0.96 mm/a和-0.51 mm/a[见图5(c)]。珠江三角洲除低等降水呈增加趋势外，中、高等降水均显著下降，下降速度分别为-0.90 mm/a和-2.67 mm/a[见图5(e)]。

珠江流域和各区域冬季降水以增加趋势为主，大部分散点位于1∶1线以上（见图6）。对珠江流域而言，除低等降水呈下降趋势外，中、高等降水均显著增加，分别为0.65 mm/a和1.21 mm/a[见图6(a)]。西江流域和北江流域的冬季降水趋势与珠江流域相似，低等降水呈下降趋势，而中、高等降水显著增加[见图8(b)、(c)]。就东江流域和珠江三角洲而言，所有降水类别都呈增加趋势，其中，中、高等降水上升趋势显著[见图6(d)、(e)]。

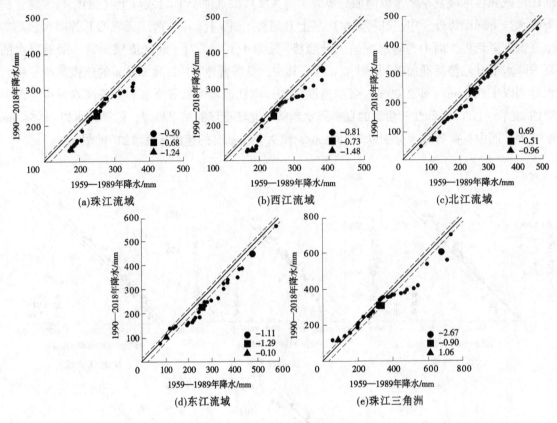

图 5　秋季降水创新趋势分析结果

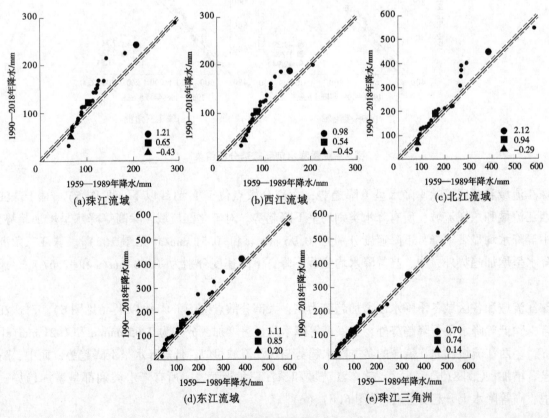

图 6　冬季降水创新趋势分析结果

4 结语

本文以珠江流域 44 个气象站点逐日降水量资料为基础，应用创新趋势分析方法揭示了 1959—2018 年珠江流域及各子区域年度和季节降水变化趋势，结果如下：

（1）珠江流域年降水随着降水强度的增加上升趋势逐渐加强。然而，不同区域的趋势不尽相同。西江流域与珠江流域具有相似的趋势；北江流域低等和高等降水呈上升趋势，中等降水呈下降趋势；东江流域年降水变化趋势与北江流域相反；珠江三角洲年降水总体呈增加趋势。

（2）珠江流域和各区域春季和秋季降水主要呈下降趋势，而夏季和冬季降水主要呈上升趋势。其中，珠江流域、北江流域和珠江三角洲夏季高等降水呈显著上升趋势，而西江流域与东江流域夏季高等降水呈下降趋势。珠江流域、西江流域、北江流域冬季低等降水呈下降趋势，东江流域与珠江三角洲冬季低等降水呈上升趋势。

参考文献

［1］熊美，周秋文，孙荣国. 1951—2021 年贵州气温和降雨变化特征［J］. 中山大学学报（自然科学版）（中英文），2023，62（6）：1-9.

［2］付铁文，徐宗学，陈浩，等. 粤港澳大湾区 1961—2014 年降水时空演变特征分析［J］. 水资源保护，2022，38（4）：56-65，74.

［3］Sen Z. Innovative Trend Analysis Methodology［J］. Journal of Hydrologic Engineering, 2012, 17（9）：1042-1046.

［4］Sen Z. Trend Identification Simulation and Application［J］. Journal of Hydrologic Engineering, 2014, 19（3）：635-642.

［5］邹磊，夏军，张印. 长江中下游极端降水时空演变特征研究［J］. 长江流域资源与环境，2021，30（5）：1264-1272.

［6］张印，王汉岗，佘敦先，等. 基于创新趋势分析方法的黄河年季降水变化特征研究［J］. 中国农村水利水电，2023（3）：30-38.

［7］Brunetti M, Maugeri M, Monti F, et al. Changes in daily precipitation frequency and distribution in Italy over the last 120 years［J］. Journal of Geophysical Research：Atmospheres, 2004, 109（D5）：5102.

［8］Sen Z. Innovative trend significance test and applications［J］. Theoretical and Applied Climatology. 2017, 127（3-4）：939-947.

［9］Grima A, Qin T, Wang H, et al. Study on recent trends of climate variability using Innovative Trend Analysis：The case of the upper Huai River Basin［J］. Polish Journal of Environmental Studies, 2020, 29（3）：2199-2210.

浑太防洪保护区洪水风险图编制

俞 茜[1,2,3] 丁志雄[1,2] 李 娜[1,2,3] 王 杉[1,2]

(1. 中国水利水电科学研究院，北京 100038；
2. 水利部防洪抗旱减灾工程技术研究中心（水旱灾害防御中心），北京 100038；
3. 水利部京津冀水安全保障重点实验室，北京 100038)

摘　要：洪水风险图编制是重要的洪水风险管理措施之一，可以直观地反映洪水风险要素的空间分布特征。本文以浑太防洪保护区为研究对象，构建了二维水动力学模型，分析了浑河、太子河等堤防未达标段、砂堤砂基、险工段等堤段溃堤洪水的演进过程与淹没情况。受整体地势影响，浑河左堤、太子河右堤辽阳段和海城段的溃堤洪水均会导致浑太胡同大面积被淹，而北沙河、白塔堡河溃堤洪水造成的淹没范围则相对较小。研究结果可为减轻浑太防洪保护区的洪水风险提供重要的基础支撑。

关键词：洪水风险图；浑河；太子河；防洪保护区；二维水动力模型

1　引言

洪水是世界范围内影响最严重的自然灾害之一，可能造成巨大的经济损失和人员伤亡[1]。随着城镇化的快速发展，人口以及各类社会经济活动不断向洪水高风险区扩展，加之气候变化的影响[2]，洪涝灾害的潜在威胁日趋严重[3-4]。为了有效减轻洪涝灾害的影响，各国陆续开展了洪水风险管理[5]。其中，洪水风险图编制是一项非常重要的洪水风险管理措施，也是摸清洪水风险底数的重要基础工作，可以直观地反映洪水可能淹没区域的洪水风险要素的空间分布特征。自20世纪50年代起，美国、欧洲、澳大利亚和日本等国相继开展了洪水风险图的编制工作，我国也从20世纪80年代起开始编制洪水风险图[6]，并于2013—2015年，组织开展了全国重点地区洪水风险图编制工作。目前，洪水风险图已被广泛应用于洪水保险、土地利用与空间规划、避险转移、风险公示以及洪水风险管理规划等领域，为执行相关法律、促进防洪减灾社会化与提高决策科学化水平提供了基础信息，并对推进洪水风险管理发挥了巨大的作用。

本文以浑太防洪保护区为研究对象，构建精细化二维水动力学模型，分析浑河、太子河等堤防溃决洪水的演进过程，编制反映洪水淹没水深等洪水风险要素信息空间分布的基本洪水风险图，以期为制定浑太防洪保护区的避险转移路径、提高防洪减灾能力、减轻或避免生命财产损失等提供重要的基础支撑。

2　研究区概况

浑太防洪保护区位于辽宁省中部，面积约2 001 km²，由浑河左岸和太子河右岸之间的广阔区域组成，涉及抚顺市的望花区、东洲区、新抚区，沈阳市的和平区、苏家屯区、浑南区、辽中县，辽阳

基金项目：国家重点研发计划资助（2022YFC3006400，2022YFC3006403）；长江联合基金项目（U2240203）；水利部水旱灾害防御战略研究人才创新团队项目（WH0145B042021）。

作者简介：俞茜（1987—），女，高级工程师，主要从事洪水风险管理与影响评价方面的研究工作。

市的太子河区、辽阳县、灯塔市以及鞍山市的海城市等 11 个县（市）区。保护区内交通路网纵横交错，有长大、沈丹、抚顺等铁路，以及沈海、辽宁中部环线、沈阳绕城、丹阜等高速公路。

保护区内地势整体呈北高南低，河道堤防一旦溃决，洪水将由北向南宣泄。保护区内河渠众多，除浑河、太子河外，还涉及北沙河、白塔堡河、古城子河、东洲河等河流。保护区历史上主要遭受浑河干流和太子河干流的洪水灾害。

3 洪水淹没分析

3.1 计算范围确定

本文中，浑太防洪保护区左侧以浑河右岸堤防为界，上至大伙房水库坝下，下至三岔河；右侧以太子河左岸辽阳桥以下堤防为界；大伙房水库坝下至辽阳桥之间根据地形高程确定计算边界，从而形成封闭的计算范围（见图 1）。

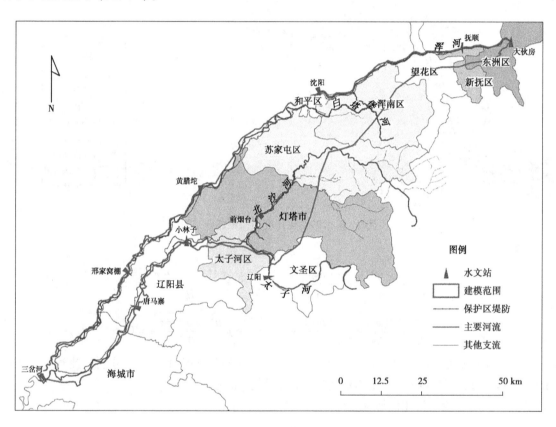

图 1　浑太防洪保护区计算范围示意图

3.2 溃口位置布设

溃口选择主要考虑河道险工险段、砂基砂堤、堤防未达标段、穿堤建筑物、堤防溃决后洪灾损失较大等情况。浑太防洪保护区内洪水主要来源于浑河、太子河、北沙河和白塔堡河。根据"最可能""最不利""代表性"三个原则，共设置 14 个溃口，其中浑河左岸设置 6 个溃口，太子河右岸设置 4 个溃口，北沙河左、右岸浑太防洪保护区设置 2 个溃口，白塔堡河左、右岸各设置 1 个溃口。浑太防洪保护区溃口位置分布见图 2。

3.3 洪水分析模型构建

防洪保护区内地表洪水演进采用二维水力学模型，控制方程采用二维浅水方程。
连续方程：

$$\frac{\partial H}{\partial t} + \frac{\partial M}{\partial x} + \frac{\partial N}{\partial y} = q \tag{1}$$

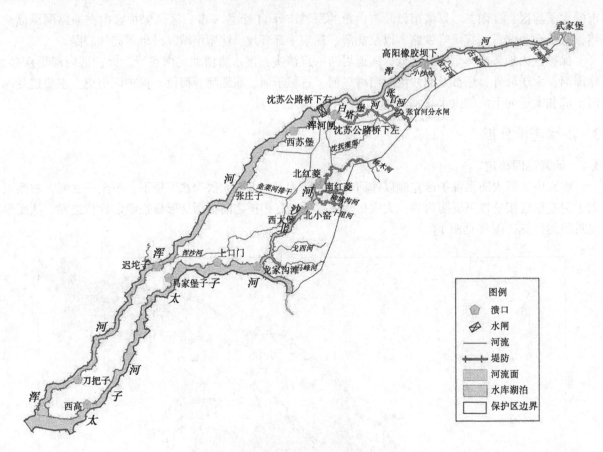

图 2　浑太防洪保护区溃口位置分布图

动量方程：

$$\frac{\partial M}{\partial t} + \frac{\partial (uM)}{\partial x} + \frac{\partial (vM)}{\partial y} + gH\frac{\partial Z}{\partial x} + g\frac{n^2 u\sqrt{u^2+v^2}}{H^{1/3}} = 0 \tag{2}$$

$$\frac{\partial N}{\partial t} + \frac{\partial (uN)}{\partial x} + \frac{\partial (vN)}{\partial y} + gH\frac{\partial Z}{\partial y} + g\frac{n^2 v\sqrt{u^2+v^2}}{H^{1/3}} = 0 \tag{3}$$

式中：H 为水深；Z 为水位；M、N 分别为 x 方向、y 方向的单宽流量；u、v 分别为流速在 x 方向、y 方向的分量；n 为糙率系数；g 为重力加速度；t 为时刻；q 为源汇项。

防洪保护区堤防溃决采用侧堰入流计算：

$$Q = m\left(1 - \frac{v_1}{\sqrt{gh_1}}\sin\alpha\right) b\sqrt{2g}H_1^{3/2} \tag{4}$$

式中：m 为一般正堰时的流量系数；v_1 为侧堰首端河渠断面的平均流速；h_1 为侧堰首端河渠断面水深；α 为水流方向与溃口出流方向的夹角；b 为溃口的宽度；H_1 为堰上水头。

模型既考虑保护区内河渠的导水作用，也考虑高于地面线状地物（公路、铁路及堤防等）的阻水作用，以及涵洞的过水作用。当洪水演进至保护区内的堤防、道路时，洪水以漫溢方式演进至堤防、道路的另一侧；河道型特殊通道有宽度、深度，可容纳水流，并与两侧的网格交换水量，同时具有顶高程属性，分别对应河道两边的堤高[7]。若河道中或是相邻网格的水位超出堤高，就会发生水量交换。此外，对于研究区域内有通水作用的桥涵，将其概化为模型中相应的工程类型。

以保护区计算范围作为外边界，以道路、堤防、河流等作为内部约束剖分网格，其中针对滩地较大的河流，将主河槽和滩地分开剖分网格。据此，将浑太防洪保护区剖分为 107 906 个不规则网格，网格最大面积控制在 0.1 km² 以内，其中将浑河、太子河等较宽的河道作为河道型网格处理。不规则网格对复杂地形的适应性好，网格边（通道）可顺阻水建筑物（堤防、道路）、导水建筑物（河渠），因此地形概化较接近实际。本次网格共有通道 217 169 条，其中将重要的堤防、道路设置为阻水型通道，模型保护区通道的局部示意图如图 3 所示。

图 3　模型保护区通道的局部示意图

3.4　模型参数率定和模型验证

浑河采用 2005 年实测洪水进行参数率定，采用 2010 年实测洪水进行模型验证；太子河采用 2010 年实测洪水进行参数率定，采用 2012 年实测洪水进行模型验证。模型主要参数是糙率，率定结果显示，浑河主河槽糙率为 0.02~0.03，滩地糙率为 0.08~0.12；太子河主河槽糙率为 0.025~0.035，滩地糙率为 0.04~0.06。由于保护区内土地利用变化大，难以采用已有历史资料进行参数率定，因此根据以往研究成果及经验，针对保护区内不同土地利用类型赋值糙率。

利用洪峰流量相对误差和最高水位的绝对误差来评定模拟精度。结果表明，洪峰流量相对差值均控制在 10% 以内，最高水位差值控制在 20 cm 以内[8]。河道洪水过程与实测洪水相位较吻合，洪峰水位绝对差值、洪峰流量相对差值满足精度要求。

4　结果分析

4.1　溃口分洪过程

本文以浑河左堤的迟坨子溃口和太子河右堤的尤家沟滩溃口为例，河道内设计洪水选择溃口所在河段的超标准洪水。溃口的始末形态设置为梯形，始末宽度分别为 100 m 和 200 m，宽度变化随时间线性扩展。迟坨子溃口和尤家沟滩溃口的进洪量分别为 46.815 亿 m³ 和 33.923 亿 m³，与保护区内淹没水量和流出保护区的水量之和相比，相对误差分别为 7.87×10^{-11} 和 2.81×10^{-9}，满足《洪水风险图编制导则》（SL 483—2017）中对水量平衡的要求。

4.2　洪水演进过程

当太子河发生超标准洪水后，尤家沟滩溃口的溃决洪水最初向西北扩散，而后顺地势逐步向浑太胡同演进，由于辽中环线高速公路设计不阻水，因此洪水未受到明显阻碍，此后在向浑太胡同演进的过程中，先后受阻于腾于线和鞍羊线，当水深与路面齐平后，洪水漫溢过阻水道路继续向南演进，同时在洪水演进方向的左侧，受到佟东线的阻水作用，仅少量洪水漫过佟东线。最终，洪水束缚于浑河左堤和太子河右堤之间，致浑太胡同大面积被淹（见图 4）。

当浑河发生 100 年一遇洪水时，迟坨子溃口的溃决洪水最初顺地势向南扩散，此后洪水在腾于线和鞍羊线受阻，随着进洪量增大，洪水漫过腾于线和鞍羊线，向浑太胡同深处演进，而后越过东韭线继续演进，并受浑河左堤和太子河右堤的阻水作用，洪水在浑太胡同慢慢累积，同样在洪水演进的左侧，受到佟高线的阻水作用，部分洪水漫溢后，演进至佟高线与太子河右堤之间，最终致浑太胡同几乎均被淹没（见图 5）。

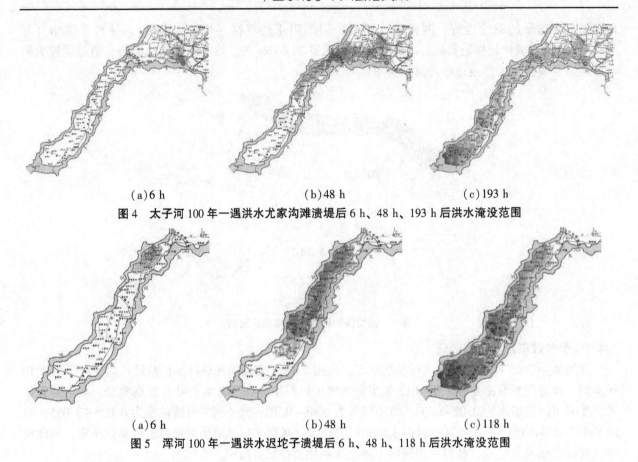

(a) 6 h　　　　　　　　(b) 48 h　　　　　　　　(c) 193 h

图 4　太子河 100 年一遇洪水尤家沟滩溃堤后 6 h、48 h、193 h 后洪水淹没范围

(a) 6 h　　　　　　　　(b) 48 h　　　　　　　　(c) 118 h

图 5　浑河 100 年一遇洪水迟坨子溃堤后 6 h、48 h、118 h 后洪水淹没范围

5　结论

本文针对浑太防洪保护区，构建了河道和保护区整体二维水动力学模型，在浑河、太子河、北沙河和白塔堡河的堤防未达标段、砂堤砂基、险工险段等堤段布设了 14 个溃口，模拟分析了溃决洪水的演进与淹没情况。研究结果表明：浑河左堤辽阳段和海城段的溃堤洪水会导致浑太胡同大范围被淹；太子河右堤辽阳段和海城段的溃堤洪水不仅会导致浑太胡同大范围被淹，且受淹程度可能较之浑河左堤的溃堤洪水更加严重；位于浑河上游抚顺市辖区段的溃堤洪水淹没范围和影响明显小于下游溃口；北沙河、白塔堡河溃堤洪水的淹没范围及洪水影响相对较小。研究结果可为提高辽宁省浑太防洪保护区的防洪减灾能力、减轻洪水风险等提供重要的基础支撑。

参考文献

[1] Hirabayashi Y, Mahendran R, Koirala S, et al. Global flood risk under climate change [J]. Nature Climate Change, 2013 (3)：816-821.

[2] Kreibich H, Van Loon A F, Schröter K, et al. The challenge of unprecedented floods and droughts in risk management [J]. Nature, 2022, 608：80-86.

[3] 程晓陶，刘昌军，李昌志，等. 变化环境下洪涝风险演变特征与城市韧性提升策略 [J]. 水利学报, 2022, 53 (7)：757-768, 778.

[4] 张建云，王银堂，贺瑞敏，等. 中国城市洪涝问题及成因分析 [J]. 水科学进展, 2016, 27 (4)：485-491.

[5] 俞茜，李娜，王艳艳. 基于韧性理念的洪水管理研究进展 [J]. 中国防汛抗旱, 2021, 31 (8)：19-25.

[6] 向立云. 关于我国洪水风险图编制工作的思考 [J]. 中国水利, 2005 (17)：14-16.

[7] 王静，李娜，程晓陶. 城市洪涝仿真模型的改进与应用 [J]. 水利学报, 2010, 41 (12)：1393-1400.

[8] 向立云. 洪水风险图编制若干技术问题探讨 [J]. 中国防汛抗旱, 2015, 25 (4)：1-7, 13.

智慧水利·数字孪生·水利信息化

数字孪生水文站研究与应用

安 觅[1,2]　隆 威[1,2]　李 瑶[1,2]

(1. 水利部南京水利水文自动化研究所，江苏南京　210012；
2. 江苏南水科技有限公司，江苏南京　210012)

摘　要： 以物理水文站控制区域为单元、多源数据为基础、模型库为核心、软件平台为载体，对接入水文站各类要素监测信息、设备工况信息、视频监控等进行数字化建模仿真、智能模拟、迭代优化，实现监测手段自动化、信息采集立体化、数据处理智能化，提升了水文测报的准确性和时效性，为水文现代化建设提供技术支撑。

关键词： 物理水文站；多源数据；迭代优化；水文现代化

1　引言

水文站是水文测验最基础的设施，水位、雨量、流速、流量等监测信息是水情测报最基础的数据来源。升级水文测验基础设施，改进测报技术手段，以全要素、全量程、全自动监测为目标，提升水文监测能力。按照"需求牵引、应用至上、数字赋能、提升能力"的要求，以数字化、网络化、智能化为主线[1]，建设与时代发展同步的数字孪生水文站。

本文建设了兰溪水文站数字孪生智慧平台，实现了基于 Web GIS 的三维可视化集成环境搭建，对水位、流量、泥沙、视频监控、河道大断面及河道水位演进等要素进行全自动监测，对兰溪水文站现有水文测验设施进行提档升级，为水文现代化示范站推广应用做技术支撑。

2　建设原则及目标

围绕社会和行业对水文站工作的实际需求，将数字孪生技术与水文站工作业务相结合，提高水文站测报/业务工作的智能化水平。一般承担洪水预报预警或水资源监测管理任务的水文站，宜建数字孪生水文站。

充分整合利用水文站现有信息化基础设施、数据资源和应用系统，结合数字孪生建设需求，融合无人机倾斜摄影、BIM 建模、GNSS 技术、5G、北斗、人工智能等先进科学技术，以需求为牵引，构建长时间跨度、多维度分析、细颗粒描述的先进实用系统，更好地提升水文测报的准确性和时效性，夯实水文测验基础，提高水文测报精度，延长预见期，支撑测站管理及辅助测验执行。遵循网络安全有关要求，推进国产化设备应用，实现数字孪生水文站的全时间链条、强信息交互、高复原保真，以及高智能进阶，基于动态的信息资源，能够自主修正、优化既有规律、知识、参数和模型方法。

3　系统结构

建设数字孪生流域、构建水利智能业务应用体系、强化水利网络安全体系、优化智慧水利保障体系是"十四五"时期智慧水利建设的 4 大任务，其中网络安全体系、保障体系为支撑数字孪生水文站业务功能和"2+N"业务的"四预"持续可靠地发挥作用，数字孪生水文站系统结构如图 1 所示。

信息化基础设施构成基础支撑层和数据互动层，利用天空地立体感知、测绘及数据中心、客户终

作者简介：安觅（1989—），女，工程师，主要从事水利信息化设计与研究工作。

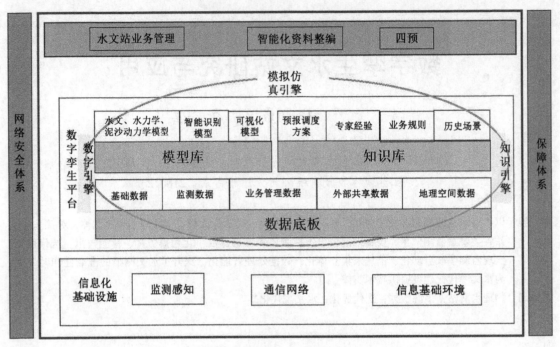

图 1　数字孪生水文站系统结构

端来实现信息采集、网络传输、数据交互与应用体验。

数据底板、模型库、知识库是数字孪生平台最主要的组成部分。水文站基础数据、监测数据及地理空间数据等构成数据底板，利用倾斜摄影等关键技术，将物理流域的全要素监测信息与数字流域进行强信息交互，保持实时动态展示。模型库分别对不同尺度场景采用不同建模技术进行模型构建，同时对任意模型的属性、算法模型、流程事件进行统一仿真分析，不断迭代、优化模型。知识库充分利用预报调度方案、专家经验、业务规则及历史场景等，制定最优"四预"方案，更好地保护人民财产与健康安全，提高经济效益、社会效益。

业务应用层面向水利业务"2+N"的需求进行建设，实现物理流域同步仿真运行生成数字孪生流域，以数字赋能供智慧水利应用。

4　数字孪生水文站建设

4.1　信息化基础设施建设

4.1.1　监测感知

传统监测感知主要是监测单点的降雨、蒸发、水位、流速、泥沙、大断面等要素，而新型监测感知就是要建设天空地一体化的新型智能监测感知系统。换而言之就是，传统监测感知是就断面而监测的，而新型感知是监测一个区域范围。

根据数字孪生水文站建设要求，牵引水文站监测系统建设和运行，扩大监测范围、增加监测频次，利用新型监测设备及技术，推进全要素、全量程、全自动监测，促进物理水文站监测系统的数字化提档升级，为数字孪生水文站的高保真建设运行提供基础算据[2]。

4.1.2　通信网络[2]

数字孪生水文站通信网络宜主要采用无线传输、铺设光缆等，辅助支持 5G、北斗、NB-IoT、ZigBee、LoRa 等通信方式，与水利信息网建立安全连接。

4.1.3　信息基础环境

现有的水文站信息基础环境建设薄弱，基本没有机房、数据存储及平台部署等资源，建设数字孪生水文站应以提高应用服务器、数据库服务器等硬件设施为核心，支持多种输入输出方案，建设完善的会商系统，充分利用云平台，规范机房办公环境，加强信息基础环境建设。

4.2　数据底板建设[3]

由水系和水利工程的二/三维数据、水雨情等监测数据、"2+N"水利业务应用数据、地理空间数据及跨行业共享数据等共同组成数据资源池，基于这些描述水利对象的数据进行数据映射，形成多维多时空尺度的数据模型；对各类结构化与非结构化数据、实时和历史业务数据，进行汇集，统一管控，为数字孪生水文站建设提供数据支撑；对数据汇集后的多源数据进行统一、规范管理，依据水利数据对象标准，梳理数据对象间的逻辑关系，避免数据冗余、重复和不一致；最后基于国家共享交换平台，遵循相关共享标准与规范，实现数据的共建共享，最终形成支撑数字孪生平台的数据底板。

水文站控制断面以上流域为 L1 级；测验断面小于或等于 400 m 时，上下游各 1 km 集雨面积范围为 L2 级；测验断面大于 400 m 时，上下游各 3 倍断面宽河道集雨面积范围为 L2 级，水文站及水文站基础设施、测验设备为 L3 级。

4.3　模型库建设[4]

数字孪生水文站模型库建设主要包括水文模型、水利学模型、泥沙动力学模型、智能识别模型、数据同化模型及可视化模型。

可视化模型是水文站数字孪生平台数据的重要载体和呈现方式。通过三维建模、倾斜摄影模型、点云数据模型、BIM 人工建模、测绘等建模方式对各类模型进行可视化构建，面向水文站业务管理应用，将水文站监测设施、监测站点、视频监控等多尺度对象进行数字映射，实现二三维一体化沉浸式交互。

4.4　知识库建设[5]

根据水文站物理特征、水文特征值、影响区域范围等，结合气象预报、水雨情预报等信息，对用于存储特定场景下的预报调度方案相关知识进行调取，结合专家预报、分析洪水情势、测验管理等专家经验信息，充分利用描述水文站监测、预报、资料整编等一系列的业务规则，反演历史水旱灾害发展过程及时空特征属性，对水旱灾害的调度执行方案数字化和暴雨洪水特征等进行挖掘，为更好地支撑水文站建设"四预"业务提供智能决策及知识化依据，提升数字化水文站的抗风险能力。

5　应用实现

基于上述理论，本文建设了兰溪水文站数字映射平台。兰溪水文站数字映射平台基于 Web GIS 的三维可视化集成环境搭建，基础数据层采用 MySQL，采用 Java 作为后端开发语言，主体构建采用 SpringBoot 构建，数据层采用 MyBatisPlus 等工具，实现了水位、流量、含沙量、降水量、水温、水质、蒸发、墒情、视频监控实况、河道大断面、河道水位演进等全要素、全自动、全量程监测。信息传输采用北斗+4G/5G 双备份模式，将金华江汇入水位站、衢江汇入水位站、兰溪水文站、兰溪下游水位站等 4 个站点的监测信息在可视化平台上展示，兰溪站数字孪生智慧平台如图 2 所示。

6　结语

通过兰溪数字孪生水文站的水文现代化示范站建设，实现了全要素、全量程、全自动监测，为全国水文站的水文现代化建设提供示范。目前，数字孪生水文站建设需多关注国产化建设部署，注重提升平台性能和用户体验，将孪生平台与实际业务更紧密地结合，真正发挥数字孪生平台数字赋能的作用[6]。

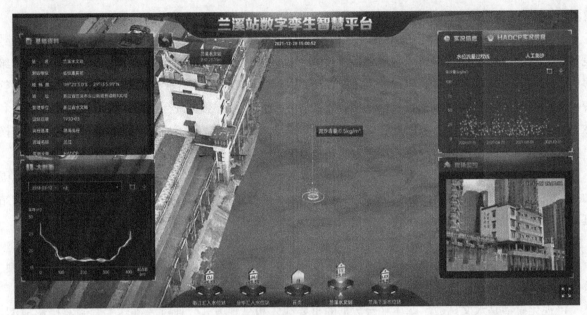

图 2　兰溪站数字孪生智慧平台

参考文献

［1］李国英．加快建设数字孪生流域提升国家水安全保障能力［J］．中国水利，2022（20）：1.

［2］谢文君，李家欢，李鑫雨，等．《数字孪生流域建设技术大纲（试行）》解析［J］．水利信息化，2022（4）：6-12.

［3］张振军，冯传勇，魏猛．水库数字孪生数据引擎及底板构建研究及实践［C］∥中国大坝工程学会2023学术年会．水库大坝智慧化建设与高质量发展论文集．北京：中国建筑工业出版社，2022.

［4］金思凡，廖晓玉，高远．数字孪生松辽流域防洪"四预"应用建设探究［J］．中国水利，2022（9）：21-24，41.

［5］李宗礼，张宜清，邢子强，等．对智慧水利标准体系构建的思考［J］．中国水利，2023（5）：55-58.

［6］刘国庆，范子武，廖轶鹏，等．江苏数字孪生水网建设与预报调度一体化应用初探［J］．水利信息化，2023（3）：60-65.

基于 BIM 的水文站三维可视化系统设计与应用研究

陈　翠[1,2]　丁馨曾[1,2]　陈　俊[3]

（1. 江苏南水科技有限公司，江苏南京　210012；
2. 水利部南京水利水文自动化研究所　江苏南京　210012；
3. 辽宁省抚顺水文局　辽宁抚顺　113009）

摘　要：为更好地提高水文信息化水平，提升水文实验站的管理能力，以辽宁省营盘蒸发实验站为试点，研究基于 BIM 的水文实验站三维可视化平台建设。通过 BIM 虚拟建模技术，构建水文站 3D 仿真电子沙盘[1]，并将监测数据与沙盘模型双向绑定，让使用者直观地了解实验站整体情况与运行情况，相较于传统管理系统，有着更强的展示与交互优势，给人以全新的视觉体验。目前，该系统软硬件已建设完成，实践证明具有较好的实用价值。

关键词：水文站；BIM；GIS；可视化；管理系统；电子沙盘

1　引言

营盘蒸发实验站位于辽宁省抚顺市章党镇营盘村、大伙房水库库区北岸。营盘蒸发实验场设有大型地中蒸渗观测场、气象观测场及大明滩径流实验区。开展的有地表水、地下水、土壤水、降水入渗补给、潜水蒸发、水面蒸发、土壤水蒸发、气温、气压、空气湿度、风速、风向及土壤温度等观测项目。是集降水径流、土壤蒸发与下渗、水量平衡及水面蒸发等实验研究为一体的实验平台，为研究半湿润与半干旱地区水面蒸发规律、探求气象要素对水面蒸发的影响及关系积累资料、提供经验，为大型水体水面蒸发相关的技术规范或标准制定奠定基础，为东北地区水资源管理、水安全保障及经济社会发展服务。

传统的水文站数据管理平台多是以监测数据为主要管理对象，表达方式也以单纯的表格或者过程图为主，对设备的管理比较欠缺。当水文站内设备较多，或者有同类设备时，不利于管理者和参观者直观地了解站内各个设备的情况和进行数据对比分析。为了在 Web 端更直观地展示实验站信息，结合 BIM 虚拟建模技术、WebGL 可视化等前沿热点技术，基于地图引擎 Cesium 搭建水文实验站三维可视化系统平台，并采用 Nginx 反向代理、Ajax 异步调用技术实现监测信息的集成可视化，最终达到实验站内多种信息集成显示的效果。

2　水文站三维实景模型构建

设备建模采用的是 BIM 三维虚拟仿真技术，应用的软件主要是 3DMax。水文站三维实景建模需要的数据如下：

（1）设备带尺寸图纸。如果不需要在管理系统中对设备模型进行拆解查看，只需要提供设备外部可见部分的尺寸；如果需要对设备模型进行拆解，详细了解设备的各个部件，那就需要提供设备中每一个部件的详细尺寸。

基金项目：西南河流源区水文要素地面监测技术集成及监测数据收集（YJZA0622005）。

作者简介：陈翠（1989—），女，工程师，主要从事 GIS 应用与软件信息系统研发工作。

（2）水文站实景照片。包括设备三视图、站内环境、标识牌等。采集现场照片主要用于给三维模型表面纹理贴图，使三维模型更逼真，如图 1 所示。

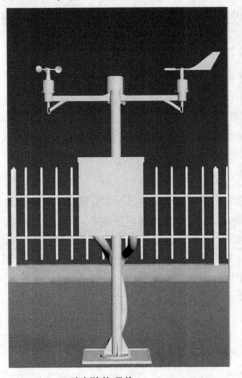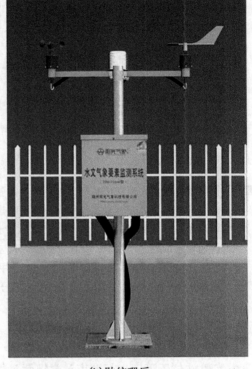

(a) 贴纹理前　　　　　　　　　　　　　　　(b) 贴纹理后

图 1　设备贴纹理前后对比

（3）水文站 CAD 图纸。主要作用是确定水文站范围和设备相对位置。如果站点没有 CAD 图纸，可以直接在现场用尺子量相对位置。

（4）水文站地理位置（经纬度）。用于确定水文站在 GIS 场景中的空间位置。

（5）地理底图。主要用来搭建 GIS 场景，可以根据需要选择在线底图和离线底图。对周围地理环境精度要求不高时，建议使用在线底图，如天地图、百度地图、ArcGIS 地图或者谷歌地图等，每家都有电子地图、影像图、地形图等图层可供选择。对测站周围环境精度要求较高时，可以根据需要采用离线底图的方式收集或者拍摄测站周围高清 DOM 影像和高分辨率 DEM 数据。此外，还可以叠加一些矢量图层来搭建高精度的 GIS 三维场景。

3　系统架构设计

3.1　系统架构

水文实验站三维可视化系统，采用 B/S（Browser/Server）结构进行总体架构设计。在局域网建立 B/S 结构的网络应用，相对易于把握，成本也较低。B/S 结构是一次到位开发，能实现不同人员，从不同地点，以不同的接入方式（比如 LAN、WAN、Internet/Intranet 等）访问和操作共同的数据库[2]，它能有效地保护数据平台和管理访问权限，服务器数据库也很安全。

系统自下而上可分为感知层、数据层、应用层和展现层。

感知层主要为终端传感器、控制器等物联终端设备[3]，主要由六参数自动气象站、自记雨量计、风速风向传感器、空气温度传感器、气压传感器、湿度传感器、数字日照计、冻土传感器、辐射传感器、二氧化碳传感器、紫外辐射传感器、地温传感器、自动蒸发系统、水面蒸发器及传感器、称重式雨量计等自动观测设备，以及 20 cm 口径蒸发皿、E-601 蒸发器、温度计、湿度计、气压计、最高最低温度表、干湿球温度表、冻土器等人工观测设备组成。

数据层对三维场景数据（水文站 BIM 模型、水文站周围 3DGIS 场景）、设备属性信息和采集的监测数据以结构化的形式统一存储和集中管理，以保证数据统一性和完整性。

业务逻辑层是系统架构中负责处理业务逻辑和规则的核心组件，负责处理和转换系统中的数据。它从数据访问层获取数据，并根据业务规则对数据进行处理、转换和验证，确保系统的顺序和一致性，然后将数据传递给用户界面层或其他系统组件。

应用展示层为用户提供人机交互展示终端。用户通过浏览器和网络建立与感知层、数据层、业务层的连接，实现对水文站 3D 仿真电子沙盘的浏览、漫游、数据查询与分析和空间量测等操作。

3.2 系统功能

基于 BIM 的水文实验站三维可视化系统主要从四个角度进行设计，实现对测站进行全要素全时态管理。从宏观角度，通过在 GIS 场景中叠加地形图、影像图、电子底图和自定义图层，展示测站地理位置和周围环境；从测站角度，1∶1 还原测站内环境和设备布局，并对测站内监测要素和设备状态进行实时监测；从设备角度，1∶1 对设备建模，从设备简介、设备现场图片、设备维护记录、设备监测数据和设备组成构件等角度全方位管理设备；从数据角度，按照实时监测数据、原始数据（历史数据）、报表数据（日报、月报、年报）等类型进行监测数据管理。

3.2.1 水文站场景展示与实时数据监测

采用天地图在线地图作为 GIS 三维地球大场景，有地图、影像图和地形图三种底图可供切换。水文实验站以 BIM 建模技术为基础，通过 1∶1 仿真建模和虚拟现实技术，还原站内设备的外形、纹理细节和结构。将水文实验站 BIM 模型和 GIS 地理环境融合[4]，使得用户可对实验站内设备的位置信息、监测数据和运行状态等进行全要素管理。允许用户以第一人称视角和第三人称视角进行实验站虚拟场景巡视，做到足不出户也有身临其境的体验。

在场景上还叠放有实时数据监测面板，左侧面板展示各个监测要素的最新监测结果，右侧面板展示测站内各个设备的运行情况。面板上的数据实时自动刷新，便于用户实时查看测站内情况。水文站场景展示与实时数据监测如图 2 所示。

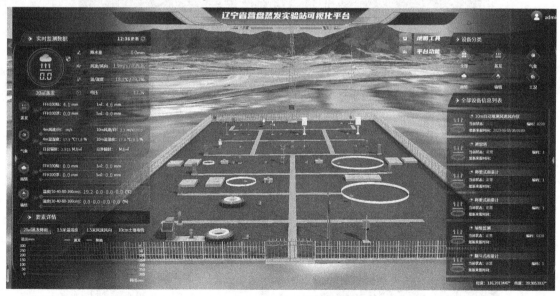

图 2　水文站场景展示与实时数据监测

3.2.2 数据查询与设备查询

整合现有实验站的基本功能，将仪器设备与动态监测数据有机地结合起来，同时将这些设备对象与属性数据挂接，实现实验站与信息系统的无缝对接，提升管理人员对实验站的空间感知和监控能力，达到在管理、维护、培训等领域直观、亲手操作的效果。

在三维场景中，点击设备模型，即可查询该设备的最新监测数据（见图 3），还可以进一步查询该设备所测要素的历史数据（见图4）及该设备的详情（见图5），如设备简介、设备维护记录、设备现场照片和设备的精细化三维模型，在设备详情窗口中，还可以对设备的各个组成部件进行查询。

图 3　设备最新监测要素查询

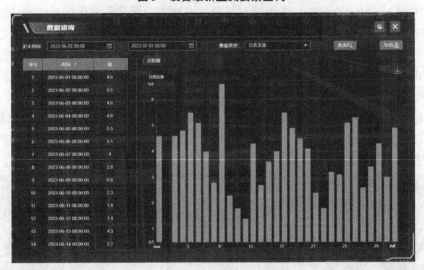

图 4　设备历史监测数据查询

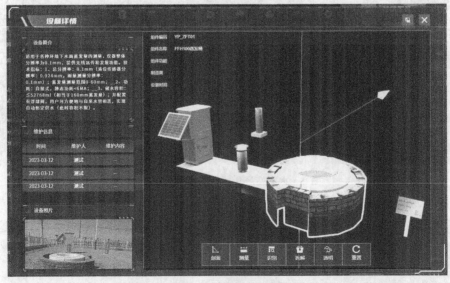

图 5　设备详情查询

3.2.3 监测数据统计分析

相较于传统的统计功能，本系统中的统计分析功能不仅可以对单个设备的日、月、年数据进行统计分析，还可以同时选择多个同类设备，对比观测同一时刻、同一时段内各个设备的监测结果，分析仪器设备的稳定性、灵敏性和准确性。

系统提供表格和过程图两种形式展示分析结果（见图6），表格可以更精确地将每个时刻的数据进行对比分析，过程图可以直观地了解最终的分析结果。此外，两种分析结果都可以导出，便于用户进行进一步的信息挖掘和数据上报。

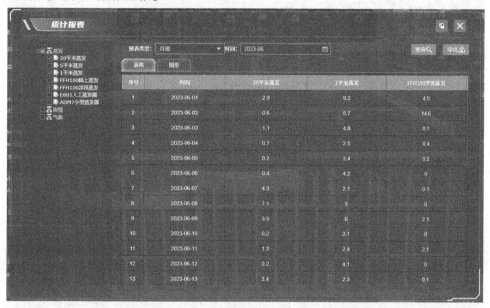

(a) 表格

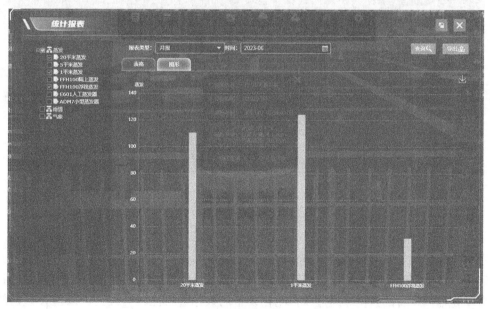

(b) 过程图

图6 统计分析结果（表格和过程图）

3.2.4 数据查询与对比分析

数据查询与对比分析（见图7）功能，不仅可以同时查询同类监测要素进行对比观测，还可以同时查询不同类型监测要素，便于分析各个监测要素之间的关系，如分析蒸发和降雨的关系、探求气象要素对水面蒸发的影响及关系等。

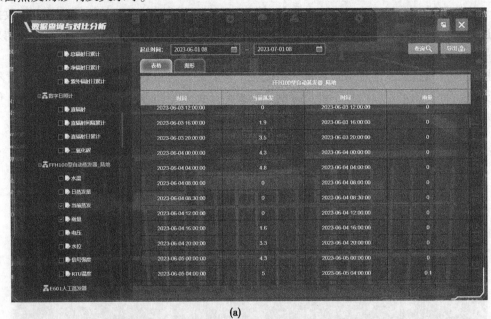

图 7　数据查询与对比分析

3.2.5　人工观测数据导入

即使自动化监测设备非常精确和可靠，但它们仍然可能受到技术故障、电力中断或其他问题的影响。为了确保数据的完整性和准确性，实验站通常还会设置人工观测设备。人工观测设备可以用来验证和校准自动化监测设备的数据。通过与自动化设备的数据进行比较，人员可以检查数据的准确性，并进行必要的修正。系统提供了人工观测数据导入功能，导入后的人工观测数据，可以在本系统的"监测数据统计分析"和"数据查询与对比分析"等功能模块中与自动化监测设备的数据一起进行查询分析，可直观地进行数据比较和修正[5]。

4　结语

基于 BIM 的水文实验站三维可视化系统综合使用物联网、2D/3DGIS 技术、BIM 建模技术，从宏观角度、测站角度、设备角度和数据角度进行研究设计，将实验站的监测设备和监测数据无缝对接，实现了对实验站全要素全时态的管理。提供的对比分析和统计分析功能可以更好地帮助用户进行对比观测，为研究半湿润与半干旱地区水面蒸发规律、探求气象要素对水面蒸发的影响及关系积累资料提供经验，为大型水体水面蒸发相关的技术规范或标准制定奠定基础。

参考文献

[1] 苑希民，万洪涛，万庆，等．三维电子沙盘建设在防汛抗旱中的应用［J］．中国防汛抗旱，2009，19（2）：6.

[2] 张凯．基于 B/S 架构的物料管理系统设计与实现［D］．成都：电子科技大学，2012.

[3] 卫克晶，杨长业，胡友彬．气象观测设备实时监控系统的设计与实现［C］∥第28届中国气象学会年会，2011.

[4] 胡夏恺，杨聃，朱悦林，等．基于 BIM+WebGIS 的输电系统结构安全监测可视化平台构建［J］．中国农村水利水电，2020（12）：185-188，192.

[5] 李亚丽．自动气象站与人工气象站蒸发量对比分析［J］．陕西气象，2008（1）：2.

对新时代智慧水利发展的思考

年自力[1]　买买提·阿不力米提[2]　周　铸[3]　周川辰[4]　周　坤[4]

(1. 新疆维吾尔自治区水资源中心，新疆乌鲁木齐　830000；
2. 新疆维吾尔自治区皮山县水利局，新疆和田　845150；
3. 江苏省水利工程科技咨询股份有限公司，江苏南京　210029；
4. 水利部水文仪器及岩土工程仪器质量监督检验测试中心，江苏南京　210012)

摘　要：水利部明确提出将智慧水利建设作为推动新阶段水利高质量发展的重要实施路径，将数字孪生建设作为推进智慧水利建设的核心与关键。各地在实践过程中，逐渐暴露出在顶层设计、建设方式和管理机制等方面的问题，已成为新时代智慧水利发展亟待解决的瓶颈。提出制定统一规范的水利信息化建设技术标准，建设统一的水利"一朵云"，实行智慧化水利软件统一定制服务，实现信息化建设和运维全过程"政府购买服务"，拓展融资渠道并出台相关人才扶植政策等措施，从而有效推动智慧水利建设工作开展，进而不断促进新阶段水利高质量发展。

关键词：高质量发展；智慧水利；数字孪生；顶层设计

当前，传统水利已难以满足新时代经济社会发展所需的专业化、精细化、科学化管理需求，以经验为主、事后总结和人海战术为特点的管理和决策模式不仅耗时耗力，而且难以尽如人意，导致水利工程体系和管理体系在实际工作中难以发挥"1+1＞2"的效力[1]。随着水利进入新发展阶段，高质量发展已成为水利工作的主题。高质量发展是完整、准确、全面贯彻新发展理念的重要体现，网信事业代表着新的生产力和新的发展方向。为此，水利部把智慧水利作为新阶段水利高质量发展的标志，明确了总要求、目标、主线、途径等，全国各级水利单位正在大力谋划推进建设[2]。

当前，新一代信息技术迅猛发展并在社会各行业得到广泛应用，为水利信息化发展带来技术革新动力。新一代采集监测技术为水利监管工作提供了先进的感知手段。卫星遥感、航空遥感、无人机、倾斜摄影、智能摄像机、传感器、物联网等现代监测感知技术，可实现对水利更高精度的监测，同时对重点地区可实现全天候实时观测。同时，网络计算存储等基础设施高速发展为智慧水利建设提供了高效的计算服务能力。存储集成度、服务器计算能力不断提高，为水利监管海量数据存储、处理提供了可靠的信息化基础设施保障。此外，云计算、大数据与人工智能的发展为水利综合管理智慧化提供了技术手段，为科学决策、技术创新提供了有力的技术支撑。新一代信息技术不断成熟、高新技术与社会各领域不断深度融合，促进了社会信息化的发展，为水利治理信息化发展和智慧水利建设工作提供了示范及技术新动力。

2018 年，水利部研究提出"水利工程补短板、水利行业强监管"水利改革发展总基调，指出水利网信工作是水利工程四大短板之一，提出"安全、实用"水利网信发展总要求，强调强大的信息系统是水利监管的重要支撑。为此，必须充分发挥新一代信息技术的驱动引领作用，大力推进高新技术与水利业务深度融合，加快智慧水利建设步伐。智慧水利建设是水利非工程措施的主要手段，也是新时代水利事业建设的重要抓手[3]。2019 年 7 月，水利部正式印发《智慧水利总体方案》，明确了智慧水利建设的总体要求、总体架构、主要任务和组织实施方法。2022 年 3 月，水利部先后出台了

作者简介：年自力（1963—），男，教授级高级工程师，主要从事水资源管理工作。

《数字孪生流域建设技术大纲（试行）》《数字孪生水利工程建设技术导则（试行）》《数字孪生水网建设技术导则（试行）》等智慧水利建设指导技术性文件，明确将智慧水利建设作为推动新阶段水利高质量发展的重要实施路径，将数字孪生建设作为推进智慧水利建设的核心与关键，规范了推进智慧水利和数字孪生建设的技术路线、方法、时间和任务要求。

按照"需求牵引、应用至上、数字赋能、提升能力"的要求，以数字化、网络化、智能化为主线，以预报、预警、预演、预案为功能的新时代智慧水利体系正在形成。然而各地在实践过程中，逐渐暴露出在顶层设计、建设方式和管理机制等方面的不足，已成为新时代智慧水利发展亟待解决的瓶颈。

1 当前影响智慧水利发展的问题

（1）顶层设计不足。目前智慧水利在建设过程中还缺乏系统完整的整体架构和技术规范标准。各单位间、各专业间技术标准不统一，已有标准之间存在不一致甚至相矛盾的技术要求，从而造成信息化建设各自为政重复建设的现象。在某些业务领域仍然存在着信息"孤岛"问题，信息资源互联互通困难，共享能力不足，数据的准确性、可用性、可信性不高。各业务平台之间协同联动机制的作用还没有凸显，难以汇集形成合力，导致智慧水利体系建设根基不稳，难以发挥有效作用。

（2）水利基础设施统筹规划与管理能力不足。各地缺乏对基础设施建设的统筹规划，机房、服务器、存储等信息化资源建设只重数量，重复建设和堆积现象严重，部分资产闲置比率高，浪费严重，资源使用效率有待提升。随着水利业务管理信息量的不断增加，信息化软硬件资源无目的地扩充，资源使用无监管，运行维护保障不到位，管理不专业，故障频发，安全上存在隐患，资源利用率不达标，无法有效支撑智慧水利对"算力"的要求。

（3）缺乏科学规范、实用好用的水利业务软件。各类水利专业业务流程及管理需求各不相同，为了达到较好的应用效果，专业软件在开发时需要委托专业的信息化队伍进行建设。建设管理单位管理人才有限且没有统一的质量评估和保障体系制约，从而造成了选择承建单位不专业的问题。这些不懂水利专业的承建单位开发软件常出现使用算法不精准、业务流程不规范等情况，与使用者管理流程不相符、不实用，应用问题较多，信息化成了给领导们看的"面子工程"，呈现出建设好后不中用、不可用的现象。既浪费宝贵建设资金，还达不到业务规范使用要求。开发交付的软件既不好用，也不实用，严重制约了智慧水利后续建设工作的开展。

（4）信息化建设及运行维护管理机制不健全。当前，水利信息化通行的建设模式是业主出资招标确定项目承建单位，项目建成质保期结束后，再通过招标选定运行维护单位，采用社会化购买服务的方式进行管理。信息化设备千差万别，建设中偷工减料问题普遍，建设质量难以把控，项目建成后往往受到项目承建单位的牵制，给后期运行埋下隐患。由于建设和运行维护工作承建单位由业主分开进行招标，各相关承建单位中标后，建设管理单位很难通过统一的制度和规范对建设或运行维护过程中出现的问题进行统一约束和管理。

（5）各部门对网信工作的重要性认识还需提高，业务部门参与程度不高，没有充分认识水利信息化在新时代水利管理工作中的重要性。信息化总体投入不足，信息化发展中"重建设，轻应用；重建设，轻运维；重拥有，轻共享"现象还比较突出，运行与维护资金不能足额落实，运维体系不完善，运维队伍不完整，系统应有效益难以发挥。专业人才匮乏，云计算、物联网、大数据、人工智能等新一代信息技术人才储备严重不足，部分信息化专业人才总体数量偏少，引进难、留住更难。

2 对智慧水利发展的思考

针对智慧水利在建设过程中遇到的上述问题，建议采取以下措施：

（1）应参照"宝塔式架构、大系统设计、分系统建设、模块化链接"的建设思路，制定统一规范的水利信息化建设技术标准。对系统开发、前端监测信息采集、数据传输、数据入库、数据共享等提出具体的技术规范，统一设定技术路线要求，建议今后水利信息化建设遵循统一标准，采用"一站一点，一数一源，一库一表，一点一设"。确保建设系统在任何情况下都可以互联互通和数据共享，不因承建单位更迭而影响系统升级改造等工作的开展。

（2）建设统一的水利"一朵云"。建议由水利部做好统筹，按照《数字孪生流域建设技术大纲（试行）》等技术文件要求，组织开展一级水利云、二级水利云建设。其中，各省（区）分步分阶段建设二级水利云，实现监测信息统一上云。建立水利基础数据库，地方水行政主管部门只需负责建设前端采集监测站点建设，将前端感知所采集到的准确数据报送至云数据中心即可，地方单位不再建设机房和堆积服务器，使用者每年按占用资源情况缴纳云服务费即可，省时省力，安全可靠。

（3）实行智慧化水利软件统一定制服务。建议由水利部委托专业单位根据水利各专业需求，统一研发数据集成、分析软件，统一核算、分析体系，形成类似"水资源取用水监管""防汛抗旱指挥"等专业模块，可有偿提供各地使用。各地建设时只需要按模块需求，缴纳所需模块的一次性使用费用。同时，可根据本地业务特点委托承建单位在已有软件基础上增加有关模块或功能，从而可确保信息化业务的标准化和规范化。此外，建议水利部定期根据业务发展要求，对软件进行完善，统一组织各地对使用软件进行升级，从而保证软件功能与时俱进和先进实用。此外，要加强对应用的绩效评价，建立完善的应用评价制度机制，加强对各类水利信息化应用的评价，确保系统运行符合技术要求，并不断督促和激励业务用户在日常工作中加强运用和反馈。

（4）实现信息化建设+运维全过程"政府购买服务"。各级水行政主管部门享受星级服务，根据项目管理方提供的符合规范要求的监测成果，向承建方支付服务费用。可探索项目承建方出资先行建设，约定项目服务运行期为 8~10 年，通过运行服务费逐年收回投资和运维服务的管理体制，规避信息化建设监管环节质量和偷工减料等问题。各级信息化需求单位不再申请建设资金，建设时只需提出建设任务和目标，通过招标确定承建服务方后，由承建方自行完成建设任务即可。运行时，业主委托第三方进行评估，包括监测数据、图像等，符合规范要求的，按月支付服务费，不符合规范要求的不予支付费用。同时，在今后验收中，建议可采用引进专业第三方对水利信息化项目进行评估和验收。充分发挥"外脑"优势，集中各行各业人才智力等资源，联合和引入有经验、有实力的知名互联网企业，参与到智慧水利规划、设计和实施等各阶段，发挥政府部门、学术团体、科研院校及高新技术企业各方优势，推进技术研究、成果转化和应用推广[4]。

（5）拓展融资渠道，出台相关扶植政策引进人才、留住人才。根据水利部 2022 年 7 月 30 日工作会议要求，除了统筹利用既有资金渠道，利用中央预算内投资、中央财政及地方财政等资金推进建设，还可以考虑采用更宽广的融资渠道，把社会资金引入到水利信息化建设当中来，谁投资谁建设，谁管理谁运维。水行政主管部门按约定要求支付费用购买服务。这样既减轻了政府的财政压力，也保证了信息化的正常运转。例如：EPC+O 的模式、BOT 建设方式等，都能很好地规避建设中出现的问题和矛盾。此外，随着国家对智慧水利的投资日益扩大，智慧水利人才需求不断增长。建议加快创建智慧水利创新人才培养基地，建立常态化、持续化的智慧水利人才培养体系，加快培养出一批既懂水利又懂信息化的复合型人才。同时，提高智慧水利人才的薪资待遇，并出台人才就业、安家、科研项目申报等方面的优惠扶植政策，确保人才引得进来，并且能够长期和安心地在工作岗位上投入工作。

3 总结与展望

智慧水利是新时代水利治理信息化发展的更高阶段，是推动水利治理体系和治理能力现代化、推动水利服务社会能力现代化的基础，也是数字中国建设的重要环节。《中华人民共和国国民经济和社会发展第十四个五年规划和 2035 年远景目标纲要》提出了构建智慧水利体系的明确要求。智慧水利工程也被列入国务院常务会议研究审议通过的 150 项重大水利工程。加快推进智慧水利建设是实践习近平总书记重要讲话精神的集中体现，也是推动新阶段水利高质量发展的必然要求[5]。为了保证智慧水利工作按照国家和水利部要求不断有效推进，各级水利单位务必要结合自身工作特点做好管理领域内的顶层设计和规划部署，完善水利信息化建设与管理的体制机制，打好"组合拳"。务必要严格落实水利部"三对标、一规划"要求，将智慧水利建设作为推动新阶段水利高质量发展的重要路径之一[6]，为实现中国特色现代化国家矢志不渝，笃行不怠。

参考文献

［1］蒋云钟，冶运涛，赵红莉，等．智慧水利解析［J］．水利学报，2021，52（11）：1355-1368.

［2］李国英．推动新阶段水利高质量发展为全面建设社会主义现代化国家提供水安全保障［J］．中国水利，2021（16）：1-5.

［3］张焱，肖涵，黄佳杰，等．基于知识图谱和微服务的智慧水利一张图系统实现［J］．水利信息化，2021（4）：17-21.

［4］李亮亮，黄志．数字孪生黄河建设挑战与推进举措［J］．中国水利，2022（20）：3.

［5］中华人民共和国国民经济和社会发展第十四个五年规划和2035年远景目标纲要［J］．中国水利，2021（6）：38.

［6］李国英．推动新阶段水利高质量发展　为全面建设社会主义现代化国家提供水安全保障——在水利部"三对标、一规划"专项行动总结大会上的讲话［J］．水利发展研究，2021：1-6.

新疆取用水管理应用整合及数据共享建设实践

张建军[1] 胡勇飞[2] 张 涛[2]

（1. 新疆维吾尔自治区水资源中心，新疆乌鲁木齐 830000；
2. 水利部水文仪器及岩土工程仪器质量监督检验测试中心，江苏南京 210012）

摘 要：新疆水资源时空分布极不均衡，水资源供需矛盾尤为突出。亟须强化取用水监管体系，从严从细管好水资源。新疆水资源管理各个业务系统尚未整合，存在信息"孤岛"、协作壁垒等现象。按照水利部关于加快推进取用水管理政务服务事项"一网通办""一网统管"和智慧监管要求，从新疆取用水管理需求出发，开展取用水信息管理系统整合共享，建设取用水管理服务平台，并为全国取用水管理服务平台提供取用水环节的数据共享与协同监管服务，实现新疆取用水管理各类业务事项"一网通办"，最大限度利企便民，为精打细算用好水资源提供信息化支撑。

关键词：取用水管理；资源整合；信息共享；一网通办；一网统管；新疆

1 引言

新疆维吾尔自治区地处中国西北内陆，属于典型的温带大陆性干旱气候，降水稀少、蒸发量大，面积约占全国陆地总面积的1/6，水资源总量仅约为全国的3%，且水资源时空分布极不均衡，水资源供需矛盾尤为突出[1-2]。近年来，新疆开展了一系列水资源管理信息化建设项目，从加强取用水监管入手严格水资源源头管控，通过多个自建系统及利用全国平台，初步建成了全区取用水管理体系，为强化水资源刚性约束提供了一定程度的信息化支撑[3-5]。但由于未进行有效整合，水资源管理各项业务分散于多个系统，除处理相关业务需要分别登录多个系统的操作不便外，还形成了数据"孤岛"、信息壁垒，水资源管理对象及数据间未建立关联关系，业务逻辑关系缺失，无法建立公开透明、简约高效、业务协同的取用水监管体系。

国务院部署加快推进政务服务平台建设和信息系统整合[6]，大力推行"互联网+政务服务""互联网+监管"，大力推进信息系统整合和政务服务移动端建设[7]，有利于尽快实现取用水管理事项"一网通办"，提高水资源管理和服务效能。有利于运用大数据和智慧监管手段，动态监控取用水户依法取用水情况，显著提升基层监管能力；有利于全面掌握流域、区域水资源开发管理状况，落实流域取用水总量控制，严控水资源开发上限；有利于强化对基层管理工作的监督，推动基层落实监管主体责任，更好地管理水资源。2021年起，水利部从支撑国家、流域、区域取用水管理出发，针对目前各级取用水管理政务信息系统存在的信息系统建设各自为政、信息"孤岛"问题突出、管理效率和政务服务水平不高等问题，开展全国取用水管理政务服务平台应用推广工作[8]。通过系统整合和应用推广，建设取用水管理"大系统、大平台和大数据"，实现部、流域机构取用水管理业务办理系统与地方各级取用水管理相关政务信息系统的互联互通，推动形成水资源政务信息管理"全国一盘棋"。

为落实强化水资源刚性约束要求，精打细算用好水资源、从严从细管好水资源[9]，按照水利部取用水信息管理系统整合共享工作部署，自治区水利厅面向新疆取用水管理需求，开展取用水信息管理系统整合共享，建设新疆维吾尔自治区取用水管理服务平台，并为全国取用水管理服务平台提供取

作者简介：张建军（1975—），男，高级工程师，主要从事水资源管理工作。

用水环节的数据共享与协同监管服务，实现新疆取用水管理各类业务事项"一网通办""一网统管"。

2　现状与问题

2.1　取用水管理信息系统现状

新疆水资源管理工作经过多年发展，已形成相对完善的水资源监管体系。通过国家水资源监控能力建设工程（简称"国控水资源项目"）等项目的投入使用，构建起了水利部、自治区水利厅、厅属流域管理单位、地州和县为主体的五级水资源信息化监管支撑平台，初步具备与实行最严格水资源管理制度相适应的水资源监控能力。通过取水证照管理系统建设，初步实现全疆取用水许可证统一管理。通过全国取用水管理专项整治信息系统平台建设，基本摸清新疆取水口分布和取水情况，初步掌握新疆水资源开发利用管理现状，整治解决了一大批违法违规取用水问题。通过全国用水统计调查直报系统、取水工程（设施）核查登记系统，开展用水统计调查、取水工程（设施）核查登记相关工作。

随着新疆水利厅信息化资源整合及水资源用水总量控制集成工作的深入开展，初步形成自治区统一的取水口基础信息台账；在"新疆水利一张图"的基础上，搭建自治区水资源取用水监管专题图；建立统一的自治区取用水监测数据接入标准，整合各地州、流域管理机构的取用水监测数据，初步建成全区取用水总量监管体系。

2.2　自治区政务服务平台建设现状

自治区一体化在线政务服务平台数据共享系统已建成政务资源目录管理系统、政务数据共享交换系统、政务数据共享门户等，初步具备了对政务服务数据共享、应用的基本支撑能力。水利厅已在自治区一体化在线政务服务平台编制信息资源目录，挂载水利数据资源，可线上办理事项包括取水许可证申请、变更、注销等，有效提升水利行业政务服务水平。

2.3　存在问题分析

（1）业务分散在多个系统，系统账号管理复杂，缺少统一门户管理。社会用户和业务管理部门办理水资源相关业务要登录多个不同层级的平台，难以提高工作效率，亟须提升便民服务水平。

（2）相关业务缺乏关联，跨部门协同困难，难以进行闭环管理。缺少支撑形成跨部门和地州协同工作机制的综合性水资源信息服务系统，无法从整体上对新疆水资源信息化管理工作提供决策支撑。取水口、取水户、取水许可证等关键信息未进行电子化关联，需要在梳理业务关系的基础上，进行对应系统整合集成，实现业务的协同和联动，消除业务协作壁垒。

3　总体设计

3.1　整合共享目标

按照全国取用水管理相关信息系统整合部署的要求，整合取用水管理信息系统，构建新疆维吾尔自治区取用水管理服务平台，积极推进与国家政务服务平台、全国取用水管理政务服务平台对接，实现取用水户身份统一认证，落实取用水管理政务事项"一网通办"，形成取用水管理全国"一张网"。通过取用水管理信息系统整合，打破信息"孤岛"，实现信息共享，推进各层级管理信息系统的互联互通，实现取用水管理业务协同办理，管理流程不断优化，数据资源有效汇聚、充分共享，全过程留痕、全流程监管，在线监管整体水平显著提升，全面提升数字监管、智慧监管能力，提高管理和服务效能，为企业和群众办事创造更好的环境。

3.2　整合思路

以全国取用水管理政务服务平台、新疆维吾尔自治区水资源管理信息系统、水资源用水总量控制平台、水资源业务应用系统为基础，采用融合服务模式，利用全国平台相关的应用服务，结合新疆取用水管理需求，整合形成新疆维吾尔自治区取用水管理服务平台，共享水利部层面的取水许可审批信息、取用水管理专项整治行动系统、用水统计直报系统等相关系统和数据资源，在统一用户身份认证、取用水业务功能互补、统一应用支撑、信息资源汇集融合、统一标准等多方面进行整合应用。

3.3　总体框架

新疆维吾尔自治区取用水管理服务平台总体逻辑架构自下至上分为基础设施层、数据支撑层、应用支撑层、业务应用层、用户层；安全运维保障体系、制度标准规范体系贯穿整体系统。通过整合已有相关业务系统的数据资源，建立统一数据库，建设新疆维吾尔自治区取用水管理服务平台 PC 端和小程序端 2 个应用子系统。系统总体架构如图 1 所示。

图 1　平台总体框架

（1）基础设施层。基于全国取用水平台和新疆维吾尔自治区政务云、厅机房基础运行环境，包括支撑各类应用运行和各类数据存储的服务器、存储、备份、显示及机房环境等。

（2）数据支撑层。新疆维吾尔自治区取用水管理服务平台提供统一数据底板，主要包含电子证照数据库、取水许可数据库、用水统计数据库、用水计划数据库、取水计量数据库、用水监测数据库、水资源税费数据库等整合和建设。数据来源包括已建成的水利信息化系统，以及后期注册、填报、使用产生的数据。

（3）应用支撑层。实现对全国取用水管理政务服务平台、新疆水资源信息管理系统、取水许可电子证照系统、用水统计直报系统等系统的统一数据归集、统一身份认证、统一登录集成。

（4）业务应用层。按照不同用户访问权限提供对应的业务应用。

面向社会公众：提供取水许可证信息查询浏览、取水许可注销公告、政策法规标准公告、投诉举报等功能；为上层工作界面及服务界面提供内容与数据。同时，在系统层面与水利部"互联网+监管"系统、水利部在线政务服务平台实现业务接口层面的对接。

面向取用水户：系统展现平台集成的取用水业务应用，包括取水许可证照、用水计划申报、水资源税征管、用水统计直报、取水计量设施、取水许可监管等。通过统一登录为取用水户提供一站式到达各个业务系统的快速通道，避免多个系统多个平台分散登录。

面向管理人员：实现对取水许可、取用水计划、水资源税征管、用水统计管理、取水计量设施管理、取水许可监管等事项的管理。

3.4　平台间关系

自治区级平台是全国取用水管理平台的组成部分，按照自治区级统筹的原则，整合自治区级各类取用水管理业务系统，面向取用水户和各级水行政主管部门提供服务。各层级之间通过全国一体化在线政务服务平台进行数据共享。同时，将取水计划、计税（费）水量申报、用水统计、计量管理等纳入自治区政务服务平台，依托全国一体化平台统一身份认证体系与数据共享链路及水利部制定的取用水管理相关数据共享标准，实现与自治区政务服务平台、全国一体化在线政务服务平台、全国取用水管理平台互联互通，提供统一的取用水管理政务服务及数据共享。自治区取用水管理平台、全国取用水管理平台、自治区政务服务平台、全国一体化在线政务服务平台、水利部政务服务平台之间的层级架构以及数据流程如图2所示。

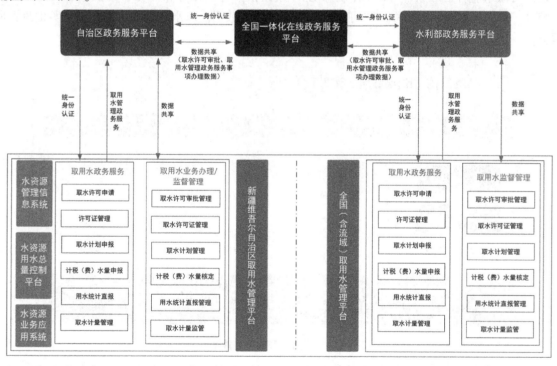

图2　平台间关系

4　建设方案

4.1　信息系统整合

整合已建取用水相关的功能独立、部署分散的取用水管理业务信息系统功能，主要包括取水许可审批管理、取水许可电子证照管理、取水计划监管、水资源费（税）水量核定、用水统计直报管理等信息系统和资源，复用待整合业务应用中的通用功能，形成统一的身份认证、统一的数据交换、统一的地图服务、统一的事项管理、统一的搜索服务和统一的用户管理，封装成可以调用的服务，满足一站式应用需求。

构建服务管理部门和取用水户的统一交互式门户，实现取水许可申请、许可证管理、取水计划申报、计费（税）水量申报、用水统计、计量监测管理、信息服务等业务的"一网通办""掌上可办"和多层级政务协同管理。

4.2 数据资源共享

资源整合涉及数据资源，主要包括取用水户基本信息、取水许可事项审批信息、取水许可电子证照信息、取用水计划信息、取用水量监测计量信息、取用水量直报信息、取水量信息、用水总量管控指标、水资源调查评价数据、流域水量分配数据、水资源监管与监测信息等，主要来源于国家政务服务平台、全国取用水管理政务服务平台、新疆维吾尔自治区水资源管理信息系统、全国用水统计调查直报系统、国家水资源信息管理系统等。

梳理现有资源情况，开展统一数据治理，构建数据底板资源目录，形成权威、完整、全面、可共享使用的新疆水利数据资源目录服务。

4.3 搭建新疆维吾尔自治区取用水管理平台

搭建新疆维吾尔自治区取用水管理平台，依托一体化政务服务平台统一事项管理、统一身份认证和统一数据共享服务等公共支撑能力，面向社会公众和水行政主管部门开发数据产品，提供数据分析应用服务，如图3所示。为取用水户提供政务事项提醒、用水统计分析、用水管理、计量管理、费（税）征管等数据分析及预警服务；为全自治区各级水行政主管部门提供区域取用水总量控制，超计划、超许可取水监管，区域许可限批，用水统计数据核算等数据分析服务；为发改、自然资源、税务、统计等部门提供建设项目取水许可审批、取用水统计数据、取水计量监测数据核定等信息资源共享服务。

图3 取用水管理平台截图

取用水管理服务包括管理端、取用水户端、公开端、小程序等。①管理端。面向各级水行政主管部门，对取用水管理各事项进行监督管理，实现取水许可证照管理、取水计划管理、取水量管理、用水统计管理、计量管理、用水总量管控等功能。②取用水户端。展示取用水户取水许可电子证照信息、审批信息，提供证照到期预警提醒服务，支持许可证申请、变更、延续、注销等业务办理。③公开端。面向公众依法提供信息查询等服务，按照政府信息公开目录和标准公开取用水户的取水许可证信息，主要实现信息公开、通知公告、限期整改、监督举报等功能。④小程序。面向企业和水行政主管部门，包括取水许可申请、许可证管理、取水计划申报、取水量申报、用水统计、计量管理、信息服务功能，实现取用水业务掌上办。

4.4 与水利部、新疆数字政务一体化平台贯通

依托水利部国家政务服务平台接口，开展新疆取用水相关用户身份管理和认证，实现与新疆数字政务一体化平台贯通，实现统一身份管理和认证服务，初步实现公共服务事项"一网通办"，解决取水户反复注册账号的问题。

5 结论

新疆维吾尔自治区取用水管理平台，通过信息共享、资源整合、流程优化，强化数据关联集成、数据分析研判，运用大数据手段强化取用水日常监管，动态跟踪取用水户超许可、超计划取水等并及时预警，为水资源管理人员全面掌握流域、区域水资源开发利用管理提供各类数据，支撑实现源头发现、过程问题识别，提升监管精准化、智能化水平，支撑实现权责明确、公平公正、公开透明、简约高效的取用水监管体系，为精打细算用好水资源、从严从细管好水资源提供信息化支撑。同时，平台为全国取用水管理服务平台提供取用水环节的数据共享与协同监管服务，实现新疆取用水管理各类业务事项"一网通办"，为企业和群众办事创造更好的环境，提高管理和服务效能。

参考文献

[1] 李江，刘江，赵妮. 新时期构建新疆水安全保障体系的对策与建议 [J]. 水利规划与设计，2020（10）：1-8.

[2] 邓铭江. 新疆水资源问题研究与思考 [J]. 第四纪研究，2010，30（1）：107-114.

[3] 王爱莉，郑策，马辉，等. 水利取取水许可电子证照系统建设与应用 [J]. 水利信息化，2022（5）：79-82.

[4] 曹伟，杜文. 新疆用水总量管理信息系统构建研究 [J]. 水利信息化，2022（2）：83-88.

[5] 王伟成，年自力. 新疆水资源监控能力建设存在问题及对策探讨 [J]. 水利信息化，2016（5）：54-57.

[6] 国务院. 国务院关于加快推进政务服务标准化规范化便利化的指导意见：国发〔2022〕5 号 [A].（2022-03-01）.

[7] 李春根，罗家为. 赋权与增能："互联网+政务服务"何以打造地方发展软环境 [J]. 中国行政管理，2021（5）：47-52.

[8] 沈红霞，王圆圆，王旖. 全国取用水管理信息系统建设 [J]. 水利信息化，2022（5）：74-78.

[9] 杜丙照，齐兵强，常帅，等. 强化水资源刚性约束作用 [C] //适应新时代水利改革发展要求　推进幸福河湖建设论文集，2021.

基于 Revit 的中小型土石坝 BIM 正向设计方法及软件实现

童慧波　吴文勇

（深圳市广厦科技有限公司，广东深圳　518028）

摘　要： 本文针对目前水工结构设计方法、工具，以及由此进行水工结构设计的效率与建筑结构设计相比落后的现状，参考建筑结构正向设计思路，提出在 Revit 平台完成中小型土石坝设计的全过程的设计思路。本文从地形地质数据的导入开始，研究并实现坝线和坝高设计、常见土石坝参数化建模和坝基开挖设计，并在 Revit 中完成土石坝设计有关的水工制图。本项研究同时制作了一批符合水工制图规范的图例和线型族，方便设计者直接调用。本文解决了在 Revit 上进行土石坝正向设计中的一些难点，为水工结构设计领域采用 BIM 正向设计提供了一种设计思路。

关键词： BIM 技术；土石坝设计；正向设计

1　引言

众所周知，水工结构的设计方法与建筑结构相比，仍然是相当落后的。除了出图利用到 CAD 软件、计算过程可能用到工具箱软件或者部分用到有限元软件，更多的设计过程仍然依赖于人工。相比建筑结构的设计软件，现在基本已经实现了快速建模、自动导荷、自动化分析、自动化绘制施工图、自动算量等全过程快速设计，水工结构的设计过程的各步骤仍然是割裂的，因此也是低效的。之所以出现这种状况，是水工结构的特异性导致的。因为很难有完全相同的水工结构，所以对于普通工程师，较难使用三维软件准确建模，更勿论其建模出的模型要能方便提取设计所需数据了。

近年来，我国针对水利工程的数字化提出了越来越多的要求。从"数字流域"到"数字孪生"，这些概念的落地实施离不开水工结构三维自动设计的研究。本文以 BIM 技术为基础，提出了水工结构正向设计的思想和方法。其基本思想是将设计资料尽可能多地保存在一套三维数字模型中，以地形地质、水系、水文资料为基本依据，以水工建筑物功能为基本目标，实现水工建筑物的建模、计算、出图、开挖、算量等一体化设计，以达到提高效率的目的。也有一些单位提出水工正向设计[1]，但一般方法是在多个设计软件中分别做各自的部分，这样很难将这些数据串联起来，进而产生化学效应。因此，笔者认为找一个统一的设计平台来实现正向设计，更有意义。

本文采用 Revit 软件作为软件实现的基础平台。选择 Revit 的原因有两个：一是与 Bentley 相比，Revit 更便宜，适合中小企业使用。本文把设计目标限制在"中小型土石坝的正向设计"，这个规模 Revit 应能承受。二是由于笔者之前参与并实现了基于 Revit 的建筑结构正向设计（广厦 GSRevit 软件）[2]，利用 GSRevit，Revit 模型可直接在 Revit 中计算、出图，无须与其他软件做接口传递。因此，至少水工的厂房设计是完全没有问题的，这就使本文的研究有一定的基础。

目前，本课题做了以下几个主要技术的研究：①土石坝正向设计方法；②地形、地质资料在 Revit 中的导入和使用；③坝基开挖设计和土方量统计；④常见土石坝的建模和设计；⑤在 Revit 中实现水利水电制图。

作者简介： 童慧波（1976—），男，工程师，主要从事建筑结构 CAD 软件的研究和开发工作。

2　土石坝正向设计方法

当前，在水工结构的设计过程中，工程师的工作存在大量重复性劳动。从根本上讲，这是设计环节各步骤的信息"孤岛"不能互联互通导致的。正向设计的目的是整理、归纳、打通这些信息，以提高整体设计效率。理论上，把数据保存在一个模型里，让各个设计步骤都能从模型中存取需要的数据，才能从根本上提高效率。

本文研究期望能达到以下几个目的：

（1）在 Revit 上对土石坝直接参数化建模、计算和绘图。

（2）实现滚动式设计，三维模型随着设计程度的加深，不断增添更丰富的信息：加地形地质资料、加坝体、加开挖信息、加施工图信息等。

3　地形数据的导入

由于水工建筑物的形态、功能和地形息息相关，因此有必要把三维地形信息导入模型中，才有助于实现水工建筑物的自动化设计。事实上，Revit 自带了一个地形导入功能，但该功能导入的地形精度不够：

（1）Revit 的地形数据实际上是三维点集，然后按照此形成三角网格，再在此基础上形成等高线。以此原理，地形图必然是凸多边形，等高线必然是封闭的，如图 1 所示，其地形图边界有可能是失真的。

图 1　凹多边形边界中的等高线有可能不符实际

（2）由于按三角网格划分，为保证合理的三角网格，因此在诸如陡崖之类的地形处理时，Revit 会剔除投影相近的点。但有时 Revit 剔除的点并不合理，并不能真正合理地表达地形。

为此，本文重做了一个地形图导入的功能：优化导入点的选择，并对该需要插值的地方补充输入，如此得到更符合设计需要的地形图。

如图 2 所示，软件还对导入的地形图格式做了扩展，可导入常见的地形数据。

最后有 5 类地形：总体原地形、局部原地形、开挖底地形、开挖侧边地形、局部回填地形。

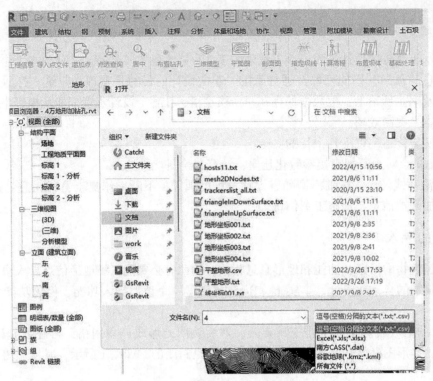

图 2　新增的导入地形图功能

4　地质数据的导入与应用

若是在 Revit 地形图的基础上，能通过输入或导入来得到一个完整的地表以下地质数据模型及流域的水文水位模型，这是非常理想的。然而 Revit 地形图只是一张曲面图，并不是三维实体。因此，不能通过一张地形图存取以上数据。理论上可以通过多张地形图分层模拟，但仅就土石坝设计而言，一般工程数据为坝址附近的钻孔资料，因此软件做了钻孔数据的导入，将数据存于自定义的钻孔实例中，如图 3 所示。图中显示钻孔信息包括基本信息、岩土分层信息、岩芯信息、渗透率等。

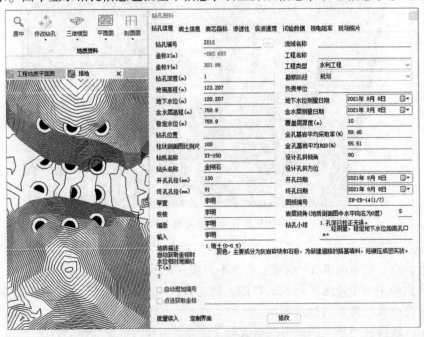

图 3　钻孔资料的输入与编辑

（1）利用钻孔信息，可自动生成钻孔柱状图，如图4所示。

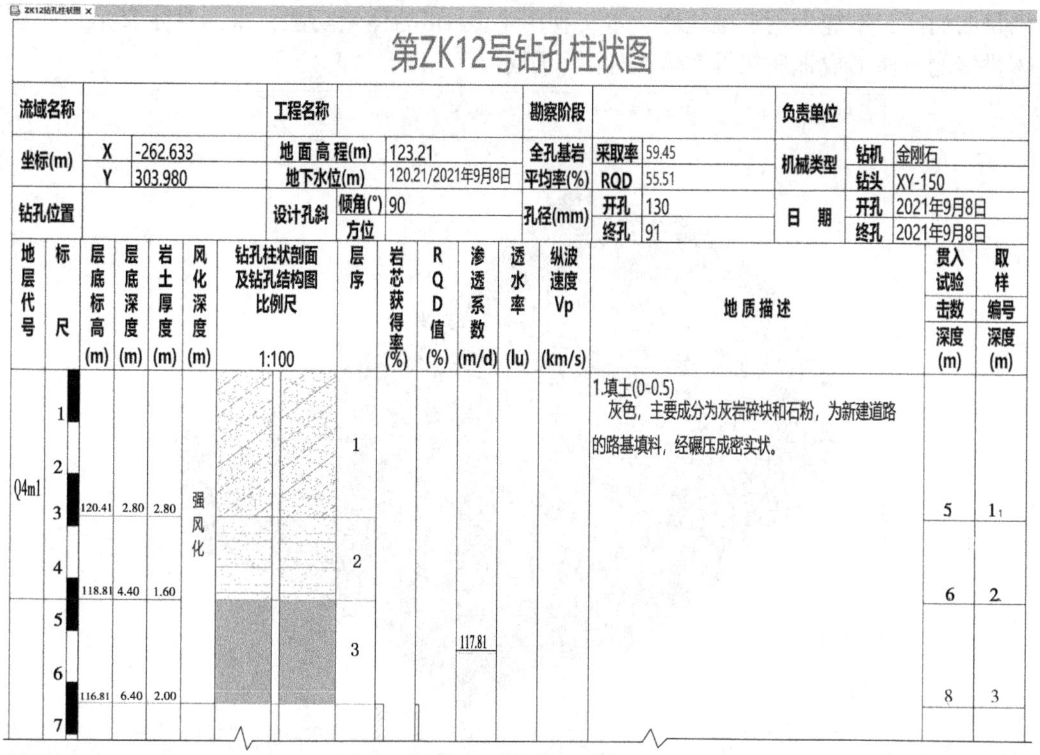

第ZK12号钻孔柱状图

流域名称		工程名称		勘察阶段			负责单位		
坐标(m)	X	-262.633	地面高程(m)	123.21	全孔基岩	采取率 59.45	机械类型	钻机	金刚石
	Y	303.980	地下水位(m)	120.21/2021年9月8日	平均率(%)	RQD 55.51		钻头	XY-150
钻孔位置			设计孔斜 倾角(°) 90 方位		孔径(mm)	开孔 130	日期	开孔	2021年9月8日
						终孔 91		终孔	2021年9月8日

地层代号	标尺	层底标高(m)	层底深度(m)	岩土厚度(m)	风化深度(m)	钻孔柱状剖面及钻孔结构图 比例尺 1:100	层序号	岩芯获得率(%)	RQD值(%)	渗透系数(m/d)	透水率(lu)	纵波速度Vp(km/s)	地质描述	贯入试验 击数 深度(m)	取样 编号 深度(m)
Q4ml	1 2 3	120.41	2.80	2.80	强风化		1						1.填土(0-0.5) 灰色，主要成分为灰岩碎块和石粉，为新建道路的路基填料，经碾压成密实状。	5	1_1
	4	118.81	4.40	1.60			2							6	2
	5 6 7	116.81	6.40	2.00			3	117.81						8	3

图4　钻孔柱状图

（2）利用钻孔信息，可自动生成工程地质剖面图，如图5所示。

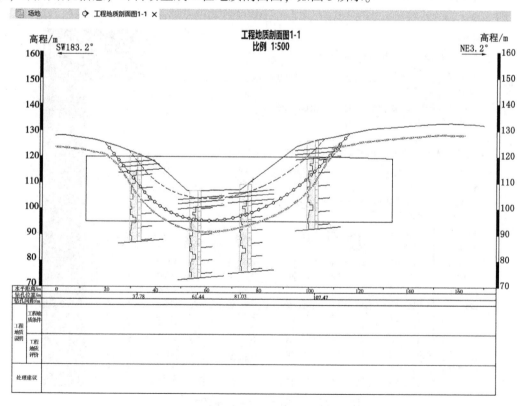

图5　工程地质剖面图

（3）利用钻孔信息，还可形成三维地质模型，能更直观地表达地质状况。前文所述，Revit 的地形图只是曲面图，不能表达三维地质。本文利用了 Revit 的体量功能，采用自定义地质三棱体，多个三棱体拼接的方法形成地质三维实体，如图6所示。

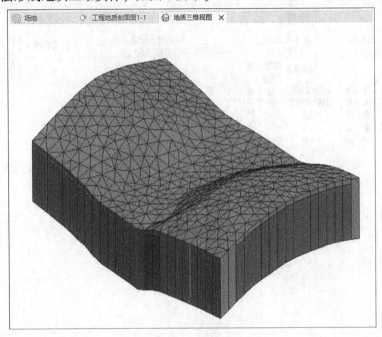

图6　三维地质图

此外，工程应用的地质资料不止钻孔数据一种，为此，本项研究也导入了探坑、探槽、探井、平洞，设计了虚拟钻孔命令来手工插入数据以便更好地拟合地质分层，如图7所示。这些数据都是可以批量导入的。

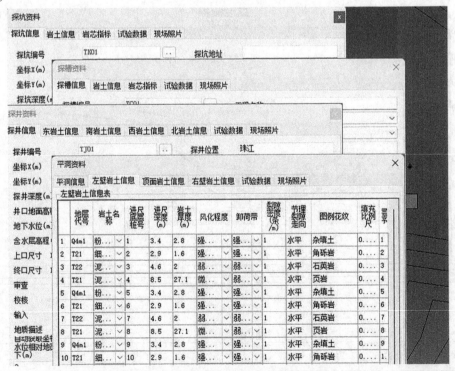

图7　探坑、探槽、探井、平洞的输入

5 坝体的快速参数化布置与编辑

通常而言，Revit 的建模方案为制作一个带参数的族，通过载入族，修改参数的形式来变化。例如，不同尺寸的矩形柱，可建模出截面尺寸和长度不同的实例。然而由于土石坝种类多样，就材质区分，就有均质坝、黏土心墙坝、沥青心墙坝、面板堆石坝等好几种形式；此外，坝体的外形和地形条件相关，每一个坝体的形态都是不一样的。所以，无法通过有限参数的变化来建模土石坝。

如何快速地对坝体建模，是本文研究的一个难点。最终本文采取的方案如下：

（1）通过参数化建模，从一个空白的常规模型族样板开始创建土石坝族。然后自动用该族创建坝体实例。这样就确保每一个创建的土石坝都可以是独一无二的。以心墙坝为例，软件的参数化布置窗口如图 8 所示。

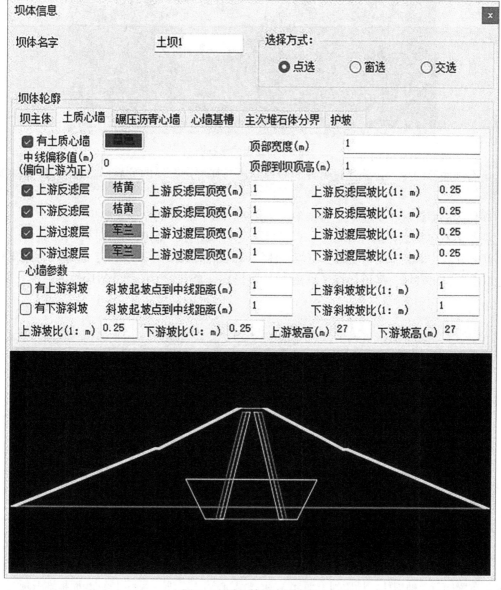

图 8　土质心墙坝布置参数

布置出的土石坝如图 9 所示。

（2）所有布置参数存于土石坝中，以便修改坝体时取用。

（3）土石坝内部分层（反滤层、过渡层、心墙、堆石坝的堆石分区等）为多个实体模型嵌套而成，由于 Revit 有较为强大的实体剪切功能，它们的分界面可通过互相间的剪切关系得到。

图 9　布置出的土石坝

（4）土石坝底部的排水设施通过另外的命令创建，其与土石坝的分界面也可由 Revit 的剪切功能得到。

（5）坝体的表面设施，如护坡、楼梯等，采用贴图或者另外的命令来实现。

（6）坝体参数包括必要的计算参数，以备后续的坝体防渗、稳定等计算。

采用以上方案，本文基本可实现土石坝主体模型的布置和编辑。事实上，由于坝轴线支持任意曲线，因此可以布置出拱坝、河道堤坝（见图 10）等形式，具有较为广泛的适应性。

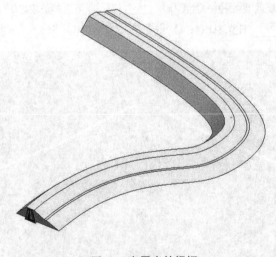

图 10　布置出的堤坝

参数化布置如下 3 种坝体：均质坝土坝（见图 11）、心墙土石坝（见图 12）和面板堆石坝（见图 13）。

6　其他水工建筑物快速参数化布置

作为枢纽设计的一部分，本文设计布置了几个简易的重力非溢流坝、溢流坝、溢洪道、水工隧洞作为补充，如图 14 所示。

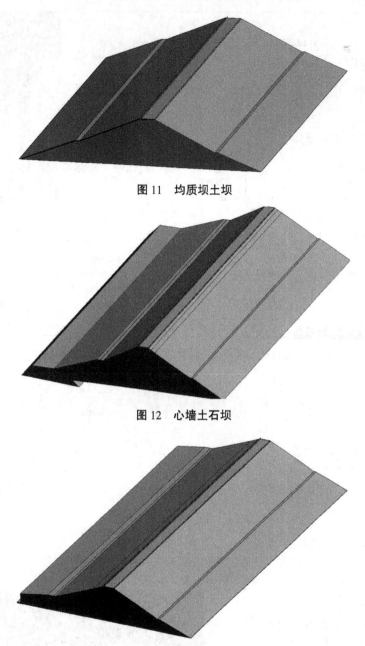

图 11 均质坝土坝

图 12 心墙土石坝

图 13 面板堆石坝

7 开挖设计与计算

开挖设计是水工建筑物设计前期的一个重要内容,根据开挖的目的和手段不同有清表开挖、建基面(基槽)开挖、边坡开挖、河道清淤开挖、槽挖和洞挖几种形式。本文考虑了以上几种开挖形式,下面以坝基常见的清表开挖和基槽开挖为例来说明设计思路,其主要工作分两步(见图 15):一是清表开挖,基本过程为定义清基范围,确定开挖深度,然后以开挖深度做出放坡线,求解放坡线与地表的交线;二是基槽开挖,此时开挖的放坡线在横向和纵向均有可能是复坡的,因此基槽开挖的设计更为复杂。最后,在开挖的基础上,统计开挖和回填的工程量。

前文所述,由于 Revit 的三维地形图只是一张曲面图,不足以表达开挖前后的地形变化,因此此处采用多张地形图的方式来解决此问题。

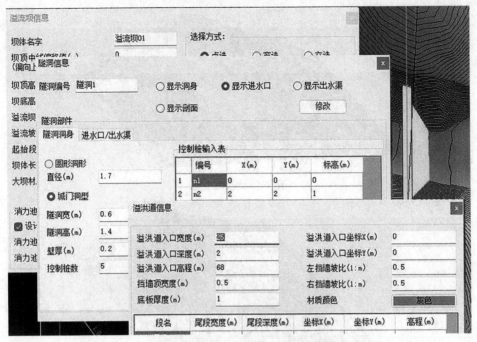

图 14 溢流坝、溢洪道、隧洞的输入以及布置的非溢流坝

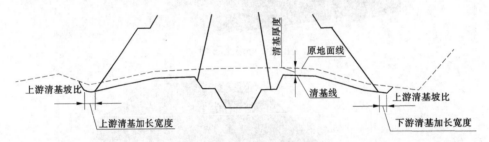

图 15 清基开挖和基槽开挖

（1）原始地形设计出清基后的地形，如图 16~图 18 所示。

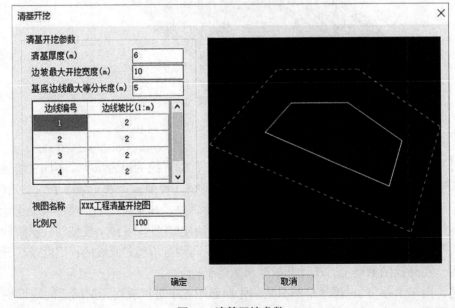

图 16 清基开挖参数

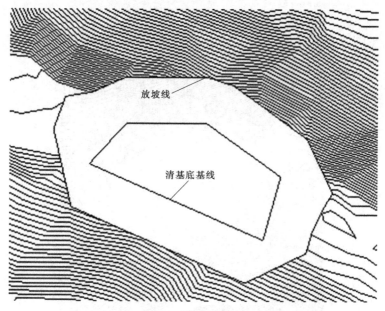

图 17　清基平面图

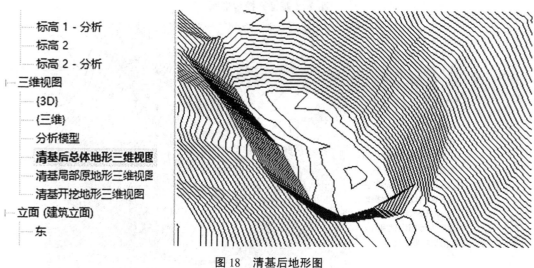

图 18　清基后地形图

（2）以清基地形设计出基槽开挖后的地形，如图 19～图 21 所示。

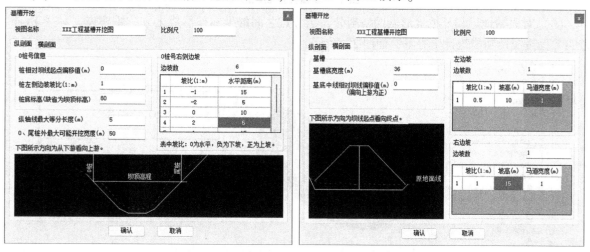

图 19　基槽开挖参数

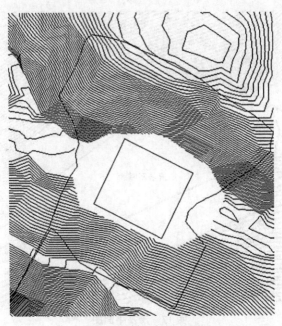

图 20　基槽开挖地形图

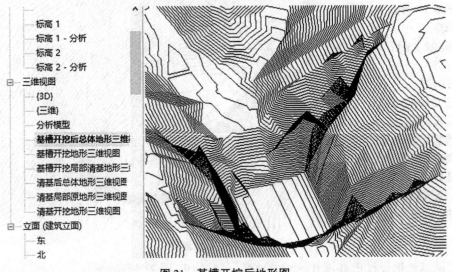

图 21　基槽开挖后地形图

（3）对原始地形和开挖地形做网格剖分，剖分点之间的坐标差形成土方三维实体，利用 Revit 自带的工程量统计功能统计土方量，如图 22 所示。

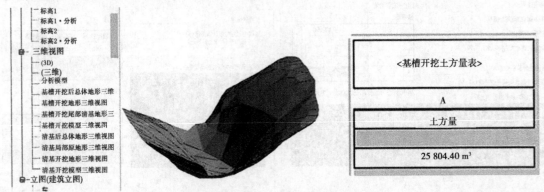

图 22　开挖土方实体和土方量统计

（4）加上后期建模的坝体，利用 Revit 的剪切功能将土方实体扣除掉坝体填充部分，得到需要回填的土方量。

以上方法适用于在 Revit 中设计大部分需要露天开挖的开挖设计，设计得到的开挖线和工程量准确、直观。需要说明的是，不同类别的土石方开挖单价不同，但结合钻孔数据得到的地质状况，可将图 22 的土方量实体填充以不同材质，达到自动统计不同类别的土方量的目的。

8 水工计算

水工计算包括坝高设计、防渗设计、稳定计算、沉降计算等。目前完成了坝高设计，如图 23 所示。计算结果与现有软件对比，结果一致，并输出计算书。后续如加上流域水文资料，许多参数可自动化获得，如水深、风区长度等。

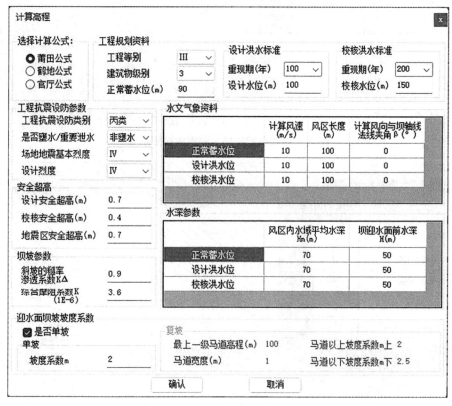

图 23　坝高设计

9 基于 Revit 的水利水电制图

如前所述，本文已经能够出钻孔柱状图、工程平面图、工程剖面图、开挖平面图等。但是，由于 Revit 自带的线型有限，更缺乏水利水电制图标准中的大量表示符号，仅凭 Revit 自带的符号无法满足水利水电制图要求。因此，本研究补充了大量的 Revit 注释符号族，并制作了专门命令来使用，如图 24、图 25 所示。

10 结论

广厦水工结构 BIM 正向设计软件可在 Revit 上导入地形和地质数据，参数化布置和修改坝体、参数化进行坝基开挖设计，并出相应的施工图。说明水工结构能够在 Revit 上实现基于三维 BIM 的正向设计，在我国水工结构 BIM 正向设计方面做了开创性的突破，积累了丰富的经验。

概括来说，本研究做了以下几点创新：

（1）基于一个模型完成土石坝的全过程设计，像 Revit 这样的一个基础平台虽然建模方便灵活，

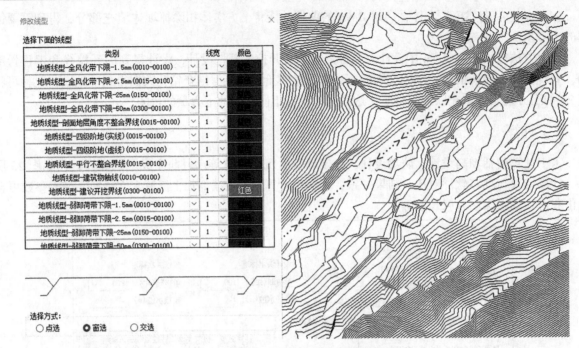

图 24　使用自定义的水利水电制图线型

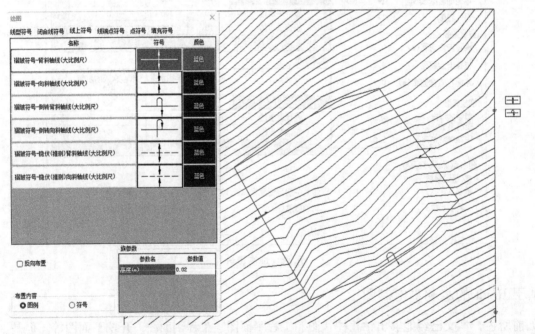

图 25　使用自定义的水利水电符号及图例

但缺乏很多水工设计所需要的地形、地质数据，需要做很多补充，本文在这方面做了很多工作，使设计能真正可行；同时基于一个模型，设计阶段无须和其他软件交互，有利于各专业之间的设计协同。

（2）与传统设计不同，传统水工设计一般是先有二维的平立剖设计图，然后形成三维模型；正向设计是先有三维模型，平立剖图纸只是三维模型在二维方式下的投影图，同时在投影图上补充一些水工习惯的标注和图例。这样的设计是所见即所得的，在发生设计变更时能大量减少工作量。

（3）三维模型的直接可算性。设计所需的坝体材料分层、水位、其他荷载都存于模型，地形地质资料通过钻孔数据也方便地存于模型，因此模型直接可算，这对设计过程中的迭代优化是有利的。

参考文献

［1］杜九博，李玉莹，常倩倩，等．BIM 正向设计在湘河水利枢纽工程中的应用［J］．水利规划与设计，2019，191（9）：87-90.

［2］吴文勇，焦柯，童慧波，等．基于 Revit 的建筑结构 BIM 正向设计方法及软件实现［J］．土木建筑工程信息技术，2018，10（3）：39-45.

拟稳平差及 ASCII 输出模板在黄河下游
防洪工程断面生成中的运用

张 明

（黄河水利委员会山东水文水资源局泺口水文站，山东济南 250100）

摘 要： 以拟稳平差和 ASCII 输出模板为基础，生成防洪工程内外高程数据，进而运用到黄河下游防洪工程断面生成中。通过拟稳平差及 ASCII 输出模板生成的防洪工程断面，可以随着防洪工程内外断面的数据更新而实时更新，并能够进行多次数据的套汇，从而为防洪工程的运用调度起到决策性的依据。

关键词： 拟稳平差；ASCII 输出模板；防洪工程断面

1 引言

黄河下游流经河南、山东两省，两岸土地肥沃，交通便利，是全国重要的粮食生产基地。人民治黄 70 多年来，黄河下游先后兴建了以干支流水库、堤防、河道整治工程、分滞洪区为主体的"上拦下排、两岸分滞"的防洪工程体系。同时，水文、通信、信息网络及防洪组织管理等非工程措施也得到了进一步加强，初步形成了较为完善的黄河下游防洪体系。但是，长期以来黄河下游仍然存在决溢的危险，不仅是因为近些年异常天气频发造成的洪水过程，更重要的是水少沙多导致下游河床淤积，排洪能力也会随着淤积而降低。

2002 年以来，黄河下游利用水利工程设施和调度手段，通过水流的冲击，将黄河下游水库的泥沙和河床的淤沙适时送入大海，从而降低库区和河床的淤积，增大主槽的行洪能力，即黄河"调水调沙"。历年"调水调沙"调度期间，为更好地分析黄河下游河道的变化情况，采用多次固定水文监测断面实测数据，对比分析主河道内河床的变化情况[1]。

随着黄河流域生态保护和高质量发展提升为国家战略，尤其是推进新阶段数字孪生黄河建设，传统的防洪工程断面变化监测手段略显单一，只能监测到防洪工程以内的河床变化，而当出现异常洪水或者超标洪水时，传统的监测方式无法全面展示防洪工程内外的实时动态变化，也会造成对防洪工程运行决策的延迟。

本文提出以 AdjustLevel 水准网平差软件和 ASCII 数据输出模板为基础，以防洪工程内外实测断面数据为依据，建立起防洪工程内外断面生成模型的方式。模型建立后，可随着防洪工程内外断面的实测数据的更新而实时更新，并能够进行多次数据的套汇，从而为防洪工程的运用调度提供决策性的依据。

2 黄河下游防洪工程断面生成模型的设计思路

黄河下游防洪工程断面生成模型的设计思路分为两个部分，分别为 AdjustLevel 水准网平差软件处理防洪工程以外至水边高程数据，ASCII 数据输出模板处理过水部分高程数据。

将两部分实测高程数据传输到处理软件建立起基础模型，在黄河下游经历过水过程期间，将更新

作者简介：张明（1981—），男，高级工程师，主要从事水文水资源、水环境、水生态的研究工作。

后的实测数据传输到基础模型内，生成新的大断面，实现了对防洪工程运行调度的决策依据。

3 黄河下游防洪工程断面生成模型的设计方案

在前述设计思路的基础上，制定黄河下游防洪工程断面生成模型的设计方案，并进行模型的生成。

3.1 防洪工程以外及防洪工程以内至水边高程数据

3.1.1 拟稳平差生成高程数据原理

拟稳平差的基本思路是，考虑到水准网中的点处于不同的地质构造和地球物理环境，随着时间的延伸，都可能发生变动，但是总存在相对变化小的，即相对稳定的点，称为"拟稳点"。把它们作为基准，附加合理的限制与拟稳点有关的未知量范数极小的约束条件，原来的秩亏水准网可以得到准确的确定数据，这样即有明确的测量根据，可以为水准网提供比较前后变化的基准面，又可以随时获得准确的精确信息[2]。

设 m 为水准网水准点个数，n 为观测值（高差）个数。拟稳平差的计算流程如下：

$$N = B^T PB \tag{1}$$
$$L = h - BH \tag{2}$$
$$W = B^T PL \tag{3}$$
$$x = (N + P_x SS_T P_x)^{-1} W \tag{4}$$
$$V = B_X - L \tag{5}$$
$$\sigma_0 = \sqrt{\frac{V^T PV}{n-1}} \tag{6}$$
$$M = P\sigma_0 \tag{7}$$

式中：B^T 为误差方程的系数阵；P 为观测值的权阵；P_x 为确定拟稳点的权阵；S/S_T 取 1；h 为观测高差；H 为已知高程；x 为高程改正数；σ_0 为单位权重误差；N 为法方程系数阵；V 为观测值的改正数；M 为观测高差的中误差[3]。

3.1.2 拟稳平差生成高程数据操作步骤

第一步，使用电子水准仪（如徕卡 DNA、天宝 DiNi、索佳 SDL、拓普康 DL 及中纬 ZDL 等），依托二等以上水准点，采用三等以上水准测量的方式，如表1、表2（表内数据为实验值）所示。

表1 高程平差结果

序号	点名	高程/m	中误差/m	点类型	备注
1	G1	24.761 0	0		
2	G2	33.760 0	0		
3	1	25.802 5	0.000 3		
4	2	26.984 4	0.000 4		
5	3	28.131 9	0.000 5		
6	4	28.288 5	0.000 6		
7	5	27.304 7	0.000 6		
8	6	26.005 3	0.000 6		
9	7	25.022 0	0.000 7		

续表 1

序号	点名	高程/m	中误差/m	点类型	备注
10	8	24. 090 2	0. 000 7		
11	9	24. 068 6	0. 000 8		
12	10	24. 095 2	0. 000 8		
13	11	23. 807 1	0. 000 9		
14	12	23. 662 8	0. 000 9		
15	13	23. 681 5	0. 000 9		
16	14	23. 907 4	0. 000 9		
17	15	23. 969 7	0. 001 0		
18	16	24. 063 3	0. 001 0		
19	17	24. 122 5	0. 001 0		
20	18	24. 281 2	0. 001 0		
21	19	24. 195 2	0. 001 0		
22	20	24. 066 6	0. 001 0		
23	21	24. 154 0	0. 001 0		
24	22	24. 107 4	0. 001 0		
25	23	24. 447 4	0. 001 0		
26	24	24. 050 2	0. 001 0		
27	25	24. 185 2	0. 001 0		
28	26	24. 329 9	0. 000 9		
29	27	24. 659 1	0. 000 9		
30	28	24. 596 4	0. 000 9		
31	29	24. 839 0	0. 000 8		
32	30	24. 969 9	0. 000 8		
33	31	25. 558 6	0. 000 7		
34	32	26. 461 4	0. 000 7		
35	33	28. 075 8	0. 000 7		
36	34	29. 686 8	0. 000 7		
37	35	31. 139 7	0. 000 7		
38	36	32. 740 1	0. 000 7		
39	37	33. 876 2	0. 000 7		
40	38	34. 748 5	0. 000 6		
41	39	34. 377 5	0. 000 5		
42	40	34. 329 8	0. 000 4		
43	41	34. 224 1	0. 000 3		

表2 高程平差残差

序号	起点	终点	高差/m	距离/m	中误差/m	残差/m	备注
1	$G1$	1	1.041 5	57.910 0	0.000 3	0	
2	1	2	1.182 0	54.950 0	0.000 3	0	
3	2	3	1.147 5	41.020 0	0.000 2	0	
4	3	4	0.156 6	75.310 0	0.000 3	−0.000 1	
5	4	5	−0.983 8	33.080 0	0.000 2	0	
6	5	6	1.299 4	45.230 0	0.000 3	0	
7	6	7	−0.983 3	34.930 0	0.000 2	0	
8	7	8	−0.931 8	53.230 0	0.000 3	0	
9	8	9	−0.021 6	86.630 0	0.000 3	−0.000 1	
10	9	10	0.026 6	88.080 0	0.000 4	−0.000 1	
11	10	11	−0.288 1	85.900 0	0.000 3	−0.000 1	
12	11	12	−0.144 3	93.920 0	0.000 4	−0.000 1	
13	12	13	0.018 7	80.630 0	0.000 3	−0.000 1	
14	13	14	0.225 9	80.660 0	0.000 3	−0.000 1	
15	14	15	0.062 3	56.630 0	0.000 3	0	
16	15	16	0.093 6	76.080 0	0.000 3	−0.000 1	
17	16	17	0.059 2	93.140 0	0.000 4	−0.000 1	
18	17	18	0.158 7	58.480 0	0.000 3	0	
19	18	19	−0.086 0	72.190 0	0.000 3	−0.000 1	
20	19	20	−0.128 6	85.670 0	0.000 3	−0.000 1	
21	20	21	0.087 4	85.100 0	0.000 3	−0.000 1	
22	21	22	−0.046 6	88.370 0	0.000 4	−0.000 1	
23	22	23	0.340 0	83.990 0	0.000 3	−0.000 1	
24	23	24	−0.397 2	86.860 0	0.000 3	−0.000 1	
25	24	25	0.135 0	84.590 0	0.000 3	−0.000 1	
26	25	26	0.144 7	85.220 0	0.000 3	−0.000 1	
27	26	27	0.329 2	90.140 0	0.000 4	−0.000 1	
28	27	28	−0.062 7	82.550 0	0.000 3	−0.000 1	
29	28	29	0.242 6	98.140 0	0.000 4	−0.000 1	
30	29	30	0.130 9	89.060 0	0.000 4	−0.000 1	
31	30	31	0.588 7	76.050 0	0.000 3	−0.000 1	

续表 2

序号	起点	终点	高差/m	距离/m	中误差/m	残差/m	备注
32	31	32	0.902 8	59.160 0	0.000 3	0	
33	32	33	1.614 4	8.730 0	0.000 1	0	
34	33	34	1.611 0	8.670 0	0.000 1	0	
35	34	35	1.452 9	8.330 0	0.000 1	0	
36	35	36	1.600 4	7.980 0	0.000 1	0	
37	36	37	1.136 1	7.430 0	0.000 1	0	
38	37	38	0.872 3	50.630 0	0.000 3	0	
39	38	39	−0.371 0	72.050 0	0.000 3	−0.000 1	
40	39	40	−0.047 7	87.600 0	0.000 4	−0.000 1	
41	40	41	−0.105 7	85.920 0	0.000 3	−0.000 1	
42	41	$G2$	−0.464 1	47.770 0	0.000 3	0	

第二步，使用 AdjustLevel 水准网平差软件，采用拟稳平差对外业测量数据进行处理，生成水准网平差高程数据。

第三步，生成可以运行 TrueType 字体文件的 Excel 表格。

通过以上三步操作，生成采用电子水准仪测得的防洪工程岸上部分大断面模型。

3.2 防洪工程以内水道部分高程数据

3.2.1 ASCII 数据输出模板的原理

ASCII 数据输出模板通常是利用声学多普勒流速剖面仪（ADCP）或双频测深仪，现场采集水道部分深度，然后将采集的原始数据提取出来，用实测水位减去采集深度进而得到水道部分的高程数据，最后导入到 Excel 中生成规范格式[4]。

3.2.2 ASCII 数据输出生成水道部分高程数据的步骤

第一步，使用 WinRiver 软件打开实测流量，在测量管理里面将 PD0 文件双击回放。

第二步，打开 ASCII 数据输出文件向导，载入 ASCII 数据文件输出模板，导入运行 TrueType 字体文件，生成水道部分水深。

第三步，打开断面制作模板（Excel 版），执行宏 shv，打开数据所在文件夹下 TrueType 字体文件，输入实测水位，生成水道部分高程数据。

通过以上操作，从而生成防洪工程以内水道部分断面模型。

4 黄河下游防洪工程断面生成模型的建立

按照黄河下游防洪工程断面生成模型的设计方案，将两部分高程数据合并，进而建立起防洪工程内外断面模型，如图 1 所示。

建立起来的黄河下游防洪工程断面模型可以直观地反映出整个防洪工程内外的断面转折变化，同时该模型调用方便，能够实现与各级防指的直接接轨。

5 黄河下游防洪工程断面生成模型的应用

黄河下游防洪工程断面生成模型建立后，在防洪工程运行期间，河道内断面出现异常洪水或超标洪水时，上级防指可以依据该防洪工程断面模型，指导黄河下游防洪工程的运用。

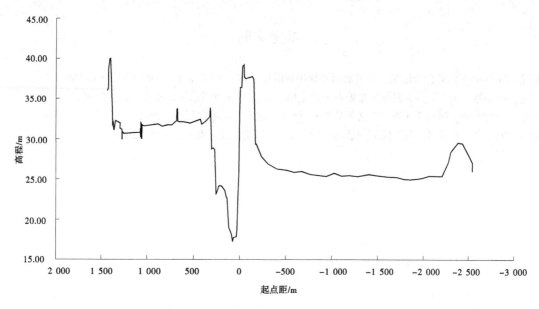

图1 黄河下游防洪工程断面模型图

这种目标的实现，是在基础模型建立后，将水道部分实测断面高程进行套绘，直观反映出断面变化情况，如图2所示。

当出现异常洪水或超标洪水时，防洪工程断面生成模型可以反映出工程运行的情况，也可以判断防洪工程是否继续使用或启用滞洪区。

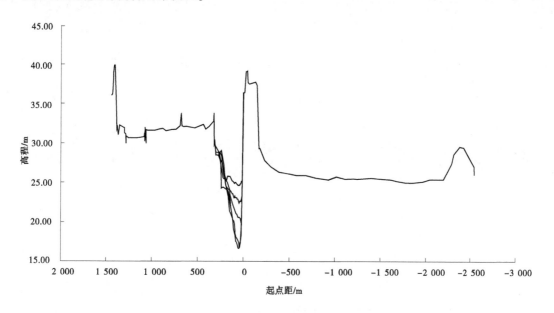

图2 黄河下游防洪工程断面模型套汇图

6 结论

通过分析近三年黄河下游防洪工程实测断面资料，采用拟稳平差及ASCII输出生成的模型，能够符合设计方案所提出的应具备的功能和基本要求，满足黄河下游防洪工程断面生成的需要，对于新阶段黄河流域防汛抗旱、数字孪生黄河建设具有积极意义。

参考文献

[1] 夏龙. RTK+测深仪结合全站仪在河道断面测量中的应用 [J]. 中国水运, 2009 (7): 163-164.

[2] 万斐, 陈艳艳. 拟稳平差在测量数据处理中的应用 [J]. 地理空间信息, 2018 (6): 79-82.

[3] 崔希章, 於宗俦, 陶本藻, 等. 广义测量平差 [M]. 北京: 测绘出版社, 1992.

[4] 田淳, 刘少华. 声学多普勒测流原理及其应用 [M]. 郑州: 黄河水利出版社, 2003.

基于数字孪生的闸泵群可视化研究及应用

梁启斌　刘高宇　陈明敏

（珠江水利委员会珠江水利科学研究院，广东广州　510610）

摘　要：目前，我国大部分水闸泵站基本实现了自动化管理，但是水闸泵站在实际运行管理中仍存在一系列复杂多变的问题未得到有效解决。本文基于数字孪生技术，对闸泵群进行可视化研究，融合多源数据，构建闸泵群智能一体化仿真模型管理平台，可为闸泵群管理集成化、协同调度高效化和决策分析智能化提供参考。

关键词：数字孪生；水闸泵站；可视化

1　引言

随着新一代信息技术与实体经济的加速融合，数字化、网络化、智能化已经成为各领域各行业的共同演进趋势[1]，人工智能、区块链、数字孪生、5G 等代表性技术正在逐步应用到水利领域中，推动传统水利工程管理向数字流域和智慧水利方向发展。2021 年 3 月，水利部部长李国英在《人民日报》发表署名文章，提出"充分运用数字映射、数字孪生、仿真模拟等信息技术，建立覆盖全域的水资源管理与调配系统，推进水资源管理数字化、智能化、精细化。"

数字孪生技术在这样的背景下，受到了广大水利从业人员的关注和重视，数字孪生技术已经在水利工程中得到充分的应用，也积累了丰富的经验。2019 年，蒋亚东等对数字孪生技术在水利工程运行管理中的应用进行了研究及实践[2]。张社荣等对在水电工程设计施工及建造过程的数字孪生应用模式进行了探索，并提出了数字孪生技术应用的发展趋势[3]。2021 年，张绿原等研究并提出了水利工程数字孪生技术架构并对典型应用场景进行了描述[4]。

水闸泵站在河流水系的水资源均衡调控和水环境自我修复中具有重要作用，其运行管理应得到充分重视。本文将数字孪生技术应用到闸泵群运行管理过程，以水闸、泵站为主体受控对象，融合多源数据，构建闸泵群数字孪生体模型，实现水利工程运行管理中的物理实体与虚拟空间中人、机、物、环境、信息等要素的相互映射、实时交互、高效协同，从而直观、全面地反映水利工程运行管理过程全生命周期状态，复现实时态势，进而实现水利工程智能运行、精准管控和可靠运维[5]。

2　数字孪生

数字孪生概念正式被提出是美国国家航空航天局（NASA）在阿波罗项目中，使用空间飞行器的数字孪生对飞行中的空间飞行器进行仿真分析，监测和预测空间飞行器的飞行状态，辅助地面控制人员作出正确的决策[6]。国际标准化组织对"数字孪生"的定义是，具有数据连接的特定物理实体或过程的数字化表达，该数据连接可以保证物理状态和虚拟状态之间的同速率收敛，并提供物理实体或流程过程的整个生命周期的集成视图，有助于优化整体性能[7]。简单来说，数字孪生技术就是通过数据采集及映射处理，实现物理实体数字化表示，然后运用数字化模型模拟现实中不同的工况，提供辅助决策支撑。

作者简介：梁启斌（1992—），男，工程师，主要从事水利信息化工作。

2.1 数据融合与集成

数字孪生技术，需要大量的数据进行支撑。近几年来，BIM、GIS 和物联网技术都得到飞速发展，为数字孪生技术的研究奠定了坚实的基础。BIM 是动态管理建筑物本身全生命周期信息的技术，具有完整的内部信息，但缺少定位、轨迹等空间位置信息，无法进行大范围的建筑群空间信息管理；GIS 是处理空间信息、进行相关空间地理分析的技术，但仅停留在获取建筑物的空间位置信息，无法进一步获取建筑物内部属性信息。将微观领域的 BIM 信息与宏观领域的 GIS 信息进行融合与交换，使 GIS 从室外走进室内、从地面走进地下、从宏观走进微观，可在多个领域得到深层次的应用。同时，物联网数据本身无法与建筑物实体的空间位置信息和几何信息产生关联，需利用 GIS 建立宏观的地理环境信息，利用 BIM 建立微观的建筑模型信息，进行三者有机融合，构建数字孪生全要素信息。通过三者的集成和融合，将水闸、泵组工程的项目前期勘察数据、建筑物设计数据（模型数据）、地理信息数据进行整合，并结合地图影像数据，形成洞察工程全局的"一张图"，能够大大提高水闸、泵组运行管理水平[8]，如图 1 所示。

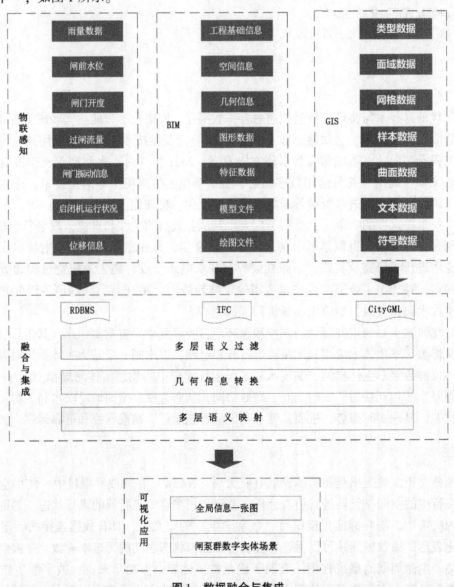

图 1　数据融合与集成

利用自主研发的闸泵群数字孪生体模型管理平台，支持 CAD、Revit、Civil3D、3DMax、BENTLEY、Sketchup、Navisworks 等 BIM 主流数据的接入；通过转换插件和工具，将 BIM 数据的顶点和属性信息一次性导出并按类型或图层进行分类，生产多细节层次（levels of detail），提升数据在三维仿真平台中的加载效率和浏览性能。在浏览器端，运用 WebGL 技术，无须任何浏览器插件支持，直接调用计算机底层硬件加速功能实现三维场景的可视化渲染[9]，实现跨平台的数字孪生体场景可视化表达及模型分析管理功能。

2.2 运行机制

闸泵群数字孪生体模型管理平台运用了先进的物联感知、自动控制、人工智能、遥感等技术，对物理实体的位置、几何、材质、规则等方面进行多维度的描述和建模，实现物理实体与数字场景的动态链接，形成状态感知、预报预警、模拟演算、精准执行的精细化闭环管理过程，其运行机制如图 2 所示。

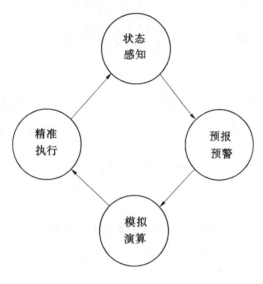

图 2　运行机制

闸泵群数字孪生体场景模型管理平台基于物联网技术采集了现场水雨情、工情、地理空间等信息，在三维地理空间内与 BIM 实体模型建立起地理空间数据映射关系，结合传统水文水动力模型和大数据分析模型，对闸泵群工程潜在或将要面临的紧急情况进行预警预报，并可对各类工况、环境条件下闸泵群运行状态进行模拟仿真，智能生成相应的险情应急预案，根据预案结果对闸泵群进行自动调度，提高了闸泵群管理单位的组织决策能力和协作效率，实现整体资源优化配置。

3　闸泵群数字孪生体管理平台设计

3.1 平台总体框架

闸泵群数字孪生体管理平台运用了物联网、GIS、BIM 结合的数字孪生技术，解决了当前闸泵群二维平面管理模式中存在的信息缺失、反馈滞后、表达单一等问题，对物理实体在空间、几何、行为、规则等方面进行全要素重建，实现外部环境下的仿真、决策、优化、调整、可视等应用[10]。平台总体架构基于 B/S 结构进行设计，包含物理层、数据层、应用层和交互层四部分，通过运维运营管理及规范体系、安全及组织保障体系确保平台的规范、安全和高效运行，总体框架如图 3 所示。

3.1.1 物理层

物理层是整个数字孪生体的基础支撑，包含各类感知设备和物理实体，负责信息高效采集与安全传输。感知设备包括水位、水质、流量、降雨、流速、渗流、渗压、应力应变、摄像头、闸门开度、振动、电流、电压等各类物联网终端；物理实体包括研究闸泵群运行管理体系所涉及的水闸、泵站、河流、湖泊、地形、水库等实体对象。两者包含信息空间中各类实体、环境、参数等全要素、全过程的描述。传输方式可采用 4G/5G、光纤、无线、北斗卫星、线缆等多种方式结合，组网灵活，适用

图 3　平台总体框架

于各种环境。

3.1.2　数据层

数据层主要是利用大数据、云计算等技术对物理实体的物联网、GIS、BIM 等数字孪生体模型数据、实时监测数据、历史数据和业务数据等各类数据进行汇聚、融合、存储、处理、共享，为整个数字孪生平台提供高性能、可靠的数据服务。

3.1.3　应用层

应用层借助数据集成、模型渲染、虚拟仿真、人工智能等模块和组件，实现通过数字孪生体与物理实体在空间、几何、行为、规则等方面精确的映射关系，构建信息空间中各类实体、环境、参数的模拟仿真和决策支持模型，实现水闸、泵站工程在不同工况、环境下的模拟演算、预报预警、辅助决策和精准执行。

3.1.4　交互层

交互层为用户提供全局信息"一张图"、数字孪生体场景交互、险情识别和安全预警等功能。交互层以 Web 门户终端服务为主，也提供移动端、VR/AR/MR 端等多端交互形式，满足不同场合的展示需求。

3.2　数字孪生体构建

3.2.1　BIM 模型构建

利用 Revit 进行水闸、泵站的 BIM 模型构建。BIM 模型由各类族搭建组成，包括墙、楼板、柱、挡水建筑物、泄水建筑物、取水建筑物等[11]。

步骤一，在建筑样板下新建项目，用"体量和场地"命令下的"地形表面"选项卡构建模型的场地，可以选择导入地形地貌文件或手动绘制。手动绘制通过放置点，并设置各个点的高程来构成场地。然后选择"场地构件"选项卡，给场地添加不同的构件。

步骤二，场地平面构建完成后，可以对楼层平面中的场地视图进行查看。在场地的属性面板中选择合适的材质对场地进行设置。设置完成后的场地如图 4 所示。

步骤三，根据设计图纸，在楼层平面中选择合适的标高放置墙体、梁、钢筋、柱、楼板等图元，构建水闸、泵站的管理房外形模型。各类族下的不同图元，如外墙、梁、柱、水闸、泵、门、窗等。

步骤四，按照设计图纸标识的位置放置门、窗。

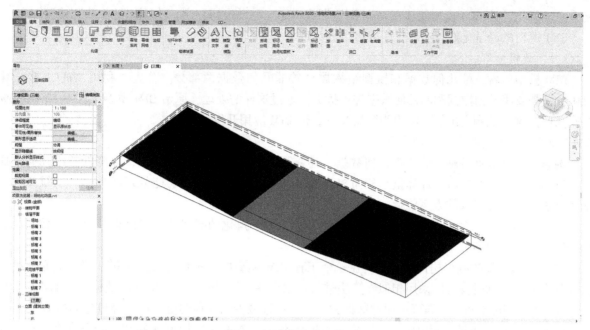

图4 场地效果图（平面）

步骤五，打开新建族界面，按照闸门、启闭机或泵的尺寸型号新建族。

步骤六，把新建的族（闸门、启闭机或泵）按照设计图纸的标识放置到管理房模型中。

步骤七，打开项目的三维视图，把视觉模式设置为光线追踪，就能查看模型的整体效果，如图5所示。

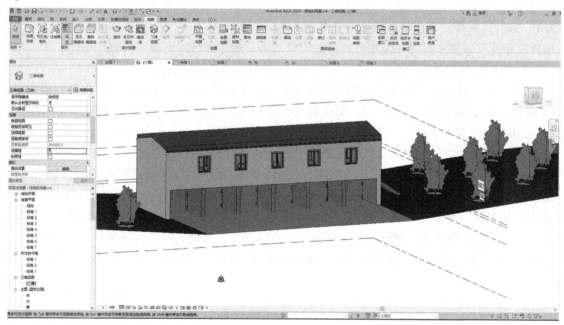

图5 场地效果图（三维）

3.2.2 BIM 模型轻量化

BIM 模型的轻量化包含轻量化存储及轻量化渲染两个维度。轻量化存储就是对原始 BIM 模型进行的一种"压缩"处理，包括几何数据和非几何数据的剥离，并对几何数据进行参数化处理及压缩存储，达到缩小模型体量的目的，这样方便在网络上传输。轻量化渲染则是三维渲染引擎针对大模型、大场景的渲染优化技术，实现在有限的硬件资源的情况下以较高的帧率去渲染大体量模型。

在本文中是对 BIM 模型实现轻量化渲染，要在确保 BIM 模型的数据不损失的情况下，实现 BIM

模型的轻量化，让 BIM 模型能够在 Web 浏览器或 App（移动应用程序）上更快地加载和使用。

BIM 模型的轻量化处理实现，一般可以分为以下几步。

3.2.2.1 数模分离

BIM 模型包含三维几何数据和模型结构属性等非几何数据两部分。首先，利用 WebGL 轻量化 BIM 引擎需要将几何数据和非几何数据进行拆分。通过这样的处理，原始 BIM 模型文件中 20%～50% 的非几何数据会被剥离出去，输出为数据文件，供 BIM 应用开发使用。

3.2.2.2 三维几何数据轻量化处理

剥离非几何数据后剩下的三维几何数据，还需要进一步轻量化处理优化，以降低三维几何数据量，节约客户端电脑的渲染计算量，从而提高 BIM 模型下载、渲染和功能处理的速度。三维几何数据优化这块，一般采取的方案包括：

（1）参数化或三角化几何描述。通过采用参数化或三角化的描述手段来降低三维几何数据的数据文件大小，让模型数据变得更小。

（2）相似性算法减少构件存储量。在一个工程 BIM 模型中很多构件长得一模一样，只是所处位置或角度不同，这时就可以采用相似性算法进行数据合并，即只保留一个构件的数据，其他相似构件只记录一个引用+空间坐标即可。通过这种方式可以有效减少构件存储量，达到轻量化的目的。

（3）构建符合场景远近原则的多级构件组织体系。大型的 BIM 模型构件数量会非常多，在 Web 浏览器中全部下载和加载这些构件是不现实的。同时，观察 BIM 模型的视野范围或场景又是相对有限的。所以利用这个特点，就可以创建一个符合场景远近原则的多级构件体系，使得用户在观察 BIM 模型时，在远处可以看到全景，但不用看到细节，在近处可以看到细节，但无须看到 BIM 模型的全部。这样可以大大提高 BIM 模型在 Web 浏览器中的加载速度和用户体验，解决大体量 BIM 模型的轻量化问题。

3.2.2.3 Web 浏览器或 App 端实时渲染及管理

BIM 轻量化引擎要实现对三维几何数据的实时渲染，需要进行以下两个步骤的动作：

（1）三维几何数据从服务器端下载到客户端电脑或移动端设备内存。

（2）调用客户端电脑或移动端设备内存和 GPU（显卡）高效地实时渲染三维几何数据，还原三维 BIM 模型。通过 API 接口调用形式，实现对三维 BIM 模型及其构件的操作、管理和对外功能。

3.2.3 BIM+GIS 数据融合

目前，比较通用且认可度较高的方式是通过两个通用数据标准 IFC 和 CityGML 实现 GIS 与 BIM 的数据融合[12-13]。这种方式相对于直接将 BIM 数据转换为 GIS 平台对应的数据，或直接将 GIS 数据转换为 BIM 平台数据的方法，通用性强，且工作量小[14]。国内的 GIS 平台软件 SuperMap 已经通过插件，实现了与多种 BIM 软件的数据融合，如图 6 所示。其中，Autodesk Revit 软件工具所绘制的模型相对其他软件工具更为轻量，且软件更加开源，在数据融合方面更具优势，其所带入的属性、颜色和材质更优，可经简单处理直接通过插件导入 SuperMap 中，即可实现 BIM 与 GIS 的数据融合，如图 7 所示。

4 应用示范

闸泵群数字孪生体管理平台已经应用到多个水闸、泵站管理单位。以广东省恩平市的塘洲水闸和阁仔庙排涝站为例，如图 8、图 9 所示。通过物联网、BIM 和 GIS 技术的融合，构建了闸泵群数字孪生体，实现了数字孪生体轻量化、高效率、跨平台的运行。

在水闸 Web 端交互界面中，能实时显示当前闸位、过闸流量、电流电压、运行状态、操作记录等信息。此外，在界面右方，还能对闸门的启闭进行远程控制，视图中水闸的闸门会随着启闭情况的改变而产生相应的动画效果，实现闸门启闭过程的动态仿真。泵站 Web 端交互界面的功能与水闸的基本一致，只是由感知设备采集的运行状态数据更加丰富。

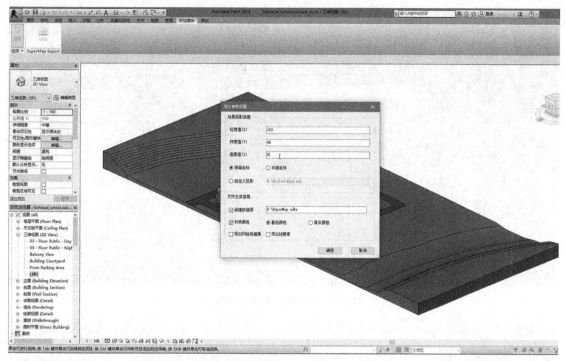

图6 插件导出 BIM 模型数据

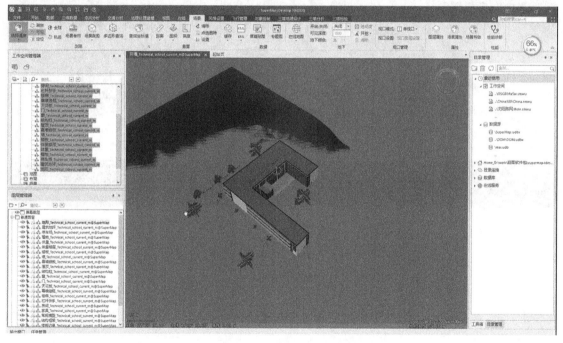

图7 GIS 平台加载 BIM 模型

5 总结

智慧水利是"十四五"期间中国水利信息化发展的方向，数字孪生工程更是智慧水利的重要抓手。本文借助物联网、BIM、GIS 和人工智能等技术，对水闸、泵闸、外部工况和环境等物理实体进行数字建模，实现物理实体与数字实体的动态链接，建立相应的闸泵群数字孪生体。与传统的二维平面管理模式相比，通过数字孪生体，用户可以从多个角度查看真实环境中的三维模型，可以有效地对水闸、泵站模型、监测要素等各项信息进行管理与共享；提高了水闸、泵站的运行管理效率，更是向全面实现智慧水利踏出坚实的一步。

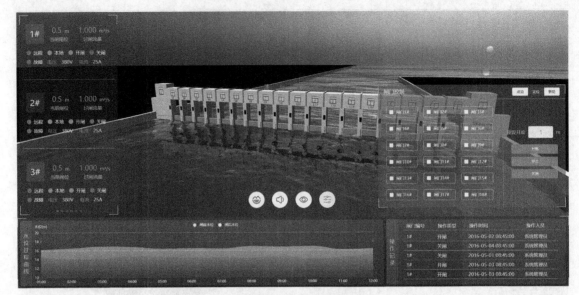

图 8　塘洲水闸 Web 展示效果图

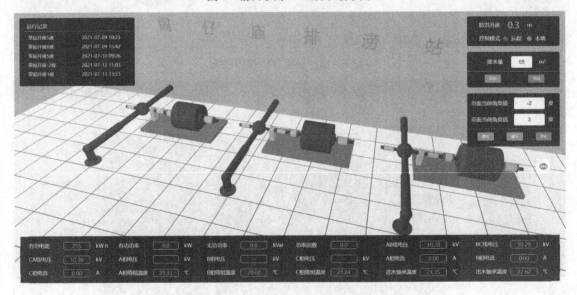

图 9　阁仔庙泵站 Web 展示效果图

参考文献

［1］王志强，盖素丽，崔彦军，等. 基于数字孪生与区块链的智慧农业系统研究［J］. 河北省科学院学报，2021，38（1）：66-73.

［2］蒋亚东，石焱文. 数字孪生技术在水利工程运行管理中的应用［J］. 科技通报，2019，35（11）：5-9.

［3］张社荣，姜佩奇，吴正桥. 水电工程设计施工一体化精益建造技术研究进展——数字孪生应用模式探索［J］. 水力发电学报，2021，40（1）：1-12.

［4］张绿原，胡露骞，沈启航，等. 水利工程数字孪生技术研究与探索［J］. 中国农村水利水电，2021（11）：58-62.

［5］石焱文，蔡钟瑶. 基于数字孪生技术的水利工程运行管理体系构建［C］//河海大学. 2019（第七届）中国水利信息化技术论坛论文集，2019.

［6］金国梁. 基于云平台的车间数字孪生系统的设计与实现［D］. 沈阳：中国科学院大学（中国科学院沈阳计算技术研究所），2022.

［7］邹东，冯剑冰. 数字孪生技术在城市轨道交通供电系统中的应用场景分析［J］. 城市轨道交通研究，2021，24

（3）：158-162，165.

[8] 李奋华，武建，张兴旺．基于 BIM+GIS 技术的水闸管理运行系统研究［J］．甘肃水利水电技术，2021，57（5）：19-21.

[9] 梁啟斌，罗朝林．基于 WebGL 的水利工程三维可视化研究应用［J］．水利建设与管理，2022，42（1）：31-36.

[10] 陈志鼎，梅李萍．基于数字孪生技术的水轮机虚实交互系统设计［J］．水电能源科学，2020，38（9）：167-170.

[11] 朱鹤天．基于 BIM 软件二次开发的泵站工程模型研究［D］．长春：长春工程学院，2020.

[12] Boyes G，Thomson C，Ellul C．Integrating BIM and GIS：Exploring the use of IFC space objects and boundaries［J］.2015.

[13] Yuan Z，Shen G．Using IFC Standard to Integrate BIM Models and GIS［C］// International Conference on Construction & Real Estate Management.2010.

[14] 严亚敏，李伟哲，陈科，等．GIS 与 BIM 集成研究综述［J］．水利规划与设计，2021（10）：29-32，66，105.

故县水库大坝安全监测系统升级改造方案概述

温　帅　巩立亮　方旭东

（江河安澜工程咨询有限公司，河南郑州　450003）

摘　要：为了解决故县水库大坝安全监测设施存在的问题，消除大坝安全隐患，保障黄河下游防洪安全，对故县水库大坝安全监测设施进行改造十分必要。本文设计的方案通过对变形监测、渗流监测、环境量监测、地震反应监测等安全监测设施的升级改造，完善了大坝安全监测系统，并实现了安全监测自动化，提高了监测数据的采集及整编反馈效率，确保其成为工程安全运行的"耳目"，有力促进了水利工程信息化。

关键词：故县水库；安全监测；测量机器人系统；引张线系统；静力水准系统

1　工程概况

故县水库工程是一座以防洪为主，兼顾灌溉、发电、供水等综合利用的Ⅰ等大（1）型水利枢纽工程。水库大坝为混凝土重力坝，坝顶长 315.0 m，最大坝高 125.0 m，共分为 21 个坝段。坝体内部布置了 4 层廊道。水库于 1978 年初开工建设，1992 年大坝混凝土浇筑完成且 3 台机组并网发电，1993 年工程全部竣工，1994 年通过验收并移交管理单位使用，1996 年安全鉴定为一类坝转入近期正常水位运行。安全监测设施建于 20 世纪 80 年代初期，与工程同步施工，多为人工手动观测。主要监测项目见图 1。

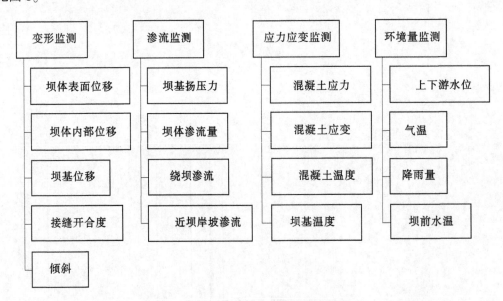

图 1　故县水库大坝安全监测项目框图

作者简介：温帅（1984—），男，高级工程师，主要从事工程安全监测设计及应用的研究工作。

2　安全监测设施现状

2.1　坝顶位移

坝顶水平位移采用视准线方法监测，每个坝段布置 1 个测点，共布设 21 个测点。由于无法通视，目前已停测。坝顶垂直位移采用精密水准方法监测，每个坝段坝顶上、下游侧各布设 1 个测点，共布设 42 个测点。2014 年 11 月坝顶垂直位移改为静力水准，但无校核基点。

2.2　坝体变形

坝体水平位移采用引张线法监测，在 440.0 m、462.0 m 和 520.0 m 高程廊道共布置了 4 条引张线，共计 25 个测点。2018 年对 440.0 m、462.0 m 高程廊道引张线进行了改造，520.0 m 高程廊道的 2 条引张线未进行改造，目前支架变形、测点锈蚀等严重。坝体中间高程（494.0 m 高程廊道）无水平位移测点。440.0 m 廊道引张线一端（13#坝段）无倒垂线作为基点，无法获得绝对水平位移，坝体廊道内引张线现状图见图 2。

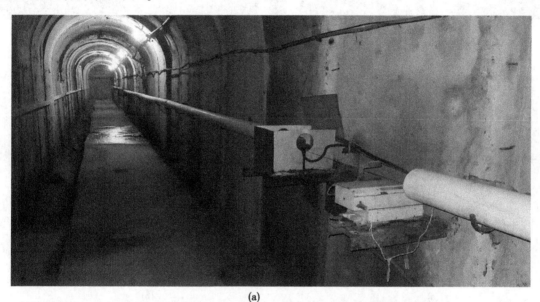

(a)

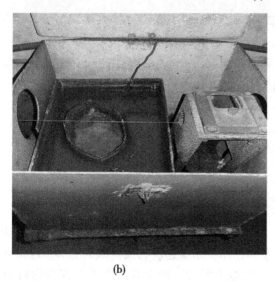

(b)

(c)

图 2　坝体廊道内引张线现状图

坝体垂直位移采用静力水准监测，基础廊道共布设 6 条静力水准，但均未设置校核基点。437.0 m 高程廊道没有设置静力水准，不能获得坝体倾斜情况。

坝基变形监测布置了 16 套 4 点式和 2 套 2 点式多点位移计，1994 年 18 套多点位移计全部失效，坝基多点位移计现状图见图 3。大坝接缝监测共布设 40 套，是型板式测缝计，目前型板变形严重，观测误差大。坝体两向、三向测缝计现状图见图 4。

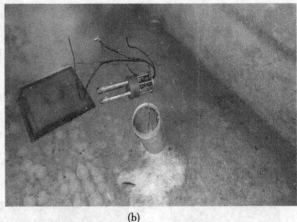

(a)   (b)

图 3　坝基多点位移计现状图

(a)   (b)

图 4　坝体两向、三向测缝计现状图

2.3　坝体/坝基渗流

坝基扬压力采用测压管安装渗压计观测。沿坝基在上游和下游灌浆廊道布设 2 个纵向监测断面，在 8#、10#、11#、12#、15#横向廊道布设 5 个横向监测断面，共计安装 72 套测压管。7 套淤堵严重，其余需要不同程度地清洗。测压管现状图见图 5。

渗流量采用量水堰监测，现有 10 座量水堰，除 V7、V8、V9 三座量水堰安装了振弦式水位计外，其余 7 座水尺、堰板锈蚀严重，测量误差较大。量水堰现状图见图 6。

3　升级改造方案

3.1　升级改造目的

通过改造建立完备的安全监测系统，掌握水工建筑物的运行性态和规律，指导工程运行。通过对工程过程持续的检查，采集相关的环境量、荷载量及其作用下水工建筑物及基础的变形、渗流和温度等效应量，及时对水工建筑物和基础的稳定性和安全性做出评价，确保其成为工程安全运行的"耳目"。改造后监测项目实用性强，自动化程度高，紧跟水利工程信息化发展。

图 5　测压管现状图

图 6　量水堰现状图

3.2　升级改造原则

安全监测系统改造的原则如下：①结合原设计；②突出重点、少而精；③以变形、渗流项目为主；④便于实现自动化。

自动化系统改造原则如下：①技术先进、适用可靠；②兼容性能好、易于扩展；③管理系统界面友好、系统成功运行多年。

3.3　变形监测项目改造

3.3.1　表面变形全自动观测测量机器人系统

坝顶水平位移监测原有视准线不具备通视条件，已无法恢复。根据故县水库大坝在防洪、发电及确保建筑物安全方面的要求，需要尽快获得大坝的实时监测数据，及时掌握大坝的安全状态，人工观测已经很难达到实时获取数据的要求。因此，坝顶水平位移改造方案采用表面变形全自动观测测量机器人系统。具体布设如下：在左右岸坝后山体稳定区域各布设 1 个全站仪自动监测站，共布设 2 个测站，监测站包括混凝土结构观测房（约 4 m²）、供电装置、通信装置及防雷接地装置等。大坝共有 21 个坝段，在每个坝段的坝顶上游侧各布设 1 座水平位移测点，共计布设 21 个测点。系统包括全自动全站仪、数据通信系统、供电系统、防雷系统、远程控制及数据处理分析系统 5 部分，具体见图 7。

3.3.2　坝体引张线系统

坝体水平位移一般采用引张线法，如果端点设在坝体上或坝体变形影响范围内，则应建立正倒垂线组观测并改正端点位移的影响。根据工程实际情况，对 520.0 m 高程廊道内布置的两条引张线系统进行改造，每条线每个坝段布设 1 个测点，共计 11 个测点。从 462.0 m 高程廊道至 520.0 m 高程廊道高差将近 60 m，接近大坝总高度的一半，无水平位移测点，因此在中间坝高 494.0 m 廊道内增设 2 条引张线。由于 440.0 m 上游廊道内的引张线系统的固定端无工作基点，无法获得该部位坝体的绝对水平位移，因此沿 440.0 m 上游廊道的下游侧，在其固定端所在的 13# 坝段增设一条倒垂线，作为引张线系统的工作基点。

3.3.3　坝体静力水准系统

静力水准系统可安装在大坝廊道内及观测人员不易到达的地点，便于实现自动记录和遥测，同一条静力水准线上测点间的高差不能超过仪器量程允许范围，两端应设垂直位移工作基点。为了便于自动化观测，系统的起测点应采用双金属标，标管深入变形影响线以下，作为水准基点。

坝体基础廊道内共计布设 6 条静力水准，静力水准系统的工作基点位于坝顶左岸山体内，仍位于变形部位，起不到固定点的作用，无法获得绝对位移量，因此根据现场实际条件，在左岸坝肩交通廊道主洞与坝顶结合的平台部位，增设 1 套双金属标，采用金属双标仪监测最终接入自动化系统。

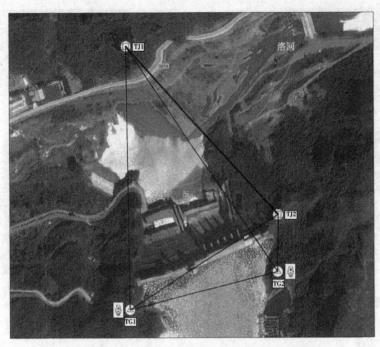

图7　表面变形全自动观测测量机器人布置示意图

3.4　渗流监测项目改造

3.4.1　坝基扬压力

坝基扬压力主要测压管法，方案对7套严重淤堵的测压管孔，在其附近进行重新造孔并安装渗压计，每个孔均安装1支渗压计。同时，为了保证测压管的灵敏度，对其余的65个测压管进行清洗，清洗时应把进水管深入测压管底，采用高压水冲法和扁铲拨动法综合清洗。

3.4.2　绕坝渗流

绕坝渗流主要测压管法，方案对塌孔淤堵、无法观测的12个绕坝渗流孔在其附近重新造孔并安装渗压计，每个孔均安装1支渗压计，电缆穿管保护后引至坝顶监测站。另外，为提高测压管的灵敏度，对其余的22支绕坝渗流孔进行清洗，清洗时应把进水管深入测压管底，采用高压水冲法和扁铲拨动法综合清洗。

3.4.3　渗流量

渗流量监测采用量水堰，方案对7座量水堰（编号为V1~V6、V10）进行改造，安装量水堰计，并对堰板进行更换，采用振弦式仪器，电缆穿管保护后引入就近测站，最终实现自动化。

3.5　安全监测自动化系统

3.5.1　系统组成

故县水利枢纽工程安全监测自动化系统由数据自动采集系统和安全监测信息管理分析系统两部分组成。数据自动采集系统是由布设在坝体内部和表面的各类传感器、各现地测站的测量控制单元（MCU）、视频摄像头、强震仪及集控中心的计算机及辅助设备等组成的。安全监测信息管理分析系统是利用先进的软硬件技术，实现数据管理、信息分析、辅助决策，实时监测大坝的运行状况，为管理部门的决策提供依据。系统包括现场监测站和集控中心站。现场监测站由传感器和数据采集单元MCU等组成，位于廊道内或左右岸坝肩。集控中心站由服务器、工作站、显示屏、通信设备、UPS电源等硬件，操作系统、数据库管理软件、采集软件、监测信息管理分析系统软件等软件组成，位于坝顶防汛楼。

3.5.2　系统组成

本工程测点分散、系统复杂，采用分布式监测系统。由现地传感器、现地仪表，采集设备、通信系统、供电装置，集控中心三部分组成，具体见图8。

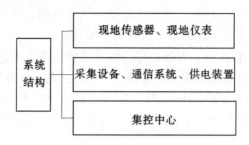

图8 安全监测自动化系统整体结构

（1）现地传感器、现地仪表。包括用于安全监测的内外观仪器、设备，强震仪、环境量仪器、监控摄像头等。

（2）采集设备。包括用于内外观仪器、强震仪、环境量监测的数据采集设备、视频信号采集设备等。

（3）通信系统。包括数据传输设备及传输网络。本项目采集点较为分散，并且所处的环境基本位于廊道内，没有可以直接利用的传输网络，采用光纤通信网络。

（4）供电装置。采用市电供电方式。集控中心设于坝顶值班楼内，由各类工作站、操作系统、采集系统和监测信息管理分析系统组成。

3.5.3 系统功能

能够以各种方式采集到本工程所包含的各类传感器数据，并能够对每支传感器设置其警戒值，如测值超过警戒值，系统能够以各种方式自动进行报警，数据的采集方式包括选点测量、巡回测量、定时测量，并可在模块和采集单元（MCU）上进行人工测读。具体功能见图9。

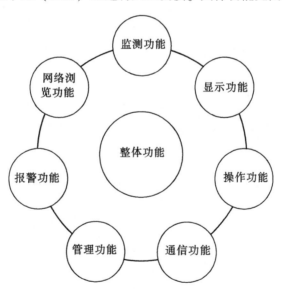

图9 安全监测自动化系统功能框图

4 结语

方案通过对全自动测量机器人系统、引张线系统、静力水准系统、渗流、渗漏等安全监测设施的升级改造，完善了故县水库大坝安全监测系统，并建立了安全监测自动化系统，提高了监测数据的采集及整编反馈效率，使其真正成为工程安全运行的"耳目"，有力促进了水利工程信息化。升级改造后监测系统的提升主要如下：

（1）坝顶水平位移监测采用全自动测量机器人系统，既补齐了大坝水平位移观测的短板，又实现了大坝水平位移的自动化监测。

（2）增加和修复了坝体引张线系统，并在每套引张线系统的合适位置设置了倒垂线，确保获得坝体的绝对水平位移，同时也实现了坝体水平位移的自动化监测。

（3）增加和修复了静力水准系统，为坝顶静力水准系统设置了双金属标，确保其获得坝体的绝对沉降量，同时通过静力水准仪和双金属标仪实现了垂直位移的自动化监测。

（4）建立了大坝安全监测自动化系统，采用分布式测站布置和网络拓扑结构，系统功能齐全、实用先进，提高了监测数据的采集及分享反馈效率，促进了水利工程信息化。

压力式水位计精准测量黄河浑水水位研究

戴　康[1]　弓　健[2]　戴明谦[3]

（1. 济南黄河河务局历城黄河河务局，山东济南　250108；
2. 山东黄河勘测设计研究院有限公司，山东济南　250013；
3. 黄河水利委员会山东黄河河务局，山东济南　250011）

摘　要： 压力式水位计实际测量的是水压强，即容重与水深的乘积。黄河含沙量高，严重影响容重，而且变化幅度大，采用传统的单个压力式水位计探头，无法准确测定水体容重，导致无法精准地测量黄河水位，尚未在黄河上推广应用。2023 年山东黄河河务局在济南历城盖家沟险工建成了黄河首座物联网水位站，该水位站突破性地首次使用 4 级压力式水位计探头精准测量出黄河水位，先测得水体容重，通过差分计算得到实际水深，解决了压力式水位计观测黄河水位的技术问题，实现了高效、智能、准确、及时、快速、详细地掌握水位变化过程。

关键词： 数字孪生；压力式水位计；差分压力；水位观测；黄河（浑水）

1　研究背景

数字孪生，观测先行，准确为本，应用至上。为准确及时地掌握黄河水位变化过程，在山东黄河河务局的支持下，山东省济南市历城区临黄堤盖家沟险工建成了"全河首座物联网水位站"。物联网水位站，实现了传输数字化、数据可视化、存储信息化、显示多元化。该水位站测量精度为毫米级，测量频率为分秒级；根据不同需要可任意设置观测次数，操作简单、实用、便捷；水位自动观测，即时上网，实时发布，是继人工水尺、遥测水位站之后的第三代"云水尺"，初步实现了基层职工用手机看水位的梦想。开辟了水位观测新方法、开拓了水位测量新模式、开创了水位监测新纪元，开启准确及时、快速详细地掌握黄河水位变化过程的新征程，具有里程碑意义。

1.1　水位观测的重要性

水位是指河流或其他水体（如湖泊、水库、人工河、渠道等）的自由水面相对于某一基面的高程，其单位以米（m）表示[1]。是反映水体、水流变化的水力要素和重要标志，是水文监测中最基本的观测要素。

水文监测工作是国民经济建设中一项重要的基础性工作，水文为经济社会的可持续发展提供了坚实的基础支撑。黄河作为北方的第一大河，流经九省（区），流域面积达 70 多万 km²，灌溉 5 万多 km² 良田。习近平总书记将黄河流域生态保护和高质量发展提升为重大国家战略，黄河的水文监测工作凸显了趋利避害的作用。

水文监测工作更是防汛部门的"耳目"，防汛必然先要清楚水情，水情提供的是否精准、及时，对防汛抗洪抢险和指挥调度的决策部署是否正确、科学、合理有着很大的影响。

1.2　水位观测方法分类

《水位观测标准》（GB/T 50138—2010）把水位观测方法分成人工观测和自动监测两大类，水位的人工观测设备可包括水尺、测针式水位计和悬锤式水位计[2]。水位自动监测的水位传感器有浮子水位计、压力式水位计和超声水位计、雷达水位计等。

作者简介： 戴康（1990—），男，工程师，主要从事黄河水情观测、工程管理和防汛工作。

1.3 黄河水位观测方法

黄河水位观测主要采取人工水尺和遥测水位站[3-7]。

人工水尺观测是事先测定水尺基点高程，通过人工现场观测水尺读数，将水尺基点高程加上水尺读数得到最终水位，水位＝水尺基点高程+水尺读数。

遥测水位站观测是事先测定探头底部高程，探头向水面发射雷达波，通过测量接收到水面反射雷达波的时间，推算出探头到水面的距离。探头底部高程减去探头到水面的距离等于水位，水位＝探头底部高程−探头到水面的距离。

2 压力式水位计

压力式水位计通常由压力敏感元件和信号处理单元组成，能感受压力信号，并能按照一定的规律将压力信号转换成可用的输出的电信号的器件或装置。根据压力敏感元件的不同主要分为应变式压力传感器、陶瓷压力传感器、扩散硅压力传感器、蓝宝石压力传感器、压电压力传感器等。压力式水位计按感压方式可分为投入式和气泡式两种[8]。投入式压力水位计是放置在水下测点直接感应静水压力，并将其转换为水位的仪器[8]。物联网水位站所采用的便是投入式压力水位计，以下简称压力式水位计。

物联网水位站使用的是压阻式压力传感器，它是采用集成电路的工艺。由于硅晶体的压阻效应，当硅应变体受到静水压力作用后，硅压力测压传感器将测量到的压力转换成电信号，再经放大电路放大和补偿电路补偿，最后以 $4\sim20\ \mu A$ 电流方式输出[9-10]，测量误差为 0.1% 量程，$10\ m$ 量程误差仅为 $1\ cm$。

目前，更先进的压力式水位计采用陶瓷电容压力传感器，水位测量误差可以达到 0.05% 量程，并可以长期不进行调整[1]，可以更好地提高水位测量的准确性和稳定性。

2.1 压力式水位计测量水位工作原理

相对于某一个压力传感器所在位置的测点而言，测点相对于水位基面的绝对高程加上本测点以上实际水深，即为水位[1]。

$$H_w = H_0 + H \tag{1}$$

式中：H_0 为测点处的高程，m；H_w 为测点对应的水位，m；H 为测点水深，即测点至水面的距离，m。

测点水深可由下式计算：

$$H = \frac{P}{\gamma} \tag{2}$$

式中：P 为测点的静水压强，N/m^2；γ 为水体容重，N/m^3。

当水体容重已知时，只要用压力传感器或压力变送器精确测量出测点的静水压强值，就可推算出对应的水位值[1]。

2.2 黄河上没有采用压力式水位计的原因

压力式水位计具有观测精度高、适应性强、建设投资少、自动化程度高等优点，在南水北调输水渠道、航道、水库、地下水观测等领域中得到广泛应用。但是黄河含沙量高，严重影响水的容重，而且含沙量从几千克每立方米到几百千克每立方米，变化幅度大，导致水的容重有很大的波动，这个变化对通过压强推算水深是一个不可忽略的问题，造成压力式水位计观测黄河水位误差太大，在黄河上压力式水位计观测法一直没有采用。《水文测验误差分析与评定》里仅介绍了浮子式自记水位计的误差问题，没有介绍压力式水位计[11-12]。

在 2013 年出版的《水文测验实用手册》指出，压力式水位计的缺点是：

（1）压力式水位计不适用于含沙量高的水体，不适用于河口等受海水影响水流密度变化大的地点。

（2）压力式水位计不足之处是水位测量准确度不稳定，影响因素很多，要可靠地达到水位测验的准确度要求较为困难。

目前，压力式水位计在河流上的应用研究并不多，在南水北调输水渠道[13]、航道[14]、水库[15]、地下水观测[16-18]等领域中应用的较多。

在国际上，压力式水位计监测水位的应用也有较大局限，在《中美水文测验比较研究》中，USGS测站目前使用的自记水位计主要有浮子式水位计、气泡压力式水位计、压阻式水位计及雷达式水位计等。其中，使用较多的有浮子式水位计和气泡压力式水位计[19]。《国内外水文测验新技术》传统的水文测验基本上避免使用压力传感器进行水位观测，其主要原因有三：第一，压力传感器功耗大得惊人，因此很难用于不得不依靠电池供电的场合。第二，从分辨率与距离之比来看，压力传感器力争比浮子系统更有竞争优势。第三，仪器要达到长期稳定的运行，要求野外人员具备的知识和技巧超出了只受过"主流"水文测验技术培训所获得的经验[20]。

3 双探头压力式水位计测量黄河（浑水）水位的原理

由于黄河是含沙量很大的浑水，比重大于1，而且不能忽略不计。如果有效去除黄河含沙量对密度造成的影响，能测出黄河（浑水）的比重，就能精确计算出压力式水位计探头底部的实际水深，便可以实现黄河上压力传感水位高精度观测。

物联网水位站创造性地采用双压力式水位计探头，将两个相同的压力式水位计探头，同时放入黄河河道同一测量点，事先设定两探头底部的垂直间距为1 m，通过PLC控制，利用压力差分方法进行计算，消除了水体容重的影响，测量误差只取决于压力式水位计自身精度，可以将误差控制在0.1%量程。满足国家标准《水位测量仪器 第2部分：压力式水位计》（GB/T 11828.2—2022）"准确度±1 cm"的规定；同时，满足国家标准《水位观测标准》（GB/T 50138—2010）"自记水位计综合误差2 cm"的规定。

$$P_1 = \gamma H_1 \tag{3}$$
$$P_2 = \gamma H_2 \tag{4}$$
$$H_1 - H_2 = 1 \tag{5}$$

式（3）、式（4）两式相减，并将式（5）代入得

$$P_1 - P_2 = \gamma(H_1 - H_2) = \gamma \tag{6}$$

可以求出黄河（浑水）的比重，也就是浑水水深修正系数。

利用式（3）、式（4），可准确地计算出H_1、H_2，加上相应的探头底部高程即可以得出准确的水位。

举例子说明：在黄河高含沙量洪水探测中，如果用两个传感器探头测量黄河（浑水）水深的结果分别为$H_1 = 2.2$ m、$H_2 = 1.1$ m，两个数据的差是1.1 m，实际上事先设定两个压力式水位计底部的高程差是1 m，浑水调整系数是1.1，两个压力式水位计探头的压强观测值都除以1.1，得出两个压力式水位计的实际水深分别是$H_1 = 2$ m、$H_2 = 1$ m，选择其中一个压力式水位计的水深加上相应的底部高程，就是黄河（浑水）的水位。

4 物联网水位站基本组成与数据流程

4.1 基本组成

物联网水位站包括压力传感器探头、传输电缆、PLC远程控制器、现场LED显示屏、电源、结构桁架、云平台、手机、计算机等。

（1）物联网水位站应建在险工险段合适位置，同时应尽量满足水面平稳、不靠溜，有足够水深，避免泥沙淤积影响精度。

（2）利用现有根石坡度，将根石重新排整，同时进行灌浆处理，铺设混凝土防护面。

（3）结构桁架固定在已做好处理的根石坡上，将压力式水位计探头支架安装在结构桁架上，确保压力式水位计探头在水下稳固。

（4）从坝顶开始铺设电缆保护管至预定高程点。

（5）安设显示设备支撑架、显示设备、站名标志牌。

（6）供电系统及安装。

（7）压力式水位计及控制设备安装调试与软件设置。

4.2 数据流程

压力传感器输出 4~20 mA 电流，数据进入 PLC 控制器，经过模数转换成水深，4 mA 对应 0 m，20 mA 对应最大量程，本站为 10 m，中间值内差。结果进入云服务器，进行实时计算，先求出黄河（浑水）水体的比重、实际水深，加上压力式水位计探头底部高程，得到观测水位。利用云组态软件编辑发布信息，编辑好的信息通过云服务器向手机、计算机和现场 LED 显示屏发送，以上"三屏"可以同步实时显示。具体流程如图 1 所示。

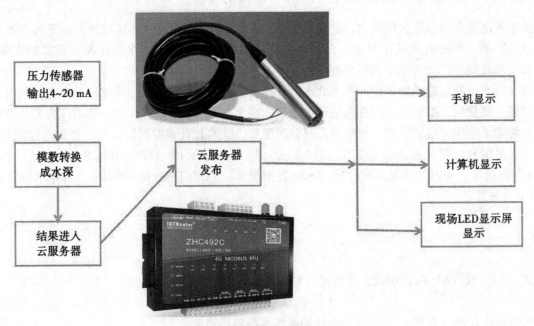

图 1 物联网水位站数据流程

4.3 应用观测

建站以来，逐日与视频水尺截图对比（见图 2），同时与历城河务局防汛办公室提供的人工水尺数据对比，误差绝对值在 0.02 m 以内，满足《山东黄河水情自动测报系统管理办法》规定的"与人工观测数据的误差绝对值不得超过 0.05 米"。2023 年调水调沙期间记录近 6 000 条水位信息，形成水位曲线，水位变化形象直观，验证了物联网水位站的适用性和准确性。

5 物联网水位站的特点

物联网水位站有以下四个特点：

一是测量精度高，实时测定水体容重，测量精度只取决于压力式水位计本身。选用高精度探头，误差满足国家标准《水位测量仪器 第 2 部分：压力式水位计》（GB/T 11828.2—2022）和《水位观测标准》（GB/T 50138—2010）的规定。通过视频截图方式，与人工水尺对比，差值均在 0.02 m 以内，其中差值为 0.02 m 的观测点占 75%，根据《水位观测标准》（GB/T 50138—2010）式（E.0.5-2）计算，误差为 0.007 m，符合《山东黄河水情自动测报系统管理办法》的规定。

序号	观测日期	观测时间	人工水尺水位（米）	物联网水位站水位（米）	差值（米）
1	2023/7/9	9:34:22	26.09	26.11	0.02
2	2023/7/9	9:58:05	26.15	26.16	0.01
3	2023/7/9	15:25:06	26.44	26.46	0.02
4	2023/7/9	15:37:08	26.44	26.46	0.02
5	2023/7/9	15:43:24	26.42	26.44	0.02
6	2023/7/9	16:01:17	26.42	26.44	0.02
7	2023/7/9	18:37:45	26.51	26.51	0.00
8	2023/7/9	18:43:50	26.54	26.56	0.02
9	2023/7/9	18:49:47	26.47	26.49	0.02
10	2023/7/9	18:56:10	26.51	26.53	0.02
11	2023/7/9	19:25:58	26.53	26.55	0.02
12	2023/7/9	19:31:56	26.54	26.56	0.02
13	2023/7/9	19:38:00	26.54	26.55	0.01
14	2023/7/10	11:19:56	27.05	27.07	0.02
15	2023/7/10	11:25:45	27.09	27.11	0.02
16	2023/7/10	12:31:57	27.10	27.12	0.02
17	2023/7/10	14:36:32	27.13	27.15	0.02
18	2023/7/10	15:30:36	27.24	27.26	0.02
19	2023/7/10	17:00:58	27.27	27.29	0.02
20	2023/7/11	8:27:21	27.06	27.06	0.00
21	2023/7/11	9:21:49	27.02	27.04	0.02
22	2023/7/11	9:57:21	27.06	27.07	0.01
23	2023/7/11	15:00:34	27.04	27.06	0.02
24	2023/7/11	16:06:36	27.06	27.08	0.02
25	2023/7/11	17:12:56	27.03	27.05	0.02
26	2023/7/11	17:30:59	26.93	26.95	0.02

图2　截图法对比物联网水位站与人工水尺观测结果统计表

$$S_g = \sqrt{\frac{\sum\limits_{i=1}^{N}(P_i - P)^2}{N - 1}} \tag{7}$$

式中：S_g 为观测标准误差，m；P_i 为第 i 次对比观测差值，m；P 为 N 次对比观测差值的平均值，m；N 为对比观测总次数。

二是观测次数多，一天观测240次。观测数据可以随时导出数据文件，供分析整理使用，如图3所示。

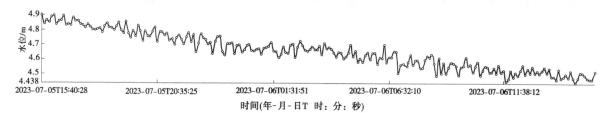

图3　山东省济南市历城区黄河堤防盖家沟险工站24 h 水位变化曲线

三是使用方便，观测数据实时发送到手机、计算机和现场 LED 显示屏上，实现了"三屏"同步、实时显示。

四是与人工水尺相比，观测次数多，自动化程度高；与遥测水位站相比，受风雨影响小，测量精度高，稳定可靠。

6　结语

基于物联网水位站申报的2项国家发明专利被同时受理。由此推断，物联网水位站不仅在黄河上是首座，在全国也可能是第一座。是继人工水尺、遥测水位站之后黄河水位自动化观测的新方法，是第三代"云水尺"。物联网水位站适用于测量水位比重不为1的水体水位，特别适用于含沙量高的水体和河口等受海水影响水流密度变化大的地点，不仅可以在黄河上推广应用，在江河、湖泊、水库及其他密度比较稳定的天然水体中也可以推广应用。

参考文献

[1] 朱晓原，张留柱，姚永熙. 水文测验实用手册 [M]. 北京：中国水利水电出版社，2013.

[2] 中华人民共和国水利部. 水位观测标准：GB/T 50138—2010 [S]. 北京：中国计划出版社，2010.

[3] 陈先德. 黄河水文 [M]. 郑州：黄河水利出版社，1996.

[4] 黄河水利委员会水文局. 黄河志卷三：黄河水文志 [M]. 郑州：河南人民出版社，2017.

[5] 黄河水利委员会水文局. 黄河水文志（1988—2020）[M]. 郑州：黄河水利出版社，2021.

[6] 黄河水利委员会山东水文水资源局. 山东黄河水文志（1991—2015）[M]. 郑州：黄河水利出版社，2021.

[7] 陈卫芳，张雨，张冬，等. 黄河水文水资源综合管理实践研究 [M]. 天津：天津科学技术出版社，2021.

[8] 赵志贡，荣晓明，菅浩然，等. 水文测验学 [M]. 郑州：黄河水利出版社，2014.

[9] 水利部水文仪器及岩土工程仪器质量监督检验测试中心，水利部南京水利水文自动化研究所，江苏南水科技有限公司，等. 水位测量仪器 第2部分：压力式水位计：GB/T 11828.2—2022 [S]. 北京：中国标准出版社，2022.

[10] 刘彧，徐红，齐莹，等. 国内外水位计/测深仪技术标准现状对比分析 [J]. 人民黄河，2019，41（7）：51-56.

[11] 钱学伟，陆建华. 水文测验误差分析与评定 [M]. 北京：中国水利水电出版社，2007.

[12] 刘春国，赵刚，孔令昌，等. 数字压力式水位仪观测误差与测试方法 [J]. 大地测量与地球动力学，2018，38（1）：97-101.

[13] 薛宏磊，陈岱. 压力式水位计在长距离暗渠输水工程中的应用 [J]. 水电站机电技术，2019，42（4）：25-26.

[14] 王心沁，王礼仑，余灿，等. 液位传感器装置在三峡船闸的应用分析 [J]. 中国水运，2019（11）：27-28.

[15] 孙雷. 压阻式水位计在大伙房水库水位监测中的应用分析 [J]. 吉林水利，2016（1）：45-47.

[16] 交通运输部天津水运工程科学研究院. 水运工程 地下水位计：JJG（交通）033—2015 [S]. 北京：人民交通出版社，2015.

[17] 中国地震台网中心，中国地震局地壳应力研究所. 地震观测仪器进网技术要求地下流体观测仪 第1部分：压力式水位仪：DB/T 32.1—2020 [S]. 北京：中国标准出版社，2020.

[18] 许秋龙. 地震地下水物理动态观测方法 [M]. 北京：地震出版社，2016.

[19] 王俊，陈松生，赵昕. 中美水文测验比较研究 [M]. 北京：科学出版社，2017.

[20] 张潮，黄鹤鸣，毛北平，等. 国内外水文测验新技术 [M]. 武汉：长江出版社，2010.

基于水工金属结构设备特点的数字孪生技术

方超群 耿红磊 毌新房 娄 琳

（水利部水工金属结构质量检验测试中心，河南郑州 450000）

摘 要：水工金属结构是保障水利工程运行安全的关键设备，具有水工金属结构设备特点的数字孪生技术是构建数字孪生水利工程及推进智慧水利建设的基础工程。通过对前端感知、数据互动、边缘计算、模型构建与分析等现有技术的总结归纳，结合水工金属结构设备特点的描述，提出实现水工金属结构设备的数字孪生技术路线。

关键词：数字孪生；水工金属结构；前端感知；边缘计算；虚拟表达体

1 引言

数字孪生技术作为推动实现数字化转型、促进数字经济发展的重要抓手，已建立了普遍适应的理论技术体系[1]，并在产品设计制造、工程建设和其他学科分析等领域有较为深入的应用。在当前我国各产业领域强调技术自主和数字安全的发展阶段[2]，数字孪生技术本身具有的高效决策、深度分析等特点，将有力推动数字产业化和产业数字化进程，加快实现数字经济的国家战略[3]。

数字孪生在美国航空航天领域应用较早，在国外其他领域也逐步得到应用。得益于物联网、大数据、云计算、人工智能等新一代信息技术的发展，我国以数字孪生为技术路线的实施已经越来越多，除了航空航天领域（如 C919 数字样机），数字孪生还被应用于电力、船舶、城市管理、农业、建筑、制造、石油天然气、健康医疗、环境保护等行业。特别是在智能制造领域，数字孪生被认为是一种实现制造信息世界与物理世界交互融合的有效手段。

我国非常重视水利工程的智慧化建设，并且水利部不断推进数字孪生的流域建设工作，水工金属结构是水利工程在防洪、引水、发电及灌溉中发挥主要功能的设备，是水利工程正常运行的重要保障，其自身的安全直接影响着整个工程的安全。基于水工金属结构设备特点的数字孪生技术是数字孪生流域建设的基础，同时也是关系数字孪生建设成败的重要一环，通过数字孪生技术路线厘清和明晰智慧水利的内涵、工作路线及未来实现目标将有现实意义。基于水工金属结构设备特点的数字孪生技术是将智能前端感知、数据互动与边缘计算、模型构建与分析等技术进行交互融合，通过大数据累积和人工智能学习完成金属结构设备状态评估与安全风险识别研究，为设备管理和安全运行提供重要的数据支撑。最终将功能层通过表现层以模型、大屏等应用形式展现，系统总体技术路线架构如图 1 所示。

2 智能前端感知

数字孪生将物理世界的结构和动态通过传感器精准、实时地反馈到数字世界，是数字孪生的基础，数字孪生也因感知控制技术而起，因综合技术集成创新而兴[4]。形态各异且工作环境极其恶劣是水工金属结构设备的主要特征，这就给看似容易实现的前端感知提出了挑战。水工金属结构设备没

基金项目：水利部综合事业局 2022 年度技术创新项目：水工金属结构设备数字孪生前端感知技术及应用研究。

作者简介：方超群（1983—），男，高级工程师，机电设备处处长，主要从事水工金属结构智能感知与监测的研究工作。

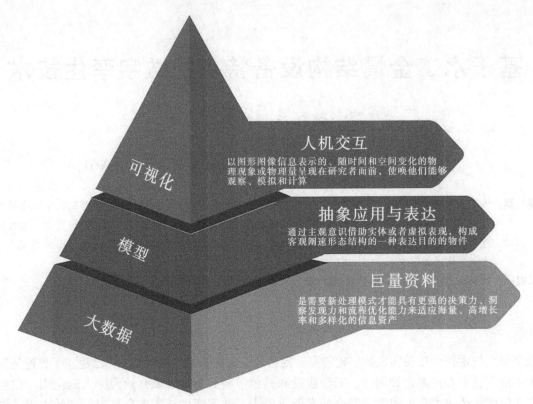

图 1　系统总体技术路线架构

有专用的水下高精度传感器，也没有适合在恶劣环境下能够实现长寿命监测的传感器。在该领域，通过不断地积累和技术完善，提出以下技术路线并进行实施：

（1）追踪国际先进的 MEMS 传感器并将其应用至水工金属结构领域。目前代表传感器制造先进技术的 MEMS 传感器有着独特的优势，其使用寿命远远高于传统的模拟量传感器，该类传感器可无故障运行 20 年以上。

（2）采用低功耗的数字传感器，并将传感器、微控制器、数字通信装置等集成在一起作为分布式传感器终端，在进行统一封装和标准化进行现场敷设后，使其可以在满足 IP68 和 IP69 的防水要求下长期稳定工作。

（3）利用分布式传感器内部集成的微控制器进行边缘侧计算，实现本采集通道内的数字滤波、数学计算及数据序列化等操作，并实现在硬件层面的加密和鉴权。分布式传感器系统构成示意如图 2 所示。

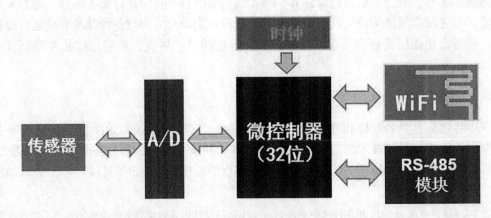

图 2　分布式传感器系统构成示意

（4）采用工业现场常用的 Modbus、CAN、MQTT、Ethernet 等公有协议进行通信方案设计和应用，以便于系统的扩展和裁剪。

（5）采用全序列化的数据结构，将感知数据以列表的形式永久储存至服务端，形成有效的机器学习数据集，为实时（或准实时）在线模型构建和人工智能运算提供无须人工干预的数据基础。

在上述路线的基础上，需要持续做好传感器和边缘计算的深入研究与开发，并逐步推进边缘侧人工智能技术的应用和新型传感器的研究。

3　数据互动与边缘计算

数据是对象的描述，其描述的方式与维度决定着数据的价值。在系统实时感知过程中，数据结构的前期设计至关重要，数字序列化则是从"感知"到"数据"的重要过渡。

实时（或准实时）是数字孪生建设中尤其要考虑的重要因素，这就要求前端感知、数据传输和数据融合能够并行完成。得益于边缘计算在传感器端的实现，使前端传感模块能够完成感知参数的前期计算、分析和数据序列化工作，如排序、数字滤波、傅里叶变换、智能匹配、智能识别等功能。把必要的计算前移至传感器最近端，不仅能够使系统适应低带宽的网络环境，还可以减轻服务器的计算压力。更重要的是，前端计算可以在时序上将数据进行统一，使后端服务得到序列化的数据，数据将以切片的形式储存，免去了人工参与的模型构建和数据清洗，为智能运算和数字孪生奠定数据基础。

数据类型和数据结构的持续优化设计，将能够适应数字孪生流域建设的数据要求，并在以数据库为中心的基础上，解耦相关应用，实现水工金属结构设备数字孪生组件的无缝对接和实现边缘节点的体系建立。

4　模型构建与分析

构建设备物理模型与孪生体——对应、相互映射、协同交互的系统是数字孪生系统的核心，它依赖于基础技术层面的有效支撑和对水工金属结构设备工作特性的深入了解。模型应包括用于可视化交互的虚拟表达体和用于激励反馈的抽象应用体。虚拟表达体与抽象应用体相辅相成，共同组成数字孪生体的应用内核。

虚拟表达体是物理设备在数字空间的虚拟表达，能够提供对数字孪生体不同规模的洞察力，在结构上不丢失细节，能够在外观、几何结构、时态等方面精确描述数字虚体与物理实物产品的接近性，并实现多种数字模型之间转换、合并和建立"表达"的等同性，另外，还能够随时随处集成、添加、替换该数字模型。

抽象应用体是以数据驱动所构建出的数学表达，以激励为驱动的模型训练结果呈现，是数字孪生体结构的核心。具体实施中，水工金属结构将采用可视化软件构建设备的三维虚拟表达体，软件用代码的形式将水工金属结构设备的材质、状态、位置及各传感器通道采集的参数清晰地表达给决策者，并实现在实时数据激励下的不断更迭，以展示水工金属结构在运行过程中的各项工作状态，如图 3 所示。不仅如此，三维可视化的虚拟表达体在实现"表达"与"同步"的同时，还可以将抽象应用体训练出的数学模型，以"历史—状态—预测"的方式把模型对设备的判读进行表达。

抽象应用体将实时数据以机器学习的方式进行模型训练，在实时数据的激励下模型开始建立并不断地迭代优化，随着数据的积累和迭代的持续，抽象应用体的数学模型将越来越逼近于水工金属结构设备的现实状态，从而构建出高保真的"数字孪生体"。同时，由于该抽象应用体是高维的数学模型，无法以"可视化"的方式进行表达，但可以通过虚拟表达体进行物理表征的描绘和决策结果的下达，从而实现对当前状态的评估、对过去问题的诊断，以及对未来趋势的预测。

5　结语

水工金属结构在线监测技术和水工金属结构安全预警技术在逐步发展，为数字孪生的前端感知应

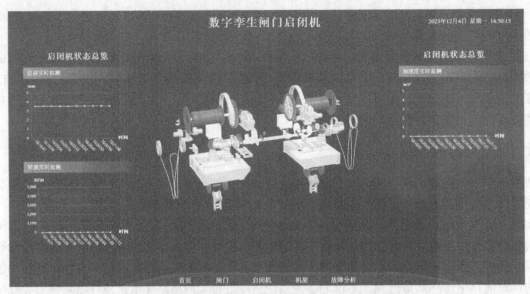

图 3　三维虚拟表达体可视化交互平台（系统功能界面）

用和人工智能模型构建积累了一定的工程经验，目前在水工金属结构的专用传感器、状态监测、故障诊断、健康评价和安全预警方面均有项目应用，也获得了较好的经济效益和研究动力。

数字孪生流域建设是一项复杂的系统工程，需要各学科的深度融合和基础技术的应用经验，具有水工金属结构设备特点的数字孪生技术是运用在线监测与设备故障诊断等多年积累的工程经验，结合与高校、企业的深度合作，以尽快构建水工金属结构设备数字孪生单元的实施基础并完善现场实施能力。同时将研究完成的"水工金属结构设备数字孪生组件"以数字孪生样机的形式进行数字孪生组件建设，完成水工金属结构设备数字孪生全功能的实际应用。实现对物理设备的描述、诊断、预测和决策。

水工金属结构设备是数字孪生水利工程的重要组成部分，与其他设备的数字孪生体共同支撑起整个数字孪生的上层应用。基于水工金属结构设备特点的数字孪生作为工程的重要组成部分，是完成深度感知和实现精细化模型建设的前沿阵地，同时也是工程安全中预测、预警的主要对象。水工金属结构数字孪生包含了前端感知技术、人工智能技术、边缘计算技术和数据融合技术等数字孪生技术的所有要件，并可在设备运行层面上做到自成体系和独立部署，同时也作为数据底板，汇入数字孪生工程和数字孪生流域的上层应用。

参考文献

[1] 齐波，张鹏，张书琦，等. 数字孪生技术在输变电设备状态评估中的应用现状与发展展望 [J]. 高电压技术，2021（5）：1522-1538.

[2] 张新长，李少英，周启鸣，等. 建设数字孪生城市的逻辑与创新思考 [J]. 测绘科学，2021，46（3）：147-152，168.

[3] 贾仕齐，韩丽，秦潮，等. 数字孪生应用与标准化需求研究 [J]. 信息技术与标准化，2021（11）：18-22，30.

[4] 道酬勤. 数字孪生在交通领域中的当下和未来 [R]. 2021.

水利感知网概念与建设思路

穆禹含　　成春生　　张建新

（水利部信息中心，北京　100053）

摘　要：目前，我国水利感知监测虽已成体系，但仍然存在覆盖率不够、感知要素不全、自动化水平不高、服务能力不强等问题。因此，优化水文、水资源、水土保持、水利工程等地面监测站网，强化空天遥感、视频监视等新型手段应用成为必然趋势。本文重点阐述、厘清水利感知网的内涵及建设思路，以期为智慧水利建设提供参考。

关键词：水利感知网；水利监测体系；数字孪生流域；智慧水利

1　引言

水利行业历来重视监测信息的采集、处理和分析，目前形成了较成熟的水文、水资源、水土保持、水利工程等监测体系。传感器、通信、计算机、物联网等技术的更新迭代，使得水利监测从单要素、单手段，逐渐向多要素、多源多手段的协同感知方向发展，利用信息化技术对流域透彻感知成为可能。

智慧水利系列文件发布后，水利感知网的概念被正式提出。2019 年，《智慧水利总体方案》指出，水利感知网是智慧水利大脑获得信息输入的主要渠道，构建天空地一体化水利感知网是智慧水利的主要建设任务之一。2021 年，《智慧水利顶层设计》进一步明确，智慧水利主要由数字孪生流域、业务应用、网络安全体系、保障体系等组成，其中水利感知网是数字孪生流域信息基础设施的重要组成部分。2022 年，《"十四五"数字孪生流域建设总体方案》确定，明确了"十四五"期间水利部本级和各流域管理机构对水利感知网建设的总体要求、建设方案及重点项目等。

近年来，多位水利行业的专家学者[1-3]对智慧水利、数字孪生进行深入研究，认为流域感知能力建设、水利全要素信息采集是攻关重点之一。当前，对水利感知网具体技术的研究或案例报道较多，而针对水利感知网系统性、整体性的研究较少[4]。因此，本文重点阐述、厘清水利感知网的内涵及建设思路，以期为智慧水利建设提供参考。

2　水利感知网概念

《智慧水利顶层设计》定义，水利感知网是在已有水利监测体系的基础上，充分利用智能感知技术和通信技术，从航空、航天、地面、地下、水下等空间维度，对点、线、面等尺度范围的涉水对象属性及其环境状态进行监测和智能分析的天空地一体化综合感知网。《"十四五"数字孪生流域建设总体方案》进一步细化水利感知网，包括传统感知网和新型感知网。至此，国家对水利感知网的建

基金项目：国家重点研发计划项目（2021YFB3900600）。

作者简介：穆禹含（1994—），女，工程师，主要从事水利科技管理工作。

通信作者：张建新（1969—），男，正高级工程师，主要从事水文及水利信息化方面的工作。

设目标、内容和实施路径越发明确。为了更深入地阐明水利感知网的概念，本文将从两个角度来剖析其内涵：一是水利感知网与现有水利监测体系的区别和联系；二是在智慧水利、数字孪生流域、数字孪生水网、数字孪生水利工程中水利感知网的区别和联系。

2.1 水利感知网与水利监测体系

传统意义上的水利监测一般指采用仪器设备或人工等手段，对某项或某类涉水要素进行观测并处理分析，最终获取监测数据的活动。按业务可划分为水文、水资源、水利工程、水土保持监测等。例如：水文监测的定义为："通过水文站网对江河、湖泊、渠道、水库的水位、流量、水质、水温、泥沙、水情、地下地形和地下水资源，以及降水量、蒸发量、墒情、风暴潮等实施观测，并进行分析和计算活动"；水资源监测的定义为："对水资源数量、质量、分布、开发利用、保护等进行定时、定位分析与观测的活动"[5]。可知，水利监测主要以观测的具体要素（对象）为核心，强调观测、分析和计算等监测活动。

自水利感知网被提出起就和"天空地一体化"一词相连。水利感知网是在已有地面监测体系的基础上，充分利用智能感知通信等技术，从不同高度、尺度范围对涉水对象及其环境进行监测和智能分析。水利感知网亦是数字孪生流域从物理流域中获取全面、真实、客观、动态水利数据和信息的渠道。从监测手段角度进一步细化水利感知网，包括以水文、水资源、水利工程、水土保持等地面监测站网构成的"传统水利感知网"，以及以视频监视、遥感（空天遥感、无人船、水下机器人）等构成的"新型水利感知网"。可知，水利感知网主要以全流域涉水对象的透彻感知为核心，强调通过"天空地"手段全方位协同感知。

综上：①两者面向对象的角度有所差异。传统水利监测体系更加关注监测对象的类别，一般指某类或某项水利要素的监测活动；而水利感知网强调技术手段，一般指用多手段对流域内多要素的协同感知。②从狭义上讲，两者最终的目的相同。均为对物理流域中水利对象（以及影响区）进行监测感知，再经处理分析、传输后获取监测感知数据，因此一般情况下"水利感知"与"水利监测"可以通用。

2.2 智慧水利、数字孪生系列中的水利感知网

智慧水利、数字孪生系列（数字孪生流域、数字孪生水网、数字孪生水利工程）的技术框架中均出现了水利感知网，它们之间又有什么区别与联系？

首先要理解智慧水利和数字孪生系列之间的关联。从总体架构上讲，数字孪生流域为"2+N"业务应用提供算据、算法、算力等资源服务，是智慧水利的组成和建设核心之一。数字孪生水利工程、数字孪生水网主要根据具体的水利业务特点提出，遵循智慧水利总体架构[6]。从数字孪生技术在水利业务中应用的角度来讲，数字孪生流域、数字孪生水网和数字孪生水利工程共同形成水利数字孪生系列，分别是物理流域、物理水网、物理水利工程在数字空间的映射[6]。

水利感知网作为获取水利监测数据的主要信息化基础设施，无论是在智慧水利还是在数字孪生系列中，其核心均为根据所关注的水利业务对涉水对象进行感知（见表1）。智慧水利为我国水利信息化的上位概念，其水利感知网是对水利全业务、全对象、全范围的感知。数字孪生流域[6]、数字孪生水网[7]和数字孪生水利工程[8]等数字孪生系列中的水利感知网主要针对数字孪生的对象和范围进行感知。

表1 智慧水利和数字孪生系列中的感知网

	智慧水利	数字孪生系列		
		数字孪生流域	数字孪生水网	数字孪生水利工程
面向业务	全水利业务	"2+N" 业务应用	水网安全运行监视、联合调度决策、日常业务管理、应急事件处置等	水利工程安全智能分析预警、防洪兴利智能调度、生产运营管理、巡查管护、综合决策支持等
感知对象	全水利对象	江河湖泊水系、水利工程设施、水利治理管理活动、水利影响区	自然河湖水系、水网工程、取用水单元等	自然河湖水系、水利工程、水利工程管理和保护区等
感知范围	水利事权范围	物理流域	物理水网	物理水利工程（管理和保护范围）

注：数字孪生流域"2+N"业务应用中的"2"为流域防洪、水资源管理与调配，"N"包括水利工程建设和运行管理、河湖长制及河湖管理、水土保持、农村水利水电、节水管理与服务、南水北调工程运行与监管、水行政执法、水利监督、水文管理、水利行政、水利公共服务等水利业务。

3 水利感知网建设思路

如前文所述，数字孪生流域是智慧水利架构组成部分，其他水利数字孪生系列遵循智慧水利架构。因此，本文主要分析数字孪生流域中水利感知网的定位和建设重点，总结建设思路。

3.1 在数字孪生流域中的定位

水利感知网主要由感知终端、感知通信、感控平台组成[1]。数字孪生流域中感知数据的传输方向见图1和灰色箭头。可知：①水利感知对象被感知终端监测后，经通信网络传输至现地级感控平台；现地感控平台通过水利信息网将感知数据汇集至上级感知数据汇集平台。②卫星遥感影像可由上级平台统一接收分发。③数据底板主要负责各类数据（基础数据、监测数据、地理空间数据、业务管理数据、跨行业共享数据）汇聚、共享[9]等数据服务，因此所有感知数据（主要包括监测数据、地理空间数据）最终经数据底板为模型平台、知识平台或直接为业务应用提供数据服务。经过数据底板汇聚、处理、挖掘后的感知数据主要"向上服务"，而上级模块基本不向下反馈感知数据。

综上，虽然感知数据须通过数据底板等模块才能与业务应用产生关联，但感知要素和范围却是由业务需求直接决定的。可知水利感知网在数字孪生流域中的定位：为数字孪生流域平台提供精准、同步、及时的感知算据，即感知、汇集并传输业务应用所需监测数据、地理空间数据至数据底板。

3.2 建设重点

根据《"十四五"数字孪生流域建设总体方案》，我国目前监测感知算据基础较好，截至2021年年底，全国县级以上水利部门建成水文、水资源、水土保持等各类采集点共约20.45万处；卫星遥感、视频、无人机等新型手段也得到了一定的推广应用；同时，通过各项水利业务系统的构建，积累了大量的监测数据。但与流域透彻感知、满足全水利业务应用需求的目标仍有一定差距。主要存在感知覆盖范围不够、感知要素不全、自动化智能化水平不高、监测信息实时汇聚能力不够等问题。因此，进一步提升物理流域的动态监测和智能感知能力，构建天空地一体化的水利感知网，是实现物理流域与数字流域之间的动态、实时信息交互的重要途径，亦是保持两者交互的精准性、同步性、及时性的核心。本文在探讨水利感知网概念内涵、分析现状和问题的基础上，总结建设重点和思路（见图2）。

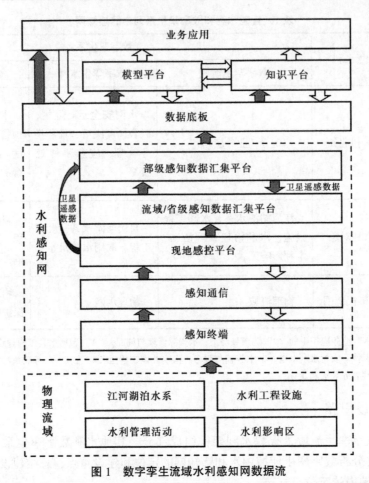

图 1　数字孪生流域水利感知网数据流

注：箭头指向数据传输方向；灰色箭头为感知数据传输方向；白色箭头为模块间有非感知数据传输。

（1）优化传统感知网（水文、水资源、水利工程、水土保持等地面监测站网）。重点提升大江、大河、大湖及防洪重点区域的水文监测，水库雨水工情监测，重点控制断面、规模以上取退水口的水资源监测，地下水超采区等重点区域地下水监测等地面站网的覆盖范围和监测能力。①优化地面监测站网布局，提升覆盖率。综合考虑流域水安全管理需求、经济社会发展情况、地理特点等，对各类地面监测站网进行整体优化规划，分批、分级建设。②提升地面站网监测能力。重点提高自动化监测率、数据传输时效性，以及监测数据在线采集、分析和处理能力，提升监测数据服务水平；完善各类地面监测站网仪器设备配置规范。③加强监测技术及仪器设备研发与应用。重点推动传感技术的研发与应用，提升监测仪器设备的准确度、精度、耐用性和自动化、智能化应用水平；强化水利监测技术系列标准体系制修订和仪器设备检定机制。

（2）强化新型感知网（空天遥感、视频监视等）。紧密结合水旱灾害防御、水资源集约节约利用、水资源优化配置、大江大河大湖生态保护治理等业务需求，挖掘遥感、视频监视等新型监测技术的应用潜能，与各类地面监测站网协同互补；提供数字孪生流域所需地理信息和社会环境信息。①强化新型感知手段应用。利用航天遥感、航空遥感、视频监视等技术，扩大监测要素和时空范围，提升智能化分析、可视化应用水平。研发水利监测要素遥感影像、视频图像的智能分析算法，支撑防洪应急决策和水利监督、监管业务。提高新型感知手段数据信息和智能识别算法的共享能力。②提升流域天空地一体化感知监测水平。研发新型与传统感知数据的互证、互补、融合等应用机制。加强流域感知监测数据综合汇集、多维展示、协同应用水平。③提升服务能力。重点提升水利对象及其影响区感知数据采集的时效性、准确性、精度，建立健全新型感知数据获取、应用、共享机制。

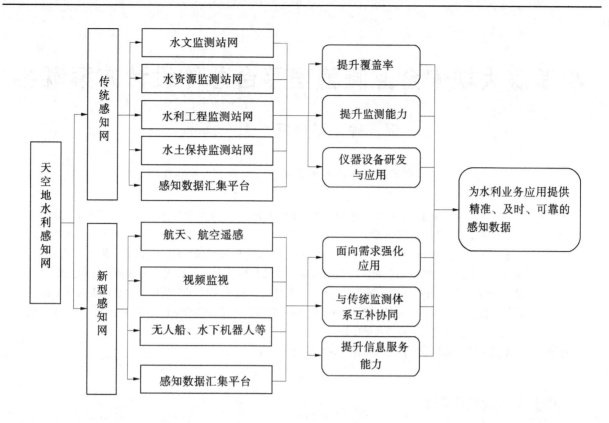

图 2 水利感知网建设思路

4 结语

水利感知网作为物理流域信息采集的重要基础设施，亦应遵循智慧水利"需求牵引、应用至上、数字赋能、提升能力"的总体思路，将需求和应用放在首位，将提供精准、及时、可靠的感知数据服务能力作为建设目标。水利感知网既以水利专业技术为核心，又以信息化技术为手段，因此全水利行业均应达成共识、强化应用意识，共同提升我国水利智慧化服务水平，为国家水安全提供有力保障。

参考文献

［1］张建云，刘九夫，金君良．关于智慧水利的认识与思考［J］．水利水运工程学报，2019（6）：1-7.

［2］黄艳．数字孪生长江建设关键技术与试点初探［J］．中国防汛抗旱，2022，32（2）：16-26.

［3］刘家宏，蒋云钟，梅超，等．数字孪生流域研究及建设进展［J］．中国水利，2022（20）：23-24，44.

［4］张建新，蔡阳．水利感知网顶层设计与思考［J］．水利信息化，2019，151（4）：1-5，19.

［5］中华人民共和国住房和城乡建设部．水文基本术语和符号标准：GB/T 50095—2014［S］．北京：中国计划出版社，2014.

［6］蔡阳．以数字孪生流域建设为核心　构建具有"四预"功能智慧水利体系［J］．中国水利，2022，（20）：2-6，60.

［7］成建国．数字孪生水网建设思路初探［J］．中国水利，2022，950（20）：18-22，10.

［8］詹全忠，陈真玄，张潮，等．《数字孪生水利工程建设技术导则（试行）》解析［J］．水利信息化，2022，169（4）：1-5.

［9］钱峰，周逸琛．数字孪生流域共建共享相关政策解读［J］．中国水利，2022（20）：14-17，13.

小浪底大坝安全监测管理平台总体设计方案概述

温　帅　张晓英　王　磊

（江河安澜工程咨询有限公司，河南郑州　450003）

摘　要：小浪底水利枢纽原有监测数据采集和数据处理软件众多，各个软件彼此独立，难以交互，数据共享、信息发布及远程访问受到极大的限制，在线监控、预警预测等技术手段尚不完善。按照智慧小浪底建设"监测平台先行"的原则，小浪底大坝安全监测管理平台，实现了多种类监测数据的实时汇聚和交互，精确获取相应的监测数据，并进行数据交互，实现无缝连接，打破数据"孤岛"。平台的移动 App 达到了智能化巡检、电脑终端达到了在线安全监控，大屏系统实现了监测成果可视化，具备了开展智能监测的基础条件，探索了智慧监测的特征和发展思路，对行业类似工程的智慧化建设起到参考和借鉴作用。

关键词：小浪底大坝；监测平台；监控指标；在线监控

1　工程安全监测系统现状

小浪底枢纽工程监测设施测点约 3 000 支（套），分别引入 60 余座观测站，接入自动化测点约 1 200 余个，监测自动化采集系统采用南瑞集团生产的 DAU2000 采集系统（采集软件为 DSIMS4.0）；西霞院枢纽工程监测设施测点约 800 支（套），分别引入 5 座观测站，大部分监测设备已接入自动化监测系统，采集系统采用基康公司 GK-440。此外，测斜管、外部变形观测及部分施工期埋设的差阻式等仪器仍采取人工观测。库区泥沙淤积形态采用地形法观测，观测仪器主要采用英国生产的 Geoswath 条带测深仪，对库区水下部分进行测量，测船采用 GPS 全球定位系统定位，导航系统采用 Hypack 导航软件进行导航。

综上所述，小浪底水利枢纽原有监测数据采集和数据处理软件接近 20 个，各个软件彼此独立，难以交互，数据共享、信息发布及远程访问受到极大的限制，在线监控、预警预测等技术手段尚不完善。

2　监测管理平台总体设计方案

2.1　平台整体架构

管理平台将原有小浪底水利枢纽和西霞院反调节水库的各类安全监测系统、设备进行整合，同时考虑后续发展和扩展的实际需要，提供统一的数据整编和服务，实现各类数据的共享和互通，实现对小浪底水利枢纽和西霞院反调节水库的安全状况进行在线综合评判、预警预报和辅助决策。

管理平台总体结构概况为一张网、两个库、三个终端、四项服务。

"一张网"是指一张安全监测感知物联网，包括各种类型的变形、渗流、应力应变传感器等，全自动全站仪，GNSS，泥沙、地震、气象、水情及配套通信网络设施等。

"两个库"是指数据资源仓库和智能模型仓库。数据资源仓库体现为数据中心，包括数据资源目录、数据汇聚平台、数据存储中心和数据服务平台。智能模型仓库包括为智能化决策提供依据的各种计算模型，如设备设施智能监测模型、各类监测预测预报模型、运行管理智能决策模型等。

作者简介：温帅（1984—），男，高级工程师，主要从事工程安全监测设计及应用的研究工作。

"三个终端"是指电脑终端、移动终端、大屏终端。

"四项服务"是指四项核心服务,包括可视化服务、消息推送服务、系统管理服务、数据计算处理服务。小浪底大坝安全监测管理平台的总体架构见图1。

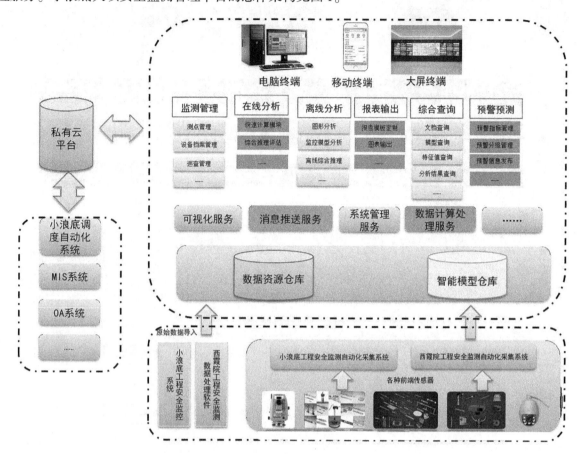

图1 小浪底大坝安全监测管理平台的总体架构

2.2 平台软件结构

整个平台开发采用B/S结构,软件结构采用多层结构,分别为数据层、业务逻辑层和Web界面层,具体见图2。

(1)数据层:负责存储监测、水情、气象、泥沙、强震、地震等大坝安全相关的各类信息和文档资料。

(2)业务逻辑层:将系统中所使用的各类信息封装为不同的对象,并描述这些对象之间的逻辑关系。

(3)Web界面层:直接与用户进行交互的部分,负责向用户提供操作的界面。用户界面层同时还负责了权限的分配、界面操作的逻辑、流程等,部分界面应通过向导方式完成引导用户的操作。

2.3 平台功能架构

小浪底大坝安全监测管理平台包括测点管理、数据管理、整编计算、在线监控、离线分析、报表报告、巡视检查、工程管理、系统管理、大屏展示、移动终端和微信公众号等12个子模块,并具备与小浪底工程内部其他系统、水利部大坝安全监测监督平台数据交互功能。小浪底大坝安全监测管理平台总体功能见图3。

小浪底大坝安全监测管理平台不是一个单一的安全监测信息系统,而是一个大坝安全综合管理与运用平台。由于篇幅有限,本文仅展示整编计算、在线监控、离线分析、报表报告、巡视检查、大屏展示、移动终端和微信公众号等8个子模块功能。

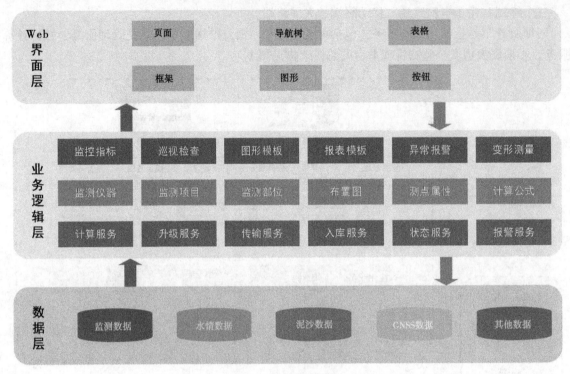

图2 平台软件结构

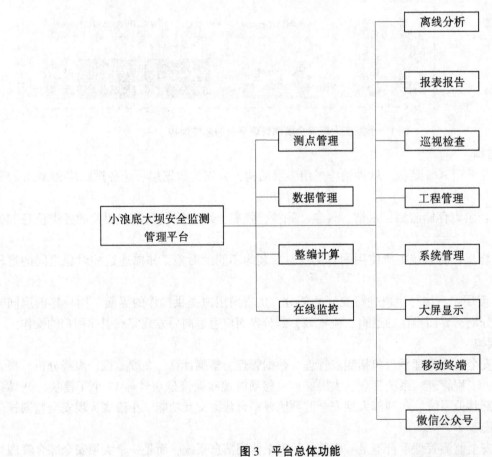

图3 平台总体功能

2.3.1 整编计算

整编计算模块实现对系统安全监测数据的整编分析及各类分析计算。主要包括数据整编、特征值统计、相关性计算、泥沙库容计算、变形监测计算、应力分析计算和渗流分析计算等功能。具体功能见表1，典型功能见图4、图5。

表 1　整编计算模块功能一览表

序号	子模块名称	功能
1	数据整编	实现对测点数据的整编分析
2	特征值统计	实现对安全监测数据的特征值（最大值、最小值、平均值等）的统计分析
3	相关性计算	实现监测量与监测量、监测量与环境量等的相关性计算分析
4	泥沙库容计算	实现泥沙淤积库容分析计算
5	变形监测计算	包括水准网平差、水面网平差和测斜仪计算
6	应力分析计算	包括无应力计分析、应变计组分析和土压力计组计算
7	渗流分析计算	包括浸润线分析、位势分析和套圈图分析

图 4　数据整编

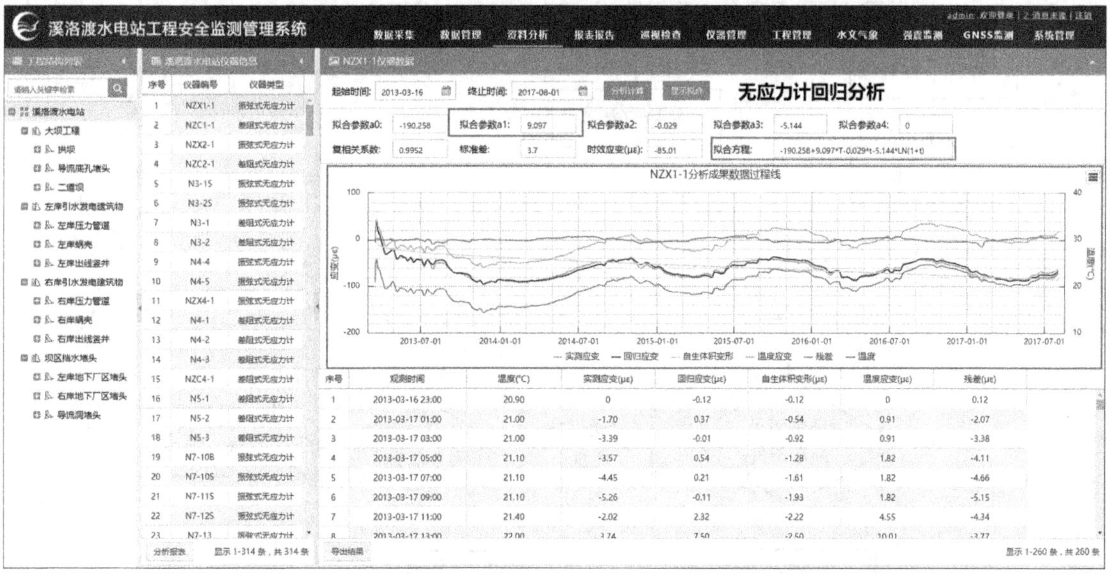

图 5　无应力计回归分析

2.3.2 在线监控

在线监控是指基于监测、检查、检测等信息，通过数字化、信息化、智能化等手段，对大坝安全状况进行在线分析诊断和评价，及时发现不安全现象，采取措施管控风险。在线监控系统包括信息采集、信息检查、大坝安全状况综合评判、异常和问题管控、信息推送等功能。在线监控模块功能见表2。

表2 在线监控模块功能一览表

序号	子模块名称	功能
1	在线信息检查	实现在线对监测数据信息的及时性和有效性检查
2	在线安全评判	实现在线对单个监测量、多个监测量、巡检信息等异常识别判断
3	监控预警	实现监控指标体系、监控等级、监控指标的管理
4	信息推送	实现在线信息检查、在线安全评判结果信息的推送

在线监控的工作流程首先监测信息入库并进行有效性检验，自动检查监测成果的精度，重点检查测值可信度，识别是否存在粗差。一旦发现粗差或疑似粗差，系统应自动提醒检查和重测，对粗差进行标记或剔除处理，并反馈处理结果。

对于非监测原因导致的测值异常，首先开展单测点评判，当发生单测点异常时，触发多测点评判。

对于非监测原因导致的测值异常和巡检结果异常，分析相关测点测值分布和变化趋势，并结合巡检结果，综合评判结构安全性态（重点是变形、渗流）是否异常。评判时应结合地质缺陷、结构特点、薄弱部位，关注实测性态的时空变化情况是否异常，即多个相关量（空间）、多次（时间）监测成果是否异常。对于评判认为结构性态异常的，系统应自动提醒相关工程人员进行处理。对于初步评判结构安全性态异常的，将提醒技术人员进行深入仔细的专业分析，主要分析其成因及对大坝安全的影响。当相关责任人分析认为情况严重时，可通过在线监控平台发布信息通知相关人员，视严重程度组织不同层次的诊断和处理。

在线监控工作流程如图6所示。

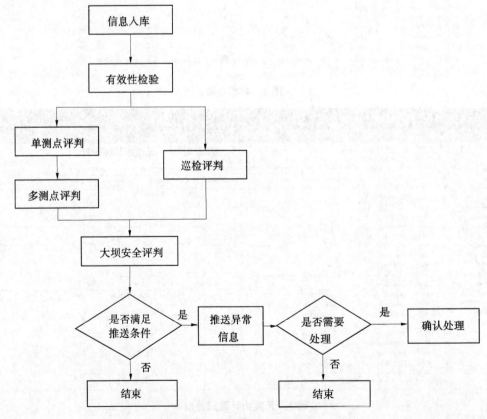

图6 在线监控工作流程

2.3.3　离线分析

离线分析是在线综合分析的补充和扩展，离线分析为分析人员提供了强有力的分析环境，以利于分析人员根据自己的需要调用多种数据，用多种模型进行更广泛的综合分析。同时，还可以修改模型参数对模型进行调整，以取得更满意的结果。离线分析包括图形分析、模型分析和综合评判等子模块，离线分析模块功能见表3、典型功能见图7~图12。

表3　离线分析模块功能一览表

序号	子模块名称	功能
1	图形分析	主要包括过程线图、相关图、分布图、等值线图、测斜分布图、扰度曲线和浸润线图等，通过这些图形进行分析
2	模型分析	实现建立统计模型进行计算分析，包括统计模型分析、模型库管理、模型因子管理和测点模型管理
3	综合评判	实现在图形分析、模型分析的基础上对大坝监控情况进行综合评判

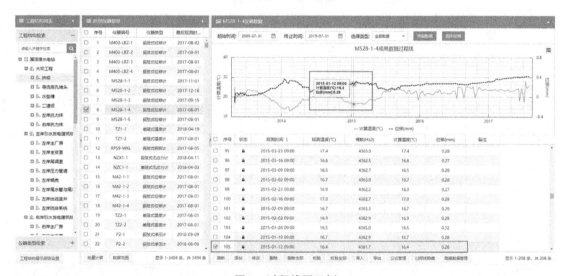

图7　过程线图示例

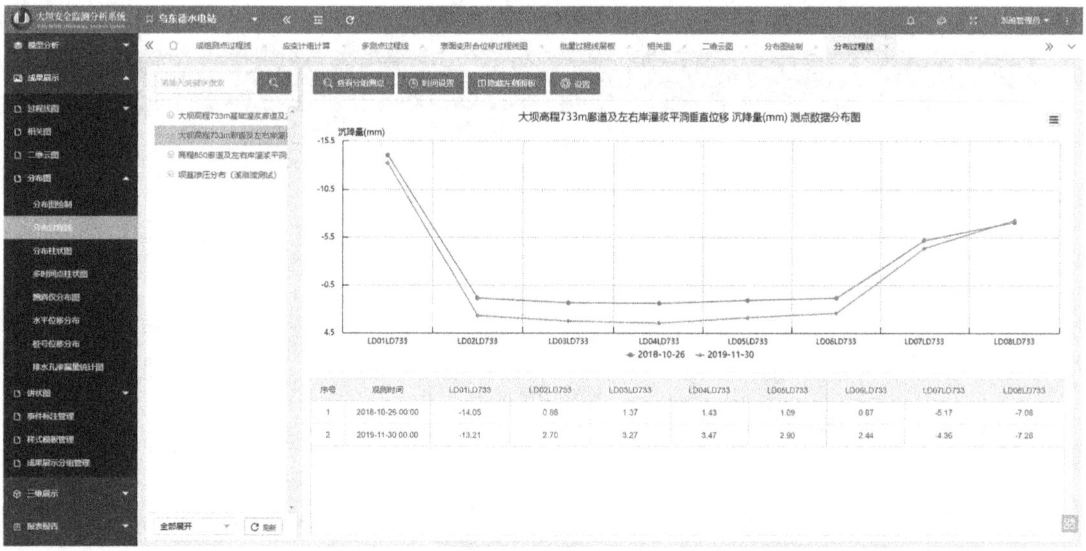

图8　分布图示例

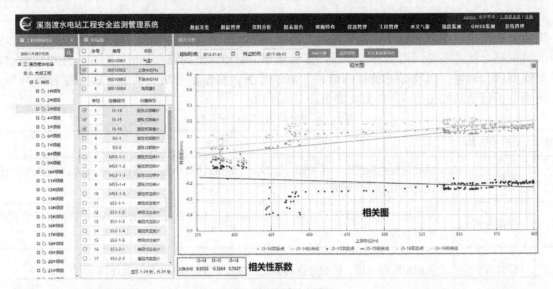

图 9　相关性分析图

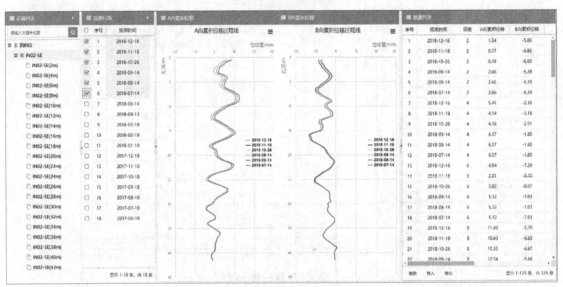

图 10　测斜仪数据分布

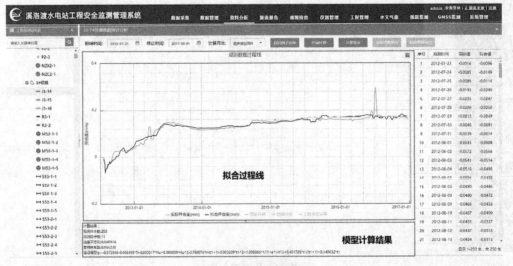

图 11　统计模型分析

图 12 统计模型定义

2.3.4 报表报告

系统提供了报表报告功能模块，可实现报表、报告的自动生成，系统支持设置月报和周报的信息预定，并通过邮件发送给用户。报表报告包括报告生成、报表生成和报告审核等三个功能模块，报表报告具体功能见表4、典型功能见图13～图16、报告报表生成流程见图17。

表 4 报表报告模块功能一览表

序号	子模块名称	功能
1	报告生成	实现报告模板的管理、报告自动生成
2	报表生成	实现报表模板的管理、报表自动生成
3	报告审核	实现对生成报告的审核

图 13 报表模板定制

图 14　自定义报表生成界面

图 15　报告模板在线定制示例

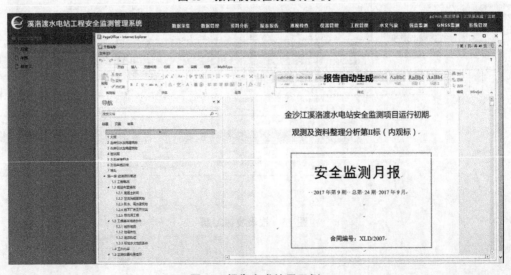

图 16　报告生成结果示例

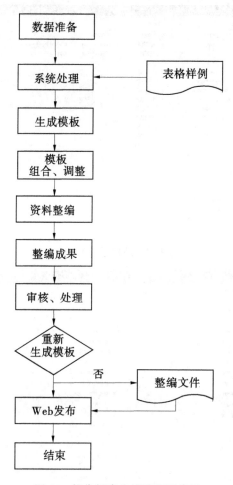

图 17　报告报表生成流程示意图

2.3.5　巡视检查

　　巡视检查模块主要实现巡检项目的管理、路线的设置、巡检人员的管理及巡检成果的管理，实现大坝各工程部位的巡视检查。巡视检查模块包括巡检成果管理、巡检项目管理、巡检路线管理、巡检人员管理、巡检统计信息和巡检报告管理。巡视检查模块功能见表5，典型功能见图18、图19。

表 5　巡视检查模块功能一览表

序号	子模块名称	功能
1	巡检成果管理	实现对巡检过程中的文字、图片、音频、视频等信息进行管理
2	巡检项目管理	实现对巡检工程部位的查询、增加、修改和删除等管理功能
3	巡检路线管理	实现对巡检过程中的巡检路线的设置、修改或删除等管理功能
4	巡检人员管理	实现对巡检参加人员的查询、增加、修改和删除等管理功能
5	巡检统计信息	实现对巡检完成数量、路线数量、巡检完成率等信息进行统计分析
6	巡检报告管理	实现对巡检报告的上传、查询、修改、删除和下载等管理功能

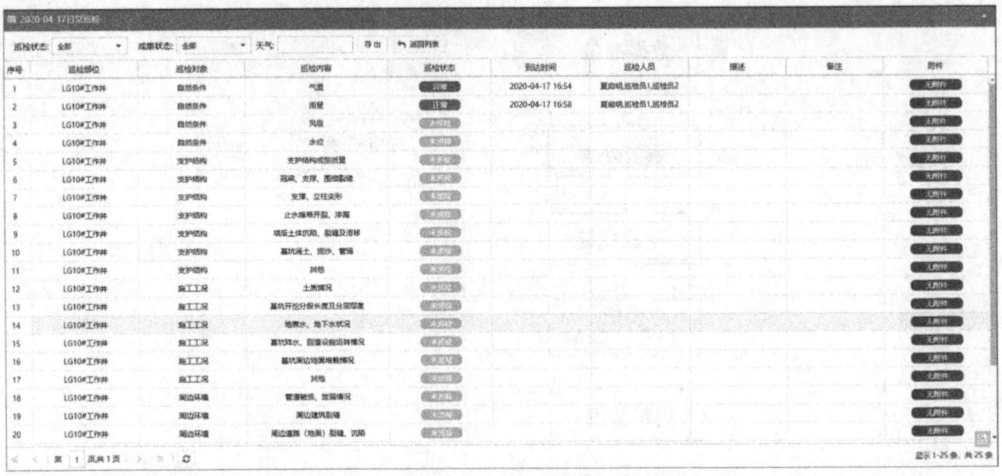

2020-04-17日常巡检

巡检状态：全部 成果状态：全部 天气： 导出 返回列表

序号	巡检部位	巡检对象	巡检内容	巡检状态	到达时间	巡检人员	描述	备注	附件
1	LG10#工作井	自然条件	气温	异常	2020-04-17 16:54	夏启明,巡检员1,巡检员2			无附件
2	LG10#工作井	自然条件	雨量	正常	2020-04-17 16:58	夏启明,巡检员1,巡检员2			无附件
3	LG10#工作井	自然条件	风级	[illegible]					无附件
4	LG10#工作井	自然条件	水位	[illegible]					无附件
5	LG10#工作井	支护结构	支护结构成型质量	[illegible]					无附件
6	LG10#工作井	支护结构	冠梁、支撑、围檩裂缝	[illegible]					无附件
7	LG10#工作井	支护结构	支撑、立柱变形	[illegible]					无附件
8	LG10#工作井	支护结构	止水帷幕开裂、渗漏	[illegible]					无附件
9	LG10#工作井	支护结构	墙后土体沉陷、裂缝及滑移	[illegible]					无附件
10	LG10#工作井	支护结构	基坑涌土、流沙、管涌	[illegible]					无附件
11	LG10#工作井	支护结构	其他	[illegible]					无附件
12	LG10#工作井	施工工况	土质情况	[illegible]					无附件
13	LG10#工作井	施工工况	基坑开挖分段长度及分层厚度	[illegible]					无附件
14	LG10#工作井	施工工况	地表水、地下水状况	[illegible]					无附件
15	LG10#工作井	施工工况	基坑降水、回灌设施运转情况	[illegible]					无附件
16	LG10#工作井	施工工况	基坑周边地面堆载情况	[illegible]					无附件
17	LG10#工作井	施工工况	其他	[illegible]					无附件
18	LG10#工作井	周边环境	管道破损、泄漏情况	[illegible]					无附件
19	LG10#工作井	周边环境	周边建筑裂缝	[illegible]					无附件
20	LG10#工作井	周边环境	周边道路（地面）裂缝、沉陷	[illegible]					无附件

第 1 页共 1 页　显示 1-25 条，共 25 条

图 18　巡检成果管理

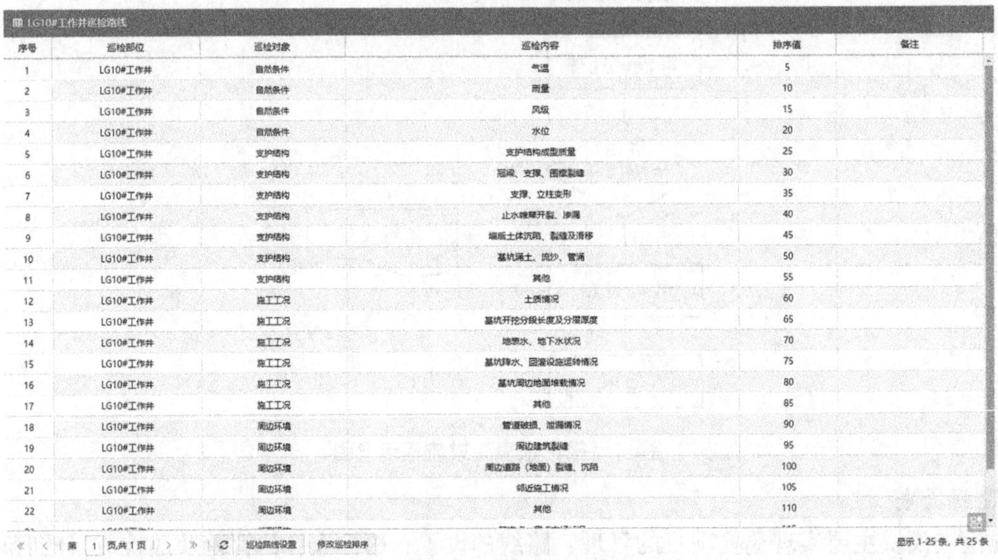

LG10#工作井巡检路线

序号	巡检部位	巡检对象	巡检内容	排序值	备注
1	LG10#工作井	自然条件	气温	5	
2	LG10#工作井	自然条件	雨量	10	
3	LG10#工作井	自然条件	风级	15	
4	LG10#工作井	自然条件	水位	20	
5	LG10#工作井	支护结构	支护结构成型质量	25	
6	LG10#工作井	支护结构	冠梁、支撑、围檩裂缝	30	
7	LG10#工作井	支护结构	支撑、立柱变形	35	
8	LG10#工作井	支护结构	止水帷幕开裂、渗漏	40	
9	LG10#工作井	支护结构	墙后土体沉陷、裂缝及滑移	45	
10	LG10#工作井	支护结构	基坑涌土、流沙、管涌	50	
11	LG10#工作井	支护结构	其他	55	
12	LG10#工作井	施工工况	土质情况	60	
13	LG10#工作井	施工工况	基坑开挖分段长度及分层厚度	65	
14	LG10#工作井	施工工况	地表水、地下水状况	70	
15	LG10#工作井	施工工况	基坑降水、回灌设施运转情况	75	
16	LG10#工作井	施工工况	基坑周边地面堆载情况	80	
17	LG10#工作井	施工工况	其他	85	
18	LG10#工作井	周边环境	管道破损、泄漏情况	90	
19	LG10#工作井	周边环境	周边建筑裂缝	95	
20	LG10#工作井	周边环境	周边道路（地面）裂缝、沉陷	100	
21	LG10#工作井	周边环境	邻近施工情况	105	
22	LG10#工作井	周边环境	其他	110	

第 1 页共 1 页　巡检路线设置　修改巡检排序　显示 1-25 条，共 25 条

图 19　巡检路线管理

2.3.6　大屏展示

大屏展示以二维数字地图、三维数字模型为载体，以高清影像数据、数字高程模型数据为基础，以三维可视化为信息展示方式，对小浪底水利枢纽工程、西霞院工程全局、部分典型工程及工程的安全信息展示在大屏系统上进行可视化展现。在业务应用层面，系统支持多层次的，对建筑物基本信息、安全监测信息、巡视检查信息、报警信息进行统计与查询。小浪底大坝安全监测数据大屏展示系统示例见图 20。

大屏系统是为了满足大坝安全会商和展示的需要，大屏系统展示的所有数据来源于管理平台，并可实时更新，具有大坝基本信息（包括监测数据）、水情泥沙信息（包括库水位、出入库流量、库区和漏斗区淤积高程和形态变化），监测设施运行维护工况、关键部位监测成果（汛期或者特殊运用时期）、在线分析评判结果、在线监控预警、三维展示等功能。

2.3.7　移动终端

开发手机和平板电脑 App 软件适用 Android 系统，主要用于现场巡视检查、人工观测、自动化监测系统即时采集，为用户提供系统状态、重要即时信息的查询等功能。能够自由设定巡查路线和巡查项目，系统提供巡查文字、图片、音频、视频的实时回传或缓存后上传。移动终端包括数据管理、数字化巡检、预警管理和设备状态监控等功能。移动终端模块功能见表 6。

图 20　小浪底大坝安全监测数据大屏展示系统示例

表 6　移动终端模块功能一览表

序号	子模块名称	功能
1	数据管理	包括数据录入、数据查询和图表查询等功能
2	数字化巡检	包括自定义巡检路线和巡检信息上传功能
3	预警管理	包括系统预警和人工预警
4	设备状态监控	包括 MCU 状态监控、传输模块监控、蓄电池状态监控和数据上传状态监控

2.3.8　微信公众号

在开发移动 App 的同时开发了微信公众号，微信公众号的功能与移动 App 功能相对应，包括设备状态监控、预警管理和数据管理，微信公众号中的设备状态监控、预警管理和数据管理与移动终端保持一致，但其运用于微信公众号由小程序呈现。微信公众号功能见表 7。

表 7　微信公众号模块功能一览表

序号	子模块名称	功能
1	设备状态监控	包括 MCU 状态监控、传输模块监控、蓄电池状态监控和数据上传状态监控
2	预警管理	包括系统预警和人工预警
3	数据管理	包括特征值查询、过程线查询和图表查询

2.4　监测数据汇集

2.4.1　历史数据迁移

为更好地实现历史数据迁移，建立统一的基于 JSON 格式的安全监测信息交换标准以实现高效数据交换，采用 RESTful API 技术，开发数据迁移服务，并部署到小浪底大坝安全监测服务器，实现各种历史数据有序迁移到小浪底大坝安全监测管理平台，并可运用于后期监测数据交换。数据迁移机制见图 21。

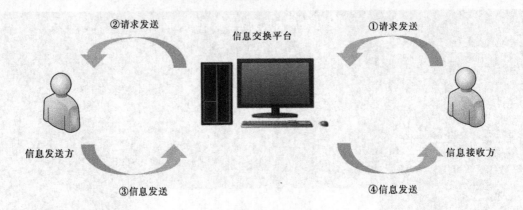

图 21　数据迁移机制示意图

2.4.2　实时数据在线汇集

小浪底大坝安全监测管理平台可提供多种方式实现数据在线汇集。主要包括：

（1）自动化监测系统可将采集数据汇集入库。

（2）数字化巡检 App 可将巡检数据汇集入库。

（3）泥沙淤积测验系统可将泥沙淤积数据汇集入库。

（4）水情、气象、地震等数据成果通过调用接口汇集入库。

（5）测量机器人、GNSS、智能无人机、水下多波束探测扫描等智能感知技术获得数据汇集入库。

针对各业务系统数据结构、采集及存储方式，基于监测数据交换标准，采用 RESTful API 技术，开发实时数据在线汇集接口，集成开发数据汇聚系统，实现了从下到上的实时监测数据、巡视检查数据的自动接收交换、在线填报与汇总、部门共享数据的实时交换与管理等。典型接口见图 22、图 23。

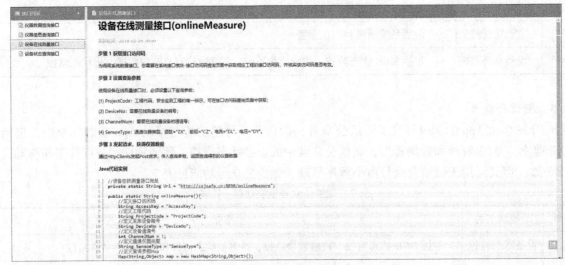

图 22　自动化系统采集接口

3　结语

平台通过汇集各种原理的传感器、GNSS 系统、遥感系统、RFID 射频识别系统等常见信号，精确获取相应的监测数据，并进行数据交互，实现无缝连接，打破数据"孤岛"，同时通过在线安全评判实现了了解大坝安全性状和内外部缺陷、评估大坝状态和潜在风险等目的，主要实现功能如下：

（1）利用小浪底云计算平台，采用 B/S 结构、统一编码标准、统一用户管理、统一数据接口、统一服务管理等技术手段，平台向下兼容近 20 套数据采集和数据处理软件，向上为水利部大坝安全监测监督平台、小浪底调度自动化系统、MIS、OA 等系统提供基础数据，实现了多种类监测数据

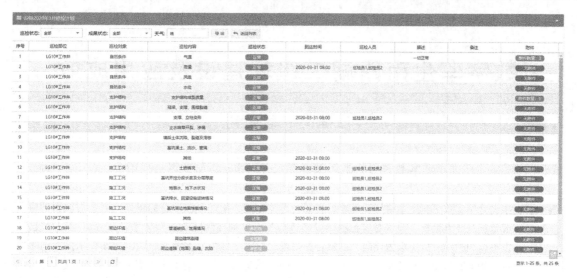

图 23　巡检信息接口

（尤其是全站仪、GNSS、泥沙、水情、地震和气象）的实时汇聚交互和系统设备整合；建立了以"一张网、两个库、三个终端、四项服务"为核心功能的监测信息管理平台。

（2）通过改进巡查对象、灵活配置巡查路线并将巡查结果量化，开发了移动终端 App，实现了智能化现场巡检。

（3）结合小浪底水利枢纽的实际情况，选择重点监测部位、项目和测点，利用工程类比法、历史极值法、结构正反分析法，确定了相应的单测点监控指标和多级多测点监控指标体系。

（4）通过制定工作流程和评判准则，实现了在线信息检查（包括数据及时性检查、有效性检查、异常报送等）、在线安全状况评判（包括单测点异常识别、多测点异常识别、巡检信息异常识别和大坝安全状况综合评判）；开发了结构快速计算模块，解决了结构计算耗时过长、操作复杂等问题，仅在电脑终端输入简单参数即可完成结构计算，显著降低了结构计算的使用门槛；建立了黄色、橙色、红色三级动态预警预报体系。

（5）结合小浪底的 BIM 和 GIS 模型，以及综合离线分析结果，实现了将分析成果、比测结果、预测预报结果等建筑物变化指标，以窗口或图形形式直接展示，并结合其发展趋势实现辅助决策。

数字孪生南四湖二级坝建设及应用成效

温佳文　阚向楠

[沂沭泗水利管理局水文局（信息中心），江苏徐州　221009]

摘　要：本文介绍了数字孪生二级坝项目建设目标、总体框架，阐述了该项目的建设方案，对取得的应用
成效进行重点剖析。项目对现有基础设施进行补充，构建和完善感知体系，充分运用新兴技术，
以创新为驱动、以需求为导向、以整合为手段，对本流域内蓄水灌溉、防洪排涝、水陆交通等职
责，均具有新的指导意义，进一步推动传统的"信息水利"向新型的"孪生水利"转化。通过数
字孪生南四湖二级坝建设，总结建设经验，积累技术成果，示范引领沂沭泗水利管理局后续数字
孪生项目建设。

关键词：数字孪生；二级坝；智慧水利

1　引言

建设数字孪生流域是推动新阶段水利高质量发展的重要路径之一，同时也是强化流域治理管理的
必然要求。作为水利部 11 个试点建设工程之一，沂沭泗水利管理局（简称沂沭泗局）高度重视数字
孪生南四湖二级坝工程项目的建设工作，按照上级单位部署，先期开展试点建设，全力推进各项工作
有序开展。南四湖由南阳湖、昭阳湖、独山湖、微山湖等四个湖泊组成，南北长约 125 km，东西宽
6~25 km，周边长 311 km，湖面积 1 280 km^2，总库容 60.22 亿 m^3，流域面积 31 180 km^2。南四湖承
接苏、鲁、豫、皖四省 53 条河流来水，调蓄后由韩庄运河、伊家河、老运河、不牢河下泄，各出湖
河口均建有控制工程。南四湖防洪工程主要包括湖西大堤、湖东堤、二级坝枢纽、韩庄枢纽、蔺家坝
枢纽及湖东滞洪区等。

数字孪生（digital twin，DT）是一种集多物理、多尺度、多学科属性于一体的技术，可以实现交
互和物理世界与信息世界的融合。同时，具有实时同步、忠于映射、保真度高的特点。数字孪生充分
利用实时数据、历史数据、孪生数据及实体模型，集成多维模拟过程，在数字空间内针对物理空间场
景中的人、机、物、工况、环境等要素进行全业务流程、全生命周期的描述与建模，构建融合交互、
高效协同的数字孪生体，最终实现物理空间资源配置和运行的按需响应、快速迭代和动态优化[1]。

2　总体设计

2.1　建设目标

根据水利部数字孪生流域数据底板建设要求，按照 DOM、DEM、DLG 等地理空间数据、三维模
型（BIM）、河道断面数据、湖泊水下地形数据，接入气象、水文、工程监测数据等，构建南四湖流
域 L1 级、闸区 L2 级及二级坝水利枢纽 L3 级数据底板。

2.2　总体框架

2022—2023 年，建设涵盖防洪调度与工程运行管理的"1+1"业务应用体系；根据业务应用需求，
2024—2025 年扩展水资源管理和河湖管理业务，形成"2+2"业务应用体系。通过数字孪生南四湖二级
坝（见图 1）建设，总结建设经验，积累技术成果，示范引领沂沭泗局后续数字孪生项目建设。

作者简介：温佳文（1992—），女，工程师，主要从事水利通信相关工作。

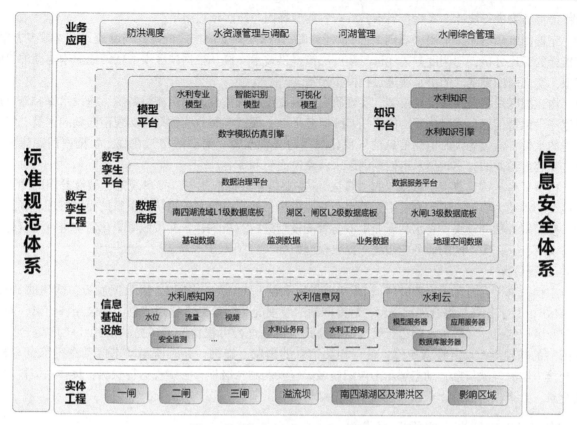

图 1　数字孪生南四湖二级坝总体框架

3　建设方案

　　数字孪生南四湖二级坝工程对现有基础设施进行补充，建立和完善感知体系。建设数字孪生水利工程高保真模拟运行平台，充分利用南四湖水利管理局现有信息采集基础，增设水位测报站点和远程预警设施，对安全监测设施进行改造，优化更新视频监视站点，加测入湖河流断面，同步配套专项服务器和专用数字电路，为南四湖流域数据底板提供全要素实时感知数据。

3.1　搭建数据底板

　　搭建南四湖流域 L1 级、湖区 L2 级及闸区 L2+L3 级（上下游 500 m 为 L2 级，二级坝枢纽为 L3 级）数据底板，通过数据汇集、对接、共享、处理，对数字孪生南四湖二级坝工程的基础数据、地理空间数据、监测数据及多尺度数据模型数据进行统一管理。提供数据底板空间数据 L1~L3 级成果的展示能力，针对已发布的数据服务，提供按照图层进行叠加展示的能力，可以对服务目录中所有的服务进行叠加展示控制并且可以对已叠加服务图层的透明度进行调整。此外，针对底板的浏览提供空间工具，例如距离量测、面积量测等其他功能。

3.2　构建模型平台

　　数字孪生南四湖二级坝模型管理平台面向防洪"四预"等业务需求，将水文模型、水力学模型、智能模型等多种模型进行标准化和服务化，针对每个小流域的不同特征，通过可视化界面配置相应的预报模型和参数，支持每个小流域的预报模型通过微服务接口调用标准化的模型，实现模型的并行计算。

　　构建平原区产汇流模型、山区产汇流模型和经验相关模型，实现全流域产汇流模拟计算。采用一维水动力学模型模拟流域河网，实现流域内主要河道水位和流量过程预报。预报模块提供滚动预报与交互预报两种预报方式，分机理模型预报结果与经验预报模型预报结果。系统依托于开发的南四湖洪水预报模型，结合 DEM 数据，建设南四湖洪水预报模块。实现南四湖洪水的滚动实时预报功能，并可将预报结果进行统计、入库、展示，可查看典型降雨与历次预报结果。

完善调度预案库，采用"规则调度-预泄调度-超标准调度"模式的统筹调度模式，支撑多方案、多指标的对比分析，为调度方案优选与调度决策提供技术支撑。根据湖区水下精细地形构建湖泊二维模型，实现南四湖地区的洪水演进过程模拟预报。

构建湖区及蓄滞洪区二维模型，实现研究区域淹没过程模拟，提供淹没范围、淹没水深和淹没历时等淹没预警信息。实时告警功能依托 GIS 服务平台，根据实时监测数据，实现南四湖湖区及二级坝工程的水位、流量等实时监测信息的可视化展示与异常预警。南四湖实时在线，根据南四湖流域水位、库容面积曲线，实时展示南四湖湖区水位淹没面积和库容。

模型平台是构建数字孪生流域的"算法"，主要是建成标准统一、接口规范、敏捷复用的降雨径流模型、水动力模型、工程调度模型等水利专业模型，并通过数字模拟仿真引擎的模型管理、场景定制、模型服务功能模块，将水利专业模型与智能模型进行有机耦合，并按照场景化需求进行可视化展示与实时交互，为不同的业务应用统一提供模型服务。

3.3 工程仿真

工程仿真平台是基于南四湖流域 L1 级、湖区和闸区 L2 级、水闸 L3 级数据底板，构建的 BIM+GIS+IoT 的数字化场景综合展示平台，对南四湖二级坝的基础信息、感知信息、社会经济信息、重点工程及区域信息、二级坝水闸运行管理信息及其他信息进行可视化展示。提供在 BIM+GIS 综合"一张图"的基础上，设定搜索条件，进行相关信息的浏览、查询，并对监测动态信息进行综合分析。平台接入实时气象信息，动态展示南四湖流域天气状况和二级坝直管工程运行状况，具体功能模块包括全景、二级坝、漫游、全图、流场和水下地形。

4 数字孪生南四湖二级坝应用成效

数字孪生二级坝项目充分运用新兴技术，以创新为驱动、以需求为导向、以整合为手段[2]，把南四湖二级坝水利枢纽管理运行用数字化表达，通过优化算法逆向指导水利工程的运行管理，充分提高水利工程运行效率，进一步保障水利工程安全运行。数字孪生工程有助于提升南四湖流域水利治理体系和治理能力的现代化，是发展建设智慧水利的必由之路。

数字孪生南四湖二级坝利用 U3D 游戏引擎，融合了南四湖流域 L1 级、L2 级、L3 级数据底板，建成工程仿真平台，为二级坝闸运行管理提供场景支撑。接入实时气象信息，可实时动态展示南四湖流域天气状况和二级坝直管工程运行状况，实现同步仿真效果。

实际系统操作时可选择某一节制闸切换近景查看后，提供闸内设备对外展示，点击设备展示按钮后，显示对应节制闸下闸机三维模型，屋顶隐藏；前滑鼠标中间滚轮放大场景视角，当距离闸机模型一定距离的时候会自动显示 PLC 柜的闸机综合信息面板（面板跟随模型）；针对电流、电压超阈值闸机提供动态闪烁告警。

二级坝运行管理系统，目前建设有直管工程、工程管理、综合应用和指令管理四个功能模块。①直管工程，根据组织机构分单位权限，提供直管水闸工程管理。②工程管理，提供有水闸工程和政策文件标准化管理。③综合应用，提供视频站点管理、识别告警信息管理和告警信息发布设置功能。视频识别利用了 AI 智能算法，通过调用模型平台的 AI 识别模型，对实时视频信息进行智能分析处理，提取出告警信息及时为二级坝运行管理提供警示，保障水闸安全运行。④指令管理，计划建设调度指令转换和泄量纠偏等功能。指令转换和泄量纠偏，通过知识平台的专家经验二级坝执行指令经验和泄量纠偏经验主动为指令转换和泄量纠偏提供知识驱动。

集成数字孪生工程展示平台，在三维模型上，在线仿真水闸泄洪过程中闸门运行及现场操作，为防洪调度及工程标准化操作提供技术支撑。以闸门启闭机水利工程数字孪生系统为例，通过感知模块，将有关闸门启闭机的信息汇入系统，包括闸门启闭机孔门数量、扬压力、空间尺度等，采用算法对数据进行处理之后建立闸门启闭机的 BIM 模型等，在闸门实际操作过程中对闸门启闭机情况进行在线监测[3]。在闸门变动过程中，闸门运动模型如果显示闸门高度出现与经验不符的较大幅度的变动，模型能够及时甄别出异常，并分析其故障原因反馈给工作人员，选取有效的数据挖掘方法以经验库等进行借鉴，并制定相应的解决措施，以保证进一步提高闸门启闭机安全运行的能力。

5 结语

国家"十四五"规划纲要提出，"构建智慧水利体系，以流域为单元提升水情测报和智能调度能力"，南四湖二级坝作为连接南四湖上下级湖的控制性工程，包含节制闸、溢流坝、拦湖土坝、泵站、船闸等多类水利工程，具有蓄水灌溉、防洪排涝、水陆交通等诸多重要职责。建设数字孪生南四湖二级坝，坚持需求牵引、应用至上、数字赋能、提升能力，实现数字化场景、智慧化模拟、精准化决策，加强算据、算法、算力建设[4]。通过实现物理实体、空间建模、历史数据、水利流程、管理活动等要素全过程的数字化模拟，真正实现智慧水利体系迭代优化，实现高效管理。

参考文献

[1] Tao F, Cheng J, Qi Q, et al. Digital twin-driven product design, manufacturing and service with big data [J]. The International Journal of Advanced Manufacturing Technology, 2018, 94: 3563-3576.

[2] 申振, 姜爽, 聂麟童. 数字孪生技术在水利工程运行管理中的分析与探索 [J]. 东北水利水电, 2022, 40 (8): 4.

[3] 蒋亚东, 石焱文. 数字孪生技术在水利工程运行管理中的应用 [J]. 科技通报, 2019, 35 (11): 5.

[4] 朱敏, 施闻亮. 数字孪生技术在水利工程中的实践与应用 [J]. 江苏水利, 2022 (S2): 5.

ArcPy 脚本工具在库容曲线计算中的应用

赵保成[1,2]　张双印[1,2]　李国忠[1,2]　肖　潇[1,2]

（1. 长江科学院空间信息技术应用研究所，湖北武汉　430010；
2. 武汉市智慧流域工程技术研究中心，湖北武汉　430010）

摘　要：以水库库区 DEM 为数据基础，人工使用 ArcGIS 软件系统工具箱中的表面体积工具计算库容曲线效率低下，同时未能满足精细化水位间隔的库容曲线计算需求。为了解决上述问题，本文利用 ArcPy 脚本制作了库容曲线计算工具，实现了对表面体积工具的自动多次调用、厘米级水位间隔的参数输入、数据成果的自动输出等功能。此工具在某水库的应用实践表明，针对某些需要多次重复性操作的空间数据处理工作，利用 ArcPy 脚本工具能够极大地提高工作效率，减小人工操作造成错误结果的概率。

关键词：表面体积；库容曲线；ArcPy；空间数据处理

1　引言

水库是拦洪蓄水和调节水流的水利工程建筑物。水库的库容指的是水库某一水位以下或两水位间的蓄水容积，而库容曲线指的是水位与库容的关系曲线，它通常以水位为纵坐标，库容为横坐标。通过库容曲线，可以了解水库任意水位下的蓄水容积，因此库容曲线是水库能够优化运行管理和科学调度的重要决策依据。该数据若是存在较大的误差，将严重影响水库调洪演算和径流调节的效果，进而造成水库在防洪减灾、供水、农业灌溉、改善民生及生态保护等方面的功能减弱。

根据库容的定义，水库水底地形数据是库容曲线计算的基础，水底地形的精准程度与库容曲线计算结果的准确性关系密切。目前，水库水下地形数据的表现形式主要有典型断面、等深线、DEM（digital elevation model，数字高程模型）等，根据不同的数据表现形式所采用的库容曲线计算方法也不尽相同，利用典型断面计算库容曲线的原理是计算已知连续水位下相邻典型断面之间的蓄水容积，累加所有典型断面间蓄水容积最终获取整体库容，断面法原理简单，但为了便于计算，相邻典型断面间的地形往往被简化为规则棱柱，这与实际的水下地形状况偏差较大，因此该方法的计算精度较低，仅适用于精度要求较低的狭长河道型水库库容曲线计算项目[1]；利用等深线计算库容曲线的原理是将已知连续水位下相邻闭合等深线间的棱台体积进行累加，最终获得整体库容，等深线法计算简便，而且便于使用程序语言实现，目前成为库容曲线计算的主要方法之一，但等深线同样是水库水底地形的概化方式，因此该方法的计算精度同样有限，并不能满足现代水库对运行调度高精准化的新需

基金项目：国家自然科学基金重点项目"长江通江湖泊演变机制与洪枯调控效应研究"（U2240224）；武汉市重点研发计划项目"武汉市水务数字孪生关键技术研究及应用示范"（2023010402010586）；武汉市知识创新专项基础研究项目"基于人工智能的数字孪生流域知识融合关键技术研究"（20220108010100238）；湖南省重大水利科技项目"洞庭湖区河湖水域岸线空间管控识别及预判预警技术"（XSKJ2022068-12）；中央级公益性科研院所基本科研业务费专项"数字孪生建设关键技术与集成示范"（CKSF2023313/KJ）；中央级公益性科研院所基本科研业务费专项"基于国产高光谱卫星数据的长江源草地承载力评估与优化"（CKSF2023296/KJ）。

作者简介：赵保成（1990—），男，工程师，主要从事测绘科学与技术在水利行业中的应用研究工作。

求[2]；DEM 是地形表面起伏的数字化表达，它是使用一组有序数值阵列形式反映地形的一种实体地面模型，利用 DEM 计算库容曲线的原理是计算连续水位下的每个以 DEM 单元格网为底面积的四棱柱体积，累加获取整体库容，相较于典型断面法和等深线法，DEM 对水底地形空间表现能力更强，因此使用 DEM 法计算库容曲线更为精准[3-4]。

以水库库区 DEM 数据为本底，可使用 ArcGIS 软件系统工具箱中的表面体积工具计算出库底地形表面与参考平面之间区域的体积[5-7]，即水库库容，但是此工具仅支持单个参考平面的输入，而且数据类型为整型，若想获得连续水位下的水库库容，需要手动不断地重复操作此工具从而输入参数，费时又费力，因此亟须寻求方法实现对此工具的自动批量化操作，从而快速获得水库库容曲线，提高工作效率。

ArcPy 是（Environmental Systems Research Institute，Inc. 简称 ESRI 公司）官方针对 ArcGIS 系列产品编写的 Python 站点包，用户可以利用 ArcPy 脚本语言调用 ArcGIS 软件中的系统工具箱对地理空间数据进行实用且高效的管理、处理、分析等操作。使用 ArcPy 脚本的最大优势在于：在步骤相对繁杂的地理空间数据处理工作中，用户可以利用 ArcPy 脚本将多个系统工具打包成一个工作流，从而流程化地处理数据，这样避免了因手动操作工具引起的误差，同时还可以节省大量工作时间。鉴于此，本文以我国南方某水库 DEM 数据为基础，将利用 ArcPy 脚本实现对库容曲线的快速测算。

2 ArcPy 介绍

如图 1 所示，ArcPy 由一系列 ArcGIS 领域模块支持，包括数据访问模块（ArcPy. da）、制图模块（ArcPy. mapping）、空间分析扩展模块（ArcPy. sa）及网络分析扩展模块（ArcPy. na）。ArcPy 可以利用脚本语句调用 ArcGIS 软件中的各种地理处理工具。例如，在 ArcPy 脚本中执行 ArcPy. sa. Slope 语句与操作 ArcGIS 软件工具箱中的空间分析工具——坡度工具效果是相同的。

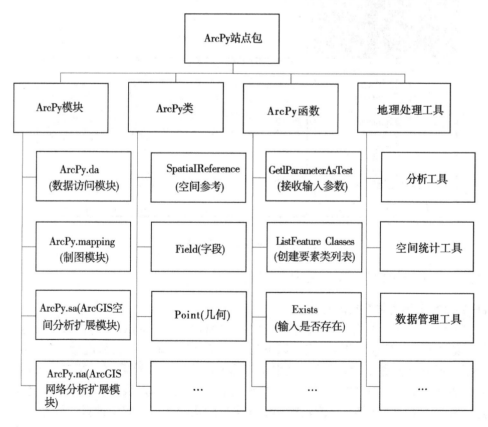

图1 ArcPy 站点包组织

在 ArcGIS 软件中，使用 ArcPy 语句进行空间数据处理主要有 3 种方法，如图 2 所示。第一，在 Python 窗口中运行，在 ArcGIS 软件菜单栏的地理处理选项中调出 Python 窗口，在窗口内输入执行代码，回车即可运行程序，成果数据会自动加载到 ArcGIS 软件的内容列表中，程序运行的结果也将打印在 Python 窗口中。第二，使用 Python 编辑器运行，在计算机上安装 ArcGIS 软件时，计算机同时加入了 Python 的编译环境，在计算机的开始菜单下可进入 Python GUI 界面，在 Python Shell 窗口编辑代码及运行代码，此种方式不需要加载数据，因此执行效率较高。第三，制作脚本工具，在 ArcGIS 软件的目录窗口下新建个人工具箱，在工具箱中添加脚本，制作脚本工具，此种使用方法与 ArcGIS 软件系统工具的使用类似，而且此种方式可以做出交互式的窗口，应用较为方便[8-13]。

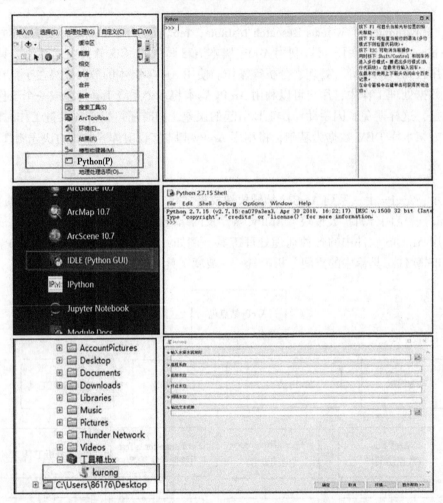

图 2　ArcPy 的 3 种使用方式

3　基于 ArcPy 的库容曲线计算工具制作过程

3.1　库容曲线计算工具需要实现的功能

根据库容曲线的定义，结合目前水利行业内对精细化水位间隔的库容曲线新需求，得出利用 ArcPy 脚本实现快速计算库容曲线需要实现以下几个关键功能：第一，支持起始水位、终止水位及间隔水位浮点型数据类型的输入，满足厘米级水位间隔的库容曲线计算需求。第二，支持 ArcGIS 软件系统工具箱中表面体积工具的多次调用，实现多水位下计算水底地形表面和参考平面之间区域的面积和体积量算，减少人工介入。第三，自动输出对应水位的水域面积及容积计算结果表。

3.2　程序实现关键

ArcPy 是利用 Python 语言操作 ArcGIS 软件进行空间数据处理的纽带，库容曲线计算需要调用

ArcGIS 软件系统工具箱中表面体积工具，该工具的代码使用语法如下所示：

SurfaceVolume_3d(in_surface，{out_text_file}，{reference_plane}，{base_z}，{z_factor}，{pyramid_level_resolution})

由代码可见该工具有 6 个输入参数，in_surface 为待处理的地形表面数据，数据类型为栅格、三角网等；{out_text_file} 为记录计算结果的文本文件；{reference_plane} 为参与计算参考平面的方向，有 above 和 below 两个选项，above 代表平面高度和位于该平面上方的部分表面之间的空间区域，below 代表平面高度和位于该平面下方的部分表面之间的空间区域；{base_z} 为参考平面的高程值；{z_factor} 为高程系数，默认值为 1；{pyramid_level_resolution} 为金字塔分辨率等级，默认值为 0。

由于程序涉及数学运算和空间数据处理分析等，因此在使用 ArcPy 脚本之前需要导入 ArcPy 模块和 numpy 模块，其中 numpy 模块是 Python 语言的一种开源的数值计算扩展。具体实现的代码如下：

```
import arcpy
import numpy as np
```

设计交互式的参数输入窗口需要使用 ArcPy. GetParameterAsText( )函数，输入参数包括水库地形文件、高程系数、起始水位、终止水位、间隔水位、输出结果文件；利用 float（ ）函数将起始水位、终止水位、水位间隔参数数据类型转为浮点型；使用 for 循环语句，使得计算水位能够按照水位间隔逐步累加，进而使用 ArcPy. SurfaceVolume_3d( )函数对对应参考面体积和面积计算。该程序的核心代码如下所示：

```
for base_z in np. arange( start = startsurface, stop = tosurface+incrementsurface, step = incrementsurface):
ArcPy. SurfaceVolume_3d( in_surface, out_text_file, 'BELOW', base_z, z_factor)
```

其中定义 startsurface 为起始水位，tosurface 为终止水位，incrementsurface 为水位间隔。

最后使用 with open( )和 f. write( )函数实现对计算结果的写入文件和写出文件。

3.3 库容曲线计算工具制作

完整的程序代码保存为 . py 文件，在 ArcGIS 软件的目录树下新建一个自定义工具箱，在工具箱中添加脚本文件。在弹出的对话框中填写工具的名称，本例以 kurong 命名，在下一级的对话框中输入脚本文件中对应的输入参数，在本例中，输入参数有地形数据、高程系数、起始水位、终止水位、间隔水位、输出成果文件，其对应的数据类型分别为栅格数据集、字符串、双精度、双精度、双精度、文本文件。完成后，在工具箱中就会生成一个脚本工具，若想使用此工具，只需鼠标双击此工具即可运行。具体的脚本工具制作过程如图 3 所示。

4 应用实践

以我国南方某城市水库库容曲线计算项目为例，利用前文基于 ArcPy 脚本制作的库容曲线计算工具进行应用实践，进而说明利用 ArcPy 脚本工具在库容曲线计算中应用的可行性及优越性。

通常情况下，水库计算库容曲线的起始水位为死水位，终止水位为校核水位，因此首先需要获取这两个高程范围内的水库库区水上及水下地形数据作为计算基础。实例水库的岸上部分地形获取使用的是基于无人机的三维激光雷达测量系统，机载激光雷达能够透过植被间隙获取真实的地面地形信息，库区水下地形获取使用的是基于无人船的多波束测量系统，多波束以条带式扫测水下地形，能够对水底的复杂地形做到精细化表达。将水上及水下获取的点云数据进行去噪及分类，通过数据转换最终获取高精度的水岸一体化库区 DEM 数据。利用本文基于 ArcPy 脚本制作的库容曲线计算工具获取该水库的库容曲线，如图 4 所示。

5 结论

库容曲线的计算是水利工程测量中较为常见的工作内容，本文针对传统手段计算库容曲线存在的诸多弊端，基于 ArcGIS 软件，利用 ArcPy 脚本制作了库容曲线计算工具，实现了对起始水位、终止

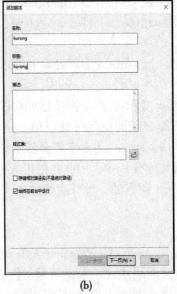
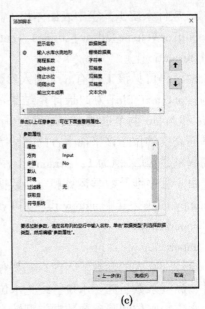

(a)   (b)   (c)

图 3　库容曲线工具制作过程

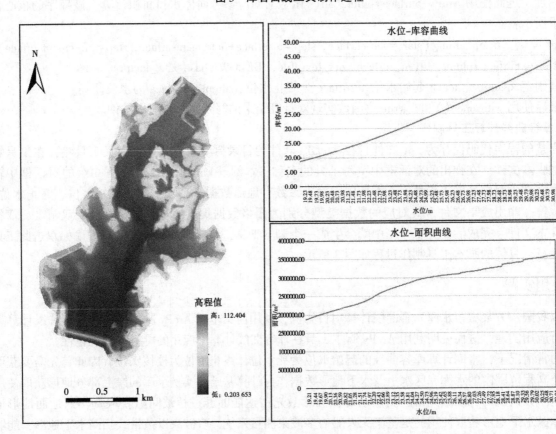

图 4　数据成果图

水位、间隔水位的浮点型数据类型的输入，同时利用 for 循环语句实现了对 ArcGIS 软件系统工具下的表面体积工具的连续多次调用，最后自动输出水位-容积、水位-面积曲线。利用脚本工具与常规的人工手动连续操作相比，工作效率得到了极大的提升，同时也减小了参数输入过程中错误发生的概率，从而进一步保证了数据成果的可靠性。

参考文献

［1］刘炜，牛占，陈涛．断面法水库库容计算模型的几何分析［J］．人民黄河，2006（10）：72-73，77.

［2］张善亮．利用 VBA 宏语言量算库容曲线的方法［J］．水利科技，2019（4）：53-54，59.

［3］施春荣，袁伟．基于规则格网 DEM 的水库库容快速计算［J］．现代测绘，2019，42（3）：15-18.

［4］安航永，郭亚伟，张浩．基于 DEM 和"填充法"的库容曲线计算方法［J］．陕西水利，2022（12）：24-27.

［5］徐汉超．基于 ArcGIS 的棋盘山水库库容曲线计算［J］．城市勘测，2022（4）：71-73.

［6］朱引弟，孟祥永．基于 ArcGIS 建模工具的水位库容曲线快速量算［J］．陕西水利，2021（12）：37-38，41.

［7］靳晟，李玉平，朱海山．基于 ArcGIS 的三维可视化水库库容计算系统开发［J］．南水北调与水利科技，2015，13（6）：1203-1206，1224.

［8］温跃，郭云嫣，刘全海，等．基于 ArcPy 的地类及权属面积快速分析统计与出图方法［J］．城市勘测，2023（4）：35-38，43.

［9］何希山，肖青松，姚伟，等．基于 ArcPy 的城市排水管网 GIS 数据转换方法研究［J］．城市勘测，2023（3）：25-28.

［10］郑继武，邓学锋．基于 ArcPy 的大比例尺地形图图幅接合表自动绘制方法［J］．地理空间信息，2022，20（9）：121-124.

［11］吴厚清，熊维康，聂晨晖，等．ArcPy 脚本工具在新型基础测绘质量控制中的应用［J］．测绘通报，2022（8）：160-164.

［12］由明明，杨国兴，李春林，等．基于机载激光雷达的长龙山抽水蓄能电站库容计算［J］．人民黄河，2022，44（S1）：197-198，201.

［13］谢正明，王友昆，张君华，等．基于 Arcpy 和 NumPy 的 DEM 的投影形变分析方法［J］．测绘地理信息，2022，47（6）：27-31.

水力机械数字孪生仿真系统及故障诊断测试平台建设探析

马光飞[1,2] 丁 鹏[1,2] 冯新红[1,2] 方 勇[1,2] 马彤彤[3]

(1. 水利部产品质量标准研究所/水利部杭州机械设计研究所，浙江杭州 310012；

2. 水利机械及其再制造技术浙江省工程实验室，浙江杭州 310024；

3. 水利部长春机械研究所，吉林长春 130012)

摘 要： 水力机械作为水电站、泵站等水利工程的核心设备，在水力发电、水利（农业）灌溉、城乡供水工程、库区防洪排涝、城市排水排污等方面发挥着重要的作用，但由于建设年代及当时的技术限制，状态监测较为简单，已经不能有效满足当前水利高质量发展的时代要求。本文围绕水利工程"精准调度""风险管控""智慧运维""设备管理"四大重点建设需求，对如何建设水力机械数字孪生仿真系统及故障诊断测试平台，进行了背景说明、建设内容探析，并提出了总体建设技术框架。

关键词： 水力机械；数字孪生；仿真系统；故障诊断；建设探析

1 建设背景说明

水力机械数字孪生是将数字技术与水力机械领域相结合的一种应用。水力机械数字孪生利用传感器、数据采集系统等设备实时采集水力机械运行过程中的各种参数，如速度、压力、流量、振动、噪声等，并将这些数据输入到数字模型中进行处理和分析。数字模型可以是基于物理原理的模型或者基于数据驱动的模型，通过模拟水力机械的运行过程，预测其性能、故障和维护需求[1-5]。

2021 年 9 月 10 日，工业和信息化部、中央网络安全和信息化委员会办公室、科学技术部、生态环境部、住房和城乡建设部、农业农村部、国家卫生健康委员会、国家能源局等八部门印发的《物联网新型基础设施建设三年行动计划（2021—2023 年）》（工信部联科〔2021〕130 号）中提到"加快推动农村地区水利、公路、电力、物流等基础设施数字化、智能化转型"；2022 年 1 月 12 日，国务院印发《"十四五"数字经济发展规划》（国发〔2021〕29 号）中提到"加快水利基础设施数字化改造"；2021 年 11 月 29 日，水利部印发《"十四五"期间推进智慧水利建设实施方案》的通知（水信息〔2021〕365 号）中提到"推进水利工程智能化改造，建设数字孪生水利工程等"；2022 年 3 月 30 日，水利部印发《数字孪生水利工程建设技术导则（试行）》（水信息〔2022〕148 号）中提到"数字孪生水利工程是数字孪生流域的重要组成部分，泵站、水电站等水利工程需开展工程自动化控制，对其工程运行状态进行监测"。表 1 为相关政策文件。

水力机械（泵、水轮机）作为泵站、水电站等水利工程的重要组成部分，相关人员很难直接观察到运行过程中的非正常状态产生的原因（如复杂振动、轴向偏移、空化噪声等），因此按照"需求牵引、应用至上、数字赋能、提升能力"的要求，以数字化、网络化、智能化为主线[2]，探析水力

基金项目： 浙江省重点研发计划项目（2021C03133）；中央级科学事业单位改善科研条件专项资金项目（102126222163190009072）。

作者简介： 马光飞（1989—），男，工程师，主要从事流体机械及水环境污染控制方面的研究工作。

机械数字孪生故障诊断测试平台建设内容，对实现泵站、水电站运行状态的自动预警监测体系、全生命周期健康监测和管理具有重要意义[6-8]。

表 1 相关政策文件

日期 （年-月-日）	文件名称	文号	发文部门	相关内容
2021-09-10	《物联网新型基础设施建设三年行动计划（2021—2023年）》	工信部联科〔2021〕130号	工业和信息化部、中央网络安全和信息化委员会办公室、科学技术部、生态环境部、住房和城乡建设部、农业农村部、国家卫生健康委员会、国家能源局等八部门	加快推动农村地区水利、公路、电力、物流等基础设施数字化、智能化转型
2022-01-12	《"十四五"数字经济发展规划》	国发〔2021〕29号	国务院	加快水利基础设施数字化改造
2021-11-29	《"十四五"期间推进智慧水利建设实施方案》	水信息〔2021〕365号	水利部	推进水利工程智能化改造，建设数字孪生水利工程等
2022-03-30	《数字孪生水利工程建设技术导则（试行）》	水信息〔2022〕148号	水利部	数字孪生水利工程是数字孪生流域的重要组成部分，泵站、水电站等水利工程需开展工程自动化控制，对其工程运行状态进行监测

2 建设内容探析

可采用水力机械数据模型、**可视化模型、数学模拟仿真引擎、数据采集系统**等，结合大数据、人工智能、物联网等更为先进和专业的技术手段，构建水力机械数字孪生仿真系统及故障诊断测试平台。按照水利部提出的数字孪生水利工程建设要求，从信息化基础设施、数字孪生平台、智能业务应用三方面着手，运用数字孪生技术创建水力机械数字孪生平台；通过传感器等设备获取前端感知数据，实时监测水力机械运行状态，并对设备故障进行诊断测试，实现数字孪生体与物理实体的全要素映射、虚实交互和同步状态监测。水力机械数字孪生平台应包括信息基础设施、数字孪生仿真系统及故障诊断平台。

2.1 信息基础设施

坚持以"立足已建，扩展新建，一数一源"的原则，围绕水利工程，充分利用物联网、传感、定位等技术[9-10]，构建水力机械感知体系，提高完善水力机械监测水平，加强感知监测覆盖率，提升实时感知能力。

（1）GPU服务器。通过GPU服务器部署水力机械数字孪生仿真系统，主要提供图像和图形相关运算工作，处理孪生空间复杂三维场景，提高数字孪生的显示能力和数学模型计算能力。

（2）传感器设备。传感器作为物理实体的"眼睛"及"皮肤"，负责精准并快速地收集物理实体的相关物理参数、属性、状态及物理实体所处环境中的各种相关因素。传感器对整个数字孪生交互系统起到了非常关键的作用，数字孪生系统的虚实交互过程的基础就是各类传感器反馈数据的准确性、实时性及协调性。

（3）水力机械主要传感器。传感器设备包含数据采集系统、摆度传感器、振动传感器、压力脉动传感器及噪声传感器。

2.2 数字孪生仿真系统

水力机械数字孪生仿真系统及故障诊断平台核心功能需求是对物理实体进行数字孪生场景构建与仿真，对物理实体的运行状态监测数据进行故障诊断分析与评估。系统核心功能部件主要包括物联网平台、数据中台及模拟仿真引擎在内的三个支撑平台建设，主要作用是提供数据接入、输出、模拟仿真等基础能力。

（1）物联网平台。是系统建设承上启下的重要一环。实现设备之间的连接、数据的采集、存储和分析，以及应用的开发和管理，屏蔽不同厂家感知设备的差异，实现对水力机械监测终端的统一管理，对监测数据的统一采集，为数据中台提供丰富的感知数据。物联网平台主要功能包括设备管理、设备接入、规则引擎、开放 API，统计分析等。在本项目中负责将上述各类传感器设备通过数据采集系统集成至物联网平台，而后利用物联网平台提供的 API 进行二次开发，实现数据的分析应用。

（2）数据中台。是信息化建设的核心基础。监测数据中台通过多维度、可视化的数据治理工具和方法，打破数据壁垒，生成水力机械监测数据资产，让数据价值达到最大化。数据中台动态管理数据标准，当数据标准发生变化时，在数据中台进行调整，可以快速生成符合新标准的数据；数据中台采集相关数据，并按照数据标准要求，对其进行清洗、过滤、转换、加载等生成数据资源目录，后续管理处所有新增信息系统都要对接数据中台，一方面将自身产生的数据回流到数据中台，另一方面调用数据中台数据，实现数据的增值，从而规范第三方业务系统开发厂商，便于后续的统一运行维护。数据中台为水力机械监测提供全生命周期的数据管理，实现从数字到资产的跨越。图 1 为数据中台功能示意图。

图 1　数据中台功能示意图

（3）模拟仿真引擎。引擎应包括高性能的模拟仿真引擎和轻量化的展示模型。可提供云端三维场景构建、全要素数据融合、场景效果设计、场景服务发布、场景服务调试、孪生应用构建全流程工具，以及用户自定义场景的二次开发 SDK。对应产品需具备强大的数据集成能力、友好易用的配置环境、丰富的可定义场景属性、优秀的实时渲染效果，并可将配置完成的三维场景发布成云服务。

2.3 故障诊断平台

故障诊断平台用于接入水力机械运行状态的监测数据，进行可视化展示，基于机组专业分析模型对监测数据进行分析提供相关诊断内容，并可以提供维修养护信息填报及查询功能。故障诊断平台主要由数据采集系统、传感器组成，通过异常信号识别技术剔除采集的假信号，完成数据预处理，提高数据质量，避免误报警，同时与固定阈值预警、智能趋势/快变预警和多维参数动态阈值预警多种预警方式相结合，基于分析软件对采集的振动、摆度、压力脉动、噪声等状态量数据进行分析，并将数据导入到数字孪生引擎中。

3 总体技术框架

建设水力机械数字孪生仿真系统及故障诊断平台，可以按照建设内容，按照标准规范体系、网络安全体系、故障诊断平台、数字孪生平台、支撑平台、信息基础设施等内容，初步形成平台集约化、业务协同化、决策科学化的水力机械数字孪生仿真系统及故障诊断测试平台。总体技术框架见图2。

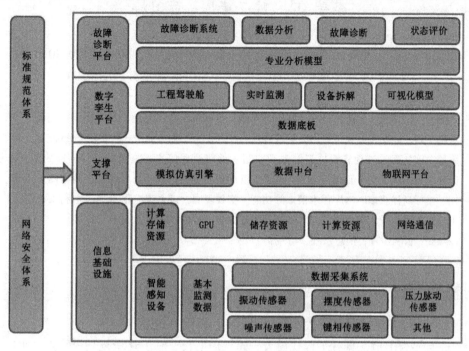

图2 水力机械数字孪生仿真系统及故障诊断测试平台总体技术框架

4 结语

本文从建设内容、建设技术框架等方面，对建设水力机械数字孪生仿真系统及故障诊断平台进行分析，研究结果对构建水力机械自动预警监测体系试验模型、提升工程数字化管控能力实际应用、推动工程智能化改造、完善故障在线监测预警具有指导意义，对实现泵站、水电站等水利工程的全生命周期健康监测和管理具有重要意义。

参考文献

[1] 孙迪武. 水利工程数字孪生技术研究与探索 [J]. 水利电力技术与应用, 2023, 5 (3): 122-124.

[2] 蒋亚东, 石焱文. 数字孪生技术在水利工程运行管理中的应用 [J]. 科技通报, 2019, 35 (11): 5-9.

[3] 孟湘, 曾洪涛, 刘冬, 等. 基于VMD-SWT的降噪方法在转子振动信号中的应用 [J]. 中国农村水利水电, 2021 (6): 164-168.

[4] 强何. 关于水利工程智慧化运行管理的探讨 [J]. 工程管理, 2022, 3 (8): 79-81.

[5] 钟平禹. 我国智能化水电站的发展和建设探讨 [J]. 工程技术研究, 2017 (12): 245-246.

[6] 贺兴, 艾芊, 朱天怡, 等. 数字孪生在电力系统应用中的机遇和挑战 [J]. 电网技术, 2020, 44 (6): 2009-2019.

[7] 范海东. 基于数字孪生的智能电厂体系架构及系统部署研究 [J]. 智能科学与技术学报, 2019, 1 (3): 241-248.

[8] 杨帆, 吴涛, 廖瑞金, 等. 数字孪生在电力装备领域中的应用与实现方法 [J]. 高电压技术, 2021, 47 (5): 1505-1521.

[9] 黄立锴. 浅谈数字孪生技术在智慧水利工程中的应用 [J]. 珠江水运, 2022 (16): 46-48.

[10] 包振东, 刘建龙, 胡锦, 等. 数字孪生技术在泵站工程中的应用 [J]. 江苏水利, 2023 (7): 28-32.

Cesium 地理信息技术在黄藏寺水库中的研究与应用

李莹莹[1]　陈子豪[1]　董国涛[2]

(1. 黑河黄藏寺水利枢纽工程建设管理中心，甘肃兰州　730030；
2. 黑河水资源与生态保护研究中心，甘肃兰州　730030)

摘　要：黄藏寺水库是黑河上游首座综合利用型水库，具有施工环境复杂、水资源调控范围广等特点，为解决工程建设期多源异构数据的集成管理与在线发布，本文提出一种基于 Cesium 框架的地理信息系统。该系统通过构建流域三维地理空间，承载地理信息、监测数据、全景数据、视频监控、BIM 模型以及工程、流域资料等，提供矢量加载、热点查询、场景定位、函数图像生成、三维测量、坐标高程获取、水库蓄水模拟等功能。实践表明，该系统有助于提高水利工程信息化管理水平，为工程建设、库区规划与水资源调度提供技术基础和决策性服务。

关键词：Cesium；水利工程；信息系统；可视化

1　项目背景

黄藏寺水库是 172 项节水供水重大水利工程之一。水库坝址位于黑河干流上游黑河大峡谷入口，库岸沿线 48 km 且多为山地，具有工程规模大、建设周期长、施工环境复杂等特点。水库水资源调控范围涉及黑河上游 7 座梯级水电站、中游张掖市 3 县 12 个灌区，以及下游金塔县鼎新灌区、东风场区和内蒙古额济纳旗绿洲核心区[1]，具有输水距离长、影响范围广、监管难度大、信息繁杂等特点。

黄藏寺工程地理信息系统（简称 HGIS）是黄藏寺水库信息化建设的重要组成部分，2022 年 4 月创建 V1.0 版本以来，在各参建单位中推广应用，2023 年 2 月获国家版权局计算机软件著作权登记。HGIS 基于 Cesium 地理信息技术构建大型三维地理空间，实现流域地形地貌、水系河网、水库电站等地理空间数据的有序汇集、立体展示与实时共享。系统布置于轻量应用服务器，用户通过 PC 端浏览器访问，提供搜索定位、测量标记、指北针、比例尺等在线地图基础功能的同时，具有矢量加载、坐标定位、信息查询、三维测量、函数图像生成、坐标高程获取、水库蓄水模拟等多项功能，为工程管理与水资源调度提供基础信息和决策性服务。

2　开发路线与运行环境

2.1　主要技术应用

HGIS 采用 Cesium 框架创建三维地球 Web 平台[2]，Cesium 由 AGI 公司（Analytical Graphics Incorporation）研发，用于加载和可视化地理信息数据，广泛应用于交通、规划、城市管理和地形仿真等领域。HGIS 中全景空间、大型平面图、BIM 模型动态展示采用 Krpano 框架[3]，雨情信息、河道水位流量、工程建设进度等采用 Echarts 图表生成技术实时发布。

基金项目：国家自然科学基金项目（42061056）"多源数据融合估算高时空分辨率地表温度建模及其辅助黑河生态调水研究"。

作者简介：李莹莹（1989—），女，经济师，主要从事水利枢纽工程建设管理和水利信息化建设工作。

通信作者：董国涛（1982—），男，高级工程师，主要从事水文水资源遥感方面的研究工作。

2.2 系统开发路线

Cesium 支持 HTML5 显示方式，图层采用"瓦片+地形"组合模式，开发人员以此为基础深化设计，技术路线见图 1。

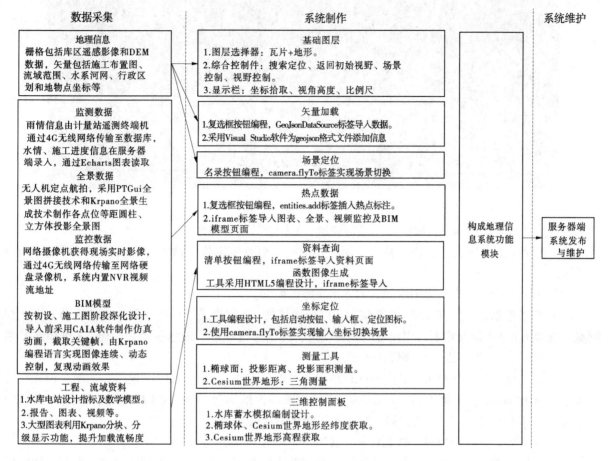

图 1 HGIS 开发技术路线

2.3 开发运行环境

2.3.1 系统开发

软硬件环境：PC 机，CPU2.70 GHz，安装内存（RAM）16.0 GB，Windows10，64 位操作系统。

开发工具：Cesium、Krpano Tools 1.19-pr15、Visual Studio 2017。

编程语言：HTML5、Cesium、krpano xml。

2.3.2 系统运行

硬件环境要求：普通 PC 端完整配置，CPU 2.50 GHz 以上，安装内存（RAM）8.0 GB 以上。

软件环境要求：Windows7/8/10 或 Linux 操作系统（64 位），360 安全浏览器、Microsoft Edge、Firefox 浏览器等。

登录与更新：HGIS 构架采用浏览器/服务器（B/S）模式，用户通过服务器 IP 地址访问，登录账号及密码由管理员根据单位使用要求统一分配，系统更新由管理员在服务器端操作。

3 系统主要功能

3.1 操作界面

HGIS 以黄藏寺水库卫星影像为初始视野，见图 2。

（1）工具栏。提供多种拓展功能，包括矢量加载、热点信息、三维测量及水库蓄水模拟等，帮

图 2　HGIS 操作界面

助用户快速获取地图数据和实时信息，进行规划、分析、计算等操作。

（2）搜索定位。支持省、市、县及乡镇主要地区和地点的定位，输入相应名称，视野飞移至目标区域。

（3）初始视野。点击后地图返回黄藏寺水库库区范围。

（4）场景控制器。负责2维、2.5维和3维场景切换。2维模式下，用户无法旋转视角，也无法浏览三维地形；2.5维模式下，用户可以旋转视角、浏览三维地形，地球显示为平面；3维模式具备2.5维功能的同时，地球以椭球体形式呈现。

（5）图层选择器。方便用户自由搭配地图服务和地形服务，实现"瓦片+地形"的组合模式，瓦片包括 ArcGIS online、高德矢量、OpenStreetMap 地图等，地形包括 WGS84 椭球体、Cesium 世界地形。通过选择不同图层，可以灵活展示和隐藏不同地图信息。

（6）指北针。旋转视角时，指北针随之转动，字母 N 所指方向为正北方向。

（7）视距控制。点击加号按钮拉近视距，新视距为原高度的1/2；点击刷新按钮，视野返回中国版图中心位置；点击减号按钮拉远视距，新视距为原高度的2倍。

（8）显示栏。动态显示光标位置的经纬度、观察视距以及地图当前比例尺。

3.2　系统工具栏

（1）矢量加载。数据类型包括线、面两类，线数据用于标记淹没区、送出线路、道路、河流等的区域范围、中心线或走向，见图3；面数据用于渲染建筑物、地类划分、行政区划等的区域范围，支持颜色更替和透明度调整。点击矢量数据，系统界面弹出相应信息窗口，内容以文本、表格或图片形式加载。

（2）热点数据和资料查询。热点包括雨量站、水文站、水库电站等，地物点上方采用文字标记，支持分类分级显示和字段搜索。点击热点，系统界面弹出数据资料清单，包括降雨径流关系图、360°全景、在线视频监控、BIM 模型等，点选后在新窗口内加载，见图4。另外，系统单独设置资料查询功能，除上述数据资料外，汇集流域、灌区、水利工程、电力设施等的基础信息、设计指标和文件报告等。

（3）场景、坐标定位。系统支持用户通过点选场景名录或输入 WGS84（EPSG：4326）经纬坐标将视野移动至特定场景，地物点上方同时显示定位图标，场景名录包含水库电站、引水枢纽、湿地湖泊、河源地等。

（4）函数工具。操作面板由函数录入、常用函数查询、图像显示窗口3个模块组成，见图5。其中，函数输入个数不作限制，显示设置包括线型、颜色，以及自变量、因变量显示区间等；已有函数

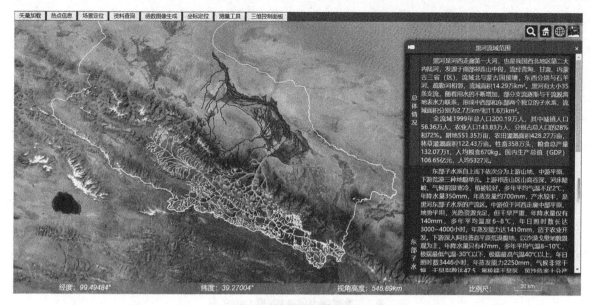

图 3 黑河流域水系河网

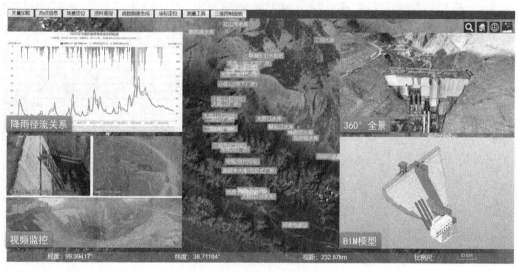

图 4 热点数据的应用与显示

包括黄藏寺水库、下游反调节水库库容–蓄水位关系、下泄流量–尾水位关系等，用于预测、模拟黑河上游水库电站群联合调度运行状况；生成的函数图像支持缩放控制和自由移动，刻度划分及刻度线随之变化，方便用户快速、准确读取数据。

（5）测量工具。投影距离、投影面积测量适用于 WGS84 椭球体模式，在地图上点击鼠标左键绘制起始点和过程点，点击鼠标右键绘制终点完成闭合，见图 6；三角测量适用于 Cesium 世界地形模式，在地图上点击鼠标左键绘制第 1 点（低点位），点击鼠标左键绘制第 2 点（高点位）完成闭合，显示两点间的直线距离、水平距离和垂直距离。系统支持连续、多次、多类型测量，测量过程中支持视角调整和地图拖动。

（6）三维控制面板。包括水库蓄水模拟和坐标高程获取，见图 7。其中，蓄水模拟适用于 Cesium 世界地形模式，输入参数包括目标高程和淹没速度，其原理是通过创建一个平面几何图形，然后不断修改平面高度形成三维实体，从而模拟水面上涨效果；坐标高程信息通过光标点击地图获取，显示格式为"经度，纬度，高程"，信息支持批量复制，便于用户导入 Excel 等软件。

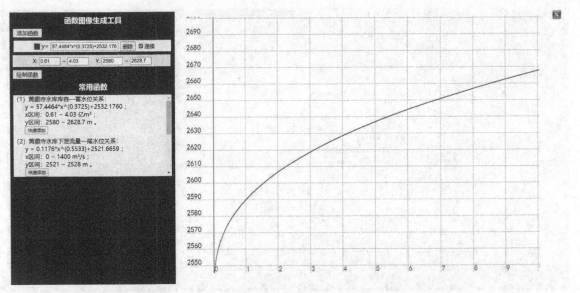

图 5　黄藏寺水库库容-蓄水位关系

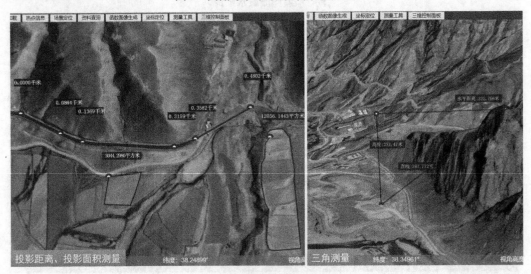

图 6　测量工具综合应用

图 7　三维控制面板综合应用

4 结论与展望

（1）HGIS 是基于 Cesium 的 WebGIS，具有跨平台、易共享、易维护等特性，能够集成全景数据、水情信息、视频监控、矢量数据、BIM 模型、数字高程模型等，具备三维测量、坐标高程获取、水库蓄水模拟、地物点定位标记、数字信息汇总成图等多项功能，实现二维、三维信息的一体化存储、管理、查询与展示。

（2）水利业务数据大多涉及空间信息管理，如水文、水资源、地形地貌、水利工程、水土保持等。HGIS 通过构建大型三维地理空间，结合 Krpano、Echarts 框架，实现了信息数据从单点到流域、平面到立体、抽象到具体的组合与转化。这一转化旨在构建以黄藏寺水库为核心的"黑河流域一张图"，以此推进工程信息化建设。

（3）黄藏寺水库建设期间，形成了 BIM 建管系统、视频监控系统、720°全景展示平台和雨情测报系统等，系统之间存在信息交换困难、资源割裂、功能单一、维护成本高等问题。HGIS 提供了一种全新的解决方案，将多源异构数据有机融合在同一平台上，提供查询、检索和可视化服务。未来，HGIS 有望在水库调度运行阶段模拟预测、分析决策等方面发挥更大优势。

参考文献

［1］李莹莹，陈子豪，杨建顺，等. 黑河黄藏寺水利枢纽优化调度研究［J］. 人民黄河，2021，43（11）：140-146.
［2］李军，赵学胜，李晶. 面向三维 GIS 的 Cesium 开发与应用［M］. 北京：测绘出版社，2021.
［3］李莹莹，杨建顺，陈子豪，等. 水利工程建设信息管理系统设计及应用［J］. 水利技术监督，2023（3）：59-64.

数字孪生灌区关键技术研究
——以淠史杭灌区为例

郁 婷[1,2] 邹 巍[1,2] 胡春杰[1,2]

(1. 水利部南京水利水文自动化研究所，江苏南京 210012；

2. 江苏南水科技有限公司，江苏南京 210012)

摘 要：灌区现代化改造是从传统水利向现代水利、可持续发展水利转变，数字灌区作为现代灌区建设的重要阶段，通过运用先进的水利、信息、控制和决策技术，实现灌区管理水平和服务能力的跨越式发展。本文以淠史杭灌区为例，探讨了数字孪生灌区建设的关键技术和方法，结合需求分析、总体规划、技术架构、建设方案等方面的内容，旨在为灌区现代化管理和发展提供参考。

关键词：数字孪生；灌区；淠史杭灌区；信息化建设

1 引言

近年来，国家持续推进大中型灌区续建配套与节水改造，基本解决了影响灌区安全运行和效益发挥的"卡脖子"问题[1]，灌区灌排基础设施薄弱、严重病险等问题得到有效解决，骨干设施完好率和工程配套率明显提高。然而，随着社会主义现代化国家建设的全面推进，仅仅依靠灌区灌排工程、量测水设施配备、闸门或泵站控制系统等老基础设施的升级改造，已难以满足各行业对灌区服务的拓展需求。

因此，亟须转变灌区的建设思路，运用更高效和科学的技术方法提升管理水平。数字孪生灌区建设作为当前智慧水利建设的重要部分，通过数字化场景、智慧化模拟、精准化决策的路线，实现灌区"供水可靠、调度灵活、用水精准、防灾有力、管理智能"[2]，充分发挥灌区的综合效益。

2 淠史杭灌区基本情况及存在问题

2.1 淠史杭灌区基本情况

安徽省淠史杭灌区是淠河、史河、杭埠河三个毗邻灌区的总称，分属淮河、长江两大流域，北以淮河为界，南靠大别山区，西接河南省的史河灌区，东邻安徽省驷马山灌区，东南濒临巢湖，横跨长江、淮河两大流域。灌溉受益范围涉及皖豫两省4市17个县（区），设计灌溉面积1 198万亩，区域内生产总值约占安徽省的1/3以上，在安徽省经济社会发展中发挥了巨大作用。淠史杭灌区属亚热带向暖温带过渡气候区，四季分明，雨量适中，但南北气流在此交汇，造成降水年际变化大，年内分配不均，是水旱灾害多发地带。

2.2 存在问题

淠史杭灌区近年对灌区信息化建设进行了积极探索，取得了显著成效。但是按照"需求牵引、应用至上、数字赋能、提升能力"要求，和水利部近期出台的《关于大力推进智慧水利建设的指导

作者简介：郁婷（1990—），女，工程师，主要从事水利信息化方面的工作。

意见》《智慧水利建设顶层设计》《"十四五"智慧水利建设规划》《"十四五"期间推进智慧水利建设实施方案》《数字孪生水利工程建设技术导则（试行）》《水利业务"四预"功能基本技术要求（试行）》[3] 系列文件中，提出的数字化场景、智慧化模拟、精准化决策为路径，全面推进算据、算法、算力建设[4]，与加快构建具有预报、预警、预演、预案功能等要求仍然有较大的差距，在算力、算据、算法等方面存在短板与问题。

（1）算力（信息基础设施）：感知内容不全面。

目前，淠史杭灌区按照农业水价综合改革和灌区信息化发展要求，依托灌区续建配套与节水改造项目，实现了干、支渠口水量计量，计量率达到100%，干渠自动化控制全覆盖，但部分计量设施由于建设时间久远，使用寿命和测量精度无法满足要求，同时灌区农情、水质、气象等监测手段欠缺，制约了灌区向数字孪生灌区的发展。

（2）算据（数据底板）：支撑能力不完善。

新阶段对水利信息化建设提出了新的要求，数字孪生技术原理是采用数字化的手段构建一个与物理世界相同的虚拟世界，来实现对物理实体的认知、分析、预测、优化和控制决策[5]，为防汛抗旱、水量分配和调度提供技术支撑，建立灌区渠道及渠道周边相关地形数据和空间数据，提高灌区精准调度决策，淠史杭灌区由于缺少作物种植结构的有效分析，缺少灌溉进度动态感知能力，导致灌区精准调度决策支撑能力不足。

（3）算法（模型平台、知识平台）：科学决策不精准。

数字孪生灌区反映真实世界中灌区的运行状态，实现灌区水要素实时化、水设备智能化、水调控有效化、水供给精细化、水安全可控化、水服务人性化，实时预测和应对灌区在管理、运行中可能出现的问题，这也是开展数字孪生灌区建设的意义。要发挥灌区的最大效能，必须要对水利治理管理活动进行智慧化模拟，为灌区提供模拟仿真功能。目前，淠史杭灌区基本实现了科学调度，但距离精准调度的要求仍有一定差距，在模型平台和知识平台方面仍有待提高。

（4）灌区智能业务应用不完备。

随着灌区业务发展，对灌区信息化建设提出了更高的要求，不仅需要满足灌区精细化管理、科学决策、优化调度、快速响应和全面服务，还需要为灌区预报、预警、预演、预案等功能提供支撑。目前，淠史杭灌区在需水感知与预报方面、数字化场景模拟与推演方面、信息化统一监管运维方面仍不完备，无法实现灌区的智慧化模拟、精准化预测，制约着灌区向智慧型现代化灌区迈进。

3 数字孪生灌区建设总体规划

3.1 总体规划

按照"需求牵引、应用至上、数字赋能、提升能力"的要求，在2023—2024年期间，以时空数据为底板、灌区需水用水调度模型为核心[6]，遵循"泛在感知、多源融合、数字孪生、联动治理"的数字孪生建设思路，深化"新一代信息技术与灌区业务需求、物理灌区与数字灌区"两项融合。淠史杭数字孪生灌区建设主要由信息化基础设施、数字孪生平台和业务应用平台三部分构成（见图1）[7]，采用"三横两纵"框架体系，对物理灌区全要素和水利治理管理活动全过程的数字化映射、智能化模拟，全方位夯实"算力、算据、算法"等基础建设，实现与物理灌区同步仿真运行、虚实交互、迭代优化，支撑精准化决策，建成"智慧供水一流、智能管理一流、智享服务一流、工作实绩一流""四个一流"的淠史杭数字孪生样板灌区。

3.1.1 信息化基础设施

完善灌区信息化基础设施，包括立体感知体系提升、自控系统改造、灌区支撑保障体系建设，建

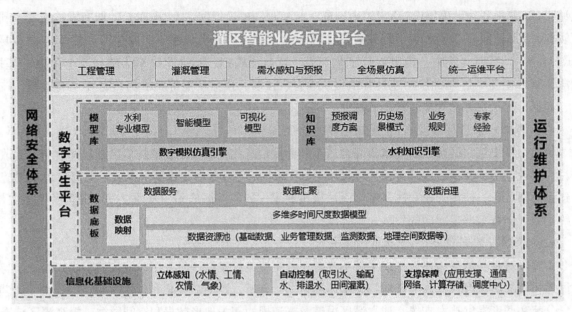

图1 淠史杭数字孪生灌区总体架构

设全面覆盖的计量监测感知体系，提升对物理灌区状态进行自动化监测和智能感知的能力，基本实现干渠、分干渠及支渠自动化计量监测全覆盖，进一步合理布局计量监测设施，为灌区业务应用提供基础支撑和算力保障。

3.1.2 数字孪生平台

数字孪生平台基于信息化基础设施，利用云计算、物联网、大数据、人工智能、BIM、数字仿真等技术，包括数据底板、模型库、知识库三大部分，对物理灌区全要素和灌区治理管理活动全过程进行数字映射、智能模拟和前瞻预演，支撑灌区重点区域水资源配置调度及防洪排涝"四预"功能实现。

3.1.3 业务应用平台

在淠史杭灌区数字孪生平台建设的基础上，开发灌区智慧业务应用系统，包括灌区需水感知与预报系统、灌区全场景虚拟仿真系统、灌区统一运维管理平台、灌区数字化展厅，以及数据整合和共享服务等方面，充分发挥数字孪生平台和信息基础设施的作用，提升灌区科技水平，提高水资源利用效率。

3.2 技术架构

淠史杭数字孪生灌区遵循数据是基础、模型是核心、软件是载体的技术路线，将技术架构分为五层：物理层、数据层、模型层、功能层和应用层，见图2。

(a)数字孪生灌区技术路线

图2 淠史杭数字孪生灌区技术架构

(b)数字孪生灌区技术架构

续图 2

（1）物理层。指的是洧史杭灌区现实物理世界的地理及其他属性特征，包括渠道、渠系建筑物、信息化设施等。

（2）数据层。指的是基础数据、监测数据、地理空间数据、业务平台数据等数据资源的传输、采集、存储、计算、统计分析，包括数据采集、数据处理、数据传输等，为模型层提供数据支撑。

（3）模型层。指的是结合灌区配水调度、需水预报过程的内部机理或者水头行进的传递机理建立起来的精确数学模型，包括水利专用模型、可视化模型、智能模型等。

（4）功能层。指的是以数字化场景、智慧化模拟、精准化决策为路径，支撑"预报、预警、预演、预案"四预功能的实现。

（5）应用层。指的是洧史杭灌区已建和新建的智慧业务应用系统，包含灌区水利工程管理、水资源配置与供用水调度等业务应用。

4 数字孪生平台建设方案

数字孪生平台建设主要包括三方面。一是数据底板，是洧史杭灌区信息化的"算据"，在灌区一张图的基础上，通过完善时空多尺度数据映射，扩展三维展示、数据融合、分析计算、动态场景等功能，形成基础数据统一、监测数据汇集、二三维一体化、跨层级、跨业务的智慧水利数据底板，实现水利全要素的数字化映射，打造灌区数据底板。二是模型库，即"算法"，构建洧史杭灌区水动力仿真模型、作物需水模型和生态补水模型，并对灌区现有配水调度模型进行优化，实现灌区科学化、精准化灌溉，为数字孪生平台提供"算法"支撑。三是知识库，是"算法"的重要组成部分，知识库是智能中枢，通过建立灌区预报方案库、业务规则库、水利对象关联关系库、历史场景模式库、专家经验库等内容，形成业务—事件—要素的关联网络，利用图模型描述业务场景中的实体概念间关联关系，以事件为视角描述事件演化背后的机理与模式，构建数据画像，分析事件演化过程，为业务推动提供因果证据。

5 信息化基础设施建设方案

信息化基础设施建设主要包括立体感知体系提升、自动控制系统改造、支撑保障体系建设等方面。

（1）立体感知体系提升。结合洧史杭灌区管理现状及信息化现状，采用空天地等多样化的监测手段，实现灌区骨干渠系和干渠重点建筑物水情、农情、气象监测等信息化全覆盖，为灌区节水、配水、排涝提供技术支撑，提高用水计量的准确性、及时性，为水资源合理配置、提高节水灌溉技术、完善节水制度机制提供数据支持，为数字孪生灌区建设提供算力保障。通过有效的运行信息、安全信息等要素的监测，实时了解水利工程及设施设备运行状态，及时发现安全问题，降低由于发现不及时、响应效率低等问题带来不可估量的后果和损失。

（2）自动控制系统改造。通过对泵站、闸门采用自动化控制技术，实现现地手动、自动及远程控制，同时接入视频监控，保障设备运行的安全，实现灌区骨干渠系重点建筑物的自动化控制，提升泵站、闸门运行安全保障，并在突发事件时能快速、及时做出反应，保障人民生命财产安全。

（3）支撑保障体系建设。以网络安全、运行维护为保障，搭建应用支撑平台、通信网络、计算存储、调度中心等多维并重的支撑保障体系。为灌区监测监控数据提供传输通道，为数据的分类存储提供资源环境，为数据的分析、计算、应用提供支撑平台，为集中控制、调度决策、综合展示提供综合展示场所，保证淠史杭数字孪生灌区的高效使用。

6 业务应用平台建设方案

结合淠史杭灌区的现状及特点，在灌区数字孪生平台基础上构建淠史杭数字孪生灌区智慧业务应用体系，发挥灌区水利工程的数字映射、智能模拟、前瞻预演作用，打造"会用、管用、实用、好用"的淠史杭数字孪生灌区智慧业务应用。业务平台主要包括灌区感知、水资源配置与调度、渠道防汛、供用水管理、建设项目管理、工程管理、水政监察、移动 App、一张图、渠首枢纽数字孪生、示范区管理系统等应用。大屏及客户端基于数字孪生平台部署智慧业务应用，移动端基于平面图和卫星图部署移动应用，支持地图切换功能。实现灌区用水管理、工程管理、安全管理、运行管理、灌溉管理等业务横向联动和纵向协同精准治水管理新模式。

7 结论

淠史杭数字化灌区建设充分运用云计算、物联网、大数据等新兴技术，以现有的灌区自动化、信息化建设成果为基础，完善感知体系，强化自动控制，推动业务应用的升级与完善，搭建由感知数据、地理空间数据、基础数据为底板，以水资源配置调度为主的模型库构成的孪生平台，实现水资源配置、供水调度、水旱灾害防御等核心业务数字化，支撑"四预"功能的实现，全面提升灌区现代化管理水平。

参考文献

[1] 李益农，张宝忠，白美健，等. 数字灌区建设理念与实施路径 [J]. 水利发展研究，2020，20（12）：5-8.

[2] 刘帅冶，陈思杰. 加快建设数字孪生灌区 [N]. 中国水利报，2023-01-12.

[3] 冯钧，朱跃龙，王云峰，等. 面向数字孪生流域的知识平台构建关键技术 [J]. 人民长江，2023，54（3）：229-235.

[4] 黄喜峰，刘启，刘荣华，等. 数字孪生山洪小流域数据地板构建关键技术及应用 [J]. 华北水利水电大学学报，2023，44（4）：17-26.

[5] 晋成龙，棕宗能，万鑫怡. 大型数字灌区总体架构设计研究 [J]. 软件，2021，42（8）：24-26.

[6] 宋华瑞，杨德全，王栋. 数字孪生椒江防洪"四预"应用研究 [J]. 水利信息化，2023，（2）：9-13.

[7] 卢金友，王志宏. 江垭皂市工程建设方案研究 [J]. 长江科学院院报，2023，40（1）：1-9.

基于光纤以太网的大坝安全监测
自动化系统实践与探索

张　锋[1]　黄跃文[2,3,4]　杜泽东[1]

[1. 中国三峡建工（集团）有限公司，四川成都　610041；

2. 长江科学院工程安全与灾害防治研究所，湖北武汉　430010；

3. 长江科学院水利部水工程安全与病害防治工程技术研究中心，湖北武汉　430010；

4. 长江科学院国家大坝安全工程技术研究中心，湖北武汉　430010]

摘　要：近年来，我国大中型水利水电工程对大坝安全监测自动化技术的依赖逐年加深。然而，传统的
RS485 总线或其与光纤组合的组网方式带来了如采集延迟、通信不稳定及故障难以排除等问题。
针对这些挑战，本文提出了一种集软硬件于一体的自动化解决方案，整合智能采集单元、光纤以
太网通信及物联网平台，显著优化了数据采集和通信的实时性与稳定性。该方案已在溪洛渡、向
家坝等多个大型水利水电工程中成功应用，展现出了广阔的应用潜力与推广价值，为工程安全提
供了坚实的技术支撑。

关键词：光纤以太网；大坝安全监测；自动化系统；物联网采集平台

1　引言

近年来，大坝安全监测自动化技术在我国大中型水利水电工程中得到了广泛应用和发展。现阶
段，大多数大坝安全监测自动化系统主要采用 RS485 总线，或是 RS485 总线与光纤的组合方式进行
组网。这些方法均存在一些固有问题，例如采集巡测时间过长、无法实时获取采集设备状态、通信网
络稳定性不足及故障排查困难等。特别是在采用 RS485 总线与光纤组合的系统中，虽然光纤通信为
其提供了相对稳定的通信网络，但由于 RS485 通信接口及协议的限制，系统并未达到理想的高速和
并行通信能力。

与此同时，随着物联网和计算机技术的持续进步，对于大坝安全监测数据的实时性和系统稳定性
的要求也日益提高。这意味着我们需要能够即时接收监测数据、持续跟踪采集设备的运行状态、实时
检测通信网络状态，并能迅速定位和解决任何可能出现的故障。鉴于此，探索和采纳新的大坝安全监
测自动化技术对于提高大坝安全监测预警的准确性和确保大坝安全稳定运行显得尤为关键[1]。

2　总体框架

基于光纤以太网的大坝安全监测自动化系统集成了先进的软硬件技术，为工程安全监测提供了一
套全面的智能解决方案。该系统旨在确保大坝安全监测传感器的智能感知、稳定数据传输及集中式管
理。如图 1 所示，该系统主要由以下三个核心部分组成。

2.1　智能采集单元

此单元负责监测数据的采集、存储和传输工作。将监测传感器所接收的模拟信号转化为数字信

作者简介：张锋（1983—），男，高级工程师，主要从事监测自动化、信息化技术方面的工作。

通信作者：黄跃文（1984—），男，高级工程师，主要从事监测自动化、仪器设备研发、信息化技术方面的工作。

号，并依据预定的时间策略自动进行数据的采集和存储。

2.2 光纤以太网通信网络

该网络为系统提供了一个稳定、实时且高速的通信链路。确保从智能采集单元收集到的数字化监测数据能够通过光纤交换机稳定且迅速地传输到物联网采集平台。此通信网络是确保大中型大坝安全监测自动化系统可靠运行的基础。

2.3 物联网采集平台

此平台负责智能采集单元的设备管理、数据解析和数据入库工作，充当了智能采集设备与具体业务应用之间的桥梁。此外，支持设备的快速接入，并为第三方提供通信接口服务。

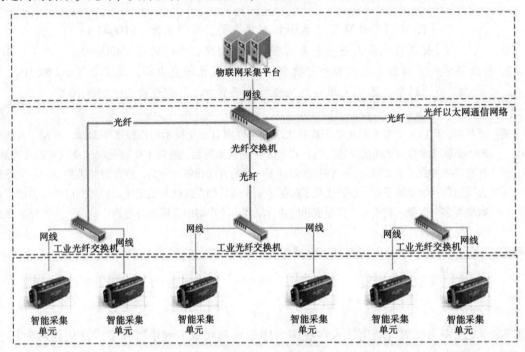

图 1　系统总体框架示意

3　关键技术

3.1　智能采集单元

智能采集单元采用武汉长江科创公司生产的 CK-MCU 自动化数据采集单元，其基于嵌入式处理器、高精度采集技术和物联网技术，实现了传感器信号分布式采集和集中式管理，适用于运行期永久性安全监测自动化系统工程。

自动化数据采集单元（简称 MCU）具备通道切换和复用功能，能够采集五种类型的传感器数据，包括振弦、差阻、电流、电压及数字式，适用于大坝监测仪器的普遍情况。自动化数据采集单元具有以太网接口，通过光纤以太网进行组网连接，每台 MCU 具有一个独立 IP 地址，与服务器之间建立可靠 TCP 连接，实时发送采集单元工作信息和环境信息（温湿度和电源电压），实现采集单元的设备状态实时更新。因每台 MCU 具有独立 IP 地址，用户可通过 IP 访问任意一台 MCU 内置的 Web 配置页面，不需要通过专用软件对 MCU 进行配置和管理。

自动化数据采集单元具有多通信接口，不仅内置以太网接口，还配备 RS485 接口、RS232 接口，内置蓝牙通信模块，如图 2 所示。通过内置的以太网接口，直接与交换机进行连接，解决复杂通信组网情况；内置蓝牙通信接口，简化现场配置调试问题，可通过手机 App 配置和读取数据；RS232 接口和 RS485 接口可外接各种通信模块，例如 3G、4G、ZIGBEE、NB-IOT、GPRS、WIFI、数传电台等，方便扩展通信方式，可满足更多场景需求[2]。

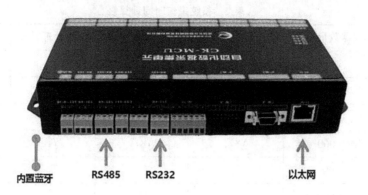

内置蓝牙　　RS485　RS232　　　　　　以太网

图2　自动化数据采集单元（MCU）通信接口图

3.2　光纤以太网通信网络

以太网是目前应用最广泛的局域网通信方式，以太网协议定义了一系列软件和硬件标准，从而将不同的计算机设备连接在一起。以太网设备组网均遵循以太网协议和通信规则，一般具有交换机、路由器、集线器、光纤和普通网线等基本元素。

本文介绍的光纤以太网组网方式，通过采用分布式、多级连接的网络结构，运用采集设备和物联网平台上下层的相互配合，改善了大坝安全监测通信网络的整体性能。具有以下三个方面优势：

（1）网络性能方面，以太网内监测设备与服务器建立一对一可靠 TCP 通信连接，利用并行通信方法，将系统采集时间从小时级，提高到了分钟级，便于管理人员实时获取监测信息，通信效率高。光纤以太网中对于设备接入数量和类型无限制，适应性和灵活性强。光纤不受传输线路上的强电、强磁环境干扰，抗干扰能力高。

（2）网络建设成本方面，光纤铺设与电缆铺设工作量相当，且光纤成本略低于通信电缆。自动化采集单元 MCU、强震系统、GNSS 系统等大坝监测设备都可接入交换机中，共用光纤以太网络，避免重复建设，降低网络建设成本。

（3）网络运行维护方面，光纤故障可以通过光时域反射仪 OTDR 对光纤缺陷、断裂和接头耦合进行测量，快速定位故障点，进行故障排除和恢复。电缆在大坝洞室、廊道等潮湿环境下，阻抗随着时间发生变化，会导致 RS485 组网误码率高的问题，并且排除和恢复通信故障难度大。

三种组网方式比较如表1所示。

表1　组网技术对比

组网方式	通信方式	传输介质	传输设备	通信速度	抗干扰能力	设备接入能力
RS485	一主多从	双绞线	无	2 400~9 600 bps	弱	128 个以内
RS485 与光纤组合	一主多从	双绞线、光纤	以太网转换模块、光纤收发器、光纤交换机	9 600 bps	较强	无限制
光纤以太网	并行	光纤	光纤交换机	100 M	强	无限制

不同组网方式只对安全监测系统采集速度有影响，对采集准确性、稳定性无影响。

假设安全监测系统大小按照 500 只、2 500 只、5 000 只监测仪器进行分级，平均每个 RS485 总线连接 N 台 MCU，T_1 为单个 MCU 采集时间，T_2 为数据通信时间，T_3 为系统处理时间，系统采集时间计算如表2所示。

表 2　系统采集时间计算表

组网方式	仪器数量/只	MCU 采集总时间	数据通信时间	系统处理时间	系统采集时间
RS485	128	$N \times T_1$	$N \times T_2$	T_3	$N \times T_1 + N \times T_2 + T_3$
RS485 与光纤组合	500	$N \times T_1$	$N \times T_2$	T_3	$N \times T_1 + N \times T_2 + T_3$
	2 500	$N \times T_1$	$N \times T_2$	T_3	$N \times T_1 + N \times T_2 + T_3$
	5 000	$N \times T_1$	$N \times T_2$	T_3	$N \times T_1 + N \times T_2 + T_3$
光纤以太网	500	T_1	T_2	T_3	$T_1 + T_2 + T_3$
	2 500	T_1	T_2	T_3	$T_1 + T_2 + T_3$
	5 000	T_1	T_2	T_3	$T_1 + T_2 + T_3$

从表 2 可看出，采用 RS485 及其与光纤的组合方式组网的系统采集时间与 RS485 总线上接入的 MCU 数量有直接关系，两者之间呈正比关系。具体来说，当系统的监测仪器数量增加时，接入 RS485 总线的 MCU 数量随之增多，从而导致系统的采集时间也相应增长。与此不同，光纤以太网方式组网的系统采集时间并不受系统监测仪器数量的影响，无论监测仪器的数量是多还是少，系统采集时间都保持稳定。

3.3　物联网采集平台

大坝安全监测物联网采集平台为设备提供安全可靠的连接通信能力，向下连接海量设备，支撑设备数据采集上云；向上提供云端 API，服务端通过调用云端 API 将指令下发至设备端，实现远程控制，并为专业应用提供数据开放 API，实现互联互通，实现了安全监测数据的物联感知、可靠存储与开放应用[3]。

大坝安全监测物联网采集平台总体技术架构如图 3 所示。

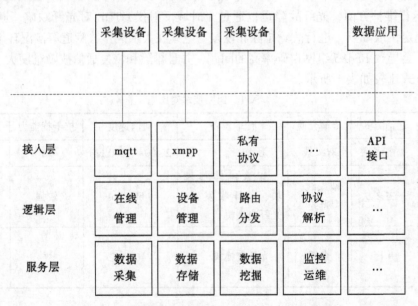

图 3　大坝安全监测物联网采集平台总体技术架构

（1）在接入层，物联网平台的采集设备通过 mqtt、xmpp 或其他自定义的私有协议接入数据，同时还支持数据应用通过 API 接口的形式进行数据交互。

（2）在逻辑层，平台支持在线管理、设备管理、路由分发、协议解析等管理功能。

（3）在服务层，平台提供数据采集、数据存储、数据挖掘、监控运维等平台服务。

大坝安全监测物联网云平台与设备建立连接后，主要的耗时操作为设备通信等待时间及数据储存，Node. js 采用单线程模型，用一个主线程处理所有的操作，将耗时 I/O 进行异步处理，避开了创建与销毁线程和切换线程所需的开销。

大坝安全监测物联网平台高并发策略具体实现流程如图 4 所示。

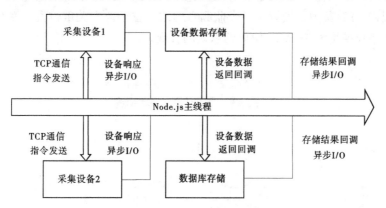

图 4　Node. js 高并发策略实现流程

安全监测采集设备种类和数量众多，采集设备的协议一般为私有协议，与物联网平台提供的标准协议差异较大，难以直接接入物联网平台。通过使用协议解析代理，将设备私有协议转换为物联网平台的标准协议。协议解析代理应用流程如图 5 所示。

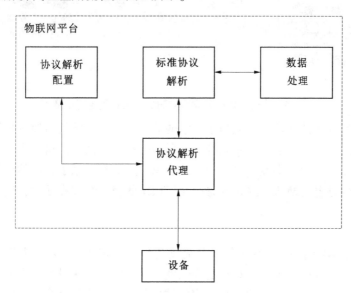

图 5　协议解析代理应用流程

协议解析配置模块实现私有协议与物联网平台标准协议之间的转换关系，用户可以根据实际情况自行配置协议中需要转换的内容[4-5]。

4　应用实施

4.1　溪洛渡水电站安全监测自动化网络结构

溪洛渡水电站是金沙江下游攀枝花至宜宾河段四级开发梯级的第三级，上接白鹤滩水电站尾水，下与向家坝水电站水库相连。溪洛渡水电站水库正常蓄水位 600 m，总库容 126. 7 亿 m³，电站装机容量 13 860 MW；水电站枢纽主要由拦河大坝、泄洪消能设施、引水发电建筑物等组成；拦河大坝采用混凝土双曲拱坝，最大坝高 285. 5 m。

溪洛渡水电站的安全监测自动化系统覆盖了包括大坝、水垫塘、两岸高边坡、地下厂房在内的所有主要建筑。监测内容涵盖了内观变形、渗流、应力应变、温度等多个方面。此外，系统中还集成了强震监测系统、垂线系统、引张线系统和静力水准系统。系统部署了 80 个监测站，共有 378 台数据采集单元，接入了超过 7 000 个传感器。

该自动化系统的网络结构是分布式的，并采用多级连接。结构分为监测站、监测管理站和监测中心站三个层级（见图 6）。其中，设置了 7 个监测管理站，位于各个关键位置。系统内各部分之间的通信主要基于星形拓扑结构和 TCP/IP 协议的以太网实现。

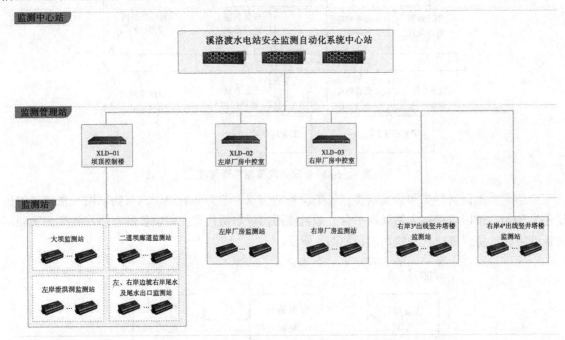

图 6　溪洛渡水电站安全监测自动化系统组网示意

每个监测管理站都具有独立性，也能与上一级的监测管理中心站的监控主机进行通信，以实现统一管理。在传统的组网方案中，通常采用光纤收发器进行信号转换。但这种方法存在诸多不足，如高故障率和低速度。与此不同，溪洛渡水电站的系统在每个层级都采用了相应的网络交换机，特别是在监测站部署了工业级的光电交换机。这种配置确保了系统的稳定性和高效性，同时也方便了后期的运行和维护。

4.2　应用效果

溪洛渡水电站安全监测系统于 2018 年 3 月启动建设，并在 2022 年 6 月完成了实用化验收，如图 7 所示。在系统建设过程中，为确保数据的准确性和稳定性，多次进行了自动化系统与传统人工观测的对比测试。测试结果表明，自动化系统采集的数据与人工观测数据高度一致，显示出其稳定性强且数据丢失率低的特点。由星形拓扑和 TCP/IP 协议组合的网络结构，使得所有测点的实时观测完成时间仅为 300~500 s。与此相对照，系统所采纳的并发采集和并发传输模式，相较于目前国内的大型安全监测系统所使用的并发采集和队列传输模式，显著提高了观测效率。

利用光纤以太网的组网策略，每个 MCU 都被赋予了一个独立的 IP 地址，这使得安全监测信息管理系统能够直接对每一个 MCU 进行管理。此外，根据用户权限，可以远程操作管理各监测站的数据采集功能，从而确保了 24 h 的在线监控和实时分级报警功能[6-7]。

5　结语

确保水利水电工程的安全运行是至关重要的。鉴于当前大坝安全监测中自动化系统的普及率不足、系统稳定性有待提高及应用场景受限等问题，本文通过整合智能采集单元、光纤以太网通信网络及物联网采集平台，设计了一种集软硬件于一体的工程安全监测智能方案。该方案有效地改进了监测

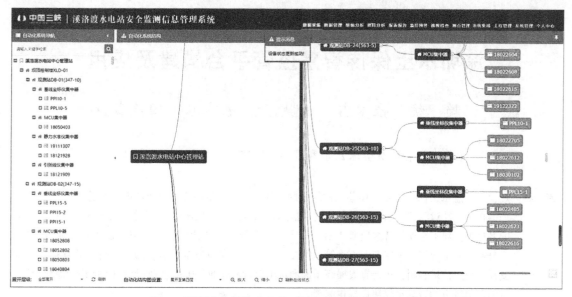

图 7　溪洛渡水电站安全监测信息管理系统 MCU 管理

设备采集通信的实时性和稳定性，为工程安全监测提供了全链条的技术支持，从数据采集、通信到管理均得到了全方位的优化和提升。至今，该解决方案已在多个大型水利水电工程中成功实施，为工程的安全管理提供了强大的技术支持，表现出广阔的应用价值和推广潜力。

参考文献

[1] 易华，韩笑，王恺仑，等．物联网技术在大型水电站安全监测自动化系统中的应用［J］．长江科学院院报，2019，36（6）：166-170.

[2] 周芳芳，毛索颖，黄跃文．基于双微处理器的传感器自动采集装置的设计与实现［J］．长江科学院院报，2019，36（6）：157-160.

[3] 张竞竞．基于物联网技术的水库大坝安全监测探讨［J］．山西水土保持科技，2014（4）：17-19.

[4] 付学奎，徐化伟，李坤．基于物联网技术的大坝安全监测分析软件设计［C］∥中国水利学会 2016 学术年会论文集，南京：河海大学出版社，2016.

[5] 周干武，郦能惠，何宁．基于物联网技术的土石坝安全监测自动化系统研究［J］．岩土工程学报，2014（12）：2330-2334.

[6] 牛广利，李天旸，何亮，等．大坝安全监测云服务系统的研发与应用［J］．中国水利，2018（20）：42-45.

[7] 陈祖煜，杨峰，赵宇飞，等．水利工程建设管理云平台建设与工程应用［J］．水利水电技术，2017（1）：1-6.

深圳水土保持智慧监管平台构建及应用

赖 杭 张永占 赵旭升 陈冰冰 田茂春

（珠江水利委员会珠江水利科学研究院，广东广州 510610）

摘 要：建设"智慧水土保持"是贯彻落实网络强国、数字中国战略部署，全面推进"智慧水利"建设的关键抓手。针对深圳当前水土保持监管中信息化和智慧化程度不高的问题，在智慧水务总体框架的基础上搭建水土保持智慧监管平台。平台含监督管理、监测评价、生态建设等六大业务模块，充分利用人工智能、水保专业模型等关键技术，实现水保业务全覆盖，为水保智慧监管提供技术支撑。应用结果表明，平台有效提高了深圳水土保持监管业务中信息处理能力、应用智慧化程度，可为其他城市的智慧水保建设提供参考。

关键词：水土保持；城市水保；智慧水保；智慧监管平台

1 引言

随着中国城市化的高速发展，生产建设活动愈加频繁，城市水土流失问题日渐凸显，水土保持备受关注[1-5]。城市水土保持工作正朝着信息化、智慧化方向高速发展[6-8]，人工智能、大数据、空天地立体监测等众多新技术已被应用于城市水土保持监测、监管及防治等业务，并取得了较好的成效，保障了城市水土流失防治工作的时效性和科学性[9-11]。为满足深圳生态文明建设、水土保持行业管理、社会公众信息服务等的要求，深圳市于 2021 年正式启动了深圳市水土保持信息化项目，其中水土保持智慧监管平台作为该项目的主要建设内容，应充分利用人工智能、大数据、物联网等技术，构建水土保持智慧监管体系，实现水土保持业务管理能力、业务协同能力、决策分析能力、应急处置能力的提升，为全国水土保持信息化建设提供示范。

2 系统介绍

2.1 系统框架

深圳水土保持智慧监管平台遵循智慧水务总体框架体系，主要分为基础支撑、水务大数据、应用支撑、业务应用、门户等五个层级，如图 1 所示。其中，五个层级的具体内容如下：

（1）基础支撑。充分利用深圳市水务局已建的基础支撑平台，包括基础设备和网络工程，其中基础设备含电子政务外网、互联网、控制专网等网络连接设备。

（2）水务大数据。水务大数据中心是智慧水务建设的数据核心。本系统充分利用水务大数据中心的软硬件资源，在水务大数据中心中建设水土保持专题业务数据库。

（3）应用支撑。主要是用于智慧水务建设的基础开发平台，包括应用开发和公共服务开发，本系统在应用支撑层中构建水保专业模型。

（4）业务应用。包括水土保持智慧监管平台 PC 端和水保小助手 App，通过构建水土保持信息服务、业务管理、辅助决策支持等功能应用系统，用信息化手段支撑水土保持生产建设项目监督检查、生态建设和技术交流等业务应用。

基金项目：深圳市智慧水务一期工程——水土保持信息化建设项目（2019-440301-65-01-10400400101Y）。

作者简介：赖杭（1992—），男，工程师，主要从事水利信息化研究工作。

（5）门户。通过水务局统一门户为各类用户、业务系统提供服务。

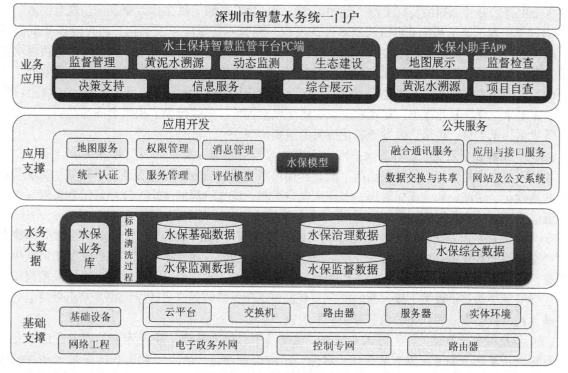

图1 系统总体框架

2.2 系统功能

　　水土保持智慧监管平台由一个可视化综合展示模块和六大子系统组成，如图2所示。其中六大子系统包括监督管理、黄泥水溯源、决策支持、生态建设、监测评价、信息服务等。

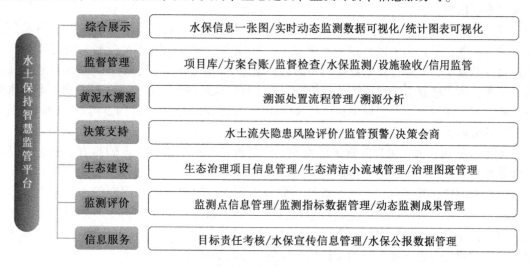

图2 水土保持智慧监管平台模块

　　（1）综合展示模块。基于 GIS 地图实现对区域内各类信息的图形化综合展示，主要包括水保信息一张图、实时动态监测数据可视化、统计图表可视化等综合信息。通过综合展示，辅助不同管理部门及管理人员快速了解、处置区域内水土流失问题，提升水土保持监督管理效能。

　　（2）监督管理子系统。以生产建设项目的水土保持监督业务的管理为核心，集水土保持方案管理、方案变更、监督检查、项目监理等各项功能为一体，通过制定全面、合理和科学的系统数据标准，实现水土保持监督管理业务流程、审批程序的环环相扣及过程各环节中业务数据的实时记录，并形成水土保持方案信息、生产建设项目监控信息、行政执法管理信息等的水土保持专题数据库，有效规范水土保持监督管理部门及其工作人员的工作行为，提升各级人员工作效率及工作规范性。

（3）黄泥水溯源子系统。将黄泥水事件的发现—溯源—处置流程线上化，包含溯源处置流程管理、溯源分析功能。同时，利用 GIS 空间分析、多模态数据融合分析等技术，构建多模态黄泥水溯源决策模型辅助溯源分析，支撑黄泥水现场排查工作，解决黄泥水溯源难题，提高溯源工作效率。

（4）决策支持子系统。是智能化决策的支撑平台，通过集成水土流失风险评价、区域土壤侵蚀因子修正等水土保持专业模型，实现水土流失隐患风险评价、监管预警、决策会商等功能，为相关业务决策提供技术支撑，是水土保持智慧化成果的重要体现。

（5）生态建设子系统。以水源保护区水土流失综合治理项目全生命周期管理为设计理念，针对治理项目不同阶段提供相应的管理功能，满足深圳市水土流失综合治理业务的各个环节，实现项目全过程的高效化、精准化和智能化管理。实现面向自然水土流失治理的生态治理项目信息管理、生态清洁小流域管理、治理图斑管理等功能。

（6）监测评价子系统。用于生产建设项目的监测管理，包括监测点信息管理、监测指标数据管理、动态监测成果管理等功能，可动态获取监测点降水、径流、泥沙等年度序列数据及土地利用、植被覆盖、土壤侵蚀、水土保持措施等下垫面数据、水土保持效益等专题信息，为水土流失预测预报和生态建设宏观决策提供数据支撑，面向社会公众发布水土保持监测成果，全面提高水土保持监测在政府决策、经济社会发展和社会公众服务中的服务能力。

（7）信息服务子系统。作为对水土保持智慧监管平台里面其他子系统未涉及的业务的补充，可实现目标责任考核、水保宣传信息管理、水保公报数据管理等，以及后期本系统中暂未涉及模块的扩展。

3 关键技术

水保专业模型作为支撑水保业务决策的智慧大脑，对提高水保工作效率具有重要意义，系统构建了以下水保专业模型：

（1）生产建设项目水土流失风险评价模型。针对现有的水土流失风险评价标准体系庞杂、评判指标偏主观等问题，整合水土保持监测监管信息，构建水土流失风险评价模型，实现评价指标定量化。通过接入基础层、风险层及效益层相关信息，经过模型的定量计算，自动评估生产建设项目水土流失风险等级，为生产建设项目现场监督检查、水土流失风险评价、水土流失预警决策等工作提供决策支撑。通过对区域内的生产建设项目进行风险评估，帮助水行政主管部门了解全市的风险项目空间分布情况，筛分监督检查重点，提高监督检查的效率。

（2）生产建设项目水土流失定量评价模型。针对现有的水土流失定量监测方法缺乏，现行技术方法可操作性差、难以满足实际工作需求等问题。开展生产建设项目水土流失综合影响因子调查、评估、筛选和权重制定，基于观测数据的线性回归分析方法，构建适用于深圳的水土流失定量评价模型，通过模型计算单个或区域生产建设项目次（年）降雨水土流失量，为生产建设项目监管监督检查、水土流失定量监督检查、汛期检查、黄泥水溯源、年度区域水土流失动态监测、人为水土流失遥感调查、生产建设项目水土流失防治等提供必要的技术与数据支撑。

（3）典型扰动目标变化检测模型。高效识别新增人为扰动区分布是实现新增水土流失区水土流失风险评估的前提，为了高效精确地监测人为扰动区域变化，利用双时相遥感影像，基于深度学习算法构建典型扰动目标变化监测模型，可快速提取典型扰动目标周边的新增区域。模型识别成果可用于对在建工程项目的施工进展进行近实时监管，辅助对在建项目进行水土保持工作合规性检查，定量评估典型扰动目标变化区的水土流失量等，提高水保监管提效率。

4 应用成效

系统包含 PC 端和移动端，主界面如图 3 所示，自 2022 年 7 月上线后，为市和区水务局、街道办事处、第三方水保业务支撑单位等20余家单位或部门，180多个用户提供服务，有效提升了深圳市水保监管水平。

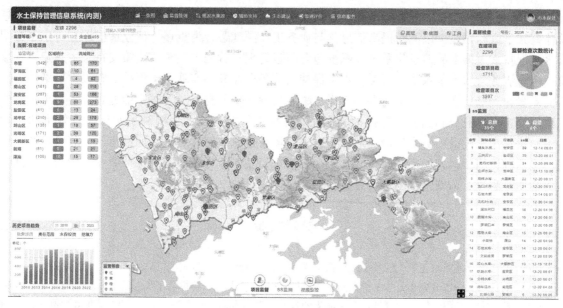

图3　系统及移动端界面

4.1　实现生产建设项目全生命周期管理

系统实现了生产建设项目方案审批、技术评审、后续设计、监督检查、监测、监理、验收全生命周期管理，解决了系统建设前生产建设项目的审批、施工、验收等各阶段业务和数据在线下处理或者是分散在不同的业务系统中的问题。如系统与行政审批系统进行对接，实现方案审批、备案秒批、方案变更信息的自动同步，与行政执法平台对接，实现监督检查执法数据的同步；通过开发相应模块实现技术评审、方案评查、后续设计、施工建设阶段等业务的线上化。系统有效整合了生产建设项目水土保持全过程监管数据及业务流程，实现监管流程的统一管理和呈现，提高了监管工作效率。同时，通过对全过程管理的数据进行分析和挖掘，如分析批复项目、水保投资、挖填方量等指标变化趋势，可为后续的水保项目审批提供决策辅助。截至2023年7月，系统中管理的生产建设项目相关数据如表1所示。

表1　生产建设项目监管成果数据

数据项	数据量	数据项	数据量
生产建设项目	9 344 个，其中在建项目 2 309 个	水保监测信息	8 249 条
项目审批信息	9 292 项	水保设施验收信息	9 344 条
监督检查信息	11 424 条		

4.2　提高现场监督检查效率

在提高水保项目现场监督检查效率方面，系统结合市区水土保持监督检查力量，实现信息共享、市区协同，提高项目现场监督检查效率，提升监督检查管理精细度。通过系统帮助市区合理制定检查计划，避免短时间内重复检查。同时，市水务局能全面掌握各区水务局生产建设项目水土保持监督检查情况，可按日、周、月及检查人员为对象，查看检查结果和工作量，以便适时督办检查进度；通过系统帮助全市实现了全部检查资料填报电子化，相对以往纸质材料填报，检查时间节约50%以上，每个项目的检查时间从平均42 min以上缩短为约19 min；截至2023年9月底，市、区水土保持监督检查人员已上传6 400余条检查记录，其中日常检查记录4 100余条，汛前检查记录2 000余条。

5 结语

　　智慧水土保持建设是实现智慧水务、智慧城市的重要支撑。深圳水土保持智慧监管平台在智慧水务总体框架下进行建设，以不断提高信息化与业务工作深度融合为重点，建立适应深圳市生态文明建设和水土保持发展要求的信息化系统。系统包含监督管理、黄泥水溯源、决策支持、生态建设、监测评价、信息服务等六大子系统，可覆盖水土保持监管各项业务，实现水土保持监管关键要素的定性化分析向定量化判断转变，实现水土保持工作从事后处理向事前有预防、事中能处置、事后可跟踪的工作模式转变；系统充分利用大数据技术、水保专业模型等关键技术，提高了水保监管效率和监管水平，特别是在生产建设项目全生命周期管理、现场监督检查效率提升等方面取得了显著的成效。未来将进一步研究将自然语言处理、知识图谱、大模型等新技术应用于城市水保监管业务中，持续提升水保监管智慧化程度，为城市水土保持智慧化监管提供新思路。

<h2 style="text-align:center">参考文献</h2>

[1] 郝永宏，郝亮亮．城市水土流失和水土保持措施探讨［J］．科技创新与应用，2020（33）：122-123.

[2] 穆小刚，付龙飞．城市开发项目水土流失防治措施设计研究［J］．水利科学与寒区工程，2022，5（6）：85-87.

[3] 顾祝军，陈文龙，高阳，等．中国城市水土流失的现状、对策及研究展望——以广东省深圳市为例［J］．水土保持通报，2022，42（2）：369-376.

[4] 欧阳慧．浅论城市水土保持工作［J］．智能城市，2021，7（19）：112-113.

[5] 黄守科，陈建辉，刘亮水，等．浅析深圳城市水土流失监管［J］．智能城市，2021，7（12）：113-114.

[6] 张红丽，罗志东．我国水土保持信息化发展成效［J］．中国水土保持，2021（7）：5-8.

[7] 杨伟，卢继荀，李璐，等．湖北省智慧水土保持现状与展望［J］．中国水土保持，2022（5）：5-9.

[8] 韩登坤，李勤，董秀好．信息化在水土保持项目监管中的应用［J］．山东水利，2021（10）：75-76.

[9] 姜德文．数字赋能推进智慧水土保持［J］．中国水土保持，2022（5）：1-4.

[10] 姜德文，蒋学玮，周正立．人工智能对水土保持信息化监管技术支撑［J］．水土保持学报，2021，35（4）：1-6.

[11] 孔祥兵，郭凯，赵春敬，等．黄河流域智慧水土保持关键技术集成探讨［J］．中国水土保持，2022（9）：69-73，7.

大中型灌区移动智能巡检系统设计与实现

王汉东[1]　扎西曲达[2]　李　鹏[3]

（1. 长江勘测规划设计研究有限责任公司，湖北武汉　430010；

2. 西藏自治区水利信息中心，西藏拉萨　850000；

3. 湖北省漳河工程管理局，湖北荆门　448156）

摘　要：大中型灌区具有面积大、工程数量多、分布范围广等特点。工程巡检是确保灌区安全运行的重要手段，目前主要采用人工巡检的方式，人工巡检缺乏科学的路径规划、数据采集处理工作量大、智能化程度不高，无法满足灌区现代化管理要求。针对上述问题，提出一种基于移动端数据采集和后台分析处理相结合的灌区智能巡检系统，移动端数据采集系统实现移动定位、巡检数据采集上传、信息查询等功能。后台分析处理系统实现巡检任务规划、数据接收、分析处理与综合管理等功能。通过前端数据采集与后台分析处理的联合，大大提升了灌区巡检的工作效率。

关键词：智慧灌区；智能巡检；巡检轨迹图；智慧水利

1　引言

灌区是农业和农村经济发展的重要基础设施，是我国农产品的重要生产基地。随着我国灌区续建配套工程的不断推进，灌区信息化建设作为提升灌区管理水平与效能、实现灌区现代化的重要措施，已成为灌区工程改造的一项重要建设内容。灌区具有灌溉面积大、渠系线路长、工程分布范围广、类型多、数量大等特征[1]。作为灌区信息化各项业务系统应用的基础，灌区感知体系建设越来越受到重视，在灌区工程改造过程中，水雨情、水质、墒情、工程安全监测等感知体系已经基本实现了自动化采集。灌区工程巡检可及时发现潜在的风险，是灌区感知体系建设的重要补充，是灌区工程安全运行管理不可或缺的重要手段。灌区工程巡检点数量大、分布范围广，人工巡检仍是目前灌区工程巡检的主要方式[2]，由于在一次巡检过程中需要完成对多个巡检点的巡检任务，巡检人员往往根据个人习惯来安排巡检路线和巡检顺序，缺乏科学的路径规划，巡检过程中容易走弯路，增加了巡检成本，而且还存在漏检的风险。

巡检人员在野外执行巡检任务的过程中，需要现场采集和填报数据，有时还需要进行资料查阅、计算分析、比较判断等数据处理工作，工作量大且容易出错，如果根据仪器实测的工况数据，结合该工程巡检项的安全阈值，通过巡检分析系统快速判断存在的风险并生成告警提示信息，可大大减轻巡检人员风险分析的工作量。另外，随着大数据技术的不断发展和广泛应用，如何利用大数据技术根据历史监测数据进行巡检对象风险预测分析，及早捕捉到风险发展的趋势，值得进一步深入研究[3]。

借助移动智能设备辅助巡检是提高灌区巡检效率与效能的有效手段，通过移动终端系统可读取监测数据，现场录入巡检信息，上传视频、图片等数据。通过移动终端巡检打卡生成巡检轨迹图也是防止巡检人员偷懒、漏检的一项重要技术措施[4]。智能手机作为应用最为广泛的智能移动终端，基于智能手机的巡检终端系统，具有普及程度高、使用难度小、携带方便等优势。智能手机对无线网络的

基金项目：水利部重大科技项目（SKS-2022128）。

作者简介：王汉东（1978—），男，高级工程师，主要从事智慧水利应用研究方面的工作。

依赖性强，灌区巡检点有些分布在偏远区域，无线网络信号弱甚至没有信号，导致基于智能手机的巡检终端系统部分功能受到限制，如无法使用定位功能生成带有地理坐标的巡检轨迹数据，无法完成数据传输，影响巡检工作的效率。因此，需要解决巡检终端系统对无线网络信号的依赖，实现无信号状态下的定位功能，以及解决离线状态下巡检数据同步的问题。

针对上述问题，本文提出构建基于智能手机的灌区移动智能巡检系统，前端借助智能手机实现移动定位、巡检数据采集上传、信息查询等功能。后台分析处理系统实现巡检任务规划、数据接收、分析处理与综合管理等功能。通过前端数据采集与后台分析处理的联合，大大提升灌区巡检的工作效率。

2　系统设计

2.1　灌区工程移动智能巡检业务流程

灌区工程移动智能巡检系统首先在后台根据灌区管理划片、巡检对象信息、巡检点信息、历史巡检记录等相关信息，制定巡检任务，列出巡检对象清单，并规划巡检路径，制定的巡检任务将通过无线网络或 VPN 专网推送到巡检人员手机端的巡检 App 系统，巡检人员接收巡检任务后，就可以根据规划好的巡检路线及巡检对象列表开始巡检作业，现场采集数据并完成信息填报和上传。App 系统将根据巡检数据预测分析模型自动判断是否需要生成风险预警信息，并进行进一步详细的信息采集；巡检过程中将生成巡检轨迹图并与巡检路径及巡检对象清单进行对比，以判断是否完成巡检任务。智能巡检系统业务流程如图 1 所示。

2.2　系统总体功能结构

灌区移动智能巡检系统包括基于智能手机的移动终端巡检 App 系统和后台服务系统两部分。移动终端巡检 App 系统实现移动定位、巡检轨迹图生成、现场巡检信息填报、数据上传、风险告警、信息查询与显示等功能。后台服务系统实现制定巡检任务、规划巡检路线、巡检数据预测分析及预警、数据接收与管理等功能。移动终端巡检 App 系统通过 4G/5G 无线网络或 VPN 专网与后台服务系统进行数据通信，包括后台服务系统向移动终端巡检 App 系统推送巡检任务、数据信息及移动终端向后台管理系统上传巡检数据等。系统总体功能结构如图 2 所示。

2.3　灌区巡检综合数据库

构建灌区巡检综合数据库，为灌区巡检任务制定、巡检数据管理、巡检风险分析及预警、巡检信息查询提供支撑，巡检综合数据库主要包括下列数据：

（1）灌区基础数据。主要包括灌区组织管理基础数据、灌区水利工程基础数据、渠系数据、巡检点（巡检对象）基础数据等。

（2）巡检数据。灌区巡检包括直观检查和仪器探查。巡检人员在各个巡检点现场填报和采集的数据，包括仪器探测的数据、巡检人员的记录、现场拍摄的图片或视频等数据。

（3）巡检任务数据。为每次巡检制定的巡检任务，包括巡检点列表、巡检人员、巡检路径等数据。

（4）模型数据。为各巡检对象构建巡检对象安全运行工况模型，主要包括各个巡检点巡检对象工况的理论阈值数据，主要用于巡检对象运行工况告警预警分析。

（5）空间数据。主要包括详细道路网数据、水利工程数据、渠系数据、巡检对象空间分布数据及行政区划、地形等基础地理空间数据。

2.4　灌区巡检一张图

构建基于 GIS 平台的灌区巡检一张图，为灌区巡检提供数据可视化展示支撑。灌区巡检一张图主要包括以下图层：灌区范围及灌区分片面图层，灌区渠系图层，水闸（包括节制闸、分水闸、退水闸），泵站，涵洞，倒虹吸，渡槽，灌区险工险段，水系，水库湖泊，道路网，行政区划，巡检路线，巡检轨迹图，巡检告警预警信息等。空间数据按图层组织，可以控制各图层的显示状态。为各巡

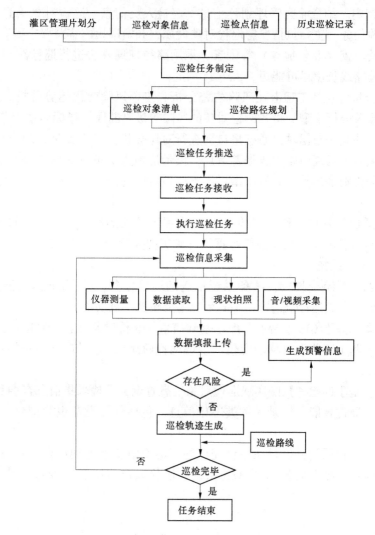

图 1　灌区工程智能巡检系统业务流程

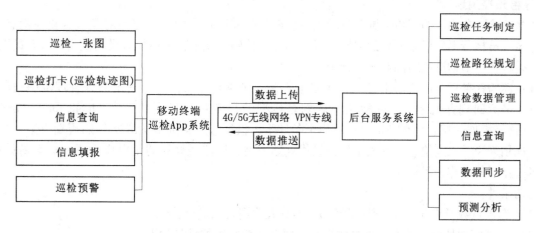

图 2　灌区移动智能巡检系统总体功能结构

检对象设置唯一编码，并建立与巡检数据之间的关联，可在一张图中查询各巡检对象的相关数据，包括巡检对象基础数据、风险等级阈值、巡检人员现场采集的数据、巡检告警预警信息等。

2.5　后台服务系统

后台服务系统主要负责巡检任务制定、巡检数据分析、巡检数据同步与管理等功能。

（1）巡检任务制定。结合灌区管理划片信息、巡检人员信息、巡检对象信息、巡检历史数据等相关因素，制定巡检任务，主要包括根据巡检对象性质，制定巡检内容及要求等。根据巡检对象空间分布及巡检人员起始位置（办公地点）等因素，采用路径规划算法进行巡检路径规划，确保每个巡检点都不遗漏且巡检路线长度尽可能短。

（2）巡检数据分析。包括工程潜在风险告警分析和工程风险变化趋势分析。系统针对各类工程风险分别构建风险预警分析模型，将各巡检对象的风险等级判断阈值指标体系内置于模型中，当巡检人员录入该巡检对象的监测数据时，系统将自动进行对比分析，以判断是否超出风险等级阈值指标，如果监测数据超出风险等级阈值则生成告警信息，提示巡检人员进行处理或进行更详细的信息采集。工程风险变化趋势分析则采用趋势分析模型对历史巡检数据进行分析，根据相关监测指标要素的变化趋势来提前发现风险隐患。

（3）巡检数据同步与管理。移动巡检 App 系统现场录入的巡检信息，通过 4G/5G 无线网络或 VPN 专线上传到后台服务系统，用于巡检数据管理和工程风险趋势分析。

2.6 移动终端巡检 App 系统

移动终端巡检 App 系统接收后台服务系统推送的巡检任务，根据制定好的巡检路径进行巡检，现场录入数据并上传，生成巡检轨迹图。App 系统主要包括下列功能：

（1）巡检一张图。基于 GIS 平台展示灌区基础信息、巡检对象信息、巡检任务信息。

（2）巡检打卡。基于智能手机移动定位，生成巡检轨迹图，并与巡检路径对比，以检查巡检过程中是否遗漏巡检点。

（3）信息查询。基于巡检一张图实现巡检对象信息查询，巡检采集信息查询等。

（4）信息填报。通过智能手机录入各类巡检信息，包括仪器设备观测记录、现场文字描述、图像、视频、音频等。

（5）巡检预警。工程风险分析是在后台完成的，巡检信息上传到后台，经对比分析、趋势分析后，如果生成预警信息，则及时推送到 App 系统，巡检人员可根据需要进一步采集更详细的现场信息。

3 系统关键技术

3.1 巡检路径规划

根据巡检任务确定的巡检区域，自动提取该巡检的灌区片内的所有巡检对象，构建巡检点列表。根据巡检人员执行巡检任务所在的起始位置，通过巡检路径规划，为巡检人员提供科学合理的巡检顺序和巡检路径，节约巡检时间和成本开销。

接到巡检任务后，巡检小组（一组或多组）从办公地点出发，巡检指定灌区管理范围内若干个巡检点，最后回到办公地点。巡检路径规划是典型的车辆路径问题[5-7]（vehicle routing problem，VRP），路径规划的核心是在满足给定的约束条件下，根据输入得到最优或次优的规划方案。对于巡检路径规划来说，以巡检总成本最小作为最优规划方案，以路径规划的距离作为巡检成本衡量指标，即以巡检路径最短作为目标。

已知条件：

（1）巡检点数量为 n，每个点编号为 i，$i=0$ 表示巡检人员办公地。

（2）灌区管理处设置的巡检小组数为 m，每个巡检小组的编号为 k。

（3）配送中心到各巡检点的费用及各巡检点之间的距离为 c_{ij}（$i=0,1,2,\cdots,n-1$；$j=1,2,\cdots,n$；$i<j$；$i=0$ 表示巡检人员办公地）。

约束条件：

（1）每个巡检点只能由一个巡检小组完成巡检任务。

（2）一个巡检小组可以对多个巡检点执行巡检任务。

（3）每个巡检小组的起点和终点都必须是同一办公地。

模型函数的目标是使总巡检出行成本最小，即以总出行路径最短为目标函数，建立数学模型：

$$\min Z = \sum_{i=0}^{n} \sum_{j=0}^{n} \sum_{k=1}^{m} c_{ij} x_{ijk} \qquad (1)$$

式中：c_{ij} 为办公地到各巡检点的距离及各巡检点之间的距离，$i = 0$，1，$\cdots$，$n-1$；$j = 1$，2，$\cdots$，n；$i<j$，$i=0$ 为办公地；x_{ijk} 为巡检小组 k 由巡检点 i 驶向巡检点 j，当事件发生时取值为 1，否则取值为 0。

约束条件如下：

$$\sum_{k=1}^{m} y_{ik} = 1 \quad i = 1, 2, \cdots, n \qquad (2)$$

$$\sum_{k=1}^{m} x_{ijk} = y_{jk} \quad j = 0, 1, 2, \cdots, n; \ k = 1, 2, \cdots, m \qquad (3)$$

$$\sum_{k=1}^{m} x_{ijk} = y_{ik} \quad i = 0, 1, 2, \cdots, n; \ k = 1, 2, \cdots, m \qquad (4)$$

式中：y_{jk} 为巡检点 i 的货运任务由巡检小组 k 来完成，当事件发生时取 1，否则取 0。

式（1）为目标函数；式（2）为每个巡检点由且仅由一个巡检小组执行巡检任务；式（3）为若巡检点 j 由巡检小组 k 执行巡检任务，则巡检小组 k 必由巡检点 i 到达巡检点 j；式（4）为若巡检点 i 由巡检小组 k 执行巡检任务，则巡检小组 k 执行完该点的巡检任务后必到达另一巡检点 j。

VRP 路径规划有很多成熟的算法，本文采用启发式算法中的蚁群搜索算法进行巡检路径规划，算法流程如图 3 所示。

3.2 基于手机 GNSS 数据的定位算法

大多数手机具有定位功能的 App 都是通过无线网络信号来实现定位的，但是在没有无线网络的野外或无网络信号的情况下，这些定位功能则无法使用。从 2016 年 5 月开始，Google 公司在 Android 7.0 及以上版本的操作系统中提供了访问原始 GNSS 观测数据的接口，为基于大众智能终端的 GNSS 导航定位技术研究提供了新的机遇[8-9]。针对依赖无线网络进行定位的问题，提出利用手机自身的 GNSS（global navigation satellite system，全球导航卫星系统）数据，通过单点精密定位（precise point positioning，PPP）算法实现不依赖无线网络进行定位。

PPP 定位利用全球地面跟踪站的 GPS 观测数据计算出的精密卫星轨道和卫星钟差，对单台 GPS 接收机所采集的相位和伪距观测值进行定位解算[10]。利用

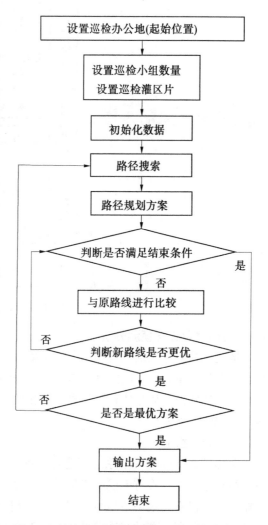

图 3 巡检路径规划算法流程（蚁群搜索算法）

IGS（International GNSS Service，国际 GNSS 服务）或 iGMAS（international GNSS monitoring assessment system，全球连续监测评估系统）中心提供的精密轨道、钟差和地球自转等精密产品，以及移动端载波和伪距观测数据即可得到高精度的定位结果。

在 GNSS 测量中，伪距与载波相位的观测方程如下：

$$P = \rho + c \cdot (V_{t_R} - V_{t_S}) - V_{ion} - V_{rtop} + \delta_\rho + \delta_{\rho\,mul} + \varepsilon_P \tag{5}$$

$$\varphi = \rho + c \cdot (V_{t_R} - V_{t_S}) + V_{ion} - V_{rtop} - \lambda N + \delta_\rho + \delta_{\rho\,mul} + \varepsilon_\varphi \tag{6}$$

式中：P 为伪距观测值；φ 为载波观测值；c 为真空中的光速；V_{t_R} 为接收机钟差；V_{t_S} 为卫星钟差；V_{ion} 为电离层延迟；V_{rtop} 为对流层延迟；λ 为波长；N 为整周模糊度；δ_ρ 为卫星星历误差对测距的影响；$\delta_{\rho\,mul}$ 为多路径误差；ε_P 为伪距观测噪声；ε_φ 为载波观测噪声；ρ 为卫星与接收机之间的距离。

$$\rho = \sqrt{(x - x_s)^2 + (y - y_s)^2 + (z - z_s)^2} \tag{7}$$

(x, y, z) 为接收机位置坐标；(x_s, y_s, z_s) 为卫星坐标。

利用 IGS 发布的精密星历产品相关数据，通过处理计算可以获得式（5）、式（6）中的卫星精确三维坐标和卫星钟差。地球自转、极移、相对论效应等误差可以通过各自的误差模型来加以修正。电离层延迟可以通过消一阶电离层组合观测值进行消除，参数估计方法采用卡尔曼滤波模型。

手机端利用单点精密定位算法进行定位，流程如图 4 所示。

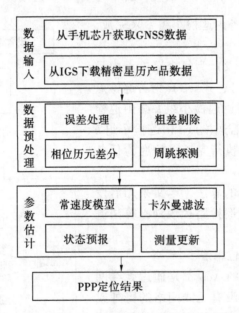

图 4　利用手机 GNSS 数据进行 PPP 定位计算流程

3.3　巡检对象工况预测分析

构建巡检对象工况风险预测分析模型，利用大数据分析技术，根据巡检对象的历史巡检数据，进行巡检对象安全运行工况发展趋势分析，得到在今后某一个给定时段的发展趋势预测值，如果预测值超过设定的阈值，则生成预警信息，并在巡检一张图中进行可视化展示。巡检对象工况风险分析及预测流程如图 5 所示。

3.4　巡检数据同步

在移动终端巡检 App 系统创建与后台服务相同的巡检数据库表结构。巡检人员在巡检点现场填写巡检数据记录，在有无线网络信号的情况下，直接通过 4G/5G 无线网络或 VPN 专网传输到后台服务器；如果没有无线网络信号，则先保存到移动终端巡检 App 系统本地，在有信号时，直接自动同步到后台服务器。移动终端巡检 App 系统与后台管理系统数据同步流程如图 6 所示。

4　应用

通过信息技术与巡检业务实际需求融合，灌区移动智能巡检系统大大提高了巡检人员的工作效率。巡检路径规划模块为巡检人员提供了路径导引，节约了时间和成本；灌区工程工况风险预警模块

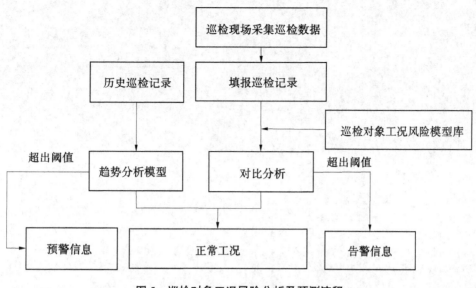

图 5　巡检对象工况风险分析及预测流程

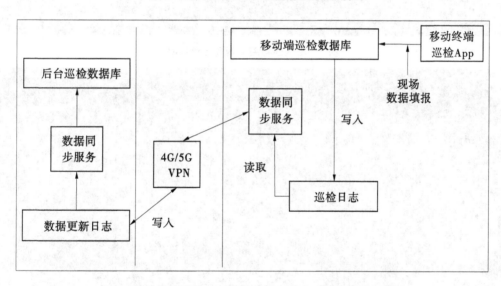

图 6　移动终端巡检 App 系统与后台服务系统数据同步流程

为巡检人员提供了在线数据分析，提高了巡检人员现场处置的工作效率；基于手机 GNSS 数据定位模块使巡检人员摆脱了对无线网络的依赖，数据同步模块实现了前端采集与后台数据同步，大大减轻了巡检人员数据处理的工作量。系统在湖北大型灌区进行了应用，取得了较好的效果，巡检路径规划结果界面及巡检轨迹图界面如图7、图8所示。

5　结语

根据巡检对象列表，结合巡检人员出行位置和出行时间，运用路径规划算法，为巡检人员进行科学合理的路径规划，既节约了出行成本，又避免了巡检点漏检的风险。巡检打卡生成巡检轨迹图是防止巡检人员漏检的有效手段，但是在无线网络信号弱甚至没有信号的野外区域，打卡比较困难，本文采用基于手机自身 GNSS 数据，利用 PPP 算法实现不依赖无线网络进行定位，克服了巡检打卡生成轨迹图受无线网络信号限制的不足。本文为每一个巡检点的巡检对象构建工况分析模型，输入各类标准规范关于该工程安全运行的各项指标阈值，当巡检人员现场录入巡检信息时，可通过系统快速判断该巡检对象是否存在风险，如果存在风险，则生成详细的告警信息，并以文字、颜色、符号等形式在一张图的 GIS 场景中进行可视化展示，更进一步地在后台利用大数据分析技术，结合历史巡检数据对巡

图 7　灌区巡检路径规划结果界面

图 8　巡检轨迹图界面

检对象工况风险发展趋势进行预测分析，及早发现潜在的风险。

本文构建的智能手机智能巡检方法及系统大大减轻了巡检人员的工作量，提高了巡检效率，增强了巡检对象风险判断和预测分析，具有很好的应用价值。

参考文献

[1] 俞扬峰，马福恒，霍吉祥，等. 基于 GIS 的大型灌区移动智慧管理系统研发 [J]. 水利水运工程学报，2019（4）：50-57.

[2] 霍建伟，张军珲，崔记东，等. 水利工程巡检系统的研究与应用 [J]. 现代信息科技，2022，6（19）：106-108.

［3］史良胜，查元源，胡小龙，等．智慧灌区的架构、理论和方法之初探［J］．水利学报，2020，51（10）：1212-1222.

［4］张宁．野外手机导航 APP 的开发与应用［J］．物探装备，2018，28（2）：128-131.

［5］刘源，王海泉．基于理论最短距离变权重 A ＊算法的路径规划［J］．计算机测量与控制，2018，26（4）：175 -178.

［6］王力锋，刘双双，刘抗英．物流运输快速配送路径规划仿真［J］．计算机仿真，2017，34（8）：342-345.

［7］李文刚，汪流江，方德翔，等．联合 A ＊与动态窗口法的路径规划算法［J］．系统工程与电子技术，2021，43（12）：3694-3702.

［8］杨柯，蔡成林，张首刚．一种高精度的 GNSS 伪距单点定位加权算法［J］．计算机仿真，2019，36（4）：229-233，239.

［9］高成发，陈波，刘永胜．Android 智能手机 GNSS 高精度实时动态定位［J］．测绘学报，2021，50（1）：18-26.

［10］曾树林，匡翠林，李燕杰．手机中卫星导航数据的精度及随机特性［J］．导航定位学报，2020，8（6）：88-95.

无人艇载多波束测深系统一体化结构优化设计

赵薛强[1,2] 郑新乾[3]

（1. 中山大学地理科学与规划学院，广东广州　510275；
2. 中水珠江规划勘测设计有限公司，广东广州　510610；
3. 水利部珠江水利委员会水文局，广东广州　510610）

摘　要： 为了提升水下三维地形数据的获取精度，确保无人艇载多波束测深系统在复杂环境下的作业安全和精度，通过采用导流罩与艇体线型一体化分析方法，基于先进的有限元协同仿真技术开展动力及平台结构性能优化设计研究，设计出在一定航行速度下能保证较优效率和航行安全的无人艇载多波束测深系统，并进行了相关试验，解决了无人艇与测量传感器一体化设计与集成的难题。与传统的无人艇平台与测量传感器分开设计的方法相比，优化设计后的无人艇防气泡性能更佳，传感器横摇角度为 1°，远小于常规船型的 4°横摇角度，有利于测量平台的使用和测量精度的提升。

关键词： 无人艇；多波束测深系统；优化设计；有限元协同仿真；一体化结构

　　水下地形数据提供了对水下地形地貌及水深数据的详细情况，对于航行安全、资源勘探、环境研究、自然灾害预警及流域、河口、海洋规划和管理都具有重要的价值。近年来，在智慧水利建设规划的指引下[1]，数字孪生流域、工程和智慧水利建设工作的不断推进及多波束测深系统的普及，水下地形数据底板的获取逐步转变为以多波束采集为主。当前，传统的以有人船为载体的多波束测量方式不仅费时费力、成本较高且不环保，随着无人艇等人工智能技术的发展，无人艇载水下地形测量系统得到了广泛应用[2-5]。但这些应用更多的是集成单波束测深系统开展的相关应用研究，为了获得更高精度的水下三维地形数据，国内外学者也开展了无人艇集成多波束测深系统的相关研究，于刚[6]、秦超杰等[7] 利用无人艇搭载多波束测量技术开展了内河水下三维数据底板获取，李超等[8] 开展了近海岛礁附近的水下地形测量。

　　无人艇载多波束测深系统虽然在平静的内河和近岸等区域获取水下地形数据得到了一定的应用，但是面对复杂的河口环境，其仍存在作业精度和效率不高等弊端，为进一步优化改进系统功能，国内外学者开展了相关的优化设计研究[9-11]。这些研究大多数是针对船体或者传感器本身的改进优化，在较大的风浪和较长周期的涌浪作业环境下仍存在一定的作业安全风险和作业精度不高等弊端。

　　为了提高水下三维时空数据获取的精度，确保复杂环境下无人艇载多波束测深系统的作业安全和精度，针对传统无人船与传感器分开设计存在横摇角度大等影响测量精度和作业安全的问题，基于艇体线型与导流罩一体化分析方法开展艇型优化设计，基于先进的有限元协同仿真技术开展动力及平台结构性能优化设计研究，设计在一定航行速度下能保证较优效率和航行安全的无人船载多波束测深系统，并开展相关试验，拟解决无人船与测量传感器一体化设计与集成的难题，提升复杂海况条件的数据采集效率、精度和作业安全。

1　无人艇一体化测量结构优化设计研究

　　无人艇可以替代人工在水域中完成耗费时间长、大范围、危险性高的任务。但面临复杂多变的水

基金项目： 国家重点研发计划项目（2018YFF01013400）；2021 年水利部流域重大关键技术研究（202109）；2022 年广东省级促进经济高质量发展专项资金项目（GDNRC〔2022〕34 号）。

作者简介： 赵薛强（1986—），男，高级工程师，主要从事测绘与水利信息化工作。

上气候、水文等环境时，分离式设计的无人艇载多波束测绘系统仍存在一些弊端。一方面，无人艇高速测量航行时产生水中气泡，而气泡会对多波束测量仪的声波散射及衰减影响较大，引起仪器无法正常工作；另一方面，无人艇测量作业中会受到风、浪、流等的较大冲击影响，分离式设计的无人艇载测量结构由于安装不合理或不牢靠等问题的存在，会使得测量仪自身与无人艇平台产生高频共振[12]，引起水下多波束测深仪的真实姿态与姿态测量传感器所采集的数据不一致，海底地形数据呈现搓衣板形状，形成了系统性的偏差（水深数据是多波束数据及其换能器姿态数据的组合，高频振动导致姿态传感器无法准确测量换能器姿态数据），从而使得测深系统的测量精度难以得到保证。因此，为避免水中气泡对多波束测量仪自身及无人艇载多波束测深系统安装的结构产生影响，需要对无人艇一体化测量结构开展集成优化设计。

通过对比分析，优化设计选用双体船载体，因其更适合于海洋调查[13-15]，并进行了设备布局优化，通过采用艇体线型与导流罩一体化分析方法，并综合考虑了无人艇测量作业过程中导流罩型线与艇体型线之间的相互影响，优化分析设计全新的无人艇测量平台。关键技术设计方法包括：

（1）导流罩的优化设计。基于圆弧形的导流原理可减少无人艇测量作业受到水阻力的理念，设计与测量传感器匹配的圆弧形的导流罩，并将其布设在无人艇的中轴线上，同时将测量仪与螺旋桨布设在不同轴，以减弱螺旋桨的叶片空化效应对多波束测深仪产生影响。

（2）多波束测量仪安装一体化结构设计。选用牢固的圆柱体将多波束测深仪换能器与无人艇船底刚性相连接，并选用4个吊环将多波束换能器悬吊到无人艇上，同时拧紧固牢吊环，完成一体化结构安装，如图1所示。此种无人艇载多波束测量系统安装一体化结构设计的优点在于其极大地降低了无人艇高速测量作业时水流对无人艇底结构产生水阻力的影响，避免了水体气泡对多波束测量仪的影响，确保了无人艇的航行速度和安全。

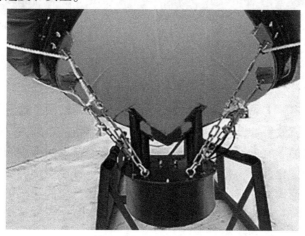

图1　测量仪安装一体化结构实物图

2　无人艇载多波束测量仪安装结构的有限元模拟仿真

基于安装结构的一体化优化设计，解决了无人艇和测量传感器分离设计安装存在诸多弊端的难题。而船舶在航行时，在各种激振力作用下船体产生不同程度的振动。过大的振动会影响测量传感器姿态数据的真实性，导致测量数据产生整体偏差，同时造成船体结构疲劳和仪器、设备失灵或损坏，影响船舶正常营运。为了有效控制船体振动，保证测量传感器安全性和功能性，防止有害振动的发生，对船体振动问题开展计算和研究工作。为准确了解无人艇载多波束测深仪安装支架的结构设计、导流罩设计是否合理、无人艇测量航行中水体阻力的大小、不同振动对测量系统的影响等，确保实际测量中作业安全和精度，开展了传感器安装结构有限元仿真研究，以期实现对无人艇载多波束测深系统的不断优化改进。具体实现方法分以下3个步骤：

第一步，基于先进的有限元协同仿真技术，考虑流固耦合状态，通过对有限元的模型设定负载、边界条件，设定计算域等，进行干模态和考虑附连水质量的湿模态计算进行整体振动预报，根据有限元分析求解的结果计算分析得到相应的结果，根据结果分析对其进行后处理或者直接得到结论。

第二步，利用已建模好的模型，开展模型的边界条件定义和网格划分处理工作，并设定水流速度 4.12 m/s（8 节），同时在仿真模拟过程施加螺旋桨激振力和主机激振力，进行瞬态动力学分析，获得传感器安装位置处的振动情况。根据流体模拟仿真的结果得知，位于无人艇与多波束测量仪支架的连接处为流体的最大压力处，该处压力值为 15.12 kPa，其他结构部分所受到的流体压力值维持在 1.51~8.02 kPa。

第三步，基于已建立的有限元仿真模型，根据试验设计（design of experiment，DOE）方法，在静态结构仿真模拟中导入上述流体模拟仿真成果，确定需要求解的设计重点，通过强度分析得到无人艇载多波束测量仪一体化安装结构的应力图和变形图（如图 2、图 3 所示），并对仿真图进行分析以确保使用最有效率的方式得到最佳化结果。图 2 和图 3 的仿真模拟结果显示：施加流体压力给一体化无人艇载多波束测量安装结构后，无人艇载多波束测量仪整体结构受到的应力和变形都较小，导流罩的底部中心处表现为最大应力点及变形量处，其应力最大为 7.52 MPa，变形量约 0.003 76 cm，满足多波束测量仪安装结构的工程应用要求。

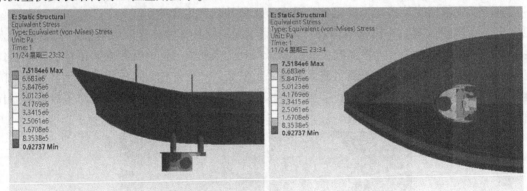

图 2　传感器安装结构应力图

由图 2 和图 3 可以得出：①导流罩主体两侧的水压力大于其前面，这显示无人艇在高速测量作业时导流罩起到了良好的导流效果，极大地降低了其测量作业航行的水阻力，确保了无人艇的航行速度满足试验标准。②通过增加导流罩铝合金底板的厚度可提高导流罩的强度和安全性，模拟仿真的结果进一步指导了安装结构的优化设计，并根据此模拟仿真结果设计了更优的导流罩。③优化设计的多波束测量仪安装支架的圆柱形构造处所受到的水压力对测量仪所产生的影响可忽略不计，该一体化优化安装结构极大降低了测量过程中所受到的水阻力影响，确保了复杂海况环境下多波束测深系统受到的影响降到较低，保证了作业安全和效率。

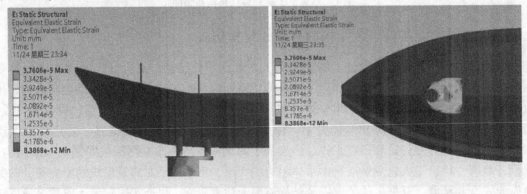

图 3　传感器安装结构变形图

3 现场测试验证

为验证优化后的系统效果,选择 3 级以上海况下的珠江口海域某处 1 km×1 km 平坦海域作为测试区域,选用传统的无人船载多波束测深系统和本文优化设计的系统进行了示范应用验证。通过分别对两系统进行水动力学分析,如图 4 所示,从流线分布和走向分析发现,水汽混合流能够流过多波束换能器,而不至于在其前面下泄经过,可见优化改进后的无人艇载多波束系统有效地避免了气泡的干扰。同时,常规无人船载多波束测深系统的传感器横滚角度 α 达到 4.8°,本文设计的无人船载多波束测深系统的传感器横滚角 α 为 1°,横滚角度大幅减少,有利于多波束正下方扫测和测量平台使用,将测量精度提升 3 倍以上。

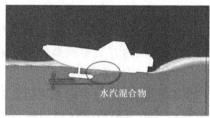

(a)常规船型   (b)本文船型

图 4 不同船型防气泡性能模拟图

常规无人艇载多波束测深系统和本文构建的系统分别获取了示范区域内全覆盖的水下地形数据,两系统采集的数据效果如图 5 所示。由图 5 可以看出,常规船型在复杂海况情况下以 8 节速度的高速行驶存在明显的抖动情况,船体与传感器抖动产生的抖动误差在±0.2 m 左右,虽然在 20 m 以上深度区域测量精度能满足水下地形测量相关规范的要求[16],但是水底三维数据模型展示效果较差,尤其针对水下较小目标物和水下特征地貌(如海底沙波等高精度纹理结构)获取和三维模型的展现,常规无人船载多波束测深系统难以满足要求。

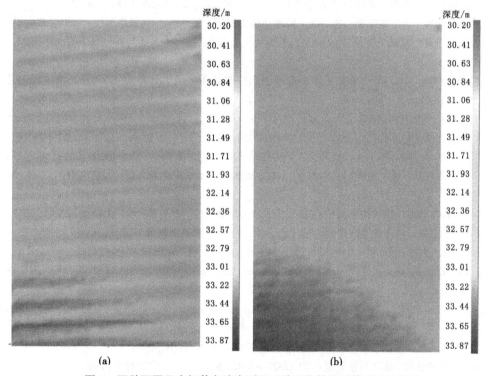

图 5 两种不同无人艇载多波束测深系统采集的数据模型对比情况

4 结语

本文针对传统的无人艇载多波束测深系统是无人艇与多波束传感器分开设计，会产生耦合性不佳，导致测量精度不高和作业安全性低等问题，开展了无人艇载多波束测深系统一体化结构优化设计研究，主要研究工作如下：

（1）采用导流罩与船体线型一体化分析方法，并综合考虑了实艇航行测量过程中艇体型线和导流罩型线之间的相互影响，经过优化分析设计全新的无人艇和多波束测深系统一体化安装结构，使得无人艇和测量传感器耦合性佳，作业安全性和测量精度得到大幅提升。

（2）为了验证优化后的无人艇多波束测深系统的性能和效果，引入先进的有限元协同仿真技术，考虑流固耦合状态，进行干模态和考虑附连水质量的湿模态计算进行整体振动预报；利用已建模好的模型，施加准确的螺旋桨激振力和主机激振力，进行瞬态动力学分析，获得传感器安装位置处的振动情况；根据 DOE 方法，确定需要求解的设计重点，使用最有效率的方式得到最佳化结果，确保了作业安全和精度。

（3）通过出海测试对比，本文优化设计的系统船体横滚角为 1°，小于常规船型的 4.8°，测量数据质量佳，可实现水下较小目标物和水下特征地貌（如海底沙波等高精度纹理结构）获取和三维模型的展现。

本文优化设计的无人艇载多波束测深系统不仅可以用于水下三维地形数据的高精度获取，服务于海洋、水利工程和数字孪生工程建设，也可以应用于水下地形监测和水下工程主体检测等，同时结合 ADCP 等传感器也可应用于水文监测等领域，具有广阔的应用前景。

参考文献

[1] 中华人民共和国水利部."十四五"智基水利建设规划［R］.北京：中华人民共和国水利部，2021.

[2] 赵薛强.无人船水下地形测量系统的开发与应用［J］.人民长江，2018，49（15）：54-57.

[3] 李超，李明，盛岩峰，等.基于无人机和无人船的岛礁地形测绘技术［J］.海洋测绘，2021，41（3）：52-56.

[4] 付洪波，曹景庆.复杂水域条件下单波束无人船地形测量应用［J］.测绘与空间地理信息，2021，44（S1）：219-221.

[5] 何伟，张代勇，林霞，等.基于单波束声呐的航道水深测量无人船设计与应用［J］.中国水运（下半月），2019，19（7）：10-11.

[6] 于刚.无人船搭载多波束测量技术在水下地形测量中的应用［J］.河南水利与南水北调，2022，51（6）：97-99.

[7] 秦超杰，姚瑞.多波束技术在淮河流域水下地形测量中的应用探析［J］.水利信息化，2023（2）：61-64.

[8] 李超，李明，盛岩峰，等.基于无人机和无人船的岛礁地形测绘技术［J］.海洋测绘，2021，41（3）：52-56.

[9] 高剑客，刘涵，蒲进菁，等.无人船声学探测设备集成设计优化方法研究［J］.海洋测绘，2019，39（2）：71-74，82.

[10] 张亚.科考船船首和多波束导流罩线型 CFD 分析方法与试验验证［D］.上海：上海交通大学，2015.

[11] 李雷溪，陈林，魏青.科考船多波束导流罩优化设计［J］.海洋技术学报，2019，38（1）：46-52.

[12] 韩其飞.测绘无人艇平台设计及实验分析［D］.济南：济南大学，2022.

[13] Bailery D. The NPL High Speed Round Bilge Displacem ent Hull Series［M］. Maritime Techno logy Monograph No. 4. London：T he Royal Institution of Navel Architects，1976.

[14] Riccardo Broglia, Srefano Zaghi, Andrea Di Mascio. Numerical simulation of interference of interference effects for a high-speed catamaran［J］. J Mar Sci Technol，2011（16）：254-269.

[15] 李百奇.21 世纪海洋高性能船舶［M］.北京：国防工业出版社，2001.

[16] 国家市场监督管理总局.海道测量规范：GB 12327—2022［S］.北京：中国标准出版社，2023.

数字孪生焦港流域建设与实践应用

张利茹　陈　宇　吴严君　董万钧　唐跃平

（水利部南京水利水文自动化研究所　水利部水文水资源监控工程技术研究中心，江苏南京　210012）

摘　要：为提高焦港流域水利工程防洪调度能力，开展数字孪生焦港流域建设。以智慧水利架构为顶层设计，以焦港闸、焦港北闸为调度目标，建设数据底板、构建模型平台，开展业务应用等，实现了流域水雨情、水质等多源信息的监测感知及数据的高效管理，初步构建了具有"四预"功能的数字孪生焦港平台，在流域防洪调度、河湖监管和航运监管方面发挥了重要作用，提升了焦港流域的智慧化管理水平。

关键词：数字孪生；焦港；防洪调度；智慧化

焦港流域地处江淮平原、滨海平原和长江三角洲交汇之处，是如皋、海安两地沿岸区域农田灌溉的主要水源，是区域水系的重要补给，具有供水、行洪、航运等重要功能。焦港南起如皋市焦港闸，北至海安市焦港北闸，直连新通扬运河，全长57.54 km（其中如皋市焦港段长36 km，海安市焦港段长21.54 km），流域面积526 km²，平均河宽25.7 m，平均水深3.7 m。焦港设置焦港闸（中型）、焦港北闸（小型）进行控制，水流方向主要为南向北，9—10月雨季排水时，水流由北向南。流域内水网密布，基本没有控制措施，无法实现水资源、水环境方面的精细化调度。

为此，江苏省水利厅结合幸福河湖建设工作实际，选取焦港开展幸福河湖建设工作。其中，数字孪生焦港流域建设是焦港幸福河湖建设的重要组成部分。国家"十四五"规划纲要明确要求推进智慧水利建设，以构建数字孪生流域为核心[1-2]。国内外众多学者就不同地区不同应用场景开展深入探索，取得了丰硕的成果[3-8]。按照《数字孪生流域建设技术大纲（试行）》《数字孪生水利工程建设技术导则（试行）》《水利业务"四预"功能基本技术要求（试行）》编制实施方案[1-2]，开展数字孪生焦港流域建设工作，为焦港流域水资源调度、防洪减灾、水环境水生态保障能力提供技术支撑，促进流域高质量发展。

1　建设现状及存在问题

流域内河道众多，管理任务重、监管压力大，基层水管单位和水资源管理的人力资源不足，水行政执法力量仍显薄弱，缺乏多部门信息共享、联合会商、协同执法的机制和平台，迫切需要建立科学的水利管理体制和良性运行长效机制。近年来，焦港流域进行了多个信息化建设项目，为水利管理部门积累了一定的信息化基础，仍存在监测感知能力不足、信息化基础设施不完善、资源整合不够、智能化水平不高等问题。另外，违法违规行为的监管主要依靠执法人员巡查和群众举报，水面杂物、人为抛丢垃圾、岸坡植被、水生态、水域面积变化、岸线开发利用等监管能力不足。

焦港流域内水利工程的数字化、网络化、智能化监测、调度、管理水平有待提升，资源整合共享还需要加强，还未完全实现水资源的精准化调度和智慧化管护，无法满足不同场景下多目标调度决策需求。亟须创建数字孪生焦港，推进智慧水利建设，为实现焦港流域"四预"提供基础支撑。

基金项目：焦港幸福河湖建设项目。

作者简介：张利茹（1981—），女，高级工程师，主要从事水文水资源方面的分析研究工作。

2 建设内容

2.1 完善前段智能感知

在感知方面，要构建天空地一体化水利感知网，通过优化提升水文、水资源、水利工程等地面监测，加强卫星、无人机、无人船等载体遥感监测，提升应急监测能力。针对焦港流域平原河网的特点，采用视频、超声波时差法等测流技术，克服水流平缓、流速小，监测精度低等难题，完善前段智能感知体系。为全面掌握焦港流域水位，共设置 20 处雷达水位监测站和 24 处水尺智能监测站；为掌握主要断面水量情况，在焦港闸站和搬经镇新建时差法测流站 2 处；为实时掌握焦港水质，在海安建国梨园、焦港闸站和搬经镇新建水质九参数一体化监测站 3 处；焦港共计布设了 185 处视频监控点，通过对焦港全域 AI 动态监控，全面监控河道状况，实现对河道岸线、水环境、漂浮物、违规行为等目标和行为的主动监测，形成对焦港航道内水、船、物、人全方位的智慧监控，打造一体化河道视频监控体系，真正做到无死角监控，提升河道监控监管能力。其中，海安 65 处视频监控点（焦港 39处、村级河道 23 处、焦港北闸 3 处），如皋 120 处视频监控点（焦港 81 处、水质站 2 处、邹蔡村上船点 1 处、十字桥 3 处、江安镇村级河道 8 处、搬经镇村级河道 8 处、石庄镇村级河道 8 处、如泰运河 9 处）；焦港共购置 3 部无人机、2 艘无人监测船和 1 艘应急监测船，每半年进行卫星遥感图像分析 1 次。通过完善流域水安全、水环境智能监测网体系，共同实现水雨情、水质实时自动化监测感知，并部署至如皋和海安两市政务云平台。

2.2 数字孪生底板

焦港数字孪生是对焦港河流域范围场景精细三维重建。三维重建技术是依托倾斜摄影测量遥感数据成果，结合摄影测量学、计算机图形学算法，通过自动化处理流程手段，获得三维点云、三维模型、真正射影像（TDOM）、数字表面模型（DSM）等测绘成果的模型构建技术。

针对焦港河流域采用无人机五镜头航测扫描后光场数字三维建模，对于低点位复杂结构进行地面补拍。模型导入底座系统后，需要对模型进行美术优化，全域三维模型进行拓扑减面、地面平整、低点补拍、贴图材质处理、增加绿植等。在地形三维可视化方面，利用无人机飞行拍摄或遥感手段获取流域影像数据并生成 DEM 模型。实现典型区沿线地区 DEM、正射影像制作、影像融合、三维场景重建，三维仿真地形、地貌与地物特征，实现地形三维可视化；无人机倾斜摄影后期处理采用 Context Capture 软件对采集的数据进行三维建模，智慧城市倾斜摄影建模采用高精度、高效率、一体化的自动建模技术，建立测区三维模型，该技术集倾斜摄影、空中精密定位和基于密集匹配的自动建模技术于一体。

基于焦港流域遥感影像数据、河道断面数据，采用 DEM 数据获取、正射影像制作、影像融合、三维场景重建方式，获取焦港沿线地形、地貌与地物特征，实现地形三维可视化，构建焦港沿线57.54 km 水上、水下的三维数字化场景数据底板。

2.3 专业模型构建

围绕焦港流域防洪和水资源调度核心功能应用，开展数据底板建设，基于三维仿真技术，结合自主研发的降雨径流预报模型、河网水动力模型和焦港水质模型，实现河道水量的科学调度，为管理者和决策者提供技术支撑，如图 1 所示。

2.4 知识平台构建

建设包括知识图谱、智能引擎、历史场景、预案等内容的知识平台，为"精准化决策"提供技术支撑。

（1）知识图谱模块。主要包括焦港流域暴雨成因及时空特征，干支流河道不同量级洪水传播时间，焦港入长江口大中小潮涨潮落历时及变化特征等知识图谱库。

（2）智能引擎模块。在焦港流域区段结合水生态环境治理措施，设置必要的 AI 安防设施，全面实现对焦港流域的重点水面、岸线及设施的全范围监控，实现对河道的水面环境及周边人为行为的监

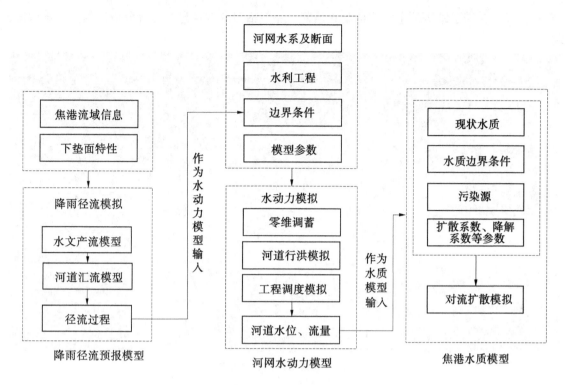

图1 水利专业模型

控。通过重点区域视频监控，全面监控河道状况，实现对河道水环境、漂浮物、河岸垃圾、岸坡植物、污染物、水域面积变化、岸线变化等方面的识别任务，构建一系列人工智能算法。提高感知问题识别效率与准确性，降低人工成本，促进数字孪生流域感知任务运作模式自动化。

（3）历史场景模块。收集整理流域历年的洪水过程、枯水期抗旱过程、应急调水过程、突发水事件处置过程、水资源调配过程、水环境改善过程等。案例可通过标注与相关性快速查询。

（4）预案模块。依托流域主要河道、水闸、小流域、区域等的调度方案、应急调水方案、水资源调配方案、防御洪水方案、洪水调度方案、防汛抗旱应急预案、防汛抗旱知识等，构建方案与方案之间的推理关系。

2.5 应用支撑平台及应用体系建设

支撑高敏捷的 2+N 水利应用探索；统一保证水利应用服务的接口调用性能与服务质量；简化平台维护升级动作。本文需要建设高效敏捷的云原生服务网格应用部署架构与自主可控 HTAP 分布式数据库存储。

建设数字孪生应用，集成整合流域重点工程、关键断面、视频监控站点、闸门、水位、雨量、流量等监测信息，形成一套覆盖全流域的监测感知体系。同时，将基础地理数据、水利基础数据、监测感知数据、业务管理数据、跨行业共享数据进行了整编，构建全路径数据孪生场景实现，基于 GIS 平台实现对流域水利综合信息的时空展示、统计分析、预警发布、闸坝调度预案、决策分析、大屏及移动终端应用等功能。

2.5.1 防汛业务管理

该系统平台面向应急指挥人员、防汛管理工作人员等开发，利用已接入的各传感器数据，各重点监测点水位、流量数据，导入气象、降水等数据，根据设定的预案进行防汛预警。通过对焦港流域内雨量、水位、流量等监测要素数据信息感知的实时采集与分析，对天气预报、暴雨洪水、河流水系、河道堤防等风险要素的梳理，对闸坝调度预案、调度执行流程结构化处理，形成焦港流域防洪调度系统。通过在线系统的数据更新，对风险区域发布有针对性的预警，及时采取避险措施，对重点工程的调蓄水状态进行动态监测，更好地服务于工程的实时调度、预报调度。该部分不仅包括对河道水雨情、雨水排口、排涝泵站等信息的综合监测预警，还包括对获取信息的综合分析研判及决策调度，如图2所示。

图 2　焦港情势研判示意图

2.5.2　水资源管理

基于流域已建设的水资源管理系统，本次建设主要围绕水资源管理领域的取水许可管理、水资源规费征收管理、节约用水管理、水务管理、水资源综合统计、水资源管理辅助决策支持和水资源信息发布等方面的内容，做信息收集、分析洞察与展示。具体包括抽排水量监测及历史数据的统计分析、流域内用水户取水量及历史取水量统计分析和河道内水质情况的实时监测。

2.5.3　河湖监管系统

水利监测体系是河长制信息化的数据抓手和业务感知网络，为提升河长制信息管理的水治理体系和治理能力，应重视涉水监测体系的规划和能力补充建设，主要内容包括水文监测、河湖综合预警监视、遥感监测、视频监控等监测手段，实现日常巡河管理高效智能化。

2.5.4　航运监管系统

航运监管系统主要包括：①实时监测并展示航道上的船只数量通航情况；②利用 AI 智能分析算法，识别船只停放风险并进行实时预警，实时报警人车入侵、河岸徘徊、河道漂浮物，实时上报事故信息，并辅助管理人员及时处置。

2.5.5　综合信息服务

综合信息服务主要包括：①以流域一张图的方式实现各类信息的集中展示，主要包括各类基础信息，以及水位、雨情、流量、水质、工情工况等信息；②各类信息的预警管理，提供阈值、综合、业务、故障等预警功能；③各类监测、成果信息的综合查询统计，具体包括流域一张图展示、基础信息服务、综合在线监测、预报成果展示、预警信息管理、业务信息查询等功能模块。

3　建设成效

开发了防汛业务管理、水资源管理、河湖监管系统、航运监管系统和综合信息服务五大应用，实现了流域水雨情、水质等多源信息的监测感知及数据的高效管理，初步构建了具有"四预"功能的数字孪生焦港平台。

（1）防洪决策调度。基于河网水文水动力耦合模型，初定初始水位、糙率系数等初始条件，概化闸门、泵站等水工建筑物出流形式，根据重现期降雨、设计洪水和 2009 年实测逐日降雨、逐日水位数据率定模型，并采用 2013 年实测数据进行模型验证。结果表明，2009 年数据率定合格率为 92%，2013 年数据率定合格率为 83%，初步实现了考虑长江潮位、闸泵调度、引水过程影响的焦港水位预测。

（2）河湖监管。可以对日常监管信息进行查询与展示，同时对河湖综合信息进行预警监视，对日常巡查工作进行考核，对突发问题事件的指挥调度等，提升焦港幸福河信息化管理水平。

（3）航运监管。一方面，基于船流量检测（见图 3）计算算法和重要控制点视频监控（见图 4），对出入船舶实现全天候不间断监控，并统计上行和下行的数量，实现了来往船只的精细化监控。另一方面，基于人车入侵检测算法，针对敏感、危险区域的入侵行为进行检测，并实现智能化报警，提升了河道监管效率。

图 3　船流量检测

图 4　船只停放检测

4　结语与展望

　　数字孪生焦港流域以重要水闸及河段基础地理数据为底板，以实时监测的水位、雨量、流量、水质等信息为输入数据，结合降雨径流、河网水动力和焦港水质耦合模型，实现流域河道水位及污染物浓度的初步预测，初步构建了具有"四预"功能的水利智能业务应用体系。下一步，将依托焦港数字孪生平台核心业务应用模块，进一步完善数据底板，优化算法模型，丰富知识平台，探索基于潮位的水位流量预测方案和基于闸泵组合调度与闸泵优化调度方案，初步实现具有"四预"功能的数字孪生焦港防汛调度业务应用，提升焦港流域水智慧管护的智能化水平。

参考文献

［1］蔡阳，成建国，曾焱，等．加快构建具有"四预"功能的智慧水利体系［J］．中国水利，2021（20）：2-5.

［2］李国英．建设数字孪生流域推动新阶段水利高质量发展［J］．水利建设与管理，2022，8（8）：3-5.

［3］张建云，刘九夫，金君良．关于智慧水利的认识与思考［J］．水利水运工程学报，2019（6）：1-7.

［4］刘志雨．提升数字孪生流域建设"四预"能力［J］．中国水利，2022（20）：11-13.

［5］冶运涛，蒋云钟，曹引，等．以数字孪生水利为核心的智慧水利标准体系研究［J］．华北水利水电大学学报（自然科学版），2023，44（4）：1-16.

［6］冶运涛，蒋云钟，梁犁丽，等．数字孪生流域：未来流域治理管理的新基建新范式［J］．水科学进展，2022，33（5）：683-704.

［7］高英，王鹏，屈志刚，等．数字孪生贾鲁河流域洪水预报模型与应用［J］．华北水利水电大学学报（自然科学版），2023，44（4）：47-59.

［8］黄喜峰，刘启，刘荣华，等．数字孪生山洪小流域数据底板构建关键技术及应用［J］．华北水利水电大学学报（自然科学版），2023，44（4）：17-26.

浅析数字孪生技术在水利工程建设中的应用与潜力

李　鑫[1]　韦志成[2]

（1. 水利部河湖保护中心，北京　100038；
2. 广西珠委南宁勘测设计院有限公司，广西南宁　530007）

摘　要：智慧水利是水利高质量发展的显著标志，而数字孪生水利工程建设是开展智慧水利的重要环节。在水利工程建设中，数字孪生技术在设计、建设、运维和维护阶段发挥了关键作用，为决策支持和数据驱动提供了潜在的巨大价值，具备广阔的前景。同时，数字孪生技术也在未来发展中涵盖多个战略方向，包括智能水利决策支持、气候适应、自动化运维及水利领域的跨领域合作等。数字孪生技术为解决水资源管理和可持续性问题提供了新的前景，但也需要不断地研究和创新来充分发挥其最大潜力。

关键词：智慧水利；数字孪生；水利工程建设；水利现代化

1　引言

水资源一直被认为是人类社会可持续发展的关键要素之一。然而，在气候变化、人口增长和日益减少的水资源供应等多重挑战的背景下，如何利用数字孪生技术有效管理和优化水利工程建设显得尤为重要，也为水利工程领域带来了新的机遇和挑战。

水利工程是人类文明的支柱，涵盖了各类设施和系统，包括水库、水道、排水系统和防洪工程等。这些工程的规划、设计、建设、运营和维护对于确保可持续的水资源供应、洪水管理和环境保护尤为关键[1]。然而，传统的水利工程方法面临着一系列挑战，如复杂的气候条件、人为干预引发的环境变化和维护成本的增加。在物联网、大数据、仿真等技术飞速发展的今天，数字孪生技术的出现引领着水利工程领域的一场新型革命。数字孪生是一种将物理系统或过程的数字模型与实际系统或过程相结合的技术[2]，可以在多个阶段为水利工程提供关键的支持。从设计和规划到建设和运营，数字孪生技术为工程师和决策者提供了前所未有的工具，用以优化资源利用、降低风险、提高效率和可持续性[3]。因此，数字孪生技术是推动可持续水资源管理和水利工程建设的催化剂，能够更好地理解、设计和管理这些关键基础设施，确保未来水资源供应和生态安全[4]。本文通过回顾数字孪生技术的发展历程，了解水利工程建设所面临的挑战，并对数字孪生在不同阶段的应用进行分析，能为充分挖掘数字孪生技术在水利工程建设中的应用与潜力提供有力参考。

2　数字孪生现状分析

数字孪生技术是一种将物理系统的数字模型与实际系统相结合的创新方法，其发展始于计算机建模和仿真技术的进步。初始的数字孪生应用集中在制造业，后来扩展到了多个领域，如航空航天、汽车工业和医疗保健等[5]。航空航天领域，利用数字孪生来模拟飞行器性能，预测维护需求，提高飞行安全。在制造业中，使用数字孪生来优化生产流程，降低生产成本，改进产品设计。在医疗保健中，数字孪生技术可用于精确的手术规划和个性化医疗。而在水利工程领域，数字孪生被视为改进工程设计、规划、维护和风险管理的有力工具，为水利建设提供了更全面的数据和实时的决策支持。

作者简介：李鑫（1983—），男，高级工程师，主要从事水利工程建设、河湖治理保护工作。

如今，水利工程建设面临着前所未有的压力，如多变的气候因素、不断增长的人口基数及日益有限的水资源等多重挑战。在形式如此严峻的情况下，水利工程的重要性愈发凸显，不仅关乎着可持续水资源供应，还涉及洪水控制和生态保护等重要任务[6]。然而，传统的水利工程设计、规划及建设方法已经无法满足当下和未来的需求。因此，迫切需要采用更加智能化和可持续的方法来应对这些挑战。

作为一种创新性的工具，数字孪生技术有望提供可行的解决方案，推动水利工程朝着更加智能化和可持续的方向发展，为解决水利工程领域的相关问题与挑战提供巨大潜力。数字孪生技术能够模拟和仿真水利工程系统，使工程师和决策者能够更全面地理解和预测水资源管理、洪水风险和生态影响等方面的情况，例如，边晓南等[7]结合德州市水资源信息化现状，设计了数字孪生水资源五维模型框架，实现了物理实体与虚拟实体之间的互动映射、数据服务平台的有效运行，使得德州水资源管理能够更智能化、信息化。同时也有研究集中在数字孪生在水利工程规划和设计中的应用，以及它如何支持智能决策。黄一彬等[8]阐述了数字孪生技术在水利工程运行管理中的应用，指出建设数字孪生模型能够反映物体实体运行规律、物理属性、集合参数等。申振等[9]介绍了数字孪生技术在水利工程运行管理中的具体应用方向，并对其应用过程中的关键技术进行了阐述。张亚南等[10]依据智慧水利建设理念，依托数字孪生技术实现水利工程建设管理平台的精准管控与智能化运作，提高了水利决策的科学化、精准化水平。

但数字孪生技术在水利工程中的实际应用仍然存在挑战，如数据集成和模型验证，需要进一步研究和改进。

3　数字孪生在水利工程建设中的应用

3.1　设计和规划阶段

在水利工程的设计和规划阶段，需要考虑不同设计方案的效果及如何优化资源利用。当前，数字孪生技术成为改进水利工程设计和规划的有力工具，能提供更精确、更可靠的数据模拟，以优化水利工程的性能，更好地满足项目需求，并提高资源利用效率，减少风险。在工程建设方面，可使用数字孪生创建水利工程虚拟模型，包括水库、管道、泵站等。这些模型基于物理原理和真实数据构建，能够模拟不同设计参数和方案的性能，并可以快速测试各种设计变化的影响，如不同尺寸、流量、水位或泄洪方式。在工程环境模拟方面，数字孪生技术还可在虚拟环境中测试设计方案，可以减少实际施工过程中的试错成本和时间浪费，有助于提高工程的效率和经济性。如利用数字孪生技术评估水资源，通过考虑气候变化、降雨模式和水资源的季节性变化，可帮助预测未来的水资源供需情况；通过模拟不同气候情景，了解水资源供应的不确定性，并相应地调整工程的设计和规划，以应对这些变化。

3.2　建设和施工阶段

数字孪生技术可以创建水利工程的虚拟模型，用于模拟整个建设过程。通过在虚拟环境中模拟和优化建设过程，预测潜在问题，减少施工中的延误和成本超支。在工程建设阶段，数字孪生技术实时监测和维护水利工程的状态，通过传感器数据与虚拟模型相结合提供的实时信息，可充分了解水位、流量、设备运行状况等基本信息，有利于及时检测问题，并采取预防性维护措施，提高工程的可靠性和寿命。针对施工安全管理，数字孪生技术可事先模拟施工场地，规划安全措施，减少潜在风险。

数字孪生技术在水利工程建设和施工阶段的应用为工程建设提供了更精确、更可靠的方法来监测和管理工程，通过模拟建设过程到实时监测和决策支持，在提高工程效率、减少风险和成本方面发挥了关键作用。

3.3　运维和维护阶段

数字孪生技术可远程监测水利工程的运行状态，使工程运行过程中产生的问题可以迅速得到检测，并通过采取远程维护措施，减少停工时间和维护成本。通过分析数字孪生模型的历史数据，可以开展实施预测性维护策略，并预测设备的故障和维护需求。在运维前，水利工程可以利用数字孪生技术模拟不同灾害情景，如洪水、地震等对水利工程的影响。有助于制定应急计划、改进灾害响应策略，并减轻工程受到灾害影响的风险。

数字孪生技术在运维和维护阶段有助于提高水利工程的可靠性、性能和寿命。实时监测、预测性维护和灾害风险管理等应用有助于减少停工时间和维护成本，提高工程的可持续性。数据分析和决策支持则为决策者提供了更好的信息，以优化运维策略。

3.4 决策支持和数据驱动

数字孪生技术整合了大量实时数据、传感器数据和虚拟模型，为决策提供了全面的信息，以便更好地了解工程的状态、性能和趋势，从而制定更精确的战略和计划。同时，数字孪生技术允许模拟不同情景，包括气象变化、水位波动和设备故障，有助于预测潜在风险和问题。通过数字孪生技术，可模拟出潜在风险情景，并采取相应的措施，制定应急计划，减轻风险影响。此外，在水利工程可持续性方面，数字孪生技术是水利工程长期规划的良好工具，通过对相关数据进行分析研判，有助于优化资源利用，模拟多年甚至几十年的情景，评估工程的可持续性和性能。

4 数字孪生的潜力和未来发展

水利工程的可持续性和工程利用效率对于我国水资源的可靠供应有着重要意义。数字孪生技术作为一种蓬勃发展的工具，正改变着水利工程各个阶段的各类方式。未来，数字孪生将发挥更大的作用，提高水利工程的性能、可靠性和可持续性。

第一，在智能决策支持方面，数字孪生将能够分析和解释复杂的水利工程数据，为项目的必要性和可持续性提供更明智的决策建议。例如，数字孪生技术通过整合多源数据，包括气象、地理信息和水位数据，为洪水管理提供实时的决策支持，以便水利工程更及时地应对洪水风险，减少损失，并降低或消除洪涝灾害带来的影响，确保人民生命财产安全。

第二，在气候变化模拟方面，数字孪生技术将能够模拟不同气候情景，提供关于未来气候变化对水资源和工程的潜在影响，特别是随着极端气候变化的不断加剧，数字孪生将成为适应和缓解气候变化影响的关键工具，有助于制定更具适应性的水利工程策略，确保水资源的可持续供应。

第三，在自动化和智能化运维方面，通过结合虚拟和现实世界，能够实现自动化的维护和设备监测。例如，传感器网络和数字孪生可以实现自动故障检测，预测性维护和设备远程控制，以提高工程的可靠性和降低运营成本。

第四，在"跳出水利看水利"方面，数字孪生技术能更好地统筹气象、环境、生态等各个领域的学科，促进水利工程建设从"防洪抗旱"的单一结构向生态需求的系统治理的多元化转变。

第五，在人才培育方面，数字孪生技术可在水利工程教育和培训中发挥关键作用。各类水利专业技术人才，通过学习如何使用数字孪生技术，可更好地理解和管理复杂的水利工程，提高行业的整体能力。

5 结论

数字孪生技术在水利工程中的潜力和未来发展令人振奋，其应用潜力很大，涵盖了水利工程建设的各个阶段，从设计到建设、运维、维护、决策支持、数据驱动和人才培养等各个方面，其特有的多样性和灵活性能够满足不同类型的水利工程需求。未来，数字孪生技术将继续发展，更加智能和自适应，并将成为水利工程建设的核心工具，必将为全面提升全社会抵御水旱灾害综合防御能力、优化我国水资源配置格局，提供有力的水安全保障。

参考文献

[1] 王坤，钱会娟. 数字孪生技术在水利工程中的应用研究 [C] // 中国水利学会减灾专业委员会. 第十三届防汛抗

旱信息化论坛论文集，2023.

[2] 张以晓. 论数字孪生技术与智慧水利建设 [J]. 黑龙江水利科技，2022，50 (7)：180-183.

[3] 傅志浩，杨楚骅，廖祥君. 数字孪生水利工程构建与应用实践 [C] ∥ 中国水利学会. 2022 中国水利学术大会论文集：第四分册. 郑州：黄河水利出版社，2022.

[4] 吴继伟，朱理杰，王晓嘉，等. 数字孪生在水利工程建设中的探索 [J]. 智能建筑与智慧城市，2023 (8)：164-166.

[5] 李卫斌，张珊珊，张天一，等. 数字孪生技术及其在水利行业的应用 [C] ∥ 中国水利学会. 2022 中国水利学术大会论文集：第四分册. 黄河水利出版社，2022.

[6] 魏传喜，于雨. 数字孪生水利工程建设思考 [J]. 海河水利，2022 (S1)：81-84.

[7] 边晓南，张雨，张洪亮，等. 基于数字孪生技术的德州市水资源应用前景研究 [J]. 水利水电技术（中英文），2022，53 (6)：79-90.

[8] 黄一彬，马洪羽. 数字孪生技术在水利工程中的应用 [J]. 水电站机电技术，2023，46 (6)：85-86.

[9] 申振，姜爽，聂麟童. 数字孪生技术在水利工程运行管理中的分析与探索 [J]. 东北水利水电，2022，40 (8)：62-65.

[10] 张亚南，侯啸岳. 基于数字孪生技术的水利工程建设管理平台的应用 [C] ∥ 河海大学，武汉大学，长江水利委员会网络与信息中心，等. 2023（第十一届）中国水利信息化技术论坛论文集，2023.

漳卫河系数字孪生"四预"能力建设思考与探索

仇大鹏　段信斌　徐　宁

（水利部海委漳卫南运河管理局，山东德州　253009）

摘　要：
"四预"能力建设是漳卫河系数字孪生工作的重点，关系到洪水防御综合决策能力。本文基于漳卫河系实际情况，分析"四预"业务需求和具体目标，探索"四预"业务架构和功能实现路线，对洪水灾害向虚拟场景的映射进行思考，并对未来建设提出意见。

关键词：数字孪生；洪水预报；防洪调度；漳卫河系

1　引言

漳卫河系是海河流域防洪骨干水系，流经山西、河南、河北、山东、天津，流域面积 37 584 km²。漳卫河系地处太行山东麓和华北平原，人口稠密，农业及工业发达，历史上洪水灾害频繁，且对人民生命财产及社会经济危害巨大。

水利部部长李国英多次强调要求锚定"四不"目标，落实预报、预警、预演、预案的"四预"措施，关口前移，夺取水旱灾害防御的先机。数字孪生是在充分掌握区域地形地貌、水文、下垫面、气象等数据底板的基础上，使用历史数据对仿真模型进行筛选和驯化，并集成多学科、多物理量、多尺度仿真过程，在虚拟空间中完成对现实洪水的映射和模拟。依托数字孪生技术，开展漳卫河系"四预"能力建设，为河系综合调度提供精准决策支撑。

2　漳卫河系概况

漳卫河系由漳河、卫河、卫运河、漳卫新河和南运河组成。

2.1　漳河

漳河发源于太行山区，清漳河和浊漳河是其主要支流。清漳河上建有泽城西安水电站。浊漳河上游建有关河、后湾、漳泽 3 座大型水库。清漳河与浊漳河交汇后为漳河。至出山口建有岳城水库，库容 13 亿 m³，是重要的控制性水利工程，为保证下游河道防洪安全起着关键性的作用。漳河出山区进入平原后，在京广铁路桥以下高庄、太平庄起至徐万仓两岸有堤防约束[1]。漳河上游灌溉面积较大灌区共有 8 个，设计引水能力共计约 100 m³/s。

2.2　卫河

卫河左岸有 10 余条梳齿状山区支流汇入，在徐万仓与漳河汇合。淇河是卫河的主要支流，其上建有盘石头水库，库容 6.08 亿 m³，是卫河建设规模最大的水利工程。支流多建有中小水库，大部分无控制泄流设施，为自溢泄流。卫河两侧有 7 个蓄滞洪区，部分蓄滞洪区无分洪控制工程，为自然溢流或相机扒口[2]。卫河干流全长 275 km，流域面积 15 142 km²，其中山区约占 60%。卫河左堤与漳河右堤之间的三角区为大名蓄滞洪区。

2.3　卫运河

漳河、卫河在万仓汇合后至四女寺枢纽河段为卫运河，河道长 157 km，无支流汇入[2]。卫运河

作者简介：仇大鹏（1976—），男，中级工程师，主要从事水文监测相关工作。

下游建有祝官屯枢纽，其尾端建有四女寺枢纽，是漳卫河系中下游的主要控制工程，具有防洪、排涝、灌溉、输水等综合功能。四女寺枢纽上游、卫运河右岸有恩县洼蓄滞洪区。

2.4 漳卫新河

漳卫新河自四女寺枢纽的南闸、北闸起，其上游分为减河、岔河 2 个支流。减河上建有 1 处拦河闸，岔河上建有 2 处拦河闸。减河与岔河汇合后为漳卫新河，其上建有 3 处拦河闸和 1 处挡潮蓄水闸，汇入渤海。河道长度 257 km。

2.5 南运河

南运河自四女寺节制闸向北，在东淀汇入大清河，河长 309 km。右岸有捷地、马厂两条河向东北分流。

3 "四预"业务需求

近年来，漳卫河系"四预"能力不断提升，但与现代化水利工作需求还有一定距离。2021 年，漳卫河系发生历史罕见的夏秋连汛；2023 年，海河流域发生"23·7"洪水，漳卫河系也发生洪水过程，这一问题尤为突出。

3.1 预报

目前，API 模型、河北雨洪模型、新安江模型及网格新安江模型已应用于漳卫河系洪水预报。但由于对下垫面信息、水利工程调度、蓄滞洪区运行情况掌握不充分，预报精度需要进一步提升；另外，汛期天气形势变化较快，特别是太行山区地势抬升影响，上游地区极易形成强降雨过程，需将气象要素及高精度降雨数值预报充分应用于洪水预报，消除气象预报误差影响，并进一步延长洪水预见期。

3.2 预警

根据实际情况提前设置多维多层洪涝风险阈值，建立完善的预警消息送达及发布机制，及时把暴雨、洪水灾情、工程险情等风险信息通过告警或预警系统实时送达一线，为一线及时采取应急处置措施及预防措施提供支撑。

3.3 预演

模拟洪水过程，结合实时数据与流域防洪调度措施，对洪水灾情进行仿真预演。确定影响范围，对可能造成的损失进行更直观的预见评估，并验证调度方案的可靠性。

模拟上游水库及水利枢纽、闸坝调度运行过程，大坝受力过程，蓄滞洪区分洪、淹没、退水过程。由于河系中下游流经华北平原，部分河滩地被划为基本农田，需要对洪水上滩及滩地淹没范围、高度、时间进行模拟。

3.4 预案

实现河系水利工程联合调度，在现有工程条件下综合考虑人口、经济社会等要素，自动匹配相对应的防洪调度预案。利用虚拟数字世界低成本、快速预演、反复迭代、自适应优化等优势，实现精细化的调度方案评估分析及对比推选功能，最大程度地发挥水利工程防洪减灾作用，使洪水灾害造成的损失最小。

4 能力架构

按照漳卫河系"四预"业务需求，设计业务流程（见图 1），实现"四预"功能。

4.1 业务架构

4.1.1 数据底板

4.1.1.1 地理信息底板

在共享水利部 L1、海河水利委员会 L2 数据底板的基础上，利用工程设计施工图纸、建筑信息模型（BIM）等资料，采用卫星遥感、无人机倾斜摄影、激光雷达扫描建模、BIM、多波束测量等技术，

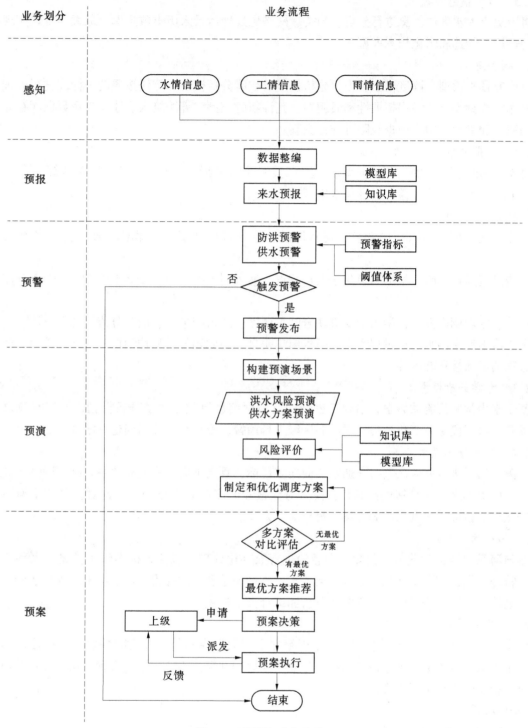

图 1　"四预"业务流程

形成数据统一的三维孪生数据体，构建数字化场景，在虚拟空间实现河系地形地貌多尺度数据还原，保持两者的同步性、孪生性，并为模拟和决策提供数字场景。

4.1.1.2　实时信息底板

将水情、雨情、墒情、工情、气象、雷达、视频监控等实时监测信息，降雨数值预报信息，以及水利设施变形、渗流等信息进行标准化处理，映射至虚拟化场景，模拟漳卫河系当前和未来的状态，供模型和算法调用。

4.1.1.3 历史信息底板

将历史重大水事件信息进行分析、归类、网格化处理后录入历史数据库，最大程度地实现对虚拟场景的还原，筛选和驯化仿真模型。

4.1.2 模型库

将所有预报模型、调度模型、力学分析模型及智能分析模型和算法按照统一标准进行处理，集成至模型库。模型库充分考虑拓展性和通用性，允许新的模型和算法接入。建立专用数据库存储模型和算法的属性和参数，用户根据权限可进行调整。

4.1.2.1 预报模型

将现有 API 模型、河北雨洪模型、新安江模型及网格新安江模型，常用产汇流算法及参数率定算法集成至模型库，建立蓄滞洪区退水模型。

4.1.2.2 调度模型

水库调度方面，纳入规则调度、现状调度、设定目标调度、水库群联合调度、水库纳雨能力分析。

蓄滞洪区运行方面，根据漳卫河系洪水特点，纳入削平头（水位或流量控制）、固定分流比计算方法。

枢纽、闸坝调度方面，纳入干支流联合闸坝调度，纳入削平头、固定分流比计算方法。

由于漳卫河系洪水演进过程受人为因素影响明显，因此调度模型均预留人工交互接口，确保模拟调度过程的灵活性和准确性。

4.1.2.3 力学分析模型

基于水力学和河流动力学，结合工程结构及地理信息等建立力学分析模型，模拟水流过程和闸坝、堤防、险工段受力变化过程，对薄弱区域进行预警，模拟行洪前后河道冲淤变化。

4.1.2.4 智能分析模型

对漳卫河系进行调度决策时，通常会面向多目标，且上下游、左右岸关系复杂。建立智能分析模型，利用历史洪水过程对其进行驯化；模型对预报和调度结果进行分析、比对，并挖掘河系防洪潜力，按照设定目标优化洪水防御方案，得出决策方案。

4.1.3 知识库

将与河系"四预"业务相关知识和经验进行数字化处理，包括超标准洪水预案，水利工程调度规则、特征数据，蓄滞洪区启用条件，河道水位流量关系和行洪能力，河系各地区人口、经济社会及工农业结构、知识图谱等信息，为智能分析和综合决策提供支撑。

4.1.4 孪生引擎

孪生引擎是"四预"的承载体。孪生引擎在不同数据库和信息源之间搭建标准化接口和数据通道，实现数据高效流通；根据设定目标，建立不同模型和算法组合，生成多种决策方案；将决策方案映射至虚拟空间进行仿真模拟。

4.2 功能实现

4.2.1 基础信息查询展示

在地理信息基础上展示河系数字底图，并将数据底板集成的实时信息按时间和空间顺序进行显示；设置查询模块，实现对历史数据的查询。

4.2.2 洪水预报

按照用户需求在各预报分区选择预报模型，组合成预报方案，提取水雨情信息、气象信息及数值预报进行洪水预报计算。对比实际洪水过程与预报洪水过程，分析洪水要素误差及可能产生误差的原因。

可利用历史暴雨洪水过程、下垫面信息对预报模型参数进行率定和调整。

4.2.3 预警

对河系各节点设置阈值。当预报结果接近或超过阈值，预报洪水过程可能对水利工程、堤防、险工造成冲击，中下游洪水上滩淹没农田造成损失等，则主动推送预警信息。

4.2.4 预演

将预报的洪水过程在河系数字底图上进行仿真预演，包括洪水发生、演进过程，水利工程及蓄滞洪区运行，以及河道传播和涨落过程，模拟蓄滞洪区和中下游滩地淹没情况。

已发生的洪水过程也可在预演模块上进行重演复盘。

4.2.5 预案

在遵守调度规则的基础上，设定洪水防御目标和调度方式，功能模块自动生成多个调度方案，并结合知识库内容调用智能分析模型，评估各方案的损失及可执行程度，并提出优化建议，实现精准决策，最大程度地规避风险、减少损失。

5 结语

"四预"业务是数字孪生流域建设的重点。由于信息化建设起步晚、基础薄弱，漳卫河系"四预"能力建设面临诸多考验。进一步完善数据底板，拓宽信息渠道，深入产汇流机制研究，探索大数据融合，将人为影响因素概化到模型和算法，提升仿真模拟水平将有助于漳卫河系"四预"能力建设和数字孪生流域建设迈向新的高度，也为河系实现智慧化管理奠定基础。

参考文献

[1] 尹法. 岳城水库超标准洪水运用研究 [D]. 南京：河海大学，2006.

[2] 李增强. 漳卫南运河洪水预报与调度研究 [D]. 南京：河海大学，2006.

基于数字孪生小浪底的智能安全风险管控系统建设探索研究

张再虎

（水利部小浪底水利枢纽管理中心，河南郑州　450000）

摘　要： 本文以数字孪生小浪底建设成果、安全标准化创建成果为基础，以提升安全风险管控水平和能力为主线，探讨利用计算机网络技术、智能识别技术、模拟仿真技术和可视化智能设备应用等，实现对现场安全风险的快速感知、实时监测、超前预警、联动处置、系统评估等，为数字孪生成果在安全监督管理工作中的应用做了深度探讨，为推动安全管理行业智慧化建设做了探索。

关键词： 数字孪生；安全管理；智慧化；数字化

1　引言

小浪底水利枢纽是黄河治理开发的控制性骨干工程，位于黄河最后一个峡谷出口，上距三门峡130 km，下距花园口128 km，控制着黄河92%的流域面积、91%的径流量和近100%的泥沙，以防洪、防凌、减淤为主，兼顾供水、灌溉、发电。小浪底主体工程2000年投入使用，2009年4月通过竣工验收。小浪底工程建成后在治理黄河和水资源运用方面发挥了重要作用，实现了工程长期安全稳定运行和综合效益发挥最大化。2021年，水利部党组全面落实"十六字"治水思路，把智慧水利建设作为新阶段水利高质量发展重要内容，小浪底水利枢纽管理中心认真落实水利部党组要求，全力推进数字孪生小浪底建设。2023年6月，水利部数字孪生建设现场会议在小浪底水利枢纽召开，数字孪生小浪底建设成果在大会交流并获得肯定。

2　研究背景

长期以来，小浪底水利枢纽管理中心认真落实安全生产主体责任，强化安全生产监督管理，建立形成了较为完善的安全生产管理模式，保持了良好的安全生产形势。随着新《中华人民共和国安全生产法》（简称《安全生产法》）的颁布实施，国家有关部委对安全生产管理信息化、数字化和智慧化[1-4]建设提出了新要求，数字孪生小浪底建设成果为小浪底安全管理智慧化建设提供了条件，小浪底安全生产管理数字化、智慧化建设是时代发展的必然要求，可迅速推动传统安全管理模式向信息化、智慧化安全管控模式转变，更好地提升小浪底安全风险管理水平。

3　研究实施路径

认真落实新《安全生产法》"构建安全风险分级管控和隐患排查治理双重预防机制，健全风险防范化解机制，提高安全生产水平，确保安全生产"的要求，把安全风险分级管控-隐患排查治理[5]双预控作为研究的主线，建立一个安全管理信息化交互平台，构建一个可视化安全智慧管控中心，引入智慧安全管理的终端[6]，建立一个安全生产培训平台。利用数字孪生三维模型、大数据管理，将

作者简介： 张再虎（1974—），男，副高级，主要从事水电运行管理工作。

现场工业 WiFi 覆盖、人员定位、移动摄像头、工业电视和智能视频分析与识别等应用于风险管控各个环节，使安全管理工作由事后监督向事前预防转变，提高安全风险管理智慧化水平[7]，实现本质安全。

4 研究工作开展

以数字孪生小浪底建设成果为基础（见图1、图2），建立以安全生产风险分级管控和隐患排查治理为核心的安全生产风险智能管控系统，实施 1+N 智能安全风险管控平台搭建[8]，"1" 指安全风险管控信息综合平台；"N" 指针对影响安全生产的全要素搭建的智慧风险管控子系统，以及辅助决策、智能感知和仿真培训等系统。

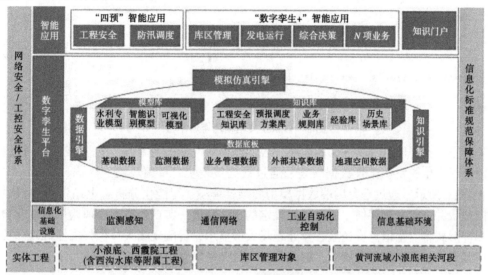

图1 数字孪生系统架构

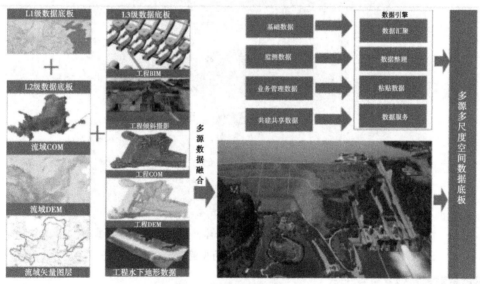

图2 数字孪生数据底板

4.1 安全风险管控信息综合平台

基于数字孪生小浪底建设成果、安全生产感知信息数据库和数据管理交互系统（见图3），开发建设对现场安全生产全要素实施监控，风险、隐患实时监视管控，各安全管理子系统信息交互共享，安全生产信息智慧化分析推送的管理平台。

4.2 智能安全风险管控可视化预警平台

利用数字孪生小浪底成果和各水电站实景三维模型，建立风险四色图、人员定位、作业票、视频

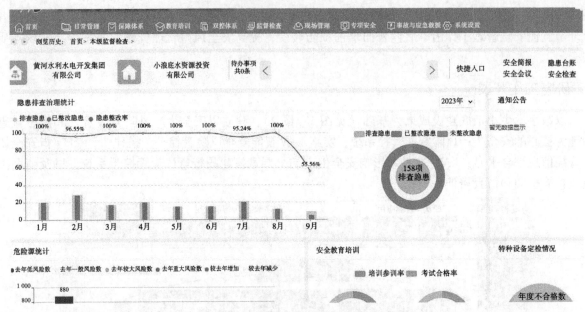

图 3　多系统安全信息管理平台

监控、消防分布、预警信息等软件功能模块，各功能模块与双预控系统深度集成，并通过数据分析，在可视化预警平台生成安全监管数据报表，通过数据报表实时反馈风险、隐患、人员、作业等[9]情况，如图 4~图 6 所示。通过平台后端数据模型和预警模型，智能化分析各电站运行过程中的人员安全风险管控现状并进行量化评估，通过研究设定的预警阈值，实现各类安全风险的智能化自动预警提醒，通过多种形式将安全信息推送至各作业现场大屏显示，提醒现场人员做好安全风险防控。及时发现安全管理漏洞及提升预测预警能力，辅助管理人员开展安全生产决策。

图 4　消防设施可视管理

4.3　可视化智能监督检查管理平台

利用小浪底数字孪生成果、各电站三维模型和工作票作业任务清单、定位管理等，实现网上虚拟漫游监督检查，实时调取工业电视画面、移动摄像头画面和业务平台数据等，实时掌握生产现场人员、设备、环境的安全管理情况[10]，对检修施工作业现场实时监视，实现对现场安全生产管理的实时安全监督检查（见图 7），提高安全巡检、安全检查和安全监督的工作效率。

4.4　智慧现场作业风险管控平台

对枢纽、电站运行和检修施工中的每张工作票、操作票进行风险评估，标注出重大、较大、一

图5 安全风险四色显示

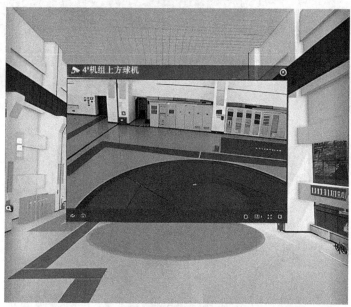

图6 安全风险预警推送

图7 网上可视化监督检查

般、低四级风险等级，对应危险源风险分级管控要求，利用移动摄像头、工业电视和人员定位技术（见图8），实现对作业现场实时监控，对安全文明施工、作业施工规范性、安全防护器具穿戴使用和人员配备及到位情况进行实时监视。实现高风险作业动态实时展示，并在终端大屏上显示作业票情况。形成工作票安全电子防护围栏，在工作票有效期内，只有工作票所列人员可以进入电子围栏内（见图9），其他人员进入作业围栏内需推送预警提醒。

图8　人员定位及轨迹

图9　工作票信息及电子围栏

4.5　安全生产培训平台

该平台基于数字孪生小浪底建设成果，通过对智慧教室、云培训平台、仿真培训和各层级实物培训室培训资源进行整合，形成覆盖小浪底生产经营各业态安全管理的智慧培训平台。以电站、闸门和孔洞安全生产、调度运行和典型案例处置为重点开发制作仿真培训系统；体感式安全培训是指利用计算机 VR 技术和搭建仿真模拟设施，实现特种作业、高压触电、坠落、打击等体感仿真培训。开展业务技能、安全技能和安全意识多种形式培训，多种方式提升职工值班能力和工作本领，从根本上提升职工安全技能水平。平台具有对站内人员及外委人员三级安全教育及考试的功能，可通过系统完成课程组合、考试组卷、自动阅卷等过程，在保证培训效果的基础上，减轻培训组织者的工作负担。

5 结语

数字孪生小浪底建设成果是实施智慧化安全管理的基础，结合大量高科技智能感知设备的使用，将小浪底安全生产要素、生产经营信息数据整合在一起，建立模型计算分析运用，实现对枢纽、电站安全风险[11]的数字化管理、网络化协同、智能化管控。该研究成果为推动小浪底安全管理智慧化建设提供了实施路径，推动小浪底安全管理水平持续提升。

参考文献

[1] 蒋一波，范海平，张良群，等. 基于BIM+数字孪生技术的水利枢纽工程智慧化安全管理探索 [J]. 江苏水利，2022（S2）：18-21，31.

[2] 田英，袁勇，张越，等. 水利工程智慧化运行管理探析 [J]. 人民长江，2021，52（3）：114-115.

[3] 孙媛媛. 机场运行安全管理智慧化建设路径及措施探讨 [J]. 民航管理，2023（3）：46-48.

[4] 程琳，王鹏飞. 基于风险管控原理建设智慧化工地 [J]. 建筑安全，2021，36（6）：63-68.

[5] 郑扬帆. 发电企业安全生产五要素 [J]. 中国电力企业管理，2011（9）：48-49.

[6] 石英桃. 双重预防机制智慧化在某建设项目中的应用探讨 [J]. 科技创新与应用，2022，12（23）：166-170.

[7] 徐军杨，陈思，李斌，等. 数字孪生永宁江洪水预报模型构建及系统应用 [J]. 水利信息化，2023（2）：1-8.

[8] 王育杰，施凯敏，娄书建. 数字孪生三门峡水利枢纽综合设计与应用研究 [J]. 水利信息化，2022（6）：786-796.

[9] 王秀娜，李军. 世界一流发电企业核心要素研究 [J]. 中国电力企业管理，2019（30）：56-57.

[10] 周洁，邵银霞，王沛丰，等. 基于数字孪生流域的防汛"四预"平台设计 [J]. 水利信息化，2022（5）：1-7.

[11] 王光辉. 发电企业安全监督体系建设问题与对策 [J]. 中国电力企业管理，2016（28）：52-53.

湖南益阳智慧水利管理平台建设与实践

曲振方　王碧莲　潘文俊　文　涛　徐　嫣

（广东华南水电高新技术开发有限公司，广东广州　510620）

摘　要：为提高益阳流域管理能力，建设益阳流域智慧管理平台。智慧管理平台以"四预"建设为核心，以岸线管理、"四乱"治理等流域监管手段为辅助手段强化湖南益阳综合监管。利用增强现实构建数据底板，并开发六大水利专业模型，建设具有"四预"、水资源监管及流域综合事务监管等功能的流域智慧管理平台，实现多维感知与数据的高效管理，强化预报检测薄弱环节，为河湖规范化管理提供依据。项目已在湖南益阳全面实施，共计覆盖4 000 km²，不仅提升了湖南益阳水旱灾害防控能力，还提升了水利事务综合管理效率。

关键词：智慧管理；增强现实；"四预"；益阳流域

1　概况

随着我国数字化转型的持续推进，水利部门也紧跟国家脚步向数字化、信息化、智慧化转型，流域管理机构在河湖治理管理中起到了"主力军"的作用，需要聚焦防洪、水资源、水土保持、工程建设和运行管理等涉水重点工程领域，开展精准高效监管、明确权责事项、强化责任落实。目前的河湖管理信息系统存在一定的局限性，数据采集来源少，业务与应用融合度低，不能支撑全流程业务工作，综合分析及决策能力较弱，河湖信息化建设总体水平偏低，河湖监管缺乏足够的信息支撑[1-2]。

基于上述背景及存在的问题，本文以水利部智慧水利总体框架为指导[3]，立足湖南益阳水利监管业务需求，提出湖南益阳智慧管理关键技术架构，旨在提升益阳水务相关的业务管理能力，借助该平台强化河湖岸线管理、排污口排查、"四乱"治理等业务能力，以解决流域监管工作事务多、监管手段少的共性问题。

目前，在益阳地区，接入河道水雨情站135个、水库水雨情站336个、气象站171个、流量站1个、水生态及水质站2个、视频站158个、4G视频站23个，覆盖面积4 000 km²。实现了实时数据采集，及时检测河湖水位、雨情、流量等信息，为防洪、防旱、流域动态监管提供了准确可靠的数据基础。

2　技术框架

湖南益阳智慧管理平台依托湖南省水利一张图进行建设，建设内容主要包括智慧河湖长、智慧防汛、智慧水土保持等，整体技术框架如图1所示。其中，监测集成是通过在湖南益阳范围内重点区域进行监测，获取其空天地实景数据，再利用增强现实（augmented reality，AR）技术与获得的多维数据进行结合，构建空天地一体化的数据底板。模型平台的建设是基于湖南益阳的数据底板，构建专业的水利模型与智能模型，实现对湖南益阳"四预"的智能化及信息化。利用微服务技术，将不同业务模块进行拆分，根据不同业务需求进行组合，完成湖南益阳智慧管理平台，实现对于防洪预警、流域管理、用户服务等应用于湖南益阳的智能化信息化管理。

作者简介：曲振方（1996—），男，工程师，主要从事智慧水利开发与研究工作。

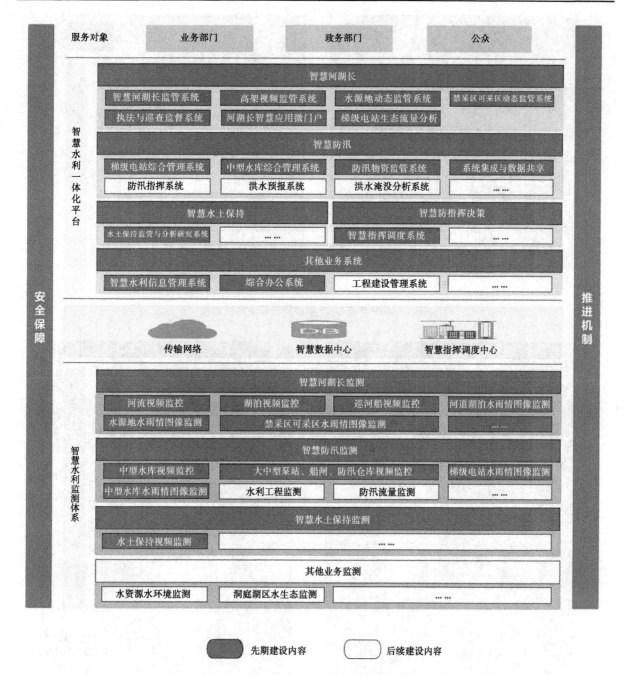

图 1 湖南益阳智慧管理平台技术框架

3 应用与实践

3.1 监测集成

3.1.1 卫星遥感影像监测

卫星遥感影像监测是河湖动态监管机制的核心数据来源，是以多源、多时间序列的卫星遥感影像数据为基础，本文采用 OHS-2/OHS-3 高光谱卫星，通过比较前后时相的影像数据，对研究河湖自然资源、人造物等目标的变化进行采集、分析和解译，从而进行河道岸线变化、水质对比、"清四乱"等图斑监测，如图 2、图 3 所示，具有监测周期长、范围广且成果直观等优点。本项目在湖南益阳范围卫星遥感图像更新周期为一个季度一次，根据卫星遥感影像地物特征，结合地形、地貌、地域及周边环境等要素，采用智能自动识别与人机交互判读的方式，提取河湖变化情况。

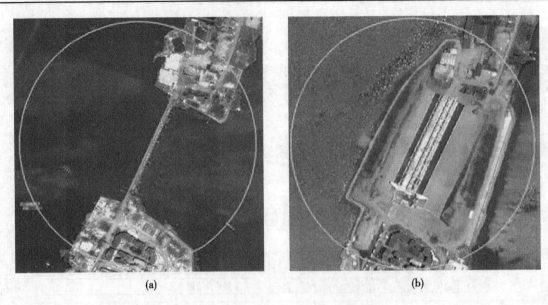

(a)   (b)

图2   2019年与2020年益阳市河道岸线对比

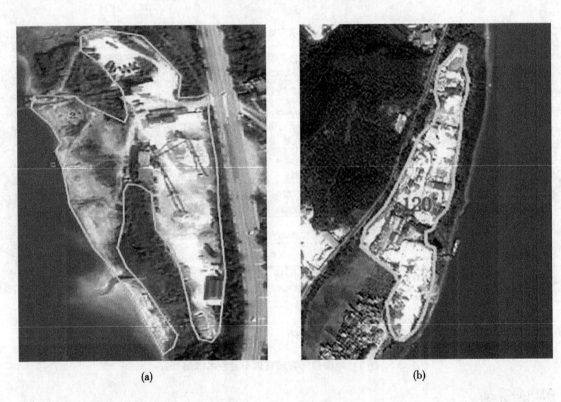

(a)   (b)

图3   "清四乱"监测

3.1.2   无人机低空全景影像监测

全景影像监测技术是一种全新的实景信息记录手段，是传统影像数据库的良好补充，具有超宽视角、监测周期适中、成果应用广和辨识度高等特点，同时也是对河湖定期动态监测机制的实现手段。本文无人机监测数据为益阳干流一个月更新一次，采用 GNSS-RTK 方法进行平面坐标和高程数据采集，采用无人机进行航空摄影测量，利用 PostFlight Terra 3D 软件将不同飞行架次的像片按照像控点的点位分布情况合并作为一个分区进行处理，每个分区工程外边缘均布设像控点加以控制，将测区所有可利用的像控点导入。如图4所示，可以全天候快速采集流域的图像数据，采用无人机，对重要水利枢纽、重要水库、重要河段、重要堤段等进行航拍，拍摄巡河视频及全景图。

| 无人机航迫视频 | 河道三维模型 | 全景图 |

图4 无人机航拍监测

3.1.3 物联网监测与巡查监测

物联网监测与巡查监测是利用地面传感器及移动互联等技术，服务于河湖监管巡查人员，具有响应快速、监测周期短及成果丰富等特点。本文中，监察人员可以通过移动端上传提供监察视频、图像、文字信息，自动上传至服务器，并且实时入库。

3.2 智慧管理平台

构建智慧管理平台的意义是通过感知物理世界的运行状态，在信息空间构建河物理实体相互映射、实时交互、高效协同的虚拟模型[4]。可以进行实时仿真、检测和预测，辅助工作人员进行决策[5]。而智慧管理平台借助历史数据、实时数据、大数据分析、算法模型等，实现"四预"、流域动态监管等功能，提高水资源的管理和利用水平[6]。智慧化管理的思想和实现中线工程信息化之间有着众多的共同点，智慧化为精细化运行管理提供许多理论上和技术上的支持[7]。

3.2.1 数据底板

工程设计和现状资料、流域水文资料、湖南益阳50年降雨资料、地理空间数据和共享的湖南省气象预警信息共同构成益阳水利的数据。通过无人机倾斜摄影、机载激光雷达扫描、无人船水下地形测量等方式采集地理空间数据，结合工程设计资料，获得湖南益阳施工现状的高精度地形数据，并进行多源数据融合，构建高保真数字化场景，数据底板效果如图5所示。

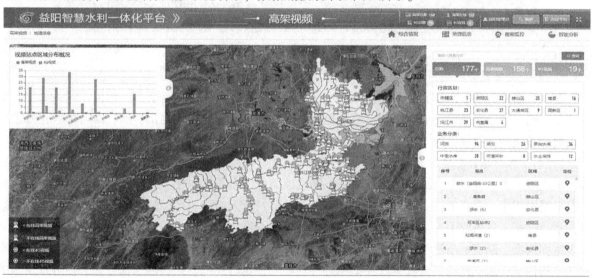

图5 基于AR与多源异构数据结合的数据底板示意

3.2.2 模型平台

基于数据底板提供的数据，采用实测降雨洪水资料时空分析、产汇流模型计算、水动力等水利专业模型分析方法，对湖南益阳3种洪水预演情景内涝情况进行模拟。

水动力模型按式（1）、式（2）计算，控制方程为圣维南方程组[8]，即

$$\frac{\partial Q}{\partial x} + \frac{\partial A}{\partial t} = q \tag{1}$$

$$\frac{\partial Q}{\partial t} + \frac{\partial \left(\alpha \frac{Q^2}{A} \right)}{\partial x} + gA \frac{\partial Z}{\partial x} + \frac{gQ|Q|}{C^2 AR} = 0 \tag{2}$$

式中：Q 为流量；A 为断面面积；x 为河道沿程坐标；t 为时间；q 为旁侧入流流量；α 为修正系数；g 为重力加速度；Z 为水位；C 为谢才系数；R 为水力半径。

3.3 智慧管理平台应用

在湖南益阳实现实时数据采集，以便及时监测河湖水位、雨情、流量等信息，提高防洪预警的准确性和实时性。建立河湖水文站、水情测报站等数据管理中心，对所有感知站点的数据进行综合管理和分析，提高数据分析和应用效率，系统平台展示如图 6 所示。针对不同场景，如水旱灾害、河湖污染等，设计不同的数据分析和应用模型，提高应用效率和应用价值。通过应用平台，实现灾害信息的即时发布和预警，提高灾害应对和减灾效率。

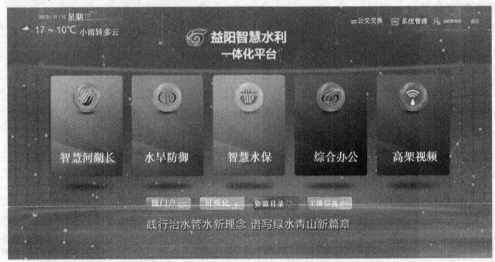

图 6 湖南益阳智慧水利一体化平台

3.3.1 水旱灾害监管模块

展示页面中实现对水旱灾害重要业务的快速感知，全局掌控水旱灾害动态，监测预警主要包含雨情动态监测预警、水情动态监测预警、墒情动态监测预警、潮情动态监测预警等，结合模块化技术可动态配合相关业务模块，应对不同时期专项展示，具体如图 7 所示。

3.3.2 水土保持综合管理应用

以流域和区域为单位，通过传感器采集不同侵蚀类型的面积和强度、土地损害数量、流域内水利工程干渠淤积量、水质等信息，用无人机、智能识别、三维地图、卫星遥感等技术实现侵蚀类型监测、水质分析、气象监测、防治措施监测，统计分析降水量、径流量、侵蚀面积、土壤质量、水源地水质达标情况、断面水质达标情况、大中型水库工情等，动态掌握并及时更新流域区域水土保持、实时气象等信息，水土侵蚀百分比等红线指标进行预警，为实行规范、严格的水保管理，促进水资源的可持续利用和保障供水安全提供技术支撑，如图 8 所示。

3.3.3 河湖动态监管应用

利用无人机、卫星遥感、全景监控、卷帘对比分析等技术实现对河湖水体、岸线变化和涉水涉砂活动中各种违法违规行为的自动预警（见图 9）；建立河湖管理"四乱"问题的全过程处理机制，从发现问题、核查情况到整改复查，实现对各种河湖管理问题的及时发现和持续跟踪；汇总统计万里碧道的建设情况、水质情况、清"四乱"情况、公众投诉处理情况、巡河问题处理情况。推动河湖管

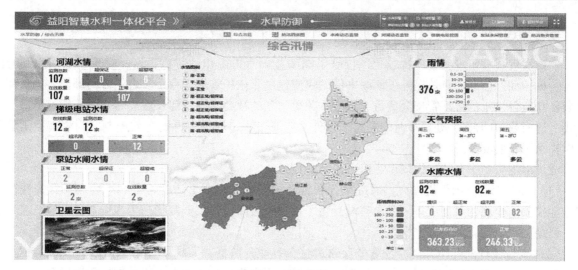

图 7　综合汛情

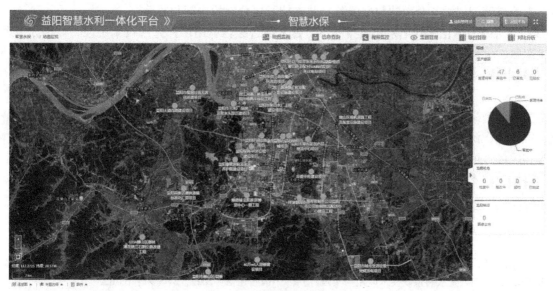

图 8　智慧水保地图监视示意

理工作从被动响应向主动响应转变，提高河湖管理整体能力。

图 9　采砂地图监视示意

4　结论与展望

平台实现了益阳水利管理智慧化,打破了湖南益阳管护工作的时空盲区,实现了益阳水利全天候、全覆盖动态监察,有效提升了河湖事件的响应速度。依托管理平台,实现了涉河部门协同治河和社会公众监督治水的智慧管理全覆盖,营造了关爱河湖的社会氛围。河长履职尽责效能明显提高,累计线上巡河超 30 万次、处理涉河问题超 1 万件,涉河违法违规行为得到有效遏制,为湖南益阳管理工作提供了重要支撑。

通过以上智慧平台的建设取得了以下显著的成效:

(1) 提升湖南益阳管理能力。通过整合各类数据资源,实现了深度融合和综合利用,为益阳水利管理提供了全面的数据支持。平台建设涵盖了水旱灾害防御、水资源管理等多个业务领域,有效提升了河湖管理的综合能力和水平。

(2) 实现数据融合和共享。智慧平台通过整合各业务数据,实现了环保水质断面考核数据、流域监督检查、涉水工程巡查等业务信息与流域遥感、无人机航拍等动态采集数据的深度融合。这一融合体系为流域管理提供了全面的数据资源,并支持了更精确的决策和监管。

(3) 空天地一体化感知体系和监测体系。智慧平台综合运用多种先进技术手段,如多光谱遥感、无人机巡航、大数据分析等,构建了湖南益阳的多维感知体系和监测体系。该体系实现了从微观到宏观的监测,包括洪水预警、水质监测等多个方面,有效提升了流域管理的监管能力和应对灾害的能力。

本文已经为湖南益阳水利智慧化监管提供了强有力的支持和保障,但仍有很多研究方向值得深入探究。可以考虑深入探究河湖生态系统的动态变化规律和生态环境评估方法。通过引入生态学、环境科学等相关领域的专业知识,结合湖南益阳的特点,开展长期、系统的生态环境监测和评估研究,为科学的河湖管理和保护提供科学依据。

参考文献

[1] 曾焱,程益联,江志琴,等."十四五"智慧水利建设规划关键问题思考 [J].水利信息化,2022 (1):1-5.

[2] 姜红军.论现代智慧水利系统技术应用与实践 [J].中国新通信,2022,24 (9):63-65.

[3] 谢文君,李家欢,李鑫雨,等.《数字孪生流域建设技术大纲(试行)》解析 [J].水利信息化,2022 (4):6-12.

[4] 王浩.以产学研深度融合推动水利智慧化升级 [J].中国科技产业,2022 (6):11-13.

[5] 蔡阳.智慧水利建设现状分析与发展思考 [J].水利信息化,2018 (4):1-6.

[6] 田学民,解建仓.防洪系统中的洪水演进模型及应用 [J].水资源与水工程学报,2009,20 (2):60-62,66.

[7] 张以晓.论数字孪生技术与智慧水利建设 [J].黑龙江水利科技,2022,50 (7):180-183.

[8] 刘荣华,魏加华,翁燕章,等. HydroMP:基于云计算的水动力学建模及计算服务平台 [J].清华大学学报(自然科学版),2014,5 (4):575-583.

粤港澳大湾区区县智慧水务建设思路探析
——以广州市白云区智慧水务建设为例

徐　嫣[1]　邱　鹏[2]　郭晓辉[1]　曲振方[1]

(1. 广东华南水电高新技术开发有限公司，广东广州　510620；
2. 广州市白云区水务局，广东广州　510080)

摘　要： 以水利部智慧水利总体框架为指导，在物联网、大数据、人工智能、无人机无人船等新技术带来的时代变革及"智慧水务"建设大背景下，立足管理机构业务需求，提出"粤港澳大湾区区县智慧水务平台"技术架构，以白云区水务局为研究对象，研究利用物联网、人工智能和无人机无人船等感知监测手段为主的智慧水务平台，强化辖区管理范围内水系的防汛应急、智慧排水、河湖监管等方面的业务管理能力，为其他粤港澳大湾区区县智慧水务平台建设提供了借鉴参考。

关键词： 智慧水务；人工智能；大数据；物联网；无人机；无人船

1　引言

党的十八大以来，习近平总书记提出了"节水优先、空间均衡、系统治理、两手发力"治水思路和关于网络强国的重要思想，水利部亦相继出台了《关于大力推进智慧水利建设的指导意见》《智慧水利建设顶层设计》《"十四五"智慧水利建设规划》《"十四五"期间推进智慧水利建设实施方案》等重要指导文件，提出要系统推进水务治理体系和治理能力现代化，加快构建与城市现代化进程相适应的水务保障体系。

粤港澳大湾区建设规划是习近平总书记亲自谋划、亲自部署、亲自推动的重大国家战略，未来数年城市化必将高速扩张，水务信息化能力与城市高速发展间的矛盾也将日渐突出。鉴于目前湾区主要地市的水务信息化建设已初具成果，如何解决区县水务信息化与城市现代化发展同频共进，实现市级管理框架和基层系统能力的握手，将是未来一段时间内湾区智慧水务建设的重点难点。

本文以广州市白云区智慧水务建设为研究范本，着眼区县基层在城市水务高速发展大环境下的信息化共性需求，以水利部智慧水利总体框架为指导，提出"湾区区县智慧水务"技术框架，解决市、区之间业务协同和管理衔接的信息化能力断层，将水务信息化服务能力延展至镇街，打通智慧水务建设"最后一里路"，以支撑大湾区高质量发展，提高人民群众的获得感、幸福感、安全感。

2　研究思路

2.1　湾区区县水务管理共性问题

广州市白云区地处大湾区中部，河网密布，地势低平，建成区和非建成区犬牙交错，在基层水务管理问题研究方面极具代表性。综合分析大湾区城市发展情况、基层信息化能力及地理自然环境现状，提炼总结出以下三大共性问题。

2.1.1　湾区城乡高速发展与感知监测建设滞后的矛盾

随着近年来粤港澳大湾区高速发展，白云区等城镇地区地表覆盖急剧变化，导致地表硬化率高、

作者简介： 徐嫣（1981—），女，高级工程师，主要从事智慧水利、数字孪生的研究工作。

面源污染严重等问题，加上短历时强降雨、流域干旱、台风暴潮等极端天气增加，对实时监测能力提出了极高的要求，但整体监测设施建设相对滞后，存在较多的感知盲区。

2.1.2 水务监管线长面广与基层保障能力不足的矛盾

白云区总面积达 795.79 km²，流溪河、白坭河、石井河、新市涌等河涌水系纵横交织，水库、闸泵等水务设施繁多，基层水务保障任务日益繁重，目前区水务局缺少延展至镇街的信息化手段作为抓手。

2.1.3 智慧城市管理标准提高与基层数据能力断层的矛盾

目前，湾区大部分市、区之间都存在信息化能力断层，导致"平台改个数，基层跑断腿"的现象。同时，水务信息化建设起步较早，特别是近年智慧水务概念提出以后，各地相继建设了各类监测系统，取得了一定的成果但也暴露了数据孤岛、标准参差等问题，与大湾区战略定位和发展目标所要求的水务保障水平不相适应。

2.2 研究实施路径

通过深入调查研究，以广州市白云区智慧水务建设为样本，综合分析大湾区地理自然环境、基层信息化能力及城市发展情况现状，归纳出城镇高速发展导致地表硬化率高、监管要求提高但感知覆盖及基层保障人员不足、极端灾害天气频发导致水务问题突出、镇街缺少数字化管理抓手导致数据能力断层、市区间信息化差距导致协同不足等主要共性问题，以强化监测覆盖和智能化应用建设为突破，形成大湾区区县智慧水务总体框架[1]。全面收集空天地感知数据，充分聚合省、市及本地水务数据资源，下沉通用模型能力，形成水务大脑中枢，构建针对地方业务场景的智能应用，填补市、区之间信息化能力断层，进一步提升基层管理效率和服务水平[2]。研究实施路径如图 1 所示。

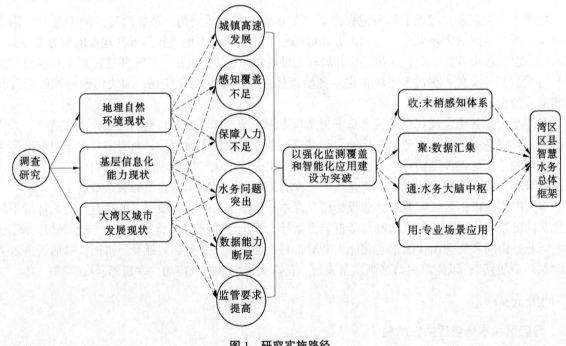

图 1 研究实施路径

2.3 预期效果

通过湾区区县智慧水务平台的建设，全面打通镇街水务监管网络，统筹督导区县水务管理事务，才能真正实现放管结合，促进水务服务优化提升。

一是在原有监测设备建设上，对未监测到的河涌、内涝、隧道、涵洞点位增设监测设施，补充完善水务监测体系。同时，增加了对智慧工地、无人值守泵站、堆场等场景的监测，为白云区智慧水务业务的发展奠定了基础。

二是建设水务综合指挥子系统和水务业务管理子系统，涵盖白云区防汛应急、排水监管、水务工程建设管理和江河湖库管理四大业务板块，整合数据资源，打破信息"孤岛"，构建一套完善的白云区智慧水务应用平台，推动白云区智慧水务大力发展。

三是以智慧水务建设为抓手，系统推进治理水平和治理能力现代化。统筹排水和水旱灾害防御智能化应用，推动市区业务高效协同。强化重点区域及关键设施监测感知覆盖，提升水安全和水环境监测预警水平。建设防洪排涝模型，支撑"四预"智慧化研判。

3 总体设计

白云智慧水务平台以水利部《智慧水利建设顶层设计》为蓝本，依据"收、聚、通、用"的理念，利用空天地一体化技术手段，构筑"1+1+（1+N）"的智慧水务总体架构，系统架构如图2所示，即1套末梢感知体系、1个数据管理平台、1个水务大脑中枢、1个综合指挥中心和N类业务智能应用，实现可延展、可持续、可复用。

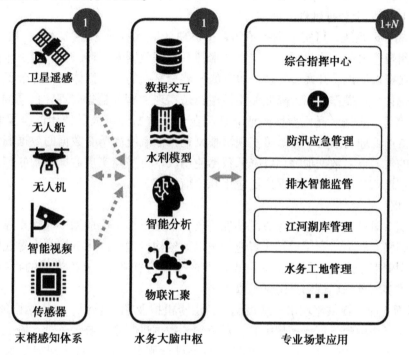

图2　系统架构

3.1 末梢感知体系

末梢感知体系，接入管理各类水务前端感知监测设施和涉水视频终端，通过水务现地监测试点建设的不断深入，充分利用区政务网已建网络资源，同时通过省级平台、市级平台、区政数局大数据平台和感知汇聚管理软件接入"令行禁止、有呼必应"平台、区各局已建感知监测设施，实现水务相关物联数据的充分汇聚和共享。

3.2 数据中台

水务数据管理子系统，包含数据的采集工具与治理工具。视频综合管理系统、感知汇聚管理系统分别负责视频与物联设备的采集。数据托管系统、数据仓库管理系统、数据集成管理系统、数据资产管理系统负责采集数据的全过程治理。

（1）视频综合管理系统。搭载在视频汇聚基础设施上，将汇聚区水务局所有已建、在建、新建的总共约500路视频并做接入管理。通过视频综合管理系统，为水务监管提供了高效可复用的视频汇聚功能，简化了视频流转，有效地解决视频延时和卡顿的问题，为水务视频AI分析提供良好的数据基础，以支持视频智能识别的高效智能管理。

（2）感知汇聚管理系统。实现水库监测、排水监测、水务工地监测、隧道涵洞监管、无人泵站管控等感知数据的统一接入及管理。通过提供完备的功能及超高的性能，支撑水务感知层多种类、多厂家、多型号、海量设备的快速接入及管理，有效地降低运维的难度及成本，是实现白云区水务"一个感知体系"的基础。以排水户为例，3 年内通过社会资金拉动，需要接入的水质、水位监测设备数量就在 50 万以上，感知汇聚管理为这些厂家和型号繁多的设备接入提供快速支撑。

（3）数据托管系统。实现多源异构数据的集中存储管理，集中沉淀白云区水务数据资产，有效解决白云水务数据"孤岛"的问题。该多源异构数据，可覆盖白云区水务各科室文档、图纸、图片、视频等非结构化数据，防汛应急、排水、水务工地、江河湖库等结构化数据及半结构化数据。通过提供分布式大数据架构，数据托管系统可支撑白云区水务未来 5 年以上的数据管理诉求。

（4）数据仓库管理系统。实现白云区水务核心高价值结构化数据的分层分域存储，为防汛应急、排水、水务工程、江河湖库等应用提供高效数据支撑，沉淀白云水务核心数据资产。与水务数据托管系统一起，构建白云区水务"用则有、零等待"的数据体系。通过提供 MPP 数据仓库架构，支撑白云区水务未来 10 年以上数据管理的诉求。

（5）数据集成管理系统。可实现设备感知数据、白云区水务业务系统数据、白云区政数局大数据共享平台、广州智慧水务一体化平台、广东省水利系统等数据采、存、管、用一体化。本系统以数据为核心，封装数据从汇聚、开发、管理、服务的一整套完整的大数据体系，屏蔽了大数据相关技术并提供简易的可视化开发操作界面，降低使用门槛，是实现"智慧数据管理"的重要部分。

（6）数据资产管理系统。是主要面向业务部门业务及数据分析人员使用的全要素、智能化、易扩展的综合数据资产管理与运营平台。可实现清晰浏览当前系统内所有数据的数据资源目录，快速检索定位需要查询的数据集、数据项等，以降低数据使用成本，进而实现数据要素的综合管理、运营服务化、数据应用管理和复用，驱动数据广泛应用和价值发挥。

3.3　水务大脑中枢

水务大脑中枢，通过梳理水务业务应用共性需求，归集下沉上层应用中通用支撑能力，结合区智慧白云已建的基础服务能力，利用新一代智能化技术集约建设白云区水务智能支撑底座，包括水务模型管理、视频识别管理、水务舆情管理等，支撑数据模型与视频 AI 分析模型的封装、迭代、纳管、调优功能，可支撑多场景的舆情信息定制与管理等。

（1）水务模型管理。提供流域水文预报模型、洪涝模拟及预报模型、水库纳雨能力模型等能力。通过数据的分析与算法构建，形成模型中心，对模型和数据进行集中统一管理，降低模型重复建设成本，提高模型运行效率，同时可以通过 API 接口对外进行服务发布，对接到智慧水务业务系统，提升水务模型应用价值。

（2）视频识别管理。通过对接入的视频数据进行实时 AI 分析，并将识别结果通过 API 的方式推送至前端业务应用，主动识别违规场景，保障整个水务监管业务的有序健康运转，释放人力成本，提升监管效率。

（3）水务舆情管理。支撑舆情信息采集、分析、预警、引导，解决水务舆情信息采集时效性和全面性的问题。通过实现对白云区水务局相关场景，如城市内涝、江河湖库、防汛应急等的舆情数据 7×24 h 实时采集监控、抽取、挖掘和分析处理，从而客观呈现互联网上的水务舆情信息，助力水务局及时、准确地掌握舆论情况，做出正确引导，辅助相关政策的制定和落实。

3.4　专业场景应用

专业应用场景，包括防汛应急管理、排水智能管理、江河湖库管理、水务工程管理、水土保持管理、供水和水资源管理及河长制管理，是围绕水务综合指挥子系统和水务业务管理子系统展开的。水务综合指挥子系统包括水务可视化监管、水务综合工作台、水务管理移动端；水务业务管理子系统包括白云区水务局目前七大主要业务场景，一期建设主抓前四个业务板块，通过信息化手段进行统一管理和决策指挥。

4 关键技术

4.1 视觉智能监管

利用智能化减少人力，结合江河湖库、防汛应急、水务工程等业务场景，传统的巡检方式存在人员巡检滞后及反馈周期较长的问题，从而贻误了本可避免发生问题的时间窗口期。通过视频识别管理软件，加载水务各类监管场景模型，对接入的视频数据进行实时分析，并将识别结果通过 API 的方式推送至前端业务应用，及时发现目标场景，并通过业务系统第一时间告知相关责任人进行干预，从而保障整个水务监管业务的有序健康运转。

4.2 多源数据汇聚

建立统一的支持多种数据源和异构数据的数据集成服务，建立数据集成标准规范，基于数据集成服务和规范用户可自行完成一定的数据集成工作。

动态 ETL，数据集成管理支持基于 JDBC 连接的关系型数据库、MPP 数仓、NOSQL 数据库等，支持 HDFS、对象存储的数据接入和管理，支持本地文件上传。系统提供数据转化、映射、压缩等相关处理组件，同时支持自定义开发来实现对数据的加密、映射、脱敏、类型转换等[3]。

跨源联邦分析模块可以支持多类型数据源分析、多源联邦分析等能力。数据源类型包括但不限于 HDFS、对象存储、RDBMS、NOSQL、MPP 等。支持快速点查询也支持复杂大数据分析，支持标准 JDBC/ODBC 接口，可以对接各种 BI 工具，简单易用统一的 SQL 查询分析编辑器、自动生成 SQL 语句等，支持 SQL 耗时、扫描数据量等分析，指导优化。

4.3 水务专业模型

水务专业模型管理模块对模型和数据进行集中统一管理，可以为防汛应急、排水智能化管理、无人值守泵站等众多水务场景涉及的模型（包含水泵预测性维护模型、流域水文预报模型、洪涝模拟及预报模型、水库纳雨能力模型、积水智能预报模型等）提供模型本身及模型数据的管理服务，可以通过水务模型管理软件灵活地访问、更新、生成和运行模型。同时，通过模型管理、模型配置、模型训练、模型迭代、模型预测、模型评估、模型发布等功能可以为业务场景提供模型服务，可以有效解决过往存在的模型管理问题，提高模型运行效率，减少模型重复建设成本。

针对白云区洪涝问题，构建洪水模拟模型和内涝模拟模型，为区域防洪安全和内涝治理提供模型和系统支撑。主要建设内容为：①针对白云区 24 个流域面积共计 606.17 km² 的流域片区进行洪水淹没分析，基于历史及不同的设计暴雨对模型进行率定验证并绘制整个白云区所辖范围的洪水风险图。②选取金沙洲街道辖区范围作为试点，构建洪水加内涝模拟模型，结合降雨场景对金沙洲区域洪水及内涝积水情况进行模拟，为管网排水能力评估、城市排水治理、排涝调度等提供辅助决策支撑。

将洪涝模拟及预报模型集成至实时洪涝预报预警系统平台，实现白云区洪涝模拟模型的实时预报计算；模型成果能够为白云区提供洪涝风险预警、应急调度支持、抢险布控建议等洪涝灾害防御业务的技术支撑。

白云区面积共 795.79 km²，包含 24 个排涝片，河涌 249 条，水利工程众多。白云区洪涝成因复杂，上游受山洪影响，中下游受河道漫溢、管网过流能力等影响严重。为准确模拟白云区洪涝情况，需充分考虑山区洪水、河道漫溢、管网排涝和水利设施等影响。因此，针对白云区 24 个排涝片，洪涝模拟及预报模型由非建成区流域水文预报模型、湖库调蓄模型、一维河道模型、二维地表模型、防洪排涝调度模型和地下管网排水模型等多模型耦合组成。

非建成区流域水文预报模型构建：拟采用降雨径流相关模型或者新安江模型，流域出口至干流的河道属支流，河道汇流采用马斯京根法进行汇流计算。建成区是洪涝模拟的重点区域。根据广州市规划和自然资源局于 2021 年发布的《广州市 2020 年城市建成区面积统计情况解读》，白云区城市建成区总面积为 172.78 km²。因此，对于白云区 600 km² 左右的非建成区，流域划分和产汇流计算的工作量较为繁重。

湖库调蓄模型构建：利用湖库数据，进行调蓄计算，实现固定泄量调洪计算、防洪补偿调度、湖库安全度汛调洪、防洪补偿调度、错峰调度等方式的计算。白云区现有小（2）型以上水库 36 座，其中中型水库 1 座（和龙水库）、小（1）型水库 9 座、小（2）型水库 26 座，主要分布于太和镇及钟落潭镇。白云区水库总库容超过 4 500 万 m^3，其在汛期区内调洪中发挥着重要作用，直接影响下游的洪水情况，因此对其进行调洪演算显得尤为重要。此外，白云区内现有白云湖调蓄湖，规划建设大田生态调蓄湖、白云湿地、蓼江村隔离调蓄湖和云泽湖四座调蓄湖，建成后总的水域面积达到343.51 万 m^3，因此这些调蓄湖对雨洪的蓄滞作用同样不可忽略。

一维河道模型构建：利用河道及水工数据，完成河网拓扑关系建立、河道断面赋值、闸坝水工建筑物参数和调度规程的设定等，并进行合理性审核。河道模型是洪水计算的基础，是非建成区流域产汇流模型和湖库调蓄模型的直接服务对象，因此是白云区洪涝模型的关键一环。白云区河道水系众多，可分为 24 个流域，且河道上水闸泵站众多，因此河道建模工作量较大、难度较高。为了实现白云区河道洪水演进的全面、准确计算，需从区内 249 条主要河涌中筛选出对建成区影响较大的河道，并对水闸、泵站、水陂、卡口等关键水利工程设施进行合理概化，进而完成白云区一维河道模型构建。

二维地表模型构建：采用不规则网格进行剖分，根据计算区内地形及水系、堤防、道路、铁路等分布和走向，自动加密网格以适应地形和地物的变化。对于特殊地物的概化，主要考虑区域内房屋、道路及堤防的阻水作用，涵洞的过水作用，因此通过将区域内相关建筑概化为计算网格的边，在洪水分析软件通过对边的属性的编辑实现对建筑物的模拟，当边两侧水位低于建筑物高程时，建筑物起阻水或导流作用；当边一侧水流高于建筑物高程时，建筑物两侧水流发生交换。为建立白云区二维地表模型，需首先根据 24 个流域范围和城建区分布来确定二维模拟范围，并结合高精度地形、遥感、道路等数据对网格进行剖分和局部加密。在此基础上，根据白云区土地利用和建筑物分布情况对网格糙率进行赋值。网格尺寸是决定模拟精度的关键因素之一，其不宜过大也不宜过小。由于白云区的建成区面积大小达到 172.78 km^2，因此网格边长初步确定为 2~30 m，初步估计需要剖分 200 万以上的非结构网格。

防洪排涝调度模型构建：构建基于湖库、闸坝、泵站等多要素联合调度的防洪排涝调度模型。白云区湖库泵站等的联合调度是有效应对区域洪涝的关键手段之一，应结合白云区实际情况，在收集到各个水利工程调度规则的基础上，建立基于湖库、闸坝、泵站等多要素联合调度的防洪排涝调度模型。

地下管网排水模型构建（金沙洲街道试点）：利用管网数据，分析管网拓扑关系，结合管网断面、排水口布置、泵站等水工建筑物参数和调度规程，确定小排水分区的管网排水曲线，并进行合理性审核。城市区域地下管网错综复杂，其模型包含雨水算子、检查井、出口、管道、管渠、子汇水区等多种要素，因此首先需对地下管网进行合理概化，然后根据金沙洲街道局部地形、土地利用等情况对子汇水区进行划分和参数赋值。此外，金沙洲位于白云区西南角，其管网出水口受珠江西航道潮位顶托明显，需要在模型边界条件上进行充分考虑。

多模型耦合：模型应在一个时间步长内进行完全耦合，实时反映汇入或者漫溢等河道与地表之间的水量交换，排水或者倒灌等管网与河道在排水口处发生水量交换，汇入或者满管反灌等地表和管网检查井之间的水量交换等。非建成区流域的产汇流计算模型可作为边界条件与建成区模型耦合，建立白云区全流域的洪水模拟模型及金沙洲街道试点洪涝模拟模型。

5　平台探索

白云区智慧水务是广州市智慧水务的继承、补充和延伸，也是白云区智慧白云建设的重要组成部分。整体充分利用市、区现有的基础设施资源，落实《2021—2023 年智慧白云（数字政府）建设三年行动方案》重点任务，并结合水务局实际业务需求分期建设完善。一期建设以区水务局重点工作任务为导向,选取四大业务应用和九项监测试点率先开展,同时构建水务智能支撑和水务数据支撑能力框架,实现信息汇聚、数据共享、弹性部署、快速迭代的水务智能底座,为满足白云区水务局智慧水务后期扩展提供有利条件。

防汛应急管理,能够指导白云区水务局进行防洪排涝能力提升工程的建设,减少山洪区及易涝区的灾害风险,从而降低洪涝灾害所引发的社会财富损失。通过防汛应急管理的建设,进一步完善防汛应急指挥体系建设,有效地提高该地区的防汛应急处置能力,减少灾害带来的经济损失,通过构建洪涝模拟及预报模型建设,可迅速研判洪水风险隐患点位置,为抢险调度提供决策依据,大幅提高了预警防灾减灾水平,为保障社会财富提供了有效保障。

排水智能管理,通过在86处排水管网关键节点、28处排水单元、22处排水户试点布设水质监测传感设备,实时感知排水系统的水污染动态情况,对污水管网监测点进行实时监测,收集监测数据,以排水单元为维度实施污染源头监管工作,实现以排水户、排水单元、排水管网、泵站及污水厂由源头到末端的统一管理。通过对排水设施信息整合,实现排水单元污水去向分析,解决以往源头排水去向不明的业务痛点。同时,通过设置一系列排水管理专题图,以不同的任务工作查看任务完成进度、完成分布情况等,支撑管理者宏观决策,有助于提升白云区排水业务服务水平、优化营商环境。同时,通过排水智能管理可以减少管网损坏的情况,快速定位问题点,减少巡查人力成本,进而降低管网维护费用[4]。

江河湖库管理,通过采用自动化监测手段及时发现工程隐患,大大降低了监测人员的劳动强度,提高了工作效率与劳动生产率。同时,通过计算机对大量的观测数据进行快速分析,为排除险情提供重要信息,为水库的科学调度提供依据,所产生的经济效益非常显著。

水务工程管理,一方面可以充分调动不同岗位人员的工作积极性,提高工作效率;另一方面传统的人工监测方式需要人工高密度地进行信息采集和大数据量的分析计算,采用自动化监测可大大降低监测人员的劳动强度,及时发现工程隐患,通过计算机可以对大量的观测数据进行快速分析,为排除险情提供重要的信息,为水务工程健康有序推进提供依据。

水务大脑中枢,实现白云区水务局业务智慧化,减少白云区水务局各级部门人工成本,促进有效合理地分配监督和管理资源,提高业务开展和行政管理的效率和效能,降低业务开展和行政管理成本。该平台为水务局各部门提供数据支撑服务,避免各部门独自采集相关数据,减少了数据资产的重复投入;减少系统重复建设,通过强大的基础能力,支撑各个板块业务的智能化发展,并可对外进行能力输出,实现平台价值增值;智慧资产应用群建设盘活了白云区水务局内部沉淀的数据,推动数据资产变现,形成了新资产价值创造和价值的闭环,提升白云区水务局水务智能子平台板块盈利能力。

数据中台实现五个统一,包括统一物联接入、统一数据采集、统一数据建模、统一数据集成和统一数据服务。通过集中式建设,减少硬件资源的投入成本,减少应用开发的成本,减少软件运维的成本,缩短业务需求响应周期,提升业务开发效率。

湾区智慧水务项目将推动湾区水务管理现代化的程度,同时能够实现政府高效率、低成本运转的目标。

6 小结

本文以白云区水务局为研究对象,针对强化防汛应急、智慧排水、河湖监管等方面业务管理能力,利用物联网、人工智能和无人机无人船等感知监测手段,构建视觉智能监管系统,并研究水务专业模型,可以有效解决过往存在的模型管理问题,提高模型运行效率,减少模型重复建设成本。

(1)针对湾区城乡高速发展与感知监测建设滞后的矛盾,补充完善水务监测体系,同时增加了对不同场景的监测,为白云区智慧水务业务的发展奠定了基础。

(2)针对基层数据与城市管理数据断层的问题,打造统一的数据平台,实现数据托管、数据仓库管理、数据集成管理、数据资产管理的数据全过程治理,实现水务相关物联数据的充分汇聚和共享，提高数据管理的效率。

（3）为构建统一的信息化平台，本文聚焦三个关键技术的研究：视觉智能监管、多源数据汇聚、水务专业模型。在视觉智能监管方面，成功利用智能化技术改进水务监管方式，实现了实时监测和及时干预，提高了水务监管的效率和精确性。多源数据汇聚方面，建立了支持多种数据源和异构数据的数据集成服务，提供了动态 ETL、跨源联邦分析等功能，有助于更好地处理和分析各类数据，为业务决策提供了强有力的支持。最后，在水务专业模型领域，建立了模型管理模块，集中管理各类水务模型，提高了模型的管理效率，为防汛应急、排水智能化管理等提供了可靠的技术支持。

这些工作的成功实施为解决白云区洪涝问题提供了重要的技术支撑。我们期待着未来能够进一步完善这些工作，提高水务监管和防洪安全的水平，为城市水务管理和水资源利用提供更多的创新解决方案。

参考文献

［1］徐嫣. 中部欠发达地市智慧水利建设思路探索［C］∥中国水利学会 2021 学术年会论文集：第四分册. 郑州：黄河水利出版社，2021.

［2］耿磊，徐嫣，雷佳明. 基于空天地感知的流域智慧指挥平台研究与实现——以西江流域为例［J］. 人民长江，2021（S2）：52.

［3］孙雅丽. 智慧水务在珠江三角洲水资源配置工程中的应用［J］. 广东水利电力职业技术学院学报，2022，20（3）：3.

［4］吴小明，王凌河，贺新春，等. 粤港澳大湾区融合前景下的水利思考［J］. 华北水利水电大学学版（自然科学版），2018（4）：11-15.

以模型和知识驱动的数字孪生南四湖二级坝建设与应用

胡文才　张煜煜

[沂沭泗水利管理局水文局（信息中心），江苏徐州　221018]

摘　要：数字孪生南四湖二级坝工程是在水利部将推进智慧水利建设列为新阶段水利高质量发展的显著标志和六条实施路径之一，明确将数字孪生流域作为智慧水利建设的核心与关键的前提下，作为水利部 11 个先行先试建设的工程之一。沂沭泗水利管理局在克服资金不足、技术力量缺乏、没有成功经验借鉴等困难下，以需求牵引、应用至上为原则，从南四湖二级坝的实际需要出发，圆满完成了先行先试目标，建成了以模型和知识驱动的数字孪生南四湖二级坝工程，为南四湖防洪调度和水闸运行管理提供智能支撑。

关键词：数字孪生；先行先试；模型；知识

1　工程概况

南四湖由南阳、昭阳、独山、微山等四个湖泊组成，行政辖属山东省济宁市微山县，周边与济宁市任城区、鱼台县、滕州市、薛城区、沛县及铜山区接壤。南四湖湖形狭长，南北长 125 km，东西宽 6~25 km，周边长 311 km，湖面面积 1 280 km²，总库容 53.7 亿 m³。流域面积 31 200 km²，是我国第六大淡水湖，具有调节洪水、蓄水灌溉、发展水产、航运交通、改善生态环境等多重功能。1958年兴建的二级坝枢纽将南四湖分为上、下两级湖。二级坝枢纽工程横跨昭阳湖湖腰最窄处，将南四湖分为上、下两级湖，东起常口老运河西堤，西至顺堤河东堤，是蓄水灌溉、防洪排涝、工业供水、水陆交通、水产养殖等综合利用的枢纽工程。该工程始建于 1958 年，至 1975 年基本完成，全长 7 360 m，自东向西建有溢流土坝、一闸、二闸、三闸、船闸和四闸等工程，其间以拦湖土坝相连，其中 4 座水闸总宽 2 140.31 m，共 312 孔。四闸未投入运行，一闸、二闸、三闸和溢流坝设计总泄量为 14 520 m³/s，但由于上下游引河开挖未完成，湖内行洪不畅等，目前实际泄量达不到设计标准。

2　重难点和解决办法

本项目建设重点是如何实现从传统信息化向数字孪生转变的问题。难点是资金不足、技术人员欠缺、资料欠缺、缺少相关建设经验。

2.1　解决传统信息化和数字孪生之间的关系

传统的信息化是融合空间数据，进行三维建模建设的一个工程仿真平台，对工程信息进行展示和模拟，然后开发对应的应用系统。数字孪生是以时空数据为底座、数学模型为核心、水利知识为驱动，对物理流域全要素同步仿真。数字孪生南四湖二级坝工程根据数字孪生流域的定义，以南四湖流域为单元，汇聚五类数据建成数据底板，利用新安江、一维和二维水力学、视频 AI 识别和可视化模型为核心，建设了五库五应用的知识平台作为知识驱动。从而解决了传统信息化和数字孪生之间界限

作者简介：胡文才（1975—），男，正高级工程师，主要从事数字孪生建设、防洪调度、水资源管理与调配等研究工作。

不清的问题。

2.2 资金不足的问题

数字孪生南四湖二级坝工程是水利部定的 11 项先行先试工程之一，没有预算资金，采用自筹资金 600 万的方式解决部分资金问题。

2.3 技术人员欠缺的问题

数字孪生建设工作需要大量综合性人才，沂沭泗水利管理局专业技术人才缺乏。为了解决该问题，首先，以沂沭泗水利管理局水文局（信息中心）作为技术支撑单位，全面把握技术关；其次，成立技术工作组，抽调业务处室技术骨干，参与到项目建设中，对业务的实用性和可靠性进行把关，确保系统建成后可用、能用和实用，让各部门业务工作得到提升。

2.4 资料欠缺的问题

数字孪生要求对物理流域全要素和水利管理活动全过程数字映射，这就需要大量资料作为支撑。为了节省资金，减少重复建设，并响应国家共建共享的号召，按照"整合已建、统筹在建、规范新建"的要求，整合沂沭泗水利管理局已有的水文水资源、工程管理、水行政执法等业务已有资料，实现单位内部各业务部门直接资料整合共享；再通过和中国水科院、山东省、淮委沟通协调，整合数据资源，实现单位外部资料共享。通过单位内外资料共享的方式，解决资料欠缺的问题。

2.5 缺少相关建设经验的问题

数字孪生流域（工程）建设在水利上是一个全新事物，同时是一个综合性特别强的新生事物，技术含量远高于传统的信息化，因此没有成功的经验可借鉴。为了解决这一难题，沂沭泗水利管理局采用专项推进，成立数字孪生建设领导小组和技术工作组，通过专人专项、分项负责、共同推进的模式，边学习边建设，不断总结经验，逐步提高的办法解决建设过程中遇到的各种难题。

3 项目取得亮点

项目经过一年多的建设，通过不断的摸索和总结，取得了一定的成果，应用于沂沭泗流域的防洪调度与工程运行管理，取得了较好的效益。

（1）基于淮北模型研发 4 种下垫面的湖西平原产汇流模型。针对湖西平原水面、水田、旱地、城区产汇流特点，充分考虑大孔隙下渗、潜水蒸发、地下水和地表水之间转化，将包气带概化为上、下两层，用蓄满产流原理分别模拟上、下土层的产流，用变动渗漏面积模拟大孔隙下渗，用地下水蓄水容量参数考虑地下水对地表水的反馈。成果适用于黄淮平原区"四水"转化关系研究、水资源评价等方面。

（2）基于分布式水循环模型架构，提出并发的水利专业模型预报调度服务与计算资源弹性伸缩管理的匹配技术，充分挖掘 CPU 和 GPU 的高吞吐量和大规模并行计算潜力，实现模型的分秒级运行计算，有效提高模型实时运算效率。

（3）通过自然语言处理、机器学习等技术，实现水利知识的识别、抽取、处理，并将知识存储到图数据库中，构建水利知识图谱。通过知识推理分析水利对象、事件之间的关联关系，以微服务的方式为业务系统提供智能驱动。

（4）提出了一套"流动"数据底板构建机制和框架，实现系统内外数据汇聚，对数据进行重新组织和关联，形成汇聚的"河"、可控的"闸"、一体化管理的"湖"和支撑应用的"泵"，为防洪调度和水闸运行管理提供高质量的数据服务。

（5）基于实体对象关系模型，实现"一码多态"的空间数据组织与表达，识别同一水利对象在不同尺度下的不同形态，实现南四湖地形、二级坝实景和 BIM 模型的数据关联。

（6）面向防洪"四预"需求，将水文模型、水力学模型、智能模型等多种模型进行标准化和服务化，针对每个小流域的不同特征，通过可视化界面配置相应的预报模型和参数，快速构建南四湖流域预报系统，每个小流域的预报模型可通过微服务接口调用标准化的模型，实现模型的并行计算。

4 建设成果

本项目从 2022 年 3 月开工，经过近 9 个月建设，设计建设内容基本全部建设完成。目前建成了数据底板、工程仿真、防洪调度、运行管理和知识平台五大部分组成的数字孪生南四湖二级坝工程，主页面如图 1 所示。

图 1 数字孪生南四湖二级坝工程主页面

4.1 数据底板

基于国产化 GIS 平台，以南四湖流域底板为数据载体，汇集基础数据、地理空间数据、跨行业数据、监测数据和业务数据，以数据流的模式进数据底板，建成数字孪生沂沭泗统一的数据底板（见图 2）；以业务需求为牵引，业务应用为控制，通过汇聚与驱动，让数据聚起来、动起来，实现"一码多态"的空间数据组织与表达。数据底板分为 3 级。其中，L1 级数据底板覆盖南四湖流域，包括 15 m DOM、30 m DEM 和 10 m DEM 等数据，主要展示河道、重点闸坝等工程，支撑南四湖流域数字孪生建模；L2 级数据底板覆盖南四湖湖区和蓄滞洪区，包括南四湖湖区 0.5 m 遥感影像、2 m DOM 和 1 m DOM，5 m DEM 数据，主要是支撑南四湖湖区和蓄滞洪区精细建模；L3 级数据底板重点针对二级坝枢纽，结合倾斜摄影、BIM 建模等数据，实现构件级工程建模。三级底板实现无缝切换，为业务应用和数字化场景提供支撑。

图 2 数据底板示意

4.2 工程仿真

工程仿真基于超融合的引擎大屏底座，融合数据底板汇聚的多源空间数据处理，基于 GPU 加速的渲染技术，运用 U3D 引擎，实现影视级沉浸式仿真体验，解决大规模场景下渲染精度不足的难题，满足流域超大范围、超大规模场景要素的渲染及交互性能需求。根据南四湖流域 L1、L2、L3 级数据底板，虚拟化二级坝真实场景，场景内接入实时气象、水情、监测等信息，可实时动态展示南四湖流域相关信息和二级坝直管工程运行状况。

工程仿真主要直观地全景展示二级坝枢纽的工程位置信息，以俯视的角度总览二级坝枢纽整体情况，如图 3 所示；实时显示水闸运行状态，闸室内部情况；对闸室及启闭设施进行拆解；进入一闸、二闸、三闸闸室内部漫游，以俯视的姿态，从二级坝西漫游到二级坝东；汇聚展示南四湖流域基础及监测信息；动态模拟南四湖流域数字流场等。

图 3 工程仿真

4.3 模型平台

模型平台主要是汇聚各类水文模型、水动力学模型、智能模型、调度模型和渗流模型等，并对这些模型进行管理与监测。通过构建模型计算方案，运用并行计算框架实现各类模型的并行计算，并以服务形式提供给各业务系统使用，模型平台的搭建主要是为了解决模型共享共用，减少重复开发的问题。针对南四湖平原水面、水田、旱地、城区产汇流特点，基于淮北模型研发 4 种下垫面的平原产汇流模型；基于分布式水循环模型架构，提出并发的水利专业模型预报调度服务与计算资源弹性伸缩管理的匹配技术；在模型运算中，考虑到二维水利学计算需要算力的问题，在模型开发过程中采用了并行计算的方法，充分挖掘 CPU 和 GPU 的高吞吐量和大规模并行计算潜力，有效提高模型实时运算效率。

4.4 知识平台

知识平台是数字孪生系统的"大脑"，为各业务应用提供驱动的"动力"源泉。通过自然语言处理、机器学习等技术，构建水利知识图谱，结合知识推理，以微服务的方式为业务系统提供智能驱动。数字孪生南四湖二级坝知识平台建成了五库五应用的知识平台。

以南四湖流域实体对象为单元，以数据模型为基底，融合预报方案、专家经验、历史典型洪水场景、工程调度规则、预案等水利知识，构建流域防洪知识图谱库，存入图谱探索中生成的各类图谱关系及相关知识；为应急指挥、防汛会商等提供知识支撑；以降雨场次洪水为单元，对南四湖流域典型历史场次洪水的降雨过程、洪水过程、调度过程等数据进行标准化处理，开发相似性匹配引擎，为防洪"四预"和水闸调度提供历史知识和经验支撑。

4.5 防洪调度

防洪调度主要通过数据底板数据支撑，运用模型平台水利专业模型，根据防洪"四预"需求，将水文模型、水力学模型、智能模型等多种模型进行标准化和服务化，快速构建南四湖流域预报系统，通过微服务接口调用标准化模型，实现模型的并行计算。结合知识平台知识驱动，建成具有"四预"功能的南四湖防洪调度系统（见图4），应用分布式水循环架构下的水文水动力全耦合技术、多用户并发的水利专业模型预报调度服务技术和支撑预案智能匹配、自然语言解析、库-谱一致性和AI分析推荐的水利知识推理引擎技术，以数据平台提供场景、模型平台和知识平台提供驱动，实现防洪减灾事前、事中和事后的全过程管理。

图4 防洪调度系统示意

系统以数据底板中的GIS底图为场景，展示南四湖流域降雨及水情信息；调用模型平台新安江模型、淮北模型、一二维水动力模型，根据地形特征构建预报拓扑关系，为知识平台的历史场次洪水和专家经验提供知识驱动，实现南四湖流域洪水预报功能；对河道、蓄滞洪区、湖泊水库、险工险段等进行预警，对水闸开启进行提示；对不同方案洪水进行模拟预演，根据预演结果，系统提供方案比选，推出最优调度方案。

4.6 水闸运行管理

运行管理主要通过数据底板数据支撑，针对二级坝泄洪过程中泄量出现误差无法及时预警的问题，以实时的上下游水位、闸门开度和泄流曲线为基础，植入人工经验，通过机器学习、知识推理精确判定二级坝上下游水位-水闸泄量-闸门开度关系，智能推荐水闸调整模式，研制出二级坝泄量纠偏技术，为二级坝水闸精细化调度提供技术支撑。利用知识平台中泄量纠偏知识驱动，调用模型平台AI智能识别模型、渗透模型，建成二级坝水闸综合管理系统（见图5）。

系统以数据平台的GIS地图为底图，左右两边分别展示了工程检查次数及记录、指令执行、视频监控等内容，可以整体查阅水闸运行状况；以数据平台和仿真平台为基础，构建水闸三维仿真场景，实时监测一闸、二闸、三闸室内设备电压电流变化情况，监测到异常信息时进行告警，提醒排查处理；解决二级坝的日常巡查工作；借助于知识平台，可以将调令直接转换为执行指令，通过泄量纠偏实时调整闸门孔数及开启高度等。

5 结语

经过近一年的奋斗，数字孪生南四湖二级坝工程已经初见成效。作为水利部第一批先行先试工程，南四湖二级坝工程按时完成既定目标，也取得了一定的成绩，但是数字孪生建设是一项综合性强、知识面宽、难度大的工作任务，后续还有相当大的提升空间。在南四湖二级坝先行先试工程建设过程中，我们通过不断学习和总结经验，反复改进，为下一步数字孪生工程建设提供经验支撑。

图 5　水闸综合管理系统示意

基于视觉识别控制系统的小型河涌智能清污船设计

赖碧娴[1]   温卫红[1]   谢雨钊[2]   周新民[1]   杨　娟[1]

(1. 广州市河涌监测中心，广东广州　510640；
2. 华南理工大学，广东广州　510640)

摘　要：拦截网式河涌智能清污船主要由河涌智能化清理设备及与之物联的大数据可视化系统组成，该系统能够及时清理河涌水面及水下漂浮垃圾，并建立河流垃圾污染分析决策模型和预警预报模型，通过实时在线监测采集得到的数据在终端可视化展示，可为管理者提供直观有力的决策依据，拥有强大的市场应用空间。

关键词：视觉识别控制系统；河涌智能清污船；水面垃圾

开发生产一套可及时主动清理水面与水下漂浮垃圾、实时提供河涌垃圾大数据分析决策模型 swat 的河涌智能清污设备，可解决河涌中大部分漂浮垃圾得不到及时有效清理，监管决策部门也得不到河涌垃圾污染情况即时信息的难题。2019 年，广州市河涌监测中心与华南理工大学共同研制了一款基于视觉识别控制系统的小型河涌智能清污双体船，本文主要介绍该船的工作原理及清污方法。

1　硬件设计介绍

1.1　两种设计方案

经参考国内外多款水面垃圾清理船设计[1]，形成了传送带式河涌智能清污船、拦截网式河涌智能清污船两种较完善的硬件设计。

1.1.1　传送带式河涌智能清污船

传送带式河涌智能清污船主要配备不锈钢制作的链板作为水面漂浮物的传送系统，在行进过程中，视觉识别系统捕捉到水面漂浮的目标物后，船体根据目标方向调整路径，牵引船体朝目标物前行，由船体两侧毛刷卷动目标物输送到链板进入集污箱完成收集过程，达到清洁水面的目的[2]。

1.1.1.1　设计部件

传送带式河涌智能清污船主要部件有 V 形截污网、毛刷式集污系统、链板传输系统、污染物探测系统、集污箱、智能控制系统、动力系统、伸展式太阳能板，如图 1 所示。

（1）V 形截污网。水面部分是塑料浮筒式活动拦污栅，水下部分是细纱网与半开导流管槽，细纱网垂直悬挂在塑料浮筒式活动拦污栅上；以 V 字形安装在河道里，V 字形的 V 字底部安装在船体上。

（2）毛刷式集污系统。毛刷由弹性塑料棒制成，由液压马达带动向两内侧旋转，毛刷自上而下根据水深自动调节集污深度，在两个毛刷的内侧旋转及上下收缩调节下，可以快速地把水面及水下垃圾卷入垃圾传输链板上，如图 2 所示。

基金项目：2020 年度广州市水务科技项目。

作者简介：赖碧娴（1984—），女，工程师，主要从事水利信息化工作。

通信作者：温卫红（1977—），女，工程师，主要从事水利技术管理工作。

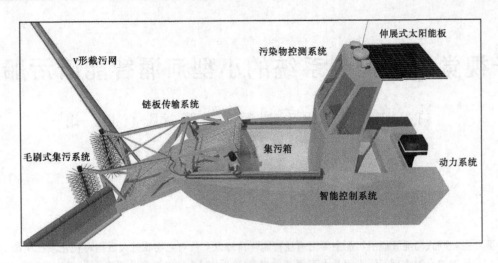

图 1 传送带式河涌智能清污船主要部件

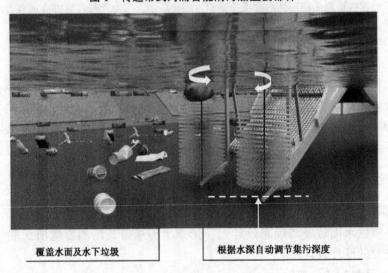

图 2 毛刷集污示意图

（3）链板传输系统。由液压马达传动，为金属链板，可防止打滑，安全耐用；传送带为 304 不锈钢，具有耐久性及抗腐蚀性。

（4）能源-驱动系统。包括液压站、液压缸、电池箱、电机、充电器、太阳能板、船载驱动挂机、电线等，如图 3 所示。

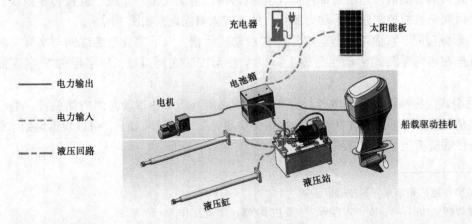

图 3 能源-驱动系统示意图

（5）污染物探测系统。主要包括红外垃圾感应摄像头、流场信息传感器、障碍物感应传感器、遥控信号接收器及 GPS 信号接收器，主要用于对垃圾的自动探测，均具备防水功能。

（6）智能控制系统。包括无人驾驶、远程遥控及人工驾驶，含有自动导航、自动避让行船、远程遥控模块并配合手机 App（移动应用程序）使用及垃圾满载预警系统。传统手动操控则应对复杂工况或极端天气，可实现手动遥控或自动控制切换[3]。

1.1.1.2 设计图纸

传送带式河涌智能清污船设计图纸如图 4 所示。

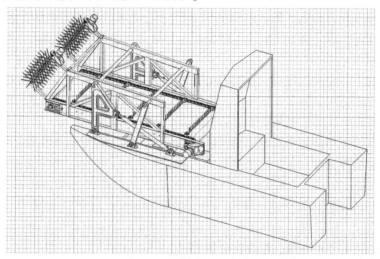

图4　传送带式河涌智能清污船设计图纸

1.1.1.3 设计模型实物

通过 3D 打印机制备了船身 3D 模型、大型钢制传送带、小型钢制传送带式河涌清污船模型实物，如图 5 所示。

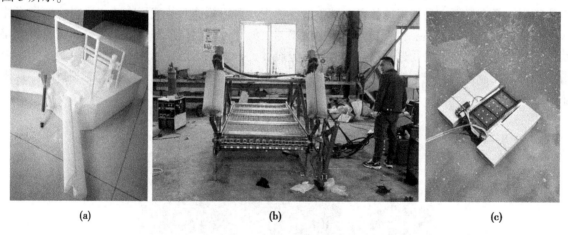

(a)　　　　　　　　　　(b)　　　　　　　　　　(c)

图5　3D 打印模型及大型、小型钢制传送带式河涌清污船模型

1.1.1.4 存在的问题及改进措施

存在的问题方面，一是液压管多而乱，安装和拆卸须专人操作，在安装和拆卸过程中存在漏油情况；液压系统电线多而乱，容易混淆，每条线需编号区分。二是因自重过大，毛刷无法做到简单拆卸和安装。三是大型传送带式智能清污船设备太过于笨重（钢板材质过重，近 1 t，尺寸长近 2 m、宽 1 m），给调试工作带来诸多麻烦，并有安全隐患。

改进措施方面，经考察大量国内外相关研发产品，决定启动研发一款轻便型拦截网式河涌智能清污船，仅需一人即可搬运，采用手动型（手柄）或自动型（手机 App）控制，轻松控制船的运动轨迹、自动识别垃圾并收集、自动判断垃圾重量、自动返航等，为中小型、漂浮垃圾型河道服务。

1.1.2　拦截网式河涌智能清污船

为了更好地适用于浅型水体，改良设计了一款拦截网式河涌智能清污船。船体设置不锈钢集污网兜，在行进过程中，借助水流与船体逆行的力量，目标物自动漂浮入集污箱完成收集过程，达到清洁水面的目的。

1.1.2.1　设计部件

拦截网式河涌智能清污船主体有拦截网、垃圾兜、动力系统、智能系统、双船体等。

（1）浮体。为双体船，黄色，该双体船的船身经过轻量化、小型化设计，提高了携带和运输的便利性，同时也增加了自动巡航的稳定性和可靠性。材料为高级玻璃钢，双体船自重约为 2 kg，承重 40 kg[4]。

（2）水下推进器。外壳采用模具一次性注塑成型，外壳和螺旋桨均采用玻璃纤维增强改性尼龙材质，具有强度高、耐腐蚀、耐海水等特性，内置螺母嵌件为不锈钢定制。电机配无刷电调启动，定制镂空小箱体保护水下推进器。在单船体上各安装 2 个水下推进器，其中 1 个为备用。

（3）防水保护罩。用于防止主控箱、摄像头接触到水。采用轻质聚苯乙烯材质，无色透明状。

（4）船体两侧防撞浮力棒。保护水下推进器，在船体两侧安装有船体防撞实心泡沫浮力棒。

1.1.2.2　设计图纸

使用 CATIA 三维建模软件曲面设计模块，结合载重量考虑，开展拦截网式河涌智能清污船包括船舶浮力与线型的设计。综合考虑船体浮性、快速性、抗沉性因素，使用 PLA、铝合金等材料制作了螺旋桨保护装置、船舱电子元件箱、垃圾收集装置。

1.1.2.3　设计模型实物

拦截网式河涌智能清污船的动力由两个安置于水线下的螺旋桨提供，以轻便型塑料为材料制作动力保护装置，使得船体行驶时无须顾虑水槽等杂物可能会卷入螺旋桨装置的风险。垃圾收集装置为不锈钢网兜。当船体处于前行状态时，不锈钢网兜自动收集航线上漂浮的水面垃圾。船舱电子元件箱原材料为塑料，具有轻便、易加工的特点。基于散热考虑，在船舱前后装载了高功率风扇。电子元件箱是无人船的大脑，搭载了主控板、分电板、小电脑、电池等。在船舱顶部安置工业摄像头，负责捕捉水面图像，帮助系统做出路径选择决策。电控部分设计了一套稳定可行的无人船电气控制系统。硬件部分所设计的控制电路实现了船体的控制需求，电源电路也满足船体供电和电源监控等目的，具体模型如图 6 所示[5]。

图 6　拦截网式河涌智能清污船模型

2 软件设计介绍

2.1 电路及芯片系统设计

拦截网式河涌智能清污船设备电路硬件系统包括自主设计控制板、视觉识别系统、太阳能充电系统和电源管理系统，如图7所示。

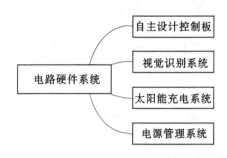

图7 拦截网式河涌智能清污船设备电路硬件系统组成

船体整体供电电路如图8所示。船体电源管理电路分为两个部分。第一部分通过多种电源芯片完成升压降压，实现对船体各部分的供电需求；第二部分通过电源管理芯片，实现太阳能充电及电池供电的切换，实现船体的充放电管理及船体电源状态的监控。

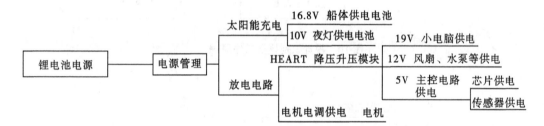

图8 拦截网式河涌智能清污船整体供电电路

自主设计控制板如图9所示，船体的智能控制系统基于stm32f405RGT6微控制器设计，该控制器是基于ARM Cortex M4内核的一款高性能微控制器，采用了64脚、LQFP的封装，工作温度范围为 −40~85 ℃，十分适合做船体的电气控制系统的主控芯片。以该芯片为主体设计传感器及驱动接口。结合国内外相关方向的研究论文及自身的开发经验，单片机（mcu）选用stm32f40，该款芯片基于高性能ARM® Cortex®-M4 32位RISC核心，工作频率高达168 MHz。Cortex-M4内核具有一个浮点单元（FPU）单精度，支持所有ARM单精度数据处理指令和数据类型，由此实现了一套完整的DSP指令和一个内存保护单元（MPU），提高了应用程序的安全性，通过该芯片按照需求设计相应的电路板，集成陀螺仪传感器，设计对外的传感器接口、通信接口及PWM接口。Heart_v1.0为设计电路实现船体各种电压的供电需求，提供了5 V、12 V、19 V、16.8 V电压。该设计保证了电流电压稳定，起到短路保护、欠压保护等作用。船体采用可搭载视觉识别系统的工业摄像头。

2.2 视觉识别模型构建及原理

2.2.1 视觉识别模型设计思路

视觉识别模型的功能是识别河道中的水面漂浮垃圾并向船体传达收集垃圾的指令，驱使船体完成垃圾收集工作。其工作原理如图10所示。

模型训练流程：首先选取合适的图像识别模型框架，确定所需要的数据集大小；其次收集河道水面漂浮垃圾的图片，并依据模型所需的图片标注格式完成图片标注工作；最后将包括了图片和标注文件的数据集输入初始模型中进行训练，若Loss函数收敛则说明训练效果较好。视觉识别模型训练思路流程如图11所示。

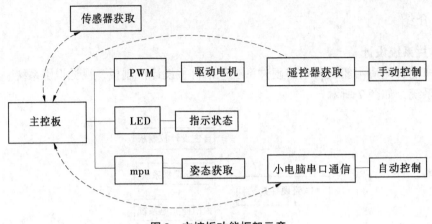

图 9　主控板功能框架示意

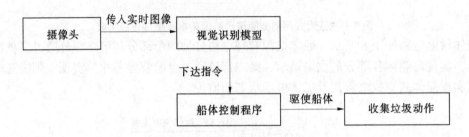

图 10　视觉识别模型工作原理

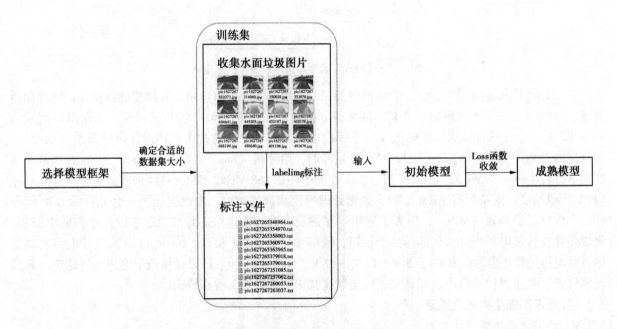

图 11　视觉识别模型训练思路流程

2.2.2　视觉识别模型工作原理

　　模型的工作主要可以分为训练和预测两部分，其中训练部分是将整理好的训练集输入设有初始化权重参数的模型，将预测结果与实际图片中目标的标注值的误差作为 Loss 函数值；通过反向传播调整网络中的权重参数；重复上述过程使得模型预测结果的 Loss 函数值在迭代过程中逐渐减小最终达到稳定，若 Loss 函数收敛，模型就能达到较好的预测效果。预测部分是将所需预测的图片、视频或摄像头拍摄的实时影像输入训练好的成熟模型，即可直接识别出其中的目标物体。

2.2.3　模型代码框架

视觉识别模型采用 Darknet 框架搭建 YOLOv4 网络模型。Darknet 是使用 C 语言开发的轻型开源深度学习框架，具有依赖少、可移植性好的优势，非常适合图像识别机器人的程序开发与模型移植。Darknet 框架主要分为应用层、训练执行层、功能实现层、核心计算层、I/O 层及数据结构定义层。其中，应用层实现的具体功能包括目标检测、语义分割及图像分类等功能；训练执行层的功能包括全连接层、卷积层及池化层等网络结构的实现；核心计算层用于激活函数、梯度值等复杂运算。YOLOv4 网络结构主要可以分为 Input、BackBone、Neck 和 Prediction 四个部分。Input 是模型的输入端，用于输入模型训练和预测所需的图片；BackBone 是主干特征提取网络，用于提取图片的特征；Neck 部分对提取的特征进行池化和上采样，并实现特征层之间的结合，达到增强特征的目的；Prediction 部分实现对图片中目标的预测输出[6]。

2.2.4　视觉模型构建实验

模型使用了近 5 000 张包括实地拍摄与网络数据库中的水面垃圾图片进行训练，通过调整 YOLOv4 网络参数使得模型契合训练数据集并满足图像识别所需达到的要求，其中设置分类数：Loss 函数值 2.0，迭代次数 4 000。模型训练过程中 Loss 函数变化曲线如图 12 所示，从曲线中可看出，在训练迭代次数达到 1 000 次左右时曲线趋于平缓，在训练迭代次数达到 3 000 次时 Loss 函数值稳定在 2.0 附近，实现函数收敛，表明模型训练效果良好。

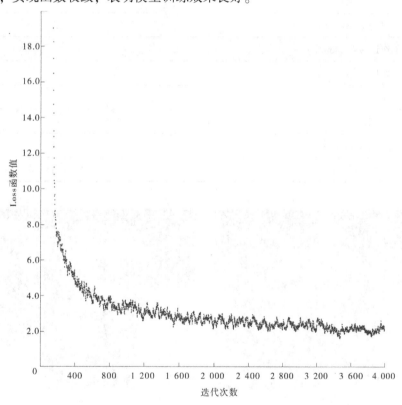

图 12　Loss 函数变化曲线

2.2.5　模型预测效果

模型预测效果如图 13 所示。图 13（a）为原图片，图 13（b）为经过图像识别预测后的图片。对比发现模型对各类水面漂浮物具有较好的识别预测效果。

3　结论与展望

该船体命名为"长虹号"，具体参数如表 1 所示，水面实验如图 14 所示。

(a)　　　　　　　　　　　　(b)

图 13　模型预测效果图

表 1　"长虹号"拦截网式河涌智能清污船参数

河涌智能清污船	参数
型号	长虹号
尺寸（长×宽×高）/mm	1 330×750×650
船自重/kg	35
续航时间/h	2
工作速度/（km/h）	1
垃圾仓承重/kg	10
遥控距离/km	2
吃水深度/cm	15
抗风浪等级/级	2
动力装置	电动推进器

(a)　　　　　　　　　　　　(b)

图 14　智能船在广州市黄埔支涌和猎德涌的应用

拦截网式河涌智能清污船具备自动避障、自动识别垃圾、自动打捞、太阳能绿色充电、低碳环保功能，旨在智能清除水面垃圾，保护生态环境，减少人力投入，可助力"开门治水，人人参与"。项目整合了机械、电力、电信、水利等多学科研发者，经过一年半的努力，研发目标基本实现，并在广州市黄埔支涌、猎德涌、雁洲涌、华南理工大学东西湖等有较好的应用。该研究获得了多项科创竞赛奖项，获得了外观专利、实用新型专利和发明专利共 5 项。

该产品需进一步改良以下方面：一是浮体材质。在环境恶劣的河涌中，目前浮体材质易受损，需频繁更换。二是散热系统需改良以适应高温天气在闷热河道中的工作需求。三是垃圾图像识别功能受光线阴影、河底石头干扰，有一定的误识别率。

参考文献

［1］洪雅珍. 国内外水面垃圾自动清理船集锦［M］. 北京：机械工业出版社，2004.

［2］吴双，李暐昊，刘子仪，等. 水面垃圾清理船的性能仿真分析［J］. 机械工程师，2019（2）：90-93.

［3］廖坤明，郑贵荣，张斌，等. 遥控式太阳能湖面清污船的设计［J］. 机械与电子，2009（7）：34-36.

［4］殷秋雯，罗春艳，孙惠. 双体清污船综合减摇自适应控制方法［J］. 电子设计工程，2022（7）：96-99.

［5］刘学应，叶睿，杨洁. 一种用于景观公园的水面垃圾清理装置及清理方法：106005288［P］. 2016-10-12.

［6］陈薇. 一种全自动水面垃圾清理机器人：106013023［P］. 2016-10-12.

基于开放系统的四川水旱灾害风险普查成果平台建设

沈　豪[1,2]　曹大岭[1,2]　刘　舒[1,2]　姜付仁[1,2]　杨娜娜[1,2]　田培楠[1,2]

(1. 中国水利水电科学研究院，北京　100038；
2. 水利部防洪抗旱减灾工程技术研究中心，北京　100038)

摘　要： 通过开展四川省水旱灾害风险普查，能摸清全省水旱灾害风险隐患底数，查明重点区域防洪抗旱能力。基于开放性信息系统，设计了水旱灾害风险普查成果管理与应用平台，实现四川境内流域洪水风险评估与规划，为规划编制、灾害防治、监测预警、应急响应、灾后评估等防灾减灾工作提供信息支撑，并在四川省开展了应用实践，具有推广价值。

关键词： 开放系统；风险普查；水旱灾害；数据库；四川省

1　项目背景

2022 年，四川省雨汛、旱情总体呈现"前多后少、分布不均，来水极少、汛期反枯，夏伏连旱、历史罕见"的特点。水旱灾害风险普查是自然灾害综合风险普查的一项重要内容[1]，工作主要包括水旱灾害致灾调查与评估、洪水灾害重点隐患调查与评估、风险评估与区划等。根据各级政府和相关文件的指示，系统的任务包括以下方面：以水旱灾害监测预警、风险管理和应急处置等业务需求为导向，基于水旱灾害风险普查的成果和定制洪水分析软件平台，开发并部署水旱灾害风险普查管理与应用工具，实现了水旱灾害风险评估与区划等成果的集中化、一体化、管理、应用和共享，以及不同洪水方案下影响对比分析、风险图方案对比分析、风险图空间查询分析、洪水淹没动态展示、风险图资源配置等业务功能。

因此，我们基于开放性信息系统，开发设计了一个适用于四川水旱灾害风险普查成果的管理应用平台。该平台具有良好的可扩展性和可移植性，支持分权限管理和应用，并涉及软件开发系统架构、后台服务和数据库，以及 GIS 地图服务和动态渲染展示等一系列技术问题。

2　系统建设

四川水旱灾害风险普查系统建设框架[2]　见图 1。

2.1　内容要求

2.1.1　功能要求

四川水旱灾害风险普查系统功能要求如表 1 所示。

2.1.2　性能要求

系统软硬件及其功能应具有稳定性，确保系统的正常运行和功能的稳定发挥；系统数据维护、查询、分析、计算的准确性是至关重要的，必须保证数据的准确性和完整性；应具备对人员操作中出现

基金项目：国家自然科学基金项目（52009147）。

作者简介：沈豪（1999—），男，硕士研究生，研究方向为水灾害与水安全。

通信作者：曹大岭（1985—），男，高级工程师，主要从事防洪减灾研究工作。

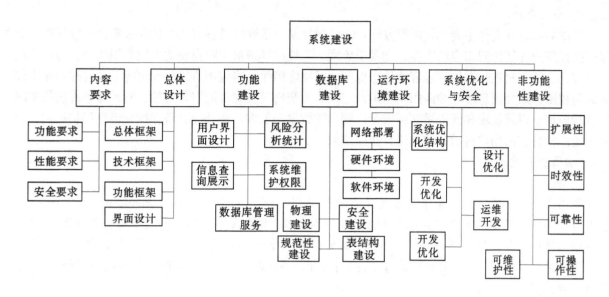

图 1　系统建设框架

的局部错误自动纠正或提示的能力，以及对关联信息采用自动套接方式为用户预置缺省值的功能，以提高用户效率和准确性；系统数据、业务及涉及电子地图的维护必须方便、快捷，系统从规模、功能上易于扩展和升级，预留相应的接口，以满足未来的业务需求和技术发展；同时，系统应具备保障系统数据安全，不易被侵入、干扰、窃取信息或破坏的能力，确保数据的安全性和可靠性；对于数据从采集、检验到入库，系统应对地形数据、模型运算、模型输入数据、模型输出数据等的精度有一定要求，以确保数据的准确可信性；为确保系统的实时性和高效性，系统实时分析计算、风险普查信息查询与展示等，对系统的响应时间、数据转换及运行效率都有较高要求；系统也应具有适应能力，应具备在操作方式、运行环境、与其他软件的接口等发生变化时，从而应对不断变化的应用环境和业务需求。

表 1　四川水旱灾害风险普查系统功能要求

功能	要求
数据库管理与服务	基础地理数据处理
	普查成果处理
	数据库结构设计
	系统数据入库
	数据发布及资源服务
风险普查信息查询与展示	地图操作
	水文气象信息
	水利工程及灾害信息
	风险与防治区划
动态风险分析与统计模块	洪水淹没风险分析和预警
	洪水淹没风险统计
	旱灾风险分析统计
系统维护与管理	用户数据的更新、修改、删减以及权限管理

2.1.3 安全要求

根据实际，其安全主要包括以下方面：①访问控制。系统应具备对用户访问权限的有效管理，确保仅授权用户才能访问相应的客体。②身份鉴别。系统应具备对用户身份的有效鉴别机制，防止非法用户冒充合法用户进行操作。③客体信息保护。系统应确保在客体信息发生变更时，及时撤销原主体的访问权限，避免信息泄露和滥用。④审计记录。系统应具备完善的审计功能，对重要事件进行实时记录和监控，以便发现和解决潜在的安全问题。⑤数据完整性。系统应具备数据完整性保护机制，有效防止未经授权的用户对敏感数据进行修改或破坏。

2.2 项目总体设计

2.2.1 技术架构

四川水旱灾害风险普查系统开发遵从开放标准与 SOA（service-oriented architecture）体系架构，包含客户端和服务端。客户端由前端框架、UI 渲染引擎、地图渲染引擎、图表渲染引擎四部分组成，服务端由接口服务、业务逻辑、数据存储三部分组成，业务逻辑中"矢量栅格切片缓存"和"微服务"通过内部接口与"restful 标准接口"连接；同时服务端的"restful 标准接口"与客户端的"请求接口"连接。

2.2.2 功能架构

系统功能可以划分为信息查询与展示、风险分析与统计、数据库管理与服务、系统维护与权限四大功能模块，具体功能架构见图 2。

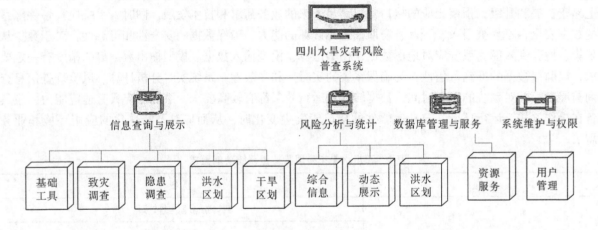

图 2　系统功能架构

2.2.3 界面设计

以四大功能模块及开放性交互友好体验为主，系统界面设计原则包括：①功能导航各子系统之间需要有严谨的逻辑性；②交互设计和各功能页面的构建都应以用户的使用方便性、操作的便捷性和友好性作为核心考虑因素；③系统界面应清晰透明，用户在接触软件后能立即理解界面上各项功能[3]。

2.3 系统功能建设

系统功能建设框架见图 3，包括用户界面建设、信息查询与展示、风险分析与统计、数据库管理与服务、系统维护与权限。

2.4 系统接口建设

内部接口建设清单见图 4，内部接口主要是模块间数据访问和传递的接口，以及系统前后端数据交换的接口[4]。

外部接口建设：外部接口涉及系统调用外部的资源，包括互联网地形服务、电子地图、影像地图、地名注记等。

2.5 系统数据库建设

在充分考虑数据多元性、精确性和结构普遍性的前提下，利用数据库厂商和 GIS 厂商所提供空间

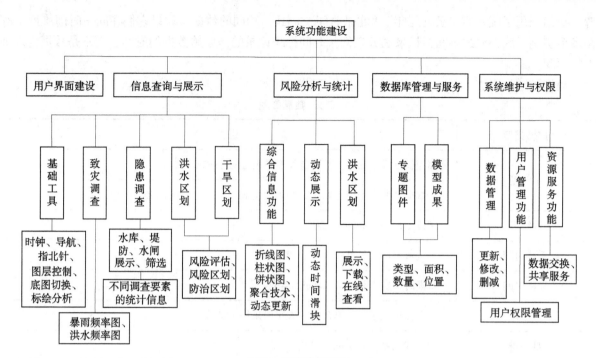

图3 系统功能框架

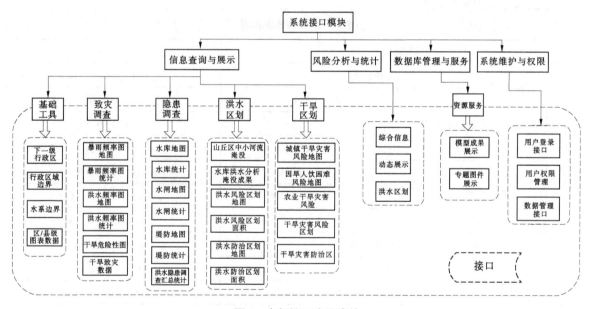

图4 内部接口建设清单

数据的存储、管理和应用方面的成熟解决方案，秉持实用性、先进性和可扩展性的设计原则，力求构建一个开放且灵活的数据库，以确保所建数据库能很好地支持成果控制的管理与应用。

在系统物理建设方面，采用了 PostgreSQL+PostGIS 模式。PostGIS 通过向 PostgreSQL 添加对空间函数、空间数据类型和空间索引的支持，将 PostgreSQL 数据库管理系统转化为空间数据库，从而提供了对空间数据的高效存储、查询和空间分析等功能。实体数据以磁盘挂载方式存储，并设置了一个 DBA 级用户，该用户拥有创建表、视图、存储过程等系统权限。

为保障数据库及数据信息的安全，建立了全面的安全保密制度、数据损毁的防护措施、数据泄露的防护措施及数据库用户的安全防护等。

规范性建设要求数据库设计原则上达到第三范式的要求，最低也不能低于第二范式。对于时间参考，我们采用了统一的"公元纪年""北京时间"制式。相同的数据，如果它们在同一时间维度上存在多个实例，我们通过时间标识来区分它们。时间标识记录的是原始数据的时间，而不是数据生产加工的时间。

数据类型见表 2。

表 2　数据类型

数据类型	说明
字符型	固定长度采用 char，不固定长度采用 nvarchar2
	若数据迁移出现以上情况，则须使用 trim（ ） 函数截去字串后的空格
数字型	字段尽量采用 number 类型
系统时间	首选数据库的日期型，如 DATE 类型
外部时间	日期时间类型采用 nvarchar2 类型
大字段	避免使用大字段，基础库中大字段采用 blob 类型
唯一键	尽可能用系列 sequence 产生

表结构建设内容见表 3。

表 3　表结构建设内容

类型			符号
干旱	干旱危险性图		drought_danger_assess
	干旱灾害隐患调查	水库	fc_rsvr_hd
		水闸	pro_waga_hd
		堤防	pro_dike_hd
	干旱灾害风险评估	城镇干旱风险	drought_risk_zone_city
		农业干旱风险	drought_risk_zone_farm
		因旱人饮困难风险	drought_risk_zone_water
	干旱风险区划		drought_risk_zone
	干旱防治区划		drought_prev_zone
洪水	暴雨频率图		rain_frequency_grid
	洪水频率图		flood_frequency_basin
	中小河流洪水淹没成果图		flood_inundation_easymap
	洪水分析淹没成果图		flood_inundation_map
	洪水风险区划		flood_risk_zone
	洪水防治区划		flood_prev_zone
综合	动态展示		dynamic_displayed_flood
	专题图件		result_images
	专题图件字典		dictionaries_result_images

2.6 运行环境建设

运行环境建设结构见图5。

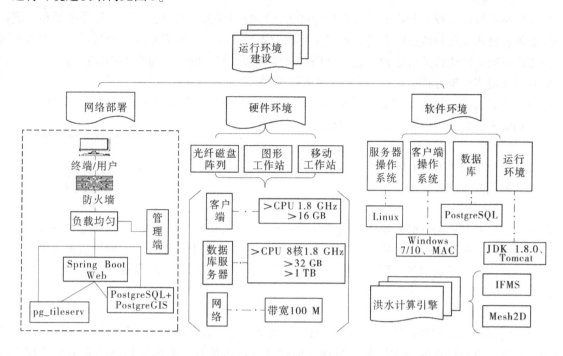

图5 运行环境建设结构

2.7 系统优化与系统安全

2.7.1 系统优化架构

在进行系统优化设计时，需遵循以下几项原则：

（1）软件优化应优先于硬件优化，因为对系统结构的优化通常比硬件性能优化更高效。

（2）我们需要监控资源的使用状况。此外，要避免无限制地使用系统资源，应设定各项服务对资源的使用限额，如数据库和存储系统等。同时，始终要保留适量的空闲资源。在通常情况下，当资源使用率达到80%时，我们需要通过软件和硬件的方法找到瓶颈并进行处理，以降低日常资源使用率。

（3）硬件配置应达到合理的水平，理想情况下是当CPU使用率为50%时，磁盘带宽、磁盘TPS及内存使用率均应达到50%。这样可以确保各个资源之间保持相对平衡，避免某一资源成为性能瓶颈。

2.7.2 设计开发优化

架构的总体优化涉及稳定性、异常处理机制及数据处理效率的优化。数据库优化旨在避免磁盘I/O的瓶颈，减少CPU使用率，并降低资源竞争。此外，算法逻辑也通过选择合适的算法和数据结构进行优化，以减少冗余计算，避免内存泄漏，优化异常处理和代码优化等方式来实现。

2.7.3 系统安全

安全是平台正常运行的首要保障，因此应建立一套合理可靠、实用先进且统一的安全保障体系。这一体系包括数据安全，即从数据的日常备份、系统日志管理的安全性和灾难恢复措施等方面进行考虑；系统应用安全，即通过口令保护、信息加密、存取控制、隔离控制和计算机病毒防护等方式来确保，以及系统安全制度保障，这反映在组织管理和人员录用等方面的措施上。

2.8 系统非功能性建设

2.8.1 扩展性建设

扩展性是系统应对技术和业务需求变化的能力，影响因素包括僵化、脆弱、复用率低和黏度过高等。当业务或技术变化导致系统变更，不仅需要修改设计实现，甚至需要修改产品定义。在系统架构上，应考虑以较小的代价适应这种变化，常用的技术有面向对象的分析与设计和设计模式。同时，需求人员需要在需求分析过程中识别易变或可扩展的需求。

四川水旱灾害系统具有开放性、灵活性、可插入性等特性，系统可扩展性主要体现在流程、模块、策略和业务参数的可配置性及面向接口设计。

2.8.2 时效性建设

在提高水旱灾害风险普查管理系统的时效性方面，可以通过减少 I/O 读写操作、多线程并行机制和优先级队列调度来实现。

2.8.3 可靠性建设

在软件项目规划和需求分析阶段，应建立以可靠性为核心的质量标准，包括功能、可靠性、可维护性、可移植性、安全性、吞吐率等。在开发过程中，应实施进度管理并产生阶段质量评价报告，对不合要求的产品及早采取对策。同时，应从选择开发方法、软件重用、开发管理工具、加强测试、容错设计等方面入手。

2.8.4 可维护性建设

水旱灾害风险普查管理系统需确保服务稳定性和可用性，具备可管理、易于维护的特点。为达到可维护性，需建立可操作的管理机制，包括方便安装、灵活配置、简单使用及强有力的系统管理手段，保障系统的合理配置、调整、监控及控制。同时，尽量实现集中管理以减少运维工作量和复杂度，并在技术允许下实现运维作业自动化。

2.8.5 可操作性建设

水旱灾害风险普查管理与应用系统的可操作性遵循"易理解、易学、易操作"三原则。易理解即功能操作直观；易学即通过在线帮助、导航、向导等手段实现软件自学；易操作则强调熟练后能快速操作。三者需以用户为中心，细分场景和用户，达到平衡。

3 结论

对四川水旱灾害风险防治水平的客观认识，有助于提高水旱灾害防御水平，为应急管理决策提供有力支持。水利信息化的快速发展为防洪减灾工作带来了极大的便利。水旱灾害风险普查系统作为省市县水旱灾害防御部门的通用平台，具备可移植性、可扩展性、可视化分权限控制等突出特点，对于集中统一管理防汛指挥工作具有重要意义。

参考文献

[1] 刘昌军，刘业森，武甲庆，等. 省级水旱灾害风险普查成果管理平台研发 [J]. 中国防汛抗旱，2022，32（10）：34-39.

[2] 黄启有，周从明，刘宁，等. 省市县级洪水风险图成果管理与应用通用平台研究与实现 [J]. 水电能源科学，2020，38（10）：48-51.

[3] 陈笑娟，张静. 河北省气象灾害风险普查系统的设计与实现 [J]. 广东气象，2022，44（6）：60-64.

[4] 蔡阳，谢文君，程益联，等. 全国水利一张图关键技术研究综述 [J]. 水利学报，2020，51（6）：685-694.

水利工程移民信息分析系统构建

郭 飞[1] 王贞珍[2]

(1. 黄河勘测规划设计研究院有限公司，河南郑州 450003；
2. 黄河水利委员会水文局，河南郑州 450003)

摘 要：本文通过构建水利工程移民信息分析系统，提出采用 B/S 体系，搭建包含表现层、Web 服务层、应用服务层、地图服务层、数据访问层、数据库层等内容的水利工程移民信息分析系统，将移民信息管理工作纳入数据化的管理轨道，对有效提高移民管理工作的科学性具有一定的借鉴意义。

关键词：水利工程；移民信息；系统构建

1 系统设计

水利工程移民安置工作涉及移民人口多、内容复杂，要做到精细化、标准化，而实现这一目标必须实现信息化，这不仅可以保障工程移民安置工作顺利进行，还可以提高工作的效率，保障工作的标准化和便捷性，确保工程移民安置工作相关成果的科学性。

本系统采用 B/S 架构，在逻辑上实现了数据—服务—应用相分离，即搭建空间数据服务器、Web 服务器、应用服务器、数据库服务器，通过路由器至应用终端，如图 1 所示。

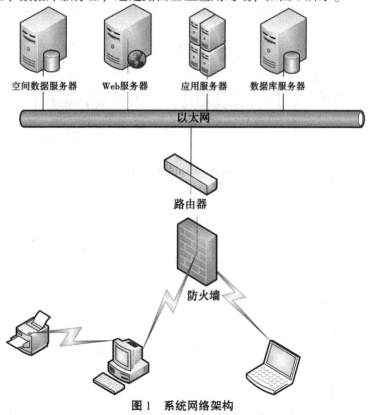

图 1 系统网络架构

作者简介：郭飞（1980—），男，高级工程师，主要从事移民安置规划工作。

2 环境搭建与技术路线

网络环境建设是信息化管理及日常运行的重要保障。主要进行信息骨干网和数据传输网的建设，保障系统高效运行，并实现征地移民各业务部门之间的数据共享和互联互通。

通过接入路由器、交换机、防火墙等设备，实现与公司专网、Internet 等网络的互联互通，为移民信息分析系统提供安全、可靠的网络运行与传输环境。本系统开发的技术路线如图 2 所示。

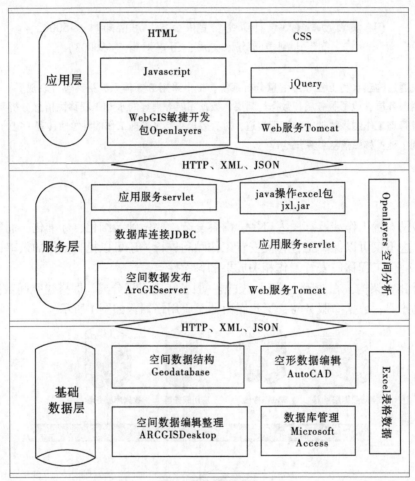

图 2 系统技术路线

3 关键技术

本系统开发用到的语言包括 Html、CSS、Java、Javascript、SQL。用到的技术包括 java servlet、tomcat、Jquery、JqueryUI、ArcGIS API for Javascript、ArcGIS server、MySQL、JDBC、jxl、hibernate、Struts 等。

3.1 开发技术

3.1.1 html+css+javascript+jquery

html+css+javascript+jquery 完成本系统 B/S 体系架构的表现层。系统界面布局、色调搭配、图案搭配、用户与系统的互操作等。

3.1.2 ArcGIS API for Javascript

可以为 ArcGIS API for Javascript 添加网络处理服务 WPS 的操作接口，从而利用已有的空间分析处理服务来对加载的地理空间数据进行计算。

3.1.3 ArcGIS server

ArcGIS server 用于发布系统客户端访问的地图服务。

3.1.4 MySQL

ACCESS 支持 Visual Basic 宏语言，它是一个面向对象的编程语言，可以引用各种对象，包括 DAO（数据访问对象）、ActiveX 数据对象，以及许多其他的 ActiveX 组件。

本系统地理数据 Geodatabase 和属性数据都存储在 Access 中。Access 提供数据层服务。

3.2　数据统计分析汇总工具构建技术

水利工程移民规划设计是一项系统工程，在项目建议书、可行性研究报告、初步设计和技施设计等阶段，都需基于各种自然地理数据（如地质、水文、植被等），以及实物调查数据（如人口、耕地、居民点、交通等）进行专业应用分析[1]。例如：在项目建议书阶段，需初步确定水库淹没处理设计洪水标准，进行水库洪水回水计算；在可行性研究报告阶段，需分析计算风浪爬高值及船行波影响；在初步设计阶段，需复核库区居民迁移、土地征收及其他受影响的范围。针对水库征地移民各阶段的业务需求，有必要建设相关的专业模型和分析工具，完成相关成果的建设。

4　功能模块设计

系统功能模块包括：①系统登录；②用户管理；③地图操作；④属性数据录入；⑤属性数据统计汇总；⑥汇总信息打印输出。

4.1　系统登录

为了保证系统安全，防止非法用户进入窃取文件资料，设置了用户登录界面。用户登录界面通过加密方式与数据库相连，来验证用户名、密码和权限。包括两类用户：一般用户和管理员用户。一般用户只可访问系统、查询资料；管理员用户可以更新数据、管理用户、查询用户信息。

4.2　用户管理

用户管理系统是 Web 系统的管理门户，包括用户信息管理、权限管理，根据用户登录信息设置用户密码和权限，这些信息写到数据库中，在用户登录时到用户数据库验证。

4.3　地图操作

系统提供丰富的地图内容，分别为地形、矢量、影像。用户可以任意切换矢量与地形、影像的地图组合，并可以关闭矢量，单独显示地形或者影像地图。

单击"地形"按钮，"地形"为蓝色选中状态，地图显示为矢量与地形的叠加，地形图是 DEM 晕渲数据，在地形图下，可以看到地形的起伏等。

单击"影像"按钮，"影像"为蓝色选中状态，地图显示为矢量与卫星影像叠加图，在影像图上，可以非常直观地看到植被、裸地、房屋、河流等地貌特征。

以上两种显示模式，均可以点击"矢量"按钮，对矢量地图进行关闭，仅显示地形或影像地图。

4.4　属性数据管理

完成功能：把外业调查数据录入移民信息分析数据库，外业调查数据按照移民数据库表的属性字段，录入到移民数据库。

（1）数据单项录入。是区别于数据集成录入功能而言的。数据单项录入提供相互之间没有强关联，可以为分开录入的数据提供录入功能，如组信息表、建设征地面积表、公路桥梁表等表格的数据。

下面以组信息表的录入为例，说明数据单项录入功能的操作步骤：录入信息，单击"保存按钮"，保存这条记录—数据库中结果。

（2）批量录入。把若干条记录的信息按照规定的格式，组织在一起，以 csv 格式保存—单击"浏览"按钮，弹出文件选择框，选择批量录入文件—单击"保存"按钮—数据库中成果。

（3）数据查询、修改、删除。提供查询数据库中已有数据、修改录入时的错误和删除功能。

（4）查询数据。例如，查询组信息表。当查询条件均为空时，默认查询数据库所有信息。当只查询"××县"的组信息时，在所在县输入名称。在已得到的查询结果中，再次按条件查询，在查询结果界面的 Search 框输入查询条件。

（5）修改数据。在录入数据的时候，难免会出现一些错误，这就要求我们去修改。修改数据时，首先以正确的信息作为查询条件，查询出录入的数据。

例如，想要修改"县名：111，镇名：111，村名：111，组名：111"这一组的组编码，操作步骤如下：填写查询条件—点击查询按钮，查询结果—在想要修改的记录行上单击，此记录的信息写入左侧对应的输入框里—把组编码由"22222222222"修改为"33333333"，单击"修改"按钮—再次查询"县名：111，镇名：111，村名：111，组名：111"。

（6）删除数据。如要删除某条数据，按批量录入的第 3 步，直接点击"删除"按钮。

4.5　属性数据统计汇总

完成功能：根据移民信息统计汇总表的属性字段，在移民信息属性数据库中关联表格中查找，然后保存到数据中。

4.6　汇总信息展示输出

成果输出：数据成果输出有一个菜单项，每个数据录入表格有一个菜单按钮，单击"菜单"按钮，会有弹出响应表格的成果输出界面。

5　成果评价

水利工程征地移民信息具有涉及广、数据量大的特点，传统的信息管理已无法满足需求，本次研究在对传统信息管理方式进行调整的基础上，形成信息化的系统构建流程。通过建立数据库，采用结构化组织设计方法，将移民信息有效管理，并针对移民信息管理的需求开发数据管理组织、查询分析、输出等功能模块，形成地理信息、属性数据录入、属性数据统计分析、属性汇总数据打印输入等子系统，并在此基础上进行科学合理的分析，为移民管理工作提供有力的技术支持和有效的数据支撑。

通过研究，完成了 1∶2 000 矢量数据库（DLG）建设，包括空间数据库设计、数据整编、数据转换、数据检查、属性录入、成果入库等；完成了 1∶2 000 数字正射影像（DOM）数据生产与建库；完成了移民数据库建设，包括移民数据库设计，移民信息数据的录入、修改及检查和入库。

6　结论与展望

工程移民信息分析系统是以平台建设推动移民工作全过程信息化、标准化、智能化为目的[2]，在移民信息资源的共建共享与高度整合的基础上，采用先进的 3S 技术、数据库技术、云计算等技术手段，实现移民工作"纵向全贯通、横向全覆盖、业务全流程、部门全协调、效能全监督"的现代化理念。下一步将以"互联网+"的思维，构建水利工程移民大数据中心，涵盖了农村移民安置实施、企事业单位处理、专业项目处理、库底清理、移民资金拨付和使用情况、移民生产生活水平恢复等全过程数字化解决方案，实现工作质量、进度、资金管理等移民安置信息的直观展示、实时统计和监控预警。

参考文献

[1] 王茂洋，罗天文，吴恒友，等. 水电工程移民全生命周期信息化管理云平台建设 [J]. 人民长江，2019，50（5）：200-204.

[2] 王国强. 建立水利水电工程移民信息化标准体系的探讨 [J]. 水力发电，2020，46（3）：9-12.

内蒙古寒区水稻智能灌溉决策模型研究

胡旭铧[1]　颜秉钧[1]　徐　阳[2]　章　策[3]　崔远来[1]　罗玉峰[1]　陈梦婷[1,4]

(1. 武汉大学水资源工程与调度全国重点实验室，湖北武汉　430072；
2. 内蒙古自治区水利科学研究院，内蒙古呼和浩特　010052；
3. 内蒙古自治区兴安盟水利局，内蒙古乌兰浩特　137400；
4. 广东省水利水电科学研究院，广东广州　510610)

摘　要：针对内蒙古寒区水土资源分布不均，水稻生产耗水量大的问题，提出考虑天气预报的智能灌溉决策。收集扎赉特旗站点短期天气预报数据，与实测气象数据进行对比，对天气预报信息进行精度评价，并提出了一种基于强化学习的考虑天气预报的智能灌溉决策强化学习方法。结果表明，扎赉特旗降雨预报中雨及以下级别的降雨倾向于空报，而大雨和暴雨及以上级别的降雨倾向于漏报；与常规灌溉相比，采用强化学习方法的智能灌溉的灌水量、灌水次数和排水量均明显减少，且未造成产量损失，通过每次的决策来学习总结经验、吸取教训，实现灌溉决策的智能学习。

关键词：天气预报；节水灌溉；智能决策；强化学习

1　引言

传统的依靠人工经验进行农田灌溉缺乏一定的科学性和系统性，用水管理粗放，在一定程度上造成水资源的浪费。目前，我国农业发展存在灌溉决策智能化水平不高、水分利用效率偏低等问题，难以适应当前产业高产优质高效发展需求，优先发展高效节水智慧灌溉是破解当前问题的有效途径[1-2]。智慧灌区建设成为水利改革发展的需要，是灌区现代化发展的高级形态，人工智能技术逐渐被应用到灌区建设管理中[3-4]。要真正实现高效用水、提高灌区服务水平，必须有科学的决策，通过构建基于多学科的灌区管理决策系统，形成灌区"智慧大脑"，从而实现灌区的智能化运行[3]。

目前，已有学者利用天气预报信息进行灌溉预报，但大多数研究聚焦于确定性的灌溉预报，结果并未体现出降雨的不确定性对灌溉预报精度的影响[5]。在考虑利用天气预报进行灌溉决策的过程中，大多数研究通常只关注短期风险，对产量和降雨利用之间的权衡考虑比较简单。目前，人工智能已经在灌溉领域有初步的应用，但主要用于 ET_0 估算（人工神经网络）、渠系优化配水模型求解（遗传算法），与灌溉决策紧密结合的智能学习方法研究较少[6]。随着天气预报质量的提高，采用智能学习方法可以挖掘隐藏信息，提高稻田降雨利用效率。因此，本研究致力于将强化学习引入考虑天气预报的智能灌溉决策，构建基于强化学习的考虑天气预报的稻田智能灌溉决策模型，这项工作将对水稻智能节水灌溉有着重大现实意义。

受无霜期偏短及水土资源分布不均匀等自然条件限制，内蒙古寒区水稻生产仍存在一些问题。相比其他粮食作物，水稻耗水量较大，每亩耗水最多达到 3 000 m³，超过 2 000 m³ 也是普遍现象。目前，根据以水定规模、定额管理原则，一定程度上限制了水稻种植规模，且针对内蒙古寒区条件下水稻的节水灌溉研究鲜有报道。因此，亟须根据内蒙古寒区特点，深入研究寒区水稻节水潜力，提出适

基金项目：国家自然科学基金项目（51979201）；内蒙古水利科技项目（NSK 2021-01）。
作者简介：胡旭铧（1998—），女，博士研究生，研究方向为节水灌溉理论及智能灌溉决策研究。
通信作者：陈梦婷（1995—），女，博士后，研究方向为节水灌溉理论及智能灌溉决策研究。

宜的智能灌溉决策方法，为内蒙古寒区水稻产业可持续发展提供技术支撑。以兴安盟扎赉特旗为例，综合考虑灌后遇雨造成灌水浪费及不灌等雨而无雨造成的受旱减产两方面的风险，基于天气预报构建智能灌溉决策模型。

2 材料与方法

2.1 研究区概况

扎赉特旗属于温带大陆性季风气候区。多年平均降水量为 400 mm，年平均蒸发量为 1 717.6 mm，多年平均风速为 3.3 m/s，多年平均气温 4.3 ℃，年平均日照时数为 2 580~3 132 h。多年平均无霜期为 115 d，最大冻土深度 2.42 m。

水稻智慧灌溉试验区位于巴彦扎拉嘎乡水田村，面积为 14 亩，设置了 7 块格田，每块格田面积为 2 亩，由 1 条装配式混凝土农渠供水，每块格田安装自动田口闸控制灌溉，安装 7 套稻田信息感知系统对田间作物生长环境进行监测。

2.2 数据来源及处理

数据来源包括从中国气象数据网下载的距研究区域最近的扎赉特旗气象站点 2001 年 1 月 1 日至 2020 年 12 月 31 日的实测气象数据，包括日最低气温、日最高气温、平均气温、平均风速、日照时数和平均相对湿度；从中国天气网抓取的扎赉特旗 2013 年 1 月 1 日至 2020 年 12 月 31 日的天气预报数据，包括天气类型、日最低气温和日最高气温，预报期为 1~7 d。本文将 2001 年 1 月 1 日到 2012 年 12 月 31 日作为率定期，用该时段内的气象数据来率定模型，2013 年 1 月 1 日到 2020 年 12 月 31 日作为验证期，用该时段内气象数据来检验率定好的模型的准确度。

2.3 短期天气预报误差分析

由于本研究基于天气预报构建智能灌溉决策模型，因此需要对天气预报要素的预报精度进行分析评价。将收集的扎赉特旗站点 2013 年 1 月 1 日至 2020 年 12 月 31 日短期的天气预报数据（最高气温、最低气温、天气类型），与同期的观测气象数据进行对比。对天气预报信息进行精度评价。

2.3.1 气温预报评价

采用平均绝对误差（MAE）、均方根误差（RMSE）和相关系数（r）对气温预报进行评价。MAE 能直观反映模型预报值与基准值之差，但不能完全表示预报的好坏程度，故需要结合 RMSE 综合判断。RMSE 用来衡量观测值和真值之间的偏差，可以衡量一个数据集的离散程度，两者越接近于 0，则模型的预测质量越高。r 为皮尔逊相关系数，用来反映预报值与实测值之间的线性相关关系，两者越趋近于 1，相关性越高。各统计指标公式如下：

$$MAE = \frac{\sum_{i=1}^{n} |x_i - y_i|}{n} \tag{1}$$

$$RMSE = \sqrt{\frac{\sum_{i=1}^{n} (x_i - y_i)^2}{n}} \tag{2}$$

$$r = \frac{\sum_{i=1}^{n} (x_i - \bar{x})(y_i - \bar{y})}{\sqrt{\sum_{i=1}^{n} (x_i - \bar{x})^2} \sqrt{\sum_{i=1}^{n} (y_i - \bar{y})^2}} \tag{3}$$

式中：x_i 为气象因子或 ET_0 预报值；y_i 为各气象因子实测值或 FAO56-PM 计算的 ET_0 值；i 为预报样本序数，$i = 1, 2, \cdots, n$；$\bar{x}$、$\bar{y}$ 分别为预报值和计算值序列的均值；n 为预报值样本总数。

2.3.2 降雨预报评价

采用误差特征值分析法（统计学法）计算不同等级降雨量预报的正确率、漏报率、空报率、TS评分及 ROC 曲线等特征指标值。

国际上许多研究都将降雨看作两分法变量来进行准确性评估，通过预报数据与实测数据的对比获得回归模型，来构成一个以有无降水划分的 2×2 的列联表。具体标准见表 1，以 1 d 内降水 1 mm 以上为有降水和无降水的区分条件，如事件 A 表示正确预报出降水的数目。

表 1　预测降雨与否列联表

观测	预报	
	有	无
有	A	B
无	C	D

采用漏报率（missing alarm rate，MAR）、空报率（false alarm rate，FAR）、TS（threat score）评分对降雨预报准确度进行评价，其计算公式如下：

$$TS = \frac{A}{A + B + C} \times 100\% \tag{4}$$

$$FAR = \frac{C}{A + C} \times 100\% \tag{5}$$

$$MAR = \frac{B}{B + D} \times 100\% \tag{6}$$

2.4　智能灌溉决策模型

2.4.1　作物需水量计算

作物逐日需水量由单作物系数法计算：

$$ET_c = K_c \cdot K_s \cdot ET_0 \tag{7}$$

式中：K_c 为单作物系数；K_s 为水分胁迫系数，当发生土壤水分胁迫时，$K_s < 1$，无土壤水分胁迫时，$K_s = 1$；ET_0 为参考作物腾发量，mm/d。

参考作物腾发量采用彭曼模型，即

$$ET_0 = \frac{0.408\Delta(R_n - G) + \gamma[900/(T + 273)]u_2(e_s - e_a)}{\Delta + \gamma(1 + 0.34u_2)} \tag{8}$$

式中：ET_0 为采用彭曼模型计算的参考作物腾发量，mm/d；R_n 为作物表面净辐射，$MJ/(m^2 \cdot d)$；G 为土壤热通量，$MJ/(m^2 \cdot d)$；T 为地面 2 m 高处日平均气温，℃；u_2 为地面 2 m 高处风速，m/s；e_s 为饱和水汽压，kPa；e_a 为实际水汽压，kPa；Δ 为饱和水汽压与气温关系曲线的斜率，kPa/℃；γ 为湿度表常数，kPa/℃。

2.4.2　作物水分生产函数

为了评价水分胁迫对作物产量的影响，采用作物产水函数建立了特定生长期水分亏缺对产量的函数关系。根据以往的研究，水稻通常采用 Jenson 模型来量化其效应。模型表示为

$$\frac{Y_a}{Y_m} = \prod_{i=1}^{n} \left(\frac{ET_a}{ET_m}\right)_i^{\lambda_i} \tag{9}$$

式中：Y_a 为实际产量，t/hm^2；Y_m 为理论产量，t/hm^2；ET_a 为实际腾发量，mm；ET_m 为潜在腾发量，mm；n 为生长阶段数；i 为生长阶段序数，$i = 1, 2, \cdots, n$；λ_i 为水应力敏感性指数增长阶段。

2.4.3　强化学习模型

水稻灌溉决策过程具有马尔可夫性质，即下一阶段的状态仅与当前阶段的状态和采取的动作有

关。在考虑未来降雨进行灌溉决策时，当我们执行某个操作（如灌水）时，并不能立刻获取最终的结果，甚至难以判断当前操作对最终结果的影响，仅能得到一个当前反馈（水层深度的变化、未来实际降雨情况）等。而强化学习是解决具有马尔可夫性质决策问题的有效方法之一。强化学习是机器学习的一种方法，智能体通过一系列的观察、动作和奖励与环境进行交互。智能体的目标是找到一个最优策略，即以一种最大化累积未来回报的方式选择行为。因此，采用强化学习方法，通过在环境中不断地尝试不同的策略获取反馈，从灌后遇雨、不灌等雨而无雨等错误的灌溉经验中获取教训，从而学习出最优决策，提高降雨利用率。

强化学习的环境可以表示为

$$E = \{S, A, P, R\} \tag{10}$$

式中：S 为状态空间；A 为动作空间；P 为转移概率；R 为奖励函数。

为了评价强化学习得到的策略，从初始状态 s 出发，执行动作 a 后再使用策略 π 所带来的累积奖赏期望：

$$Q^{\pi}(s, a) = E_{\pi}\left\{\sum_{t=0}^{+\infty} \gamma^i r_{t+1} \mid s_t = s, a_t = a\right\} \tag{11}$$

式中：γ 为奖赏折扣；i 为后续执行的步数。

最优状态–动作值函数为所有策略中值最大的状态–动作值函数，即

$$Q^*(s^{\cdot}, a) = \max_{\pi} Q^{\pi}(s^{\cdot}, a) \tag{12}$$

最优的策略 π 可通过直接最大化 Q 来确定：

$$\pi^*(s) = \arg\max_{a \in A} Q^*(s, a) \tag{13}$$

当模型所有参数已知时，可用动态规划进行求解。但本研究的灌溉决策模型的转移概率不完全已知，因为未来实际降雨的过程是不确定的，而且一般的 Q 函数是表格形式的，而由于水层深度和降雨量的连续，因此状态空间是连续空间。为了解决以上问题，该模型引入了一种基于深度卷积网络的深度强化学习算法（deep Q-learning network algorithm，DQN 算法）来求解强化学习模型。

DQN 算法的具体流程如图 1 所示。环境根据已有的策略产生样本，这些样本储存在一个数据库里，然后数据库容量足够大之后就随机取样形成一批数据作为神经网络的输入进行训练，得出一个新的 Q 函数和决策，然后环境根据这个新的 Q 函数和决策产生新的样本，不断循环，直到训练次数达到要求。

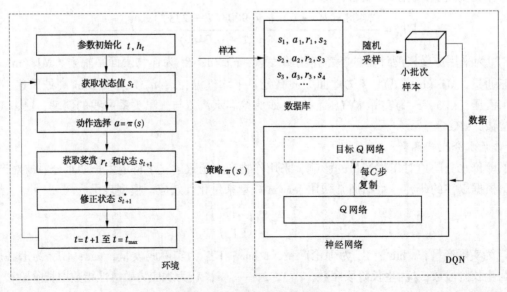

图 1　DQN 算法的总体架构

根据基本的 Q-learning 算法，Q 函数可根据以下公式进行更新：

$$Q(s_t, a_t) \leftarrow Q(s_t, a_t) + a[r_t + \gamma \max_{a_{t+1}} Q(s_{t+1}, a_{t+1}) - Q(s_t, a_t)] \tag{14}$$

DQN 算法使用神经网络来近似 Q 函数，然后训练该神经网络，使标签和网络输出的偏差，即损失函数最小化：

$$L_k(\theta_k) = E[(r + \gamma \max_{a_{t+1}} Q(s_{t+1}, a_{t+1}; \theta_k^-) - Q(s_t, a_i; \theta_k)^2] \tag{15}$$

2.4.4 智能灌溉决策评价

统计不同灌溉模式和灌溉决策策略下的水稻灌溉用水量，通过比较排水量、降雨利用率、灌溉次数、灌水量对智能灌溉决策的节水效果进行评估。

3 结果与分析

3.1 短期天气降雨预报精准度分析

3.1.1 实测雨型分布统计

我国天气预报中的降水预报，一般只预报划分的不同等级，无雨（0 mm），毛毛雨、小雨、阵雨（0.1~9.9 mm），小到中雨（5.0~16.9 mm），中雨（10.0~24.9 mm），中到大雨（17.0~37.9 mm），大雨（25.0~49.9 mm），大到暴雨（38.0~74.9 mm），暴雨（50.0~99.9 mm），暴雨到大暴雨（75.0~174.9 mm），大暴雨（100.0~250.0 mm），零星小雪、小雪、阵雪（0.1~2.4 mm），小到中雪（1.3~3.7 mm），中雪（2.5~4.9 mm），中到大雪（3.8~7.4 mm），大雪（5.0~9.9 mm），大到暴雪（7.5~15.0 mm），大暴雪（>10.0 mm）等。

收集 2013—2020 年水稻生育期内扎赉特旗气象站点的降水资料，分析该期间的实测降水分布情况，8 年内的降雨雨型统计结果如图 2 所示。由图 2 可以看出，8 年内没有降雨的时间占 60.33%；在有降雨的情况下，小雨的雨量级居多，占 29.78%；中雨占 6.41%，大雨及以上的雨量级不足 3.48%。一般认为降水小于 5 mm 的小雨，不能达到被作物吸收利用的效果，小雨及中雨的雨量级有利于农田作物对降雨的利用，不会有过多的降水被排走而浪费，而过大的降水，即大到暴雨等雨量级容易造成排水事件，导致灌水浪费，因此对不同级别的降雨需制定不同的利用策略，小到中雨、中雨和中到大雨的雨量级最适宜作物的生长利用，而大到暴雨需考虑天气预报信息进行灌溉决策制定，避免稻田排水。

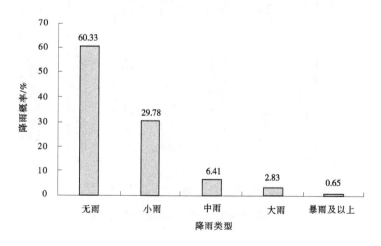

图 2　扎赉特旗站点降雨雨型统计结果

3.1.2 降雨预报精准度分析

对预见期 7 d 内的降雨预报进行统计分析，分析结果如图 3 所示。由图 3 可以看出，降雨预报的 TS 评分最高达 61.1%，整体随着预见期增长而逐渐下降，7 d 的平均 TS 评分为 57.9%。预见期 7 d

内的降雨空报率较高，为 24.2% ~ 30.3%，随着预见期的增长无明显变化趋势，平均空报率为 28.2%。预见期 7 d 的漏报率在 19.5% ~ 29.9%，平均漏报率为 25.0%。预见期 7 d 的漏报率整体都小于空报率，且这种差异随着预见期的增加而减小，表示预报的降水次数多于实际的降水次数，这表明根据预报的降水与否决定是否灌溉会因空报而受旱的可能性大一些。

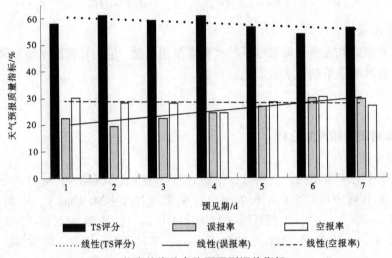

图 3　扎赉特旗站点降雨雨型评价指标

不同雨型的降雨预报概率如图 4 所示。从图 4 可以看出，不同雨型的预报概率随着预见期的增大呈现不同的趋势。无雨的预报概率一直维持在 56% 左右，低于历史实测概率（60%），小雨的预报概率随着预见期的增大呈现减小趋势，平均预报概率为 29%，与历史实测概率（30%）相差不大，中雨、大雨和暴雨及以上的预报概率随着预见期的增大呈现明显的下降趋势，中雨、大雨和暴雨及以上的平均预报概率为 11%、1% 和 0.1%，中雨预报概率高于历史实测概率（6%），大雨和暴雨及以上低于历史实测概率（3% 和 0.6%）。综上所述，扎赉特旗降雨预报中雨及以下级别的降雨倾向于空报，而大雨和暴雨及以上级别的降雨倾向于漏报，而且随着预见期的增大，平均预报级别降低。

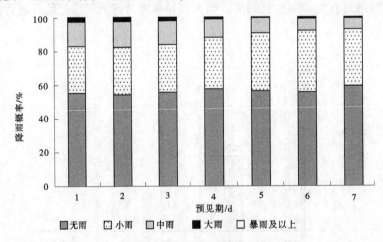

图 4　扎赉特旗站点不同雨型的降雨预报概率

3.2　模型训练性能分析

损失函数为神经网络训练时的目标函数值，表示神经网络接近离散动作值的程度。如图 5 所示，训练初始由于数据量较小，神经网络拟合效果较差，损失函数值较大，随后损失函数值迅速下降，经过约 150 次迭代，每次迭代的参数差异较小，损失函数值趋于稳定波动状态，神经网络能很好地逼近各种状态下的动作值。平均奖赏值由最初的 4 左右一直稳定上升至 9 左右，与损失函数值略有不同的是，平均奖赏值需要经过大约 2 000 次迭代才能达到较高的稳定值，说明模型能够在较短的时间内训练出一个较好的神经网络用于模拟各种状态下的动作值函数，但是需要较长的时间去改进动作值函数使其奖赏值达到最高。

至于子奖励函数，分别计算了 $h<h_{min}$ 的样本的基础奖励（r_0）、降雨利用奖励（r_1）和产量奖励（r_2）的平均值。从图 5 中可以看出，基础奖励、降水利用奖励和产量奖励在初始阶段都有一些极端的高值和低值，这是因为模型在初始阶段频繁采用随机探索策略（通常是不合理的策略），导致过度灌溉（$r_1<1$，$r_2=1$）和受旱减产（$r_1=1$、$r_2<1$）。然后 r_0、r_1 和 r_2 迅速收敛并增大，说明模型开始根据环境反馈的奖励对策略进行优化。r_0 在中后期稳步上升，证明了 r_0 有较大的学习空间，并在稳步优化。而 r_1 在中后期表现出缓慢下降的趋势，与 r_1 不同，r_2 一直处于较高的水平。在中后期，r_1 和 r_2 的趋势不相同，其原因可能是降雨利用与产量之间的相互制衡关系，具体而言，r_1 的增大会导致 r_2 的减小。因此，在训练中会自动权衡利弊，并在一定程度上牺牲降雨利用率的提高，以保证产量不降低。

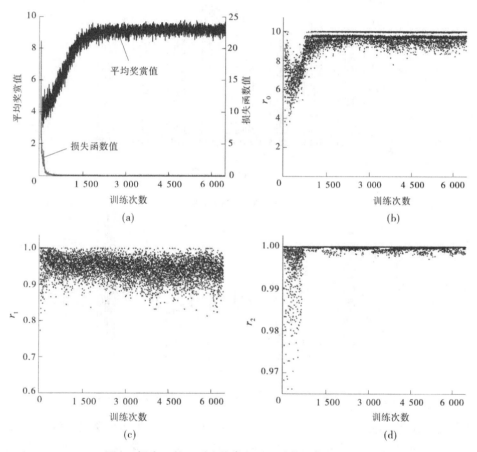

图 5　损失函数、平均奖赏和子奖励的散点图和折线图

3.3　节水效果分析

与常规灌溉相比，采用强化学习方法的智能灌溉的灌水量、灌水次数和排水量均明显减少，且未造成产量损失（模拟结果显示减产率为 0）。如图 6 所示，总体来看，采用智能灌溉策略，扎赉特旗灌溉平均每年减少灌水量 7 mm，节水率为 1.1%，减少灌溉次数 0.12 次，并减少排水量 2 mm。不同年份之间节水效果相差较大，大多数年份采用智能灌溉策略与常规灌溉策略灌水量、灌水次数与排水量相同，仅在 2017 年和 2019 年具有节水效果，这是因为扎赉特旗降雨量较少，2013—2020 年年平均降雨量为 364 mm，且发生大雨及以上级别的概率极低，因此需要避免灌后遇雨而造成灌水浪费的可能性较小，因此采用智能灌溉决策在节水方面效果有限，故智能灌溉决策的节水效果主要来源于未来降雨信息后的减量灌溉。

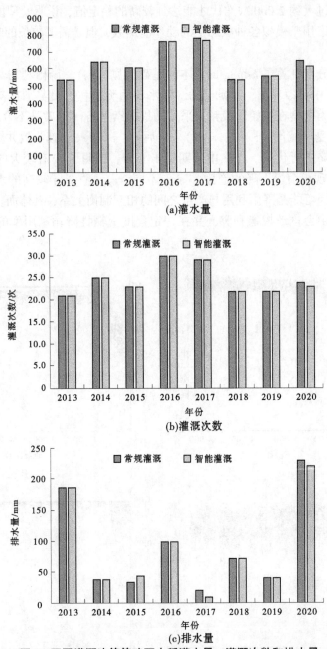

图6 不同灌溉决策策略下水稻灌水量、灌溉次数和排水量

图7为3种动作在相同灌溉下限下的动作值函数（Q），横坐标为水层深度，纵坐标为未来7 d预报降雨量。从图7中可以看出，当采取动作0（灌溉定额=0）时，随着水层深度增加，Q值呈现上升趋势，而采取动作1（灌溉定额=常规灌溉定额50%）和动作2（灌溉定额=常规灌溉定额）时，Q值随着水层深度的增加而减小，而且动作2的Q值始终高于动作1的Q值，这是因为在设置到达灌溉下限情况下的基础奖励r_0时，动作2的r_0要大于动作1的r_0以避免灌溉次数的过度增加。另外，当预报降雨量为0时，动作0和动作2的Q值约在$h=10$ mm时相等，即灌溉下限，表明DQN能够学习基本的灌溉策略，当田间水层深度达到灌溉下限时应及时灌溉。考虑到未来降雨，当$h>h_{min}$时，动作0的Q值一直处于较高水平，而动作1或动作2的Q值一般处于较低水平，表明强化学习模型认为当田间水层深度未达到灌溉下限时，无论未来有无降雨，应该选择动作0，即不灌溉。当$h<h_{min}$时，动作0的Q值随着预报降雨量的增加而增加，而动作1和动作2的Q值随着预报降雨量的增加而减小，说明强化学习模型认为当田间水层深度达到灌溉下限时，若遇到较大的降雨，应选择推迟灌

溉以利用未来降雨。

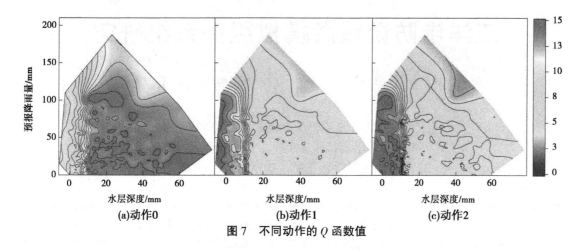

图 7 不同动作的 Q 函数值

4 结论

以兴安盟扎赉特旗为例，基于扎赉特旗站点 2013 年 1 月 1 日至 2020 年 12 月 31 日短期天气预报数据及实测气象数据，开展水稻智能灌溉决策研究。结果表明，扎赉特旗降雨预报中雨及以下级别的降雨倾向于空报，而大雨和暴雨及以上级别的降雨倾向于漏报，而且随着预见期的增大，平均预报级别降低。智能灌溉模型在训练中会自动权衡利弊，并在一定程度上牺牲降雨利用率的提高，以保证产量不降低。采用智能灌溉策略，扎赉特旗灌溉平均每年可减少灌水量 7 mm，节水率为 1.1%，减少灌溉次数 0.12 次，并减少排水量 2 mm。采用智能灌溉决策基本不影响作物生长发育和减产，说明本文提出的基于强化学习的水稻灌溉决策模型具有较好的实际应用效果。

参考文献

[1] 鲁旭涛，张丽娜，刘昊，等. 智慧农业水田作物网络化精准灌溉系统设计 [J]. 农业工程学报，2021，37（17）：71-81.

[2] 高占义. 我国灌区建设及管理技术发展成就与展望 [J]. 水利学报，2019，50（1）：88-96.

[3] 高占义，王云辉. 大型灌区现代化改造的策略与技术选择 [J]. 中国水利，2021（17）：8-11.

[4] 戴玮，李益农，章少辉，等. 智慧灌区建设发展思考 [J]. 中国水利，2018（7）：48-49.

[5] Chen M, Cui Y, Wang X, et al. A reinforcement learning approach to irrigation decision-making for rice using weather forecasts [J]. Agricultural Water Management, 2021, 250 (5)：106838.

[6] Perea R G, Poyato E C, Montesinos P, et al. Prediction of irrigation eventoccurrence at farm level using optimal decision trees [J]. Computers and Electronics in Agriculture, 2019, 157：173-180.

三洋港防淤减淤模拟服务系统研究

张擎天[1]　王洪军[2]　杨　凯[1]　雷四华[3]　张鹏程[1]

（1. 河海大学，江苏南京　210098；
2. 连云港市临洪水利工程管理处，江苏连云港　222002；
3. 南京水利科学研究院，江苏南京　210029）

摘　要： 三洋港位于江苏省连云港市，是淮河沂沭泗水系洪水东调入海关键性控制工程，也是江苏省最大的沿海挡潮闸，因此对三洋港进行防淤减淤显得极为重要。该系统以雨情信息、水情信息、水库信息、堰闸水情、水闸水情等信息服务支撑为基础，辅助减淤模拟，通过展示水位、流量、模拟计算成果等数据，帮助三洋港更好地开展泵站水闸调度，促进三洋港闸下防淤减淤。

关键词： 防淤减淤；水位；流量；模拟服务

1　引言

三洋港枢纽工程位于江苏省连云港市郊，距离新沭河入黄海海口大约 2 km，是目前国内沿海地区淤泥质土河口最大的海口闸。作为治淮十九项骨干工程中最后一项单体最大的工程，三洋港是淮河流域防洪安保的重要屏障和沂沭泗流域洪水东调入海的关键性工程，能够有效防止周边地区遭受洪水的侵蚀。

防淤减淤指的是通过一系列方法来预防和控制河道的淤积，减少淤积的严重程度。这些措施通常包括水利工程、水文监测、水质治理和调度管理等方面。通过防淤减淤，可以保障河道的安全和畅通。淤积会影响河道的过水能力，让河道变得狭窄，水流稳定性下降，甚至堵塞，从而影响周边地区的安全及防洪。防淤减淤的方法有很多，郑政等[1]提出针对观澜河长截流箱涵运行期的泥沙淤积，建立观澜河长截流箱涵局部物理模型，通过河工洞床冲刷试验，论证旱季"分段蓄水、接力冲淤"的分段冲淤和大雨季"分段控制、集中冲淤"的全线冲淤可行性，从工程改造、运行管理等方面提出防淤减淤对策。王殿文[2]提出采用防淤盖板和防淤屏对 E33 沉管碎石垫层进行防淤减淤来降低回淤对沉管安装的影响。曹辉[3]提出通过建立沙颍河郑埠口航运枢纽下游航道平面三维数学模型，进行了天然条件下水沙特性研究，提出了郑埠口船闸下游口门区及连接段航道减淤措施，初步提出保证水上交通安全的航道保通方案。

雨情信息、水情信息、水库信息、堰闸水情、水闸水情都是开展防淤减淤的重要基本信息，采用水源调度实现防淤减淤离不开雨水情任何一项。现有的很多系统没有针对防淤减淤需求，同时集结雨情信息、水情信息、水库信息、堰闸水情、水闸水情所有功能，从而无法准确判断可能产生的河道淤积情况，不能准确采取措施来防淤减淤。鉴于这种情况，本系统融合雨情信息、水情信息、水库信息、堰闸水情、水闸水情所有功能，可以让用户查看想要站点的对应数据，了解水位、流速等，掌握河道的演变过程，采取合理的方法来防淤减淤，保证周边城市安全。

2　系统架构设计

本系统是基于前后端分离架构，前后端分离系统是一种现代化的软件架构，它将系统的前端和后

基金项目： 江苏省水利科技项目（2022020）。

作者简介： 张擎天（2000—），男，硕士研究生，研究方向为软件安全。

端部分独立开发和部署，以提供更高效、可维护和可扩展的应用程序为目标。

前端使用 Vue.js 和 Cesium.js 相结合的方法来开发。Vue.js 是当前非常流行的一个 JavaScript 框架，经常被用于构建现代、响应式的用户界面，可以非常高效地来构建交互式 Web 应用程序。Cesium.js 常用于创建高性能的三维地理信息系统（GIS）应用程序。通过 Cesium.js 构建的地图信息，开发者可以将三洋港的卫星地图作为背景让用户对三洋港的地理位置有一个直观的感知，可以观察到三洋港的自然环境。对于雨情信息、水情信息、水库信息等，当用户想要了解测站的具体信息，如所在位置、监测信息、距离三洋港距离、与新沭河关系等，判断雨水情是否对三洋港的防淤减淤有所帮助时，可以在地图上搜索测站，并在卫星地图上直观展示测站的位置，提高用户的使用满意度和防淤减淤决策的准确性。

后端使用 SpringBoot 框架来开发，使用 Redis 作为缓存来提高系统的响应速度，使用消息队列 Rabbitmq 来实现解耦、异步通信。SpringBoot 是基于 Java 的框架，因其支持多线程编程，具有强大的安全性特征，具有高吞吐量和低延迟，常常用来开发需要高可靠性、高稳定性、高响应速度、高安全性的应用程序。该系统涉及大量的数据操作，需要 SpringBoot 在短时间内返回用户需要的数据。

专用数据库使用 MySQL 管理。由于测站众多、水情信息采集频繁、数据大，如果所有数据都存储在一个服务器的一张表中，那么会给这个服务器造成非常大的负担，当用户查询服务量过大就很可能导致服务器的崩溃。因此，将 MySQL 数据库采用主从复制和读写分离的操作来增大数据库及系统的性能和扩展性。

系统架构如图 1 所示。

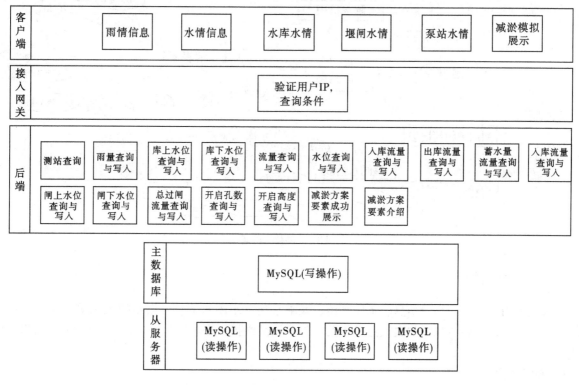

图 1　系统架构

3　数据库表设计

3.1　雨情信息

雨情信息数据库模型包含两个实体：测站表和降水量表。

测站表包含测站编号、测站名称等。

降水量表包含测站编号、时段降水量、时段长、降水历时、日降水量、天气状况等。

3.2 水情信息

水情信息数据库模型实体类包含测站表和河道水情表。

河道水情表包括测站编号、时间、水位、流量、断面过水面积、断面平均流速、断面最大流速、河水特征码、水势等。

3.3 水库水情

水库水情数据库模型实体类包含测站表和水库水情表。

水库水情表包括测站编号、时间、库上水位、入库流量、蓄水量、库下水位、出库流量。

3.4 堰闸水情

堰闸水情数据库模型实体类包含测站表和堰闸水情表。

堰闸水情表包括测站编号、时间、闸上水位、闸下水位、总过闸流量。

3.5 水闸水情

水闸水情数据库模型实体类包含测站表和闸门关闭情况表。

闸门关闭情况表包括测站编号、时间、开启孔数、开启高度、过闸流量。

整体 ER 图如图 2 所示。

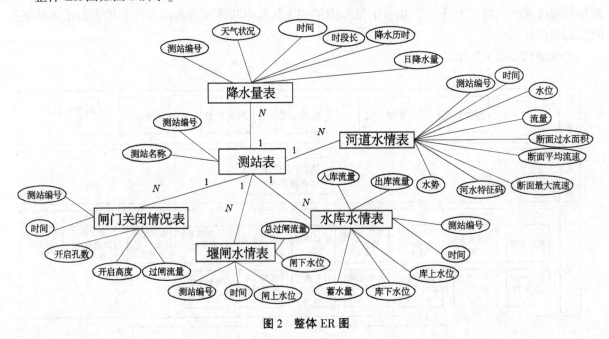

图 2　整体 ER 图

4　系统主要功能

系统由雨情信息、水情信息、水库水情、堰闸水情、水闸水情、减淤模拟展示等六个模块组成。前面五个模块都与防淤减淤的决策息息相关，为防淤减淤提供先验知识，最后一个模块展示模拟计算成果。

4.1 雨情信息

雨情信息提供用户关心的雨量，并结合新沭河以石梁河水库为调蓄枢纽的特点，同时对石梁河库上水位、库下水位提供同步查询展示。

业务逻辑是，前端选择目标的雨情测站和水库测站，起始时间和终止时间，后台首先从测站表中获取选择的测站编号，然后根据时间段在降水量表中获取雨量、库上水位、库下水位等信息，为了更直观地让用户知道数量大小和每个变量之间的关系，用杜状体表示，并且右侧还提供表格的方式展现数据。

雨量是影响河道淤积的重要因素之一。当雨量较大时，水流速度加快，冲刷能力强，带入河道的泥沙量增加，容易导致河道淤积。因此，通过监测和预测雨情信息，可以提前采取相应的防淤减淤措施，如调整水库出水量、开启闸门等，以减轻河道淤积的程度。

水库的水位控制着河道的水位和流量。库上水位直接反映水库的库容和总水量，库下水位反映水库的利用情况和下游用水需求。通过调节水库的水位，可以控制下游河道的流量，减少淤积的发生。在洪水期间，适当提高库上水位可以增加水库的调洪能力，减轻下游河道的洪水压力，减少淤积的发生。

因此，通过监测雨情、水情、水库水位等信息，采取相应的防淤减淤措施，可以有效地减少河道的淤积，保障河道的畅通和安全，同时也有利于水资源的合理利用和社会经济的发展。系统雨情信息页面如图 3 所示。

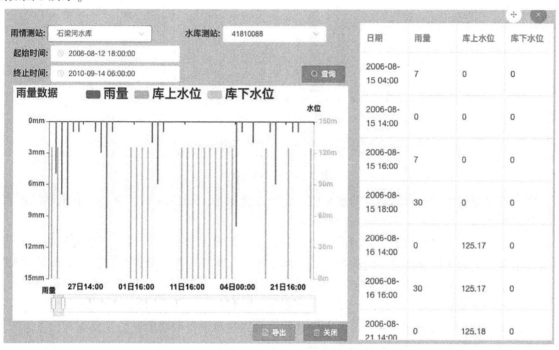

图 3 系统雨情信息页面

4.2 水情信息

用户在水情信息可以了解对应测站的流量和水位。流量是影响河道淤积的重要因素之一。当流量较大时，水流速度加快，冲刷能力强，带入河道的泥沙量增加。

因此，在防淤减淤过程中，需要根据流量的大小采取相应的措施。例如，在洪水期间，需要增加排水量，以防止河道淤积；而在枯水期间，则需要减少排水量，以避免对河道造成过度冲刷。在防淤减淤过程中，需要合理调节水位以便达到防淤减淤目标。流量和水位是影响河道淤积的重要因素，需要通过合理的监测和控制措施来调节，制定更加科学合理的防淤减淤方案。系统水情信息页面如图 4 所示。

4.3 水库水情

用户通过水库水情可以知道对应测站指定时间范围内的库上水位、入库流量、蓄水量、库下水位、出库流量。库上水位的高低直接影响着水库的蓄水量和出库泄流能力。当库上水位较高时，水库的蓄水量增加，出库泄流能力也会相应增大；而当库上水位较低时，水库的蓄水量减少，出库泄流能力也会相应减小。

通过调节库上水位，可以控制水库的蓄水量和出库流量，从而减少下游河道的淤积程度。入库流量的大小直接影响着水库的蓄水量和可调度出库流量。当蓄水量较大时，在需要时可提供更大的出库

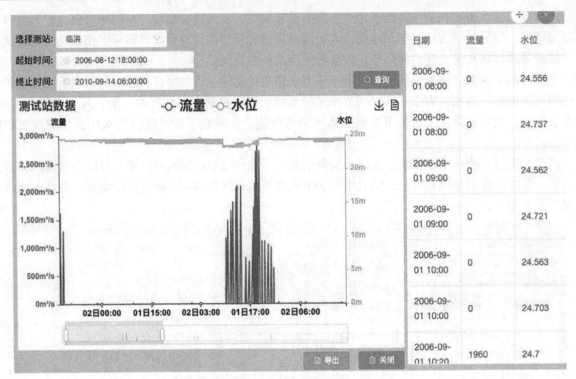

图4 水情信息页面

流量；而当蓄水量较小时，水库储存的水量较少，出库流量也会相应减小。通过调节水库的蓄水量，可以控制出库流量，从而减少下游河道的淤积程度。

出库流量的大小直接影响着下游河道的水量和水位。当出库流量较大时，下游河道的水量增加，水流速度加快，有利于冲刷河道中的泥沙，减少河道淤积；而当出库流量较小时，下游河道的水量减少，水流速度减缓，容易导致河道淤积。通过监测和控制出库流量，可以合理调节下游河道的水量和水位，从而减少淤积的发生。

综上所述，通过合理调度水库，可以有效地控制水库的蓄水量和出库流量，从而减少下游河道的淤积程度。系统关于水库水情页面如图5所示。

4.4 堰闸水情

用户在堰闸水情可以了解闸上水位、闸下水位和总过闸流量。闸上水位是指闸门上游的水位高度，闸上水位是水文测量中的一个重要指标，用于计算过闸流量等参数。通过监测闸上水位，可以及时了解河流或水库的水位变化情况，从而预测洪水、调度水资源、控制水流等。闸下水位是指下游一侧的水位，水通过闸门后，下游水位会发生明显的变化。根据水力学原理，当上游水位高于下游水位时，水会从上游流出，经过闸门流入下游。在此过程中，由于闸门的阻水作用，水会发生水位跌落，流速增大，从而挟带更多的泥沙排出。因此，闸下水位的变化可以影响下游河流的水量和水质，从而影响防淤减淤的效果。

总过闸流量是指通过闸门的总水量。当上游水位高、下游水位低时，总过闸流量会增大；反之，则会减小。总过闸流量对防淤减淤的影响主要表现在两个方面：一是总过闸流量可以冲刷河床和两岸的泥沙，保持河道的通畅；二是总过闸流量可以对下游的水质产生影响，从而影响防淤减淤的效果。掌握测站闸上水位、闸下水位和总过闸流量等信息，有助于采取合适措施实施防淤减淤。系统关于堰闸水情页面如图6所示。

4.5 水闸水情

水闸水情可以提供测站关于开启孔数、开启高度、过闸流量的信息。在闸门开启时，可以通过调节开启孔数和开启高度来控制过闸流量。因为开启孔数增加会使得水流通道增加，开启高度增加会使

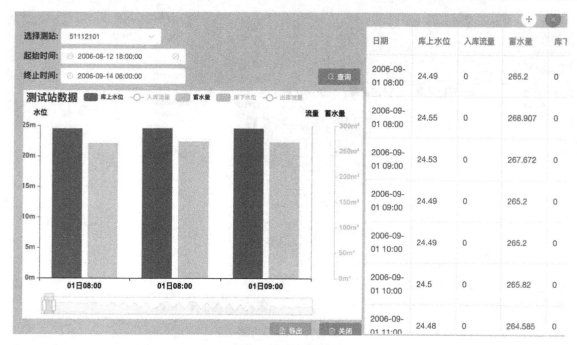

图5 水库水情页面

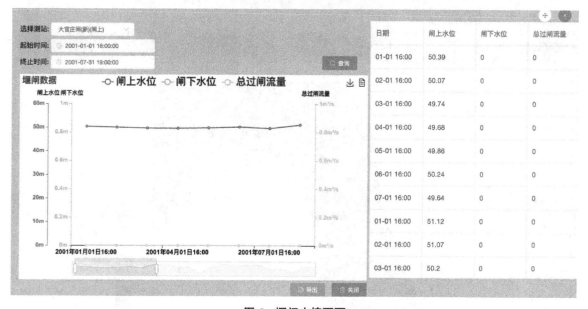

图6 堰闸水情页面

得水流流速加快。一般来说，开启孔数越多，开启高度越大，过闸流量就会越大。

开启孔数、开启高度等因素共同作用，可以有效地冲刷河床和两岸的泥沙，保持河道的通畅，从而起到防淤减淤的作用。在调节开启孔数和开启高度时，需要综合考虑过闸流量对防淤减淤的影响，选择适当的开启孔数和开启高度，以实现防淤减淤的效果。系统关于水闸水情页面如图7所示。

4.6 减淤模拟展示

该模块集成了泥沙动力模拟计算成果，向用户展示不同防淤减淤方案的效果。如平水期中部开闸方案、枯季两侧开闸方案，不同方案的防淤减淤计算成果，计算成果相关要素有地形变化、含沙量、流速、水位等四个要素。

用户通过选择方案和对应要素可以查看对应方案在对应要素上的变化情况的动态过程，并可查看方案基本信息。用户通过查看对应方案的模拟展示，可判断当前方案防淤减淤效果，方案实施的可行性。系统关于减淤模拟展示页面如图8所示。

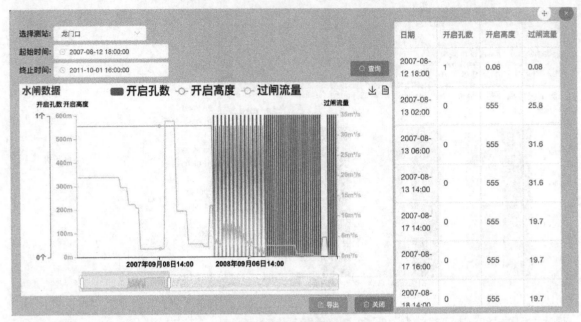

图 7　水闸水情页面

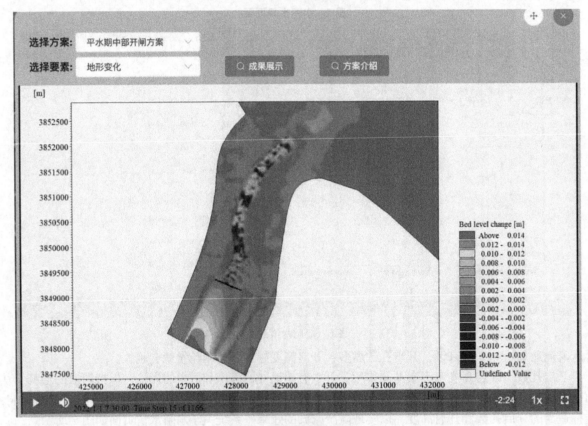

图 8　减淤模拟展示页面

5　展望

系统通过雨情信息、水情信息、水库信息、堰闸水情、水闸水情五个模块向用户展示雨量、水位、流量等数据，为防淤减淤措施提供先验知识。通过减淤模拟成果展示让用户便利掌握各种防淤减淤方案产生的效果，让用户更直观地了解不同防淤减淤方案带来的影响，为选择最有效的防淤减淤措施提供帮助。

　　但是，影响防淤减淤决策的还有很多因素，如上游水资源需求、水利工程安全等因素，在综合考虑各因素的前提下，才能实现科学精准决策。未来计划加入更多模块，为防淤减淤方案的决策提供更加可靠的依据。

参考文献

［1］郑政，涂向阳. 观澜河长截流箱涵泥沙淤积规律和防淤减淤对策研究［J］. 中国水利，2021（5）：46-49.

［2］王殿文. 外海人工岛岛头区碎石垫层防淤减淤［J］. 中国港湾建设，2019，39（2）：46-49.

［3］曹辉. 沙颖河郑埠口航运枢纽下游航道防淤减淤等保通措施研究［R］. 郑州：河南省地方海事局，2015.

无人船技术在汛期峡谷型河道地形测量中的应用

史俊超[1]　李新杰[2,3]　王　强[2,3]　王海龙[1]　曹佳鑫[1]

(1. 中原工学院，河南郑州　450007；

2. 水利部黄河下游河道与河口治理重点实验室，河南郑州　450003；

3. 黄河水利科学研究院，河南郑州　450003)

摘　要： 针对传统河道测量受河流周边环境、水文气象和河道地形等因素影响的问题，本文采用无人船测深系统进行试验。同时，在汛期对峡谷型河道进行水下地形测量，这不仅增加了测量过程的风险，也对数据精度造成一定的影响。最近几年，随着技术的发展，无人机、无人船等科技产品的出现，在提高测量数据精确度的同时也减少了作业过程中的风险。通过对测量数据的分析，这将验证无人船测量在汛期峡谷型河道应用的可行性，这将为未来的河道测量工作提供参考，并为环境保护、水利工程规划和水资源管理等领域的决策提供更准确、可靠的数据支持。

关键词： 水下地形；汛期峡谷型河道；无人船

1　引言

在峡谷型浅水河道中使用传统测量作业方式，为获得地形数据，工作人员只能进行水上作业。在浅水区，通常使用测深杆或测深锤等传统方法进行水深测量，这些传统方法需要结合工作船、橡皮艇等水上工具。然而此类传统方法存在一些安全风险，如搁浅和侧翻等，这可能对船上人员和设备造成威胁[1]。随着测量技术与计算机技术的发展，可以实现对水下地形的精确测量、获取水位高程和地形断面重现等。其中，测量技术主要涉及无人船自动定位与测深，通过声呐或者激光测距获取水下地形数据。计算机技术主要提供无人船控制和后期数据处理等功能[2]。综上所述，无人船已经成为测量水下地形的重要工具，它能够提供精确的测量数据，并通过计算机技术对数据进行处理和分析。这为测量汛期峡谷型河道提供强有力的支持，未来有望在更多的水下测量领域发挥重要作用。

2　系统构建

2.1　系统简介

本次测量使用华测华微3号无人船作为测量设备。该无人船测量系统由硬件和软件两个主要部分组成。硬件部分主要包括控制系统、通信系统和测深系统等[3]。软件部分主要是 AutoPlanner 和 HydroSurvey 两款软件。图1展示了无人船的详细结构，包括各个模块的布局和组合。

2.2　控制系统

该控制系统由笔记本或者手持遥控器及通信模块组成，旨在根据不同水上测绘区域选择自动控制或遥控控制。这样的设计可以使测量人员能够根据现场情况切换控制方式，以适应复杂的水面状况[4]。自动测量方式利用无人船的自主导航和遥控功能，可以根据预设的航线和测量任务进行自主测量。在水域环境较好且没有太多障碍物时，这种方式可以提高测量的效率和准确性。然而，当水域

基金项目： 国家自然科学基金资助项目（51879115，U2243236，U2243215）；水利部重大科技项目（SKS-2022088）。

作者简介： 史俊超（1999—），男，硕士研究生，研究方向为水利信息化。

通信作者： 李新杰（1977—），男，高级工程师，主要从事水资源系统分析和水库调度研究工作。

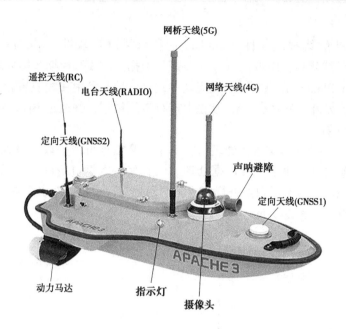

图 1   华微 3 号无人船

环境复杂且存在障碍物时，手动测量方式更为适用。手动测量方式下，操作人员通过遥控器或其他控制设备手动操控无人船，以确保安全地绕过障碍物并完成测量任务。

2.3   通信系统

无人船支持 4G 网络与基站网桥两种通信方式。相比基站网桥，4G 网络具有传输距离远、传输速度快、稳定性高和带宽大等优势。考虑到本次测量区域的特殊，包括较远的测量距离和河道两岸地形变化较大带来的干扰增多，采用 4G 网络作为电脑与无人船之间的通信方式。

为了实现这一通信方式，无人船内部集成了物联网卡，使得无人船与电脑可以同时访问相应的服务器进行通信。各传感器与上位机之间通过串口通信[5]，数据由主控统一发送至电脑。

2.4   测深系统及其基本原理

无人船测量系统主要是由 GPS 移动站和测深仪组成，其中测深仪利用回声定位原理进行水深测量，而 GPS 移动站提供无人船的定位和导航功能，使其能够准确获得水下地形数据[6]。

无人船测深基本原理如图 2 所示，设船载 GPS 移动站收到的高程值为 h，GPS 移动站到水面的高程为 i，船体吃水深为 m，换能器测得水深为 n，则无人船在工作期间测得水底对应高程（H）为

$$H = h - i - m - n \tag{1}$$

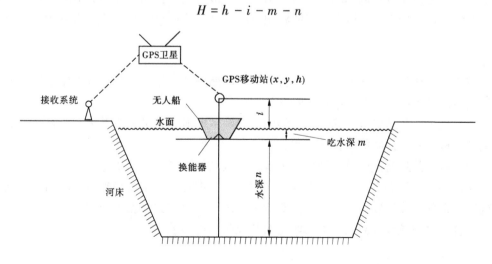

图 2   无人船测深基本原理

2.5 软件系统

软件系统主要包括航线规划软件 AutoPlanner 和海洋测量软件 HydroSurvey 两个软件。其中，AutoPlanner 主要用于航线规划，HydroSurvey 主要用于数据的收集和后期数据处理。

航线规划软件 AutoPlanner 提供两种航线规划方式：一种是利用在线卫星影像使用 AutoPlanner 软件进行自动航线规划。另外一种是在 CAD 软件上进行航线规划，并通过 HydroSurvey 软件将其转换为 AutoPlanner 识别的自动航点。

HydroSurvey 软件在后续对数据进行处理时，对于异常数据可以采取平滑处理的方法将其调整到正常数值区间[7]。该软件还提供了多种数据处理方法，如对数据进行滤波、插值等。在对水深数据处理之后，可以使用该软件对水深数据进行回放，在回放过程中也可对水深数据中出现的异常值进行检测和修正[8]。数据修正如图 3 所示。

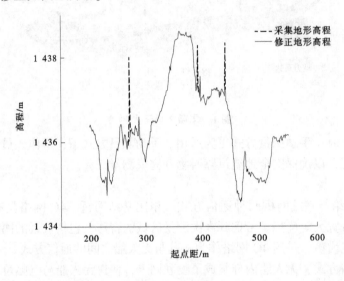

图 3 数据修正

3 项目实践

3.1 测区概况

本次测量目标为新疆某水电站库区。地貌上处在中低山南界，靠近山前冲积砾质倾斜平原的北界。河流出山口附近为Ⅳ级阶地，地势平坦开阔，植被覆盖较差，地表容易受山洪暴雨所改变。近年来，库区泥沙淤积较为严重，河道多处泥沙淤积滩涂裸露，这造成浅水区域面积增加，常规测量作业难以实施。

3.2 作业流程

在进行河流汛期地形测量之前，需要进行充分的前期准备工作。这些准备工作包括无人船的前期调试、测量区域的整体勘察及测量航线和断面的规划。

首先，设置无人船各项参数，确保无人船的功能和性能能够满足测量需求，并将无人船置于水面进行相关测试，确保各个系统能够正常工作。

其次，需要进行测量区域的总体勘察。了解测量区域的特点和环境条件，有助于制定合理的测量计划和航线，以确保测量的准确性和安全性。同时，需要进行相关航线和断面的规划。根据测量目的和要求，确定合适的航线和断面，以覆盖需要测量的区域。考虑到河流汛期的特点，需要根据水流条件和地形变化合理规划航线和断面，以获取全面和准确的地形数据。

通过充分的前期准备工作，包括无人船的调试、测量区域的勘察和航线规划，可以为河流地形测量奠定坚实的基础。这样可以确保测量工作的顺利进行，并获得高质量的地形数据。测量作业主要流程如图4所示。

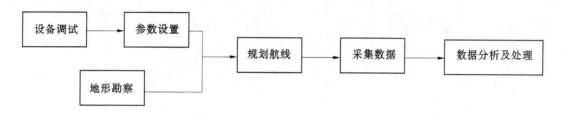

图4 测量作业主要流程

3.3 航线规划及测量

本次测量任务需要完成6个断面的测量，每个断面之间的距离约为1 km。

为了高效完成测量任务，使用 AutoPlanner 软件进行航线规划。图5展示了根据测量任务要求已经规划好的航线。在航线规划之后，无人船将按照设定好的航线进行自主水深数据采集，自动测量能够确保数据采集区域的覆盖率和一致性，完成数据采集后，无人船会自动返回预定的回归点，这标志着测量任务的结束。

图5 航线规划

在本次测量任务中，除了采集断面水深数据，还完成了每个断面的深泓点测量工作。为了完成深泓点测量，在每个断面上选择了具有代表性的位置。通过无人船的测量数据，可以让技术人员更好地了解深泓点的水深信息，并在后续数据处理中进行分析和评估。这为后续研究河道特性、优化水资源管理提供了宝贵的数据支持。

4 案例分析

无人船测量部分结果对比数据选用2019年测量数据，从图6、图7中可以观察出部分断面河道略有变化，y02断面和y03断面两处断面在河道左侧均有泥沙淤积现象，在河道右侧均出现了河道冲刷现象。

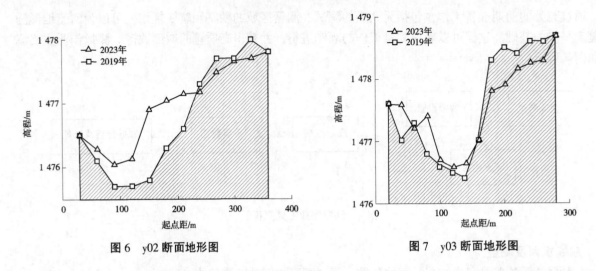

图 6　y02 断面地形图　　　　　　　　图 7　y03 断面地形图

相比之下，y04 断面河床变化较为稳定，没有出现明显的河道冲刷现象，然而该断面却出现了严重的泥沙淤积现象。泥沙在 y04 断面的河道中积聚较多，导致河床提高。y04 断面地形图如图 8 所示。

将本次测得的深泓点与 2019 年测得的深泓点做对比，各断面深泓点对比图如图 9 所示，从图中可以分析深泓点的变化趋势。从图 9 中可以观察到，部分断面存在泥沙淤积现象，部分断面存在河道冲刷现象。此类数据有助于科研工作者更好地了解河道的动态变化并为未来的水资源管理、河道维护和防沙排沙提供决策依据。

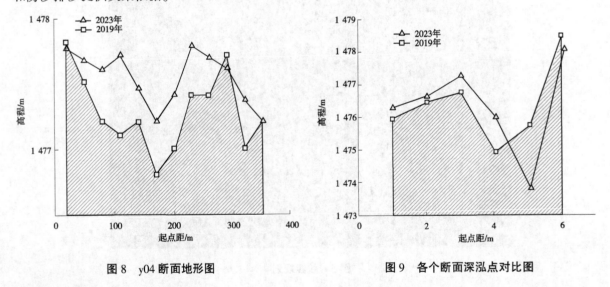

图 8　y04 断面地形图　　　　　　　　图 9　各个断面深泓点对比图

5　结语

采用无人船针对峡谷型河道进行汛期测量，通过对比河道地形的变化，该库区库尾段存在泥沙淤积现象，靠近坝前位置断面存在冲淤交替，无人船测量到的地形数据与实际地形数据比较一致，证实了无人船在峡谷型河道汛期测量时具备可靠的精度，能够满足本次测量任务的需求。这为汛期水文检测和河道管理决策提供了可靠的数据支持，这也证实了无人船在汛期峡谷型河道中测量的可行性。同时，无人船在峡谷型河道汛期测量中仍面临一些挑战。例如，复杂的水流条件、信号遮挡和测量死角等问题仍需进一步的研究与解决。

参考文献

［1］李勇，洪剑，朱春春. 无人船测深系统在浅水河道测量中的应用［J］. 水运工程，2021（4）：20-24.

［2］赵薛强. 无人船水下地形测量系统的开发与应用［J］. 人民长江，2018，49（15）：54-57.

［3］赵建虎，欧阳永忠，王爱学. 海底地形测量技术现状及发展趋势［J］. 测绘学报，2017，46（10）：1786-1794.

［4］汤慧强. 基于无人船的智能水下地形测量技术研究［J］. 科技创新导报，2018，15（19）：23-24.

［5］黄国良，徐恒，熊波，等. 内河无人航道测量船系统设计［J］. 水运工程，2016（1）：162-168.

［6］陈俊任，周晓华. 无人船测量系统在水下地形测量中的应用［J］. 测绘技术装备，2020，22（4）：65-68.

［7］李冠军. 无人船在水下地形测量中的应用与数据处理探讨［J］. 吉林水利，2022（6）：23-26.

［8］潘伦渊. 无人船测深系统在水下地形测量中的应用［J］. 大众标准化，2022（19）：58-60.

基于箱线图技术的数字孪生建设数据处理
方法与应用

王忠强　屈伟强

（黄河水利水电开发集团有限公司，河南济源　459017）

摘　要： 本文以小浪底工程水轮发电机组的稳定性趋势分析为对象，介绍了数据采集、处理、特征提取、箱线图绘制及异常监测的方法，探讨了基于箱线图技术的趋势分析算法，展示了箱线图技术对水轮发电机组稳定性趋势分析的特点和应用效果，提供了一种完善和丰富的数字孪生建设数据底板方法。

关键词： 数字孪生；数据底板；箱线图；特征值；异常监测

1　引言

数字孪生水利工程通过将各种工程要素虚拟，以可视化形式实时动态反馈给管理者，拟合显示水利工程各类要素关系，解析要素时空动态演化规律，实现水流模拟、工程调度及预测预报等业务功能，并将采集的信息和决策成果转换为评价方案或决策数据，利用规则和知识库，实现决策方案智能选取与合理推送[1]。数字孪生是水利行业的一次革命性变革，它面向新时代水利高质量发展需求的重要支持和创新解决方案，不仅为水利决策管理提供了前瞻性、科学性、精准性和安全性的支持[2]，还将水利业务与现代信息技术融合发展，为实现智慧水利的目标铺平了道路。水利工程数字孪生平台建设的核心在于建立全面的基础信息网和不断完善的数据底板、算法和模型[3-4]。数字孪生水利的最终目标是要实现以数据、算法和模型为核心的"四预"功能[5]。这意味着通过数字孪生水利，我们可以更好地预测水资源变化、早期发现水灾风险、预防水利工程事故、实施精细化的水资源管理[6]。

以小浪底工程为例，以数字孪生水轮发电机组的稳定性趋势分析为研究对象，借助基于箱线图的数据分析方法，旨在提高水利工程监测和管理的效率。水轮发电机组的稳定性数据包括振动、摆度、温度、压力脉动等多维信息，这些数据具有周期性变化规律。根据香农定律，需要较高的采样频率保证数据不失真，导致采集数据量庞大，实现这些数据的高效分析已经成为一项挑战[7]。传统方法在处理大规模和高维度时空数据时，效率较低，因此需要更加直观且高效的方法来清洗、捕捉数据中的趋势和异常。箱线图作为一种简单而有效的统计工具，为我们提供了分析数据分布、检测异常值和分析趋势发展的有效手段。本研究将箱线图与水轮发电机组的稳定性数据相结合，以实现对数据分布、趋势和异常的直观分析。

2　方法与数据采集

箱线图用于反映一组或多组连续型定量数据分布的中心位置和散布范围，包含数学统计量，不仅能够分析不同类别数据各层次水平差异，还能揭示数据间的离散程度、异常值、分布差异等。箱子的上下限，分别是数据的上四分位数和下四分位数[8]。这意味着箱子包含了50%的数据。因此，箱子

作者简介：王忠强（1972—），男，高级工程师，生产技术部部长，主要从事水利工程运行管理工作。

的宽度在一定程度上反映了数据的波动程度。针对旋转水力机械，常采用速度和位移传感器实时监测水轮发电机组的振动和摆度数据，通过箱线图可直观分析机组运行稳定性趋势和异常值检测[9]。

2.1 数据采集

小浪底水轮发电机组稳定性监测传感器分布如表1所示。这些数据由发供电设备状态监测系统采集并存储，并将其传输到数据采集系统等基础信息网中。这些数据在机组稳定负荷运行时，通常会呈现出正态分布的统计规律。

表1 小浪底水轮发电机组稳定性监测传感器分布

序号	小浪底机组测点名称	小浪底单机数量
1	上导 X、$-Y$ 向摆度	2
2	下导 X、$-Y$ 向摆度	2
3	水导 X、$-Y$ 向摆度	2
4	上机架 X、$-Y$、Z 向振动	3
5	下机架 X、$-Y$、Z 向振动	3
6	定子机座 X、$-Y$、Z 向振动	3
7	定子铁芯 X、$-Y$、Z 向振动	3
8	顶盖 X、$-Y$、Z 向振动	3
9	尾水管振动	1
10	蜗壳尾部压力脉动	1
11	顶盖压力脉动	1
12	尾水管进入门压力脉动	1
13	尾水管出口压力脉动	1

2.2 数据处理与特征提取

基础信息网在获得机组振动、摆度和压力脉动峰峰值等数据后，按以下步骤进行数据处理和用于箱线图分析的特征值提取，具体流程（见图1）如下。

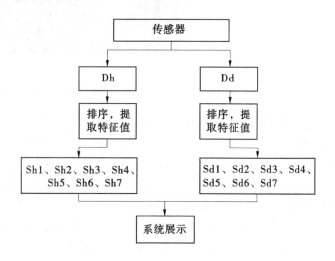

图1 数据采集与特征值提取流程

2.2.1 数据排序和分组

将采集到的数据按照时、日等时间间隔进行分组，并分别命名为小时数据 Dh、日数据 Dd，并分别对 Dh、Dd 内的所有数据进行排序并获取其特征值，便于后续的箱线图分析。

2.2.2 特征值提取

在每个时间段内，计算振动和摆度数据的特征值，包括：

（1）小时数据 Dh 的最大值 Sh1、上须 Sh2、上四分位数 Sh3、中位数 Sh4、下四分位数 Sh5、下须 Sh6、最小值 Sh7。其中，上须 Sh2=Sh3+1.5×（Sh3−Sh5），下须 Sh6=Sh3−1.5×（Sh3−Sh5），假设数据总量为 Nh，上四分位数 Sh3 为 Dh 所有数据中从大往小排列的第 Nh/4 个数据，下四分位数 Sh5 为 Dh 所有数据中从大往小排列的第 3Nh/4 个数据。

（2）日数据 Dd 的最大值 Sd1、上须 Sd2、上四分位数 Sd3、中位数 Sd4、下四分位数 Sd5、下须 Sd6、最小值 Sd7。其中，上须 Sd2=Sd3+1.5×（Sd3−Sd5），下须 Sd6=Sd3−1.5×（Sd3−Sd5）。假设数据总量为 Nd，上四分位数 Sd3 为 Dd 所有数据中从大往小排列的第 Nd/4 个数据，下四分位数 Sd5 为 Dd 所有数据中从大往小排列的第 3Nd/4 个数据。

这些特征值将用于绘制箱线图和进行数据分析[10]。

2.3 箱线图绘制与分析

基于所提取的特征值绘制箱线图，箱线图通常包括箱体、上须、下须、中位数、异常点等要素。箱线图的绘制示意如图 2 所示，绘制完成的效果如图 3 所示。

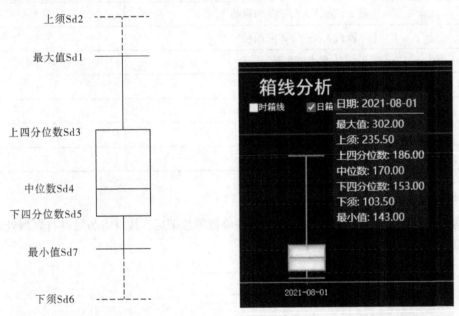

图 2 　箱线图的绘制示意　　　　　　图 3 　日箱线绘制完成的效果

在箱线图的分析过程中，箱线高度（上四分位数与下四分位数之差）的变化趋势和异常点是关键信息。箱线高度的变化趋势可以帮助我们了解振动和摆度数据的分布是否在正常范围内和是否有恶化趋势。根据上述提取的特征值，日箱线的特征图形包括 Dd 的最大值 Sd1、上四分位数 Sd3、中位数 Sd4、下四分位数 Sd5、最小值 Sd7。上须 Sd2、下须 Sd6 作为异常点监测判断依据。图 3 为上导摆度峰峰值日箱线，在箱体内部的区域表示机组上导摆度 50% 数据所在区域，该区域内的数据可信度较高，表示机组 1 d 内在该运行区间内运行的数据具备更高可信度，顶部表示 1 d 内机组上导摆度的最大值，底部表示 1 d 内机组上导摆度的最小值，箱体中间的中位数线表示 1 d 内机组上导摆度的平均运行位置。

2.4 异常监测

在箱线图分析的基础上开发异常监测算法，通过箱线图识别和定位潜在的异常点。具体的异常监测方法为：检测箱线高度的变化趋势，当箱线高度显著增加或减少时，标志着振动和摆度数据的分布发生异常。根据箱线图中的异常点指标，识别和标记异常数据，作为数据分析前的数据清洗规则。如图 3 所示，当所监测数据 $X>Sd2$ 或 $X<Sd6$ 时，认为该数据为噪声数据，在数据分析时将其剔除。但在系统展示时，隐去上须数值和下须数值，仅在后台做数据异常监测时使用。通过异常监测，工程师可以在问题恶化之前及时发现并采取措施，以确保水轮发电机组的稳定性和可靠性。

3 基于箱线图的水轮发电机组稳定性趋势分析

3.1 箱线高度的趋势分析

箱线图中箱体的高度是趋势分析的关键指标。通过观察箱线高度的变化趋势，可以了解数据的分布范围是否发生了变化。以下是对箱线高度的趋势分析方法。

3.1.1 上升趋势

如图 4 所示，上导摆度峰峰值箱线高度在连续时间间隔内逐渐上升，这表明数据的分布范围可能在扩大，振动或摆度数据波动范围变大，符合水轮发电机组运行特性。

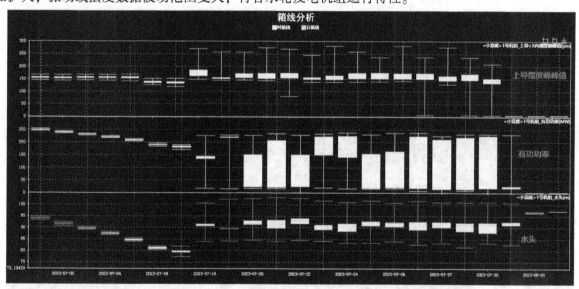

图 4 水轮机组上导摆度峰峰值随有功功率和水头变化箱线图（一）

3.1.2 下降趋势

如图 5 所示，上导摆度峰峰值箱线高度在连续时间间隔内逐渐下降，这表示数据的分布范围可能在缩小，机组的稳定性有所改善。

3.1.3 波动趋势

如图 6 所示，上导摆度峰峰值箱线高度在连续时间间隔内呈波动趋势，但没有明显的上升或下降趋势，这表明数据的分布在不同时间段内可能有所变化，但机组整体趋势仍保持稳定。

3.2 数据可视化和趋势分析

如图 7 和图 8 所示，相同时间段内水轮机组上导、下导和水导摆度峰峰值变化趋势折线图和箱线图对比。在系统展示层面，箱线图相对于折线图，包含的设备运行信息更加丰富，可以看出机组稳定性数据集散程度和一定时间间隔内运行工况变化情况，工程师可以根据箱线图直观获取数据的分布情况、变化趋势和异常情况，机组运行数据分析更加直观和有效。当机组水头、有功功率等工况量参数不变时，如果箱线图高度发生异常变化，则表示机组稳定性发生改变，如果出现恶化趋势，应加强设备状态分析和现场巡视。

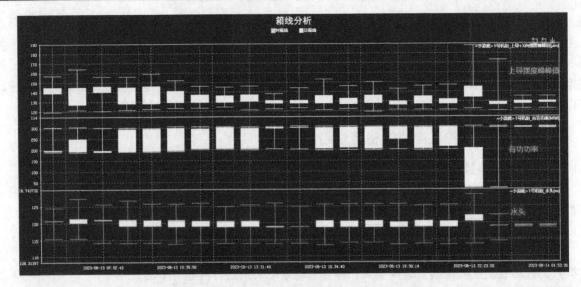

图 5　水轮机组上导摆度峰峰值随有功功率和水头变化箱线图（二）

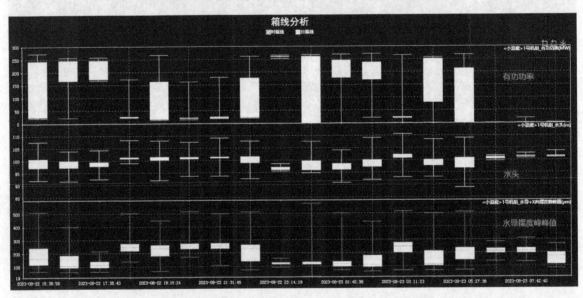

图 6　水轮机组水导摆度峰峰值随有功功率和水头变化箱线图（三）

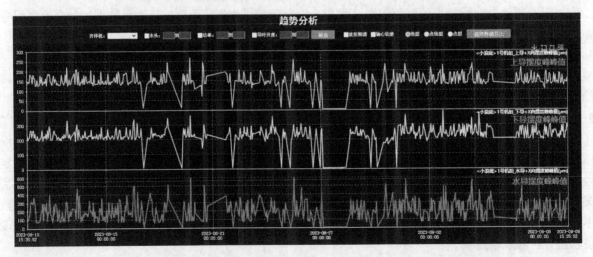

图 7　一个月内水轮机组上导、下导和水导摆度峰峰值变化趋势折线图

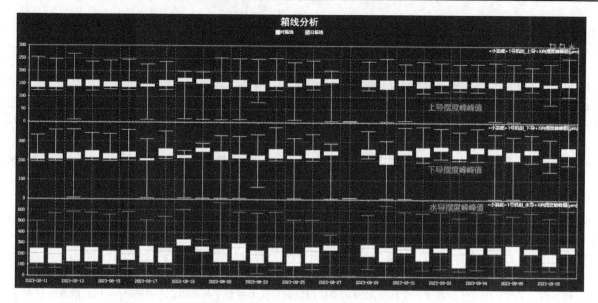

图 8　一个月内水轮机组上导、下导和水导摆度峰峰值变化趋势箱线图

3.3　箱线图在数字孪生数据底板建设中的优势

（1）数据清晰可见。箱线图以直观的方式展示数据的分布情况，通过箱体、上下须、异常点等元素，使复杂的数据结构清晰可见。这使工程师和决策者能够迅速理解机组性能数据，无须深入统计学知识。

（2）异常检测精准。箱线图在异常检测方面表现出色。通过箱线图，异常点可以迅速识别，这有助于及早发现机组运行中的问题或潜在风险。对异常数据的及时处理可以减少不必要的停机和维护成本。

（3）趋势分析直观。箱线图可用于分析数据的趋势，通过观察箱线高度的变化，可以判断数据是否呈现上升、下降或波动趋势。这对于预测机组性能的发展趋势至关重要，有助于制定长期维护策略和性能优化计划。

（4）通用性和适用性广泛。箱线图方法具有通用性，适用于不同类型和规模的水利工程。这意味着它可以在各种水轮发电机组和水利工程中广泛应用，为水利行业的数字孪生建设提供了一种通用的数据分析工具。

4　结语

（1）以水轮发电机组稳定性数据趋势分析为研究对象，深入研究了基于箱线图趋势分析的水利工程数字孪生数据底板算法，以箱线图在水轮发电机组稳定性数据趋势分析与异常监测方面的应用为切入点，对数字孪生平台数据底板中长周期海量数据的处理、特征值的提取技巧、数据清洗的思路进行了深入研究并应用于小浪底工程数据底板建设之中，为水利工程数字孪生领域引入了一种新的数据处理和分析工具，可以帮助工程师和决策者更好地理解和分析水利工程中多维度数据的趋势和异常情况。

（2）本研究成果提取的特征值可进一步完善基础信息网功能，是提升监测感知环节数据可靠性的创新应用，丰富了水利工程数字孪生数据底板内容。同时，为进一步丰富完善全国水利一张图系统数据资源、数据模型等基础数据信息提供了一种思路，为水利工程数字孪生平台建设和水利"四预"功能实现提供了数据和算法模型支撑。

参考文献

［1］翟天放，张天翼. 浅谈数字孪生水利工程建设框架构建 ［J］. 吉林水利，2023（7）：75-78.

［2］蔡阳. 数字孪生水利建设中应把握的重点和难点 ［J］. 水利信息化，2023（3）：1-7.

［3］申振，姜爽，聂麟童. 数字孪生技术在水利工程运行管理中的分析与探索 ［J］. 东北水利水电，2022，4（4）：62-65.

［4］梁志开，江志明，李甘，等. 基于数字孪生技术的水利机电设备智慧运维管理平台研究 ［J］. 水利水电快报，2023，44（9）：116-122.

［5］蔡阳，成建国，曾焱，等. 加快构建具有"四预"功能的智慧水利体系 ［J］. 中国水利，2021（20）：2-5.

［6］詹全忠，陈真玄，张潮，等. 《数字孪生水利工程建设技术导则（试行）》解析 ［J］. 水利信息化，2022（4）：1-5.

［7］郑松远，陈泓宇，季怀杰，等. 机组状态在线监测系统在清远抽水蓄能电站的应用 ［J］. 水电与抽水蓄能，2018，4（4）：60-62.

［8］穆宝胜，刘欣，朱文艳. 基于 n 个标准差法和箱线图法识别变形监测中异常值的应用探究 ［J］. 南通职业大学学报，2023，37（2）：100-104.

［9］中国水利水电科学研究院，哈尔滨大电机研究所，东方电机股份有限公司，等. 水力机械（水轮机、蓄能泵和水泵水轮机）振动和脉动现场测试规程：GB/T 17189—2017 ［S］. 北京：中国标准出版社，2017.

［10］吴九牛，高德成，蒋维栋，等. 基于箱线图的插值法在空盒气压表数据处理中的应用 ［J］. 工业仪表与自动化装置，2023（3）：94-95.

数字孪生灌区的框架及关键技术探索

谈晓珊[1,2] 陈柏臻[3] 刘 恋[3]

(1. 水利部南京水利水文自动化研究所，江苏南京 210012；
2. 水利部水文水资源监控工程技术研究中心，江苏南京 210012；
3. 江苏南水科技有限公司，江苏南京 210012)

摘 要： 数字孪生灌区建设是智慧水利建设的重要内容，是提升灌区建设管理水平的有效手段，是新阶段灌区高质量发展的方向。本文研究了数字孪生灌区总体架构，并探索了数字孪生灌区场景搭建中运用的关键技术，研究采用遥感、BIM、GIS 和相关三维可视化渲染技术，结合水利专业模型，搭建灌区高保真三维可视化数字孪生场景。通过建设数字孪生灌区系统，实现数字灌区、智慧灌区，为灌区的运行调度和现代化建设提供安全保障和基础支撑。

关键词： 灌区；数字孪生；GIS；BIM

1 引言

数字孪生灌区是智慧水利建设的重要组成部分，是现代化灌区的重要标志，也是新阶段灌区高质量发展的方向，推进数字孪生建设体现了国家政策上的势在必行。2023 年，在水利部召开的数字孪生灌区先行先试工作推进会中指出围绕信息感知、资源共享、决策支持、泛在服务等体系构建，按照提高灌区"四预"能力的要求，加强灌区数字化、监控自动化、调度智能化建设。到 2025 年底前，探索形成一批可推广、可复制的数字孪生灌区建设的技术、方法、产品及体制机制模式，带动引领全国数字孪生灌区建设。2012 年，胡思略在对我国水资源现状深入分析的基础上开发了一套灌区信息采集系统，该系统利用智能 RTU（remote terminal unit）高效地实现了灌区现场信息的采集和监测[1]。2013 年，李典贤设计了基于 GPRS 和 Web 的灌区水情监控系统，实现了灌区水情的实时监控、数据查询、图形报表等功能[2]。2016 年，陈浩通过研究客户端（Android）联合客户端（Web）实现对灌区内的远程实时监控和信息化管理[3]。程帅利用智能算法求解制定灌区最优配水方案，实现了水资源在时间上和空间上的最优配置。2019 年，位山灌区以灌区 e 平台为核心搭建了智慧灌区框架体系，初步实现了灌区信息采集的自动化、信息存储的数字化、远程控制管理的网络化和分析决策的智能化[4]。人民胜利渠灌区利用基于 NB-IoT 的信号无线传感器节点、基于物联网的云检测与云计算和基于深度学习的系统诊断等关键技术，搭建了人民胜利渠多源信息传输的拓扑结构及灌渠系统智慧管理平台框架[5]。2020 年，新疆三屯河灌区初步完成了以信息采集点建设和灌区 e 平台建设为核心的智慧灌区整体框架的搭建，基本实现了水雨情信息的自动监测和闸门、视频的远程监控，并利用软件进行智能分析，为决策提供了技术支持[6]。2022 年，疏勒河灌区实现了灌区供需水量的智能分析及配水方案的优化，推进了疏勒河智慧灌区建设[7]。马宏伟将数字孪生系统应用于大坝及灌区，能够动态地反映水库大坝及灌区系统的各种情况，利用动态图形来描述复杂的水质、水情及大坝与灌区安全监测的动态变化过程，直观、形象、便于理解，极大地改善了水库和灌区的安全管理工作[8]。总体

基金项目： 江苏省水利科技项目（2021062）；新疆水利科技项目水文新仪器应用与示范（XSHJ-2022-08）。
作者简介： 谈晓珊（1986—），女，高级工程师，主要从事水利 GIS、灌区信息化等方面的研究工作。

来说，虽然大多数灌区的信息化管理建设工作已启动，并在学者们的不断研究中开发出了各类灌区管理系统，但我国灌区信息化、智慧化管理仍处于较低水平。因此，研究数字孪生灌区的框架及关键技术是新时代水利事业的必然要求和发展趋势。

本文对数字孪生灌区的框架及关键技术进行探索研究，以遥感、GIS 技术、BIM 技术结合水利专业模型，逐步将灌区从信息化提升到智慧化，实现数字灌区、智慧灌区，为灌区的运行调度和现代化建设提供安全保障和基础支撑。

2 数字孪生灌区总体架构

数字孪生灌区依托虚拟现实、GIS、BIM、大数据等技术，以物理灌区为基础，以水利信息化基础设施体系为底座，以数字孪生平台（智慧决策模型）为核心，以科学管理为驱动，以网络安全体系为支撑，以运行维护体系为保障，建立"五横二纵"的总体架构，全方位夯实"算力、算据、算法"等基础建设，支撑精准化决策，提升灌区"四预"能力，为建设生态灌区、标准灌区、智慧灌区、惠民灌区提供有力支撑。总体架构如图 1 所示。

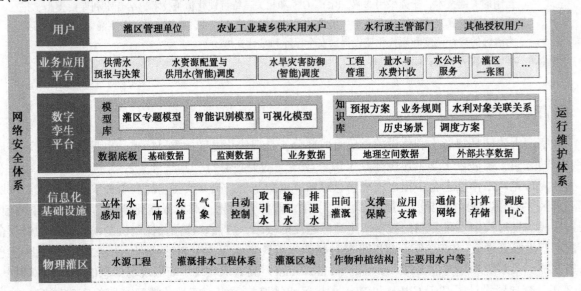

图 1　数字孪生灌区总体架构

3 数字孪生灌区场景搭建关键技术探索

基于 GIS 技术和 BIM 技术，采用成熟平台实现灌区全要素数字化、三维可视化，并实现 BIM 模型与工程信息的挂接，搭建灌区高质量三维可视化场景。研究采用 GIS、BIM 和相关三维可视化渲染技术，基于无人机航测、工程 BIM 建模、公共数字资源收集等方式实现灌区全要素数字化，搭建灌区高保真三维可视化数字孪生场景，并在各单体工程 BIM 模型中挂接工程信息，全面实现灌区工程数字化和三维可视化。搭建工程高保真三维可视化数字孪生场景，实现工程物理实体到虚拟实体的全要素数字化映射，需要研究多种数字孪生场景搭建关键技术，主要包括实景建模、BIM、GIS 等多源异构数据融合技术研究、模型轻量化技术研究和高保真三维可视化渲染技术研究。

三维数据包括无人机倾斜摄影、卫星遥感影像、数字高程模型、无人机正射影像、水下地形测量、BIM 模型、基础地理数据、监测及业务数据等，在构建数字孪生可视化场景时需要将以上类型的数据进行融合，形成灌区孪生场景。

空间数据融合将全场景数据底板及空间数据进行统一融合，使不同数据精度、不同数据源的空间数据在三维空间实现融合，达到数据资源层级无缝转换、数据与地形无缝构建的孪生场景。数字孪生场景融合的数据资源有二维矢量数据、三维矢量数据、多源地形数据、多源影像数据、倾斜摄影数据、激光点云数据、BIM 模型等。

多尺度的异构数据融合技术路线如图 2 所示。

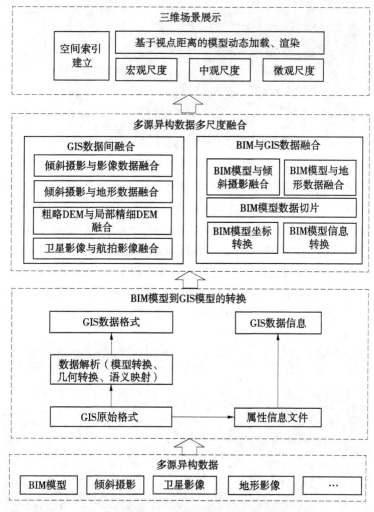

图 2 多尺度的异构数据融合技术路线

3.1 实景建模、BIM、GIS 等多源异构数据融合技术研究

通过无人机实景建模技术，在灌区一定范围进行低空航测的基础上，通过专业分析软件生成高精度三维实景模型、DEM 和正射影像等数据。运用 BIM 技术构建原型比例的灌区重点建筑物 BIM 模型，包括土建、房屋、机械设备等，通过与三维实景模型、GIS 矢量化和符号化数据相结合，共同打造高保真的数字孪生灌区工程虚拟实体。为实现从宏观到微观、从地上到地下、从室外到室内多尺寸、多维度无缝融合与无感过渡，需要研究多种融合场景搭建技术。

3.1.1 BIM 模型构建

数字化场景是数字孪生系统的基础，通过高清正射影像（DOM）、高精度三维实景模型和工程及机电设备设施 BIM 模型构建灌区工程时空多尺度数据映射，同时叠加前端感知数据，最终形成基础数据统一、监测数据汇集、二三维一体化、跨层级、跨业务的灌区工程数字化场景。建立灌区工程涵盖土建（渠道、涵洞、水闸、泵站等）、机电等专业的设施设备 BIM 模型（见图 3），并将设计图纸、技术要求、主要参数、设备型号等与模型相关的属性信息与 BIM 模型相关联后，实现灌区工程的数字化运维管理。

3.1.2 三维实景模型构建

三维实景模型具有高分辨率、建筑物及地表等真实纹理、带有真实坐标信息可进行测量计算、能

图 3   设施设备 BIM 模型

够满足大范围大场景的展示等应用特点，三维实景模型可进行不同角度的浏览，摆脱工程建筑物形状的限制，对工程建筑物外部结构、轮廓等细节进行全方位的浏览，通过与 BIM 模型进行结合，可实现工程建筑物外部结构和内部结构的全面展示和浏览查询，可支持基于数字化工程的运行维护管理。通过无人机搭载高分辨率相机低空航拍技术，实现对灌区工程范围多角度倾斜摄影，有效获取工程的地理空间数据（GIS），对地理空间数据加工处理后构建工程的高逼真三维实景模型，并将实景模型与 BIM 模型相结合，实现对大场景下的灌区工程整体全貌的全面展示与基本信息查询。三维实景模型建立后，将监测监控信息数据与实景模型相关联，实现可视化、高逼真的数字化运行管理。渠道及水闸三维实景模型见图 4。

图 4   渠道及水闸三维实景模型

3.1.3   多源异构数据融合

采用无人机倾斜摄影，并以航测影像为基础通过一系列工序自动生成的带有真实世界纹理的三维网格模型为实景模型，而通过各种三维设计软件手工构建的带工程信息的三维模型为 BIM 模型，即建筑信息模型。实景模型与 BIM 模型相比各有优缺点。实景模型能大批量自动生成，生产效率高，展示纹理与真实世界相同，展示效果逼真，支持大场景；缺点是地下模型无法获取，模型数据量大而不易应用，且基本不带工程信息。BIM 模型带有更多的工程信息，数据量小，易于管理和应用；缺点则是建模工作量大，且难以获得与真实世界相同的纹理效果。为此，将三维实景模型和 BIM 模型进行结合，并最终统一集成到 GIS 平台，充分发挥三者各自的优势才能满足项目各项要求。

3.2   模型轻量化技术研究

BIM 模型是一种精确的边界描述模型，含有大量的几何信息，在现有的计算机软硬件条件下，使用 BIM 模型直接建立大型工程的复杂系统装配、仿真模型是不可行的，因此需要使用轻量化的模型建立仿真模型，以达到对仿真模型的快速交互、渲染。目前主要的模型轻量化技术有 LOD 轻量化技术、瓦片化分级显示技术、实例化技术、视觉范围遮罩技术等。

3.3 高保真三维可视化渲染技术研究

研究大型开放场景高保真动态渲染技术，基于高分辨率实景模型、BIM 模型、高分辨率正射影像、真实地形，以真实世界材质纹理为基础，通过灯光、配景等实现现实世界的高保真 1∶1 映射和实时动态渲染，从而真实准确地映射真实场景，并在此基础上实现降雨、渠水、闸站运行、人物、车辆的动态模拟，为数字孪生灌区的构建提供虚拟实体。高保真三维可视化渲染技术是指利用计算机图形学技术，使用高精度模型、高分辨率纹理和真实物理照明模型，将三维场景呈现得尽可能逼真的技术，可以通过研究和使用这些技术来打造渠灌区高保真三维可视化场景。

4 数字孪生灌区平台初步构建

数字孪生灌区平台建设主要包括两方面：一是数据底板，即"算据"，在灌区已有的基础信息数据、业务管理数据的基础上，完善监测数据采集，整合地理空间数据及灌区内自然地理、经济等数据，打造灌区数据底板。二是模型库及知识库建设，即"算法"，初步构建灌区需要的水利专业模型，构建具有灌区特色的模型库；结合灌区供用水管理业务特点和知识需求，梳理预报调度方案、业务规则、专家经验，构建孪生灌区知识库。

4.1 数据底板

在共享水利部本级 L1 级、流域管理机构及省级水行政主管部门 L2 级数据底板的基础上，根据工程安全分析、洪水预报、防洪调度等模型计算需求及业务管理需要，按照"模块化、单体化、语义化"的原则，采用卫星遥感、无人机倾斜摄影、激光雷达扫描建模、水下地形测量、BIM 等技术，细化构建工程多时态、全要素地理空间数字化映射，建设灌区 L2 级和 L3 级数据底板，汇聚工程全要素全过程基础数据、监测数据、业务管理数据及外部共享数据。主要建设内容包括多维多时空尺度数据底板、BIM+GIS 基础平台建设和数据收集整编及标准制定。

4.2 模型库

围绕水资源配置、灌溉等综合效益发挥，深入开展数据分析，为管理提供数据评价支撑。包括工程安全监测预警、防洪调度、水量调度等水利专业模型。

梳理数字孪生灌区具体业务管理需求，拟建的模型库包含水利专题模型（需水预报模型、配水调度模型、群闸联合调度模型、水动力模型），实现来水预测分析、水资源动态配置及辅助决策，典型区域来水预测分析、水资源动态配置、闸门智能控制调度配水等业务闭环场景，通过合理配置灌区水资源，解决用水之间、上下游之间的用水矛盾，为水资源配置、供水调度及典型区域闸门联动调度提供模型支撑。

数字孪生灌区的模型库建设，以数据底板为基础，通过强化学习为基础的决策模型，辅以数据分析中心对海量数据的学习和挖掘，系统性地解决现代化灌区（供、配、控、管）问题。

4.3 知识库

水利知识平台是数字孪生水利工程建设的重要组成部分，是新一代水利业务应用的创新，是智慧水利的智能大脑，结合数字孪生水利工程建设需求，针对大型和重要水利枢纽工程数字孪生水利工程的规划、设计、建设、运行等业务构建知识库，以知识图谱为技术框架，融入预报调度方案、业务规则库和专家经验等知识，开发具有业务特色的知识管理应用平台，为水利工程安全智能分析预警、智能调度等业务决策提供知识依据。

4.4 数字孪生应用场景

应用物联网、大数据、数字建模、GIS 等技术，打造数字"孪生"灌区示范区。通过区内的地形地貌、周边环境、信息化设备完全还原真实场景，使用数字孪生技术，从示范区全貌、功能建设、设备运行、输配水过程、灌排过程等多个维度数字化映射，以虚实交互的方式，仿真模拟灌区建设的整体进程，让灌区运行可操控、可分析、可预测。

数字孪生场景指基于统一时空基准，将数字孪生灌区数据底板中多种类型数据进行有效组织，融合自然背景、流场动态、水利工程等要素，构建供水、灌溉、水资源管理与调配等数字化场景，利用 3D 渲染引擎对各类要素及其组合进行图式和渲染表达，直观形象地展示灌区的真实状态和变化过程。

5 结论

本文研究采用无人机航拍多角度倾斜摄影，有效获取工程的地理空间数据（GIS），并构建工程的高逼真三维实景模型，通过三维设计软件，手工构建工程的三维 BIM 模型。将轻量化、三维保真渲染的实景模型和 BIM 模型一并集成到 GIS 底图，实现实景模型与 BIM 模型信息的交互，搭建高保真数字孪生场景，为灌区工程的数字化运维管理奠定良好基础。

参考文献

[1] 胡思略. 灌区信息采集系统 RTU 的设计 [D]. 哈尔滨：哈尔滨理工大学，2013.

[2] 李典贤. 灌区水情监控系统的设计与软件实现 [D]. 成都：西南交通大学，2014.

[3] 陈浩. 常州市新北区农业节水灌溉信息化系统的研究与实现 [D]. 扬州：扬州大学，2017.

[4] 李其超. 位山灌区智慧灌区建设经验与分析 [J]. 人民黄河，2019，41（S2）：177-178，222.

[5] 李子阳，马福恒，李涵曼，等. 人民胜利渠灌区智慧管理平台的物联网架构 [J]. 中国农村水利水电，2019（6）：88-92.

[6] 宋玉斐. 新疆三屯河智慧灌区建设应用分析 [J]. 大坝与安全，2020（3）：24-27.

[7] 季宗虎，孙栋元，惠磊，等. 疏勒河流域现代灌区智慧应用技术体系研究 [J]. 水利规划与设计，2022（9）：25-30，63.

[8] 马宏伟. 数字孪生技术在水库大坝及灌区信息化建设中的应用 [J]. 现代工业经济和信息化，2023，13（1）：163-165.

数字孪生框架下黄河水量调度预案系统设计

周翔南　　方洪斌　　赵亚威

（黄河勘测规划设计研究院有限公司，河南郑州　450003）

摘　要：本文探索了数字孪生技术在黄河流域水资源管理中的实用性和潜力。未来黄河流域面临日益复杂的水资源管理挑战，迫切需要采用先进的技术和方法来实现水资源的高效管理。本文通过详细分析黄河流域现有水资源管理的局限性和"四预"建设的具体需求，提出了黄河水量调度预案系统的初步设计，该系统可以实现数据的实时监控和管理，通过年–月–旬–实时预案滚动编制，为管理者提供精准、有效的决策支持。研究成果不仅为黄河流域的水资源管理提供了重要的技术和方法支持，也为其他流域面临类似水资源管理问题时，提供了有价值的参考和启示。

关键词：数字孪生；黄河流域；水资源管理；调度预案

1　引言

近年来，数字孪生技术的兴起为黄河水资源管理开辟了崭新的路径和机遇。数字孪生技术通过为物理实体构建数字镜像，实现了实时的监控、分析和决策支持[1]。这种创新方法已在工业、能源和交通等多个领域得到了成功的实践和应用。从全球的研究进展来看，欧美地区已经开始利用数字孪生技术，在城市水管理、洪水预警和水库管理等方面并取得了显著的成效[2]。长江流域已经在其管理系统中引入了数字孪生技术，以更好地应对洪水、旱灾和其他自然灾害，确保水资源的合理利用和分配[3-4]；珠江流域则着重于水质管理和生态恢复，利用数字孪生技术对水体污染进行实时监控并预测未来趋势[5]；而辽河流域，由于其独特的地理位置和气候特点，主要使用数字孪生技术进行水资源配置和土地利用优化[6-7]；随着技术的进步和对资源管理需求的增长，黄河流域正逐步构建其数字模型，以便更好地监控、预测和管理水资源[8-10]。

水利部于2022年1月发布了《数字孪生流域建设技术大纲（试行）》，对数字孪生流域的关键定义和其在水利工作中的核心价值进行了明确。为进一步推进该方案，水利部于2022年2月19日发布了《水利部关于开展数字孪生流域建设先行先试工作的通知》（水信息〔2022〕79号），明确提出在我国主要的江河流域进行数字孪生技术的试验与应用[11-12]。与此同时，水利部也提出了"2+N"的业务应用框架，并要求在各项业务应用中完整地实现预报、预警、预演和预案的"四预"功能[13-15]。尽管数字孪生技术在其他领域已经有了成功的应用，但在黄河流域，这种技术的应用仍然面临着许多挑战。如何确保数据的准确性、如何整合各种数据来源、如何确保模型的实时性和准确性等问题都需要进一步地探讨和研究。

基金项目：国家重点研发计划资助项目（2022YFC3202300）；黄河勘测规划设计研究院有限公司自立科研项目（2023KY011）。

作者简介：周翔南（1986—），男，高级工程师，主要从事水资源规划、水资源调配等研究工作。

2 数字孪生框架下黄河水资源管理需求

2.1 现状黄河流域"四预"建设情况

随着数字孪生技术的发展，其在水资源管理中的作用日益凸显。黄河，作为我国的母亲河，其水资源管理与调度的重要性不言而喻。然而，面对数字孪生的"四预"要求，黄河的水资源管理现状与其之间仍存在明显差距。系统和平台方面，目前已有国家水资源监控管理系统、国家地下水监测系统等重要平台，但在与数字孪生"四预"要求对接时，尚未构建出全面服务于黄河干支流水资源管理与调度的信息化支撑体系。预报能力方面，黄河主要来水区的径流规律，因水库调度方式改变、新建取水工程、下垫面变化等因素影响，已发生显著变化。这要求我们修编现有径流预报方案，以提高预报的准确性。预警能力方面，流域内的生态流量不达标、超许可取水和超计划用水等关键指标的预警能力明显不足，这对于黄河的水资源管理形成了巨大的风险。预演与预案能力方面，当前的黄河水量调度预案滚动修正功能需要进一步完善，水量调度预演的精度和实时性也有待提高。

2.2 面向"四预"要求的整合策略

2.2.1 预报策略的整合

利用国家水资源监控管理系统和国家地下水监测系统的数据资源，实现流域及区域取用水的实时统计和动态评价；基于黄河主要来水区的最新径流变化特征，修编和优化径流预报方案，提高预报精度；构建实时监测模块，针对生态流量和水量分配进行即时预测，确保资源的合理配置。

2.2.2 预警策略的整合

构建预警机制，对生态流量、水量分配、取用水总量控制、地下水"双控"等关键红线指标进行实时监控和预警；对超许可、超计划、超总量管控、水资源承载力、非常规取水、瞒报税等进行即时监控，确保及时预警；建立预警信息发布平台，确保预警信息能够及时、准确地传达到相关部门和公众。

2.2.3 预演策略的整合

借助数字孪生技术，建立水资源调度模拟环境，对各种调度方案进行预先模拟和优化；针对预演结果，开展调度会商，确保对各种可能的水资源调度方案进行全面评估和决策。

2.2.4 预案策略的整合

结合预报、预警和预演的结果，迅速制定出针对性的调度预案，确保黄河的水资源得到合理、高效的利用；面对可能的超许可取水、水质异常等情况，制定专门的应急预案，确保在紧急情况下可以迅速做出反应。

2.3 目前的问题

与"四预"要求相比，目前的水资源调度管理还存在以下主要问题：水资源管理业务应用未实现全覆盖；"四预"能力不足，特别是在径流预测、流域生态流量预警，以及水量调度预案编制等方面，尚未建立完善的服务于黄河干支流水资源管理与调度的信息化支撑体系；面对水旱灾害、水工程故障等突发情况时，调度指令的实时调整能力不足。针对黄河水量调度预案方面的不足，本文将聚焦于黄河水量调度预案系统设计，通过对该系统架构及功能的详细描述，为数字孪生技术在黄河流域的应用提供可行的技术参考。

3 黄河水量调度预案系统设计

为满足数字孪生黄河在水资源管理与调配领域中的"四预"要求，特别是"预案"部分，本次提出了一个黄河水量调度预案系统。该系统的核心任务是制定和监控黄河的年度、月度、旬度及实时水量调度预案，进而为数字孪生黄河水量调度提供强大的业务辅助功能。整个平台由三大关键模块构成，分别是数据管理模块、预案编制模块和预案管理模块。

3.1 数据管理模块

本模块的核心功能是整合、管理和操作与黄河水量调度预案相关的数据资源。鉴于黄河水量调度预案是高度依赖数据的，此模块被设计为处理多种类型和大量的数据。经过深入的数据分析，识别出以下五类关键数据。

（1）基本模型参数。包括省（区）代码、河段标识、节点标识、河道传播时间、河段的不平衡量、节点控制流量（生态流量、防凌流量等）、水库信息（水位库容曲线、特征水位等）、干支流分水比例、干流河段退水比例等。

（2）流量预测数据。包括年径流预报、月径流预报、旬径流预报，分别应用于年、月、旬水量调度预案编制。

（3）省（区）的申报与实际用水数据。包括各省（区）分河段年申报和实况取用水、月申报和实况取用水、旬申报和实况取用水，申报取用水数据用于确定余留期各省（区）分水量，实况取用水数据用于滚动修正余留期各省（区）可分配水量。

（4）实时水情数据。包括水库实时水位和控制断面下泄流量，水库实时水位用于确定水库起调水位，控制断面实时下泄流量用于确定河段的上断面水流演进初始流量。

（5）预案数据。包括各省（区）分水量，各河段上下断面流量、取水量、退水量、耗水量，水库水位、入出库流量等。

3.2 预案编制模块

3.2.1 预案的制定逻辑

以《黄河水量调度管理条例》为基础，黄河水量调度预案得以制定。这个条例自 1998 年开始实施，为黄河水资源的合理分配和有效利用提供了关键的指导。它为黄河水量调度明确了核心原则：集中协调、总体控制、多层级整合及动态修订。具体到操作层面，按时间维度可以划分为年、月、旬和实时调度预案。各级预案互为约束，自上而下逐渐细化，基于年度总水量控制，对余留期的调度计划进行月、旬、实时的动态修订。

年调度预案编制：①确定黄河下一年的总供水量。考虑到黄河的年度流量预测、花园口的天然年度流量、龙羊峡水库的汛初蓄水量，以及"八七分水方案"中规定的黄河正常年份供水量，按照"丰增枯减"的准则来确定可供水量。②根据"八七分水方案"，将年度可供水量按时间段、省区、河段进行分配。③考虑主要供水区的流量预测，五大水库的汛初蓄水状况和运行计划，以及黄河水利工程的实际用水量和 11 月至次年 6 月的用水计划，考虑到河段水流传播时间和不平衡水量，从龙羊峡到利津，按河段进行水量平衡计算，确定各时间段、省（区）、河段的取水量、退水量、耗水量，关键控制断面的下泄水量，以及水库的时段初/末水位和下泄水量。

月调度预案在年度调度预案的指导下进行制定，在制定期考虑未来一个月的流量预测、五大水库的蓄水量、各省（区）的实际用水量和余留期的申报用水量，进行月调度预案的制定。具体流程与年调度预案相似，只是时间粒度更细。旬调度预案在年调度预案和月调度预案的指导下制定，考虑各省（区）的实际用水量和余留期的申报用水量，进行旬调度预案的制定。在完成年、月、旬水量调度预案的审批和发布后，开始制定实时调度预案。其主要目的是实时跟踪监控水情、工况、土壤水分状况、取水等，并预测其发展趋势，及时修正水量调度计划。

3.2.2 预案编制模块的构建

预案编制模块分为四个子模块：年预案编制、月预案编制、旬预案编制和实时预案编制，见图 1。遵循黄河水量调度的"多层级整合、动态修订"原则，这些子模块既可以独立运行，也可以相互关联，形成一个协同工作的系统。年预案编制子模块负责在输入年度流量预测、汛初实测流量等数据后，自动计算黄河次年的总供水量，然后按"八七分水方案"自动分配给各省（区）、河段。月、旬、实时预案编制子模块在上一级预案的基础上，结合最新的流量预测和实际用水数据，自动进行滚动修正，编制下一时期所需的调度预案。

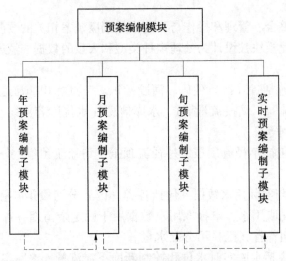

图 1　预案编制模块结构示意

3.3　预案管理模块

预案管理模块是专门为预案编制模块所制定的年、月、旬及实时预案进行查看、修正、输出、移除、比较及发布等全方位操作而设计的。查看功能能够直观地以图形化方式展示预案内部包含的各省（区）的供水量、河段的取水量、退水量、消耗水量、控制断面流量和水库水位及蓄泄过程等关键信息。修正功能允许用户对已经制定的预案中的河段取水量、退水量、消耗水量及水库的蓄泄等数据进行适当调整，以适应实际的调度需求。输出功能使得用户可以将所制定的预案按照标准格式导出为 Word、Excel 或 Txt 文件。移除功能提供了一个方便的方式来删除选定的已制定的年、月、旬或实时调度预案。比较功能允许用户选择几个已经制定的调度预案，并对它们中的各省（区）供水量、河段取水量、退水量、消耗水量、控制断面流量及水库水位/下泄水量等关键指标进行横向和纵向的比较，从中总结和提取最佳指标，并推荐最合适的方案。需要注意的是，预案比较功能只适用于相同时间范围的预案之间，不同时间范围的预案之间没有比较的意义。发布功能是用于将经过决策者审查的已制定的年、月、旬或实时调度预案标记为"待发布"，并提交给上级管理部门进行审查。一旦审查通过，预案会被正式发布，并作为未来黄河水量调度和管理的参考依据。

4　结语

本文探讨了数字孪生技术在黄河水资源管理中的应用，特别是在满足"四预"要求方面的实用性和效率。详细分析了现有的黄河水资源管理系统和平台，识别了其在预报、预警、预演和预案方面的不足，并提出了一套综合整合策略，以实现黄河流域水资源的实时、动态和高效管理。面临未来的挑战和机遇，数字孪生技术将继续成为推动黄河流域水资源管理创新的关键因素。针对数字孪生黄河在水资源管理与调配领域中的"预案"部分，提出了黄河水量调度预案系统设计架构，通过制定和监控黄河的年度、月度、旬度及实时水量调度预案，可为数字孪生黄河水量调度提供强大的业务辅助功能。在数字孪生技术不断发展和创新的背景下，未来将会出现更多的实践和研究，共同推动黄河流域水资源管理进入全面数字化的新时代。

参考文献

[1] 陶飞, 刘蔚然, 刘检华, 等. 数字孪生及其应用探索 [J]. 计算机集成制造系统, 2018, 24（1）：1-18.

[2] 陈骞. 国外数字孪生进展与实践 [J]. 上海信息化, 2019（1）：78-80.

[3] 黄艳, 喻杉, 罗斌, 等. 面向流域水工程防灾联合智能调度的数字孪生长江探索 [J]. 水利学报, 2022, 53

（3）：253-269.

［4］黄艳. 数字孪生长江建设关键技术与试点初探［J］. 中国防汛抗旱，2022，32（2）：16-26.

［5］甘郝新，吴皓楠. 数字孪生珠江流域建设初探［J］. 中国防汛抗旱，2022，32（2）：36-39.

［6］左海阳. 基于数字孪生的松辽流域水工程防灾联合调度系统探索［J］. 中国防汛抗旱，2022，32（12）：41-47.

［7］廖晓玉，高远，金思凡，等. 松辽流域智慧水利建设方案初探［J］. 中国防汛抗旱，2022，32（2）：40-43，53.

［8］张金良，张永永，霍建伟，等. 智慧黄河建设框架与思考［J］. 中国水利，2021，（22）：71-74.

［9］李文学，寇怀忠. 关于建设数字孪生黄河的思考［J］. 中国防汛抗旱，2022，32（2）：27-31.

［10］刘昌军，吕娟，任明磊，等. 数字孪生淮河流域智慧防洪体系研究与实践［J］. 中国防汛抗旱，2022，32（1）：47-53.

［11］李国英. 建设数字孪生流域 推动新阶段水利高质量发展［J］. 水资源开发与管理，2022，8（8）：3-5.

［12］蒋云钟，冶运涛，赵红莉，等. 智慧水利解析［J］. 水利学报，2021，52（11）：1355-1368.

［13］游进军，杜军凯，林鹏飞，等. 水资源管理"四预"总体框架设计与应用思路［J］. 中国水利，2023（17）：57-62.

［14］刘志雨. 提升数字孪生流域建设"四预"能力［J］. 中国水利，2022，（20）：11-13.

［15］蔡阳，成建国，曾焱，等. 加快构建具有"四预"功能的智慧水利体系［J］. 中国水利，2021（20）：2-5.

基于 UE4 引擎的水利工程可视化在数字孪生流域中的应用研究

潘文俊　文　涛　邓嘉欣　王碧莲

(广东华南水电高新技术开发有限公司，广东广州　510620)

摘　要： 数字孪生流域是智慧水利体系的核心，由于流域面积较大，数字孪生流域平台在可视化方面多采用 GIS 引擎以普通三维场景的方式展示，难以实现流域内重要水利枢纽的精细化场景建设，预演表现力弱。引入游戏引擎强大的渲染能力对提升数字孪生流域平台的预演效果意义重大。本文以数字孪生南岗河流域中木强水库及南岗水闸为例，探究基于 UE4 搭建的工程场景在数字孪生流域建设中的应用。经上线运行，使用 UE4 引擎搭建的工程场景仿真程度高、交互流畅，实现数字化场景下的智慧化模拟，提高数字孪生流域预演能力，支撑精准化决策。

关键词： Unreal Engine 4；水利工程；可视化模型；数字孪生流域

1　引言

建设数字孪生流域是贯彻落实国家和水利部有关数字经济和数字流域建设要求的重大举措[1]。目前，数字孪生流域平台主要依赖于传统的三维地理信息系统（GIS）引擎进行开发，如 Cesium 和 SuperMap iClient 等。这些传统 GIS 引擎在管理、分析地理数据及执行空间分析方面具有显著优势[2]。然而，它们在处理场景中的光照和材质渲染及粒子特效方面存在一定的局限性，无法实现重点水利工程场景的高质量呈现。游戏引擎凭借其卓越的渲染能力，为数字孪生水利工程的呈现提供了更多的可能性。相对于传统的 GIS 引擎，游戏引擎具有更先进的渲染能力和更灵活的开发流程，可以为工程场景提供更加丰富、逼真的视觉呈现和交互体验，满足构建数字孪生工程精细场景的需求。

数字孪生南岗河平台采用 Unreal Engine 4（简称 UE4）引擎搭建重点水利工程可视化模型，结合静态数据和动态数据，通过 API 耦合场景和模型进行物理驱动、实时渲染、动态视觉特效等，真实模拟工程场景中各种事物的状态[3]。此外，通过链接流域水利模型，场景可对成果进行直观展示，精准表达水利专业模型结果，实现数字孪生工程与物理工程的历史数据及事件重现、实时同步仿真运行及模型算法预测结果的模拟，有效提高预演能力[4]。

2　概况

2.1　研究区概况

南岗河地处广州市黄埔区境内，干流全长 24.12 km，源起山区、穿越城区、汇入东江，是大湾区岭南水系的缩影。随着城市化的快速推进，南岗河经历了由郊野到都市的变迁。南岗河也面临着河湖空间被挤占、河道淤塞严重，流域受山洪、内涝、风暴潮多重威胁等一系列水安全问题[5]。2016年，全面推行河长制工作以来，南岗河流域的治理工作取得了显著的成效。2022 年 4 月，经广东省水利厅组织竞争立项遴选，水利部审查通过，南岗河入选水利部首批"幸福河湖"建设项目。建设

作者简介：潘文俊（1982—），男，工程师，主要从事智慧水利开发与研究工作。

数字孪生南岗河，实现自动监测、综合管理和预测预警，增强对极端暴雨洪水的中下游协同防御能力，是幸福河湖南岗河的基础。作为南岗河流域上下游最大的水利工程，木强水库及南岗水闸对于流域的防洪排涝体系构建至关重要。木强水库为南岗河流域内唯一的一座中型水库，位于南岗河流域木强支河上游，主要功能为防洪、生态补水及景观用水。南岗水闸位于南岗河入珠江口处，按照 200 年一遇的防洪标准设计，主要功能是调节南岗河水位，防止洪水侵袭，是流域内重要的水资源调节和防洪设施。两者位置关系可以从南岗河流域水系图（见图 1）看到。

图 1　南岗河流域水系图

2.2　虚幻引擎概述

Unreal Engine 4 是一款开源游戏引擎，被广泛应用于游戏、虚拟现实、增强现实等应用程序的构建[6]。UE4 拥有地形系统、材质系统、粒子系统、光照系统和物理系统，这些系统使其具有强大的图形渲染能力，可呈现出逼真的画面效果，并且其先进的物理引擎可以模拟出真实的物理效果，如水流效果等，从而提高了虚拟场景的真实感[7]。UE4 支持图形化材质编辑及可视化蓝图编程等特性，通过简单的拖曳节点和逻辑思考图的编写，可以轻松实现大部分功能，极大地降低了地形编辑和功能开发的难度。此外，UE4 引擎还支持像素流送，可以将打包后的应用程序发布至 Web 端，实现轻量化访问。通过引入 Cesium for Unreal 插件，该引擎具备了地理空间能力，可以加载全球地形、遥感影像及倾斜摄影模型等数据底板，从而更好地实现与流域尺度的融合[8]。

2.3　系统应用架构

数字孪生南岗河平台总体采用 B/S 架构。数字孪生平台包括数据底板、模型平台、知识平台三个部分。模型平台包括流域水利专业模型、智能模型及可视化模型[1]。可视化模型部分使用 UE4 引擎对木强水库及南岗水闸场景进行精细化建模。而流域由于面积较大，如果对全流域进行精细化建模，会导致系统体积巨大，成本高昂且难以使用。因此，本文将可视化模型模块划分为流域尺度及工程尺度。其中，流域尺度采用 GIS 三维引擎进行开发，工程尺度则基于 UE4 引擎构建。数字孪生南岗河流域总体架构如图 2 所示。

3　基于 UE4 的工程可视化场景搭建

3.1　总体设计流程

通过 UE4 搭建三维可视化场景，可以将水利工程的各种数据和信息进行实时展示，帮助管理者更好地了解工程的运行状况、水库汛期动态变化、水库安全监管等情况，实现智慧水库、智慧调度等目标[9-10]。同时，可以直观地展示大坝主体、厂房、船闸、闸门等重点管理对象的运行态势，提高水利工程监管的效率和准确性。木强水库及南岗水闸场景构建的具体内容可分为对黄埔区遥感影像及地

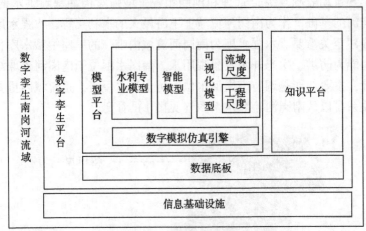

图 2 数字孪生南岗河流域总体架构

形的展示、水利工程精细化建模、倾斜摄影加载、地形地貌仿真、高质量光照渲染、水体材质模拟、天气模拟、实时水尺水位、水闸闸门及水花的变化模拟、Web 端场景访问、与流域尺度的无缝衔接等[11]。总体设计流程如图 3 所示。

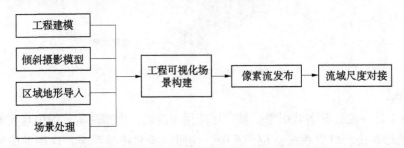

图 3 水利工程可视化模型构建总体设计流程

3.2 工程建模

工程模型采用 3Ds Max 软件进行建模。3Ds Max，是一款基于 PC 系统的三维动画渲染和制作软件。其具备强大的建模能力，提供多种高级的建模工具，如布尔运算、放样、网格编辑等，使得用户可以轻松创建复杂的 3D 模型[12]。它支持多种建模方式，如多边形、网格、面片、NURBS 等，以满足不同需求。同时，3Ds Max 支持使用各种纹理贴图和材质，可以非常逼真地模拟各种现实世界物体表面。其高效的材质编辑器和贴图工作流程使得用户可以快速地对模型进行材质和贴图设置，实现精细的视觉效果，满足水利工程建模的需要。本文通过收集工程相关资料、建立基础模型、添加模型细节、优化修正等步骤建立工程模型。木强水库及南岗水闸工程模型如图 4 所示。

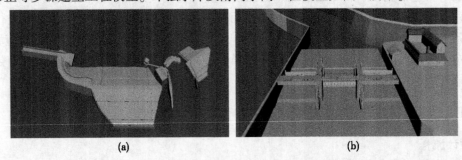

(a)　　　　　　　　　　　　　(b)

图 4 木强水库与南岗水闸工程模型

3.3 场景构建

工程尺度可视化场景在虚幻引擎中可分为流域大场景及区域小场景。对于流域大场景，本文采用

Cesium for Unreal 插件构建。首先，在 Cesium 面板中增加地形及遥感影像选项，将世界定位的原点经度、原点维度和原点高度属性分别更改为木强水库及南岗水闸所在的坐标位置及高度。接着在场景中添加光源（Cesium SunSky 组件）和第一人称玩家控制器（Dynamic Pawn 组件）。Cesium SunSky 组件可为场景环境提供照明，Dynamic Pawn 组件则可对鼠标和键盘在场景中的控制进行视角导航。Cesium for Unreal 可实现在虚幻引擎中快速搭建真实的地球场景环境，丰富场景的地理信息，为工程尺度与流域尺度的无缝衔接提供基础。针对工程周边区域，本文采用人工处理方式，首先获取重点区域的高精度 DEM 数据，经过预处理后导入到场景中。然后加载工程周边倾斜摄影模型，再通过 Datasmith 插件将 FBX 格式的工程模型导入到场景中，添加材质，最后根据场景真实图像资料，使用地形及植被工具构建区域场景并进行调整，实现地形地貌仿真。通过区域小场景与地球大场景的精准贴合，最终完成工程尺度基础场景的构建。

3.4 像素流送

使用 UE4 构建的工程场景是基于 C/S 架构的，对客户端的软硬件环境要求较高，对使用者形成较大局限。将场景进行云端渲染并推送视频流至网页端运行，可以方便用户跨终端、轻量化使用。UE4 提供了像素流送插件、信令与 Web 服务器模块两个模块实现云渲染功能[13]。其中，像素流送插件完成场景画面的流送。将工程场景部署至高性能服务器或云服务器并启动，云服务器利用自身高渲染能力渲染场景画面，像素流送插件捕获画面并压缩后以视频流的形式发送给客户端，用户即可在网页上看到工程场景画面。信令与 Web 服务器模块则用于实现场景的交互。信令与 Web 服务器模块提供了与 Web 端交互的 js 文件，使得 Web 端可以快捷地实现与虚幻引擎的互通，实现 Web 浏览器与工程场景的交互。

3.5 工程尺度与流域尺度交互

由于工程尺度与流域尺度使用的可视化引擎不同，如何集成两个页面并实现无缝衔接成为一大难题。为实现两个页面集成至一个页面，系统采用 iframe 技术将工程尺度像素流页面嵌入流域尺度页面。对于两个尺度页面的跨域通信，采用 postMessage API 来实现，其原理是通过 window.postMessage 方法将消息发送给目标窗口，目标窗口通过监听 message 事件来接收消息，并进行相应的处理，从而实现工程尺度与流域尺度的信息互通。页面嵌入效果如图 5、图 6 所示。

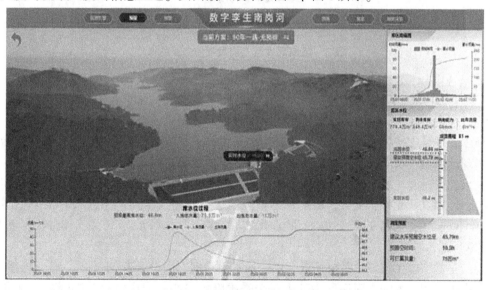

图 5 嵌入 Web 页面中的木强水库像素流页面

为实现两个尺度在操作上的一致性，工程尺度场景对鼠标滚轮缩放、左右键点击事件做了适配，用户可沿用三维地图的操作方法操作场景。另外，为实现相机视角的统一，流域尺度对地图中心点实时位置做出判断，当流域尺度页面缩放至工程周边区域时，获取相机所在位置的经纬度、俯仰角、偏

图 6　嵌入 Web 页面中的南岗水闸像素流页面

航角信息并将数据发送至工程尺度页面，工程尺度接收信息后立即对其进行解析并在场景中同步相机的经纬度、俯仰角、偏航角，实现两个页面视角的一致，完成流域尺度与工程尺度页面的无缝衔接。其交互逻辑如图 7 所示。

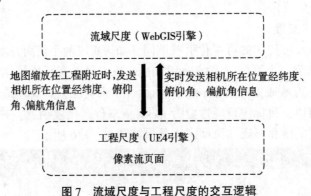

图 7　流域尺度与工程尺度的交互逻辑

4　工程场景在数字孪生南岗河流域的应用

在工程可视化场景中，用户可采用鼠标控制的方式进行浏览，也支持按固定路线漫游，从而降低用户操作难度。场景支持晴天、大雨、小雨、闪电等多种天气的变化，通过接入中央气象台天气预报数据，可实现动态调整场景天气效果，同时场景中的材质也随之同步变化。例如，下雨时，地面会呈现出积水效果；天晴时，积水效果会逐渐消失。通过接入实时水位监测数据，场景能够以实景的方式展示当前的水位信息。此外，支持根据指令模拟闸门运行状态及启闭动态效果，根据不同的闸门开度，呈现出不同的水花特效，使得场景的真实度更高。木强水库场景及南岗水闸开闸效果如图 8、图 9 所示。

防洪排涝是数字孪生流域的重要场景。以一场降雨为例，假设未来 24 h 内，有一场超 50 年一遇的局部特大暴雨过程，木强水库库区为其中一个暴雨降雨中心。为应对超标准降雨，须联排联调对"库-河-管"及调蓄设施进行预腾空，系统后台结合实时监测及预报数据，调用洪涝模型进行推演分析，对南岗水闸及木强水库提出调度建议。工程场景可对开闸放水时闸门开度、开闸水效、闸内与闸外水位变化过程进行预演，实现调度方案在工程尺度的可视化，为精准化决策提供直观参考。水库预报方面，在流域水利模型的支撑下可知，木强水库现状水位 46.2 m，预计进水 75 万 m³，本次降雨中

图 8 木强水库场景

图 9 南岗水闸开闸场景

预报最高水位达 46.6 m，预报水位在场景中以淡红色透明水面显示，与实际水位形成鲜明对比（见图 10）。此外，结合引擎中 TimeLine 的帧动画对水位值进行线性插值并逐帧渲染模拟水位变化过程，用户可在场景中全方位观察水位上涨的动态，直观地了解其过程及变化趋势[14]。

图 10 基于流域水利模型的预报水位结果

5 结语

基于 UE4 引擎搭建的水利工程精细化可视化模型，通过其优越的渲染技术优化了水利场景的视觉体验，同时支持实时水尺水位仿真、闸门开度及水花的变化模拟及与流域尺度的无缝衔接，不仅实现了数字孪生水利工程场景的可视化呈现，而且融入至数字孪生流域平台中，结合流域水利模型实现水库调度多个方案的预演[15]。数字孪生南岗河流域平台的搭建，验证了本文方法的有效性。本文方法可推广应用于数字孪生流域的建设与管理中，提升流域的智慧监管能力，有效支撑精准化决策。

参考文献

[1] 李国英. 建设数字孪生流域推动新阶段水利高质量发展 [N]. 中国水利报, 2022-06-30 (1).

[2] 张明, 郭亮, 张蜀军, 等. 耦合 GIS 和游戏引擎的数字孪生系统构建与实现 [J]. 地理空间信息, 2022, 20 (5)：116-120, 153.

[3] 孙伟. 数字孪生技术在水利工程运行管理中的应用 [J]. 山西水利, 2023 (5)：51-53, 61.

[4] 赵吉, 安静泊, 刘孝祥, 等. 加入数字孪生 强化"四预"功能 [N]. 中国水利报, 2022-05-26 (1).

[5] 钱树芹, 李璐, 吴琼, 等. 全国首批幸福河湖——南岗河建设探索与实践 [C] // 中国水利学会. 2022 中国水利学术大会论文集：第五分册. 郑州：黄河水利出版社, 2022.

[6] 幸鹏, 丁时伟, 朱启然, 等. 虚幻引擎技术在泵站三维可视化设计的渲染研究 [J]. 云南水力发电, 2021, 37 (12)：272-274.

[7] 李京朋, 陈琪璟, 刘嘉森, 等. 基于虚幻引擎的数字校园系统设计与实现 [J]. 科技创新与应用, 2023, 13 (21)：53-56.

[8] 徐健, 赵保成, 魏思奇, 等. 数字孪生流域可视化技术研究与实践 [J]. 水利水电快报, 2023, 44 (8)：127-130.

[9] 尹习双, 崔培. 数字孪生小浪底项目建设及应用 [J]. 中国电力企业管理, 2023 (15)：52-53.

[10] 华陆韬, 朱灿, 薛苍松, 等. 基于 BIM+GIS 技术的水利工程数字孪生系统应用研究 [J]. 浙江水利科技, 2022, 50 (6)：14-17.

[11] 张绿原, 胡露骞, 沈启航, 等. 水利工程数字孪生技术研究与探索 [J]. 中国农村水利水电, 2021 (11)：58-62.

[12] 管阳. 基于计算机软件的动画制作 [J]. 石河子科技, 2023 (4)：68-69.

[13] 李梅, 姜展, 满旺, 等. 基于虚幻引擎的智能矿山数字孪生系统云渲染技术 [J]. 测绘通报, 2023 (1)：26-30.

[14] 朱海南, 万定生, 余洋. 基于 UE4 的洪水淹没仿真技术研究与应用 [J]. 信息技术, 2020, 44 (3)：13-18.

[15] 郭正扬, 徐希涛, 孙腾, 等. 融合数字孪生技术的湖泊环境保护研究 [J]. 环境科学与管理, 2022, 47 (10)：57-61.

YLD2-D 型 X 波段固态双偏振天气雷达数据质量分析

胡　姮[1]　吴　蕾[1]　吴　翀[2]　鲁德金[3]　文　浩[1,4]

柳云雷[1]　方卫华[5]　师利霞[6]

(1. 中国气象局气象探测中心，北京　100081；

2. 中国气象科学研究院，北京　100081；

3. 安徽省人工影响天气办公室，安徽合肥　230031；

4. 中国气象局大气探测重点开放实验室，四川成都　610225；

5. 水利部南京水利水文自动化研究所，江苏南京　210012；

6. 内蒙古巴彦淖尔市气象局，内蒙古巴彦淖尔　015000)

摘　要：本文介绍了基于标准化 X 波段固态双偏振天气雷达基数据的质量分析方法，包括雷达回波一致性、地物抑制能力、地物抑制对降水影响、微雨法-差分反射率（Z_{DR}）标准偏差、雷达弱回波探测能力分析。2023 年 5—7 月，针对北京敏视达雷达有限公司生产的 YLD2-D 型 X 波段固态双偏振天气雷达开展了数据质量分析，结果表明：YLD2-D 型 X 波段雷达与邻近 S 波段天气雷达的一致性较好，标准偏差小于 2.7 dB、平均偏差小于 1 dB，Z_{DR} 标准偏差为 0.1~0.19 dB、优于业务指标（≤0.2 dB），地物抑制能力大于 45 dB、超过业务指标 10 dB；其中 99.97%的降水回波地物抑制的影响小于 0.5 dB。该型号雷达整体功能性能能够满足气象和水利测雨业务要求。

关键词：X 波段双偏振雷达；数据质量分析；回波一致性；地物抑制能力；弱回波探测能力

1　引言

截至 2023 年上半年，我国气象部门已建成由 S 波段和 C 波段新一代天气雷达构成的世界最大业务化运行天气雷达监测网，242 部新一代天气雷达业务运行，天气雷达软硬件设施基本实现国产化，我国近地面 1 km 高度覆盖率约 30.79%。

天气雷达不仅是现代气象综合观测系统的重要组成部分，还可为中小流域突发性洪水、城市暴雨内涝、灾害风险评估及流域生态治理与保护等提供定量、及时、连续的区域面雨量等降雨监测信息[1-2]，天气雷达在气象、水利防灾减灾中发挥着"大国重器"的作用；但是也存在降水粒子相态识别、云微物理结构分析能力不足，观测盲区导致中小尺度天气监测能力不够，局地强对流识别准确率有待提升[3-4]等问题。应用 X 波段双偏振天气雷达观测是解决上述问题的一个新发展方向，由于 X 波段具有空间分辨率高、探测弱回波能力强等优点，大力发展 X 波段双线偏振雷达网，与 S 波段和 C 波段雷达功能互补，以提高当地精细化临近预报及山洪灾害预警能力[1,5]。

在实际观测过程中，X 波段双偏振雷达资料质量受地物遮挡、系统内部噪声、环境噪声、信号衰减等各种因素影响[6-10]，又因雷达标定方法的误差、信号处理算法和雷达硬件的一些损耗导致雷达的

基金项目：中国气象服务协会气象科技创新平台项目（CMSA2023MB005）；"中国气象局大气探测重点开放实验室"和"中国气象局气象探测工程技术研究中心"联合基金开放课题（U2021Z10）。

作者简介：胡姮（1983—），女，正高级工程师，主要从事天气雷达数据质量控制及评估技术研究工作。

探测性能并不能达到雷达出厂测试要求的指标，这些问题都会导致雷达数据质量下降[11-14]。雷达资料质量评估是资料应用前最重要的环节，它直接关系到后续资料质量控制处理效果。因此，研究雷达资料评估方法非常必要，不仅可以帮助从事雷达数据应用研究的人员了解雷达数据质量[3]，还可以帮助雷达应用部门与雷达厂商进行沟通，提供数据支持，尽快发现雷达存在的问题，对雷达进行改进，提升雷达应用的效果。国内气象部门对 X 波段天气雷达资料质量存在的各种问题已研究出相应的识别及评估方法，多数以定性分析为主，方法仍存在一定局限性，特别是对于不同波段雷达之间观测一致性、地物滤波算法对降水回波影响等方面分析不够全面。本文针对 2023 年 5—7 月布设在湖南的标准化 X 波段固态双偏振天气雷达数据质量进行精细定量化分析，设计各观测量评估指标，筛选天气过程，给出合理分析结果。

2 雷达概况

本文数据质量分析对象为北京敏视达雷达有限公司生产的标准化 X 波段固态双偏振天气雷达（型号：YLD2－D），雷达频率：9 340 MHz，发射机：固态发射机，波长：3.21 cm，波束宽度：≤1°，功率增益：≥44.0 dB（水平/垂直），脉冲重复频率：500～3 000 Hz，脉冲宽度：0.5～200 μs（可选）。在基数据质量分析之前，雷达已完成机内外仪表测试标校、雷达系统功能检查。为了避免雷达周围电磁干扰设置了消隐区（见图 1），示意图并不是正南正北指向，正北指向为逆时针方向 25°。消隐区域设置已将该差异考虑在内（在示意图角度上修正了 25°偏差）。初始设置雷达需要在方位 280°～340°和方位 100°～155°进行消隐，图中阴影区代表观测区域。分析期间，X 波段雷达均提供标准格式基数据。

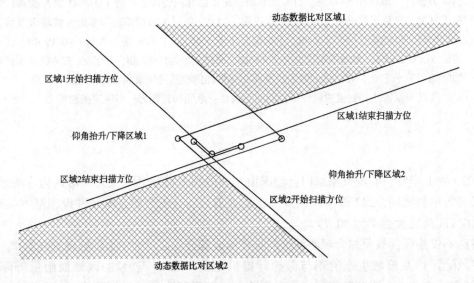

图 1　标准化 X 波段固态双偏振天气雷达观测消隐区设置

在分析评估期间，不同月份采用了不同体扫模式，2023 年 5 月 X 波段雷达采用 VCP21 体扫模式。2023 年 6 月采用自定义体扫模式，仰角设置为 4.3°～22.3°；扫描方式 4.3°～7.3°采用 CS 和 CD 交替，8.3°～12.3°采用双 PRF 模式，13.3°～22.3°采用 CDX 模式；脉冲重复频率为 1 600 Hz；探测范围：CS 扫描 150 km，CD 扫描 75 km。

2023 年 7 月重新设置体扫模式，仰角设置为 0.5°～5.0°；扫描方式 0.5°～1.4°采用 CS 和 CD 交替，2.3°～5.0°采用 CDX 模式；脉冲重复频率为 1 750 Hz；探测范围：CS 扫描 150 km，CD 扫描 75 km。

在分析 X 波段与周边 S 波段雷达的观测一致性时，使用了邻近间距在 50 km 之内的标准化 S 波段双偏振雷达（编号：SSR）基数据，其体扫设置了 3 个仰角（0.2°、0.5°、0.8°）分别采用 CS 和 CD 模式观测，重复频率为 322 Hz/1 014 Hz。

3 数据质量分析方法

3.1 雷达回波一致性分析

雷达是对一个波束空间探测的信号，相邻雷达间存在着共同的雷达波束照射空间，基于两部雷达的同一气象目标点的时间和空间上的一致性，把相对于两部雷达重叠的目标区域称为重叠点，通过地理信息坐标与雷达坐标的精确计算及时间一致性的筛选可以得到这些重叠点信息，空间匹配算法过程如下：

如图 2 所示，设雷达 1、2 的站点经度、纬度、海拔高度分别为 $(\lambda_1, \varphi_1, h_1)$、$(\lambda_2, \varphi_2, h_2)$，雷达 1 每个体扫数据点极坐标方位、仰角、斜距为 a_1、e_1、L_1（图 2 中实心点），利用雷达极坐标转经纬度公式、雷达测高公式转化为经纬度及海拔高度 $(\lambda、\varphi、H_1)$，其地面投影点的经度、纬度为 $\lambda、\varphi$，计算公式为

$$\varphi = \sin^{-1}(\cos\beta_1\sin\varphi_1 + \sin\beta_1\cos\varphi_1\cos a_1) \tag{1}$$

$$\lambda = \sin^{-1}\left(\frac{\sin a_1 \sin\beta_1}{\cos\varphi}\right) + \lambda_1 \tag{2}$$

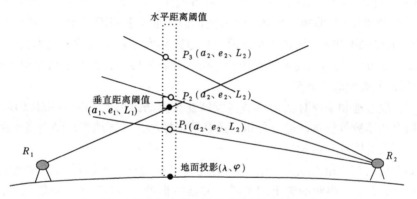

图 2　雷达间空间一致性的数据匹配方法示意

β_1 为该投影点与雷达 1 地心处的夹角：

$$\beta_1 = K_m \tan^{-1}\left(\frac{L_1\cos e_1}{R_m + h_1 + L_1\sin e_1}\right) \tag{3}$$

其中，$K_m = \dfrac{4}{3}$。

然后利用经纬度坐标转雷达极坐标公式计算在该投影下的雷达 2 的数据坐标。雷达 2 有多层扫描仰角，数据点的扫描仰角 e_2 是已知的，我们很容易利用坐标转化公式计算出雷达 2 下的数据极坐标方位、仰角、斜距 $(a_2、e_2、L_2)$（图 2 中空心点，点数目由交叉的雷达 2 径向层数决定）及其高度 H_2，根据经纬度坐标转雷达极坐标。

$$\cos\beta_2 = \sin\varphi\sin\varphi_2 + \cos\varphi\cos\varphi_2\cos(\lambda_2 - \lambda) \tag{4}$$

这里 β_2 为投影点与雷达 2 地心处的夹角，根据 $\cos\beta_2$ 求得 $\sin\beta_2$，则

$$\sin a_2 = \frac{\cos\varphi\sin(\lambda - \lambda_2)}{\sin\beta_2} \tag{5}$$

根据式（1）求得 $\cos a_2$，则方位角 a_2、斜距 L_2 计算如下：

$$a_2 = \mathrm{atan2}(\sin a_2, \cos a_2) \tag{6}$$

如果 $a_2 < 0$，则 $a_2 = a_2 + 2\pi$。

$$L_2 = \frac{\tan\dfrac{\beta_2}{K_m}}{\cos e_2 - \sin e_2 \tan\dfrac{\beta_2}{K_m}}(R_m + h_2) \tag{7}$$

R_m 为等效地球半径，得到两个雷达目标点极坐标后，利用测高公式计算目标海拔高度：

$$H = h + L\sin e + \frac{L^2}{2R_m} \tag{8}$$

当两部雷达的目标点坐标的垂直高度差 $\Delta H < H_{thre}$（H_{thre} 为高度差阈值）时，则认为其空间数据坐标是匹配的。

重叠点在时间上的一致性要求为观测时间上接近，这个时间差可以使用雷达体扫时间来计算，或者使用基数据中径向扫描时间来精确地计算，我们这里先通过雷达体扫时间选择时间接近的数据，再根据径向时间进一步筛选。

2 个雷达的基数据经时空匹配后得到重叠点反射率样本，将 2 个雷达在重叠点反射率（单位 dBZ）的差值称为偏差（单位 dB），使用偏差的均值（称为平均偏差）、标准偏差作为一致性评估指标。

3.2 地物抑制能力统计分析

在晴空条件下，设置地物杂波算法为自适应频域滤波方法，关闭 CCOR/CSR 门限控制，获取雷达基数据样本。通过分析雷达基数据样本，计算地物抑制比，作为地物抑制能力统计分析指标。

选取基数据中 0.5°和 0.95°仰角、距离 15 km 内的滤波前反射率因子 dBT 和滤波后的反射率因子 Z，筛选出强地物（$dBT > 50$ dBZ，且 Z 为有效值）回波距离库（纯地物的距离库），再对筛选出的距离库计算 dBT 和 Z 的差值，对这些差值进行统计分析，计算平均值，作为地物抑制比值。

3.3 地物抑制对降水回波影响统计分析

在降雨条件下，设置地物杂波算法为自适应频域滤波方法，关闭 CCOR/CSR 门限控制和地物识别算法功能，获取雷达基数据样本。通过分析雷达基数据样本，计算地物抑制对降水回波影响值，作为地物抑制对降水回波的统计分析指标。

选取体扫中高仰角数据中距离地面高度 4 km 以上滤波前的反射率因子 dBT 和滤波后的反射率因子 Z，筛选出降水回波数据，再对筛选出的纯降水回波数据计算 $|dBT - Z|$（差值），计算差值的平均值，并分别统计差值分布在 0~0.5 dB、0.5~1 dB 及大于 1 dB 的概率分布，作为地物抑制对降水回波影响值。dBT 和 Z 差值越小，降水回波有损失的概率分布越大，说明地物抑制算法对降水回波的影响越小，否则越大。

3.4 微雨法分析差分反射率

微雨法分析 Z_{DR} 标准偏差是输入 X 波段天气雷达基数据，筛选微雨条件下观测数据，并去除避雷针、遮挡等方位角数据，利用温度层去除非液态降水粒子数据影响，每 6 min 循环累计 1 h 内数据，能够按照总体及分仰角条件统计 Z_{DR} 的标准偏差。评估步骤如下：

将收集到的基数据开展预处理对数据进行质量控制，去除非降水回波。根据当日时次温度层资料测算相应仰角零度层以下斜距阈值，数据只使用该阈值以下的库。选取小雨区 Z_{DR} 数据，计算每个仰角 Z_{DR} 沿方位累积平均值，分析其逐仰角逐径向变化情况，以获得避雷针或其他因素对双偏振影响区域。小雨区 Z_{DR} 数据选择标准如下：反射率因子高度在 3 km 以下，距离雷达在 5~150 km，反射率因子 Z_H 在 18~25 dB，信噪比 SNR 大于 20 dB，相关系数大于 0.98，差分相移 φ_{DP} 标准差小于 5°距离库上对应差分反射率 Z_{DR} 数据。去除避雷针或其他影响区域内 Z_{DR} 观测值，利用长时间（如 1 h）体扫数据计算 Z_{DR} 标准偏差。

3.5 雷达弱回波探测能力评估

雷达采用 2 μs+20 μs+40 μs 三脉宽组合的体扫观测模式运行，并要求所有雷达 LOG 门限均设定为 1 dB，距离分辨率为 75 m。所获取基数据，分析经过距离衰减订正和脉宽订正后，三种不同脉宽的多个距离点实际回波强度，与业务指标进行比较，评估雷达弱回波探测能力。评估步骤如下：

（1）采用机外信号源，分别向雷达接收机 H 通道下变频前端输入连续波和脉冲信号，实测各雷达在 0.5 μs、1μs 和 2 μs 脉宽下的匹配滤波损耗；探索其他脉宽对应匹配滤波损耗采用机内信号源进行测试。

（2）通过厂家提供的工作频率、天线增益、水平波束宽度、垂直波束宽度、天线罩双程损耗等参数，结合现场实测的收发支路总损耗、不同脉宽下的发射脉冲功率、脉冲宽度、匹配滤波器损耗等参数计算雷达常数。

（3）通过机外噪声源实测脉宽 2 μs 的雷达接收机噪声系数；探索测试脉宽 20 μs 和 40 μs 的雷达接收机噪声系数。

（4）通过信号源、频谱仪实测脉宽 2 μs 的雷达接收机灵敏度；探索通过仪表及机内方法测试脉宽 20 μs 和 40 μs 的雷达接收机灵敏度。

（5）获取雷达观测基数据，统计所有径向每个距离上的滤波前反射率值作为对应距离上的最小回波强度，选取 2 km、2.5 km 处雷达最小回波强度值作为 2 μs 脉宽实测值，选取 8 km、9 km 处作为 20 μs 脉宽实测值，选取 45 km、50 km 作为 40 μs 脉宽对应的实测值，与雷达相应距离处的业务指标对比来评估雷达弱回波探测能力。

3.6 统计参数计算

本文使用以下公式计算得到评估指标。

标准偏差 σ：

$$\sigma = \sqrt{\frac{\sum_{i=1}^{n} (X_i - Y_i - D)^2}{n-1}} \tag{9}$$

式中：X_i，Y_i 分别为临近雷达观测重叠区的值；D 为重叠区观测值的平均偏差；n 为满足条件的有效数据个数。

标准偏差表征数据一致性的离散程度，标准偏差越大说明数据一致性分布越不集中。

平均偏差 D：

$$D = \frac{\sum_{i=1}^{n} (X_i - Y_i)}{n} \tag{10}$$

平均偏差表征两组数据的整体一致性情况，平均偏差越大说明数据之间的系统偏差越大。

4 分析结果

4.1 雷达观测能力

本文把地物抑制能力、地物抑制对降水回波影响及弱回波探测能力归为雷达观测能力，根据第 3.2、3.3、3.5 节介绍的分析方法，针对 2023 年 5—7 月 X 波段雷达观测的基数据进行分析，结果如下：

雷达信号可以分别在频域或时域上表示，这两个空间是等价的。因此，根据地物杂波的特征，既可以通过时域滤波的方式抑制地物杂波，也可以通过频域滤波的方式抑制地物杂波。时域滤波是对时间信号操作，无法在滤掉地物杂波的同时将重叠的天气回波信号保留下来，一旦有跟地物杂波重叠的天气回波信号，就会暴露出它的不足，即在滤掉地物杂波（低频成分）的同时，对重叠的天气回波信号也带来了衰减[15]。因此，本文在分析 X 波段雷达的地物抑制能力时，使用了地物杂波频域滤波。我们选取晴空条件进行体扫，选取雷达附近最低 2 个仰角大于 50 dBZ 的信号认为是地物杂波，计算地物滤波前 dBT 与滤波后 dBZ 的差异，以此反映地物滤波效果。结果（见图 3）显示：2023 年 5 月和 7 月，X 波段的地物抑制能力分别为 51 dB 和 45.87 dB，均优于业务要求的 35 dB。

相对于天气回波信号来说，地物杂波信号的谱宽比较窄，且它的平均多普勒速度基本为零，即地物杂波在功率谱上是一个以零频为中心的窄尖峰。而天气回波信号的平均多普勒速度会落在奈奎斯特速度区间内的任何地方，即使在天气回波信号（零多普勒速度）和地物杂波重叠的情况下，由于天

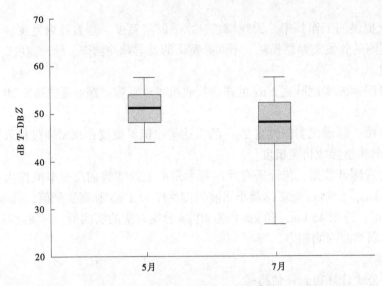

图 3　标准化 X 波段固态双偏振天气雷达 5 月、7 月地物抑制能力箱式图

气回波信号的谱宽通常会更宽一些，可以在凹口处通过内插恢复丢失的天气回波信号，但是插值算法差异会造成天气回波损失[15]。使用 3.2 节方法先筛选降水回波，再计算地物滤波前和滤波后的差异，可以分析 X 波段雷达地物频域滤波算法对降水回波的影响。分析结果见表 1，X 波段雷达地物抑制对降水影响 99.97%小于 0.5 dB。

表 1　标准化 X 波段固态双偏振天气雷达 7 月地物抑制对降水回波的影响

	$0\ dB\leqslant|dBT-Z|\leqslant0.5\ dB$	$0.5\ dB<|dBT-Z|\leqslant1\ dB$	$|dBT-Z|>1\ dB$
地物抑制对降水影响的概率分布	99.97%	0.01%	0.02%

　　根据气象部门业务规定，雷达降水回波损失的概率分布在 $0\ dB\leqslant|dBT-Z|\leqslant0.5\ dB$ 的区间应达到 98%以上，概率分布在 $0.5\ dB<|dBT-Z|\leqslant1\ dB$、$|dBT-Z|>1\ dB$ 的区间应控制在 1%以下。可以看出，X 波段雷达地物抑制对降水回波影响较小，在降水和地物回波叠加时不会出现过度抑制情况。

　　双偏振雷达 2 个极化通道接收到的回波功率相对于传统单偏振雷达低 3 dB 左右[16]，可以认为双偏振雷达探测弱回波的灵敏度相比单偏振雷达低，特别是在一些强回波的边界或距离雷达较远处回波的边缘。这对小范围强降水的探测影响不大，但是对于弱的大面积层状降水或小雪等天气过程影响较大，因此增强双偏振天气雷达的弱回波探测能力，确保较弱的降水回波能够被准确探测很重要。在此次 X 波段雷达的弱回波探测能力分析过程中，分 2 次对雷达实测值与理论值进行了比较，表 2 显示在距离雷达 6 个距离位置的弱回波探测能力均优于理论值。

表 2　标准化 X 波段固态双偏振天气雷达 6 月、7 月弱回波探测能力分析结果

	2 km	2.5 km	8 km	9 km	45 km	50 km
理论值/dBZ	−16.84	−14.89	−9.56	−8.51	3.35	4.39
6 月实测值/dBZ	−19.50	−17.00	−12.50	−11.50	1.50	2.00
7 月实测值/dBZ	−18.62	−16.39	−11.80	−10.68	0.95	2.20

图 4 为 2023 年 6 月和 7 月 X 波段雷达弱回波探测能力分析结果，横坐标为探测目标与雷达天线距离，色标代表相同强度数量，虚竖线代表 6 个取样距离。可以看出，X 波段弱回波探测分布合理，在取样距离处均能探测到比理论值更小的目标值。

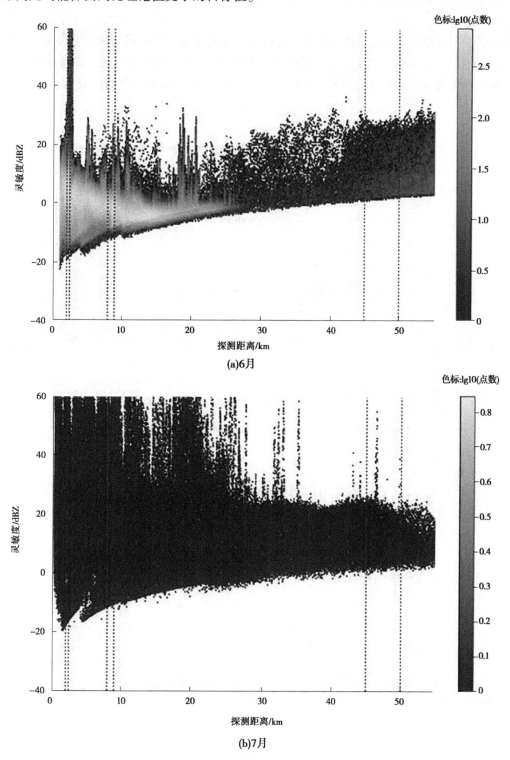

(a)6月

(b)7月

图 4　标准化 X 波段固态双偏振天气雷达 6 月、7 月弱回波探测能力分析情况

4.2　偏振量质量

由于地物、避雷针、旋转及俯仰关节和机内系统稳定性的影响，导致 Z_{DR} 弱回波降雨时系统误差

不近似为零，且随径向和方位变化较大，因而并不能达到测量所需要的 0.1~0.2 dB 精度要求[17-20]，利用偏振参量在弱降雨过程中性质均一、随时空变化缓慢的特征，将较长时间观测结果沿径向或方位累积，统计各个参量变化规律，去除旋转关节、避雷针及其他因素影响，可以分析高仰角 Z_{DR} 标准偏差变化情况[5]。

图 5 显示了 X 波段雷达 6 月一次弱降水过程微雨法分析结果，图中横坐标为方位角，色标代表不同仰角。除 20.3° 和 22.3° 仰角外，其余仰角上方位缺失是设置消隐区引起的。结果显示：X 波段雷达观测区域没有受避雷针影响，Z_{DR} 标准偏差为 0.10 dB，小于业务要求的 0.2 dB。

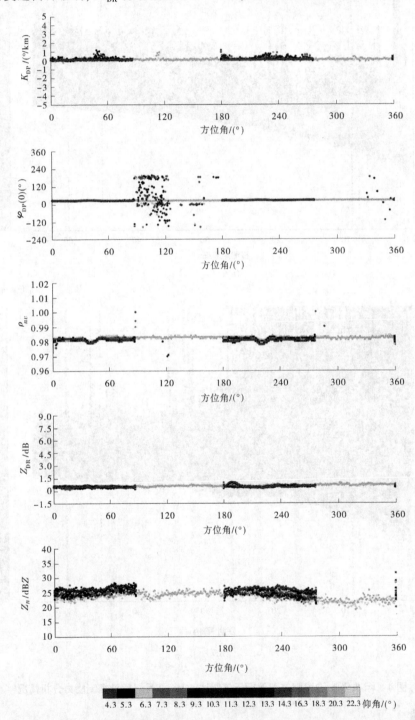

图 5   标准化 X 波段固态双偏振天气雷达 6 月各仰角微雨法分析偏振量的分布情况

4.3 雷达回波一致性

本文选取 X 波段和邻近的 SSR 雷达原始基数据作为一致性分析对象，针对起始仰角及以上 5 层仰角内的径向库，空间一致性匹配选用水平和垂直距离阈值为较短库长一半；时间一致性匹配是从基数据径向库中提取时间信息，判断 2 个雷达对于重叠区观测时间差小于设定阈值。根据垂直累积液态水含量 VIL 识别层状云及对流云，设置信噪比阈值、判断波束充塞程度，筛选相关系数大于阈值的回波，根据 3σ 原则，剔除相邻雷达重叠区匹配目标物异常值。最后输出评估时间段内标准偏差、平均偏差，分析相邻雷达之间一致性。如图 6 所示，在所选时段内，X 波段和 SSR 回波强度差异平均值为 -0.42 dB，标准偏差为 2.128 dB，X 波段和 SSR 雷达回波一致性较好。

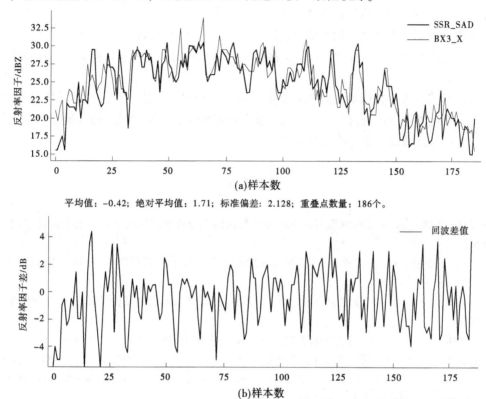

平均值：-0.42；绝对平均值：1.71；标准偏差：2.128；重叠点数量：186个。

图 6　标准化 X 波段固态双偏振天气雷达与 S 波段雷达单时次体扫回波一致性分析情况

（BX3：X 波段雷达）

邻近雷达间一致性影响因素较多，雷达高差、空间重叠区、地形遮挡、波束充塞程度、降水回波类型等，前期通过详细的空间、时间重叠率阈值分析、遮挡剔除、异常值剔除、边缘充塞不完全回波剔除、低信噪比剔除等途径改进了该方法，提高了算法准确度。表 3 是针对 2023 年 6 月、7 月降水过程，分析了 X 波段与 SSR 雷达观测反射率因子差异，可以看出两个雷达之间标准偏差小于 3 dB，平均偏差小于 1 dB，考虑到不同波段雷达硬件本身观测差异，可以认为 2 个雷达一致性较好。此外，6 月下旬 X 波段雷达做了标准化标定标校，这可能是 7 月 X 波段标准偏差下降原因之一，但此结论仍需积累更多观测样本加以验证。

表 3　标准化 X 波段固态双偏振天气雷达与邻近 S 波段天气雷达 6 月、7 月一致性分析结果

月份	标准偏差/dB	平均偏差/dB
6	2.68	-0.19
7	2.20	0.82

5 结论与讨论

本文定量化分析了 YLD2-D 型 X 波段固态双偏振天气雷达探测能力、观测数据精度，以及与其他型号雷达之间的交叉检验。结果显示，该型号雷达技术成熟先进、产品实用可靠，能对地面以上至 2 km 垂直高度大气中无缝连续仰角步进扫描，实现近地面层液态水含量的精细化测量，能够满足气象和水利降雨监测业务需求。

（1）雷达回波一致性分析指标能一定程度反映雷达回波标定情况，标准偏差、相关系数能反映雷达在一段时间内运行稳定情况。通过平均偏差、标准偏差指标能较好地评估相邻雷达间一致性，这为 X 波段双偏振天气雷达标定标校及衰减订正等提供依据。

（2）从地物抑制能力及地物抑制对降水回波影响两方面对 X 波段雷达地物滤波算法进行效果分析，可以看出该雷达地物频域滤波能较好地抑制地物同时避免对降水回波过度抑制，不存在回波空洞或者地物残留的情况。

（3）X 波段双偏振天气雷达双偏振观测质量影响因素较多，地物、避雷针、雷达旋转/俯仰关节及雷达灵敏度等都会影响双偏振量的质量，在本次分析过程中，X 波段 Z_{DR} 标准偏差及平均偏差均优于业务要求，这和雷达精细标定标校关系密切。

参考文献

[1] 李辉，褚泽帆，刘娜，等. X 波段测雨雷达系统建设与在山洪预警中的应用 [J]. 电子设计工程，2018，26 (8)：52-56.

[2] 刘昌军，刘启，田济扬，等. X 波段全极化调频连续波测雨雷达在山洪预报预警中的示范应用 [J]. 中国防汛抗旱，2020，30 (9/10)：48-53.

[3] 李思腾，仰美霖，李林，等. 基于标准差分析法的 X 波段双偏振天气雷达资料质量评估 [J]. 干旱气象，2019，37 (3)：467-476.

[4] 陈洪滨，李兆明，段树，等. 天气雷达网络的进展 [J]. 遥感技术与应用，2012，27 (4)：487-495.

[5] 王超，吴翀，刘黎平. X 波段双线偏振雷达数据质量分析及控制方法 [J]. 高原气象，2019，38 (3)：636-649.

[6] Liu Liping, Hu Zhiqun, Fang Wengui, et al. Calibration and data quality analysis with mobile C-band polarimetric radar [J]. Acta Meteorologica Sinica, 2010, 24 (4)：501-509.

[7] 曹俊武，胡志群，陈晓辉，等. 影响双线偏振雷达相位探测精度的分析 [J]. 高原气象，2011，30 (3)：817-822.

[8] 肖艳姣，王斌，陈晓辉，等. 移动 X 波段双线偏振多普勒天气雷达差分相位数据质量控制 [J]. 高原气象，2012，31 (1)：223-230.

[9] Katja Friedrich, Martin Hagen, Thomas Einfalt. A quality control concept for radar reflectivity, polarimetric parameters, and doppler velocity [J]. Journal of Atmospheric and Oceanic Technology, 2006 (23)：865-887.

[10] 刘黎平，吴林林，杨引明. 基于模糊逻辑的分步式超折射地物回波识别方法的建立和效果分析 [J]. 气象学报，2007，65 (2)：252-260.

[11] Ryzhkov A V, Zrnic D S, Burgess D, et al. Observations and classification of echoes with the polarimetric WSR-88D radar [R]. Report of National Severe Storms Laboratory, 2003.

[12] Hubbert J, Bringi V N. AN iterative filtering technique for the analysis of copular differential phase and dual-frequency radar [J]. Journal of Atmospheric and Oceanic Technology, 1995 (12)：643-648.

[13] 何宇翔，吕达仁，肖辉，等. X 波段双线极化雷达反射率的衰减订正 [J]. 大气科学，2009，33 (5)：1027-1037.

[14] 吕博，杨士恩，王俊，等. X 波段双线偏振多普勒雷达资料质量评估 [J]. 干旱气象，2016，34 (6)：1054-1063.

[15] 刘艳. 多普勒天气雷达地物杂波时域和频域抑制研究 [D]. 成都：成都信息工程学院，2007.

[16] 史万里，史朝，等. 一种改善双极化多普勒天气雷达弱回波发现能力的方法 [J]. 成都信息工程大学学报，2016，31 (2)：152-155.

[17] Bringi V N, Seliga T, Cherry S M. Statistical properties of the dual polarization differential reflectivity (Z_{DR}) radar signal

［J］. IEEE Trans On Geoscience and Remote Sensing, 1983. GE-21 (2): 215-220.

［18］Brunkow D, Bringi V N, Kennedy P C, et al. A description of the CSU-CHILL national radar facility ［J］. Journal of Atmospheric and Oceanic Technology, 2000, 17: 1596-1608.

［19］Ryzhkov A V, Giangrande S E, Melnikov V M, et al. Calibration Issues of Dual-Polarization Radar Measurements ［J］. Journal of Atmospheric and Oceanic Technology, 2005, 22 (8): 1138-1155.

［20］Zrnic D S, Doviak R, Zhang G F, et al. Bias in Differential Reflectivity Due to Cross Coupling Through the Radiation Patterns of Polarimetric Weather Radars ［J］. Journal of Atmospheric and Oceanic Technology, 2010, 27 (10): 1624-1637.

水工建筑物测流发展未来展望

蒋润华[1,2]   李聂贵[2]   周 赛[2]   刘志辉[3]

（1. 河海大学水文水资源学院，江苏南京　211100；
2. 水利部南京水利水文自动化研究所，江苏南京　210012；
3. 江苏省水文水资源勘测局南京分局，江苏南京　210024）

摘　要：在旱涝灾害频发的现代社会，水工建筑物的数量不断增多。由于其特性，水工建筑物成为了一种可靠的量水设备，广泛应用于灌区量水中。目前，国内外关于水工建筑物测流的科学研究较少，主要集中于堰槽、水闸、水电站这三类水工建筑物测流。而研究方向多是某个系数的测定或是数值分析以及在实际情况中的应用。本文通过对比三种不同类型的水工建筑物量水研究现状，认为水工建筑物量水在日后的发展趋势为：①测流技术将更加精确和高效；②自动化测流将更为普遍；③测流技术与其他领域的融合应用将会增多。

关键词：水工建筑物；堰槽；水闸；水电站；测流

1　研究背景

随着水资源需求的不断扩大和水利工程的大规模建设，河流的水沙情况发生了改变，导致水文测验结果失真，影响了水文成果的科学性。这种水文测验成果失真的情况主要体现在以下三个方面：①洪水期水位变幅和水位涨落率均有所减小；②水位记录失真，水位极值代表性差；③受工程频繁调节影响[1]。

这些情况可能会给水资源管理和保护带来一定的挑战，需要采取有效措施来保证水文数据的准确性和可靠性。水工建筑物测流是国内外普遍使用的测流方法，我国经过近些年的研究探索，也已经将此法正式编入规范，并于 1992 年 7 月 1 日起实施[2]。在经过几十年的发展与实际应用后，水工建筑物测流方法日渐成熟，可以作为水文测验的辅助手段。

2　研究现状

水工建筑物是一种能够控制水位流量关系并保持稳定的设施，其建立后几何尺寸和高程固定，使得流量的两个主要因素——流速和面积，能够免于上游河道糙率和几何特性与下游河道水流状态影响，而仅与水位有关。因此，水工建筑物本身就是一种可靠的量水设备，具有良好的稳定性和可重复性。这种设备在水资源管理和保护中具有重要作用，能够为水文测验和水资源利用提供可靠的数据支持。

水工建筑物测流是一种利用灌溉渠系上设置的配套建筑物进行量水的方法。这些建筑物包括堰槽、水闸、水电站等，通过确保水流满足一定的水力学条件来进行流量测量。在量测过程中，我们可以通过获取水工建筑物上下游的水位来确定水流的状态，并选择适当的流量公式，将数据代入计算以获得流量数值。

这种量水方法具有简单、经济的特点，操作简便。相比于设置额外的量水设施，它能够避免水头损失，并且节省了建设费用。此外，这种方法也更符合信息自动化的要求。但此方法适用条件较为苛

作者简介：蒋润华（2000—），女，硕士研究生，研究方向为同位素水文示踪。

刻，例如，配套的建筑物需完整无损，结构参数标准，渠道无泥沙淤积、漂浮物阻水，水流平顺等。且水工建筑物只要出现损坏、变形、漏水，则须重新滤定。由于此方法在上下游水位差较大，因此在定期维护、不容易产生淤积的干支渠系上应用较广。对于断面较小、泥沙淤积严重、配套建筑物结构参数不标准的斗农等末级渠系不推荐使用，会对渠道过流和测流精度产生较大的影响。

2.1　堰槽测流

堰槽量水建筑物是一种历史悠久的测流技术，已有 157 年的应用历史。尽管在当前水资源紧缺、水资源商品化和污水排放总量控制的形势下，堰槽量水仍然被广泛使用，展现出其具有一定的适应性和生命力。随着技术的发展，堰槽建筑物的类型也不断增多，适用的水流条件范围也扩大了。现在，我们可以根据测流要求和实际水流条件选择合适的堰槽建筑物。

在国内外的早期研究中，对于堰槽测流的研究更多倾向于实际应用。例如：①包头市昆都仑水库向市自来水厂供水计量采用了等宽薄壁堰；②北京十三陵抽水蓄能电站上池堆石混凝土面板坝渗流量观测采用了三角形缺口薄壁堰；③加拿大渥太华市圆形下水管道采用了复合式薄壁堰[3]。近 10 年来，堰槽测流仍有广泛的应用实例，例如：①2011 年，堰槽测流仍然有广泛的应用实例，如琚湾水文站利用堰闸流量公式实现水工建筑物法测验流量，根据实测流量反推流量系数，满足报汛和整编的需求[4]。②2018 年，在对酒泉市瓜州祁连山冰川与生态环境综合观测站河道内的过水量进行长期的测量后，结合实地情况及经济，选择巴歇尔量水槽作为测流堰槽[5]。除应用实例外，更多的学者着手研究特定类型堰槽，例如：①高飞飞[6] 通过新型梯形量水堰物理模型试验和数值模拟的研究方式，探究新型梯形量水堰在不同流量工况、不同结构参数下的水力性能；②王文海等[7] 针对雨水径流流量计量及污染总量评估等需求，设计了一种倒人字形堰及其智能化流量测量系统。可以在小流量下获得较大的水头数据，以提高小流量下的计量精度；大流量时开口迅速变宽，有效提高泄流能力。

在理论方面，国内外的研究倾向于对堰槽测流原理中某个系数的测定及数值模拟，例如：①C. A. Chooplou 等[8] 对 A 型矩形琴键堰（PKWs）下游的水流和冲刷形态进行了试验和数值研究。采用 Flow-3D 数值模型，研究了不同横向波峰形状，即标准波峰和不同几何形状（包括三角形、半圆形、正弦形、矩形和堡垒波峰）的 PKW 下游床面形貌的变化。②Shen Xiaoyang 等[9] 研究探讨了不同坝顶构型对琴键堰的水流特性、泄流、能量耗散和尺度效应的影响。

2.2　水闸测流

水闸测流是指通过对水闸流量进行测量，来确定水闸的流量、水位和流速等参数的过程。水闸测流的目的是科学地管理水资源，保护水生态环境，维护水利工程的安全运行。

常用的水闸测流方法包括：① 浮标法。通过在水面上放置浮标，根据浮标的运动轨迹计算流速和流量。②水位法。通过测量水位变化，根据水位流量关系计算流量。③流速法。通过在水流中放置流速仪器，测量水流速度，再根据截面面积计算流量。④ 模型试验法。通过制作水闸模型，模拟水流情况，进行流量测量和流场分析。

在进行水闸测流时，需要考虑水流的复杂性和不确定性，同时还需要考虑测量设备的精度和可靠性。因此，水闸测流需要有专业的技术人员进行操作和数据处理，以确保测量结果的准确性和可靠性。

目前，国内外对于水闸测流的研究重点主要包括：①测量方法和技术的改进与优化，如利用遥感和数字影像技术、激光雷达测量等新技术来提高测量精度和效率；如傅永平等[10] 考虑到水文系统数据的安全性和独立性要求，提出了一种经济上可行、数据上安全、能使闸门监测数据汇集到水文系统中的方法。②流场模拟和数值模拟研究，通过建立水闸流场模型和数值模型，预测水流变化和水位变化，为水闸设计和管理提供科学依据，如主攀[11] 基于无网格法中的光滑粒子流体动力学方法（简称 SPH 方法）利用离散的光滑粒子模拟水体，来精确获取液面翻滚卷曲掺混等强非线性流态，研究过闸水流问题，建立了合适的、准确的过闸水流数值模型。③水闸测流与信息化相结合应用于实地量测中，实现测流全过程的可视化与自动控制，如周康等[12] 开发了由机械、控制、局域、软件四部分组成的测流系统，尽管系统测量结果与人工测量结果相比存在相对误差，但符合水文测验规范规定的误差范围。

水闸不仅普遍存在于水文站、水工建筑物中，在灌区中水闸也是非常重要的存在。目前，我国灌溉用水量约占总用水量的 60% 以上。然而，大部分灌区输水系统采用的传统分水和节制闸门都是单闸门的离散手动操作和开环控制。这种方式导致测流计量和灌溉方式都比较粗放，渠道输水过程中经常出现水流退水现象，造成严重的水流损失。为了改善这个现象，张从鹏等[13]基于明渠测流理论进行了研究，提出了具有测流计量功能的自动化闸门及其控制系统。他们还利用广域无线物联网技术，实现了闸门终端的远程无线测控。通过全流域闸门集群系统的协同控制，他们希望实现灌区高效、精确、按需配水，提高水资源的利用率和效益。这项研究的目标是改善灌溉系统的管理和操作，减少水流损失，提高水资源的可持续利用。

2.3 水电站测流

水电站测流是指对水电站水流进行测量的过程。测流是水电站管理和运行的重要环节之一，它的准确性直接影响到水电站的发电效率和安全运行。

水电站在极速发展过程中也存在很多问题，例如我国早期建设的一部分水电站虽然满足了环保要求，但不能满足生态保护功能。具体表现在因为没有考虑下游河道泄放问题，影响下游河道的生态环境，导致枯水期部分河段枯竭。

目前，对于水电站测流的研究主要分为两个方面。一方面是倾向于实际应用的研究，例如：①尹永珍等[14]利用 14 个水头下的试验数据采用不同方法计算出不同的真机流量系数，与模型的流量系数进行对比，选取最优流量系数作为向家坝水电站机组的真机实测流量系数。②严茂强等[15]通过建设生态流量在线监测系统来管理水电站下泄流量管控，并通过系统实时上传数据，达到维持水资源高效利用，实现生态平衡恢复的目的。另一方面是对水电站泄流、测流中使用原理中一些系数的测定及结合辅助软件进行数值模拟，如 Souček Jiři 等[16]基于流体流动数值模拟（ANSYS CFX）在抽水蓄能水电站（PSP）中进行适当和准确的流量测量。

3 展望

通过研究以上三种类型的水工建筑物发展现状，笔者认为日后发展趋势为：①测流技术将更加精确和高效。传统的测流方法往往需要人工参与，操作烦琐且容易受到环境因素的影响。而随着自动化技术的发展，未来测流仪器将更加智能化和自动化，能够实现远程监测和数据传输，大大提高测量的精度和效率。②自动化测流将更为普遍。未来的测流仪器将具备更强的智能化和自适应能力，能够根据不同的水工建筑物和测流环境，自动调整测量参数和方法，提高测量的准确性和稳定性。同时，测流数据的处理和分析也将更加智能化，能够自动识别和排除异常数据，提供更可靠的测流结果。③测流技术与其他领域的融合应用将会增多。水工建筑物测流不仅仅是水利工程领域的需求，也与气象、环境、水文等多个领域密切相关。未来测流技术将与遥感技术、大数据分析、人工智能等技术相结合，可以实现更全面、准确的测流结果，并为水利工程的规划和管理提供更科学的依据。

4 结语

水工建筑物测流目前并未得到广泛应用，更多的还是本身职能的应用。如果可以把大多数的水工建筑物测流数据纳入水文数据信息系统，将能在水资源管理、水文预报、防洪减灾等领域提供很大的参考价值。同时，随着科技的不断发展，测流技术也将不断更新，新的测流设备和方法将不断涌现，"因地制宜"的水工建筑物测流也会越来越多。此外，随着国家对水资源管理的重视程度不断提高，水工建筑物测流的应用也将得到更广泛的推广和应用。因此，可以预见，水工建筑物测流的发展前景非常广阔。

参考文献

[1] 郭英. 水利工程建设对水文测验工作的影响及对策 [J]. 水利科学与寒区工程, 2022, 5 (10): 44-46.

[2] 中华人民共和国水利部. 水工建筑物测流规范: SL 20—1992 [S]. 北京: 水利电力出版社, 1992.

[3] 李善征, 张春义, 吴敬东. 明渠堰槽测流技术综述 [J]. 北京水利, 2003 (1): 23-25.

[4] 林云发, 廖长路, 闫建波, 等. 水工建筑物测流法在琚湾水文站的应用 [J]. 江西水利科技, 2011, 37 (4): 261-265.

[5] 张立芬. 瓜州祁连山冰川与生态环境综合观测站测流堰槽布置说明 [J]. 农业科技与信息, 2018, 542 (9): 106-107.

[6] 高飞飞. 新型梯形量水堰测流方法及数值模拟研究 [D]. 乌鲁木齐: 新疆农业大学, 2022.

[7] 王文海, 赵梓轩, 李俊奇, 等. 倒人字形堰流量测量系统研究 [J]. 北京建筑大学学报, 2022, 38 (1): 58-64.

[8] Chooplou C A, Ghodsian M, Abediakbar D, et al. An experimental and numerical study on the flow field and scour downstream of rectangular piano key weirs with crest indentations [J]. Innovative Infrastructure Solutions, 2023, 8 (5).

[9] Shen Xiaoyang, et al. Influence of Piano Key Weir Crest Shapes on Flow Characteristics, Scale Effects, and Energy Dissipation for In Channel Application [J]. Journal of Hydraulic Engineering, 2023, 149 (6).

[10] 傅永平, 胡芳华, 虞晓峰. 水闸自动化系统中水位数据与水文遥测数据的共享 [J]. 浙江水利科技, 2012, 183 (5): 56-58.

[11] 主攀. 基于SPH方法的过闸水流数值研究 [D]. 郑州: 华北水利水电大学, 2022.

[12] 周康, 刘其鑫, 李作斌, 等. 引黄水闸智能流量测验系统设计与应用 [J]. 人民黄河, 2021, 43 (5): 149-152, 162.

[13] 张从鹏, 罗学科, 李玏一, 等. 面向灌区调水工程的远程自动计量闸门研究 [J]. 农业机械学报, 2014, 45 (8): 172-177, 275.

[14] 尹永珍, 彭兵, 曹长冲, 等. 向家坝水电站机组超声波测流及成果分析 [J]. 水电与新能源, 2016, 139 (1): 42-45.

[15] 严茂强, 卢兴, 印小军, 等. 生态流量在线监测系统及在水电站的应用 [J]. 四川水利, 2020, 41 (6): 146-148.

[16] Souček Jiří, Nowak Petr, Kantor Martin, et al. CFD as a Decision Tool for Pumped Storage Hydropower Plant Flow Measurement Method [J]. Water, 2023, 15 (4): 779.

国内外泥沙监测技术的发展历程及展望

应周箫[1,2]　李聂贵[1,2]　郭丽丽[2]　鲍金玉[3]

(1. 河海大学水利水电学院，江苏南京　210098；
2. 水利部南京水利水文自动化研究所，江苏南京　210012；
3. 江苏省水文水资源勘测局南京分局，江苏南京　210024)

摘　要：在全球气候变化和人类活动的影响下，泥沙的运移和沉积过程对水资源和生态环境的影响越来越大。因此，泥沙监测技术的发展对环境保护和可持续发展至关重要。为了更好地了解国内外泥沙监测技术及其发展历程，本文结合了大量文献资料，总结出国内外不同时期的泥沙监测技术。从早期的人工观测及一些简单的测量仪器，到中期采用激光粒度分析仪、光电泥沙分析仪、ADCP等仪器，再到目前采用遥感、无人机、机器学习等技术，泥沙监测技术变得更加成熟、准确。本文旨在为全球水资源管理、水环境保护等领域提供更为可靠的技术支撑。

关键词：泥沙监测；ADCP；遥感；无人机；机器学习

近年来，随着气候变化和人类活动的增加，泥沙灾害在世界范围内日益突出。为了保护环境和人类生命财产安全，国内外不断推进泥沙监测技术的发展。首先，对于泥沙易受自然因素影响而存在较大的时空变异性，国内外专家开展了大量研究工作。在中国，程进豪等[1] 研究了黄河山东段泥沙时空分布及不同时期泥沙粒径变化，并且重点分析了洪水过程中沙峰的运移规律；邹德森[2] 分析了长江河口区水动力与泥沙运移模式，从机理上弄清了水动力与泥沙运移之间的关系，达到整治河流的目的。而国外也各自展开了实时泥沙监测的研究工作，并推广了一批成功案例，M. Bishwakarma 等[3] 分析了尼泊尔和印度几座水电站所采用的实时泥沙浓度监测系统及仪器设置。

近几十年来，信息技术和遥感技术得到了快速发展，在泥沙监测中表现出了极高的应用价值。鲁华锋[4] 基于无人机航测技术对干流河道进行泥沙沉积量监测；伍先锋等[5] 基于红外光传感器对泥沙进行在线监测；江世雄等[6] 基于 GPRS 通信设计了地表径流泥沙在线监测系统。在国外，美国则最先研发出基于深度学习的泥沙遥感图像分析方法，帮助相关部门及时掌握泥沙漫移信息，同时也最先研发出声学多普勒流速剖面仪（ADCP）用于测量河道流量与泥沙含量等。法国则最早研发出激光粒度仪并进行泥沙监测，并推广了高速相机技术和核计数技术。德国开展了基于多传感器和 GPRS 网络的泥沙多参数实时连续观测技术研究，从而实现了泥沙自动化监测和数据实时传送。

总的来说，随着技术的不断进步和应用的推广，国内外泥沙监测领域正在迎来新的发展机遇，并将继续为保护环境做出重要贡献。本文从国内外两个方面来探讨泥沙监测技术的发展历程，并预测了泥沙监测技术的未来发展趋势。

1　国内泥沙监测技术发展历程

1.1　初期

我国泥沙监测技术的起步较早，大约在 20 世纪五六十年代。当时的泥沙监测技术还处于初级阶段，主要依靠人工和简单的测量仪器进行监测。

作者简介：应周箫（1999—），男，硕士研究生，研究方向为水力学及河流动力学。

1.1.1 人工测量

早期的泥沙监测主要依靠人工观测、记录和计算。人工测量主要通过目测、手工取样、称重等方式进行。例如，在黄河流域，每年都会进行人工测量，观测河水水位和流速，手工取样并称重，计算出河水中的泥沙含量[7]。

1.1.2 简单仪器设备

早期的泥沙监测仪器设备比较简单，主要包括流速仪[8]、浊度计[9]、重力沉降仪、横式悬移泥沙采样器等。流速仪用于测量河水流速，浊度计则用于测量河水中的泥沙含量。为了提高泥沙分析质量，并在一定程度上减轻劳动强度，黄河水利委员会改良和配套了一个泥沙分析台[10]。

1.1.3 测定泥沙含量的方法

为了探讨砂中黏土含量的测定方法，经过一些比较试验，获得了两种比较成熟且实用的方法：一种方法是按土壤颗粒分析的比重计法；另一种方法是"类似移液管法"[11]。

总的来说，我国早期的泥沙监测技术都相对简单，虽然成本较低，但是需要大量人工操作。同时，仪器的精度和可靠性低，采样误差大，流速仪手动操作时易出错，无法进行连续性监测和精确性监测。

1.2 中期

我国中期泥沙监测技术大概是指 20 世纪 70~80 年代期间。从 20 世纪 80 年代开始，我国就不断地引进了不同厂家生产的各种型号的激光粒度分析仪，1982 年引进了英国的 MALVERN-2200 型激光粒度测量仪，1983 年引进了法国 CI-LAS 715 型激光粒度仪等，随后几年，上海第二光仪厂也研制出 WCL-1005 I 型激光粒度分析仪，虽然粒度测量范围较窄，但是与国外产品相比价格便宜[12]。

同时，我国也自主研发了一些新型泥沙监测设备，如黄河磁感应式泥沙计、振动式泥沙传感器[13]、光电泥沙分析仪[14] 等。

1958 年，中国科学院泥沙所开始应用光电法测定河流泥沙级配。1975 年中国科学院海洋所研制了 GDW-I 型光电颗粒分析仪[15]，而上海天平仪器厂生产了 TZC-2 型自动记录粒度测定仪[16]。1980 年以来，我国在混匀消光及 GDY-I 型光电颗分仪的基础上研制了 NSY 型泥沙粒度分析仪，后来又研制出 NSY-II 型光电颗分仪、DLY-95 型、DLY-95A 型、DLY-2000A 型[17-21]。

在这一阶段，我国科技水平大幅提升，计算机技术也得到广泛应用，开始使用计算机辅助泥沙监测和数据处理。实现对泥沙数据的快速处理和分析，大大提高了监测工作的效率和精度，并为后来的泥沙监测技术发展奠定了基础。例如：结合 JS-10A 电子计算机与光电颗分仪，实现了泥沙级配的自动控制[22]；通过编写 SH APP PC-1500 计算程序，将过去由人工计算泥沙颗粒级配各值，点绘颗粒级配曲线由计算机一次性完成[23]。这实现了对泥沙数据的快速处理和分析，大大提高了监测工作的效率和精度，并为后来的泥沙监测技术发展奠定了基础。

总的来说，我国中期泥沙监测技术的发展方向是智能化、自动化、连续性、高精度和综合性，为后来的泥沙监测技术发展奠定了坚实基础。

1.3 现代

除从中期就开始研制并更新迭代光电颗分仪等仪器外，我国现在的泥沙监测技术采用了一系列先进仪器和设备进行自动化、遥感、仪器化的监测。

1.3.1 径流泥沙实时自动监测技术

针对径流泥沙实时自动监测技术缺乏和监测误差大的状况，吉林省水土保持科学研究所研发了 HL-1 型径流泥沙自动监测系统，显著提高泥沙径流监测的实时性、时效性、准确性[24]。中国科学院水利部土壤保持研究所研制了一种具有野外复杂条件下普遍适用的径流泥沙高精度实时自动监测仪[25]，后来又经过大量的研究和试验，对现有各种测量设备存在的不足进行了改进，研究出了一种基于比重法测量的新型径流泥沙自动监测设备[26]。这些仪器系统不仅可以准确地监测径流泥沙过程，而且创新了水土流失监测技术和方法，推动了水土流失监测的自动化和信息化。

1.3.2 遥感技术

相比传统监测方法，遥感技术具有低成本、高覆盖及时效性强的特点[27]，运用遥感技术能更好地监测河流水体悬浮泥沙的时空变异特征[28]。

遥感技术应用于水体悬浮泥沙监测最早可以追溯到 20 世纪 70 年代，国外在 1974 年就基于 Landsat MSS（ERTS 1 MSS）数据构建了用于探测特拉华湾悬浮泥沙浓度的对数统计模型。国内遥感技术起步、发展和应用都比国外晚，我国最早利用遥感技术监测泥沙的是北京大学遥感技术应用研究所，在 1984 年利用 NOAA 卫星的 AVHRR 数据监测杭州湾海域的悬浮泥沙含量[29]，为后续的研究奠定了基础。随着我国卫星的发射，在遥感领域中不断加大投入，现在也取得了很多理论成果和技术创新。卢晓东等[30] 利用卫星遥感技术分析泥沙运动与岸滩的稳定性；韩旭等[31] 基于遥感技术对松花江悬浮泥沙浓度进行分析；陈勇等[32] 基于 1974—2009 年 15 个时相的陆地卫星影像，采用 Gordon 模型在长江口地区开展了悬浮泥沙浓度反演研究，能够很好地体现经过三峡大坝截流之后河流中悬浮泥沙含量的变化情况；刘志国等[33] 根据现状归纳了我国目前近岸河口悬浮泥沙的研究进展，指出加强地面水文光谱实验研究，建立多光谱 SSC 定量模式，以高分辨率和高光谱遥感融合数据为基础的 SSC 定量遥感是以后的发展趋势。

目前，悬浮泥沙遥感研究具有较成熟的理论体系，且已有反演模型及不断发展的卫星传感器性能，能够将遥感技术应用于河流悬浮泥沙监测[34]。

1.3.3 数学物理模型

国内还使用水文学方法、计算流体力学等，通过对水流、底床等物理参数的测量和计算，建立模型，从而间接推算出水体中的泥沙分布情况。这些方法基于数学物理模型，虽然具有一定的误差，但在实际监测中已经得到了广泛应用。申红彬等[35] 就对河流泥沙水文学模型边界条件参数化方法进行探讨，将最终结果转化为了水沙质点系统的调整时间与泥沙沉降时间；武亚辉[36] 为预测西洋河水库的冲淤演变情况，利用库区地形地质资料建立二维水流运动及泥沙输移数学模型，从而得到库区水流运动基本规律及库区的淤积冲刷分布，为库区清淤治理及运行管理提供参考依据。

1.3.4 声学多普勒流速剖面仪

国家海洋技术中心于 1972 年以课题立项的方式就船载多普勒测流技术进行了探究，先后经历了原理性实验和样机实验，于 1983 年在青岛海区利用脉冲锁相技术完成了整机海试[37]。随后中国科学院声学研究所、中国船舶重工集团公司第 715 研究所、国家海洋技术中心等机构开始从事多普勒技术研究和开发工作。

中国科学院声学研究所从 20 世纪 80 年代开始研究声学多普勒测速原理和技术，多年后研制成功 300 kHz 窄带 ADCP 样机、300 kHz 宽带 ADCP 样机和船用 150 kHz 样机，在 2010 年成功研制 150 kHz 自容式 ADCP，2012 年起，在科技部国家重大科学仪器设备开发专项的支持下，又成功研制工作频率 75~1 200 kHz 的系列自容式 ADCP 产品并实现量产。目前，中国科学院声学研究所研发的 ADCP 产品已在我国沿海、太平洋、印度洋、大西洋等区域，以及"蛟龙号""潜龙 1 号""潜龙 3 号"等我国大型深海作业装备上实现了应用[38]。

在国家 863 计划支持下，中国船舶重工集团公司第 715 研究所先后开展了 150 kHz 相控阵多普勒计程仪、75 kHz 船载走航式 ADCP 的研发工作，同时自筹研发全系列 ADCP。目前，已成功开发了船载式 38 kHz、75 kHz、150 kHz、300 kHz 和 600 kHz ADCP；自容式 38 kHz、75 kHz、150 kHz、300 kHz、600 kHz 和 1.2 MHz ADCP；水平式相控阵 150 kHz 和活塞阵 300 kHz、600 kHz 两波束测流仪及 1.5 MHz 单点海流计等系列产品，正在开展 38 kHz/300 kHz、1.2 MHz/2.4 MHz 双频 ADCP 研究[39]。

近些年，随着我国科研水平和生产制造能力的不断提升，国内多家单位在 ADCP 的研发方面取得了较大进展，推出了自容式、直读式、河流型和相控阵等系列 ADCP 产品，被应用在泥沙监测领域。

总之，我国现在的泥沙监测技术结合了先进的仪器设备、遥感技术和数学物理建模等方法，能够实现对泥沙分布、流速、含量等参数的全面、高效、准确地监测，实现了自动化、智能化、多层次、综合性、数据共享和开放化、数字化、网络化等多个方面的发展，为河流生态保护和治理提供了强有力的支持。

1.3.5 激光技术

我国利用激光进行粒度监测的研究工作时间较短。20世纪70年代开始粒度测试技术的研究，80年代开始激光粒度测试仪器的研制。90年代中期以前，国内粒度测试仪器主要是以沉降粒度为主，激光粒度仪的应用还处于试验阶段，进口激光粒度仪占据了整个国内市场，随着技术的不断发展，目前我国激光粒度测试技术已经相对成熟。济南维纳公司的Winner801、珠海欧美克公司的干湿二合一激光粒度仪LS-999、成都精新公司的JL-1197型激光粒度仪都能达到国际标准[40]。除了激光粒度分析仪，中国科学院力学研究所还使用激光多普勒技术分相测量水流和泥沙的运动参数，得到泥沙浓度的垂线分布规律及不同区域泥沙颗粒运动的特性[41]。

1.3.6 无人机航测技术

早期无人机技术用于军事侦察，随着信息技术、电子技术、计算机技术等技术在航空领域的广泛应用，无人机的应用范围和性能得到不断的提高和扩展[42]。近年来，随着无人机航测在河道地形勘测中的逐步应用，其在泥沙沉积量监测中也得到不同程度的应用[43]。徐航[44]利用无人机高光谱传感器对长江口北港表层悬浮泥沙浓度潮周期变化进行监测；代文等[45]通过2期无人机摄影测量得到地形变化量，依据质量守恒原理和多流向算法建立空间输沙模型，在像元尺度推算泥沙输送路径和输沙量，进而得到小流域的输沙率空间分布；李志威等[46]基于无人机航测对黄河源弯曲河道泥沙亏损量进行了计算。

与传统测绘技术获得的水利工程河道泥沙沉积量监测值和地表人工实测值相比，无人机倾斜摄影技术能够真实反映水利工程河道泥沙沉积量，应用于水利工程河道、水系的大面积、长距离快速监测具有明显优势，但由于无人机技术在应用中受气候条件等因素影响较大，因此在监测过程中，应同时辅助其他监测技术进行综合应用[47]。

2 国外泥沙监测技术发展历程

2.1 初期

国外早期泥沙监测技术的发展历程可以追溯到19世纪中期。M. W. Johnson[48]在1852年就对埃及尼罗河进行泥沙分析；R. H. Loughridge[49]利用搅拌式淘析器将水中的土壤分离成泥沙，从而研究泥沙性质。总的来说，19世纪中期到末期的泥沙测量主要还是通过人工采样来完成的。

20世纪30年代，美国水道实验站利用筛析法、比重计法等机械分析方法与显微镜观察，对密西西比河系统进行了有史以来最全面的悬移质研究[50]。到了20世纪50年代，为了获取大量的海底泥沙样本，并且结合美国海军的海洋学研究计划，美国海军电子实验室开发并测试了一种新型鲷鱼式海底沉积物采样器，还研制了一款声波装置能够监测水下沉积物，并构建水下沉积物的分布图。欧洲开始使用超声波流量计进行水流速度监测[51]，使泥沙流量监测变得更加准确。英国皇家理工学院为测量泥沙颗粒长度和宽度的仪器设计了一款自动粒度分析仪[52]。

与国内相比，国外对泥沙观测及测量技术起步比国内早，并且更加成熟。虽然这些方法有效地提供了对泥沙含量和颗粒分布的测量数据，但由于技术水平的限制，这些方法的准确性和实用性还存在一定的局限。

2.2 中期

国外中期泥沙监测技术主要是在20世纪60年代开始发展，并在七八十年代得到了广泛应用。相比早期的泥沙监测技术，中期技术在观测手段、数据处理和分析方法等方面都有所改进和提高。

在观测手段方面，国外中期泥沙监测技术发明了很多新的仪器设备，比如激光粒度分析仪、ADCP、水质监测仪等。20世纪60年代初，美国迈阿密大学海洋实验室与Airpax电子公司首先开展了声学多普勒测流技术研究，首台船用ADCP于70年代中期诞生，到了80年代美国RD Instruments

（RDI）公司先后研制成了窄带 ADCP、宽带 ADCP 等。日本 Furuno、法国 Thomson、挪威 Aanderaa 等公司相继也推出窄带 ADCP。1968 年，法国 CILAS 公司研制出了世界上第一台激光粒度分析仪，最初应用于水泥行业的颗粒检测，随后一直在激光粒度分析领域进行高水平的研究，并一直保持着技术地位，使其应用于各个领域。1970 年，英国 Malvern 公司制造出世界上第一台商用激光粒度分析仪，随后生产出世界上第一台激光 PCS 纳米粒度及 Zeta 电位分析仪、第一台超声粒度分析仪，成为举世公认的激光粒度分析技术的先锋及行业标准。20 世纪 80 年代，日本研发出了多参数水质监测仪，使得泥沙监测科技水平不断提升。这些仪器设备可以更加准确地观测泥沙粒度、含量和运移状态。

在数据处理和分析方法方面，国外中期泥沙监测技术采用了计算机技术、遥感技术及传感器技术。美国在 20 世纪 70 年代就开始采用陆地卫星确定流量等，随着卫星遥感技术的发展，泥沙监测技术开始采用卫星图像来获取泥沙分布信息[53]。这种技术不仅可以快速获取大范围的泥沙分布信息，还可以对泥沙的运动轨迹进行跟踪和预测。美国麻省理工学院研制构成了"ADCP+ADVM"流速-泥沙仪器系统，将多普勒技术和激光散斑技术集成在一个测量系统之中。20 世纪 80 年代，美国开始使用传感器技术监测纽约海岸的泥沙运动[54]；G. C. Kineke[55] 利用光学背散射传感器测量了高浓度的悬浮泥沙，并进行剖面测定；德国开展了基于多传感器和 GPRS 网络的泥沙多参数实时连续观测技术研究，从而实现了泥沙自动化监测和数据实时传送。通过将采集到的数据导入计算机中，利用计算机软件快速、准确地处理大量监测数据，并进行泥沙的定量分析和预测。

此外，中期泥沙监测技术还涌现出了一些新的监测方法，如基于电子学原理的泥沙含量监测仪、超声波泥沙粒度分析仪等。这些方法不仅可以提高泥沙含量和粒度的监测精度和快速性，而且还可以实现在线监测，方便快捷地获取泥沙运移的实时数据。

总体来说，中期泥沙监测技术在技术手段、数据处理和分析方法、监测精度等方面都取得了重大进展，为后续泥沙监测技术的发展奠定了坚实的基础。

2.3 现代

国外现代泥沙监测技术已经越来越成熟，凭借着各种先进的手段和方法，能够更加精准、全面地了解泥沙运动的发展趋势，并有针对性地采取防治措施。

2.3.1 遥感技术

国外经过几十年的技术发展，遥感技术更加成熟。使用卫星图像和气象雷达数据等遥感技术，分析区域内的地貌、植被、水文等信息，并通过反演方法计算出地表径流、泥沙输移量等指标。K. Markert 等[56] 利用使用 Landsat 和 Google 地球引擎云计算对湄公河下游盆地表层泥沙进行操作监测，通过将遥感观测与原位测量相结合，提高湄公河下游盆地 SSSC 数据的时空密度；Umair 等[57] 通过遥感估算肯恩基尔湖的悬浮泥沙浓度；D. S. R. Paulista 等[58] 同样利用遥感估算了巴西特里斯皮里斯河的悬浮泥沙浓度。

2.3.2 无人机监测技术

相比国内，国外利用无人机技术监测泥沙方面的研究偏少，但是无人机技术还是相当成熟，多用于其他领域。E. Sobhan 等[59] 利用无人机采集的数据量化植被区沉积泥沙的体积；B. M. Candido 等[60] 采用无人机摄影测量沟壑系统中的沉积物来源及土壤侵蚀量。

2.3.3 激光技术

国外的激光技术起源比国内早，技术也比国内成熟，目前的激光粒度仪大部分都需要由国外进口，德国的新帕泰克，美国的麦奇克、贝克曼库尔特、安捷伦，英国的马尔文，新西兰的 IZON，日本的掘场制作所，法国的 CILAS 公司等都是激光粒度仪的国外主要厂商。

除激光粒度仪外，国外对于激光的应用也领先于国内。J. Krupička 等[61] 对基于激光穿透和电导率的粗泥沙强输流浓度测量方法进行了验证，并且得到了颗粒浓度的准确值；J. Zordan 等[62] 利用激光测量和图像处理两种技术确定了重力作用下的细颗粒泥沙的侵蚀量和沉积量；V. G. Jadhao 等[63] 利用实验室尺度的降雨模拟器和激光雨量监测仪对泥沙进行了模拟；J. Leyland 等[64] 使用集成移动激光扫描（MLS）和水声学技术直接测量了极端洪水下的河岸侵蚀及泥沙量。

2.3.4　声呐探测技术

声呐探测技术一般用于河道、水库等水体深度和底部地貌分析，通过分析声波传递的速度、回波反射强度等信息，可以计算出泥沙的输移量。

导航声呐主要包括声多普勒计程仪（ADL）和声相关计程仪（ACL）[65]。声多普勒计程仪（ADL）发展较早，在其基础上发展了声学多普勒海流剖面仪（ADCP），ADCP又推动了ADL的发展，而国外的ADCP技术十分成熟，并且发展迅速。

除ADCP外，国外还使用其他的声呐探测技术监测泥沙。M. Bouziani等[66]使用多波束探测声呐和激光扫描仪对摩洛哥大坝流域的泥沙进行了三维模拟和估算。

2.3.5　基于机器学习的泥沙监测技术

机器学习在泥沙领域中，利用先进的人工智能技术，通过大量的数据集训练模型，实现快速、自动的泥沙监测，通过深度学习算法对数据进行分析和处理，并利用人工智能思维实现泥沙含量的预测和预警。国外最先将机器学习应用到泥沙监测中，B. Bhattacharya等[67]将机器模型与其他推移质输运模型、总输沙量模型进行了比较，通过比较得出机器模型比现有的模型的精度更高；S. D. Latif等[68]结合深度学习与机器学习模型，对柔弗河的泥沙量进行了预测；H. Shahzal等[69]利用机器学习方法预测了塔贝拉水库的泥沙淤积量；S. Nadeem等[70]同样利用机器学习技术对Gobindsagar水库的泥沙淤积量进行预测。

总体来说，现阶段国外的泥沙监测技术及仪器设备都更加便捷、准确、高效。此外，基于机器学习和人工智能的泥沙监测技术已经成为一个新的研究热点，有更广泛的应用前景。

3　未来发展趋势

未来泥沙监测技术的发展趋势将更加注重高精度、实时化和全自动化等方面的要求。同时，随着信息技术和人工智能的发展，泥沙监测技术也将更加智能化和网络化。具体来说，未来泥沙监测技术的发展可能包括以下几个方面：

（1）传感器技术与传感器网络的发展。未来的传感器可能更小、更灵敏、更智能，能够实现更高精度的泥沙监测。同时，基于物联网技术，通过在河道、湖泊等水域设置传感器网络，实现实时监测水位、流速、水质等参数，并结合水文模型分析泥沙输移过程。

（2）多源数据融合技术的应用。将遥感数据、水文数据、气象数据等多种数据进行综合分析，实现泥沙监测的全面性和精准性。

（3）无人机技术。利用无人机对河道进行高空遥感监测，可以快速、准确地获取泥沙输移情况，同时还可以通过多光谱影像数据、激光雷达数据等手段获得更多信息。

（4）机器学习与人工智能技术的应用。通过人工智能算法对泥沙监测数据进行分析和处理，可以实现更准确、更及时、更高效地监测。

（5）网络化的泥沙在线监测系统。利用物联网和大数据技术，建立网络化的泥沙监测与预警系统，实现全局范围内的泥沙监测和管理。

综上，未来泥沙监测技术将更加注重高精度、实时化、智能化和网络化等方面的要求，这将推动泥沙监测技术不断发展并提升其应用价值。

4　结语

随着科学技术的不断发展和水资源管理及环境保护的需求不断提高，泥沙监测技术已经成为了现代水资源管理和环境保护中不可或缺的一项关键技术。本文介绍了国内外早期、中期及现代的泥沙监测技术和一些仪器的发展历程。从早期的人工观测及一些简单的测量仪器，到中期采用激光粒度分析仪、光电泥沙分析仪、ADCP等仪器测量，再到目前用遥感、无人机、机器学习等技术监测，泥沙监测技术变得更加成熟、准确。

　　未来泥沙监测技术的发展仍然面临着一些挑战和问题，如提高监测数据的准确性、减小监测误差、降低监测成本等。但随着技术的不断进步和应用的不断扩展，这些问题将逐渐得到解决。同时，传感器技术与传感器网络的发展，多源数据融合技术的应用，机器学习与人工智能技术的应用，网络化的泥沙监测系统的建立和智能化算法的应用，将使泥沙监测技术实现更高效、更准确、更实时的监测，为水资源管理和环境保护提供更有力的支持，带来更加健康和可持续的社会发展。

参考文献

[1] 程进豪, 谷源泽, 李祖正, 等. 山东黄河泥沙特性及沙峰运移规律 [J]. 人民黄河, 1994 (4)：1-4, 61.

[2] 邹德森. 长江河口区水动力与泥沙运移模式及其整治 [J]. 泥沙研究, 1990 (3)：27-34.

[3] Bishwakarma M, Stole H. Real-time sediment monitoring in hydropower plants [J]. Journal of Hydraulic Research, 2008, 46 (2).

[4] 鲁华锋. 基于无人机航测技术的干流河道泥沙沉积量监测方法 [J]. 水利科技与经济, 2021, 27 (6)：26-31.

[5] 伍先锋, 胡兴艺, 李广源, 等. 基于红外光传感器的泥沙在线监测方法应用研究 [J]. 水利信息化, 2022 (4)：41-44, 61.

[6] 江世雄, 李熙, 罗富财, 等. 基于 GPRS 通信的地表径流泥沙在线监测系统设计 [J]. 电子设计工程, 2022, 30 (16)：55-59.

[7] 黄河水利委员会泥沙研究所. 黄河泥沙的数量与来源的分析 [J]. 新黄河, 1952 (7)：15-32.

[8] 李景周. 流速仪悬杆吊测法 [J]. 新黄河, 1953 (4)：64.

[9] 许祖恩, 程国福, 宋寿英. 简易浊度计的制作及其在土壤速测中的应用 [J]. 土壤, 1977 (2)：115-119.

[10] 刘茂荣, 王安华. 泥沙颗粒分析设备的改革和配套 [J]. 黄河建设, 1965 (11)：18-20.

[11] 高存道. 用比重计法及移液管法测定砂中粘土含量 [J]. 黄河建设, 1957 (5)：31-33, 45.

[12] 王佩云, 文剑云. 激光粒度测量仪及其发展概况 [J]. 国外科学仪器, 1988 (3)：7-12.

[13] 郑苏民, 全永清. 测量含沙量的振动式传感器 [J]. 泥沙研究, 1983 (1)：41-49.

[14] 卢永生. 光电泥沙分析仪 [J]. 华东水利学院学报, 1978 (2)：142-158.

[15] 杨光复, 高申禄, 周秀廷. GDW-1 型光电微粒分析仪测定沉积物中小于 0.063 毫米颗粒的粒径分布 [J]. 海洋科学, 1981 (4)：31-36.

[16] 张水根. TZC-2 型自动记录粒度测定仪操作的改进与验证 [J]. 中国电瓷, 1983 (3)：21-26.

[17] NSY 型泥沙粒度分析仪 [J]. 人民黄河, 1984 (4)：12-16.

[18] 王肃英, 李正烈. NSY-2 型光电颗分仪在我省河流泥沙颗粒分析中的应用 [J]. 青海科技, 1994 (4)：49-52.

[19] 温志敏. DLY-95 光电颗粒分析仪研制 [J]. 西安工业学院学报, 1997 (1)：77-80.

[20] 赵文风, 郭成修, 齐斌, 等. DLY-95A 型光电颗粒分析仪推广应用可行性分析 [J]. 水文, 2002 (1)：44-46.

[21] 王俊锋. DLY-2000A 光电颗粒分析仪测量结果反映悬沙磨圆度探讨 [J]. 吉林水利, 2010 (2)：46-47, 50.

[22] 庞午昌, 黄炳仁. 自动光电颗粒分析的研究 JS—10A 电子计算机的应用 [J]. 人民长江, 1981 (6)：43-52.

[23] 王余立. PC-1500 计算机在泥沙颗粒分析资料处理上的应用 [J]. 人民黄河, 1985 (1)：64-68.

[24] HL-1 型径流泥沙自动监测系统——水土保持监测新手段 [J]. 中国水土保持, 2015 (2)：72.

[25] 展小云, 郭明航, 赵军, 等. 径流泥沙实时自动监测仪的研制 [J]. 农业工程学报, 2017, 33 (15)：112-118.

[26] 张勇, 李仁华, 姚赫, 等. 水土保持自动监测设备现状及新设备研发 [J]. 人民长江, 2022, 53 (9)：43-48.

[27] 潘磊剑, 郭碧云. 基于 Landsat8 数据的舟山群岛海域悬浮泥沙浓度遥感研究 [J]. 海洋开发与管理, 2020, 37 (9)：82-90.

[28] Dethier E N, Renshaw C E, Magilligan F J. Toward Improved Accuracy of Remote Sensing Approaches for Quantifying Suspended Sediment：Implications for Suspended-Sdiment Monitoring [J]. Journal of Geophysical Research：Earth Surface, 2020, 125 (7).

[29] 李京. 利用 NOAA 卫星的 AVHRR 数据监测杭州湾海域的悬浮泥沙含量 [J]. 海洋学报（中文版）, 1987 (1)：132-135.

［30］卢晓东，刘旭，谷洪钦. 卫星遥感技术在泥沙运动及岸滩稳定分析中的应用［J］. 电力勘测，2000（1）：20-25.

［31］韩旭，杜崇，刘福全，等. 基于遥感技术对松花江悬浮泥沙浓度的分析［J］. 黑龙江大学工程学报，2022，13（1）：18-24.

［32］陈勇，韩震，杨丽君，等. 长江口水体表层悬浮泥沙时空分布对环境演变的响应［J］. 海洋学报（中文版），2012，34（1）：145-152.

［33］刘志国，周云轩，蒋雪中，等. 近岸 Ⅱ 类水体表层悬浮泥沙浓度遥感模式研究进展［J］. 地球物理学进展，2006（1）：321-326.

［34］段梦伟，李如仁，刘东，等. 河流水体悬浮泥沙遥感研究进展与展望［J］. 地球科学进展，2023，38（7）：675-687.

［35］申红彬，吴保生. 河流泥沙水文学模型边界条件参数化方法探讨［J］. 水利学报，2020，51（2）：193-200.

［36］武亚辉. 基于水流泥沙数学模型的西洋河水库泥沙淤积模拟分析［J］. 水科学与工程技术，2023（2）：10-13.

［37］刘彦祥. ADCP 技术发展及其应用综述［J］. 海洋测绘，2016，36（2）：45-49.

［38］邓锴，张兆伟，俞建林，等. 声学多普勒流速剖面仪（ADCP）国内外进展［J］. 海洋信息，2019，34（4）：8-11.

［39］傅菊英，韩礼波. 国产 ADCP 不同平台的应用及拓展方向［J］. 声学与电子工程，2022（4）：24-27，36.

［40］隋修武，李瑶，胡秀兵，等. 激光粒度分析仪的关键技术及研究进展［J］. 电子测量与仪器学报，2016，30（10）：1449-1459.

［41］刘青泉. 水-沙两相流的激光多普勒分相测量和试验研究［J］. 泥沙研究，1998（2）：74-82.

［42］邹湘伏，何清华，贺继林. 无人机发展现状及相关技术［J］. 飞航导弹，2006（10）：9-14.

［43］刘晓哲. 无人机航测技术在河道泥沙沉积量监测的改进研究［J］. 水利技术监督，2022（8）：66-69.

［44］徐航. 基于无人机高光谱的长江口北港表层悬浮泥沙浓度潮周期监测研究［D］. 上海：中国海洋大学，2022.

［45］代文，汤国安，胡光辉，等. 基于无人机摄影测量的地形变化检测方法与小流域输沙模型研究［J］. 地理科学进展，2021，40（9）：1570-1580.

［46］李志威，汤韬. 基于无人机航测黄河源弯曲河道泥沙亏损量计算［J］. 水科学进展，2020，31（1）：39-50.

［47］张艳婷. 无人机航测技术在水利工程河道泥沙沉积量监测中的应用［J］. 水利技术监督，2023（8）：31-35，99.

［48］Johnson M W. ⅩⅠ. —An analysis of sediment deposited from the river Nile in lower Egypt［J］. Journal of the Chemical Society，1852，4（2）：143-149.

［49］Loughrideg R H. On the distribution of soil ingredients among the sediments obtained in silt analysis［J］. American Journal of Science，1874，7（37）：17-19.

［50］Vogel H D. Sediment-studies at the United States waterways experiment station［J］. Eos, Transactions American Geophysical Union，1934，15（2）.

［51］C R S，B W H，K S W. Principles and Application of the Ultrasonic Flowmeter includes discussion［J］. Transactions of the American Institute of Electrical Engineers. Part Ⅲ：Power Apparatus and Systems，1955，74（3）.

［52］Hagerman T. Om apparatfrågan vid automatisk granulometrisk analys［J］. GFF，1957，79（1）.

［53］薛顺贵，赵友茂. 1972—1976 年国外遥感技术发展简况［J］. 测绘科学，1978（4）：1-4.

［54］Anonymous. N. Y. coastal sediment movement monitored by sensors［J］. Eos, Transactions American Geophysical Union，1980，61（3）：18.

［55］Kineke G C，Sternberg R W. Measurements of high concentration suspended sediments using the optical backscatterance sensor［J］. Marine Geology，1992，108（3-4）.

［56］Markert K，Schmidt C，Griffin R，et al. Historical and Operational Monitoring of Surface Sediments in the Lower Mekong Basin Using Landsat and Google Earth Engine Cloud Computing. Remote Sensing，2018，10（6）：909.

［57］Umair H A A. Estimation of Suspended Sediment Concentration of Keenjhar Lake through Remote Sensing†［J］. Engineering Proceedings，2022，22（1）：20-20.

［58］Paulista D S R，Almeida D T F，Souza D P A，et al. Estimating Suspended Sediment Concentration Using Remote Sensing for the Teles Pires River, Brazil［J］. Sustainability，2023，15（9）.

［59］ Sobhan E，Victor J，Cees W V，et al. Quantifying Sediment Deposition Volume in Vegetated Areas with UAV Data ［J］. Remote Sensing，2021，13（12）.

［60］ Candido B M，James M，Quinton J，et al. Sediment source and volume of soil erosion in a gully system using UAV photogrammetry ［J］. REVISTA BRASILEIRA DE CIENCIA DO SOLO，2020，44.

［61］ Krupička J，Matoušek V，Picek T，et al. Validation of laser-penetration- and electrical-conductivity-based methods of concentration measurement in flow with intense transport of coarse sediment ［J］. EPJ Web of Conferences，2018，180.

［62］ Zordan J，Juez C，Schleiss J A，et al. Image processing and laser measurements for determination of the erosion and deposition of fine sediments by a gravity current ［J］. Measurement Science and Technology，2018，29（6）.

［63］ Jadhao V G，et al. Sediment modeling using laboratory-scale rainfall simulator and laser precipitation monitor. ［J］. Environmental research，2023，237（P1）：116859.

［64］ Leyland J，Hackney R C，Darby E S，et al. Extreme flood-driven fluvial bank erosion and sediment loads：direct process measurements using integrated Mobile Laser Scanning（MLS）and hydro-acoustic techniques ［J］. Earth Surface Processes and Landforms，2017，42（2）.

［65］ 朱维庆. 海洋声学技术和信息处理 ［J］. 世界科技研究与发展，2000（4）：41-44.

［66］ Bouziani M，F B，F N. CONTRIBUTION OF BATHYMETRIC MULTI-BEAM SONAR AND LASER SCANNERS IN 3D MODELING AND ESTIMATION OF SILTATION OF DAM BASIN IN MOROCCO ［J］. The International Archives of the Photogrammetry，Remote Sensing and Spatial Information Sciences，2021，XLVI-4/W4-2021.

［67］ Bhattacharya B，Price K R，Solomatine P D. Machine Learning Approach to Modeling Sediment Transport ［J］. Journal of Hydraulic Engineering，2007，133（4）.

［68］ Latif S D，Chong K L，Ahmed A N，et al. Sediment load prediction in Johor river：deep learning versus machine learning models ［J］. Applied Water Science，2023，13（3）.

［69］ Shahzal H，Nadeem S，Ammar A，et al. Prediction of the Amount of Sediment Deposition in Tarbela Reservoir Using Machine Learning Approaches ［J］. Water，2022，14（19）.

［70］ Nadeem S，Abrar H，Muhammad A，et al. Sediment load forecasting of Gobindsagar reservoir using machine learning techniques ［J］. Frontiers in Earth Science，2022.

小水库雨水情信息汇集与安全风险预警系统设计与实现

张　涛[1,2]　田逸飞[1,2]　秦洪亮[1,2]　方文豪[3]

（1. 长江水利委员会水文局，湖北武汉　430010；
2. 流域水模拟与预报调度智能技术创新中心，湖北武汉　430010；
3. 长江水利委员会长江科学院，湖北武汉　430010）

摘　要： 本文以提升小型水库管理水平和预警能力、减轻洪水灾害为目标，针对小型水库点多面广及运行管理中存在安全监测设施不完备、管理制度落实难度大、信息化管理水平偏低、大坝安全隐患较多等诸多问题，采用微服务架构及开源的开发工具，基于 B/S 模式，研发具备海量数据汇集与治理、降雨及水库监视预警、洪水预报预演及大坝安全风险监控功能的小水库雨水情信息汇集与安全风险预警系统。该系统运行稳定、功能全面，能够为小水库运行管理、水旱灾害防御等相关业务系统建设提供参考。

关键词： 小型水库；安全运行；信息汇集；预报预警；安全监控

1　引言

水库是防洪减灾、水资源管理和调配的重要工程措施，是经济社会发展的重要基础设施之一，在保障防洪安全、供水安全、粮食安全和生态安全等方面发挥了重大作用。据《2020 年全国水利发展统计公报》，我国已建成水库 98 566 座，总库容 9 306 亿 m³。其中，小型 93 694 座，占比 95%，主要集中在 20 世纪 50~70 年代建成，受各种因素影响，安全隐患问题十分突出。2021 年郑州 "7·20" 特大暴雨灾害事件中，郑州市 124 条大小河流共发生险情 418 处，143 座水库中有常庄、郭家嘴等 84 座出现不同程度险情，威胁下游郑州市区及京广铁路干线、南水北调工程等重大基础设施安全[1]。2021 年 7 月 18 日，受强降雨影响，诺敏河水位持续上涨，内蒙古自治区呼伦贝尔市莫力达瓦达斡尔族自治旗开放式溢洪道永安水库、新发水库相继出现决口、垮坝[2]，造成严重社会经济损失。诸如此类事件时有发生。

安全监测设施不完备、管理制度落实难度大、信息化管理水平偏低、大坝安全隐患较多[3] 是小水库安全运行管理中普遍存在问题。金友杰等[4]、陈华等[5] 指出我国小型水库数量众多，受资金、人员、技术所限开展安全监管工作难度大、安全风险高的问题。中小型水库量大面广，全部采用工程措施解决问题难度较大，有效的途径是加强非工程措施建设，即通过构建中小型水库防洪减灾预报预警系统，全面提高水库管理水平和预警能力，达到防灾减灾的目的[6]。

本文针对上述小型水库点多面广及运行管理中面临的诸多问题，从海量数据汇集与治理、降雨及水库监视预警、洪水预报预演及坝体安全风险监控四个方面出发，研发基于 B/S 的小水库雨水情信

基金项目： 江西省水利厅科技项目（课题）（202224ZDKT20）。

作者简介： 张涛（1986—），男，高级工程师，主要从事为水利信息化、智慧水利、水库群优化调度、流域水文模拟等研究工作。

息汇集与安全风险预警系统，全面支撑小水库安全运行与管理工作，具有重要的现实意义。

2 系统功能结构

根据小型水库安全运行管理普遍需求，设计建设先进、通用、实用、好用的业务系统，主要功能包括：小水库雨水情数据汇聚与治理、小水库水雨情监视与预警、小水库洪水预报预演、大坝安全风险监控。系统总体功能如图 1 所示。

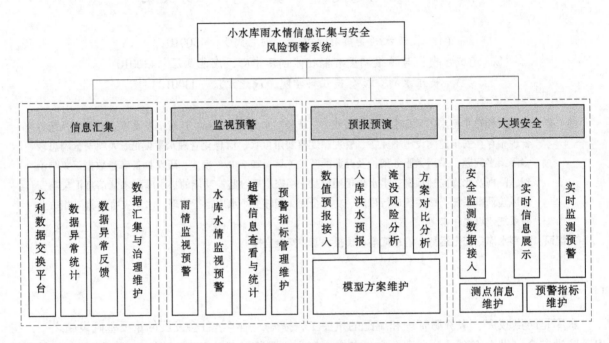

图 1　系统总体功能

3 系统主要功能模块

3.1 信息汇集与治理

小型水库数量众多，水雨情报汛日常管理维护欠缺，数据质量较差，难以直接应用于预报预警工作。采用单个水库—省级水文机构—流域水文机构三层循环的管理手段，对小水库报汛数据进行汇集与管理流程（见图 2）。数据交换采用目前成熟的水利专网水利数据交换平台。数据治理通过制定特定指标，监视报汛数据质量情况，主要指标包括整点到报率、库水位奇异值规则（时段变幅、趋势变化、合理范围等）、降雨量奇异值规则（时段警戒雨量、邻域值分析等）。

3.2 监视预警

监视预警功能模块从雨量和水库特征值两个层面基于实况状态对水库安全运行进行监视和预警。指标设置如图 3、图 4 所示。

在雨量层面，将预警等级划分为蓝色、黄色、橙色、红色，每个等级按照 3 h、6 h、18 h、24 h 四个前溯统计时段设定触发量级，实况达到任一量级触发相应等级预警，并在地图进行闪烁提醒。

在水库特征值层面，库水位按照超汛限、超校核、超设计三个等级预警，实际小型水库该类特征值并不齐全，可根据实际需求设定，下泄流量按照下游河道安全泄量进行预警。由于本功能基于实况开发，为达预警效果，实际应留有适当余度，将预警值设置小于或接近标准值。

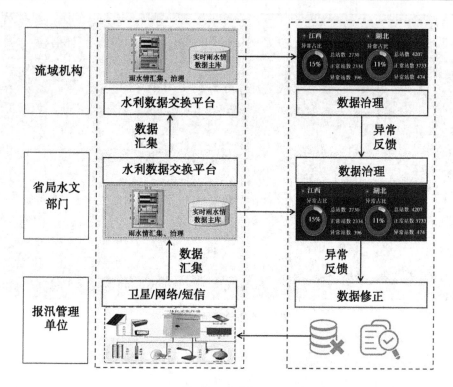

图 2　数据汇集与治理业务流程

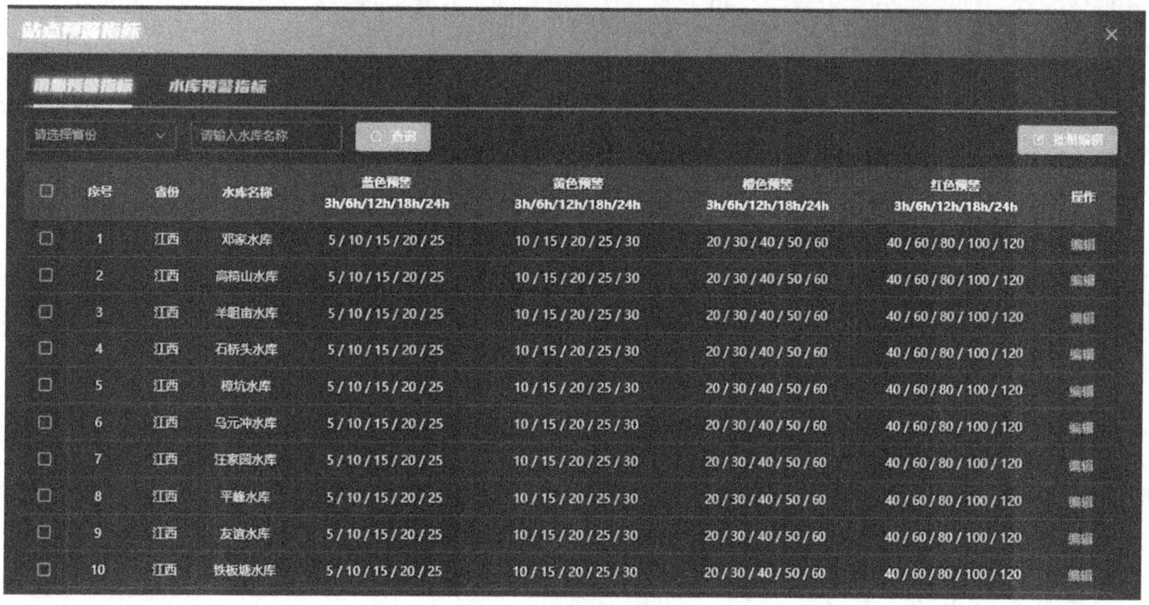

	序号	省份	水库名称	蓝色预警 3h/6h/12h/18h/24h	黄色预警 3h/6h/12h/18h/24h	橙色预警 3h/6h/12h/18h/24h	红色预警 3h/6h/12h/18h/24h	操作
☐	1	江西	邓家水库	5 / 10 / 15 / 20 / 25	10 / 15 / 20 / 25 / 30	20 / 30 / 40 / 50 / 60	40 / 60 / 80 / 100 / 120	编辑
☐	2	江西	高桶山水库	5 / 10 / 15 / 20 / 25	10 / 15 / 20 / 25 / 30	20 / 30 / 40 / 50 / 60	40 / 60 / 80 / 100 / 120	编辑
☐	3	江西	羊咀亩水库	5 / 10 / 15 / 20 / 25	10 / 15 / 20 / 25 / 30	20 / 30 / 40 / 50 / 60	40 / 60 / 80 / 100 / 120	编辑
☐	4	江西	石桥头水库	5 / 10 / 15 / 20 / 25	10 / 15 / 20 / 25 / 30	20 / 30 / 40 / 50 / 60	40 / 60 / 80 / 100 / 120	编辑
☐	5	江西	橙坑水库	5 / 10 / 15 / 20 / 25	10 / 15 / 20 / 25 / 30	20 / 30 / 40 / 50 / 60	40 / 60 / 80 / 100 / 120	编辑
☐	6	江西	乌元冲水库	5 / 10 / 15 / 20 / 25	10 / 15 / 20 / 25 / 30	20 / 30 / 40 / 50 / 60	40 / 60 / 80 / 100 / 120	编辑
☐	7	江西	汪家园水库	5 / 10 / 15 / 20 / 25	10 / 15 / 20 / 25 / 30	20 / 30 / 40 / 50 / 60	40 / 60 / 80 / 100 / 120	编辑
☐	8	江西	平峰水库	5 / 10 / 15 / 20 / 25	10 / 15 / 20 / 25 / 30	20 / 30 / 40 / 50 / 60	40 / 60 / 80 / 100 / 120	编辑
☐	9	江西	友谊水库	5 / 10 / 15 / 20 / 25	10 / 15 / 20 / 25 / 30	20 / 30 / 40 / 50 / 60	40 / 60 / 80 / 100 / 120	编辑
☐	10	江西	铁板塘水库	5 / 10 / 15 / 20 / 25	10 / 15 / 20 / 25 / 30	20 / 30 / 40 / 50 / 60	40 / 60 / 80 / 100 / 120	编辑

图 3　降雨预警指标设置

3.3　预报预演

预报预演功能模块实现小型水库洪水预报预演。小型水库控制面积小、洪水涨落快，洪水预报难度大、精度差。在模型库方面，对于入库洪水，探索集成了降雨径流系数法、综合洪水预报图法、水文模型（SCS 模型、新安江模型、API 模型）等多种方法，支持单模型计算、多模型并行计算，根据水库实际情况进行选用；对于库区和河道洪水淹没采用水文水力学与 DEM 淹没分析耦合技术，进行多方案预演，见图 5。在业务功能方面，支持数值预报接入、自动定时预报、人工交互预报、多方案对比分析等功能。

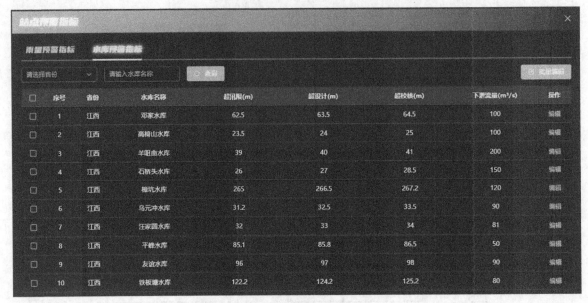

图 4　水库预警指标设置

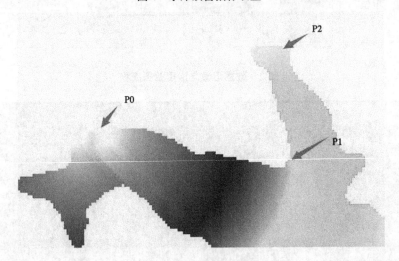

图 5　基于 DEM 的有源淹没示意图

3.4　大坝安全

大坝安全功能模块针对大坝安全进行在线监控，主要包括大坝变形监测、渗流监测、应力应变监测、温度监测、环境量监测等实时信息进行分类展示，提供各类测点位置、编号、规格、安装时间、运行状态等属性查询，通过预警阈值进行分级告警。预警示意图见图6。

4　系统开发与实现

小水库雨水情信息汇聚系统及安全风险预警系统使用微服务架构、开源的开发工具，基于 B/S 模式开发，运行在网络环境下，根据系统运行逻辑分三层结构：应用层、服务层和存储层。

（1）应用层。提供基于网页的人机交互界面，实现所有的业务逻辑，并调用服务层的计算接口完成各模块功能。按照功能类型可以分为信息汇集、监视预警、预报预演、大坝安全。

（2）服务层。具体实现模型计算等具体的计算服务，提供的服务可为所有的应用程序使用。服务层连通了存储层和应用层，对上为应用层提供服务接口，应用层调用服务层的服务得到所需结果，对下调用存储层存储的数据进行模型计算等。

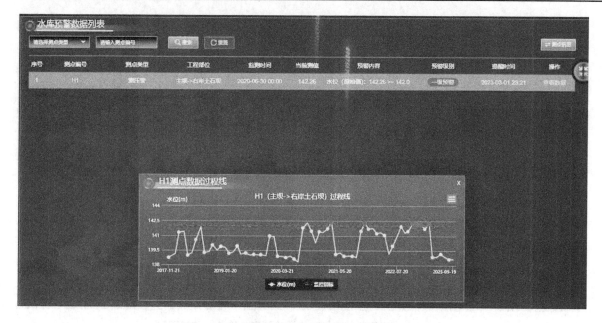

图 6　测点测压管监视预警示意图

（3）存储层。实现小水库预警结果相关的数据和文件存储。系统功能界面根据用户需求，向系统提出不同的请求，经过系统流程控制的判断和处理，按照一定的业务逻辑，启动不同的业务程序，完成不同的任务。系统各类功能均由多个模块组成，模块内部按照数据处理、业务逻辑相分离的方式进行搭建，根据不同用户独立响应，计算结果相互不冲突、不影响。数据流程与系统业务流程一致，模型计算与结果展示相独立。

系统主要功能界面如图 7~图 10 所示。

该系统是水利部数字孪生安全监控感知预警能力建设项目（一期）建设内容之一，目前尚在初步试运行阶段，系统总体运行稳定。

图 7　小水库信息汇集与安全风险预警系统——信息汇集

图 8　小水库信息汇集与安全风险预警系统——监视预警

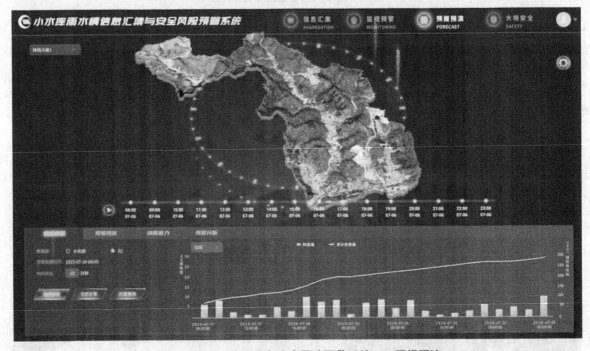

图 9　小水库信息汇集与安全风险预警系统——预报预演

5　结语

　　针对小型水库运行管理需求，设计研发了小水库信息汇集与安全风险预警系统。系统采用微服务架构及开源的开发工具，基于 B/S 模式开发，主要功能包括信息汇集、监视预警、预报预演、大坝安全。基于研究成果，提出了单个水库—省级水文机构—流域水文机构三层循环的雨水情报汛数据管理理念；提炼了基于实况状态的小型水库雨水情分等级多层次监视预警模式；研发了小水库多模型入库洪水预报方法和水文水力学与 DEM 淹没分析耦合的方案预演技术；实现了水库大坝变形、渗流、应力应变、温度、环境量等在线监测及预警功能，为小型水库安全运行管理和防汛抗旱系统开发提供了借鉴。

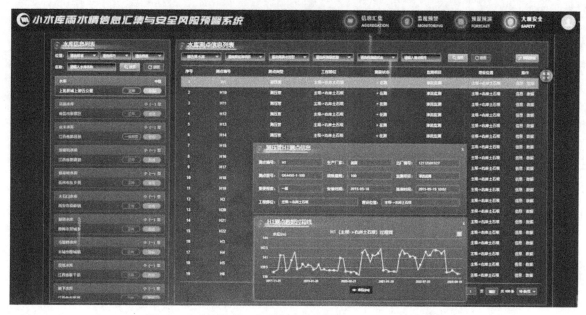

图10 小水库信息汇集与安全风险预警系统——大坝安全

参考文献

［1］国务院灾害调查组. 河南郑州"7·20"特大暴雨灾害调查报告［R］. 北京：中华人民共和国应急管理部，2022.

［2］肖飞，王晓昕. 莫旗永安、新发水库暴雨调查分析［C］//水利部防洪抗旱减灾工程技术研究中心，中国水利学会减灾专业委员会，《中国防汛抗旱》杂志社. 第十二届防汛抗旱信息化论坛论文集，2022.

［3］邢亮. 小型水库安全运行管理问题探讨［J］. 地下水，2022，44（4）：282-283.

［4］金有杰，牛睿平，刘娜. 小型水库安全分级监管模式与云平台研究［J］. 中国农村水利水电，2020（1）：154-159.

［5］陈华，田冰茹，闫鑫，等. 小型水库安全运行管理模式研究［J］. 中国农村水利水电，2022（2）：174-178，183.

［6］刘恒. 中小型水库防洪减灾预报预警关键技术研究［J］. 人民黄河，2015，37（7）：37-40.